Die Bonus-Seite

Ihr Vorteil als Käufer dieses Buches

Auf der Bonus-Webseite zu diesem Buch finden Sie zusätzliche Informationen und Services. Dazu gehört auch ein kostenloser **Testzugang** zur Online-Fassung Ihres Buches. Und der besondere Vorteil: Wenn Sie Ihr **Online-Buch** auch weiterhin nutzen wollen, erhalten Sie den vollen Zugang zum **Vorzugspreis**.

So nutzen Sie Ihren Vorteil

Halten Sie den unten abgedruckten Zugangscode bereit und gehen Sie auf **www.galileocomputing.de**. Dort finden Sie den Kasten **Die Bonus-Seite für Buchkäufer**. Klicken Sie auf **Zur Bonus-Seite/Buch registrieren**, und geben Sie Ihren **Zugangscode** ein. Schon stehen Ihnen die Bonus-Angebote zur Verfügung.

Ihr persönlicher **Zugangscode**

62r3-yach-v5si-kz9p

Rebecca Belvederesi-Kochs

Erfolgreiche PR im Social Web

Das praktische Handbuch

Liebe Leserin, lieber Leser,

Menschen verbringen immer mehr Zeit im Internet. Hier finden Sie eine enorme Flut an Informationen. Tageszeitungen, Magazine und sogar das Fernsehen verlieren im Vergleich an Boden. Facebook, Twitter, Google+ und die weiteren Social-Media-Plattformen sind zu Leitmedien geworden und haben großen Einfluss auf die öffentliche Meinung. Dieser Wandel hat auch für Sie Konsequenzen und wirkt sich auch auf Ihre Öffentlichkeitsarbeit aus: Es ergeben sich neue Möglichkeiten, aber auch zahlreiche Herausforderungen.

Sie wollen Social Media erfolgreich in Ihrem Unternehmen, Ihrem Verband oder Ihrer Organisation einsetzen? Dann halten Sie genau das richtige Buch in den Händen. Rebecca Belvederesi-Kochs zeigt Ihnen unterschiedliche PR-Strategien und veranschaulicht diese durch zahlreiche Praxisbeispiele. Die leicht umsetzbaren Tipps ermöglichen es Ihnen, die behandelten Themen auf Ihre eigenen Bedürfnisse anzuwenden. Lassen Sie sich einfach inspirieren!

Dieses Buch wurde mit großer Sorgfalt lektoriert und produziert. Sollten Sie dennoch Fehler finden oder inhaltliche Anregungen haben, scheuen Sie sich nicht, mit uns Kontakt aufzunehmen. Ihre Fragen und Änderungswünsche sind uns jederzeit willkommen. Wir freuen uns auf den Dialog mit Ihnen.

Ihr Erik Lipperts

erik.lipperts@galileo-press.de
www.galileocomputing.de
Galileo Press · Rheinwerkallee 4 · 53227 Bonn

Auf einen Blick

Wir hoffen sehr, dass Ihnen dieses Buch gefallen hat. Bitte teilen Sie uns doch Ihre Meinung mit. Eine E-Mail mit Ihrem Lob oder Tadel senden Sie direkt an den Lektor des Buches: *erik.lipperts@galileo-press.de*. Im Falle einer Reklamation steht Ihnen gerne unser Leserservice zur Verfügung: *service@galileo-press.de*. Informationen über Rezensions- und Schulungsexemplare erhalten Sie von: *britta.behrens@galileo-press.de*.

Informationen zum Verlag und weitere Kontaktmöglichkeiten finden Sie auf unserer Verlagswebsite *www.galileo-press.de*. Dort können Sie sich auch umfassend und aus erster Hand über unser aktuelles Verlagsprogramm informieren und alle unsere Bücher versandkostenfrei bestellen.

An diesem Buch haben viele mitgewirkt, insbesondere:

Lektorat Erik Lipperts, Stephan Matthescheck
Korrektorat Annette Lennartz
Fachgutachten Klaus Eck, München
Einbandgestaltung Barbara Thoben, Köln
Titelbild Omar: Sabine Tress, 2010, 160 × 160 cm, Acryl auf Leinwand. Das Foto von Omar stammt von Thorsten Mücke.
Typografie und Layout Vera Brauner, Maxi Beithe
Herstellung Maxi Beithe
Satz SatzPro, Krefeld
Druck und Bindung Himmer, Augsburg

Dieses Buch wurde gesetzt aus der Linotype Syntax Serif (9,25/13,25 pt) in FrameMaker. Gedruckt wurde es auf chlorfrei gebleichtem Offsetpapier (90 g/m²).

Der Name Galileo Press geht auf den italienischen Mathematiker und Philosophen Galileo Galilei (1564–1642) zurück. Er gilt als Gründungsfigur der neuzeitlichen Wissenschaft und wurde berühmt als Verfechter des modernen, heliozentrischen Weltbilds. Legendär ist sein Ausspruch *Eppur si muove* (Und sie bewegt sich doch). Das Emblem von Galileo Press ist der Jupiter, umkreist von den vier Galileischen Monden. Galilei entdeckte die nach ihm benannten Monde 1610.

Bibliografische Information der Deutschen Nationalbibliothek
Die Deutsche Nationalbibliothek verzeichnet diese Publikation in der Deutschen Nationalbibliografie; detaillierte bibliografische Daten sind im Internet über *http://dnb.d-nb.de* abrufbar.

ISBN 978-3-8362-2011-8
© Galileo Press, Bonn 2013
1. Auflage 2013

Inhalt

5

3 Imagegestaltung neu denken 87

4 Produkte vermarkten, optimieren und finanzieren 153

Geleitwort des Fachgutachters

Die PR ist heute digital. Niemand setzt mehr ausschließlich auf Papierlösungen, um Öffentlichkeitsarbeit zu betreiben. Doch hin und wieder einen Twitter-Beitrag auf 140-Zeichen-Basis zu verschicken, hat wenig mit Unternehmenskommunikation zu tun. Dazu gehört ein strategisches Vorgehen. Wenn ein mittelständisches Unternehmen auf Facebook eine Fanpage aufgebaut hat, wird es feststellen, dass sich darüber noch keine große Öffentlichkeit erreichen lässt. Aber wie geht das erfolgreich? Mit welchen Strategien sollten sich KMU im Social Media bewegen? Die Zeit des reinen Abwartens ist für die Unternehmen jedenfalls vorbei. Social Media sind kein Hype mehr, sondern gehören zum Alltag vieler Menschen. Rund 26 Mio. Menschen sind zurzeit in Deutschland auf Facebook aktiv, etwa 2 Mio. nutzen hin und wieder Twitter, und immer mehr Menschen schauen sich auf YouTube Videos an. Dabei teilen die Onliner viele Informationen untereinander. Sie verlinken auf lesenswerte Artikel oder Videos und schaffen dadurch mitunter eine mediale Aufmerksamkeit für ein Thema.

Im Prinzip ersetzen Social Media andere Kommunikationsinstrumente wie Pressemitteilungen, Inhalte der klassischen Website und den Unternehmensnewsletter. Das liegt nicht zuletzt an der Veränderung der Medienlandschaft, in der Informationen immer seltener von Journalisten wahrgenommen werden. Viele Redaktionen sind heute personell unterbesetzt. Es bleibt Redakteuren nur sehr wenig Zeit für die Auswertung der zahllosen Informationen, die jeden Tag auf sie eindringen. Vielleicht schreibt ein Journalist drei Artikel am Tag für den Online-Auftritt und einen Printartikel. Gleichzeitig erhält er jedoch rund 100 Pressemitteilungen und zahllose Agenturmeldungen von dpa und anderen Newsanbietern. Das macht es den Öffentlichkeitsarbeitern schwer, ihre Themen auf die Agenda zu setzen. Eine Pressemitteilung versendet sich zwar schnell, sie erreicht aber immer seltener ihr Ziel: Öffentlichkeit. Aber warum sollten Unternehmen weiterhin auf den Journalismus setzen, wenn sie auch direkt agieren können? Den Umweg über die Medien muss heute niemand mehr gehen. Das Social Web hat die Rahmenbedingungen der Public Relations völlig verändert.

Wer heute im Unternehmensauftrag für Kommunikation zuständig ist, muss sich auf Facebook, Twitter, Blogs und andere Social-Media-Instrumente einlassen, um effektiv PR machen zu können. Es reicht längst nicht mehr aus, Faxe, E-Mail-Newsletter oder digitale Pressemitteilungen zu verschicken. Die klassische Website erhält zunehmend digitale Erweiterungen in das Social Web hinein. Dazu werden Facebook und Twitter oftmals im Newsbereich integriert, damit jeder Leser auf leichte Art und Weise die Inhalte einer Marke weiterempfehlen kann. Wer in der

Social-Media-Welt erfolgreich sein will, muss sich auf die neuen Multiplikatoren einlassen und diese für sich gewinnen. Es wird für Unternehmen immer wichtiger, die sogenannten Influencer (Blogger, Networker) zu identifizieren und eine digitale Nähe zu ihnen herzustellen. Mit den klassischen Instrumenten gelingt das nur selten. Stattdessen geht es darum, eine Beziehung zu den Social-Media-Aktiven aufzubauen. Die Bedeutung von Corporate Blogs, Facebook und Twitter nimmt deshalb seit einigen Jahren ständig zu. Inzwischen gibt es keine bekannte Marke mehr, die nicht in der einen oder anderen Form in Social Media aktiv ist.

Große Konzerne zeigen, was einerseits möglich ist und wie schwer es manchmal andererseits ist, die eigenen Arbeitsprozesse mit Social Media zusammenzubringen. Demgegenüber haben kleinere Unternehmen den großen Vorteil, keine komplexen internen Prozesse bewältigen zu müssen. Wenn Sie einen Mitarbeiter haben, der über ein gewisses Schreibtalent verfügt und den selbstständigen Umgang mit Social-Media-Instrumenten gewohnt ist, können Sie sich auf den Weg ins Social Web machen. Der Erfolg ist abhängig von Ihren konkreten Zielen und den Ressourcen, die Sie zur Verfügung stellen. Gute Inhalte allein sind nicht ausreichend bei einem Social-Media-Engagement. Allzu schnell sterben die Bloginseln und Facebook-Aktivitäten in Schönheit. Der beste Content allein genügt nicht. Er ist allenfalls eine wichtige Voraussetzung für den Unternehmenserfolg.

In diesem Buch erfahren Sie, wie eine erfolgreiche Öffentlichkeitsarbeit in Zeiten des Social Webs aussieht und wie Sie von Ihren guten Inhalten tatsächlich profitieren können. Rebecca Belvederesi-Kochs nutzt viele anschauliche Beispiele, die konkret und praxisnah zeigen, mit welchen Fallstricken sich Organisationen in der internen wie externen Social-Media-Kommunikation beschäftigen müssen, wenn sie in Social Media mit ihren Kunden und Multiplikatoren kommunizieren wollen.

Angst vor einer Social-Media-Krise müssen Sie nicht haben. Nach der Lektüre dieses Buches sind Sie ausreichend gewappnet, um adäquat auf die Kritik Ihrer Kunden eingehen zu können. Außerdem lernen Sie darüber hinaus, wie Sie durch einen engagierten Dialog mit Ihren Kunden Ihre Öffentlichkeitsarbeit verbessern können. Social Media bedeuten echte Kommunikationsarbeit. Dank zahlreicher Beispiele aus dem Unternehmensalltag können Sie viele Fehler vermeiden und direkt an die Erfolge anderer KMU anknüpfen.

München,
Klaus Eck, Unternehmensberater und Fachbuchautor
Twitter: *@klauseck*
www.pr-blogger.de

Vorwort

Erfolgreiche PR im Social Web ist ein Thema, um das man heutzutage keinen Bogen mehr machen kann. Wie das amerikanische Sprichwort »Everything you do or say is PR« verdeutlicht, ist PR seit jeher allgegenwärtig. Daher betrifft auch die PR- und Öffentlichkeitsarbeit in sozialen Medien sowohl Unternehmen als auch Organisationen unterschiedlichster Art. Das vorliegende Buch befasst sich genau mit diesem Thema, indem es sich mit den verschiedenen Seiten moderner PR im Zeitalter der interaktiven Webnutzung auseinandersetzt. So werden insbesondere Verbandsmarketing, die Kommunikation von Non-Profit-Organisationen, kleinen und mittleren Unternehmen und Kultureinrichtungen besprochen. Auch die Vermarktung von kommerziellen und nichtkommerziellen Veranstaltungen kommt nicht zu kurz. Das Besondere an diesem Handbuch sind die zahlreichen Praxisbeispiele aus unterschiedlichen Branchen, die Ihnen eine umfangreiche Einsicht in den Kommunikationsmix aus verschiedensten Bereichen ermöglichen. Dabei ist die Thematisierung kleinerer, teilweise auch unbekannter Unternehmen und Organisationen eins der zentralen Anliegen, da diese in ihrem ganz speziellen Themenfeld mit verhältnismäßig wenigen Ressourcen oft Großes bewegen und bewirken. Insgesamt liegt bei der Auswahl der Best Practices ein gesonderter Fokus auf den D-A-CH-Ländern. So ist es Ziel, allen Lesern – vom Einsteiger bis zum fortgeschrittenen Social-Media-Nutzer – konkrete Handlungsempfehlungen zu vermitteln, durch die man seine Marke stärken und sich der Öffentlichkeit zeitgemäß präsentieren kann.

Damit Ihre PR-Arbeit auch rechtlich abgesichert ist, finden Sie in diesem Buch eine Vielzahl hilfreicher Tipps und Hinweise von Rechtsanwalt Jens Ferner. Seine Expertise aus dem weiten Feld des Internetrechts hat er durchweg mit Blick auf die Praxis in die einzelnen Kapitel eingebracht. Insofern ermöglichen Ihnen diese Rechtstipps eine erste Orientierung in juristischen Fragen und verdeutlichen deren Tragweite für die digitale Markenkommunikation. Für eine erfolgreiche PR im Social Web ist rechtssicheres Vorgehen einfach ein Muss. Doch verschaffen Sie sich zunächst einen Überblick über die einzelnen Kapitel.

Kapitelübersicht

Kapitel 1, »Herausforderung Social Web«, weist Sie in die Thematik ein, skizziert die Facetten der PR-Arbeit im Social Web und klärt Sie über die Bedeutung sozialer Medien für Ihre Marketingstrategie und Unternehmenskommunikation auf. Das Kapitel thematisiert umfassend, wie Sie die Herausforderung Social Web angehen können und sollten.

Kapitel 2, »Von der Idee zur erfolgreichen Kampagne«, zeigt Ihnen die Bestandteile effektiver PR- und Öffentlichkeitsarbeit im Social Web auf, und Sie erfahren außerdem, was die Konzeption und Realisation von erfolgreichen PR-Kampagnen auszeichnet.

In Kapitel 3, »Imagegestaltung neu denken«, erfahren Sie, was professionelles Online Reputation Management ausmacht. Sie lernen unterschiedliche Methoden kennen, mit deren Hilfe Sie Ihr Image systematisch auf- und ausbauen. Dabei spielt auch Serviceorientierung in sozialen Medien eine entscheidende Rolle.

Kapitel 4, »Produkte vermarkten, optimieren und finanzieren«, erklärt Ihnen, wie Sie Ihre Produkte systematisch durch soziale Medien vermarkten können und diese dank des Inputs von Fans, Followern & Co. optimieren. Auch zeigt es auf, wie Sie Ihre Projektideen durch Communitys finanzieren lassen können und wie Sie sogenannte Crowdfunding-Kampagnen durchführen.

Kapitel 5, »Verbände präsentieren, für Themen sensibilisieren«, konzentriert sich auf die PR-Arbeit von Verbänden im Social Web und erklärt die Bedeutung von Social Media für Ihr Verbandsmarketing und Ihre Verbandskommunikation. Besonderes Augenmerk legt das Kapitel auf Verbraucher- und Naturschutzverbände ebenso wie auf die Kommunikationsstrategie von Branchen- und Berufsverbänden.

Kapitel 6, »Soziale Missionen im Social Web«, zeigt Ihnen, dass sich soziale Medien hervorragend dazu eignen, soziale Projekte und Initiativen bekannt zu machen und zu vermarkten, und erklärt Ihnen, wie dies vonstattengeht.

In Kapitel 7, »Kulturmarketing zeitgemäß gestalten«, erfahren Sie, wie kulturelle Einrichtungen und Kulturschaffende sich mithilfe von Social Media attraktiv positionieren, effektiv vermarkten und so erfolgreich in das Bewusstsein der Öffentlichkeit rücken. Auch hier werden Ihnen Kampagnen die Reichweite und Potenziale des Mitmachwebs im Kulturmarketing vor Augen führen.

Kapitel 8, »Events modern promoten«, thematisiert, wie das Social Web die Praxis der Eventpromotion verändert hat, und vermittelt Ihnen anhand unterschiedlicher Fallbeispiele, welche Möglichkeiten Sie auf den verschiedenen Plattformen haben, Ihre Events erfolgreich zu bewerben.

Kapitel 9, »Arbeitgebermarke stärken, Mitarbeiter binden«, erklärt Ihnen, wie Sie Ihre Arbeitgebermarke im Social Web optimal in Szene setzen und so potenzielle Arbeitnehmer in Zeiten des Fachkräftemangels rekrutieren. Außerdem widmet es sich sozialen Webtechnologien, die den Informationsfluss am Arbeitsplatz fördern und die internen Kommunikationsprozesse optimieren.

Kapitel 10, »Erfolge sicherstellen«, geht der Frage nach, wie Sie Ihre Aktivitäten und Zielgruppen im Social Web beobachten und Ihre Erfolge messen können. Darüber hinaus gibt es Ihnen einen Einblick in Krisenbewältigung- und -präventions-strategien, damit Ihre PR im Social Web ein voller Erfolg wird.

Kapitel 11, »Die Zukunft der PR-Arbeit im Social Web«, gibt Ihnen einen Ausblick auf die digitale PR-Arbeit im Social Web und präsentiert Ihnen zehn zukunftsorientierte Thesen.

Gute Social-Media-Kommunikation und ansprechende digitale PR-Kampagnen finden sich in jeder Branche, zu jedem Anlass. Das Buch richtet sich sowohl an Einsteiger ins Web 2.0 als auch an fortgeschrittene Social-Media-Nutzer, die die Potenziale und Einsatzmöglichkeiten von sozialen Medien in der PR- und Öffentlichkeitsarbeit am konkreten Praxiseinblick erfahren möchten. Insofern eignet es sich auch bestens für Kommunikationsstrategen, Brand- und Marketingmanager aus kommerziellen Bereichen sowie dem Non-Profit-Sektor. Es ist für alle, die mehr über das Social Web, seine Relevanz für die moderne Markenvermittlung und die zielgerichtete Kommunikation mit (Teilbereichen) der Öffentlichkeit in unterschiedlichen Netzwerken erfahren möchten. Um die Bandbreite möglichst realitätsnah abzubilden, wurden häufig auch kleinere Unternehmen und Organisationen als Fallbeispiele herangezogen. So wird Ihnen letztlich gezeigt, wie Sie die Chance und Herausforderung Social Web auch mit geringem Mitteleinsatz meistern. Das Mitmachweb kann nämlich im Prinzip jeder dazu nutzen, mehr Sichtbarkeit, Aufmerksamkeit und Präsenz zu erlangen. Insofern können Sie sich an den überwiegend aus dem deutschsprachigen Raum stammenden Best Practices orientieren und sich von ihnen inspirieren lassen.

Weitere Hinweise

Um den Lesefluss nicht zu beeinträchtigen, wurde bewusst auf eine gendergerechte Schreibweise verzichtet. Weiterführende Informationen zu Studien, Infografiken, Slideshows und interessanten (Blog-)Artikeln finden Sie meist in Fußnoten. Darüber hinaus wurden einige Themen aufgrund von Platzmangel ausgespart oder nur am Rande erwähnt, weil sie entweder als bereits bekannt vorausgesetzt wurden oder den Rahmen des Buches gesprengt hätten. So skizzieren die Schlussbemerkungen lediglich Trends, die aller Voraussicht nach die künftige PR-Arbeit im Social Web prägen werden, ohne diese im Detail vorzustellen. Weitere Beispiele für solche platzbedingten Einsparungen sind die unterschiedlichen Berufsfelder im Social Media Marketing, die konkrete Beeinflussung von Investor Relations oder QR-Code-Marketing in der Unternehmenskommunikation – letztere sind kaum berücksichtigt, weil sich das Buch auf interaktive Echtzeitmedien konzentriert. Da allerdings Facebook, Twitter & Co. sehr schnelllebig sind, wird es wahrscheinlich sein, dass bald Veränderungen eintreten. Wundern Sie sich also nicht, wenn sich die Optik oder auch teilweise die Funktionalität von Webanwendungen nach einer gewissen Zeit ändern.

Alle im Buch enthaltenen Rechtstipps stammen von Rechtsanwalt Jens Ferner aus der Anwaltskanzlei Ferner (*www.ferner-alsdorf.de*), der sein Wissen aus dem Kanzleigeschäft hier einbrachte.

Zu guter Letzt: Das Buch konzentriert sich bewusst auf Best Practices mit Vorbildfunktion, Negativbeispiele werden seltener angeführt und sollen lediglich das Optimierungspotenzial vor Augen führen. Denn das Ziel ist es, den Leser mit Erfolgsstrategien in unterschiedlichen Kontexten und Branchen bekannt zu machen.

Danksagung

Mein besonderer Dank gilt dem Team von Social Media Aachen, das mir auch im stressigen Agenturalltag den Rücken freigehalten hat, um dieses Buch schreiben zu können. Sie alle haben tapfer zahlreiche Korrekturschleifen ertragen, ermunterten mich, weitere Fallbeispiele zu suchen, und haben mich in kreativen Pausen immer wieder zum Lachen gebracht. Darüber hinaus möchte ich mich noch einmal ausdrücklich für die Unterstützung von Jens Ferner bedanken, dessen Zusammenarbeit und dessen Art ich in vielen angenehmen Gesprächen sehr zu schätzen gelernt habe. Dass er die Zeit für das Verfassen der wertvollen Rechtstipps aufgebracht hat, freut mich sehr.

Darüber hinaus möchte ich mich natürlich für die fachliche und emotionale Unterstützung meines Mannes, Stephan, bedanken, ebenso wie für das wunderbare Geleitwort von Klaus Eck. Nicht zuletzt gilt mein Dank dem Verlag Galileo Press und insbesondere Erik Lipperts, der mich über sechs Monate in meinem Schreibprozess begleitet hat und mir durch sein Feedback viele neue Impulse gab.

Aachen,
Rebecca Belvederesi-Kochs

1 Herausforderung Social Web

»Social Media is about the people! Not about your business.
Provide for the people and the people will provide for you.«
Matt Goulart

Das digitale Zeitalter hat die Kommunikationsmöglichkeiten von Unternehmen, Verbänden, Vereinen und gemeinnützigen Organisationen verändert, zumal sich diese schon vielfach erfolgreich den interaktiven Herausforderungen des Social Webs gestellt haben. Einige von ihnen nutzen Echtzeitmedien, um sich auf Augenhöhe mit ihren Zielgruppen auszutauschen, sich systematisch in den öffentlichen Diskurs einzubringen und die öffentliche Wahrnehmung mitzugestalten. Andere unternehmen derzeit noch ihre ersten Gehversuche auf diesem unbekannten Terrain und entdecken Schritt für Schritt die Chancen und Risiken digitaler Dialogplattformen.

Schaut man sich sodann nach Erfolgsrezepten für die eigene PR-Arbeit im Social Web um, wird man schnell fündig. Auf den ersten Blick finden sich hilfreiche Tipps, Tricks und Regeln für eine gelungene Online-Kommunikation in sozialen Medien, die allerdings bei näherer Betrachtung nicht zur eigenen Situation passen. Oft sind diese Handlungsempfehlungen nämlich nicht ohne Weiteres auf Ihre Firma und/oder Organisation übertragbar. Eine allgemeingültige Erfolgsformel für Ihre digitale PR- und Öffentlichkeitsarbeit gibt es also nicht. Eine optimale Positionierung in der Welt von Facebook, Twitter & Co. verlangt sogar ein beträchtliches Maß an Vorarbeit. Schließlich wollen kommunikative Maßnahmen, Konzepte und Kampagnen passgenau auf Ihre Zielvorgaben und die anvisierte Zielgruppe abgestimmt werden. Dies stellte auch schon Profiblogger *Darren Rowse* fest:

»There are no magic wands, no hidden tracks, and no secret handshakes that can bring you immediate success, but with time, energy and determination you can get there.«

Ganz im Sinne einer nachhaltigen Erfolgsstrategie: Nehmen Sie sich die Zeit, um in den nächsten Kapiteln anhand unterschiedlicher Praxisbeispiele und konkreter Handlungsanleitungen herauszufinden, was Ihnen zum Erfolg verhelfen kann, und lernen Sie eine moderne, dialogorientierte PR- und Öffentlichkeitsarbeit in sozialen Medien kennen. *Erfolgreiche PR im Social Web* – das ist die Herausforderung, der es sich zu stellen gilt.

1.1 Herausforderung für die externe Kommunikationskultur

Soziale Medien und Netzwerke sind aus der zielgruppengerechten PR- und Öffentlichkeitsarbeit nicht mehr wegzudenken, dafür halten sich hier schlicht und ergreifend zu viele Internetnutzer auf. Täglich informieren sie sich online, bilden sich eine Meinung zu Themen, Marken, Produkten und Dienstleistungen und tauschen sich rege untereinander aus. Dementsprechend groß ist die mediale Durchdringung des Alltags.

In der Konsequenz haben Unternehmen und Organisationen genau diesen öffentlichen Dialog, der im Social Web stattfindet, schätzen gelernt. Sie nehmen sowohl passiv als auch aktiv an Konversationen teil – passiv, indem sie Usern aufmerksam zuhören, und aktiv, indem sie sich selbst in Diskussionen einbringen. Letzteres bringt sie ihrer Zielgruppe näher, denn Interaktion schafft ebenso Bindungen wie Vertrauen und begünstigt letztlich den strategischen Community-Aufbau.

Doch wo viel Licht ist, gibt es auch Schatten. Denn das Social Web ist nichtsdestotrotz immer noch eine kommunikative Herausforderung für Unternehmen und Organisationen unterschiedlichster Art und Größe.

1.1.1 Willkommen im digitalen Zeitalter: »Hier entlang bitte!«

Der mediale Wandel hat vor Unternehmen, Institutionen und Non-Profit-Organisationen (NPOs) nicht haltgemacht. Innerhalb weniger Jahre entstanden interaktive Dialogplattformen, die letztlich Kommunikationsprinzipien verschoben und somit auch die professionelle Kommunikationskultur weitreichend veränderten. Ein theoretischer Blick auf die Netzgeschichte verdeutlicht diese Entwicklung in der Kommunikation von *One to One* über *One to Many* bis hin zu *Many to Many*.

Während früher vornehmlich ein Sender mit einem Empfänger nach dem One-to-One-Prinzip kommunizierte und beispielsweise eine E-Mail an eine andere Person schickte, verlagerte sich die Kommunikation mit der Verbreitung von statischen Webseiten auf die Ebene One to Many. Unternehmen und Organisationen stellten auf ihrer Internetpräsenz Informationen zur Verfügung, die von vielen Usern öffentlich einsehbar waren. Ein Entwicklungsstadium in der Geschichte des Internets, das auch als Web 1.0 bezeichnet wird.

Mit dem Aufkommen von Facebook, Twitter & Co. veränderte sich die Kommunikation jedoch. Im sogenannten Mitmachweb bekamen die User selbst eine Stimme und erhielten die Möglichkeit, Inhalte selbst herzustellen und in sozialen Medien zu verbreiten. Nach Medienwissenschaftler *Henry Jenkins* (2006) wurden surfende Konsumenten zusehends zu *Prosumenten* – zu Usern, die Content konsumieren und auch gleichzeitig produzieren.

Dadurch dass die Anzahl der Inhaltsersteller seit der Entstehung interaktiver Webanwendungen exponentiell wuchs, läuft die heutige Kommunikation im Netz Many to Many ab. Im Web 2.0 kommunizieren folglich viele User mit vielen anderen. Dabei spielt der Begriff *Word of Mouth* eine große Rolle, welcher in diesem Zusammenhang eine neue »*Form der direkten persönlichen Kommunikation (sprichwörtlich: von Mund zu Mund) zwischen Konsumenten innerhalb eines sozialen Umfeldes*«[1] meint. In sozialen Medien werden nämlich persönliche Meinungen zu Unternehmen, Produkten, Dienstleistungen, Ideen und Werten miteinander geteilt, und die Mehrheit der Nutzer vertraut den Netzbeiträgen von Privatpersonen, weil diese als authentisch und glaubwürdig wahrgenommen werden.

Dass Online-Bewertungen einen enormen Stellenwert für die Kaufentscheidung haben, wies unter anderem auch eine angelsächsische Studie von *Brightlocal* im Jahr 2012 nach.[2] Für die *Local Consumer Review Survey* befragte man Konsumenten in den USA, in Kanada und dem Vereinigten Königreich dahingehend, welche Bedeutung die lokale Suche und Online-Bewertungen haben. Wie sich zeigte, steigt das Vertrauen in die Richtigkeit der online zu findenden Angaben weiterhin. 72 % der über 2.800 Befragten glaubten persönlichen Empfehlungen genauso sehr wie Empfehlungen in der digitalen Welt. Rund die Hälfte ließ sich durch gute Bewertungen sogar zu *Vor-Ort-Käufen* bewegen. Interessant ist auch, dass 16 % das Mitmachweb wöchentlich nutzen, um lokale Geschäfte ausfindig zu machen. Im direkten Vergleich zu 2010 sieht man den Unterschied, denn zwei Jahre zuvor behauptete dies nicht einmal jeder zehnte User.

Many to Many bedeutet aber für Unternehmen und Organisationen darüber hinaus, dass die Chancen zur proaktiven Imagegestaltung ebenfalls entsprechend groß sind. So können auch Sie das Social Web nutzen, um die Beziehungen zu Teilbereichen der Öffentlichkeit systematisch zu pflegen, mit einflussreichen Meinungsbildnern (*Influencern*) in Kontakt zu treten und durch sympathische Gespräche zu überzeugen.

---

1 Gabler Wirtschaftslexikon, Stichwort: Word-of-Mouth, online im Internet: *http://wirtschaftslexikon.gabler.de/Archiv/81078/word-of-mouth-v5.html*

2 Search Engine Land, *http://searchengineland.com/study-72-of-consumers-trust-online-reviews-as-much-as-personal-recommendations-114152?utm_campaign=tweet&utm_source=socialflow&utm_medium=twitter*

1.1.2 Welche Funktionen erfüllen soziale Medien?

Wenn Sie *PR im Social Web* angehen und sich effektiv positionieren möchten, sollten Sie die unterschiedlichen Funktionen sozialer Medien kennen und diese in Ihrem Kommunikationsmix berücksichtigen. Wie Sie in Abbildung 1.1 sehen, gibt es grundsätzlich sechs verschiedene:

▶ Publishing (Veröffentlichen)

▶ Sharing (Teilen)

▶ Networking (Netzwerken)

▶ Localization (Lokalisieren)

▶ Buying (Kaufen)

▶ Playing (Spielen)

Abbildung 1.1   Social-Media-Landschaft 2012 nach FredCavazza.net

Auch wenn diese Grundfunktionen in der Theorie voneinander abzugrenzen sind, sieht das in der Praxis anders aus. In der Regel verschmelzen hier das Veröffentlichen und Teilen von Inhalten ebenso wie das Netzwerken, Lokalisieren, Kaufen und Spielen. Damit Sie sich aber zunächst einen Überblick verschaffen können, werden die sechs Bereiche vorerst einzeln beschrieben.

Publishing: Inhalte unkompliziert veröffentlichen

Prinzipiell können sich alle Internetnutzer in sozialen Netzwerken anmelden und beliebige Inhalte veröffentlichen. Dies vollzieht sich beispielsweise, indem sie Statusupdates auf Facebook schreiben, persönliche Videos bei YouTube hochladen, Urlaubsfotos auf Flickr online stellen oder via Twitter unterhaltsame Kurznachrichten über ihren Alltag verfassen.

Aufgrund neuer Webtechnologien, gepaart mit der intuitiven Bedienbarkeit sozialer Medien, wurden somit auch private User zu Inhaltserstellern. In Zeiten des Mitmachwebs produzieren sie ihren Content zu einem beträchtlichen Maße selbst, was fortan als *User-generated Content* bezeichnet wird.

Sharing: Inhalte mit dem eigenen Netzwerk teilen

Social Media ermöglichen nicht nur, die Inhalte selbst herzustellen, sondern auch den Content von anderen zu teilen. Dank der »Teilen«-/»Retweet«-Funktion erfolgt dies innerhalb eines Netzwerkes per Mausklick im Handumdrehen. Darüber hinaus können Fremdinhalte aber auch in weitere Netzwerke empfohlen werden. Denken Sie hier beispielsweise an ein unterhaltsames YouTube-Video, das Sie Ihren eigenen Followern nicht vorenthalten möchten, sodass Sie den dazugehörigen Link direkt auf Twitter teilen (siehe Abbildung 1.2).

Abbildung 1.2   Video von Coca-Cola auf YouTube

Aufgrund der in der Netzwelt ausgeprägten *Kultur des Teilens* haben die meisten Unternehmen und Organisationen bereits sogenannte *Social Plugins* auf ihren Webseiten integriert (siehe Abbildung 1.3). Den Besuchern ihrer Internetseite ermöglichen sie, die online stehenden Inhalte direkt weiterzuempfehlen. So können User beispielsweise auf die abgebildeten *Share-Buttons* klicken, um interessante Blogbeiträge, Artikel, Videos, Bildergalerien etc. sofort in ihrem eigenen sozialen Netzwerk zu verbreiten.

Abbildung 1.3 Social Plugins auf der Website von Werben & Verkaufen

Rechtstipp: Social Plugins

Bei der Verwendung sogenannter *Social Plugins* werden bis heute datenschutzrechtliche Bedenken erhoben, da diese Daten der Nutzer ohne Rückfrage an die jeweilige Plattform übersenden. Nach einem ersten Aufruhr und ersten Abmahnungen wurde gerichtlich festgestellt, dass sich hier kein Abmahnpotenzial bietet – seitdem ist etwas Ruhe eingekehrt.

Abschließend geklärt ist die Thematik aber bis heute nicht, sodass der Rat nur lauten kann, zumindest vorsichtig zu sein und Lösungen zu verwenden, bei denen die Plugins erst durch den Nutzer aktiviert werden müssen, bevor die Funktionalität zur Verfügung steht.

Darüber hinaus gehört die Identifikation meinungsstarker Influencer zu den Aufgaben moderner PR-Arbeit. Mit diesen gilt es, via Social Media in Kontakt zu treten und sie durch sympathische Gespräche in Echtzeit zu überzeugen. Doch auch jenseits des *Influencer Marketings* haben Unternehmen und Organisationen den öffentlichen Dialog in sozialen Medien zu schätzen gelernt, wobei sie ganz unterschiedliche Strategien zum Aufbau einer aktiven und loyalen Community entwickelt haben. So haben zahlreiche von ihnen bereits umfassende und oftmals sehr gute Erfahrungen mit sozialen Medien gemacht. Wie dies in konkreten Fallbeispielen aussieht, erfahren Sie in den späteren Kapiteln.

Networking: Sich mit der digitalen Welt vernetzen

Natürlich kann man Social Networks auch dem eigentlichen Wortsinne nach nutzen, um sich mit anderen Usern, Firmen und Organisationen in der digitalen Welt zu vernetzen. Gerade auf Business-Plattformen wie XING und LinkedIn wird der

Gedanke des Networkings großgeschrieben, sodass sich neue Kontakte und interessante Kooperationspartner schnell finden. Zudem lassen sich so auch »alte« Beziehungen pflegen, sodass man bereits bestehende Verbindungen aufrechterhalten kann.

Localization: Aufenthaltsorte kenntlich machen und erwähnt werden

Mit der steigenden Zahl mobiler Internetnutzer werden außerdem Lokalisierungsfunktionen immer wichtiger. Denn durch sogenannte *Check-ins* können Konsumenten ihren Standort mitteilen und ihrem Netzwerk kundtun, wo sie sich gerade aufhalten (siehe Abbildung 1.4). So könnte es sein, dass Sie auch ohne Ihr Zutun bereits häufiger in der Netzwelt erwähnt wurden. Angesichts der daraus entstehenden Vermarktungspotenziale spielen solche Lokalisierungsfunktionen im *Mobile Marketing* heute schon eine große Rolle.

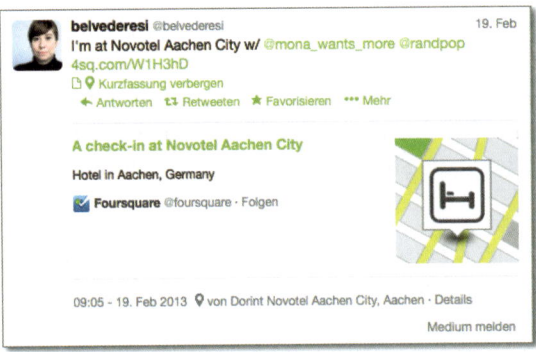

Abbildung 1.4 Beispiel eines Check-ins

**Buying: Kaufentscheidungen durch soziale Medien
beeinflussen und herbeiführen**

Die Verkaufsmöglichkeiten im Mitmachweb machen es prinzipiell möglich, Ihren Absatz durch gezielte Maßnahmen sowohl indirekt als auch direkt zu steigern. In den D-A-CH-Ländern steckt der sogenannte *Social Commerce* zwar noch in den Anfängen, doch nutzen bereits zahlreiche Onlineshops die Angebote sozialer Medien, um auch dort ihre Produkte zu platzieren. Manche vertreiben diese sogar über Facebook, Twitter & Co. und generieren Teile ihres Umsatzes über soziale Netzwerke (Abschnitt 4.1.3, »Von Free Samples und dem Wert des eigenen sozialen Netzwerkes«)

Playing: Spielerisch die Identifikation stärken und zum Mitmachen animieren

Bei einer interaktiven Positionierung im Social Web haben spieltypische Komponenten ebenfalls eine hohe Bedeutung. Das Schlagwort lautet hier: *Gamification*.

Wenn gut gemacht, können Sie User durch spielerische Elemente fesseln und sicherstellen, dass sich diese über einen längeren Zeitraum mit Ihnen befassen. Insofern ist Gamification der Identifikation mit der Marke förderlich und kommt, jenseits von Smartphone-Apps, auch im direkten Zusammenhang mit Social Media zusehends zum Einsatz. Mit spielerischen Elementen können Sie Ihre Community aktivieren und kreative Gewinnspiele durchführen. Die gelungene Integration von Spielprinzipien kann also Ihr digitales Kommunikationsangebot stimmig abrunden.

Schon jetzt werden Sie bemerken: Allein die Multifunktionalität sozialer Medien fordert die bestehenden Kommunikationsstrukturen heraus. Zugleich sind aber gerade die vielfältigen Einsatzmöglichkeiten Ihre große Chance auf einen abwechslungsreichen und erfolgversprechenden Dialog mit der Öffentlichkeit.

1.1.3 Welche Funktionen erfüllt die PR-Arbeit in sozialen Medien?

Gemäß der US-amerikanischen Redewendung »*Everything you do or say is public relations*« ist PR alles, was Unternehmen und Organisationen von sich preisgeben. Hierzu zählt ebenfalls, wie sie ihre Zielgruppe ansprechen und die öffentliche Wahrnehmung zu beeinflussen versuchen. Somit sind unter PR all jene Kommunikationsmaßnahmen zu verstehen, durch die Sie sich präsentieren und positionieren sowie von anderen abheben.

Dies gilt auch fürs Social Web, wo die klassischen Funktionen der PR- und Öffentlichkeitsarbeit ebenfalls greifen. In und durch soziale Medien können Sie

▶ über Sachlagen informieren und fachliche Diskussionen anregen,

▶ neue Kontakte herstellen und bereits bestehende durch Networking pflegen,

▶ einflussreiche Multiplikatoren identifizieren und mit diesen durch unterschiedliche Maßnahmen kooperieren,

▶ Ihre Zielgruppe direkt erreichen und gezielt ansprechen,

▶ die Aufmerksamkeit für Ihre Ideen, Produkte und/oder Dienstleistung steigern,

▶ Ihr Image (inter-)aktiv gestalten und Ihren Ruf im Sinne des Online Reputation Managements verbessern,

▶ Ihre Produkte gezielt bewerben und neue Käuferschichten erschließen und

▶ in Krisensituationen beschwichtigen und letztlich stabile Beziehungen mit (Teilbereichen) der Öffentlichkeit aufbauen.

Wenn Sie es richtig anstellen und strategisch vorgehen, erreichen Sie durch eine systematische Kommunikationsstrategie im Mitmachweb also unterschiedliche Zielsetzungen. Der allgemeine Beziehungsaufbau zur Außenwelt ist hier an erster Stelle zu nennen. So können Sie von der Reichweite sozialer Medien, den Interaktionsmöglichkeiten bei Facebook, Twitter, XING & Co. sowie der schnellen Informationsverbreitung in Echtzeit nur profitieren. Sie können Akzeptanz für sich selbst, Ihr Unternehmen, Ihre Produkte, Werte und Anliegen schaffen und Ihre Markenbotschaft glaubwürdig vermitteln.

So wird Ihnen letztlich mehr Vertrauen von der anvisierten Zielgruppe entgegengebracht. Um es mit *David Hauser*, dem Mitbegründer von Grasshopper, abschließend auszudrücken:

»*You can be professional while also ›keeping it real‹ with your customers. By interacting with customers in a less formal way, you'll build a strong human connection that helps build brand loyalty.*«

1.1.4   Wie hoch ist die Reichweite sozialer Medien?

Allein aufgrund der hohen aktiven Nutzerzahlen bietet Ihnen das Social Web enormes Potenzial, um Ihre Beziehungen zur Öffentlichkeit auszubauen und zu festigen. Tabelle 1.1 gibt Ihnen daher einen Überblick über reichweitenstarke Netzwerke. Soweit verfügbar, sind die aktuellen Nutzerzahlen von Anfang 2013 aufgeführt, ältere Daten entsprechend ausgewiesen.

Plattform	Deutschlandweit	Weltweit
Facebook	25 Mio.	1 Mrd.
Flickr	keine Angabe	75 Mio.
Google+	4 Mio.	500 Mio.
Instagram	keine Angabe	100 Mio.
LinkedIn	3 Mio. (D-A-CH)	200 Mio.
Pinterest	69.000 (2/2012)	25 Mio.
Twitter	825.000	500 Mio.
Tumblr (Blogsystem)	2,4 Mio. (8/2012)	81 Mio. (11/2012)
XING	6 Mio. (D-A-CH)	keine Angabe

Tabelle 1.1 Nutzerzahlen von Social Networks aus unterschiedlichen Quellen

Für YouTube, die weltweit größte Video-Sharing-Plattform, ist die Ermittlung von Nutzerzahlen äußerst problematisch, weil es jenseits der registrierten Mitglieder mit eigenem Account zahlreiche passive User gibt, die YouTube als Informationsquelle und Suchmaschine nutzen. Was man aber über die Videoplattform von Google sagen kann: Im Januar 2013 gab sie bekannt, täglich 4 Mrd. Videoabrufe zu verzeichnen. Pro Sekunde werde eine Stunde an neuem Videomaterial hochgeladen. Innerhalb von drei Quartalen konnte die Zahl der gesamten Views um 25 % zulegen. Allein diese paar Anmerkungen vermitteln schon einen angemessenen Eindruck von der Relevanz der Plattform, deren Stellenwert in der PR- und Öffentlichkeitsarbeit als sehr hoch einzustufen ist.

Anders ist dies bei studiVZ, schülerVZ und meinVZ. Die VZ-Netzwerke bemühen sich bereits seit Jahren um eine Stabilisierung ihrer Mitgliederzahlen und halten sich recht bedeckt, was die User-Statistik anbelangt. Allerdings gehen Schätzungen von Beginn des Jahres 2013 davon aus, dass hier wahrscheinlich immer noch 1,5 Mio. User registriert sind.

Weitaus verlässlicher als dieser Schätzwert sind die von der *Informationsgemeinschaft zur Feststellung der Verbreitung von Werbeträgern* (IVW) erhobenen Besucherzahlen deutscher sozialer Netzwerke (siehe Abbildung 1.5). Neben den VZ-Netzwerken sind hier auch *wer-kennt-wen.de*, *StayFriends.de* und *Lokalisten.de* aufgeführt. Bis auf die Business-Plattform XING zeigt sich ein gedämpftes Stimmungsbild. Die sinkenden Zugriffe auf deutsche Netzwerke lassen deren abnehmende Bedeutung erkennen – ein Trend, der wahrscheinlich auch in Zukunft anhalten wird.

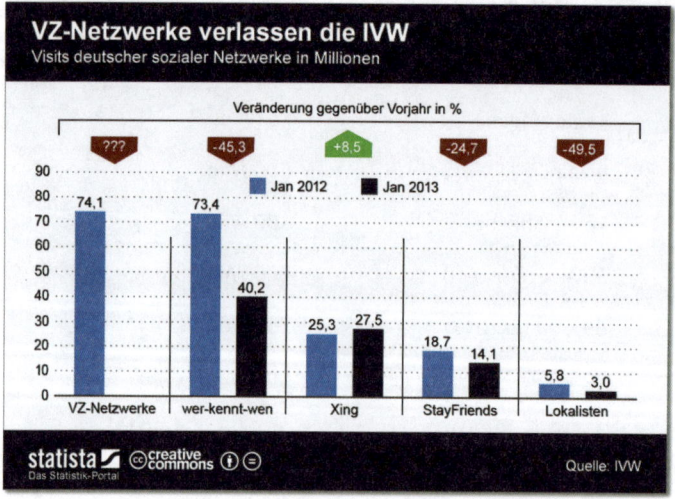

Abbildung 1.5   Besucherzahlen deutscher sozialer Netzwerke, Anfang 2013

So hat in den vergangenen Jahren ein Konzentrationsprozess in der Welt sozialer Netzwerke stattgefunden. Die Social-Media-Landschaft hat sich verändert: Die Dominanz von Facebook hat spürbar zugenommen, sodass der Global Player andere Anbieter zu verdrängen scheint und sporadisch sogar als »blauer Riese« bezeichnet wird. Denn deutsche User halten sich hier häufig, lange und gerne in ihrer Freizeit auf.

Aus Sicht von Unternehmen und Organisationen ist die Zahl der täglich aktiven Nutzer jedoch nicht das alleinige Kriterium für eine effektive Positionierung im Social Web. Schließlich geht es in der PR-Arbeit nicht allein um die Kommunikation mit den Massen, sondern um zielgruppengerechtes Vorgehen. Aus diesem Grund sollten Sie herausfinden, auf welchen Kanälen Ihre Zielgruppe am aktivsten ist.

1.1.5 Hält sich auch Ihre Zielgruppe im Social Web auf?

Eine Voraussetzung der erfolgreichen PR-Arbeit ist die exakte Bestimmung des eigenen Adressatenkreises. Um die gewünschte Zielgruppe möglichst effektiv anzusprechen und geeignete Content-Formate herzustellen, muss also klar sein, wer seine Zeit auf welcher Plattform verbringt und wer interaktive Webanwendungen aus welchen Gründen nutzt.

Dass eine genaue Zielgruppenbenennung in den »beliebtesten« Webangeboten komplex ist, verdeutlicht unter anderem die im Spätsommer 2012 veröffentlichte ARD/ZDF-Onlinestudie (siehe Tabelle 1.2).[3] Denn die Nutzerlandschaft im Social Web ist ebenso ausdifferenziert wie die Nutzungsgewohnheiten. Dabei verdeutlicht die Studie, dass sich Social Media gerade bei den Unter-40-jährigen großer Beliebtheit erfreuen.

Wie die Studie zeigt, sinkt die Nutzerzahl mit zunehmendem Lebensalter. Auffällig ist in diesem Zusammenhang, dass insbesondere die sozialen Netzwerke und Communitys in dem Alterssegment 40+ das Nachsehen haben. So sind beispielsweise nur 10 % der Befragten Über-60-jährigen in diesen vertreten, während immerhin 16 % Video-Sharing-Plattformen wie YouTube, Vimeo & Co. nutzen.

Dennoch: Die Wachstumsraten in dieser Altersgruppe sind durchaus beachtlich. Im Gegensatz zur Jugend hat sich hier nämlich noch kein Sättigungseffekt eingestellt. In den letzten Jahren konnte gerade Facebook hiervon profitieren. Jedoch bildet der Anteil der 25- bis 35-jährigen, wie gehabt, den Löwenanteil der Facebook-Nutzer, wobei die Geschlechterverteilung in den unteren Alterssegmenten relativ ausgewogen ist.

Anders sieht dies bei den über 35-jährigen aus. Anfang März 2013 wurden hier 250.000 Männer mehr gezählt als Frauen. Besonders deutlich wird der geschlechterspezifische Unterschied ab den Mittfünfzigern. Während in dieser Altersgruppe knapp 900.000 deutsche User männlich sind, verzeichnet Facebook im Alter 55+ »lediglich« rund 660.000 registrierte Frauen. Damit sind es knapp 30 % weniger als bei gleichaltrigen Männern.

---

3 ARD/ZDF Onlinestudie, *http://www.ard-zdf-onlinestudie.de/index.php?id=389*

Plattform	Männer	Frauen	14–19 J.	20–29 J.	30–39 J.	40–49 J.	50–59 J.	Ab 60 J.
Wikipedia	75	70	96	87	78	74	56	49
Videoportale (z.B. YouTube)	65	52	90	85	76	54	39	16
Private Netzwerke und Communitys*	43	42	88	74	56	25	23	10
Berufliche Netzwerke und Communitys*	9	7	1	14	16	6	4	2
Weblogs	8	5	12	11	8	4	4	2
Twitter	4	4	5	8	4	3	2	–
Netzwerke insgesamt	47	44	88	75	61	29	24	11

* Nutzung unter eigenem Profil.

Tabelle 1.2 Web-2.0-Nutzung 2012 nach Geschlecht und Alter, zumindest selten genutzt in %. Basis: Deutschsprachige Online-Nutzer ab 14 Jahren (n=1366), Quelle: ARD/ZDF-Onlinestudio 2012

Doch wie sieht es mit den Nutzungsgewohnheiten aus? Bei der Frage nach den privaten Nutzungsgründen der täglich aktiven Social-Media-User verdeutlichte die ARD/ZDF-Onlinestudie, dass sich 36 % von ihnen darüber informieren, was im eigenen Freundeskreis geschieht. Fast genauso groß ist der Anteil derer, die Chat-Funktionen nutzen und/oder private Nachrichten schreiben. Ein Viertel gibt indessen an, die Beiträge anderer Nutzer aktiv zu kommentieren und selbst Inhalte zu erzeugen. Weitere sehen sich in ihrem Newsfeed gerne Bilder und Videos an, begeben sich auf die Suche nach Bekannten, posten interessante Links und veröffentlichen Statusupdates darüber, was sie gerade erleben.

Stellt sich also nur noch die Frage, wie Sie genau diese mitteilungsfreudigen User erreichen können und welche Spielregeln Sie in der Kommunikation beachten sollten, um Ihren sozialen Einfluss systematisch aufzubauen.

1.1.6 Welche fünf Kommunikationsgrundsätze sollten Sie kennen?

Bevor sich die kommenden Kapitel den Praxisbeispielen widmen, werden Sie zunächst einige Grundsätze der erfolgreichen Kommunikation im Social Web kennenlernen, damit Sie soziale Medien sinnvoll einzusetzen wissen. Erfahren Sie also, wie Sie deren volle Wirkungskraft für sich nutzen können und was es zu beachten gibt.

Fünf Prinzipien, denen Sie Beachtung schenken sollten

▶ Facebook, Twitter & Co. sind interaktive Echtzeitmedien, die Ihnen einen direkten Dialog mit der gewünschten Zielgruppe ermöglichen. Was aber bedeutet das konkret? In Social Media ist die Kommunikation immer zweigleisig. Das klassische Sender-Empfänger-Modell greift nicht mehr, daher sollten soziale Medien nicht als Push-Medien angesehen werden. Sie sind keine weiteren Plattformen, um ausschließlich offizielle Pressemitteilungen zu streuen. Stattdessen gilt es, attraktive Inhalte zu lancieren. Diese ziehen User und deren Feedback an. Nur durch Content mit Mehrwert erreichen Sie die neuen Multiplikatoren der Netzwelt und bauen sich eine lebendige Community aus Fans, Followern & Co. auf. Diese werden Sie zu loyalen Markenanhänger konvertieren, wenn Sie soziale Medien auch als Pull-Medien nutzen.

▶ Schaffen Sie einen informativen, kommunikativen Mehrwert für Ihre Zielgruppen, und produzieren Sie abwechslungsreichen Content. Dabei sollten Sie die multimedialen Möglichkeiten ausschöpfen, die Ihnen das Social Web bietet. Teilen Sie Links, Studien, Slideshows, Videos und/oder Bilder mit Ihrer Community. Berücksichtigen Sie dabei jedoch Urheber- und Datenschutzrechte ebenso, wie das Recht auf die informationelle Selbstbestimmung Ihrer Mitarbeiter. Letzteres ist besonders relevant, wenn Sie in sozialen Medien mitunter Geschichten aus dem eigenen Unternehmen erzählen (*Interactive Storytelling*). Da Fans und Follower das Innenleben von Unternehmen und Organisation in der Regel gerne kennenlernen, sollten Sie darauf achten, keine Unternehmensgeheimnisse auszuplaudern.

▶ Verhalten Sie sich authentisch und glaubhaft. Gerade für Einsteiger ist dies manchmal schwierig, weil Sie nicht genau wissen, nach welchen kommunikativen Spielregeln die Netzwelt funktioniert. In einem solchen Fall hilft allerdings folgender Grundsatz: Verhalten Sie sich im Internet so, wie Sie es auch im echten (Geschäfts-)Leben tun würden. Um eine zwischenmenschliche Beziehung zu Ihrer Community aufzubauen, sollten Sie wie mit »alten« Geschäftsfreunden kommunizieren.

▶ Respektieren Sie die Community, und wecken Sie keine unerfüllbaren Erwartungen bei den Usern. Falsche Versprechungen zu machen, ist tabu. Ein Beispiel aus der Praxis: Wenn Sie auf Facebook, Twitter & Co. mit Erreichbarkeit werben, sollten Sie auch tatsächlich erreichbar sein und zeitnah auf Rückfragen, Kommentare und Einwände reagieren. Bleiben Sie dabei stets freundlich, sachlich und souverän – erweisen Sie sich als PR-Profi. In kritischen Situationen sollten Sie Besserwisserei oder gar Provokationen tunlichst vermeiden. Streiten Sie nicht per se alles ab, sondern gehen Sie auf negative Kommentare gelassen, aber gewissenhaft und vor allen Dingen zügig ein. Ein schnelles Reaktionsvermögen ist folglich auch in (unterschwelligen) Krisensituationen gefragt.

▶ Seien Sie sich dessen bewusst, dass das Publikum in der Netzwelt andere Lesegewohnheiten hat als in Offline-Medien. Internetnutzer scannen Texte beispielsweise und lesen sie nicht vollständig durch. Insofern sollten Sie Ihre Blogbeiträge, Facebook-Postings und Tweets möglichst einfach, klar und verständlich verfassen. Eine gute Richtschnur dafür bietet Ihnen das sogenannte *KISS-Prinzip*: »*Keep it simple, stupid!*« Allerdings sollten Sie dennoch nicht den Arbeitsaufwand und die Kreativleistung unterschätzen, die mit der Produktion von ansprechenden Inhalten verbunden sind. Content auf die Schnelle zu produzieren, kann unter Umständen dem Image und der Reputation schaden. So sollten Sie ihn sorgfältig auf Rechtschreibung, Grammatik und Inhalt prüfen, bevor er über soziale Medien verbreitet wird.

Wie Sie wahrscheinlich schon ahnen, stellt die Kommunikation in sozialen Medien nicht allein Ihre externe PR- und Öffentlichkeitsarbeit vor neue Herausforderungen. Das Social Web verlangt nämlich auch Ihrer internen Kommunikationskultur einiges ab, sodass sich diese wahrscheinlich wandeln muss. Schließlich beeinflussen webbasierte Dialoginstrumente eingespielte Abläufe und stellen die Informationshierarchien, Feedbackschleifen und Kompetenzaufteilungen auf die Probe.

1.2 Herausforderung für die interne Kommunikationskultur

Social Media stellen Unternehmen und Organisationen nicht nur in der Außenkommunikation vor neue Herausforderungen, auch intern muss umgedacht werden. Da in Echtzeitmedien nun einmal die Geschwindigkeit zählt, müssen sich beispielsweise Informationsketten verschlanken. So sollten Freigabeschleifen vor dem Veröffentlichen von Statusupdates, Tweets & Co. passé sein. Eine professionelle und vor allen Dingen regelmäßige Aktualisierung Ihrer Netzinhalte verbraucht zudem finanzielle Mittel und bündelt personelle Ressourcen. Ebenfalls erforderlich ist das entsprechende Know-how, um eine eigene Community aufzubauen und diese langfristig an sich zu binden.

Kurzum: Das Social Web hat die Grundlagen der PR- und Öffentlichkeitsarbeit verändert. Um die Herausforderung Social Web zu meistern und die Chance auf eine erfolgversprechende PR-Arbeit im Mitmachweb zu ergreifen, müssen Sie zunächst die internen Weichen stellen.

1.2.1 Sind Sie bereit fürs Social Web?

In der Netzwelt wird systematische Kommunikation belohnt, blauäugiges Vorgehen hingegen abgestraft. Die Bedeutung dieses Merksatzes hat auch das Bundesland Rheinland-Pfalz zu Beginn des Jahres 2013 zu spüren bekommen. Aus unterschiedlichen Beweggründen hatte man sich für den Aufbau einer Facebook-Seite entschieden – vornehmlich allerdings, um den direkten Kontakt zu den Bürgern zu suchen und deren Informationsbedürfnis zu stillen (siehe Abbildung 1.6). Da der rheinland-pfälzische Datenschutzbeauftragte Edgar Wagner aber juristische Bedenken äußerte, entschloss man sich, den Dialog mit den Nutzern möglichst von der eigenen Facebook-Seite fernzuhalten. In einer Facebook-App klärte man die Nutzer auf und vermittelte, warum eine Interaktion aus Datenschutzgründen bedenklich sei. Von einigen belächelt, von anderen scharf kritisiert, machte diese Fehleinschätzung der neuen Kommunikationspotenziale schnell die Runde und verbreitete sich im Social Web wie ein Lauffeuer.

Abbildung 1.6 Facebook-Seite des Landes Rheinland-Pfalz

Das Beispiel zeigt: Wenn Sie in Ihrer PR- und Öffentlichkeitsarbeit auf interaktive Webtechnologien setzen, sollte ein Selbstklärungsprozess vorgelagert sein. Dieser ist nämlich immens wichtig, weil Sie nur so erfahren, ob Sie für den interaktiven Dialog in Echtzeit bereit sind und sich auf Social Media mit allen Konsequenzen einlassen können.

So sollten Sie sich prinzipiell Gedanken darüber machen, ob Sie sich der Außenwelt überhaupt öffnen möchten und etwas aus Ihrem Unternehmen preisgeben wollen. Wenn Sie beispielsweise Ihre Pinnwand für die Beiträge anderer Nutzer freischalten, müssen Sie sowohl für Lob bereit sein als auch für negative Anmerkungen und Erfahrungsberichte. Insofern sollten Sie sich fragen, ob Sie im Ernstfall auch tatsächlich mit öffentlicher Beanstandung oder gar Ablehnung umzugehen wissen. Für kritische User-Beiträge müssen sodann Verfahrensregeln her, an denen sich die verantwortlichen Mitarbeiter orientieren können. Ohne Plan kommen Sie nämlich schnell in Bedrängnis, fühlen Sie sich schon in latenten Krisensituationen unter Druck gesetzt und kommunizieren nicht so, wie es für das Unternehmensimage wünschenswert wäre, beziehungsweise schweigen sich im Zweifelsfall aus.

Die skizzierte Öffnung nach außen sollte zudem mit einem Wandel Ihrer bisherigen Kommunikations- und Sprachgewohnheiten einhergehen. Denn erfolgreiche PR im Netz setzt auch voraus, dass Sie sich mediengerecht positionieren und sich nicht in einem völlig anderen Sprachkosmos als Ihre User befinden. Sind Sie also bereit, sich auf die sozialen Medien und deren Besonderheiten einzulassen? In diesem Zusammenhang sollten Sie abwägen, ob Sie sich auch auf ein sympathieerzeugendes *Storytelling* einlassen möchten. Von Zeit zu Zeit wie in Abbildung 1.7 etwas »Belangloses« aus dem Unternehmen zu posten und unverfängliche Interna zu veröffentlichen, schafft eine emotionale Beziehung zu Ihren Fans und Followern. Solche Inhalte können bisweilen von ihrer bisherigen Kommunikationsstrategie abweichen. Daher sollten Sie unbedingt sicherstellen, dass Sie ein solches Neuland überhaupt betreten wollen.

Abbildung 1.7 Unterhaltsamer Tweet der edudip GmbH

Ebenso neu wird es sein, die verantwortlichen Mitarbeiter auf Facebook, Twitter & Co. relativ frei agieren zu lassen. Denn nur so können diese zeitnah auf Rückfragen sowie Feedback der Community antworten, ohne auf Freigaben warten zu müssen. Als Schnittstelle zur digitalen Außenwelt sollte ihnen entsprechendes Vertrauen entgegengebracht werden.

Zu guter Letzt sollten Sie sich bereits im Vorfeld eine realistische Vorstellung vom Arbeitsaufwand machen. Schließlich ist eine effektive PR im Mitmachweb nicht im Vorbeiflug zu erledigen. Erst wenn Sie sich die aufgeführten Fragen vor Augen geführt haben und die meisten von ihnen getrost bejahen können, sind Sie tatsächlich bereit fürs Social Web und werden den Schritt nicht bereuen.

1.2.2   Wieso ist eine Social Media Policy essenziell für Ihre PR?

Zielgerichtete PR-Arbeit im Social Web bedarf einer klaren und verständlichen Kommunikationsstrategie. Als kommunikative Richtlinie muss diese auch ins Innere der Organisation transportiert werden, damit Ihre Mitarbeiter im Community Management wissen, worauf sie sich einzustellen haben. Dementsprechend gilt es, eine verbindliche Kommunikationspolitik zu entwickeln. Aus Sicht von Unternehmen und Organisationen erfüllt eine solche *Social Media Policy* gleich zwei Funktionen:

1. Durch diese wird der Sinn und Zweck Ihrer Accounts und Aktivitäten in sozialen Medien klar. Zudem verdeutlicht eine Social Media Policy, wie Ihr Auftritt visuell, textlich und inhaltlich gestaltet sein muss.

2. Zweitens verhindert sie einen innerbetrieblichen Missbrauch von Social Media, durch den Sie unter Umständen regresspflichtig werden könnten.

Die Entwicklung einer Kommunikationspolitik für soziale Medien ist somit für eine strategische Außenkommunikation unerlässlich. Sie passt zur übergeordneten Gesamtstrategie und zeigt, durch welche Instrumente Ihre Zielsetzung in sozialen Medien erreicht wird. Gleichwohl führt die Policy denjenigen Arbeitnehmern, die an der Online-Kommunikation beteiligt sind und Dialoge mit der Community führen, die Leistungsanforderungen und die Marschrichtung vor Augen.

Rechtstipp: Dürfen Sie Mitarbeiter wegen Fehlverhaltens entlassen?

Diese Frage ist nicht leicht zu beantworten, denn grundsätzlich gilt: Das Persönlichkeitsrecht der Arbeitnehmer ist zu beachten. Es darf also nicht jeder Fehltritt des Arbeitnehmers zu einer Kündigung oder Abmahnung führen. Vielmehr ist zu fragen, ob das Arbeitsverhältnis oder die Außenwirkung des Arbeitgebers betroffen sind. Wenn etwa ein Arbeitnehmer privat jemand Dritten beleidigt, ist dies für den Arbeitgeber kein Grund, zu reagieren, so sehr er sich auch wünschen mag, dass seine Arbeitnehmer in der Öffentlichkeit ein gutes Bild abgeben. Sobald ein Arbeitnehmer aber andere Arbeitnehmer beleidigt, stört dies unmittelbar den Betriebsfrieden und kann zu Konsequenzen führen, ebenso, wenn der eigene Arbeitgeber öffentlich denunziert wird.

Beachten Sie die »Whistleblowing«-Problematik: Dass man Missstände beim eigenen Arbeitgeber öffentlich macht, ist kein zwingender Kündigungsgrund. Allerdings ist vom Arbeitnehmer zu verlangen, dass er vor einer öffentlichen Anprangerung ernsthaft eine interne Klärung versucht.

Checkliste für Ihre Social Media Policy

Eine Policy zu erstellen, ist kein leichtes Unterfangen. So gibt es zahlreiche Punkte zu beachten. Neben der Definition von Social Media und einer Auflistung der bestehenden Kanäle sollten Sie auch hinreichend Spielraum für den Fall lassen, dass Sie die Kommunikationspolitik in Zukunft auf weitere Social Networks ausdehnen möchten.

Auch wenn es immer auf den Einzelfall ankommt, sollten Sie bei der Erstellung folgende Punkte abarbeiten und diese in der Policy erörtern:

▶ Welche Logos, Visuals und Texte kommen zum Einsatz?

▶ Welche Person ist letztlich für den Auftritt in sozialen Medien verantwortlich? Tipp: Benennen Sie in der Policy die Social Media Manager ebenso wie die Community Manager als Ansprechpartner bei internen Rückfragen.[4]

▶ Welche allgemeinen Grundsätze gelten in Sachen Vertraulichkeit? Welche Informationen sind als vertraulich einzustufen und dürfen nicht an die Außenwelt dringen? Welcher Content gilt als angemessen, und was ist zumutbar, insbesondere in Bezug auf die Persönlichkeitsrechte der Social-Media-Verantwortlichen, wenn Sie diese zum Beispiel mit Bild vorstellen möchten?

▶ Wie steht es um die Sorgfaltspflicht bei der Content-Erstellung? Wie detailliert müssen und dürfen die in sozialen Medien veröffentlichten Inhalte sein?

▶ Welches Verhalten Ihrer Mitarbeiter ist in sozialen Netzwerken unerwünscht, was wird aus Ihrer Sicht als unpassend eingestuft? Tipp: Alles, was auch in der realen Welt als geschäftsschädigend empfunden wird, ist in sozialen Medien ebenfalls strengstens untersagt. Demgemäß sind beleidigende, diskriminierende oder rechtswidrige Inhalte in jedem Fall tabu. Insofern dürfen Sie auch die Kritik anderer Nutzer auf Ihren Unternehmensseiten löschen, wenn es sich um offensichtlich rechtswidrige Inhalte handelt.

---

4 Mehr zu den verschiedenen Berufsbildern im Social Media Marketing und den jeweiligen Anforderungen findet sich beim Bundesverband Community Management e.V. für digitale Kommunikation und Social Media: *http://www.bvcm.org/wp-content/uploads/2012/07/Anforderungs-profile-an-Social-Media-Berufsbilder.pdf*

▶ Was ist in der Kommunikation mit der Community prinzipiell erlaubt? Wie geht man beispielsweise mit Konkurrenten und kritischen Usern um? Da die Beantwortung dieser Frage in den meisten Fällen sehr umfangreich ist, sollten Sie nach dem Ausschlussprinzip vorgehen – sprich: Was ist absolut verboten? Welche Kommunikationsformen sind nicht erwünscht? Dadurch können Sie letztlich ableiten, was Sie unter einer respektvollen und fairen Kommunikation verstehen.

▶ Wie kontrollieren Sie das Verhalten Ihrer Mitarbeiter im Social Web? Welche Konsequenzen hat es, wenn man sich nicht an die Policy hält? Wie ahnden Sie eventuelle Verstöße und Missbrauch?

Sie sehen, die Beantwortung dieser und weiterführender Fragen kann ein langwieriger Prozess sein. Eine Social Media Policy über Nacht zu entwickeln, wird also nicht funktionieren. Nichtsdestotrotz sollten Sie die Mühen nicht scheuen, diesen Prozess zu durchlaufen. Sie legen dadurch den Grundstein für Ihren erfolgreichen Auftritt im Social Web.

1.2.3 Warum sind Guidelines für Ihre Mitarbeiter unabkömmlich?

Social Media Guidelines sind typischerweise ein relativ kurz gehaltenes Dokument, in dem die Spielregeln des dienstlichen Auftritts in sozialen Netzwerken für alle Mitarbeiter festgehalten sind. Hierin wird das Verhalten am Arbeitsplatz »Social Web« noch einmal verbindlich zusammengefasst. So enthalten Guidelines beispielsweise Vorgaben zum Datenschutz-, Urheber- und Persönlichkeitsrecht sowie zur angemessenen Sprache. Ein beliebtes Beispiel hierfür ist die Antwort auf die Frage, ob User zu duzen oder zu siezen sind. Formuliert sind in den Guidelines auch allgemeine Höflichkeitsregeln, sozusagen die Etikette im Netz (*Netiquette*). Ebenso sind Angaben zur sachgerechten Kommunikation bei Beschwerden und Kritik zu finden.

Im Zweifelsfall sollten Ihre Mitarbeiter also auf die Social Media Guidelines zurückgreifen können, um im Sinne des Unternehmens zu handeln, ihre arbeitsvertraglichen Pflichten zu erfüllen und den angemessenen Ton zu finden. Guidelines sind nichts anderes als Verhaltensregeln für die PR-Arbeit im Social Web und sollten bestenfalls in wenigen Stichpunkten zusammenzufassen sein. In Abbildung 1.8 wird dies am Beispiel des Hardware-Herstellers Dell ersichtlich.

Ein besonders gelungenes Beispiel für solche Guidelines hat die *Fraunhofer-Gesellschaft* entwickelt. In einem öffentlich einsehbaren YouTube-Video erklärt die Forschungseinrichtung ihrer Mitarbeiterschaft, was bei der beruflichen Nutzung von sozialen Medien zu beachten ist. So steht im Beschreibungstext des dreiminütigen Clips (unter *http://bit.ly/13G1HGw*, siehe Abbildung 1.9):

»Die Social Media Guidelines von Fraunhofer stellen die Richtschnur für einen verantwortungsvollen beruflichen Umgang mit Social Media Diensten für alle Mitarbeitenden der Fraunhofer-Gesellschaft dar.«

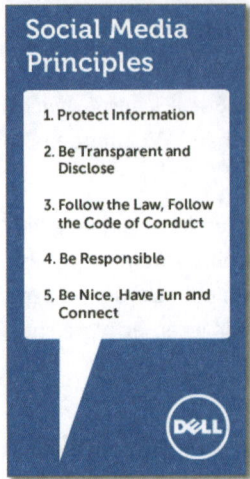

Abbildung 1.8   Mehr zur Social Media Policy von Dell finden Sie unter http://dell.to/ZsKrP8.

Abbildung 1.9   Video zu den Social Media Guidelines der Fraunhofer-Gesellschaft

Von den Mitarbeitern wird ein rechtlich sicherer und persönlich verantwortungs-bewusster Umgang mit und in sozialen Netzwerken verlangt. Beispielsweise hat das Hochladen von Dateien den Sicherheitsbestimmungen der IT-Abteilungen zu ent-sprechen, wobei auch hier »*Datenschutz-, Urheber-, Marken- und Persönlichkeits-rechte*« zu wahren sind. Darüber hinaus thematisiert das Video Vertraulichkeitsge-sichtspunkte und arbeitsvertragliche Pflichten, die eben auch im Social Web eingehalten werden wollen. Um die eigenen Mitarbeiter entsprechend zu schüt-zen, wird zudem auf die Privatsphäre-Einstellungen in sozialen Netzwerken hinge-wiesen. Die Mitarbeiter sollen zwar ihren Klarnamen verwenden und die Fraunho-fer-Gesellschaft als ihren Arbeitgeber eintragen, dürfen aber den Rest des Profils auf privat stellen. Wenn Sie sich sodann als Privatperson in den offiziellen Kanälen der Gesellschaft äußern, soll dies stets aus der Ich-Perspektive erfolgen. Private Meinungen sind folglich als solche kenntlich zu machen.

Rechtstipp: Regelverstoß im Social Web

Wenn Sie betriebliche Social Media Guidelines festlegen, sollten diese eine arbeitsver-tragliche Berücksichtigung finden. Bedenken Sie an dieser Stelle, dass Social Media Gui-delines nicht zwingend Arbeitnehmer binden – auch wenn der Arbeitgeber im Rahmen Ihres Direktionsrechts Anweisungen geben möchte, müssen diese von dem Arbeitsver-trag gedeckt sein. Daher sollte im Arbeitsvertrag in den zulässigen Grenzen Bezug auf derartige Guidelines genommen werden. Achten Sie darauf, das private und betriebli-che Handeln der Mitarbeiter sauber zu trennen, und geben Sie hier Hilfen, etwa wie man Missverständnisse vermeidet. Die Guidelines sollten insofern nicht nur starres Re-gelwerk, sondern auch verständlich abgefasst sein.

Beachten Sie, dass Sie Ihren Mitarbeitern nicht vorschreiben dürfen, wie sie sich im pri-vaten Alltag zu verhalten haben. Das Persönlichkeitsrecht der Arbeitnehmer ist zu be-achten! Sie dürfen aber Vorgaben machen, sofern das Arbeitsverhältnis berührt ist, also etwa den Anspruch erheben, dass ein privater Account nicht wie ein offizieller Firmen-Account wirken darf.

Als letzten wichtigen Punkt weist der Clip auf jene dienstliche Kommunikation hin, die auf den eigenen Seiten im Namen der Gesellschaft stattfindet: Kommunikation mit informativem Mehrwert ist gefragt. Multimediale Inhalte und Links sollen den öffentlichen Austausch befördern. Falls einmal Kritik auf die Gesellschaft zukommt, gilt es nicht bloß, Ruhe zu wahren, sondern auch Freundlichkeit und Sachlichkeit.

Wie Sie sehen, sind die Fraunhofer-Guidelines ein wirklich schönes Best-Practice-Beispiel für ein gelungenes und rechtskonformes Regelwerk. Durch sie ermöglicht die Gesellschaft ihren social-media-aktiven Mitarbeitern ein in jeder Hinsicht siche-res Vorgehen im Web 2.0.

1.2.4 Tutorial: Konfliktsituationen im Social Web – wie Sie Abmahnungen vermeiden und im Worst Case damit umgehen

So mächtig das Internet für Marketingzwecke ist, so vielfältig sind die Abmahngründe, mit denen sich Unternehmen und Organisationen konfrontiert sehen. Beispielsweise sind die Impressumpflicht und Urheberrechtsverletzungen beliebte Gründe zur Abmahnung. Daher wird Ihnen Rechtsanwalt *Jens Ferner* nun einige Tipps geben, wie Sie a) Abmahnungen vermeiden und b) im Fall der Fälle damit umgehen können.

Impressumpflicht im Social Web

Bis heute ist das fehlende oder fehlerhafte Impressum ein beliebter Abmahngrund, der zu empfindlichen Kosten führen kann. Daher der allgemein gehaltene Rat: Kümmern Sie sich darum, möglichst als Erstes. Dabei ist es gleich, in welcher Form Sie Ihre Informationen aufbereiten: Blog, Twitter-Account, Facebook-Seite – hinterlegen Sie überall ein Impressum (siehe Abbildung 1.10)!

Abbildung 1.10   Integration des Impressums in einem Twitter-Kanal

Bei der Frage, was in ein Impressum gehört, nutzen Sie immer folgendes Grundgerüst:

▶ Name der Firma – zusammen mit der Rechtsform. Gerade Letzteres ist wichtig, und hier wird gerne ein Aspekt vergessen: Auch eine »GbR« muss entsprechend bezeichnet werden.

▶ Geben Sie eine Kontakt-E-Mail-Adresse an.

▶ Wenn Sie keine Telefonnummer angeben, hinterlegen Sie ein Kontaktformular, und stellen Sie sich darauf ein, auf Kontakte hierüber möglichst zeitnah zu reagieren. Es ist noch nicht abschließend geklärt, welche Reaktionszeit »zeitnah«

ist. Jedenfalls sind Reaktionen innerhalb von 60 Minuten ausreichend. Mein Rat: Wenn es geht, lieber auf eine Telefonnummer setzen.

▶ Wenn eine Eintragung in ein Register vorhanden ist (Handelsregister, Vereinsregister, Partnerschaftsregister, Genossenschaftsregister), muss das Register mit Registernummer benannt sein.

▶ Geben Sie den vollständigen Namen des Vertretungsberechtigten an. Tipp: Geben Sie an, dass dieser unter der Anschrift des Unternehmens erreicht werden kann.

▶ Sollten Sie eine Aufsichtsbehörde haben, der Sie unterstellt sind: Benennen Sie diese!

▶ Geben Sie Ihre Umsatzsteuer-ID an, sofern Sie eine haben.

▶ Die sogenannten »Freiberufe« (vor allem Ärzte, Architekten und Anwälte) geben zudem die Kammer samt Anschrift an, der sie angehören, außerdem die gesetzliche Berufsbezeichnung und den Staat, in dem die Bezeichnung erworben wurde. Auch müssen Angaben zu den berufsrechtlichen Vorgaben gemacht werden, hier reicht die Benennung der gesetzlichen Grundlagen.

▶ Wenn Sie redaktionelle Inhalte bereithalten, benennen Sie einen »redaktionell Verantwortlichen nach § 55 Rundfunkstaatsvertrag«.

Mit diesem Grundgerüst haben Sie die typischen Abmahnfallen im Bereich des Impressums alle umschifft. Im Übrigen sei empfohlen, den §5 TMG in Ruhe zu lesen und nochmals Punkt für Punkt abzuhaken.

Urheberrechtsverletzung

In der Praxis begegnet man häufig der Rechtsfrage, ob eine Urheberrechtsverletzung vorliegt, wenn Unternehmen und Organisationen Bildmaterial posten, hochladen und/oder teilen. Das Urheberrecht erlangt der Schöpfer des Werkes automatisch, sofern es sich um eine eigene geistige Schöpfung mit einer gewissen »Schöpfungshöhe« handelt. Wenn einmal ein Urheberrecht besteht, kann weder einfach darauf verzichtet werden, noch kann es übertragen werden. Sollte also ein Unternehmen ein Werk, etwa ein Bild, von sich aus in einem sozialen Netz posten, an dem Urheberrechte bestehen, ist es nicht »gemeinfrei«.

Die Frage ist dann vielmehr, ob hier Nutzungsrechte an andere Nutzer eingeräumt wurden, sodass diese mit den Bildern nach eigenem Wunsch verfahren können. Wenn ein Unternehmen ein Bild zur Verfügung stellt, an dem es selbst die Rechte innehat, und dann den Nutzern ausdrücklich weitere Rechte einräumt, ist dies ein unkomplizierter Fall. Wenn aber ein Bild ohne entsprechende Rechte durch das Unternehmen gepostet wird, gibt es für die Nutzer keinen Schutz des guten Glaubens. Daher kann ich Ihnen nur den Rat geben, Bilder dann nicht zu nutzen, wenn die Rechtekette zum Urheber unklar ist oder wenn nicht ausdrücklich Nutzungsrechte zugestanden werden.

Jedenfalls bei Bildern sollten Sie immer dann vorsichtig sein, wenn der Schöpfer des Bildes nicht irgendwo im Bild benannt ist. Der Urheber hat ein grundsätzliches Recht auf seine Benennung nach § 13 UrhG – die fehlende Benennung des Urhebers ist ein klassisches Indiz für eine ungeklärte Rechtekette. Wenn dann bei einem Bild der Urheber ohne entsprechende Berechtigung nicht genannt wird, droht zum üblichen Lizenz-Schadensersatz zudem auch noch ein sogenannter *Verletzeraufschlag* von 50–100 %.

Rechtstipp: Teilen vs. Hochladen

Können Sie abgemahnt werden, wenn Sie Material teilen und sich nicht über den Urheber im Klaren sind, oder lediglich, wenn Sie aktiv fremde Bilder hochladen?

Die Frage ist beliebt: Macht es einen Unterschied, ob ich ein fremdes Bild selber in irgendeinem Netzwerk oder einer Plattform im Netz hochlade oder ob ich es »nur« teile, wenn es jemand anders hochgeladen hat? Juristisch kann die Antwort nur lauten: nein. Letztlich wird ein fremdes Werk verbreitet, »öffentlich zugänglich gemacht«, wobei ein eigener Unterlassungsanspruch bestehen wird.

In der Praxis zeigt sich damit aber auch ein Problem – wer Inhalte teilt geht bei fremden Inhalten ein grundsätzliches Risiko ein. Wer auf Nummer sicher geht, der teilt nur (kurze) Textinhalte und selbst verfasste Inhalte. Das Ergebnis wäre, gerade in sozialen Medien, ein textlastiges und wenig abwechslungsreiches Medium. Leider aber ist dies, wenn man wirklich rechtlich sicher gehen möchte, unvermeidbar. Da es keinen Schutz des guten Glaubens an Rechte gibt, können Sie sich auch nicht damit schützen, geglaubt zu haben, nicht gegen Rechte verstoßen zu haben. Es verbleibt damit nur die Wahl, mit gewissem Kalkül Risiken einzugehen, wenn man fremde Inhalte, vor allem Bilder, teilen möchte.

Wie geht man als Unternehmen oder Organisation mit Abmahnungen um?

Für den Moment ab Erhalt der Abmahnung gibt es einige Regeln: Ignorieren ist keine Option! Notieren Sie die Frist – gleich wie (vermeintlich) kurz die Frist gesetzt ist, dies ist ihre »Schonzeit«, innerhalb der Sie Ihre Reaktion vorbereiten können. Gerade im professionellen Umfeld sollten Sie dringend überlegen, einen spezialisierten Rechtsanwalt hinzuzuziehen: Selbst wenn dieser die Forderung nicht oder nur minimal reduzieren kann, so ist alleine die als Vertragsstrafe bewährte Unterlassungserklärung ein guter Grund, diese professionell prüfen und modifizieren zu lassen.

Letzter Rat: Nicht in aller Hektik und unüberlegt Kontakt zum »Abmahner« herstellen. In dieser Situation werden die häufigsten und nicht mehr zu korrigierende Fehler begangen

Rechtstipp: Abmahn-Budgets sind empfehlenswert

Grundsätzlich ist es heute ratsam, ein »Abmahn-Budget« bereitzuhalten. Eine sinnvolle Summe kann schwer vorhergesagt werden, aber 500 bis 1.000 € sind sicher eine sinnvolle Rücklage. Diese ca. 1.000-Euro-Empfehlung bezieht sich auf eine übliche Abmahnung, die man durch modifizierte Unterlassungserklärung mit gegebenenfalls abschliessendem Vergleich beendet. Schwieriger wird es, wenn Sie sich gegen eine (vermeintlich) unberechtigte Abmahnung wehren möchten: Je nach Vorgehen können die Kosten hier exorbitant steigen, insbesondere im Fall eines Rechtsstreits. Als Beispiel, wenn Sie sich bei einem Streitwert von 10.000 € vor Gericht streiten, müssten Sie von einem Prozesskostenrisiko von ca. 3.500 € ausgehen. Wobei gerade im Wettbewerbsrecht davon auszugehen sein wird, dass Streitwerte erheblich höher sein werden. Pauschal kann dies letztlich nicht beziffert werden, der erfahrene Anwalt wird dies im Einzelfall einschätzen können.

Auch Agenturen sollten hier vorsichtig sein: Zwar würde im Zweifelsfall der Kunde als späterer Website-Betreiber abgemahnt, dieser wird aber bemüht sein, diese Kosten im Zuge des Schadensersatzes bei der Agentur wieder einzutreiben (Regress).

1.3 Social Web: Fluch oder Segen für die moderne PR-Arbeit?

Wägt man das Für und Wider der Kommunikation in sozialen Medien sorgfältig ab, drängt sich die Frage auf: Bringt das Social Web nun letztlich Fluch oder Segen über die PR- und Öffentlichkeitsarbeit? Bereichern soziale Medien den Kommunikationsmix von Firmen, Verbänden, Vereinen und sonstigen *Non-Profit-Organisationen* (NPOs), oder werden sie zu unrecht gehypt?

Zwar gibt es rechtliche Bedenken, doch können diese durch eine systematische und rechtskonforme Planung Ihrer digitalen Kommunikationsstrategie zerstreut werden. Wenn Sie diese Vorarbeit einmal auf sich genommen haben, ist die Frage nach Fluch oder Segen allerdings eindeutig zu beantworten: Für die effektive Außenkommunikation von Unternehmen und Organisation ist das Potenzial des Webs 2.0 riesig! Daher sollten Sie den Dialog mit der Öffentlichkeit gezielt suchen und sich entsprechend dem Motto »schnell, effizient, direkt, modern« positionieren. Folgende Punkte sprechen zusammenfassend dafür:

▸ Die Reichweite des Social Webs ist immens. Ein Blick auf die Nutzerstatistik und die demografische Verteilung der User untermauert bereits diesen Eindruck. Auch in Zukunft werden die Nutzerzahlen weiter wachsen. So sind soziale Netzwerke längst nicht mehr ausschließlich ein Jugendphänomen. Aufgrund der demografischen Ausdifferenzierung ist sicherlich auch die von Ihnen anvisierte Zielgruppe über soziale Medien zu erreichen.

▶ Durch eine Kommunikation auf Augenhöhe lernen Sie Ihre Zielgruppe besser kennen. Wenn Sie ein guter Zuhörer sind, werden Sie die Wünsche, Fragen und Kritik der User aufnehmen und die gewonnenen Erkenntnisse produktiv in Ihre Arbeit einfließen lassen. Dies führt letztlich nicht nur zu einer Optimierung Ihrer Zielgruppenansprache, sondern mittelfristig auch zu nachfragegerechteren Produkten und Dienstleistungen.

▶ Erweisen Sie sich darüber hinaus als sympathischer Ansprechpartner und treten als kompetenter Experte für Ihr Fachgebiet auf, werden Sie sogar noch mehr erreichen: Sie können Ihre Markenbekanntheit steigern, Ihr Image verbessern, Ihre Kunden stärker an sich binden und obendrein Ihre Werte in die Netzwelt transportieren. Durch eine systematische Kommunikation in sozialen Medien sind Sie Ihren Wettbewerbern also weit voraus und tragen Ihr Alleinstellungsmerkmal in die Außenwelt.

▶ Außerdem können Sie sich strategisch auf einzelne Teilbereiche konzentrieren: Das Social Web ermöglicht Ihnen beispielsweise, neue Mitarbeiter zu rekrutieren oder neue Kollaborationsmöglichkeiten mit Ihren Kunden zu etablieren. Zudem vermag es Ihre Service- und Supportstrategie sinnvoll zu ergänzen oder Ihre Eventpromotion effektiver zu gestalten. Der Ausbau Ihrer Social-Media-Aktivitäten trägt aber vor allen Dingen dazu bei, Ihre Online-Reputation zu verbessern und Ihre Auffindbarkeit in Suchmaschinen zu erhöhen.

Angesichts dieser zahlreichen Vorteile scheint die Frage nach *Fluch oder Segen* letztlich hinfällig, denn über kurz oder lang werden Sie sich einer veränderten Kommunikationskultur stellen müssen. Doch schon jetzt kann Ihre Öffentlichkeitsarbeit von der Kampagnenfähigkeit sozialer Medien profitieren, denn mit guten Ideen lassen sich kreative und erfolgreiche PR-Strategien realisieren. Daher bleibt nur noch zu sagen: Nutzen Sie die Chance!

2 Von der Idee zur erfolgreichen Kampagne

»Social media is just a buzzword until you come up with a plan.«
Zach Dunn

Eins steht fest: Stellt man sich proaktiv mit der richtigen Idee auf und beherzigt die kommunikativen Besonderheiten in sozialen Netzwerken, ist das Social Web kampagnentauglich. Doch was zeichnet die Konzeption und Realisation von erfolgreichen Kampagnen aus? Welche Schritte muss man gehen, um seine PR- und Öffentlichkeitsarbeit effektiv umzusetzen?

Bevor Sie im Laufe des Kapitels eine Antwort auf diese Fragen finden, lohnt es sich, den Kampagnenbegriff näher zu bestimmen. Schließlich ist nicht jede PR- oder Marketingaktivität in sozialen Medien gleichzusetzen mit einer Kampagne. Eine Facebook-Seite oder einen Twitter-Account sporadisch zu pflegen, reicht beispielsweise nicht aus. Daher wird im Folgenden unter PR-Kampagnen die Gesamtheit aller digital umgesetzten Maßnahmen, Inhalte und Formate innerhalb eines bestimmten Zeitraums verstanden.

In der Kampagnenlaufzeit geht es darum, die gewünschten Zielgruppen durch neue Medien zu erreichen und hierzu einen schlüssigen, zur übergeordneten PR-Strategie passenden Kommunikationsmix zu entwickeln. Um Kampagnen möglichst erfolgreich umzusetzen, ist sodann eine zielgruppengerechte Ansprache in einzelnen Communitys erforderlich.

2.1 Networking, Sharing und Publishing in der modernen PR-Arbeit

PR-Arbeit in sozialen Medien hat viele Facetten. Kontakt- und Beziehungspflege ist in der virtuellen Öffentlichkeit ebenso möglich wie die Durchführung von innovativen Echtzeitkampagnen in unterschiedlichen Kanälen. So erfahren Sie zunächst, welche Kanäle sich im digitalen Kommunikationsmix bereits bewährt haben und sich daher für die Kampagnenpraxis eignen.

2.1.1   Social Networks und Sharing-Dienste für Ihren Community-Aufbau

Das Mitmachweb ist der ideale Ort, um spannende Geschichten zu erzählen, hochwertige Fachinhalte zu streuen und den Dialog mit unterschiedlichen Zielgruppen zu suchen. Das Motto heißt: informieren, unterhalten und interagieren. Wenn Sie es geschickt anstellen und sich an webspezifische Kommunikationsregeln halten, können Sie im Social Web langfristig eine interaktive Community aus Markenanhängern aufbauen. Dabei sind Facebook, Twitter & Co. längst nicht mehr nur ein Kommunikationsinstrument für kommerzielle Angebote, sondern haben auch in der PR für gesellschaftliche, kulturelle und politische Anliegen an Bedeutung gewonnen. Modernes NPO-Marketing ist ohne den Einsatz von Social Media kaum mehr denkbar, weil hier sowohl die Reichweite als auch das Kosten-Nutzen-Verhältnis besonders hoch sind. Um nur ein Beispiel von vielen nichtkommerziellen Marketingkampagnen zu nennen: Auch im US-amerikanischen Präsidentschaftswahlkampf konnte die Wählerschaft durch den Einsatz neuer Medien mobilisiert werden (siehe Abbildung 2.1).

Abbildung 2.1   YouTube-Kanal von Barack Obama

Egal, ob im Profit- oder Non-Profit-Bereich – im Social Web gilt es, den Echtzeitdialog mit der angestrebten Zielgruppe zu suchen, sich mit Usern zu vernetzen und sie dank sorgfältig ausgewählter Inhalte von sich zu überzeugen. Dies kann man publizistisch durch Corporate Blogging angehen, durch Präsenzen in sozialen und in geschäftlichen Netzwerken oder auch durch sogenannte Sharing-Plattformen, die sich insbesondere zum Teilen von Videos und Bildern anbieten und die auch ideal für die visuelle Kommunikation sind. Zu letzteren zählen beispielsweise YouTube,

Flickr, Pinterest oder auch Instagram – eine Smartphone-App für Fotobearbeitung. Folglich dreht sich die digitale PR- und Öffentlichkeitsarbeit vornehmlich darum, ansprechenden Content zu erstellen, ihn effektiv zu streuen und so zu verbreiten, dass er mit und von Dritten geteilt werden kann. Ist Ihr Content attraktiv genug, wird er nämlich per Word of Mouth bereitwillig von User zu User empfohlen.

Dabei gilt es, die Eigenheiten des jeweiligen Netzwerkes zu berücksichtigen. Beim Microblogging-Dienst Twitter zum Beispiel muss die Botschaft in gerade einmal 140 Zeichen verpackt sein. Zudem kann man sich hier auch durch Mentions und Replies (@-Zeichen) direkt mit anderen Twitterern austauschen. Durch einen sogenannten Retweet werden interessante Inhalte außerdem an das eigene Netzwerk weitergegeben (siehe Abbildung 2.2).

Abbildung 2.2   Vielfach retweeteten User den Tweet von @mashable.

Rechtstipp: Retweeten Sie nur wahre Inhalte
Bedenken Sie bei Twitter, dass ein Retweet ein Zueigenmachen des so wiedergegebenen Tweets darstellt. Eventuelle Persönlichkeitsrechtsverletzungen, die im ursprünglichen Tweet vorhanden waren, können so eine Abmahngefahr für den Retweeter bedeuten.

Sind die eigenen Kurzbotschaften medien- und zielgruppengerecht verfasst, werden sich wertige Follower leicht finden. Sobald Ihnen diese folgen, sollten sie am besten mehrmals täglich mit Kurzbotschaften versorgt werden. Selbstverständlich sollten Sie auch auf deren Rückfragen zeitnah reagieren. Schnelle Responsezeiten zählen in sozialen Netzwerken nun mal zum guten Ton und signalisieren Wertschätzung. Guter Content in Kombination mit aktivem Zuhören und schnellem Reaktionsvermögen sind folgerichtig die ersten Schritte, um ein starkes Netzwerk an Markenanhängern aufzubauen.

Darüber hinaus ist es immens wichtig, dass Ihre Inhalte teilbar (shareable) sind – bei Twitter sollten Ihre Tweets deutlich unter der 140-Zeichen-Marke bleiben, weil im Falle eines Retweets weitere Zeichen jenseits des Ursprungstextes hinzukommen (siehe Abbildung 2.3). Mediengerecht im Social Web vorzugehen, heißt eben, die grundlegenden Kommunikationsmechanismen zu kennen, ein wohlüberlegtes Themenfeld beharrlich zu beackern, die Zielgruppe mit wertigen Inhalten zu versorgen und die interaktiven Möglichkeiten für seine Zwecke zu nutzen.

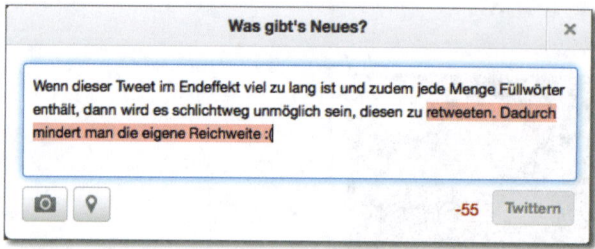

Abbildung 2.3　Beispiel für einen Tweet, der nicht »shareable« ist

Soziale Medien leben von zwischenmenschlichen Beziehungen, deswegen ist die Kommunikation hier viel persönlicher als in der klassischen PR. Regelmäßig sollten Sie Ihre Zielgruppe deswegen am innerbetrieblichen Geschehen und an Prozessen teilhaben lassen. Transparenz und Authentizität sind nämlich die Eckpfeiler einer glaubhaft wirkenden Community-Ansprache.

Genauso verhält es sich auf Facebook: Für die meisten Unternehmen und Organisationen steht hier die Generierung von Fans im Mittelpunkt, also von Personen, die sich per Klick auf *Gefällt mir* dauerhaft mit einer Facebook-Seite verbinden. Mögen die Begrifflichkeiten bei Facebook auch anders sein, greifen hier doch ähnliche Mechanismen wie bei Twitter. Im größten Netzwerk müssen Sie die Inhalte ebenso ansprechend und zielgruppengerecht verpacken, damit Sie User für sich gewinnen und letztlich an sich binden (siehe Abbildung 2.4). Zudem entscheidet hier ein Algorithmus, der sogenannte *EdgeRank*, darüber, ob Ihre Inhalte sodann im Newsfeed Ihrer Fans angezeigt werden oder nicht. Dieser bemisst sich daran, wie häufig ein Fan mit Ihren Inhalten interagiert, sprich diese liked, teilt oder kommentiert. Dies ist natürlich immer dann gewährleistet, wenn Ihr Inhalt einen Mehrwert für den User bietet. Der Spruch »Content is King!« trifft also auch auf dieses soziale Netzwerk zu und ist die Basis jeglicher Erfolgs-PR im Social Web. Wie diese am konkreten Fallbeispiel aussieht und welche Elemente gelungene Kampagnen im digitalen Zeitalter beinhalten, verdeutlichen Ihnen die kommenden Abschnitte und Kapitel.

Abbildung 2.4   »Content is King« – am Beispiel der Facebook-Seite der Initiative der Deutschen Stiftung Organtransplantation

Was Sie zum jetzigen Zeitpunkt mitgenommen haben sollten, lässt sich wohl am besten mit den Worten von Bestseller-Autor *David Meerman* ausdrücken:

> »You can buy attention (advertising). You can beg for attention from the media (PR). You can bug people one at a time to get attention (sales). Or you can earn attention by creating something interesting and valuable and then publishing it online for free.«[1]

Insofern sollten Sie die Chance wahrnehmen: Zeigen Sie durch Facebook, Twitter & Co., aber auch durch ein Blog Präsenz, und ziehen Sie durch die Veröffentlichung von interessanten Inhalten die öffentliche Aufmerksamkeit auf sich.

---

1 Recruitingblogs, *http://www.recruitingblogs.com/profiles/blogs/now-pay-attention-is-king*

Marketing-Take-away: Wieso? Weshalb? Warum? –
Content-Strategie aus innerbetrieblicher Perspektive

Konsistent, relevant, humorvoll und informativ – dies alles kann und sollte Ihre Content-Strategie sein. Denn eine zielgruppengerechte Content-Strategie ist der Schlüssel zum kommunikativen Erfolg im Social Web. Durch sie entwickelt sich eine interaktive Community aus Markenanhängern, die sich von Ihren Inhalte überzeugen lässt und sowohl bereitwillig aufnimmt als auch mit dem eigenen Netzwerk teilt. Sie gewinnen damit nicht bloß an Reichweite, sondern Sie gewinnen auch das Vertrauen Ihrer Zielgruppe. Ihr Einfluss in der Welt sozialer Medien wird einmal mehr steigen, weil Blogleser, Fans und Follower Ihre Seiten regelmäßig besuchen und sich dauerhaft mit Ihrer Marke befassen werden.

Doch gibt es darüber hinaus auch innerbetriebliche Gründe für die Entwicklung einer solchen Strategie:

1. Eine ausgearbeitete Strategie erleichtert Ihnen die interne Koordination und Beschaffung der Inhalte. Durch sie wissen nämlich die Social-Media-Verantwortlichen, welche Inhalte in welcher Form gewünscht sind. Insofern lohnt es sich, die konzeptionellen Mühen auf sich zu nehmen und diese zu formulieren.

2. Zudem gibt Ihnen die Content-Strategie auch Anhaltspunkt für die Erfolgskontrolle Ihrer Social-Media-Aktivitäten. Wenn Sie Ihre Leistung analysieren, können Sie beispielsweise Ihre Inhalte nach Themen gruppieren und so nachhalten, welche Themen am besten ankommen.

3. Durch regelmäßig aktualisierte Inhalte verbessert sich die Auffindbarkeit in Suchmaschinen, was Investitionen in Search Engine Optimization (SEO) spart beziehungsweise reduziert. Schließlich erhöht sich Ihre Sichtbarkeit.

Sie sehen, die Entwicklung einer Content-Strategie hat sowohl für Ihre Zielgruppe als auch für Ihr Unternehmen eindeutige Vorteile. Letztlich ist sie die Grundvoraussetzung für erfolgreiche PR im Social Web und stärkt Ihren Markenkern.

2.1.2   Corporate Blogging für Ihre Medienpräsenz

Um Ihre digitale PR-Arbeit auf solide Beine zu stellen, benötigen Sie Webangebote, auf denen Sie Ihre Produkte, Dienstleistungen, Ideen und Ihre Kampagnen vorstellen. Dabei gibt es zu beachten, dass die Zahl der Mobilzugriffe in den vergangenen Jahren deutlich zugenommen hat und in Zukunft noch weiter steigen wird. Insofern sollten Sie Ihre Internetseiten mittelfristig auch für mobile Endgeräte optimieren (siehe Abbildung 2.5), damit Sie diejenigen, die von unterwegs aus auf Ihre Seite zugreifen, nicht enttäuschen.

Je nach Kommunikationsanlass lohnt es sich zudem, separate *Landing-Pages* anzulegen. Sie eignen sich vor allem für Kampagnenlaufzeiten, weil sie auf den Werbeträger und Ihre Zielgruppe optimiert sind und Sie hier Ihre aktuellen Promotion- und PR-Maßnahmen vorstellen können. So können Sie durch Landing-Pages Ihre

Kampagnenidee kommunizieren, ohne dass User von weiterführenden Informationen abgelenkt werden.

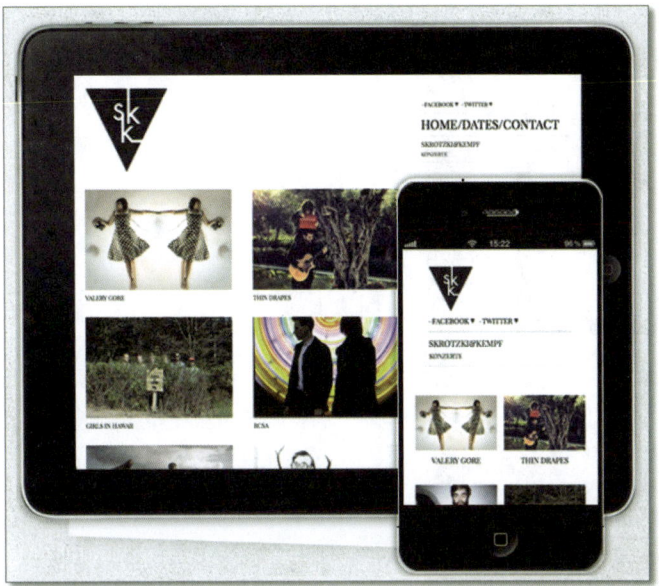

Abbildung 2.5   Beispiel der mobiloptimierten Website von Skrotzi&Kempf

Ein Beispiel: Für die Abiturjahrgänge 2012 führte ein Notebook-Händler ein deutschlandweites Gewinnspiel mit dem Namen »Sponsor4Abi« durch. Er integrierte eine gleichnamige Landing-Page in seinem Onlineshop und fügte diese auch als App in der eigenen Facebook-Seite ein (siehe Abbildung 2.6). Auf ihr waren die wesentlichen Informationen zum Wettbewerb enthalten, wobei der Text auf die jugendliche Zielgruppe abgestimmt war – auch in einem kurzen Video wurde die Botschaft vermittelt. Um die Aktion unter der Zielgruppe bekannt zu machen und deren Fokus auf die Seite zu lenken, wurden Werbeanzeigen auf Facebook geschaltet sowie Postings und Tweets mit Verweisen auf Landing-Page und Facebook-App verfasst. So diente diese als zentrale Informationsstelle für interessierte User und war damit das Herzstück der Kampagne.

Um zeitlich begrenzte Aktionen im Social Web durchzuführen, eignen sich darüber hinaus auch Weblogs, die zum Zwecke der Unternehmenskommunikation eingesetzt werden. Doch Corporate Blogs leisten noch mehr: Sie sind ein wirkungsmächtiger Kanal für die kontinuierliche Öffentlichkeitsarbeit. Daher erfreuen sie sich in den vergangenen Jahren großer Beliebtheit und sind aus der heutigen Medienlandschaft nicht mehr wegzudenken. Laut *Statista* hat sich innerhalb von einem halben Jahrzehnt die Anzahl der Blogs weltweit nahezu verfünffacht. Zwischen 2006 und

2011 wuchs die Blogosphäre von 35 Mio. auf 173 Mio., ohne dass heute eine Trendwende in Sicht wäre.[2]

Abbildung 2.6   Landing-Page zur Kampagne »Sponsor4Abi«

Recht ernüchternd sind hingegen die Ergebnisse einer US-amerikanischen Studie Mitte 2012, die unter anderem das professionelle Blogging-Verhalten von Unternehmen untersuchte (siehe Abbildung 2.7).[3] Zwar nutzen demnach 60 % der Unternehmen ein Blog, von denen knapp 2 % auf Deutsch sind, doch wird die Mehrheit der Businessblogs weniger als einmal jährlich mit neuen Artikeln befüllt. Insofern gibt es sowohl unter quantitativen als auch qualitativen Gesichtspunkten noch Potenzial in diesem Bereich.

Dabei sind Blogs gerade in großen und technikaffinen Unternehmen mittlerweile ein fester Bestandteil der Online-Strategie und haben sich branchenübergreifend als Instrument der Unternehmenskommunikation etabliert. Denn Blogging erhöht die Sichtbarkeit und bietet sowohl Ihnen selbst als auch Ihren Bezugsgruppen einen Mehrwert (siehe Abbildung 2.8).

---

2   Quelle: Statista, *http://de.statista.com/themen/248/blog/infografik/160/ anzahl-der-blogs-weltweit/*

3   Die vollständige Infografik zur Studie finden Sie unter *http://bit.ly/WFF4ug*.

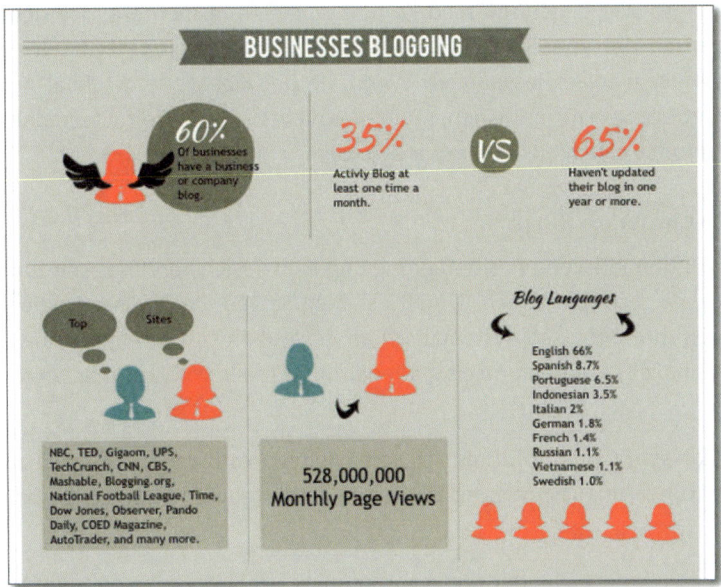

Abbildung 2.7 Auszug einer studienbegleitenden Infografik über das Bloggen (2012)

Abbildung 2.8 Blog von domainfactory

Unternehmen ebenso wie Organisationen kommt es gleich in mehrerlei Hinsicht zugute. Gemessen an der von Blogs ausgehenden Meinungswirkung bündelt es nämlich im Endeffekt wenige Ressourcen. Wenn Sie beispielsweise zweimal pro Woche einen Blogbeitrag veröffentlichen, raubt dies nicht allzu viel Zeit. Der redaktionelle Aufwand lohnt gleich aus mehreren Gründen.

Gute Gründe für Corporate Blogs

Blogs sind ideal zur thematischen Positionierung und eignen sich hervorragend zum sogenannten *Agenda Setting* – sprich: Durch ein Blog setzen Sie Themenschwerpunkte und tragen Ihre Botschaft systematisch an die Außenwelt, sodass Sie bestenfalls Meinungsmacht entfalten und als glaubwürdige Quelle von Usern herangezogen werden.

Schon allein aus diesem Grund lohnt es sich, die Mühen des Bloggens auf sich zu nehmen. Doch darüber hinaus gibt es noch weitere gute Argumente für ein Corporate Blog:

1. Durch das Schreiben von Blogbeiträgen kommunizieren Unternehmen und Organisationen ihre Expertise. Sie profilieren sich sichtbar als fachgerechte Ansprechpartner, tragen zur Meinungsbildung in bestimmten Bereichen bei und stärken letztlich ihren Markenkern.

2. Blogs erfüllen ein Informationsbedürfnis jenseits der sachlich-neutralen Pressemitteilung. Aufschlussreiche Einblicke in Unternehmen, Abteilungen, Arbeitsgebiete und/oder Projektstände werden hier in eine mediengerechte Erzählstruktur gegossen. Kommuniziert werden meist andere Inhalte als in Pressetexten, wobei auch Vermittlungstechniken und Stil stark von journalistischen Formaten abweichen.

3. Darüber hinaus erfüllen Corporate Blogs ein Bedürfnis auf der sogenannten Beziehungsebene. Wenn Blogbeiträge beispielsweise das zwischenmenschliche Gefüge oder den Betriebsalltag authentisch thematisieren und »Interna« sympathisch wirken, personalisieren Sie Ihr Unternehmen und geben ihm ein Gesicht. Ihre Marken, Produkte und/oder Ideen vermögen Sie also entsprechend emotional zu transportieren.

4. Durch regelmäßige Blogs stärken Sie letztlich das Vertrauen in Ihre Leistungsfähigkeit, Seriosität und Glaubwürdigkeit. Ihre Positionierung wird dadurch einzigartig, Ihr Image unverwechselbar. Demzufolge werden Sie von Ihren Lesern nicht als »Allerweltsunternehmen« wahrgenommen.

5. Die zur Verfügung gestellten Inhalte können von Lesern sodann in sozialen Netzwerken geteilt werden, sodass Sie und Ihre Marke präsenter werden.

6. Im Sinne der *Content-Syndication* können auch Sie Ihre gebloggten Medieninhalte für Ihre Social-Media-Kanäle nutzen und sie dort Fans und Followern präsentieren. Die Mehrfachnutzung Ihres Contents erhöht dabei Ihre Reichweite. Durch eine gezielte Streuung auf Facebook, Twitter & Co. lenken Sie den Traffic auf Ihr Weblog und gegebenenfalls von da aus auf Ihre Internetseite.

7. Dank der in Blogs vorhandenen Kommentarfunktionen ist es möglich, sich mit anderen Multiplikatoren auszutauschen und zu vernetzen. Der Austausch ist jedoch nicht bloß auf die sogenannte Blogosphäre beschränkt. Auch den direkten Dialog mit der interessierten Öffentlichkeit und Ihrer Zielgruppe lässt dieses interaktive Medium zu.

8. Im Gegensatz zu Facebook können Sie in Ihrem Blog Gewinnspiele und PR-Aktionen nach eigenen Wünschen durchführen, da es hier keine vorgeschriebenen Promotion-Guidelines gibt. So steht es Ihnen hier beispielsweise frei, Kommentarfunktionen zu diesem Zweck zu nutzen. Sie haben also deutlich mehr Freiheit in der Handhabung als in anderen sozialen Medien wie Facebook. Einziges Muss: Selbstverständlich sollten Sie auch in Ihrem Blog auf Rechtskonformität achten.

9. Indem Sie in Ihrem Blog häufig Texte zu ähnlichen Themengebieten veröffentlichen, sehen Suchmaschinen dies als besonders glaubhaft und wertig an. Insbesondere Marktführer Google belohnt dabei sich aktualisierende Inhalte auf Blogs und anderen Webseiten mit einer schnelleren Auffindbarkeit. Zudem weisen Blogsysteme wie Wordpress schon vom Kern her eine SEO-freundliche Struktur auf.

Wenn Sie sich die Punkte noch einmal gebündelt vor Augen führen, offenbart sich die enorme Stärke von Blogs: Als Kommunikationszentrale von Unternehmen und Organisationen sind sie ausschlaggebend für die Meinungsbildung. In Blogs haben Sie das Potenzial, Themen zu (be)setzen, sich selbst ins rechte Licht zu rücken und Ihre Kernbotschaften entsprechend zu kommunizieren. Darüber hinaus lassen sich die Beiträge sehr gut und einfach über andere Plattformen streuen, sodass sie weiterverbreitet werden können. Aus diesen Gründen bedeuten Blogs eine enorme Chance für die Öffentlichkeitsarbeit und wollen genutzt werden.

Fünf Dinge, die Sie beachten sollten

Falls Sie sich für das Bloggen entscheiden, sollten Sie regelmäßig neue Beiträge mit einem hohen Zielgruppenbezug verfassen. Denn nur durch regelmäßige Beiträge mit Mehrwert werden Sie es schaffen, öffentliche Präsenz zu zeigen und eine Chance auf interaktive Diskussionen über Ihre Themen haben. Sporadische Aktualisierungen Ihres Blog-Contents sind nämlich für Ihre Mediendurchdringung nahezu wirkungslos. Um allerdings »richtig« durchzustarten, sollten Sie zudem noch einige Details beachten:

1. Das Informationsdesign Ihres Blogs sollte übersichtlich und so gestaltet sein, dass sich Leser dort gerne aufhalten. Natürlich muss es an Ihr Corporate Design erinnern und zudem Ihr offizielles Logo enthalten. Es geht schließlich darum, dass das Blog mit Ihnen identifiziert wird.

2. Bauen Sie Social Plugins wie den Facebook- und Twitter-Share-Button ein, damit der Leser Ihre Texte weiterempfehlen kann.

3. Blogs sind multimedial. Deswegen können Sie neben dem reinen Text auch qualitativ hochwertige Bilder und/oder Videos einbetten. Nutzen Sie dynamische Inhalte, die in andere Netzwerke weiterverbreitet werden können, um Reichweite und Aufmerksamkeit zu erhöhen.

4. Verlinken Sie nur zuverlässige Quellen, die sie geprüft und als vertrauenswürdig befunden haben.

5. Das Blog ist ein Aushängeschild Ihres Unternehmens. Orthografische und grammatikalische Fehler sollten sich daher in Grenzen halten. Insofern sollten Sie stets Korrekturschleifen einplanen.

Wenn Sie diese Punkte beachten und obendrein Ihre Themenschwerpunkte zielgruppengerecht vermitteln, schaffen Sie die besten Voraussetzungen für eine reputations- und imageträchtige Öffentlichkeitsarbeit im Social Web. So wird das Blog Ihre mediale Präsenz bereichern.

Rechtstipp: Embedded Content im Corporate Blog

Darf man Videos, Podcasts oder Slideshare im eigenen Blog einbinden? Immer wieder wird die Frage gestellt, ob man fremde Inhalte als *embedded Link* in seinem Blog anzeigen darf. Tatsächlich gibt es noch keine klare Rechtsprechung, ob es sich bei embedded Links um Urheberrechtsverletzungen handeln kann. Letztlich ist die Wahrscheinlichkeit hoch, dass die Rechtsprechung dies insgesamt annehmen wird. Daher sollten Sie vor dem Einbinden darauf achten, dass die Rechte geklärt sind und sich der Verfasser der Inhalte nicht an der Einbindung stört. Eine kurze klärende E-Mail vorab ist anzuraten.

Darüber hinaus bedenken Sie bitte, dass Sie sich den Inhalt, den Sie so einbinden, zu eigen machen. Das bedeutet, dass Ihnen eine Rechtsverletzung, die durch den Inhalt begangen wird, gegebenenfalls unmittelbar zugerechnet wird. Wenn Sie etwa ein Video einbinden, in dem Persönlichkeitsrechte verletzt werden, besteht damit die Gefahr, dass unmittelbar Sie selbst wegen Verbreitung dieses Videos in Anspruch genommen und auf Unterlassung verklagt werden.

2.1.3   Foren, Bewertungsportale und Location-based Services für Ihre Außenwahrnehmung

Eine proaktive Positionierung im Social Web ist für moderne PR-Arbeit essenziell. Schließlich lassen sich die Beziehungen zur Öffentlichkeit und Ihre Außenwahrnehmung durch aktives Facebooken, Twittern & Co. systematisch gestalten – User werden zur Interaktion eingeladen und können direktes Feedback in Echtzeit geben.

Trotz dieser Dominanz von Facebook, Twitter & Co. innerhalb der sozialen Medien beeinflussen weitere Webtechnologien im Wesentlichen die Art und Weise, wie Sie von der Außenwelt wahrgenommen werden. Und dennoch haben sie in der Unternehmenskommunikation oftmals einen nachrangigen Status. Allen voran sind hier Foren zu nennen. Auch wenn diese so manches Mal übersehen werden, haben sie immer noch einen bedeutenden Einfluss auf die Meinungsbildung des Gros der Internetnutzer. Laut der Studie »Social Media Effects 2012«[4] diskutieren immerhin 17,8 % der User sehr regelmäßig in Communitys, Blogs und Foren. Die Anzahl der passiven User ist allerdings noch deutlich höher, sie informieren sich hier häufig über Produkte und Marken und verfolgen Kommentar-Threads mit Interesse. Auch wenn es auf den ersten Blick vielleicht anders erscheinen mag, User schenken Communitys, Blogs und Foren durchaus Aufmerksamkeit und Vertrauen (siehe Abbildung 2.9).

Da mittlerweile fast die Hälfte der Nutzer den Inhalten in Foren und Communitys Glauben schenkt, ist es enorm wichtig zu wissen, was dort über das eigene Unternehmen geschrieben steht. Foren zu beobachten, ist also ein unabkömmlicher Bestandteil professioneller PR- und Öffentlichkeitsarbeit. Hier finden Sie nicht nur Aussagen zu den eigenen Produkten, sondern auch zu denen der direkten Konkurrenz. Sie erfahren, wie Konsumenten über Sie reden, was sie denken und wie Ihre realistische Marktposition ist. Suchergebnisse aus Forenbeiträgen erscheinen zudem recht weit oben in der Online-Suche und haben somit direkte Auswirkungen auf Ihre Reputation in der Netzwelt. Mithilfe netnografischer, also netzethnografischer, Untersuchungen können Sie außerdem das Verhalten von Usern und User-Gruppen in Foren beobachten und analysieren und Ihre PR-Arbeit sodann entsprechend ausrichten (Abschnitt 3.1.3, »Fünf Grundsätze, die Sie im Mitmachweb weiterbringen«).

Die Relevanz von Foren wird an einem konkreten Fallbeispiel deutlich. Im Folgenden geht es um einen Hygieneeimer zur Entsorgung von Katzenstreu, in welchem ein spezieller Beutel unangenehme Gerüche binden soll (siehe Abbildung 2.10).

---

4   Die Studie »Social Media Effects 2012. Die steigende Bedeutung des Web 2.0 – auch für Unternehmen« aus dem Jahr 2012 finden Sie unter *http://www.tomorrow-focus-media.de/uploads/tx_mjstudien/TFM_SocialMediaEffects_2012.pdf.*

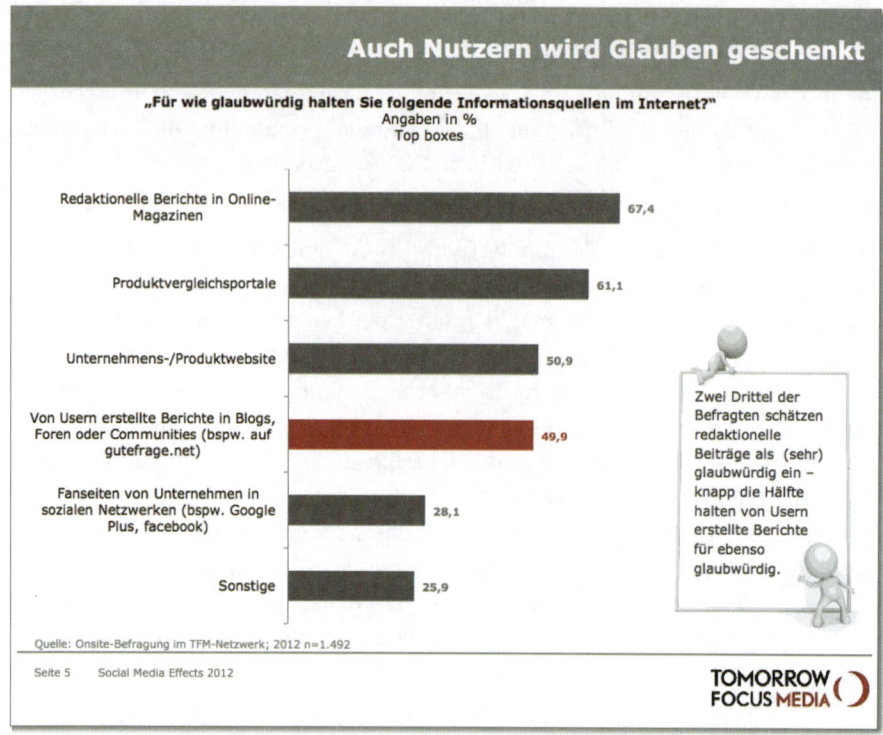

Abbildung 2.9 Studie »Tomorrow Focus Media« (2012); Tomorrow Focus Media, http://www.tomorrow-focus media.de/uploads/tx_mjstudien/Mobile_Effects_2012-01.pdf

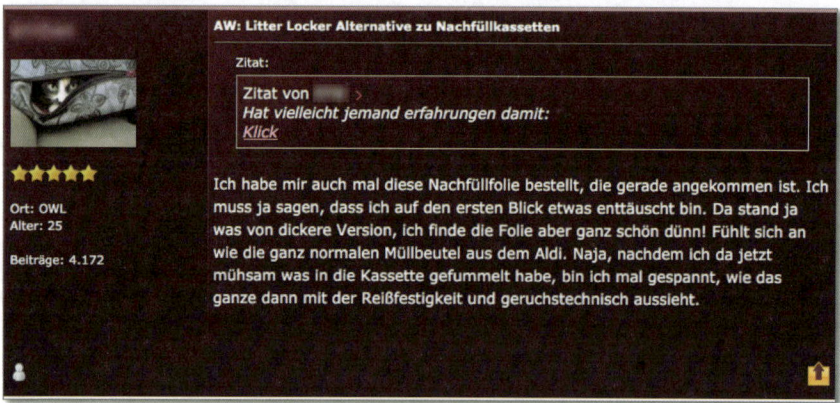

Abbildung 2.10 Kritischer Forenbeitrag in einem Katzenforum

In einem Katzenforum tauschen Katzenhalter Ihre Erfahrungen mit dem Produkt, insbesondere dem Nachfüllbeutel, aus und nehmen das Preis-Leistungs-Verhältnis unter die Lupe. Zudem geben sie sich gegenseitig Tipps, wie man seine Ausgaben reduzieren und passende Beutel selbst herstellen kann. Schlussendlich werden also Erfahrungen weitergegeben, sind sie nun positiv oder negativ. Ist Letzteres der Fall, muss man lernen, wie man mit diesen Nutzerstimmen umzugehen hat.

Falls Sie im Netz auf Kritik stoßen, sollten Sie sich nicht aus der Ruhe bringen lassen, sondern hinterfragen, ob und was davon berechtigt ist. Auf keinen Fall sollten Sie sich dazu hinreißen lassen, pseudonyme Nutzeridentitäten anzulegen und durch diese positive Stimmen zu produzieren. Dass der fürsprechende Nutzer ansonsten inaktiv ist und sich nicht an anderen Diskussionen beteiligt, wird der Community auffallen und sehr übel aufstoßen. Mit Pseudonymen die eigenen Bewertungen zu manipulieren, wird sogar aller Voraussicht nach eine massive Kritik auf anderen Kanälen hervorrufen. Solch eine reaktive Vorgehensweise bietet sich daher nicht an und ist mittelfristig auch nicht zielführend.

Der einzig vertretbare Weg ist für ein Unternehmen, sich als solches zu erkennen zu geben, die allgemeinen Nutzerregeln des Forums zu respektieren und einen offenen Kundendialog auf Augenhöhe zu suchen. Foren sind keine Abspielfläche für Werbung und Pressemitteilungen, weswegen eine professionelle Positionierung hier stets eine sensible Angelegenheit ist. Mit Fingerspitzengefühl kann man allerdings auch im Forenmarketing viel bewegen.

Rechtstipp: Wann ist das Löschen von Kritk erlaubt?

Wann darf man negative Bewertungen aus rechtlicher Sicht löschen? Grundsätzlich gilt, dass sich Unternehmen und Unternehmer, die am öffentlichen Wettbewerb teilnehmen, Kritik bieten lassen müssen. Dabei ist auch barsche oder energische Kritik erlaubt – die Grenze sind aber immer Schmähkritik und falsche Tatsachenbehauptungen.

Wenn etwa Kritik geübt wird ohne jeglichen sachlichen Boden, wenn nur noch die Difamierung im Vordergrund steht, spricht man von »Schmähkritik«, die man sich nicht mehr gefallen lassen muss. Ebensowenig muss man es sich bieten lassen, dass falsche Tatsachen über den eigenen Betrieb behauptet werden.

Neben Foren bestimmen auch standortbezogene Dienste die Außenwahrnehmung Ihres Unternehmens. Prominente Vertreter unter den sogenannten Location-based Services (LBS) sind beispielsweise Qype und Foursquare. Bei diesen haben Sie die Möglichkeit, über eine App mobil an Orten einzuchecken. Sie können Bewertungen und Tipps hinterlassen, aber auch selbst geschossene Fotos hochladen und dem Unternehmen zurodnen (siehe Abbildung 2.11). Die nutzergenerierten Inhalte sind für andere öffentlich. Deswegen ist prinzipiell für jeden Nutzer einsehbar, wie User das eigene Unternehmen bewerten.

Abbildung 2.11 Mobile App von Qype

Ähnlich wie bei den meisten Webanwendungen können Sie auch auf der größten europäischen Bewertungsplattform Qype einen eigenen Firmen-Account anlegen und sich proaktiv aufstellen (siehe Abbildung 2.12). So können Sie – selbst in der kostenfreien Version – eine Firmenbeschreibung, das Firmenlogo sowie eine begrenzte Anzahl weiterer Bilder hochladen. Der Bonus: Sie werden direkt darüber informiert, wenn Nutzer eine Bewertung hinterlassen, und können sehen, wie zufrieden Ihre Kunden sind. Am Beispiel eines Münchener Tattoo-Studios in Abbildung 2.12 ist dies unverkennbar:

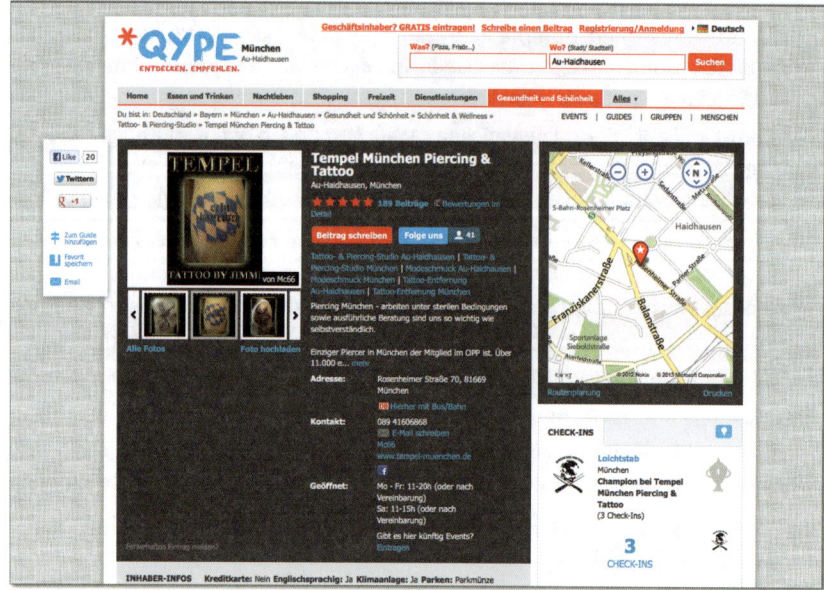

Abbildung 2.12 Tempel München Piercing & Tattoo (Qype)

Im März 2013 fanden sich auf der Unternehmensseite bei Qype bereits 189 Best-Bewertungen. Überwiegend mit fünf Sternen versehen, lobten die Kunden das Preis-Leistungs-Verhältnis, die Hygieneverhältnisse und einiges mehr. Außerdem haben sie Bilder von Ihren Tätowierungen hochgeladen, sodass sich auch potenzielle Interessenten einen Eindruck von der Arbeit machen können. Sie merken, sichtbares Empfehlungsmarketing lässt grüßen.

Nicht wesentlich anders verhält es sich beim LBS-Anbieter Foursquare, einer App fürs Smartphone, die zwar den deutschen Markt im Vergleich zum angloamerikanischen noch nicht so tief durchdrungen hat, aber von technikaffinen Usern gerne genutzt wird. Verbunden mit spielerischen Elementen können User hier an unterschiedlichen Orten einchecken und erhalten dafür im Gegenzug Punkte (siehe Abbildung 2.13). Wenn sie oft genug ein und denselben Ort aufgesucht haben, können sie sogar dessen »Bürgermeister« werden und – auf Englisch formuliert – einen »Mayorship« erobern. Zudem erhalten sie sogenannte Badges, virtuelle Abzeichen für themenbezogenes Einchecken. Checkt man beispielsweise mehrmals in der Bahn ein, erhält man einen *Trainspotter Bagde*. Dementsprechend spielt Gamifikation bei Foursquare eine wesentliche Rolle – die Jagd nach Punkten und Badges motiviert die User, den Dienst fast täglich zu nutzen und dem Freundeskreis den aktuellen Standort mitzuteilen.

Abbildung 2.13   Mobile App von Foursquare

Auch öffentliche Tipps zu Sehenswürdigkeiten und Unternehmen können bei Foursquare hinterlassen werden, wobei der Begriff »Tipps« durchaus missverständlich ist, weil sich auf Foursquare mitunter kritische Bemerkungen zu Service, Preis-Leistungs-Verhältnis und so weiter finden. Doch das besondere Highlight für registrierte Unternehmen sind sogenannte Specials. Als Unternehmen können Sie beispielsweise eine digitale Treueaktion durchführen und bei mehrfachen Check-ins etwas gratis anbieten oder auch ein Schwarmspecial schalten, bei dem User in einer Gruppe einchecken und deswegen Rabatte erhalten. Im modernen Online-Marketing spielen solche Webanwendungen folglich eine wichtige Rolle und bieten jede Menge Potenzial für kreative PR-Kampagnen.

Marketing-Take-away: Moderne Schatzsuche dank Foursquare

Bereits 2010 hat sich der Schuhdesigner *Jimmy Choo* den LBS für die Durchführung einer medienwirksamen Kampagne zunutze gemacht. In dieser verband der Markenschuhhersteller die Möglichkeit zur digitalen Echtzeitkommunikation mit dem altbekannten Prinzip einer Schatzsuche.

So sollten Foursquare-Nutzer ein Paar Jimmy Choo, das in der Londoner Innenstadt unterwegs war und an unterschiedlichen Orten eincheckte, verfolgen. Es galt, diese vor Ort aufzuspüren und als Gewinn einzutüten. Sich den spielerischen Ansatz des Netzwerkes zu eigen zu machen und die Online-Welt mit der realen zu verquicken, zahlte sich aus. Die kreative Kampagne wurde auch in der Fachpresse bejubelt.

2.1.4 PR-Portale für Ihre Pressemitteilung

PR-Portale ermöglichen Ihnen, Ihre Pressemitteilung online zu veröffentlichen. Seitdem 2004 mit *Open PR* eines der ersten entstand, existieren mittlerweile eine Vielzahl von Anbietern auf dem Markt (siehe Abbildung 2.14).

Abbildung 2.14   Presseportal von OpenPR

Die Schritte zur Veröffentlichung einer Pressemitteilung sind hier sehr einfach: Sie geben die Textbausteine in eine Maske ein und können teilweise ein dazugehöriges Pressebild hochladen. Zudem sortieren Sie den eigenen Pressetext in entsprechende Rubriken ein, damit die Informationen thematisch sinnvoll und/oder regional stimmig erscheinen. Erst in einem weiteren Schritt erfolgt die Prüfung der Inhalte durch den Portalbetreiber. Die Texte sollten daher journalistische Relevanz haben und Fachartikeln ähneln. Sind sie zu kommerziell, erweist sich eine Freigabe in der Regel als schwierig. Als kostenfreien Service bieten die Seitenbetreiber zudem eine Archivierung der Pressemitteilungen unter dem dazugehörigen Autoren-/Unternehmensprofil an. Im kostenpflichtigen Bereich bestehen sodann weitere Möglichkeiten zur Optimierung der Veröffentlichung: eine sichtbarere Platzierung auf dem Portal sowie die Verbreitung über andere Nachrichtendienste und Webseiten.

Wo liegt der Nutzen von PR-Portalen?

Theoretisch sind PR-Portale ein kostengünstiges und reichweitenstarkes Imageinstrument, weil sich Journalisten und Multiplikatoren über diese informieren können. Insofern die Pressemeldungen sinnvoll verschlagwortet sind, befördern sie obendrein die Auffindbarkeit in Suchmaschinen. Wenn der informative Mehrwert der Pressemeldung die Leser sodann überzeugt, erhöhen sich bestenfalls sogar die Besucherzahlen auf der eigenen Website (siehe Abbildung 2.15).

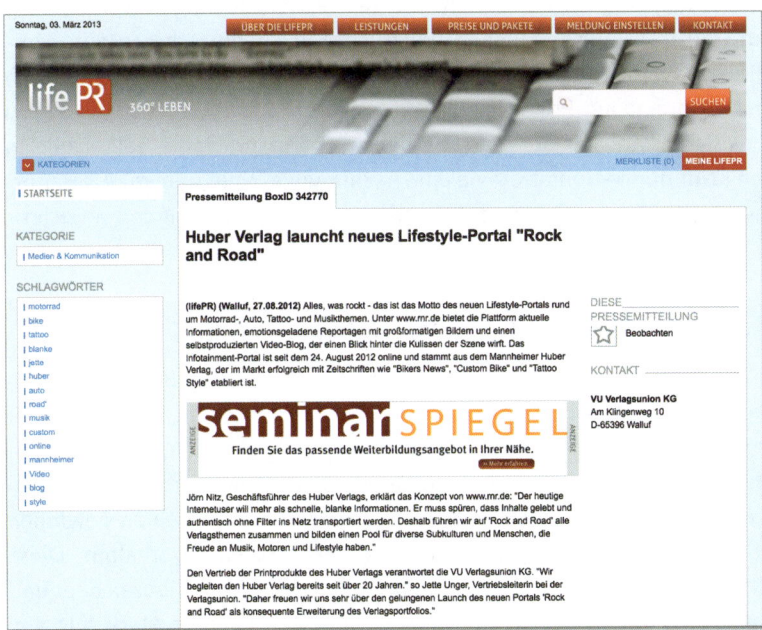

Abbildung 2.15   Abbildung einer Pressemitteilung in einem PR-Portal

Soweit die Theorie, in der Praxis gibt es allerdings zwei Einwände:

1. *SEO*

   Wenn ein und dieselbe Pressemitteilung mit dem gleichen Wortlaut in zu vielen Portalen erscheint, reduziert sich die Sichtbarkeit bei Google, weil der Suchmaschinen-Algorithmus hierhinter einen Spamversuch vermutet. Für einen systematischen Linkaufbau eignet sich dieses Vorgehen also nicht. Zudem ist der Sichtbarkeitsindex von Presseportalen in den vergangenen Jahren gesunken, wobei die Anbieter *OpernPr.de* und *Online-Artikel.de* immer noch einen recht zufriedenstellenden Wert aufweisen.

2. *Multiplikatoren*

   In der Theorie suchen Pressevertreter in PR-Portalen aktiv nach Informationen und Geschichten, in der Praxis ist dies allerdings selten der Fall. Ob man insbesondere bei kostenfreien Angeboten gezielt journalistische Multiplikatoren erreicht, ist also fraglich.

Sind PR-Portale angesichts dieser Einschränkungen gänzlich nutzlos? Nein, das nicht. Durch das Einstellen von Pressemeldungen erhöht sich zumindest temporär Ihre Sichtbarkeit, was der Online-Reputation zuträglich ist – und vielleicht stößt gerade so ein Meinungsbildner auf Sie. Um dies zu erreichen, ist jedoch ein informativer Nachrichtenwert unabdingbar, weil Google diesen als wertig einstuft. Folgerichtig kommt Qualität auch bei der Arbeit mit PR-Portalen vor Quantität.

Ein Manko bleibt nichtsdestotrotz bestehen: Ihre Pressemitteilungen werden zwar breit gestreut und Ihre Inhalte tauchen (kurzfristig) in Suchmaschinen auf, allerdings sind die Streuverluste recht hoch. Aus diesem Grund empfiehlt es sich auch weiterhin, mit dem eigenen Presseverteiler zu arbeiten und PR-Portale als das zu betrachten, was sie sind: flankierende Medien. Dementsprechend sollten Sie in Ihrer digitalen Kommunikationsstrategie eine nachrangige Rolle spielen. Als Hauptstandbein moderner PR- und Öffentlichkeitsarbeit im Social Web eignen sie sich sicher nicht.

2.1.5   Blogger Relations für Ihren Multiplikatoreffekt

Wie Sie wissen, entfalten Blogs Meinungsmacht. So avancierten Blogger zu meinungsträchtigen Multiplikatoren der modernen Medienlandschaft. Daher ist es für Unternehmen und Organisationen vielfach unabdingbar geworden, die Beziehungen zu relevanten Bloggern auf- und auszubauen. Gerade bei Social-Media-Kampagnen gilt es, bloggende Meinungsbildner für die eigene PR-Idee zu gewinnen und so letztlich Stellungnahmen von unabhängigen Autoren zu erhalten. Diese Form der Öffentlichkeitsarbeit wird gemeinhin als *Blogger Relations* bezeichnet und nimmt insbesondere in den USA eine Schlüsselrolle im *Influencer Marketing* ein. Denn Blogs beeinflussen sowohl Einstellungen als Kaufentscheidungen – sie sind ein entscheidender Bestandteil im Empfehlungsmarketing. Untermauert wird deren Bedeutung beispielsweise auch von der Studie »Technorati Media – 2013 Digital Influence Report« (siehe Abbildung 2.16).[5] Sie zeigt, dass zwei Drittel der Influencer in ihren Blogs Leitartikel veröffentlichen, wobei sie häufig Marken und Produkte besprechen.

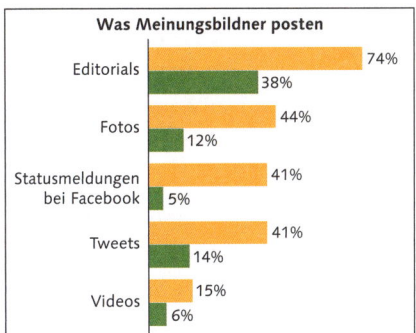

Abbildung 2.16   Grafik aus »Technorati Media – 2013 Digital Influence Report«

Fünf Gründe für die Intensivierung von Blogger Relations

In Zeiten des *Word-of-Mouth-Marketings* entfalten Blogger eine hohe Meinungsmacht, wobei die Blogosphäre prinzipiell weitverzweigt ist. So gibt es Blogs zu ganz unterschiedlichen Themen – von Technik über Lifestyle bis hin zu Ernährung, Beauty oder Mode wie in Abbildung 2.17. Das Angebot ist vielfältig, und von daher ist die Wahrscheinlichkeit hoch, dass auch Sie Blogger mit passenden Themenschwerpunkten finden.

Abbildung 2.17   Vickys Modeblog

---

5   Technorati Media, *http://technoratimedia.com/wp-content/uploads/2013/02/tm2013DIR.pdf*

Wenn Sie die relevanten Blogs aus Ihrem Bereich ausfindig gemacht haben, sollten Sie sich darum bemühen, mit den Bloggern dahinter in Kontakt zu treten. Denn es gibt gute Gründe für eine Intensivierung Ihrer Blogger Relations.

Die folgenden fünf Punkte zeigen Ihnen, warum Sie die Beziehungen zu Bloggern suchen und pflegen sollten:

1. Blogger sind in der Regel unabhängig. Sie testen und rezensieren Produkte, sprechen Empfehlungen aus und sagen gegebenenfalls auch, wenn etwas nicht stimmt. Ihre Artikel sind meist persönlich geschrieben und dementsprechend nicht sonderlich wertneutral verfasst. Schließlich wollen private Blogger ihre Emotionen und Eindrücke ungefiltert ausdrücken.

2. Als Produzenten von authentischen Inhalten gelten Blogger gemeinhin als besonders glaub- und vertrauenswürdig. Dadurch dass sie sozusagen die ungeschminkte Wahrheit zutage treten lassen, zeichnet sich ihre Arbeit durch Ehrlichkeit und Transparenz aus.

3. Wenn Sie es geschickt anstellen, sind Blogger die optimalen Multiplikatoren Ihrer Markenbotschaft. Durch ein starkes Bloggernetzwerk können Sie selbst in Konfliktsituationen profitieren, da diese die Ereignisse hier oft als objektive Dritte begutachten und möglicherweise die Massen beschwichtigen können.

4. Dadurch dass meist mehrere Artikel zu einem ähnlichen Themengebiet in einem Blog erscheinen, ist die Keyword-Dichte besonders hoch, was bei aktiven Blogs zu einem guten Google-Ranking führt. Letzteres wird einmal mehr durch die gute Vernetzung und das gegenseitige Kommentieren innerhalb der Blogosphäre begünstigt. Auf die Art entstehen wertige Links, von denen auch Ihr Unternehmen profitieren kann.

5. Wenn Sie es richtig anstellen, sind Blogger Relations letztlich vor allem unter zwei Gesichtspunkten ratsam: Sie steigern a) Ihre Reichweite und sind b) eine aktive Arbeitserleichterung, denn Sie können einen Teil der Unternehmenskommunikation an vertrauenswürdige Dritte mit einem guten Standing in der Netzwelt auslagern.

Sofern Sie sich für Blogger Relations entscheiden, müssen Sie allerdings einen Grundsatz beachten: Die Unabhängigkeit der Blogger will respektiert werden. Deswegen sollten Sie zunächst diejenigen identifizieren, die Ihnen aller Voraussicht nach am wohlgesonnensten sind. Wenn Sie den Personenkreis eingegrenzt haben, gilt es, die ausgewählten Blogger ähnlich wie Journalisten zu behandeln und ihnen die Berichterstattung so komfortabel wie möglich zu machen. Sie sollten ihnen das Material für ihre Artikel zur Verfügung stellen und sie zudem zu Events einladen. Auf die Art signalisieren Sie den Online-Multiplikatoren noch einmal Face to Face, dass Sie sie ernst nehmen und ihre Medienarbeit schätzen.

Bad Practice: Blogger Relations sollten »ungezwungen« sein

Im vergangenen Jahr hat Samsung eine internationale Kampagne unter dem Namen »Samsung Mobilers« durchgeführt (siehe Abbildung 2.18). Ausgewählte Teilnehmer erhielten die neuesten Produkte, bevor diese offiziell im Handel zur Verfügung standen, um sie zu testen und in ihren Blogs zu besprechen.

Abbildung 2.18   Webseite zu Samsung Mobilers

In dem Zusammenhang hatten die Mobiles auch spezielle Aufgaben zu erfüllen, über die in einem Kampagnenblog als Dreh- und Angelpunkt der Aktion abgestimmt wurde. Doch dem noch nicht genug: Das Mobilers-Programm sollte auch in die Offline-Welt getragen werden. Deswegen lud Samsung die Teilnehmer zur Internationalen Funkausstellung (IFA) nach Berlin ein, wobei der Konzern hier einen mittelschweren Bloggerskandal durchlitt. Einer der Tester, der extra aus Neu-Delhi eingeflogen wurde, sollte in seinem Blog »Unleash The Phones« (siehe Abbildung 2.19) über die Produktvorstellungen auf der IFA berichten.

Im Gegenzug für die Übernahme von Flug, Kost und Logis forderte Samsung ihn auf, sich als Promoter am Messestand zu präsentieren – und das, obwohl er an der Reise lediglich als (mehr oder weniger) unabhängiger Reporter teilnehmen wollte. Seine Reaktion? Der Blogger beschwerte sich, ein kleinerer Imageskandal war absehbar. Das Ganze wuchs sich jedoch schnell zu einem handfesten Skandal aus, als der Rückflug des Bloggers vom 6. auf den 1. September vorverlegt wurde und Samsung darüber hinaus noch einige Bedingungen hieran knüpfte. Als auch dies öffentlich wurde, war der Aufschrei in der Netzwelt vorprogrammiert. Zudem ließ es sich Nokia nicht nehmen, die Kosten für Hotel und Flug zu übernehmen. Was Sie aus diesem Vorfall lernen können?

Abbildung 2.19 Unleash The Phone (Blog)

In Sachen Blogger Relations sollten Sie sich immer wieder ins Bewusstsein rufen, dass Blogger sich weder zu einseitigen Stellungnahmen noch zu Handlungen drängen lassen. Sie wollen ihre Unabhängigkeit wahren und frei in der Berichterstattung sein, denn nur dadurch sind sie für ihre Leserschaft vertrauens- und glaubwürdig. Langer Rede kurzer Sinn: Blogs sind kein »Nischenphänomen« mehr und beeinflussen Ihr Image. Die Beziehungen zu Bloggern sollten Sie daher hegen und pflegen.

Marketing-Take-away: Blogger gehören in Ihren Presseverteiler

Falls Sie relevante Blogger identifiziert haben und nach dem Erstkontakt per E-Mail eine Kooperation anstreben, sollten Sie diese, insofern einverstanden, in Ihren Presseverteiler aufnehmen. Auf diese Weise können Sie ihnen sowohl klassische Pressemitteilungen als auch Social Media Releases zugänglich machen, ohne stets von Neuem mit Ihrer Influencer-Recherche zu beginnen. Außerdem fühlen sich Blogger wertgeschätzt, wenn Ihnen die gleiche Behandlung wie Pressevertretern zuteil wird und die verschickten Informationen darüber hinaus von Mehrwert sind.

2.2 Von der PR-Idee zum Community Management

Das Social Web öffnet der PR- und Öffentlichkeitsarbeit neue Türen. So führte beispielsweise eine neu gegründete Recruiting-Firma namens *Y-Scouts* im September 2012 eine PR-Kampagne durch, die dem jungen Team aus Phoenix, Arizona, zum Erfolg verhalf. Durch sie konnte Y-Scouts wertige Kontakte knüpfen und seine Bekanntheit steigern (siehe Abbildung 2.20).

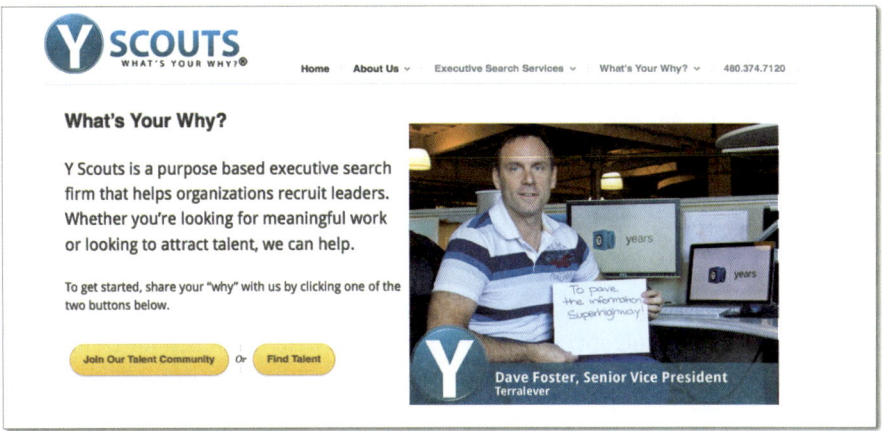

Abbildung 2.20   Die Homepage von Y-Scouts präsentiert die B2B-Kampagne
»What's Your Why«.

Ausgangspunkt der Kampagne war eine seinerzeit veröffentlichte Studie, die aus
Sicht des jungen B2B-Unternehmens durchaus besorgniserregend war. Sie hatte
zutage gefördert, dass nur knapp ein Drittel der Amerikaner wirklich einen Grund
haben, arbeiten zu gehen. Da man selbst erst gerade am Markt war und sich vor
Ort noch keinen Namen gemacht hatte, nutzte man das Studienergebnis als Kommunikationsanlass und entwickelte ein kostengünstiges Kampagnenkonzept: Unter
dem Motto »What's Your Why« klapperte man ortsansässige Firmen in der realen
Welt ab. Dort befragte man Mitarbeiter nach ihrer individuellen Arbeitsmotivation,
ließ diese ein persönliches Statement auf ein Blatt Papier schreiben und fotografierte sie direkt am Arbeitsplatz.

Abbildung 2.21   Facebook-Seite von Y-Scouts

Die authentischen Testimonials veröffentlichten die Y-Scouts sodann auf ihrer Facebook-Seite (siehe Abbildung 2.21). Parallel hierzu weiteten sie ihre Aktivität im Business-Netzwerk *LinkedIn* aus, um den Kontakt zu regionalen Unternehmen auch dauerhaft aufrechtzuerhalten. So konnten 500 % mehr Besucher auf der eigenen Website verzeichnet werden, doch auch die hauseigene Jobbörse profitierte von der Aktion. Innerhalb eines Monats wuchs die Zahl der registrierten Fachkräfte ebenfalls um 500 %.

Sie sehen: Von der Ursprungsidee über die zielgruppenspezifische Kontaktherstellung bis zur Umsetzung in sozialen Medien – die Y-Scouts haben ein cleveres Konzept entwickelt, das aufgeht. Welche Prozesse und Arbeitsschritte im Detail vonnöten sind, damit auch Ihre Idee in einer gelungenen PR-Kampagne im Social Web gipfelt, wird Ihnen im Folgenden vorgestellt.

Abbildung 2.22   Von der Idee zum Community Management

2.2.1 Von der Idee zur Kreativstrategie

Manche Teams sprudeln nur so vor Kreativität, sodass sich kampagnentaugliche Ideen fürs Social Web in Windeseile während des gemeinsamen Brainstormings entwickeln. In anderen verläuft der Prozess der Ideenfindung jedoch etwas mühseliger, unter Umständen hemmt die Gruppendynamik das kreative Potenzial. Im Fall eines Ideenstaus ist es ratsam, sich einmal auf dem Markt umzuschauen und auszuloten, welche Social-Media-Kampagnen direkte Mitbewerber ebenso wie branchenfremde Unternehmen bereits erfolgreich realisiert haben. Vielleicht bekommen Sie auf die Art eine Eingebung und stoßen auf Ansätze, die auch auf Ihr individuelles Zielvorhaben übertragbar sind. Schließlich finden sich in der Netzwelt gute PR-Konzepte, die funktionieren.

Wichtig ist und bleibt dabei, dass Sie sich durch eine PR-Idee angemessen positionieren und dass diese prinzipiell adressatengerecht ist. Um die gewünschten Zielgruppen tatsächlich anzusprechen, bedarf es einer kreativen Route für Ihre Kampagne: Es gilt, Ihre Idee in eine überzeugende Kreativstrategie zu gießen.

So sollten Sie in diesem ersten Stadium eine Vorstellung von den Leitmotiven in Wort und Bild entwickeln, sprich: Visuals und Claims müssen her. Wodurch kann die Idee visualisiert und untermauert werden? Was wirkt bei der Zielgruppe glaubwürdig – ist diese eher zahlen- und faktenorientiert oder durch menschelnde Elemente zu packen? Sie sollten also dementsprechende »Verkaufsargumente« konzipieren und hinterfragen, ob dadurch der Sinn und Zweck der Kampagne ersichtlich wird. Kurzum: Sie müssen den Stil und die Tonalität Ihrer Idee in einem Konzept ausarbeiten.

Marketing-Take-away: Stellen Sie sich einen Elevator Pitch vor

Bei einem *Elevator Pitch* muss man in der Lage sein, Entscheidern seine Idee während einer 30-sekündigen Fahrstuhlfahrt prägnant vorzustellen. Ähnliches sollte Ihnen auch zum Ende dieser ersten Phase möglich sein. So sollten Sie den Grundgedanken und die Zielsetzung der PR-Kampagne innerhalb kürzester Zeit präsentieren können, um Chefetage, Auftrag- und Geldgeber von Ihrer Idee zu überzeugen und deren Stimmung zu vermitteln.

2.2.2 Von der Kreativstrategie zum Media-Mix

Nun gilt es, einen angemessenen Media-Mix für die Kreativstrategie auszuarbeiten. In dieser Phase geht es folglich um eine bestmögliche Kombination der Social-Media-Maßnahmen, inklusive webtauglicher Formate. Ihr Kampagnenziel können Sie beispielsweise erreichen durch (siehe auch Abbildung 2.23):

▶ Postings auf Ihrer Facebook-Seite und/oder das Erstellen von Veranstaltungen

▶ Tweets mit und/oder ohne eigens entwickelte Hashtags (Abschnitt 8.2.3, »Ihre Hashtag-Kampagne auf Twitter«)

▶ Erstellung von YouTube-Videos

▶ teilbare Bilder, Infografiken und Präsentationen

▶ Fotoalben bei Flickr und/oder Boards bei Pinterest

▶ Venues bei Foursquare, damit User einchecken können

▶ Ankündigung in XING- und LinkedIn-Gruppen etc.

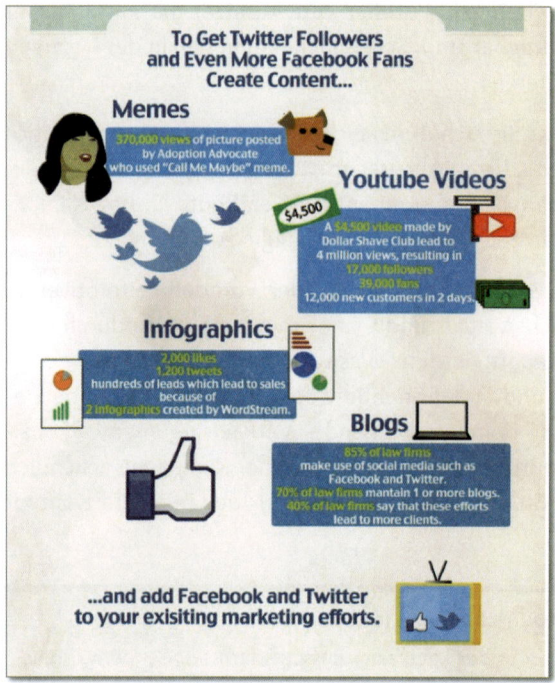

Abbildung 2.23   Auszug einer Infografik zum Social-Media-ROI,
vollständig einsehbar unter http://bit.ly/160LoU2

Die Einsatzmöglichkeiten interaktiver Webtechnologien sind derart vielfältig, dass
Sie die Entscheidung für zielgruppengerechte Kampagnenformate nicht überstür-
zen sollten. Deren Realisation hängt letztlich von Ihrem Budget und den personellen Ressourcen ab.

2.2.3   Vom Media-Mix zur Content-Map

Sobald Ihr Media-Mix feststeht, sollten Sie sich an die Erstellung einer Content-
Map begeben. In Anlehnung an den Begriff der Mind-Map sollten Sie sich fragen,
welche zusätzlichen Inhalte die Kernaussage Ihrer Kampagne unterstreichen. Beispielsweise können Sie externe Studien teilen, (Fach-)Artikel posten, durch Fun
Facts erheitern oder interne Fotos von dem beteiligten Team veröffentlichen und
die ersten Erfolge der Kampagne zusammenfassen.

Ein Beispiel für eine gelungene Kombination aus Text, Bild und Fakten in einem
Posting findet sich unter anderem auf der Facebook-Seite von Dove (siehe Abbildung 2.24). Ohne zu viel zu verraten, wurde hier Anfang März 2013 eine bald star-
tende Aktion angekündigt. Um die Community darauf vorzubereiten, lud man ein
Bild im Corporate Design hoch. Dieses beinhaltete sodann den Hinweis »Nur 4 %

der Frauen weltweit würden sich als schön bezeichnen«, versehen war diese Aussage zudem mit dem Appell »zusammen mit euch etwas dagegen (zu) tun!«.

Abbildung 2.24   Teaser-Posting von Dove auf der Facebook-Seite

Die Summe dieser Maßnahmen führt dazu, dass sich Fans und Follower zum Mitmachen motiviert und eben nicht gelangweilt fühlen. Mit abwechslungsreichen und unterhaltsamen Inhalten fahren Sie daher am besten. Zwar müssen es nicht immer berühmtberüchtigte Katzenbilder (Cat-Content) sein, aber gezielt gestreute Trivialinhalte sind durchaus erlaubt und von Usern gewünscht. Auch durch sogenannte *Call-to-Actions* (Handlungsaufrufe) können Sie die Community einbeziehen. Dabei sollten Sie gerade beim Bloggen ein Auge auf die verwendeten Schlagworte haben, sodass sich Ihre Keyword-Dichte erhöht und Sie leichter bei Google zu finden sind.

2.2.4   Von der Content-Map zum Projektplan

Nachdem Sie sich über Inhalte und Formate einig geworden sind, sollten Sie einen konkretisierten Projekt- und Zeitplan entwerfen. Dieser stellt das inhaltliche Zusammenwirken der Einzelmaßnahmen während der Kampagnenlaufzeit sicher. Da sich diese *gegenseitig befruchten* sollen, muss vorab ausgearbeitet sein, welche Aufgaben wann anfallen und von wem übernommen werden. Je konkreter Sie sich dessen bewusst sind, desto schneller können Sie auch einen verbindlichen Redaktionsplan entwerfen, um festzuhalten, wann welcher Content in welchen sozialen Medien gepostet wird. Ähnlich eines »Stundenplans« bietet es sich an, mit einem Kalendersystem zu arbeiten, in dem auch Monitoring- und Feedbackzeiten für Rückfragen aus der Community vorgesehen sind.

Eine gute, jedoch sehr detaillierte und rigide Vorlage für einen solchen Redaktionsplan hat Marketingberaterin *Rita Löschke* erstellt und in ihrem Blog über Marketingwissen als Gratisdownload zur Verfügung gestellt (siehe Abbildung 2.25).

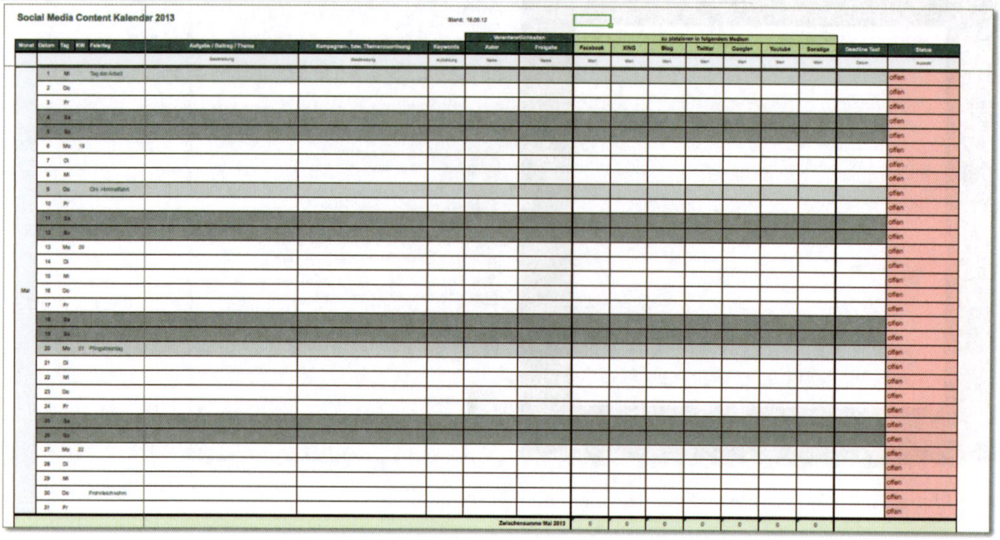

Abbildung 2.25 Auszug des Redaktionsplans von Rita Löschke, den vollständigen Download finden Sie unter http://bit.ly/15sDZvm.

Auch wenn sich solche Vorlagen für die professionelle Kampagnenarbeit im Web 2.0 eignen und den Einstieg enorm erleichtern, sollten Sie immer noch Platz für Spontaneität lassen. Schließlich sind die Reaktionen der Community nicht bis ins Kleinste planbar, wobei Sie diese jedoch nach einer gewissen Zeit besser abzuschätzen lernen – mit mehr Erfahrung reicht somit die Ausarbeitung eines groben Fahrplans aus.

2.2.5 Vom Projektplan zum Community Management

Spätestens, wenn es um die Umsetzung Ihrer PR-Idee geht, gewinnt der Umgang mit der Community an Bedeutung. Es geht darum, Ihre Botschaft zu verbreiten, den Echtzeitdialog zu suchen und konstruktiv mit dem Feedback anderer umzugehen. Sobald Sie Ihre Kampagne auch in den eigenen Accounts bei Facebook, Twitter & Co. streuen, sollten Sie die jeweiligen sprachlichen und funktionalen Besonderheiten der Netzwerke beachten.

Alles in allem sollten Sie hier reine Werbebotschaften außen vorlassen und Ihren Fans und Followern abwechslungsreiche Geschichten mit Kampagnenbezug präsentieren (siehe Abbildung 2.26). Eine angemessene Posting-Frequenz ist dabei der beste Garant für eine hohe Reichweite und letztlich für eine zielgerichtete Interaktion mit Fans und Followern. Warum ist das so? Sporadische Statusmeldungen verpuffen nur allzu schnell und/oder werden nicht im Newsfeed der Zielgruppe angezeigt. Dabei legen statistische Erhebungen nahe, dass die Reichweite am Wochenende zunimmt, weil sich dann viele User privat in Social Networks aufhalten. Deswegen haben insbesondere NPOs mit einer Wochenendaktivität gute Erfahrungen gemacht (siehe Abbildung 2.27).

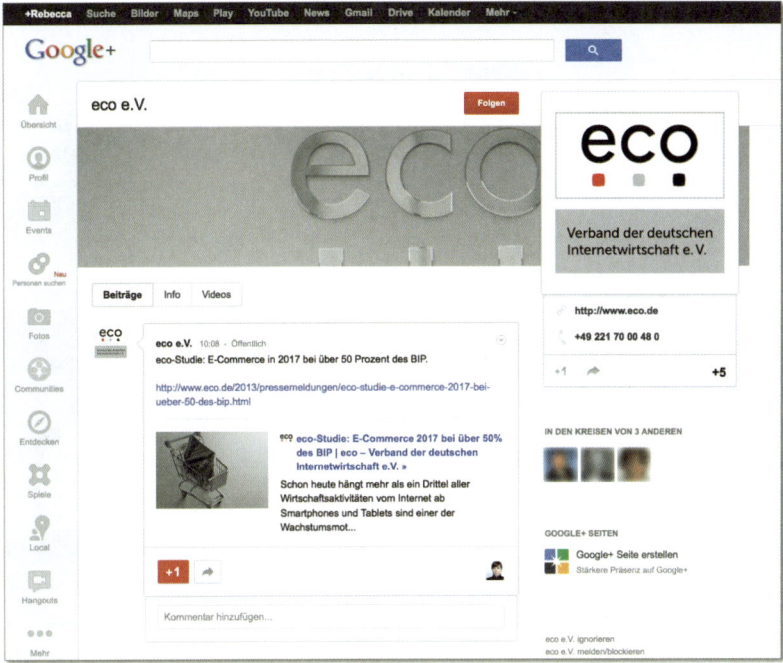

Abbildung 2.26　Content mit Mehrwert auf Google+

Abbildung 2.27　Facebook-Posting einer NPO am Wochenende

2.2.6   Best Practice von Vier Pfoten: »Zeig Haut. Gegen Pelz.«

Die österreichische Tierschutzorganisation *Vier Pfoten* hat Ende 2012 die kreative Kampagnenidee »Zeig Haut. Gegen Pelz.« umgesetzt. Um die Netzwelt gegen die Verwendung von Pelzen zu mobilisieren, führte man eine »Parade gegen Pelz« durch – eine klassische Mitmachaktion im Web 2.0, bei der sich User auf der gleichnamigen Kampagnenwebseite ihren individuellen Avatar erstellen konnten (siehe Abbildung 2.28). Weil dieser nichts anderes als Haut zeigen sollte, nannte man ihn *Naketar*.

Abbildung 2.28   Kampagnenwebseite zur »Parade gegen Pelz«

Um die internationale Modewelt zu ermahnen, rief die Organisation so zu einem virtuellen Protestzug auf. Dem Motto »Registrieren Sie sich unter *www.parade-gegen-pelz.org*, und schicken Sie einen nackten Avatar als Ihren Stellvertreter mit auf die digitale Straße« sind bis Ende Februar 2013 weit über 14.500 User gefolgt, darunter auch Künstler und Prominente. Durch Social Plugins konnten User die Kampagne zu Facebook empfehlen und ihren dortigen Freundeskreis ebenfalls zum Protestmarsch einladen.

Überdies wurde auf der Facebook-Seite von *Vier Pfoten* regelmäßig über die Kampagne berichtet, wobei der Content-Mix alles andere als monoton ausfiel. So teilte man der Community beispielsweise die ersten Kampagnenerfolge mit (siehe Abbildung 2.29). Auch Twitter und YouTube wurden als flankierende Medien eingesetzt (siehe Abbildung 2.30).

Abbildung 2.29   Kampagnen-Posting auf der Facebook-Seite

Abbildung 2.30   Kampagnen-Tweet zur »Parade gegen Pelz«

Um dem Feldzug gegen Pelz die Krone aufzusetzen, startete man Anfang März ein Community-Voting, bei dem Mitstreiter über die 100 heißesten *Naketare* abstimmen konnten. Die Einbeziehung der User stand einmal mehr im Mittelpunkt des PR-Konzepts.

Dadurch dass die Sensibilisierung für das Tierschutzthema spielerisch erfolgte und humorvoll gestaltete Stellvertreter durch die Netzwelt zogen, wurde der Kampagne von *Vier Pfoten* große Aufmerksamkeit zuteil. Ihre Zielsetzung verfehlte die NPO dementsprechend nicht, ganz im Gegenteil: Das Beispiel »Zeig Haut. Gegen Pelz« veranschaulicht, wie eine Idee zielgruppengerecht realisiert werden kann. Die systematische Umsetzung der kreativen Route hat die Community nicht bloß überzeugt, sondern emotional gepackt. Die Organisation konnte letztlich dadurch für ihre Anliegen mobilisieren.

2.3　Social Media Release: Jenseits Ihrer Pressemitteilung

Um im digitalen Zeitalter erfolgreich mit moderner PR durchzustarten, bedarf es mehr als einer herkömmlichen Pressemeldung. Denn mit der Entstehung und Verbreitung des Social Webs ist die Dominanz der papierbasierten Presse- und Öffentlichkeitsarbeit gebrochen. Zu sehr haben sich deren Form und Relevanz verändert. Aufgrund neuer Kommunikationstechnologien und Webanwendungen forderte Premiumblogger *Tom Foremski* schon im Jahr 2006: »Die! Press Release! Die! Die! Die!«. Recht polemisch wollte er damit auf den Punkt bringen, dass die Herstellung und Verbreitung von multimedialen Inhalten für die Außenkommunikation von Unternehmen, Verbänden und Organisationen immer bedeutsamer werden. Zu Recht, wie sich herausstellen sollte, denn Social Media Releases wurden fortan gerade von Großkonzernen eingesetzt, um Word of Mouth effektiv zu nutzen und die neue Multiplikatoren des Social-Media-Zeitalters anzusprechen: die User. Neben Journalisten und Pressevertretern sollten nunmehr Blogger, meinungsstarke Influencer und nicht zuletzt Endverbraucher erreicht werden. So haben große Unternehmen verstanden, dass sich Ihre Zielgruppen online über Produkte, Marken und Ideen austauschen, öffentlich Stellung beziehen und somit *User-generated Content* erzeugen.

Jedoch ist der Trend Social Media Release seit einigen Jahren abgeflacht, sodass Großkonzerne nur noch selten durch diese an die Öffentlichkeit treten. Nichtsdestotrotz sollten aber gerade kleine und mittlere Unternehmen (KMU) deren Funktionsweise kennen, weil das Konzept die Logik der PR- und Öffentlichkeitsarbeit 2.0 widerspiegelt. So bieten Social Media Releases gerade für »kleinere« Budgets einen guten und wichtigen Anhaltspunkt für eine systematische Kommunikation. Durch einen gut geplanten und umgesetzten Release erhalten Sie nämlich auf einen Schlag viel mehr Aufmerksamkeit als durch vereinzelte Maßnahmen im Social Web. Sie schaffen es, den Usern Ihre Inhalte mediengerecht zu präsentieren, sodass diese weiterempfohlen werden können. In Zeiten des Mitmachwebs ist eben ein zielgruppengerechter Content-Mix aus Texten, Bildern, Vidoes etc. immens wichtig. Es gilt also, Inhalte, jenseits der klassischen Pressemeldung, in sozialen Netzwerken zu streuen und dadurch mehr Präsenz und Sichtbarkeit zu erlangen.

2.3.1   Zur Beschaffenheit von Social Media Releases

Pressemitteilungen folgen in der Regel einer Top-down-Logik: Von Kommunikationsabteilungen oder Agenturen konzipiert, richten sie sich vornehmlich an Journalisten, die wiederum ihrerseits als Gatekeeper fungieren und über die Wertigkeit der dargebotenen Inhalte entscheiden. Der Reichweite sind somit Grenzen gesetzt. Daher hat *Foremski* vehement für Social Media Releases plädiert:

> »Press releases are created by committees, edited by lawyers, and then sent out at great expense through Businesswire or PRnewswire to reach the digital and physical trash bins of tens of thousands of journalists. This madness has to end.«[6]

Statt ein bis ins kleinste Detail geplantes Gesamtkunstwerk zu liefern und dieses Journalisten, Bloggern, Endkunden und sonstigen Bezugsgruppen vorzusetzen, sollten digitale Satzbausteine her, durch die man selbst eine entsprechende Geschichte kreieren kann. In einem Blogbeitrag von *Todd Defren* und *Brian Solis* bezeichnen die beiden Autoren daher Social Media Releases als »starting point for the socialization of news.« Immerhin sind User im Mitmachzeitalter zu aufgeklärten *Prosumenten* geworden: Sie konsumieren und produzieren Medieninhalte zugleich. Doch welche Satzbausteine braucht die Netzwelt, um Geschichten bauen zu können? Was muss vorliegen, damit sich Inhalte im Social Web verbreiten und ausgetauscht werden?

Ein Social Media Release lebt von multimedialen Formaten. Neben der althergebrachten Pressemitteilung werden Bilder, Fotos, Videos, Podcasts, Slideshows, (Info-)Grafiken, Blogbeiträge und einiges mehr zur Verfügung gestellt. Veröffentlicht werden sie über das Blog oder eine Landing-Page ebenso wie über die eigenen Social-Media-Kanäle. Durch die dynamischen Inhalte kann sich Ihre Zielgruppe eine eigene Meinung bilden und diese mit ihrem eigenen Netzwerk teilen. Um sie effektiv weiterzuverbreiten, empfiehlt es sich daher auch, Social Plugins auf den entsprechenden Webseiten zu integrieren.

Durch die Auffindbarkeit der aufbereiteten Inhalte ist der Beschaffungsaufwand (persönlich) relevanter Informationen nicht mehr allzu hoch. Dank eines Social Media Releases lässt sich Ihre Botschaft rascher online finden und von Usern verarbeiten. Der kreativen Weiterverwertung sind dabei keine Grenzen gesetzt: Die Adressaten können sich entsprechende Elemente herauspicken, mit ihren eigenen Gedanken versehen und diese im Social Web weiterverbreiten. Es kommt also in der Tat zu einer »Sozialisierung der Information« im weitesten Sinne.

---

6 Den vollständigen Blogbeitrag finden Sie unter *http://www.siliconvalleywatcher.com/mt/archives/2006/02/die_press_relea.php*.

2.3.2   Gelungener Release: Ford macht's schon im Jahr 2007 vor

Als 2008 der neue Ford Focus auf den Markt kam, hatte die Ford Motor Company die Netzwelt bereits darauf vorbereitet und das Social Web für einen gelungenen Release genutzt. So wartete der Automobilkonzern bereits 2007 mit einem bis dato ungesehenen Social Media Release auf und verschaffte sich dank des Einsatzes interaktiver Echtzeitmedien und Webtechnologien einen grenzüberschreitenden *Buzz*, da die neue Aufbereitung des Contents viel in sozialen Medien diskutiert und geteilt wurde.

Erstmals waren Journalisten nicht die Hauptzielgruppe. Durch systematische PR-Maßnahmen sollte die Reichweite sozialer Medien dazu führen, dass auch Blogger und andere »Content-Produzenten« auf das neue Modell aufmerksam werden. Dank der digitalen Kommunikationsstrategie, ausgehend von der Website, sollten den Zielgruppen attraktive Inhalte geliefert werden, die Bestandteil einer Entstehungsgeschichte waren. Um diese zu erreichen, bediente sich der Automobilhersteller verschiedener Kanäle. Unter anderem fanden sich auf YouTube spannende Hintergrundinformationen, die Einblicke in den Fertigungsprozess des neuen Modells gaben (siehe Abbildung 2.31). Neben den beteiligten Mitarbeitern kamen in diesen Clips auch andere Personen zu Wort und erzählten, was ihnen am kommenden Ford Focus besonders gefällt. Glaubwürdig vorgetragen, haben Meinungen im Word-of-Mouth-Marketing einen hohen Stellenwert.

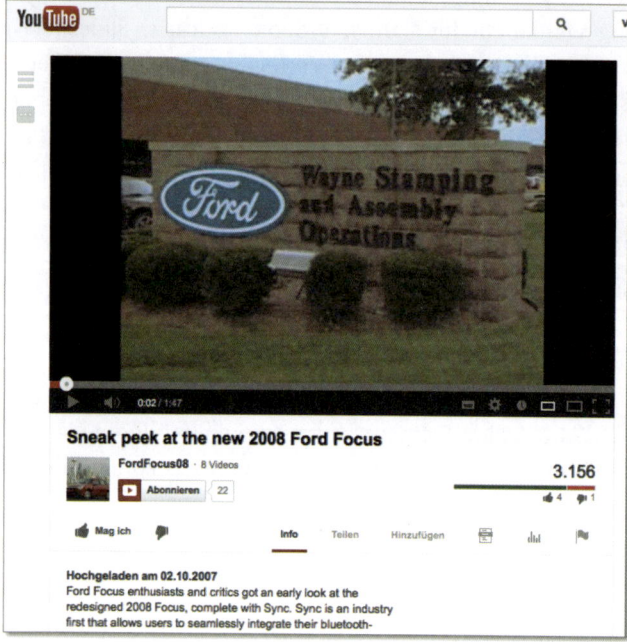

Abbildung 2.31   YouTube-Video zum Social Media Release http://bit.ly/13wkNPf

Insgesamt setzte sich der Social Media Release aus Bildern, Videos, Factsheets im PDF-Format sowie aus per RSS abonnierbaren Geschichten und Informationen zusammen. Interaktives Storytelling wurde großgeschrieben. Beispielsweise veröffentlichte Ford gut gefüllte Fotoalben im eigenen Flickr-Account, sodass sich User direkt einen Eindruck vom neuen Design, den Produktionsstätten und den ersten Testläufen machen konnten (siehe Abbildung 2.32). Dabei versah man zahlreiche Bilder mit aussagekräftigen Beschreibungstexten, die das »Feeling« des neuen Modells vermitteln sollten.

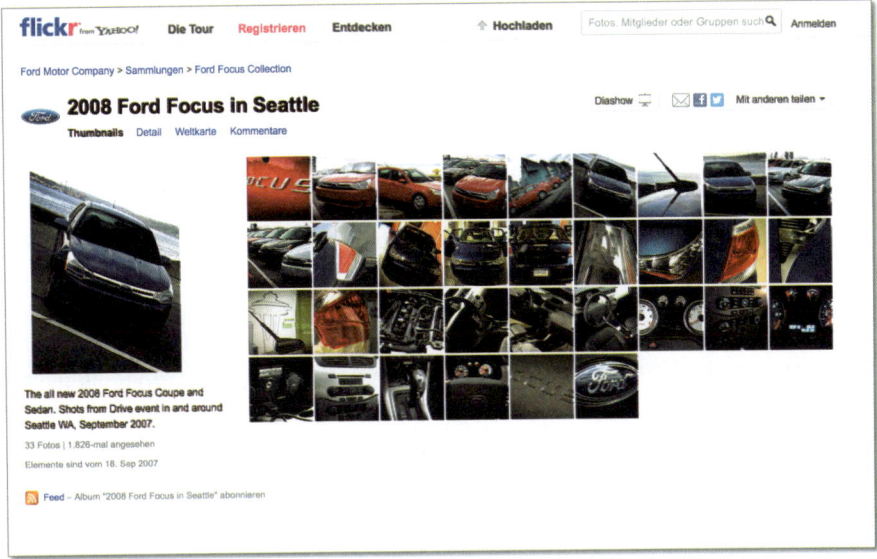

Abbildung 2.32   Flickr-Album zum Social Media Release

Ford lieferte den anvisierten Zielgruppen systematisch multimediale Inhalte, die sich zum Weiterverbreiten in sozialen Netzwerken anboten. Während der Promotion des Ford Focus kam man folglich dem Bedürfnis von Journalisten, Bloggern und den eigenen Markenfans entgegen, indem man ihnen erstmals dynamischen Content mit Erzählcharakter zur Verfügung stellte.

Was das Best-Practice-Beispiel für kleinere Unternehmen und Organisationen verdeutlicht: Wenn auch Sie an die Öffentlichkeit treten und die neuen Multiplikatoren im Social Web erreichen wollen, sollten Sie Ihre Inhalte entsprechend gestalten, unterschiedliche Formate aufbereiten und sich möglichst crossmedial aufstellen. Schreiben Sie Blogbeiträge, posten Sie Statusmeldungen, twittern Sie, laden Sie Bilder auf Flickr oder Pinterest hoch, drehen Sie ein kurzes Video, das neugierig macht, und/oder bieten Sie Gratisdownloads von Studien oder Präsentationen an. In manchen Branchen wie der Musikindustrie hat sich dieses Vorgehen schon längst bewährt.[7] Warum also nicht die Chance ergreifen und es ebenfalls ausprobieren?

Marketing-Take-away: Social Media Record Release

Auch Künstler beziehungsweise Musiker nutzen seit geraumer Zeit Social Media Releases, um für ihre Veröffentlichungen zu werben – oftmals noch bevor diese im Handel erhältlich sind. Sie teasern beispielsweise Teile aus dem neuen Werk über einen YouTube-Clip an und promoten diesen über Facebook, Twitter, MySpace und/oder eine eigene Microsite.

Im Vergleich zu früher ist das Einzugsgebiet deutlich größer, da nicht allein Musikjournalisten in den Genuss einer ersten Hörprobe kommen. Die Community und bloggende Fans sorgen dann für den Rest, denn durch *Teilen* und *Kommentieren* wird ein entsprechender Buzz erzeugt. Die investierten Kosten und Mühen rentieren sich folglich schnell: Sobald die Platte auf dem Markt ist, sind die Konzerthallen gefüllt.

2.3.3 Zehn Tipps für Ihre Release-Kampagne

Social Media Releases verdeutlichen zum einen die Grundzüge der modernen Kommunikationsarbeit im Social Web, zum anderen können sie für den Launch von zeitlich befristeten PR-Kampagnen eingesetzt werden. Wie bei jeder guten Kampagne gilt es auch hier, wesentliche Schritte zu durchlaufen. Wenn Sie einen Release planen, müssen Sie also in konzeptionelle Vorleistung gehen. Damit dieses letztlich von Erfolg gekürt ist, finden Sie folgende Tipps:

1. Definieren Sie Ihre Zielgruppe.

2. Fragen Sie sich, welche Inhalte und Geschichten diese interessieren könnte.

3. Entwickeln Sie entsprechende Formate und einen sinnvollen Medienmix.

4. Stellen Sie einen realistischen Zeitplan mit genügend Vorlaufzeit auf.

5. Starten Sie mit einer konzertierten Aktion, und informieren Sie auch die Presse.

6. Teasern Sie Ihre Community im Vorfeld an, ohne zu viel zu verraten.

7. Nach dem Release sollten Sie häppchenweise die Community mit den unterschiedlichen Formaten versorgen.

8. Regen Sie den Dialog in Ihrer Community an. Etablieren Sie beispielsweise ein Twitter-Hashtag, durch das sich unterhalten werden kann.

9. Planen Sie genügend Zeit für Rückfragen ein.

10. Beobachten Sie, wie das Social Web die Inhalte aufnimmt und verarbeitet (Abschnitt 10.1, »Medienbeobachtung: Kampagnen monitoren und Erfolge messen«).

---

7 Small Business, *http://smallbusiness.chron.com/use-social-media-market-record-label-39352.html*

11. Was Sie aus den Abschnitten mitnehmen sollten: Wenn Sie es systematisch an-
     gehen, sind Releases ein wirkungsvolles Instrument, um an die Öffentlichkeit
     zu treten und die eigene Botschaft durch unterschiedliche Medienformate zu
     kommunizieren. Sie befördern den öffentlichen Dialog mit Ihrer Zielgruppe
     und laden zum Austausch, Mitmachen und Weiterempfehlen ein.

2.3.4   Social Media Newsrooms: Ihre digitale »Pressemappe« der Echtzeitkommunikation

Als eine Art digitale Pressemappe bieten Ihnen Social Media Newsrooms eine Möglichkeit, dem interessierten User Ihre Inhalte aus Facebook, Twitter, YouTube & Co.
gebündelt zugänglich zu machen (siehe Abbildung 2.33).

Abbildung 2.33   Beispiel für einen Social Media Newsroom

Die One-Pager stellen somit Ihre digitale Echtzeitkommunikation in sozialen Medien dar. Newsrooms aggregieren die Inhalte Ihrer Social-Media-Redaktion aus
ausgewählten Netzwerken auf einer Seite. Durch sie können sich Interessierte
schnell einen Überblick über die Online-Aktivitäten von Unternehmen, Verbänden
und Institutionen verschaffen.

Im Newsroom befinden sich also multimediale Inhalte, die sowohl für Redaktionen
als auch für die Blogosphäre und für Endkunden bereitstehen und unkompliziert
von User zu User empfohlen werden können. Dem Bedürfnis der neuen Multipli-
kator- und Bezugsgruppen im Web 2.0 kommt dies natürlich entgegen.

Fünf Gründe für Ihren Social Media Newsroom

Für User sind Newsrooms ein sehr komfortabler Weg, sich Zugang zu Informationen über Unternehmen und Organisationen sowie deren jüngste Social-Media-In-

halte zu verschaffen. Statt für ausgewählte Pressevertreter zugänglich zu sein, ist dieser rund um die Uhr geöffnet. Jenseits von Pressemitteilungen und Fachartikeln sind im Newsroom die aktuellen Geschichten in sozialen Netzwerken nachzulesen. Durch ihn macht man also das Geschehen aus Facebook, Twitter, Flickr & Co. der Netzwelt zugänglich.

Neben diesem kunden- und serviceorientieren Argument sprechen jedoch weitere Gründe für die Einrichtung eines solchen Newsrooms:

▶ *Erwartungshaltung*
   Sie werden den Erwartungen der User gerecht. Heutige Multiplikatoren wissen bereits, dass ihnen Social Media Newsrooms die Recherchearbeit massiv erleichtern. Sie schätzen es, die gewünschten Inhalte an einem dafür vorgesehenen Platz zu finden.

   Laut der Studie »Recherche 2012. Journalismus, PR und multimediale Inhalte«[8] sehnen sich rund 75 % der befragten Journalisten nach multimedialen und digital aufbereiteten Inhalten, um diese für ihre eigene Berichterstattung zu nutzen. Dabei interessieren sich viele von ihnen auch für das, was in den jeweiligen sozialen Netzwerken vonstatten geht. So geben 22 % an, sich sogar täglich darüber zu informieren. Denn hier vermuten Sie die »wirklich« interessanten Geschichten jenseits der offiziösen Pressemitteilung. Das interaktive Storytelling in sozialen Medien soll ihnen wiederum selbst genügend Material für eine gute Story geben.

   Kurzum: Social Media Newsrooms ersparen es, sich die Informationen über Unternehmen und Organisationen mühsam zusammenzustellen. Sie vereinfachen Multiplikatoren und Influencern die Informationsbeschaffung und unterstützen somit auch Ihre eigene PR-Arbeit.

▶ *Effizienzsteigerung*
   Sie steigern die Effizienz Ihrer Öffentlichkeitsarbeit. Da alle Online-Inhalte in einem Newsroom zu finden und auf einen Blick zu erfassen sind, führt dies oftmals zu einer Reduzierung von journalistischen Nachfragen. Auf Anhieb finden nun Journalisten und Blogger Ihre Fotos sowie andere Multimediainhalte, was Ihrer Kommunikationsabteilung letztlich Zeit einspart.

   Ein weiterer positiver Effekt von gut strukturierten Newsrooms ist zudem, dass sie die digitale Mund-zu-Mund-Propaganda befeuern können. Informationssuchende User werden nämlich dazu animiert, sich mit Ihrem Content und Ihren Social-Media-Präsenzen zu befassen. Wenn sie die im Newsroom enthalten Informationen sodann ansprechend finden, werden sie auf lange Sicht höchst-

---

8   news aktuell GmbH, *http://de.slideshare.net/newsaktuell/recherche-2012*

wahrscheinlich auch zu Fans und Followern und verbreiten Ihre Inhalte in der Netzwelt weiter.

▶ *Zeitsparende Handhabung*
Sie haben nahezu keine Mühe, den Newsroom zu pflegen. Wenn einmal konfiguriert und designed, müssen Sie sich nicht ständig um Ihren Social Media Newsroom kümmern. Schließlich handelt es sich um eine Seite, die sich automatisiert aktualisiert, indem die Schnittstellen zu Ihren Accounts in sozialen Medien angezapft werden. So haben Sie beispielsweise durch die Einbindung von RSS-Feeds nicht den Aufwand, Ihre Inhalte permanent erneuern zu müssen. Die Nachrichtendistribution über Newsrooms setzt somit keine konsequente Pflege voraus. Dementsprechend bindet sie auch keine Kapazitäten im laufenden Betrieb.

▶ *Suchmaschinenfreundlichkeit*
Sie verbessern Ihr Ranking in Suchmaschinen. Durch die ständige Aktualisierung von prinzipiell »teilbaren« Inhalten unterstützen Newsrooms Ihre Suchmaschinen-Optimierung (SEO). Dem Prinzip von *Social SEO* folgend, befördern sie a) mittelfristig die öffentlichen Empfehlungen in sozialen Netzwerken, wobei b) der Algorithmus von Google die sich stets aktualisierenden und thematisch ähnelnden Inhalte belohnt. Google erachtet diese nämlich als besonders wertig, sodass Ihr Newsroom ganz weit oben bei den Suchtreffern aufgeführt wird. Entsprechend positive Effekte hat er folglich auch auf Ihre Online-Reputation und Ihre Zugriffszahlen. Mithilfe von Tracking-Tools wie Google Analytics oder Piwik können Sie feststellen, wie es um die Zugriffe, Verweildauer etc. steht.

▶ *Übersichtlichkeit*
Sie behalten den Überblick über Ihre Social-Media-Aktivitäten. Dadurch dass Social Media Newsrooms die fragmentiert stattfindende Unternehmenskommunikation auf unterschiedlichen Plattformen aggregieren, werden nicht allein Interessierte, Multiplikatoren und Stakeholder auf dem Laufenden gehalten. Auch für den jeweiligen Arbeitgeber eröffnen sich effektive Kontrollmöglichkeiten der eigenen PR-Arbeit im Social Web. Besonders relevant ist dies, wenn Sie auf interne Content-Freigaben verzichten und die zuständigen Mitarbeiter im Community Management »blindes« Vertrauen genießen. So können Sie anhand eines sporadischen Blicks auf den Newsroom nachvollziehen, was via Social Media in welcher Form nach außen kommuniziert wird. Stichprobenartig können Sie kontrollieren, ob das Social-Media-Team gemäß der vereinbarten Gesamtstrategie handelt.

Durch Newsrooms werden Sie also den Erwartungen von Usern, Journalisten und letztlich auch Kunden gerecht und können Ihre Kommunikationsabteilung entlasten, weil sich einige Anfragen durch die gebündelte Zusammenstellung der Inhalte

erübrigen. Gleichzeitig haben sie nach der einmaligen Einrichtung keine Mühe damit, den Newsroom zu pflegen, und können sich auf Ihre Social-Media-Aktivitäten
konzentrieren. Von der Sichtbarkeit der Ergebnisse in Suchmaschinen ganz zu
schweigen, sprechen also viele Faktoren für einen Newsroom. Daher ist es kaum
verwunderlich, dass die meisten großen Unternehmen bereits seit mehreren Jahren
einen solchen eingerichtet haben. Doch auch Städte, Kulturbetriebe sowie soziale
Einrichtungen setzen Social Media Newsrooms in Ihrer PR- und Öffentlichkeitsarbeit ein. So hat die Stadt Mannheim nicht bloß Ihre Social-Media-Kanäle dort eingebunden (siehe Abbildung 2.34), sondern stellt separate Rubriken für Neuigkeiten, Blogbeiträge, Newsletter und Presse zur Auswahl. Dadurch können sich
Besucher sehr schnell zurechtfinden und persönlich relevante Informationen beziehen.

Um das volle Potenzial zu entfalten, sollten Sie allerdings über einige technische
Dinge informiert sein. Denn *den* Standard-Newsroom gibt es nicht.

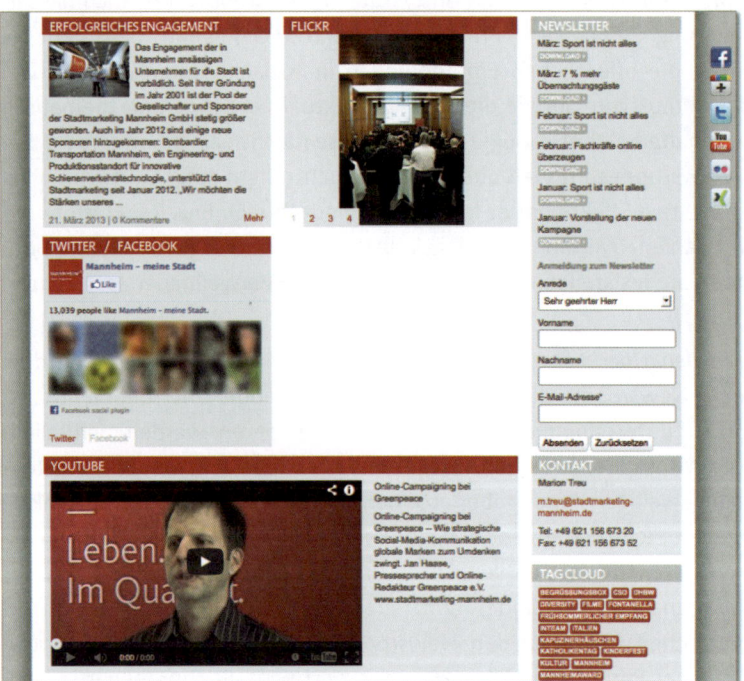

Abbildung 2.34 Newsroom der Stadt Mannheim

Rechtstipp: Urheberrechtlicher Schutz von Pressemitteilungen

Denken Sie daran, dass nach der Rechtsprechung auch Pressemitteilungen urheberrechtlichen Schutz genießen. Es dürfen also nicht ohne Weiteres Pressemitteilungen

Dritter kopiert und übernommen werden, so seltsam dies auf den ersten Blick auch klingen mag! Allerdings gibt es eine Ausnahme bei amtlichen Pressemitteilungen, etwa von Behörden oder Gerichten: Diese unterliegen keinem Urheberrecht, müssen aber bei Übernahme mit der korrekten Quelle benannt werden.

In Newsrooms geht's individuell zu

Wie bereits erwähnt gibt es einen Standard-Newsroom nicht. Sie können selbst entscheiden, aus welchen Plattformen Ihre Inhalte erscheinen sollen. Social Media Newsrooms kann man also individuell zusammenstellen, wobei vorzugsweise schon in der Konzeption Einigkeit darüber herrschen sollte, welcher Kanal an welcher Stelle steht. Prinzipiell sind bei einem Rundumpaket folgende Möglichkeiten realisierbar:

▶ Kontaktinformationen zu PR-Ansprechpartnern

▶ Integration Ihres YouTube-Kanals

▶ Einbettung Ihrer Facebook-Seite (Timeline)

▶ Darstellung Ihres Twitter-Kanals oder eines speziellen Hashtags (#)

▶ Abbildung Ihrer Fotosammlung auf Flickr und/oder Pinterest

▶ Einbettung Ihrer Slideshare-Präsentationen ebenso wie Podcasts

▶ Integration von RSS-Feeds (Blogbeiträge, Pressemitteilungen etc.)

Wie Sie merken, sind die Möglichkeiten vielseitig. Doch sollten Sie darauf achten, dass Ihr Newsroom nicht zu umfangreich ausfällt und somit überladen wirkt (siehe Abbildung 2.35 auf der nächsten Seite). Je mehr Übersichtlichkeit, desto leichter die Informationsbeschaffung – und das danken Ihnen die User.

Wie das vorherige Beispiel der Stadt Mannheim gezeigt hat, können Sie auch mit verschiedenen Rubriken arbeiten, um dem Besucher die Orientierung zu erleichtern. Wenn Sie dezidiert einen eigenen Pressebereich in Ihrem Newsroom einrichten wollen, können Sie gegebenenfalls sogar Ihren bisherigen streichen. Falls Sie Sorge haben, dass hierdurch sensible Informationen an die Öffentlichkeit dringen könnten, lässt sich auch dies problemlos regeln: So können Sie neben öffentlichen Pressebereichen auch einen passwortgeschützten Bereich anbieten, auf den lediglich akkreditierte Journalisten Zugriff haben. Sie sehen erneut: Den Standard-Newsroom gibt es nicht. Das Gerüst ist aber flexibel genug, um sich Ihren Anforderungen anzupassen.

Dass die Flexibilität des Social Webs zu vielfältigen Einsatzmöglichkeiten führt, werden auch die kommenden Kapitel zeigen. Doch zunächst zur erfolgreichen Imagegestaltung, denn über soziale Medien können sie dauerhaft Ihre Beziehungen zur

Öffentlichkeit pflegen. Zudem können Sie in zeitlich begrenzten Kampagnen die Aufmerksamkeit auf sich ziehen und neue Zielgruppen erschließen. Insofern lernen Sie an praktischen Beispielen, wie sich Facebook, Twitter & Co. ebenso wie das eigene Blog und andere Webanwendungen erfolgreich auf Ihre Marke einzahlen und welche Punkte Sie für eine »Erfolgreiche PR im Social Web« beachten sollten.

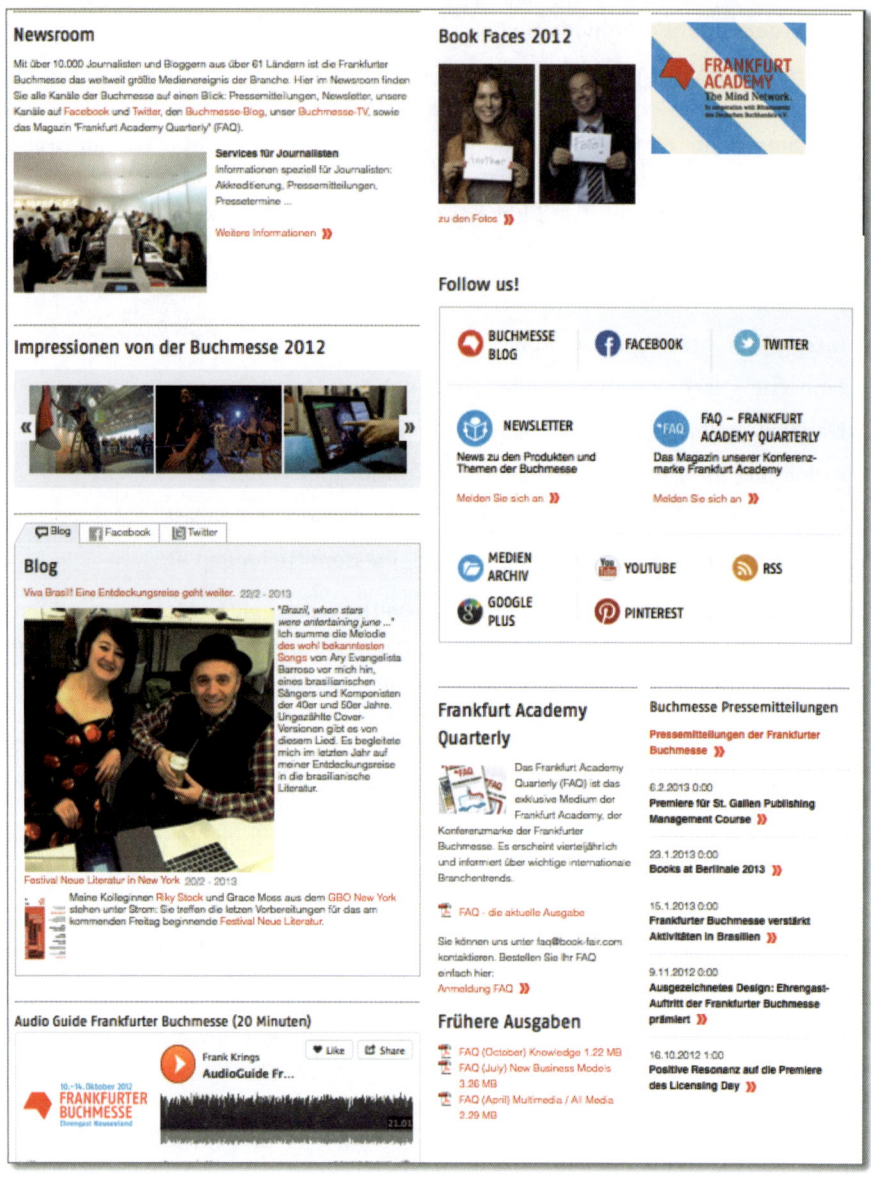

Abbildung 2.35   Beispiel eines sehr umfangreichen, fast schon überladenen Newsrooms zur Frankfurter Buchmesse

3   Imagegestaltung neu denken

»When you give everyone a voice and give people power, the system usually ends up in a really good place.«
Mark Zuckerberg

Das Mitmachweb ist der ideale Schauplatz für eine zielgerichtete Imagearbeit. Hier können Sie Meinungen und Einstellungen auffangen und (pro-)aktiv beeinflussen. Insbesondere Kunden und Kooperationspartner können Sie mit Ihren Produkten, Dienstleistungen und Ihrem Unternehmen beziehungsweise Ihrer Organisation vertraut machen. Die Beziehungspflege im Social Web ist Ihrem Image also zuträglich, insofern Sie soziale Medien richtig einsetzen. Ist das der Fall, schaffen Sie mehr Markt- und Markenakzeptanz und letztlich auch Kundenzufriedenheit.

Dabei ist der Akzeptanzbegriff nicht ausschließlich auf den kommerziellen Sektor bezogen. Immerhin können Sie durch professionelle PR im Social Web auch soziale Anliegen ansprechend vermarkten und sich selbst ins rechte Licht rücken. Denn Social Media sind heutzutage ein breitenwirksamer Kommunikationsschlüssel, durch den Sie Ihre Reputation zweifelsohne verbessern.

Professionelles *Online Reputation Management* umfasst vier entscheidende Aspekte:

1. Durch konstantes Monitoring erfahren Sie, was, wo und wie die Netzgemeinde über Sie und Ihre Marke spricht. Ein Einblick in die öffentlichen Dialoge in sozialen Netzwerken verrät Ihnen also, wie es um Ihren Ruf steht – und zwar unverfälscht. Hier erfahren Sie, was User und letztlich Kunden besonders loben und an Ihnen wertschätzen. Sie erfahren aber auch, was nicht gut ankommt und bitter aufstößt. Von Letzterem sollten Sie sich allerdings nicht abschrecken lassen. Halten Sie sich immer vor Augen, dass im Web sowieso über Sie geredet wird und dass es letztlich darauf ankommt, was Sie aus der Kritik mitnehmen und wie Sie damit umgehen.

2. Egal, ob Sie selbst eine eigene Präsenz in sozialen Medien haben oder bloß die online stattfindenden Gespräche monitoren, aktives Zuhören ist im Social Media Marketing eine Kernkompetenz. Wenn sodann User-Stimmen auf der eigenen Facebook-Seite auftauchen, sollten Sie zeitnah reagieren und nachfragen, falls Sie nicht auf Anhieb verstehen, worauf der User hinauswill. In jedem Fall ist eine schnelle Reaktion gefragt. Gleichzeitig müssen Sie das Signal aussenden, die Bedürfnisse ernst zu nehmen.

3. Die Kunst ist hierbei, nicht um spontane und zugleich professionelle Antworten verlegen zu sein. Wichtig ist, dass Sie auf Ihren eigenen Seiten und Kanälen nicht den Anschein erwecken, Pressemeldungen abzuspulen. Sprach- und Improvisationstalent sind also durchaus gefragt. Gepaart mit einer Portion Empathie, sind sie genauso wichtig wie PR-Routine.

4. »Tue Gutes und rede darüber.« Gemäß diesem Sinnspruch sollten Sie auch kleinere Erfolgsbotschaften und unspektakuläre Erlebnisse aus Ihrem Alltag weitergeben. Wenn ein Tag besonders erfolgreich, amüsant oder ereignisreich war oder ein Kunde besonders zufrieden nach Hause gehen konnte, sollten Sie Ihre Community auf eine charmante Art und Weise daran teilhaben lassen. Wenn ansprechend und unaufdringlich umgesetzt, gereichen solche Statusmeldungen sowohl Ihrem Image als auch Ihrer Reputation zum Vorteil. Im besten Fall resultieren gerade aus diesen Randgeschichten sympathiebedingte Empfehlungen, wie das Beispiel von Actimel Deutschland zeigt (siehe Abbildung 3.1). Auf Facebook hatte man lediglich aufgefordert, den Geschmack von einer neueren Actimel-Sorte zu beschreiben. Die Reaktionen waren eindeutig.

Abbildung 3.1 Kommentare unter einem Posting auf der Facebook-Seite von Actimel Deutschland

3.1 Imagekomponenten im Social Web

Imageaufbau und -pflege sind komplexe Prozesse, da hier in der Praxis meist sehr viele Komponenten zusammenspielen. Um Wahrnehmung und Meinungen in der Öffentlichkeit zu beeinflussen, bedarf es eben vieler unterschiedlicher Maßnahmen, die aufeinander abgestimmt werden müssen. Auch in der Theorie spiegelt sich diese Komplexität wider. Allein hier kann man drei Dimensionen des Imagebegriffs festmachen, welcher auf folgenden Ebenen angesiedelt ist:

1. kognitive Ebene

2. evaluative Ebene

3. konative Ebene

Wenn Sie Ihr Image durch soziale Medien systematisch gestalten möchten, sollten sie sich dies ins Gedächtnis rufen. Im Social Web können Sie nämlich gezielt auf Denk- und Wahrnehmungsprozesse, auf die Urteilsbildung sowie das Handlungsvermögen einwirken.

1. Einstellungen und Meinungen können Sie gleich in mehrerlei Hinsicht mitgestalten: Durch fortlaufende Postings, Tweets & Co. stellen Sie beispielsweise sicher, dass User mehr über Sie, Ihre Produkte und Ihr Unternehmen erfahren, sich intensiver mit Ihnen auseinandersetzen und Ihr Wissen sukzessive mehren.

2. Ihre PR- und Öffentlichkeitsarbeit im Social Web verändert zugleich die Bewertungsgrundlage derjenigen, die diese Informationen kontinuierlich empfangen. Dank transparenter Kommunikation in sozialen Medien haben User schlichtweg das Gefühl, besser Bescheid zu wissen und sich ein qualifizierteres Urteil über Sie bilden zu können.

3. Wenn Sie interessante Inhalte online stellen, Sie Ihre Botschaft effektiv kommunizieren und Ihre Community-Ansprache aufgeht, können Sie Fans, Follower & Co. zum Handeln motivieren. Wie Letzteres funktioniert? Fordern Sie beispielsweise auf Printmaterial wie Flyern und Informationsbroschüren zum *Liken* Ihrer Facebook-Seite auf, posten Sie dort animierende Statusmeldungen, oder stellen Sie Fragen auf Twitter. Laden Sie Ihre Communitys zum Mitmachen, Kommentieren und Weiterempfehlen ein.

Rechtstipp: Wenn Sie selber twittern, dann bitte nichts als die Wahrheit

Bedenken Sie bei Twitter, dass ein Retweet ein Zueigenmachen des so wiedergegebenen Tweets darstellt. Das bedeutet, dass eventuelle Persönlichkeitsrechtsverletzungen, die im ursprünglichen Tweet vorhanden waren, auch eine Abmahngefahr für den Retweeter darstellen.

Wie Sie gesehen haben, berührt Ihre digitale Öffentlichkeitsarbeit im Idealfall alle drei Dimensionen der Imagegestaltung. Wie sich das Beschriebene dann in einem konkreten Praxisbeispiel ausdrückt, erfahren Sie nun.

3.1.1 Drei in einem: Imagekomponenten im Praxistest

Stellen Sie sich vor, ein Kinobesitzer zu sein. Durch Marketing auf Facebook, Twitter & Co. können Sie webaffinen Kinobesuchern Informationen vermitteln, deren Einstellungen prägen und sie zum Handeln animieren. Jenseits von Programmhinweisen könnten Sie spannende Hintergrundinformationen über die Entstehung von Topfilmen und Klassikern geben oder der Fangemeinde aus Ihrem Alltag berichten – von der optimalen Popcornrezeptur über die neueste Soundtechnik, hier ist vieles denkbar.

Durch regelmäßige Statusupdates wächst die Kenntnis über Ihr Kino, und natürlich beeinflussen Sie auch die Meinungen von Filmfreunden und Besuchern. Konsequentes Social Media Marketing ändert eben Einstellungen und schärft das Urteilsvermögen. Eine solch offensive Positionierung ist umso wichtiger, da Kunden Ihre Leistungen ohnehin im Netz bewerten und Sie sonst nur passiv zuschauen. Allein deswegen sollten Sie mitmachen und mitreden.

Dass dieses Argument nicht aus der Luft gegriffen ist, zeigt sich unter anderem an Online-Bewertungen, die Kinobesucher im Raum Aachen beim Location-based Service *Foursquare* hinterlassen haben (siehe Abbildung 3.2).

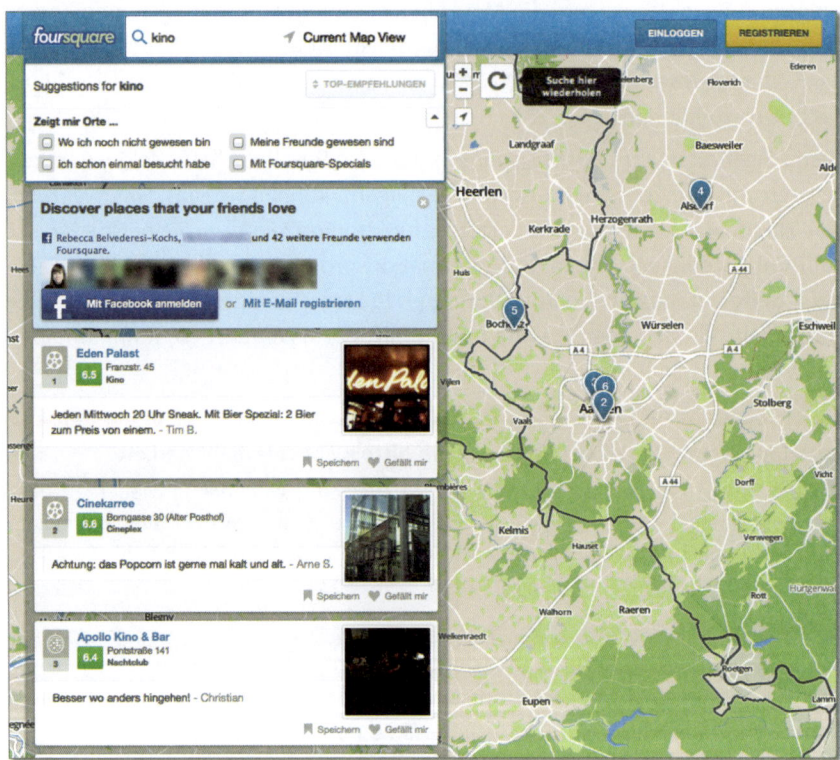

Abbildung 3.2   Lokale Bewertung von Kinos bei Foursquare

Wenn Kundenstimmen nicht gehört werden, wird Potenzial verschenkt. Mit einem Blick würden lokale Kinobetreiber nämlich erfahren, dass günstiges Bier zur Sneak-Preview sehr gut ankommt, während das Popcorn immer frisch sein sollte. Solche Kundenbewertungen sind in der Tat sehr wertvoll, weil sie ein realistisches Bild von der Wahrnehmung Ihrer Zielgruppe zeichnen. Sie erhalten also Gratisfeedback, das zudem schlichtweg kostengünstiger ist als klassische Marktforschungsmaßnahmen, wie die Durchführung von Umfragen.

Sie sehen: Hinweise und Anmerkungen, Lob und Kritik finden sich in der Netzwelt ohnehin. Sich in Schweigen zu hüllen und beispielsweise auf eine Facebook-Seite zu verzichten, bringt Ihnen letztlich gar nichts. Denn wenn Kunden sich Luft machen wollen oder – im Gegensatz dazu – von etwas begeistert sind, werden sie sich sowieso mitteilen (siehe Abbildung 3.3).

Abbildung 3.3   Kritische Kommentare auf der inaktiven und wahrscheinlich inoffiziellen Facebook-Seite des Cinedoms in Köln

Mehrdimensionale Imagepflege auf Facebook: Die Deutsche Umweltstiftung

Meinungen einfangen, Einstellungen verändern, Handeln beeinflussen – das Mitmachweb ist bestens dafür geeignet! Die Faustregel dabei: Je interaktiver, desto besser. Denn Interaktion ist nicht nur gut fürs Image, sondern auch für Ihre Reichweite. Geschickt eingesetzt, kann das Social Web in jeder Beziehung ein imageförderliches Instrument sein – und zwar nicht bloß für kommerzielle Angebote. Wie dies geht, veranschaulicht unter anderem die Deutsche Umweltstiftung auf Facebook (siehe Abbildung 3.4). Mit regelmäßigen Postings zu Umweltthemen und zum »Innenleben« der Stiftung weckt die Seite das Interesse Ihrer Fans.

Um in einen qualifizierten Dialog zu treten, versorgt man die Community mindestens einmal täglich mit wissenswerten Informationen zum Umweltschutz. Auch eigene Facebook-»Rubriken« hat sich das Facebook-Team einfallen lassen: Montags gibt es ökologische Tipps von User zu User, mittwochs werden Mitglieder der Stiftung vorgestellt. Bei neuen Unterstützern bedankt sich die Stiftung ebenfalls und stellt diese den Fans vor – persönlich und häufig sogar namentlich. Dabei sorgen Bilder, kürzere und längere Texte, Links sowie vereinzelte Videos und Umfragen für Abwechslung. Darüber hinaus sind auch durchaus polarisierende Statements wie »Ja geht's noch? Jetzt will die CSU Gaskraftwerke von Solarenergiepionieren bezahlen lassen ...« auf der Timeline zu finden. Als spontane Gefühlsäußerungen kommen diese gut bei der Zielgruppe an, denn mit »amtlichen« Verlautbarungen haben sie nichts gemein. Der Seriosität der Stiftung tut dies allerdings keinen Abbruch – zumal die Bereitschaft vorhanden ist, unterschiedliche Meinungen auf der Facebook-Seite zu diskutieren.

Abbildung 3.4   Facebook-Seite der Deutschen Umweltstiftung

Das Engagement der Umweltstiftung belohnt die wachsende Fangemeinde mit Likes und Kommentaren. Dies zeigt beispielsweise ein Posting über den Wildapfel *Malus sylvestris*. Es klärt sowohl darüber auf, dass die Obstsorte gefährdet ist, als auch warum (siehe Abbildung 3.5).

Abbildung 3.5   Kommentare zum Posting der Deutschen Umweltstiftung über Malus sylvestris

Sie merken, dass in der Content-Strategie der Deutschen Umweltweltstiftung alle drei Imagekomponenten zur Geltung kommen: Via Facebook mehrt man das Wissen der Fangemeinde rund um Umweltthemen und die Stiftung selbst. Das gewonnene Wissen führt beim User letztlich zu einer schnelleren und klareren Urteilsbildung in Umweltbelangen, während man sich gleichzeitig zum Mitmachen und Unterstützen aufgerufen fühlt.

3.1.2   Warum sich Social Media für die Imagegestaltung lohnt

Für eine professionelle Öffentlichkeitsarbeit im Social Web gibt es allerhand Gründe. Deswegen werden Ihnen im Kommenden »lediglich« einige interessante Daten und Fakten präsentiert, die den Gesamtzusammenhang komprimieren und Ihnen helfen, ein Gespür für die vielfältigen Möglichkeiten der erfolgreichen Imagegestaltung zu entwickeln.

Die Kultur des Teilens in der Word of Mouth

Das Mitmachweb lebt davon, Inhalte mit anderen zu teilen. Dies bestätigt einmal mehr eine Studie des *Bundesverbands Informationswirtschaft, Telekommunikation und neue Medien e. V.* (BITKOM), die anlässlich eines hauseigenen Trendkongresses 2012 in Auftrag gegeben wurde. Interessant ist die Angabe, dass 83 % der befragten Nutzer Inhalte im Internet teilen. Die Zielgruppe zwischen 14 bis 29 Jahren tut dies sogar fast zu 100 %. Davon sind mit 44 % der Befragten knapp die Hälfte der geteilten Inhalte produkt- oder dienstleistungsbezogen, bei den unter 30-jährigen sind es sogar 48 %.[1]

Wie Sie sehen, ist Word of Mouth bereits jetzt ein sehr mächtiges Instrument der Öffentlichkeitsarbeit. Immerhin lebt die digitale Mund-zu-Mund-Propaganda von Erfahrungen mit Herstellern und deren Produkten und prägt diese auch zur gleichen Zeit. Im Klartext heißt das: Über Sie geredet wird sowieso! Und viele Kunden informieren sich im Social Web, bevor der Erstkontakt stattfindet oder die Kaufentscheidung fällt.

Marketing-Take-away: Bewerten, bis der Arzt kommt

Die *Pew Studie* 2012 untersuchte, welchen Einfluss die Online-Reputation auf niedergelassene Schönheitschirurgen hat.[2] Ähnlich wie bei Konsumumfragen antworteten acht von zehn Personen, dass Sie im Netz nach Gesundheitsthemen suchen. Fast jeder Zweite recherchiert hier nach bestimmten Ärzten und macht sich selbst ein Bild, zusam-

---

1   BITKOM, *http://bit.ly/1499mx6* (Slideshare-Präsentation)

2   Reputationsverteidiger, *http://www.reputationsverteidiger.de/blog/arztbewertungen/arzt-reputation-management-und-die-pew-studie/*

mengesetzt aus Behandlungsangeboten, Leistungen und authentischen User-Bewertungen.

Ähnlich sieht es bei chirurgischen Eingriffen aus. 41 % der Frauen, die sich mit dem Gedanken einer Brustoperation tragen, googeln nach kompetenten Schönheitschirurgen. Auch in diesem Fall spielen positive Bewertungen und Online-Empfehlungen – auch in sozialen Netzwerken – eine wesentliche Rolle bei der Entscheidungsfindung.

Dementsprechend recherchieren Nutzer auch Ihre Produkte oder Ihr Unternehmen, sie schauen sich im Netz nach Bewertungen und sonstigen Qualitätshinweisen um. Die Zeit, in der die Online-Recherche überwiegend bei technischen Produkten genutzt wurde, ist also längst vorbei: Warum also nicht die Möglichkeit wahrnehmen, in den Dialog zu treten und sich mit Usern auszutauschen? Schließlich gibt es zahlreiche Studien, die zeigen, dass (potenzielle) Kunden einem Unternehmen mit gutem digitalen Ruf mehr vertrauen als jenen mit einem schlechten Standing.

Rechtstipp: Ärztliche Schweigepflicht auch in Social Media

Dass die ärztliche Schweigepflicht auch im Internet gilt, ist nicht überraschend – gleichwohl ergibt sich hier regelmäßig ein Problem: Viele Patienten nutzen Bewertungsportale, um eine Meinung über ihren Arzt zu hinterlassen. Bei unwahren negativen Behauptungen könnte der Arzt öffentlich reagieren, die Plattformen bieten regelmäßig Antwortoptionen für den Bewerteten an. Gleichwohl besteht aber für den Arzt das Risiko, durch ausschweifende Antworten den Patienten zu identifizieren oder Details aus dem vertraulichen Arzt-Patienten-Verhältnis zu offenbaren. Insofern ist im Hinblick auf Bewertungsplattformen nur zu raten, sich nicht zu umfassenden öffentlichen Ausführungen hinreißen zu lassen und auch gegenüber dem Plattformbetreiber im Fall einer Beschwerde von Details abzusehen.

Praxis-Hinweis: Im Alltag zeigt sich, dass die einschlägigen Plattformen um die Problematik wissen und entsprechend sensibel damit umgehen beziehungsweise bei ernsthaften Beschwerden recht frühzeitig reagieren.

Die Markenerfahrung und Markenloyalität mitgestalten

Indem Sie Ihre Fans und Follower regelmäßig mit Statusmeldungen versorgen, informieren Sie nicht bloß über sich und Ihre Produkte. Wenn der Content entsprechend gewählt ist und Unterhaltsames nicht missen lässt, können Sie durchaus Sympathien wecken und auf lange Sicht das emotionale Band zwischen Ihnen und der Community stärken. Ein solches Sympathiemarketing mit Wohlfühlfaktor findet sich heute bereits bei vielen deutschen Marken auf Facebook, so auch bei Milka, wie Abbildung 3.6 demonstriert.

Abbildung 3.6 Facebook-Posting von Milka

Da es bereits einige Unternehmen oder Organisationen verstanden haben, im Social Web wertige Informationen und »echte« Emotionen zu vermitteln, ist es kaum verwunderlich, dass sich User buchstäblich als Markenfans outen. In Deutschland sind es, einer BITKOM-Studie[3] zufolge, fast ein Viertel. Deutliche Schwankungen nach oben gibt es auch hier bei der Altersgruppe zwischen 14 und 29 Jahren. Die sogenannten *Digital Natives*[4] sind zu 48 % mit Marken, Produkten und Unternehmen auf Facebook, Twitter & Co. »befreundet«. Indessen liegen die Wachstumspotenziale in der Generation 50+. Während diese Altersgruppe zwar langsam ihren Weg ins Social Web findet, sind die Verbindungen mit kommerziellen Seiten noch selten, Anfang 2013 lagen sie bei 11 %.

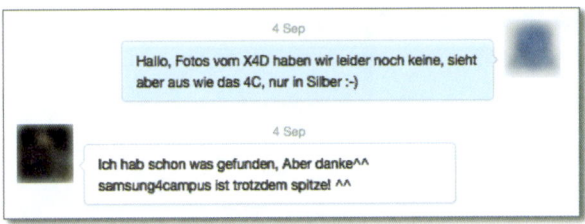

Abbildung 3.7 Direktnachricht an Samsung4Campus auf Twitter

Dass Social Media, wie in Abbildung 3.7, für die Markenerfahrung und Markenloyalität wesentlich sind, ist durchaus kein Einzelfall. Dies bestätigen statistische Erhebungen, wie unter anderem eine Studie, die 2012 im Rahmen des *Web Excellence Forum (WebXF)* in Zusammenarbeit mit der Universität Leipzig, St. Gallen und der FU Berlin entstanden ist.[5] Durch die Befragung von 3.600 Entscheidern in Unternehmen stellte die Untersuchung den positiven Einfluss von Facebook-Seiten auf das Image fest. So betonte *Michael Heine* als *WebXF*-Gründer, dass Facebook eine gute Ergänzung zur eigenen Website sei:

---

3 BITKOM, *http://www.bitkom.org/74707_74702.aspx*

4 Bezeichnung für die Generation nach 1980, die mit PC und Internet groß wurde.

5 WebXF, *http://prreport.de/home/aktuell/news-public/article/5470-facebook-fanpages-pushen-unternehmensmarke/*

»Unsere Fanpage Impact Messung zeigt eine klar positive Wirkung von Facebook auf das Markenimage. Man muss aber darauf hinweisen, dass Websites stärker und deutlich differenzierter wirken.«[6]

Strategisch ist es also sinnvoll, die Aufmerksamkeit der Fans in einem nächsten Schritt auf die Website zu lenken und dort mit weiteren Informationen aufzuwarten. Wenn es sich anbietet, sollten Sie in Postings, Tweets & Co. auch auf Ihre Homepage oder Ihr Blog verweisen (wie Abbildung 3.8).

Abbildung 3.8 Facebook-Posting mit Verweis auf die Website

Neben der Endkundenansprache ist die Wirkungsmacht von Social Media mittlerweile auch im B2B-Marketing bekannt. Viele Unternehmen im Geschäftskundensegment glauben, dass soziale Medien nicht mehr aus der modernen Unternehmenskommunikation wegzudenken sind. Selbst wenn es hier oftmals an einer systematischen Strategie und entsprechender Budgetierung mangelt, betreibt laut dem *Arbeitskreis Social Media in der B2B-Kommunikation* die Hälfte der Unternehmen Öffentlichkeitsarbeit im Social Web.[7]

Durch das Mitmachweb erhoffen sich immerhin 84 % der rund 200 Befragten, Ihr Image positiv aufzuwerten. Und so sind die meisten Firmen auf Facebook und

---

6 Themenportal, *http://www.themenportal.de/it-hightech/facebook-wirkt-webxf-studie-vergleicht-erstmals-wirkung-von-fanpages-und-websites-auf-das-unternehmensimage-57792*

7 Arbeitskreis Social Media in der B2B-Kommunikation, *http://communicationmunich.de/images/managementsummary.pdf*

Twitter vertreten. Interessant ist darüber hinaus, dass Web-2.0-Technologien von einem Viertel zur direkten Kommunikation und Kollaboration innerhalb des Unternehmens genutzt werden. Summa summarum schrumpft die Anzahl der Skeptiker, die davon ausgehen, Social Media bringe nichts und man halte sich aus dem Social Web raus. Zwischenzeitlich sagen dies nur noch 20 % der Studienteilnehmer aus dem B2B-Bereich. Im Umkehrschluss heißt das natürlich nichts anderes, als dass Social Media immer mehr zu einem Breitenphänomen werden. Das Ende der digitalen PR-Arbeit ist somit noch lange nicht in Sicht.

Marketing-Take-away: Ist Google+ in Deutschland irrelevant?

Seit Google im Sommer 2011 mit Google+ sein eigenes Social Network vorstellte, wurde dessen Bedeutung für die PR- und Öffentlichkeitsarbeit intensiv diskutiert, zumal dessen Funktionalität fortan stets erweitert wurde. Für Unternehmen und Organisationen bieten Google+-Seiten viele sinnvolle Funktionen, die das Social Media Management erleichtern. Ein Beispiel: Im Gegensatz zu Facebook, kann man hier beispielsweise ein Posting auf Rechtschreibfehler korrigieren und muss dieses nicht löschen, wenn man einen kleinen Tippfehler entdeckt. Im Oktober 2012 stellte sodann Jason Miller im SocialMediaExaminer-Blog fest: »It boasts a cool 250 million users! And this number is sure to grow very quickly as Google is making a Google+ account mandatory for all Gmail users. It's an audience marketers cannot ignore.«[8] Stimmt, in den USA sollte man die Reichweite und das Marketingpotenzial nicht unterschätzen. Aber wie sieht es in den D-A-CH-Ländern aus?

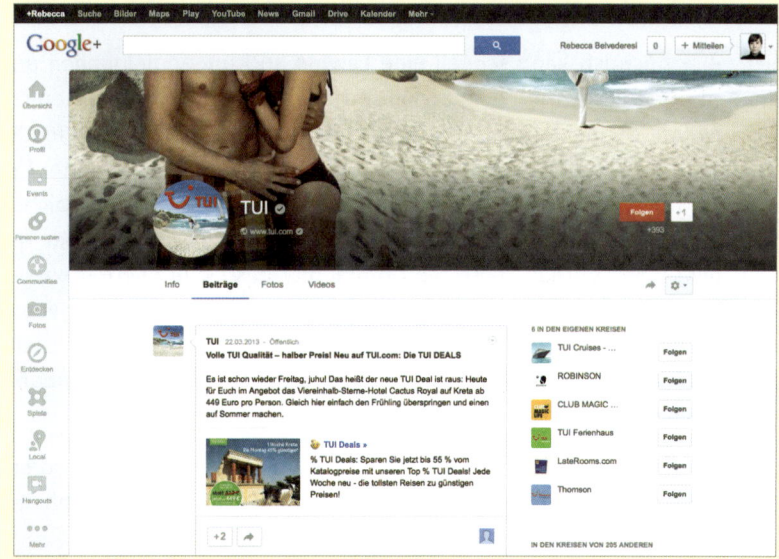

Abbildung 3.9   Google+-Seite der TUI

---

8   SocialMediaExaminer, *http://www.socialmediaexaminer.com/google-plus-to-boost-your-marketing/*

Hierzulande ist die Relevanz von Google+ durchaus umstritten. Zwar sind auf dem sozialen Netzwerk große Marken wie Audi, McDonalds, TUI im Rahmen ihrer ganzheitlichen Social-Media-Strategie vertreten, doch hat dies weniger mit einer PR-Notwendigkeit als mit SEO-Gesichtspunkten zu tun. Denn eine suchmaschinenorientierte PR-Arbeit sollte dieses Netzwerk in der Tat berücksichtigen und mit aktuellen Inhalten füttern.

Für eine effektive Kommunikation außerhalb der technikaffinen Zielgruppe hat Google+ aber noch keine Priorität, wie man auch an den wenigen +1-Angaben auf Firmenseiten sieht (siehe Abbildung 3.9). Im Kommunikationsmix ist das mitgliederstarke Netzwerk somit nachrangig, weil User es nicht so intensiv und rege nutzen wie Facebook und Twitter. User halten sich hier einfach noch zu selten auf und nutzen die Funktionsvielfalt des Netzwerkes eher selten.

Insofern gilt für Deutschland (noch) nicht, was Jason Miller für die USA feststellte. Dies erklärt auch, weshalb die Mehrheit der deutschen Unternehmen und Organisationen bislang nicht auf Google+ anzutreffen sind.

Hohe Kampagnenfähigkeit durch Reichweite und Kreativität

Nicht nur der Einfluss der Internetgemeinde ist groß, sondern auch die Reichweite sozialer Medien. Über 25 Mio. aktive Nutzer tauschen sich allein in Deutschland via Facebook aus. Weltweit zwitschern auf Twitter 200 Mio. Menschen regelmäßig in 140 Zeichen. Anfang letzten Jahres lagen die YouTube-Aufrufe allein aus Deutschland bei 4 Mrd. pro Tag.[9]

Da die Reichweite hoch ist, kann schnell eine Lawine an Kundenmeinungen und User-Stimmen in Gang gesetzt werden. Schlimmstenfalls mündet dies in einen sogenannten *Shitstorm* – eine reputationsschädliche Kommunikationskrise, in der Unternehmen oder Organisation aufgrund ausufernder Kritik massenhaft unter Beschuss geraten und sich User auf ihren Kanälen empört zu Wort melden. In solchen Fällen ist handfeste Krisen-PR gefragt, um den Ruf zu retten und das Vertrauen der User zurückzugewinnen. Zeitnah sollte die Community das Gefühl vermittelt bekommen, dass ihr Anliegen gehört wurde und man sich intern um eine zufriedenstellende Lösung bemüht. Im Anschluss daran darf selbstredend auch eine offizielle Erklärung zum Sachverhalt nicht fehlen. Denn User fordern nicht einfach Antworten, sondern sie wollen plausible Antworten bekommen, die glaubhaft sind.

Wer sich der Öffentlichkeit stellt, muss auch mit deren Reaktion rechnen – insofern nichts Neues für PR-Profis. Das Einzige, was sich durchs @ Social Web nachhaltig verändert hat, sind die Rasanz und die Dynamik des Krisenverlaufs.

---

9 Angaben von statista.de

Rechtstipp: Ist man haftbar für den User-generated Content auf den eigenen Seiten?

Es kommt auf den Einzelfall an: Grundsätzlich ist man für bereitgehaltene fremde Inhalte nicht haftbar. Wenn etwa auf der eigenen Facebook-Seite ein User eine Rechtsverletzung durch einen Kommentar begeht, besteht keine sofortige Haftungsgefahr. Wenn man über den Rechtsverstoß aber informiert wird, muss man unverzüglich reagieren (§ 10 I Nr.2 TMG), da man ansonsten doch haftet. Ein solcher Hinweis muss den Verstoß aber nachvollziehbar belegen, also wo in welcher Form ein Rechtsverstoß begangen wurde. Der einfache Hinweis »Es wurde ein Rechtsverstoß auf Ihrer Facebook-Seite begangen« reicht nicht aus.

Ebenfalls ist eine Haftung eröffnet, wenn man sich fremde Inhalte zueigen macht, wenn sie also wie eigene Informationen erscheinen. Wann dies anzunehmen ist, wird nach dem Gesamtbild der Webseite oder des Webdienstes entschieden, eine »Formel« gibt es hier nicht. Es gilt die Faustregel: Kann man erkennen, dass es fremde Informationen sind, und möchte sich der Dienstanbieter inhaltlich davon distanzieren?

Die Reichweite ist allerdings Fluch und Segen zugleich. Gerade durch sie lassen sich eindeutige PR-Erfolge verbuchen. Denken Sie beispielsweise an virale Kampagnen, die sich in Windeseile von User zu User verbreiten. Im Idealfall »infiziert« ein Nutzer sein Netzwerk, sodass andere den Content wiederum bereitwillig ihren Kontakten weitergeben.

Genau in solchen Situationen entsteht eine virale Kettenreaktion in Echtzeit. Wenn also eine Kampagne oder ein Videoclip besonders auffällig, kreativ oder witzig ist und vielfach geteilt wird, fällt dies positiv auf das Unternehmen zurück. Echtzeitkommunikation bringt somit riesige Chancen für eine systematische Imageförderung, wie *Jason Hirschhorn* vom sozialen Netzwerk *MySpace* ebenfalls feststellt:

> *»Everything is happening faster on the Internet, so advertisers have to be able to respond quickly. If there is a pop-culture topic, a celebrity, event, some amazing viral video, a news story – how do advertisers get close to that so they can take advantage of traffic jumps?«*

Eine solch positive Erfahrung haben bereits unzählige Unternehmen gemacht, unter anderem auch die Firma Tipp-Ex, die 2010 eine YouTube-Kampagne produzierte, die über 19 Mio. Mal aus weit über 200 Ländern aufgerufen und weiterempfohlen wurde (siehe Abbildung 3.10). Nach Angabe des Unternehmens konnte man allein in Europa durch diese PR-Maßnahme einen Sales-Zuwachs von 30 % erzielen (Abschnitt 3.2, »Wie Sie Ihr Image fördern«).

Sie sehen: Wenn Ihre Kreativkonzepte gut ankommen, ist die mediale Strahlkraft vorprogrammiert – und das ist nicht nur gut fürs Image.

Abbildung 3.10   A Hunter Shoots a Bear von Tipp-Ex (YouTube)

3.1.3   Fünf Grundsätze, die Sie im Mitmachweb weiterbringen

Wenn Sie im Social Web Ihr Image erfolgreich beeinflussen und sich systematisch vermarkten wollen, sollten Sie nicht bloß über kommunikative Kernkompetenzen verfügen, sondern auch einige Grundsätze beherzigen, die Ihre PR- und Öffentlichkeitsarbeit in jedem Fall weiterbringen. Als unabdingbares Muss sollten Sie allerdings fünf Grundsätze beachten, um sich im Mitmachweb zielgerichtet und erfolgreich zu positionieren:

1. Posten Sie regelmäßig, und seien Sie sich bewusst, dass eine Community aus Markenbotschaftern nicht im Alleingang entsteht. Sie müssen bereit sein, auch über einen längeren Zeitraum Ausdauer zu zeigen und den Fans attraktiven Content mit Mehrwert zu bieten.

2. Seien Sie in jedem Fall ansprechbar, vor allem wenn es Fragen aus der Community gibt. Ansprechbarkeit bedeutet aber darüber hinaus, sich ein Stück weit der Sprache in sozialen Netzwerken anzupassen und neue Kommunikationsstrukturen zuzulassen.

3. Verhalten Sie sich offen und ehrlich, denn falls Unwahrheiten auffliegen, kann das schnell ausarten. Insofern sollten Sie keine falschen Versprechungen machen. Gleichermaßen sollten Sie nicht in Blogs und Foren »unabhängige« Meinungen verbreiten, um Ihr Image zu verbessern.

4. Versuchen Sie, möglichst unwerblich vorzugehen. Durch marktschreierische Ansagen kann man in sozialen Medien nur in Ausnahmefällen punkten. Fans und Follower sind nämlich in erster Linie als »Freunde« zu betrachten – Freunde, mit denen man sich auf Augenhöhe austauscht und die man regelmäßig über Wichtiges und Belangloses informiert.

5. Beobachten Sie Ihre Social-Media-Kanäle aufmerksam, und kontrollieren Sie darüber hinaus, was und wie ansonsten im Social Web über Sie gesprochen wird. Social Media Monitoring lautet das Zauberwort und ist der beste Garant dafür, über die eigene Marken- und Produktwahrnehmung informiert zu sein.

Imagegestaltung im Social Web setzt also voraus, dass Sie wissen, worauf Sie sich einlassen. Die kommunikative Herausforderung in der PR- und Öffentlichkeitsarbeit zu meistern, lohnt allerdings allemal. So wird Ihre Marke von der *Kultur des Teilens* in der Word of Mouth profitieren, insofern Sie die Grundprinzipien beherrschen, die Funktionsweisen sozialer Medien kennen und interessanten Content als Diskussionsstoff bieten.

Marketing-Take-away: Netnografie als Online-Marktforschung

Neben der allgemeinen Bekanntheitssteigerung können Sie Facebook, Twitter & Co. auch zu anderen Zwecken nutzen, etwa um via Social Media etwas über Ihr Image in Erfahrung bringen. Beispielsweise kann man soziale Medien nach Feedback und Kundenmeinungen absuchen. Das ein ums andere Mal werden Sie überrascht sein, wie User Sie wirklich empfinden und über Sie sprechen.

Dementsprechend können Sie im Mitmachweb eine günstige, wenngleich arbeitsintensive Form der Marktforschung betreiben. Ein gutes Beispiel hierfür sind *netnografische Untersuchungen*. Als Kofferwort aus »Ethnografie« und »Internet« werden Online-Plattformen über einen abgesteckten Untersuchungszeitraum und hinsichtlich einer konkreten Fragestellung nach nutzergenerierten Inhalten durchforscht und ausgewertet. Im Ergebnis erhalten Sie dadurch eine Zusammenschau von authentischem Kundenfeedback, welches der Markenentwicklung dient. Die Reichweite des Social Webs kommt Ihnen also, egal zu welchem Zweck, zugute.

3.2   Wie Sie Ihr Image fördern

Die Nationalmannschaft macht's, deutsche Politiker machen's und Marken sowieso. Das Social Web lässt Personen des öffentlichen Lebens ebenso wie kommerzielle und nichtkommerzielle Organisationen nicht mehr los. Sie müssen aktiv werden und Ihre Eigenmarke weiter ausbauen. Proaktive Imagepflege lautet also das Schlagwort.

Während manche früher eher hinterherliefen und beispielsweise ihre Produkte in Foren kommentierten, um positive User-Stimmen hervorzubringen, hat man heute die Nase vorn, wenn man selbst Austauschplattformen zur Verfügung stellt und in den öffentlichen Dialog tritt (siehe Abbildung 3.11). Ist man nicht aktiv, kommt nämlich auch das einem Statement gleich. Aus diesem Grund gibt es in den USA den Ausspruch: »By not tweeting you're tweeting. You're sending a message.«

Abbildung 3.11   Zweisprachiges Posting der DFB-Team-Seite auf Facebook

Es geht also darum, die eigenen Botschaften an unterschiedliche Zielgruppen digital in Echtzeit zu übermitteln und zur Diskussion zu stellen. Viele Unternehmen und Organisationen haben damit bereits positive Erfahrungen gemacht, wobei eine gute Strategie die Voraussetzung dafür ist. Wenn sodann die Kommunikation auf Augenhöhe auch in der Praxis gelebt wird, lassen Empfehlungen nicht lange auf sich warten. Nicht umsonst melden sich beispielsweise Markenfans und andere User auf der Facebook-Seite von Ford Deutschland zu Wort und berichten über ihre Erfahrungen (siehe Abbildung 3.12).

Doch wie bereits angedeutet, kann das Mitmachweb auch seine Schattenseiten haben, vor allem wenn Unternehmen die neu errungene (Meinungs-)Macht der Konsumenten unterschätzen. So gehen manche Aktionen auf Facebook, Twitter & Co. spektakulär nach hinten los.

Ein wunderbares Negativbeispiel gab Anfang 2012 unter anderem McDonald's ab (siehe Abbildung 3.13). Anlass für digitalen Hohn und Spott bei der Fastfood-Kette war eine Imagekampagne auf Twitter. Mit der Markierung #McDStories gingen über den Kanal @McDonalds Tweets an die Öffentlichkeit, die mit dem negativen Image Schluss machen und die vermeintlich schlechten Händlerbeziehungen widerlegen sollten. Als die Kampagne sodann weltweit mit Werbe-Tweets auch weiteren User-Gruppen eingeblendet wurde, lenkte sich deren Aufmerksamkeit auf den Twitter-Kanal. Eigentlich gut, sollte man meinen. Allerdings wurden die Tweets logischerweise auch denjenigen angezeigt, die McDonald kritisch gegenüberstehen. Sie fingen an, eine Antikampagne unter dem gleichnamigen Hashtag zu fahren. Von verärgerten Kunden über Vegetarier bis hin zu früheren Mitarbeitern wurde das Thema ironisch in der Twitter-Sphäre aufgearbeitet.

Abbildung 3.12   Aktuelle Nutzerbeiträge auf der Facebook-Seite von Ford Deutschland

Abbildung 3.13   Tweet über die McDonalds-Skandale auf Twitter

Rechtstipp: Klarnamen bei Facebook – müssen soziale Netze Pseudonyme erlauben?

Gerade in Krisensituationen ist es ärgerlich, wenn Sie nicht wissen, mit wem Sie sich auseinandersetzen müssen. Hier stellt sich immer wieder die Frage, ob soziale Netze Pseudonyme erlauben müssen. Dies ist bis heute umstritten und nicht abschließend geklärt. Grundsätzlich muss es Netzwerken wie XING möglich sein, Klarnamen zu verlangen, wenn das Geschäftsmodell des Netzwerkes anders nicht umgesetzt werden kann. Ob ein Freizeitnetzwerk wie Facebook sich darauf berufen kann, erscheint zweifelhaft.

103

Im Gegensatz zur Bruchlandung von McDonald's landete die Firma Tipp-Ex bereits im Jahr 2010 einen viralen YouTube-Hit und ließ ein Erfolgsvideo namens *A Hunter Shoots a Bear (Ein Jäger erschießt einen Bären)* produzieren. Mittlerweile über 20 Mio. Mal angeschaut, ist dessen Story simpel und überzeugend: Ein Jäger ist kurz davor, einen Bären zu erschießen und wird unsicher. Nach 22 Sekunden stellt er die Frage, ob er das Tier wirklich töten oder sich doch lieber gegen den tödlichen Schuss entscheiden soll. Unmittelbar danach sind die User gefragt: In ein »getippextes« Wunschfeld können sie eintippen, wie die Geschichte weitergehen soll. Der einzelne Nutzer hat also das Geschick des Geschichtsverlaufs selbst in der Hand und kann sich ein individuelles Wunschszenario zusammenstellen. In den nachfolgenden Spots sind dann Bär und Jäger zu sehen, wie sie sich küssen, schlagen, Fußball spielen und so weiter – weit über 30 Varianten gibt es. Allesamt sind diese sehr unterhaltsam, weswegen das YouTube-Video schon kurz nach seiner Veröffentlichung im Sekundentakt angeklickt und geteilt wurde.

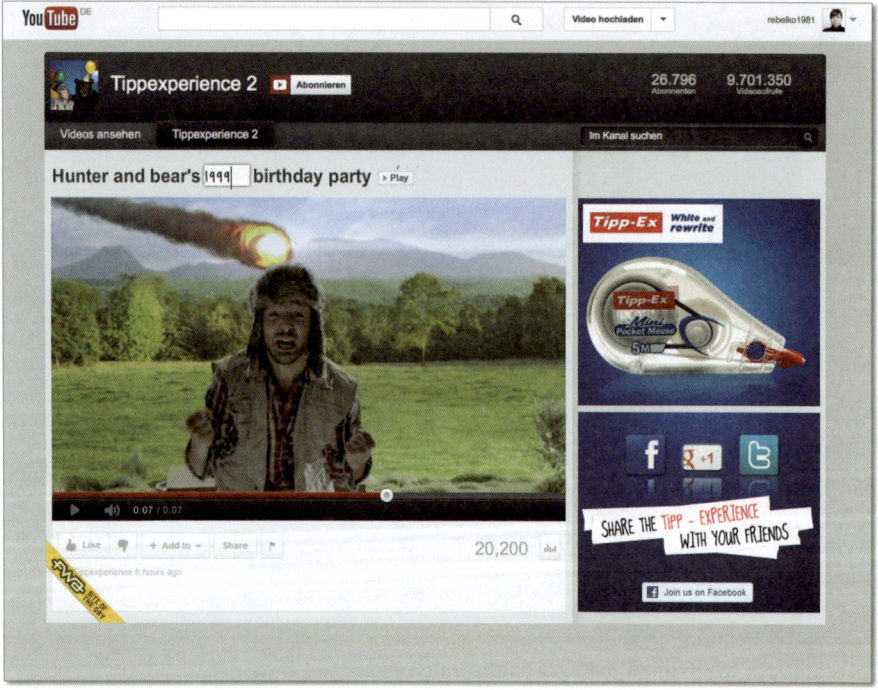

Abbildung 3.14   Die Nachfolgekampagne von »A Hunter Shoots a Bear«

Kaum zwei Jahre später veröffentlichte Tipp-Ex dann einen Nachfolgespot, den Sie in Abbildung 3.14 sehen. Zum zweijährigen Jubiläum des viralen Erfolgs, sitzen Jäger und Bär beim Geburtstagskaffee im Freien und essen Kuchen, während im Hintergrund ein zerstörerischer Komet auf die Erde zurast. Darauf folgt eine Pause.

Ein weiteres Mal kann der Nutzer nun entscheiden, wie es weitergeht. Er darf eintippen, in welchem Jahr die Geburtstagsparty stattdessen steigen soll. Der Clou: Zig Videos aus unterschiedlichen Epochen und Jahrzehnten stehen zur Verfügung, von der Steinzeit bis in die ferne Zukunft.

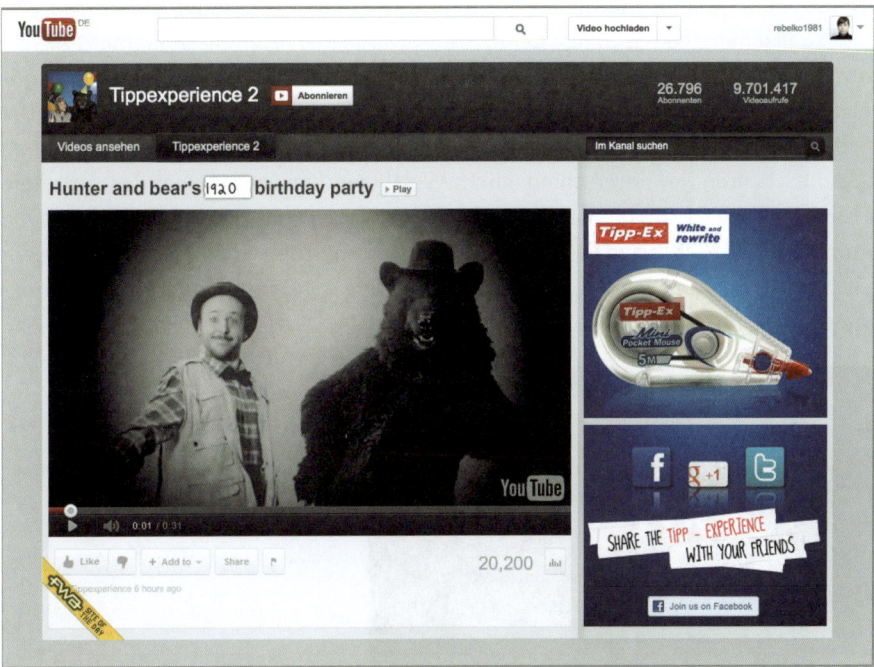

Abbildung 3.15   Das Video zur »Birthday Party« in den 1920ern

Wie Sie in Abbildung 3.15 erkennen, ist jede Epoche »realistisch« dargestellt und wird den Erwartungen der Zuschauer gerecht. Gibt man beispielsweise 1920 als Partyjahr ein, erscheint ein Schwarzweißfilm im typischen Charlie-Chaplin-Stil. Jäger und Bär sitzen hier gemeinsam in einem Saloon und feiern mit einer Geburtstagstorte. Die Kreativität und Brillanz der Kampagne hat die User auch beim zweiten Mal überzeugt, sodass die »birthday party« erneut zu einem viralen Hit wurde.

Doch welche anderen Fallbeispiele gibt es? Welche Kanäle nutzen andere Unternehmen und Organisationen, um ihr Image zu gestalten und ihre Marke präsenter zu machen? Das Social Web stellt hier einiges zur Auswahl. Daher werden Ihnen nachfolgend Fallbeispiele aus unterschiedlichen Branchen vorgestellt. In ihrer PR- und Öffentlichkeitsarbeit positionieren sie sich alle erfolgreich, aber anders, wenngleich durch unterschiedliche Strategien. Sie zeichnen sich durch eine systematische Herangehensweise aus.

3.2.1   Der Deutsche Sparkassen- und Giroverband: »Giro sucht Hero«

Der Deutsche Sparkassen- und Giroverband (DSGV) hat erstmals 2011 eine cross-mediale Werbekampagne überwiegend im Social Web durchgeführt. Ziel war es, insbesondere jüngere Menschen mit dem Giroangebot deutscher Sparkassen vertraut zu machen und das Image der Institutsgruppe in diesem Alterssegment zu verbessern. Die Rede ist von »Giro sucht Hero« – eine Kampagne, die von den Fernsehmoderatoren *Klaas Heufer-Umlauf* und *Joko Winterscheidt* getragen wurde. Die beiden Protagonisten, als Moderatoren der jugendlichen Zielgruppe überwiegend bekannt, sollten in unterschiedlichen Wettbewerben gegeneinander antreten. Hauptschauplatz sollte die Facebook-Seite von »Giro sucht Hero« sein, wo man die Community an den waghalsigen Aufgaben rund um den Sparkassen-Giroverkehr teilhaben ließ. Ein paar TV-Spots (siehe Abbildung 3.16) unterstützten die Kampagne gerade in der Startphase.

Abbildung 3.16   TV-Spot zu »Giro sucht Hero« auf YouTube

Ende April 2011 postete man erstmals etwas auf der neu angelegten Facebook-Seite, was rückblickend der Startschuss zur interaktiven Kampagne war (siehe Abbildung 3.17). Von da an versorgte man die Kampagnen-Community täglich mit neuen Informationen, wobei es am 9. Juni zum großen Durchbruch im Mitmachweb kam: Die Pinnwand wurde nun auch für User geöffnet.

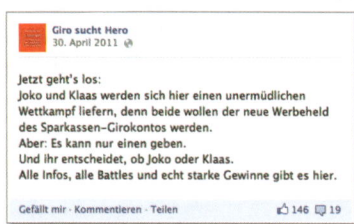

Abbildung 3.17   Erstes Posting auf der Facebook-Seite von »Giro sucht Hero«

Die Wettkämpfe im Videoformat sollten sodann die Aufmerksamkeit des Zielpublikums auf sich ziehen, unterhalten und zum Diskutieren einladen – austauschen, mitfiebern, anfeuern würde die Strategie wohl am besten zusammenfassen. Da die zu lösenden Aufgaben stets in Bezug zu den eigenen Finanzprodukten standen, machte der DSGV in einem die Giroangebote bekannt. Zudem verband er die Aktionen mit einem guten Zweck. Für jeden neuen Fan auf der Facebook-Seite wurde 1 € an *Junge Helden e. V.* gespendet, einen Verein, der Organspenden in Deutschland thematisiert.

Die Ergebnisse der ersten Gehversuche im Social Web? 100.000 Fans innerhalb der ersten sieben Wochen. Zahlreiche Bilder, Veranstaltungen, Videos und Links, die das Jugendpublikum ansprachen, führten dazu, dass man in der Kampagnenlaufzeit die 130.000-Fan-Marke knackte, 25.000 Kommentare auf der Facebook-Seite verzeichnete und 2 Mio. Videoaufrufe für sich verbuchen konnte. User-generated Content war auch hier wesentlich für Erfolg. Allein bei YouTube wurden die Kampagnenvideos über 1 Mio. Mal bewertet und diskutiert (siehe Abbildung 3.18).

Abbildung 3.18   Kommentare im YouTube-Kanal der Sparkassen

Die Imageeffekte bestätigte auch Dr. Lothar Weissenberger, Leiter Marketing-Kommunikation: »*Mit dieser Strategie haben wir die Abschlussbereitschaft und den Markenwert erhöht, ohne wie Wettbewerber einfach über den Preis im Giromarkt zu verkaufen.*«

In Anbetracht des Erfolgs ging »Giro sucht Hero« im darauffolgenden Jahr in die zweite Runde. Allerdings sollte dieses Mal mehr Teamgeist und Interaktion gefragt sein. On- und offline konnten sich Interessierte als Teammitglieder bewerben, um dann in einen Gruppenwettkampf mit Klaas und Joko zu treten und das Projekt

»Musik hilft« zu unterstützen. Durch attraktive Aktionen wie *EM-Orakel*, *GE-Heimspiel* und *Vereinstausch* wurde die Wiederauflage ebenfalls zum PR-Erfolg. Die Facebook-Seite gehört zwischenzeitlich mit 171.000 Fans zu den Spitzenreitern im Finanzsektor, auch wenn Klaas und Joko mit Ihrer eigenen Fanpage im Millionenbereich doch noch die Nase vorn haben.

Was das Fallbeispiel schlussendlich verdeutlicht: Durch eine entsprechende Content-Strategie konnte der Deutsche Sparkassen- und Giroverband letztlich die junge Zielgruppe erreichen, seine Themen effektiv (auch) in sozialen Medien platzieren und darüber Aufmerksamkeit erzeugen. Präsenz zu zeigen und das Image zu verbessern, ist der Organisation also gelungen.

Marketing-Take-away: Die Gothaer macht's persönlich

Der Versicherungskonzern Gothaer ist seit Jahren im Social Web aktiv. Neben der Facebook-Seite betreut man einen YouTube-Kanal mit zahlreichen Videos und einen Twitter-Account, der allerdings im direkten Vergleich dazu etwas verwaist wirkt. Dabei steht und fällt das Imagemarketing der Gothaer mit Dr. Klemens Surmann, er ist der direkte Ansprechpartner in sozialen Netzwerken. So meldet sich Surmann täglich auf Facebook zu Wort. Er informiert die Gothaer-Fans, postet mitunter Unterhaltsames und zeigt sich interessiert an ihren Lebensumständen (siehe Abbildung 3.19). Beispielsweise fragt er nach, ob man bei schwierigen Witterungsbedingungen sicher zur Arbeit gekommen ist.

Abbildung 3.19   Posting auf der Facebook-Seite der Gothaer Versicherung

Die dahinterliegende Strategie ist simpel: »Wir wollten bewusst ein menschliches Gesicht zeigen, das Unternehmen zum Anfassen darstellen und mit Emotion unterlegen. Versicherungen werden eher als unnahbare, statische und bürokratische Gebilde wahrgenommen, was wir in Facebook damit umgehen möchten. Erfahrungen in anderen Unternehmen haben genau diese gewünschten Effekte bestätigt«, so Surmann in einem Interview Ende 2012 bei Gefahrgutblog.[10]

Ziel des Social-Media-Auftritts ist also, das emotionale Band zwischen Fans und Versicherungskonzern zu stärken und nicht zuletzt Vertrautheit herzustellen. Dass hieraus langfristig Vertrauen in die Leistungsfähigkeit des Anbieters erwachsen soll, scheint selbstredend. Obwohl die Öffentlichkeitsarbeit bei Facebook ansprechend gestaltet ist und man mit vielen kreativen Mitmachaktionen aufwartet, lässt die Interaktion mit der Community noch Manches missen. Das persönliche Motiv in der Kommunikation könnte also durchaus noch stärker herausgearbeitet werden (siehe Abbildung 3.20).

Abbildung 3.20   Brancheninformationen auf der Facebook-Seite der Gothaer Versicherung

Nichtsdestotrotz ist die Idee, den Versicherungskonzern zu personalisieren einfach (und) überzeugend, zumal dies zur Kommunikationskultur im Social Web passt. Das Image kann hiervon nur profitieren.

3.2.2   Ritter Sport: Vom Kampagnenblog zur Imagepflege

Oft wird Social Media mit Facebook gleichgesetzt, zu präsent ist das Netzwerk, als dass es Unternehmen und Organisationen ignorieren können. Nichtsdestotrotz entfalten auch andere soziale Webtechnologien ein immenses Wirkungspotenzial und sind kampagnenfähig. So kam *Ritter Sport* erstmals 2009 mit sozialen Medien in Kontakt und lernte vor allem die Macht des Bloggens zu schätzen.

Seinerzeit sollte eine Social-Media-Kampagne zur Wiedereinführung einer Sorte mit Nostalgiefaktor durchgeführt werden und das aus den 1980ern stammende Retroprodukt »Ritter Sport Olympia« vom Hype und der Begeisterung in der Community profitieren. Crossmedial aufgestellt, bediente man sich in der interaktiven Kampagne primär eines Blogs: Hierüber rief man die Community zum Mitmachen

---

10 Gefahrgutblog, *http://bit.ly/W5cAJI*

auf. Aus ihr sollten witzige, ansprechende und vor allen Dingen »ansteckende« Clips eingesendet werden (siehe Abbildung 3.21). Nach dem Motto »Ihr wollt Sie zurück, Ihr bekommt sie zurück« machte man sich also auf die Suche nach authentischen Werbeträgern in der Community, die im besten Fall auch Markenanhänger der Olympia-Edition sind. »Je einfallsreicher und witziger, desto besser.«[11]

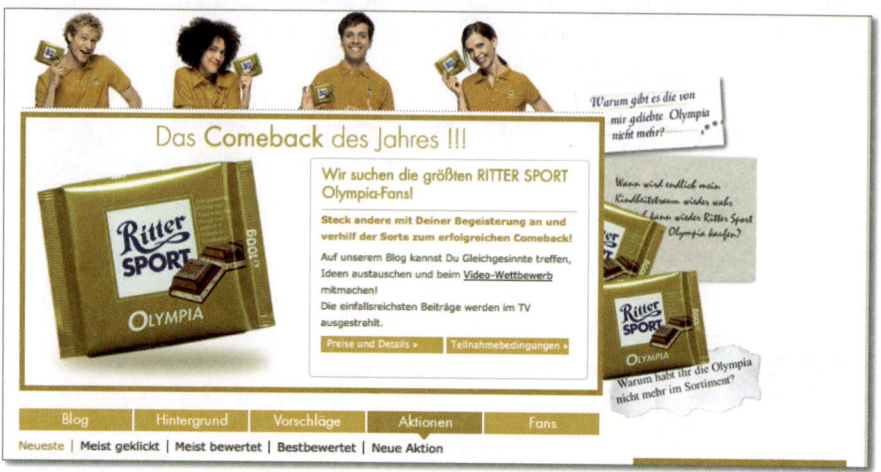

Abbildung 3.21 Kampagnenblog zu Ritter Sport Olympia

Über 270.000 Mal wurden die eingereichten Videos im YouTube-Kanal angeschaut, 26.000 Nutzer gaben Ihre Stimme ab und durften über Monate hinweg mit Spannung verfolgen, ob ihr persönlicher Favorit letztlich auch von anderen Usern zum Gewinner gekürt werden würde. Auf dem eigenen Blog konnte Ritter Sport 75.000 Unique Visitors verzeichnen, doch auch von anderen (Micro-)Bloggern wurde die Marke für den Einfallsreichtum hoch gelobt. Die Aufmerksamkeit verpuffte jedoch nicht wieder abrupt: Bei einer anschließenden Befragung fand der Schokoladenhersteller heraus, dass sich 2/3 an den Namen *Ritter Sport Olympia* zu erinnern meinten. Der Bekanntheitsgrad der Marke stieg um 26 %.[12] Außerdem gaben die Befragten an, dass sie das Image deutlich moderner als zuvor empfanden. Man schaffte es somit, sich jung und kundennah zu präsentieren.

Der messbare Erfolg verdeutlicht einmal mehr, dass sich interaktive Kampagnen auf das Markenimage auszahlen und dieses positiv beeinflussen. Damit aber die Wirkung von solch zeitlich begrenzten Aktionen nicht verpufft, ist es bedeutsam, konstant am eigenen Ruf zu arbeiten. Konsequente Markenbildung im Social Web ist

---

11 Ritter Sport Olympia Blog, *http://www.rittersportolympia.de/?page_id=49*

12 Werben und Verkaufen, *http://www.wuv.de/w_v_research/case_studies/ritter_sport_olympia_ comeback_dank_social_media*

also ebenso vonnöten und führt letztlich dazu, den Markenkern auch auf lange Sicht zu stärken.

Diese Auffassung teilte Ritter Sport ebenfalls: So hat sich Social Media seit dem »olympischen Sieg« im Konzern etabliert. Seit Jahren ist man auf Facebook, Twitter und YouTube aktiv und blieb zugleich den Wurzeln in der Blogosphäre treu. Mitte 2010 trat man mit einem interaktiven Imageblog an die Öffentlichkeit. In diesem steht auch heute noch »Informieren. Mitreden. Mitgestalten.« im Vordergrund (siehe Abbildung 3.22).

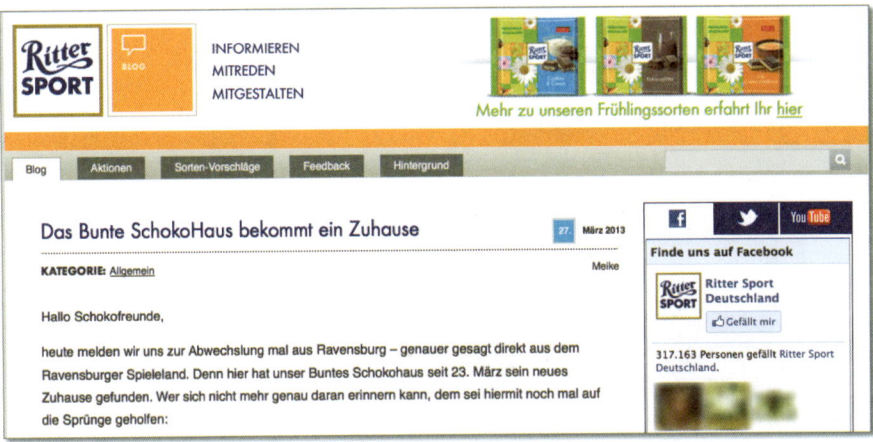

Abbildung 3.22 Startseite des Blogs von Ritter Sport

Auf *www.ritter-sport.de/blog/* werden seitdem aktuelle Themen rund um den schokoladigen Genuss und das herstellende Unternehmen präsentiert. Persönliche Kommunikation lässt man dabei nicht missen, wie die Begrüßung des Konzernchefs im Vorwort zeigt:

>»Hier können wir gemeinsam unserer Leidenschaft für das Schoko-Quadrat nach-kommen. Trefft Gleichgesinnte und tauscht euch aus. Der Blog ist als feste Anlaufstelle für euch und eure Meinungen, Anregungen und Erfahrungen gedacht. Zögert nicht damit auf uns zuzukommen. Wir freuen uns auf den offenen Dialog mit euch! ... Zudem wird die eine oder andere Kuriosität sowie erzählens-werte Geschichten aus unserem Hause den Weg auf diesen Blog finden. Schaut euch hier einfach mal um, lest die Erfahrungsberichte anderer RITTER SPORT-Fans, nehmt an unseren Aktionen teil und habt einfach Spaß!«[13]

Das Redaktionsteam stellt hier ein bis zweimal wöchentlich neue Kreationen vor, schreibt über Produkttests, berichtet über Firmenfeiern und die hauseigenen Pro-

---

13 Ritter Sport Blog, *http://www.ritter-sport.de/blog/hintergrund/vorwort/*

motion-Teams (siehe Abbildung 3.23) oder macht den Lesern die Deutschlandtour der sogenannten *mobilen SchokoWerkstatt* schmackhaft, die auf Kinder ausge-richtet ist. Außerdem veranstaltet man im Corporate Blog regelmäßig Mitmach-aktionen für Ritter-Sport-Fans und holt, ganz im Sinne des *Crowdsourcings* (Ab-schnitt, 4.2, »Wie Sie Community-Ideen nutzen«), Ideen aus der Community ein.

Abbildung 3.23   Blogbeitrag über die Promotion-Stände von Ritter Sport

Durch die bunte Zusammenstellung an Themen kommen große wie kleine Schoko-ladenfans im Blog auf den Geschmack. Um das Image zu fördern, wird natürlich mitunter auch mit geschäftsschädigenden Vorurteilen über Schokolade aufge-räumt. In manchen Beiträgen thematisieren die Autoren, dass der Genuss im Vor-dergrund stehen sollte. Kurzum: »Schokolade macht glücklich =)«[14]. Durch die Con-tent-Strategie wird Ritter Sport letztlich dem genannten Zielvorhaben gerecht. Der Hersteller macht Süßigkeitenliebhabern sowohl das eigene Thema als auch das ge-samte Unternehmen schmackhaft.

---

14 *Ritter Sport Blog, http://www.ritter-sport.de/blog/2010/06/27/schokolade-macht-glucklich/*

Die Glaubwürdigkeit von Blogs macht sich bezahlt

Wie bereits im vorherigen Kapitel beschrieben, spielen Blogs eine bedeutende Rolle für die Außenkommunikation von Unternehmen und Organisationen. Durch Sie kann man Themenschwerpunkte systematisch abarbeiten und sein eigenes Anliegen ins Gespräch bringen. In puncto Imagearbeit sind Blogs also bestens geeignet. Darüber hinaus hat eine US-amerikanische Studie nachgewiesen, dass sich Bloggen tatsächlich bezahlt macht. So trauen 81 % der Konsumenten den in Blogs vermittelten Informationen. Zudem lassen sich 61 % zum Kauf von Produkten bewegen, insofern diese authentisch in Beiträgen empfohlen werden (siehe Abbildung 3.24).

Abbildung 3.24   Auszug aus einer Infografik auf visual.ly von Usama Nasir (http://visual.ly/16-social-media-blogging-stats-2012)

Für die Meinungsbildung und Kaufentscheidung sind Corporate Blogs daher auch hierzulande wesentlich. Dementsprechend sollten Sie sich bemühen, in Ihrem Blog sowohl Sympathien für Ihre Marke zu wecken als auch Vertrauenswürdigkeit auszustrahlen. In Bezug auf Letzteres können Sie beispielsweise Ihre Expertise durch Tutorials, Stellungnahmen oder Reportagen vermitteln. Gerade in erklärungsbedürftigen Branchen können Sie etwa die Leser an die Hand nehmen und in Ihren Artikeln kompetente Ratschläge geben sowie Insider-Tipps vermitteln – und selbstverständlich kommt dies Ihrem Markenimage zugute. Blogs sind daher auch für kleinere Unternehmen und Organisationen ein mächtiges Instrument der Öffentlichkeitsarbeit, zumal das Schreiben von Beiträgen weder einen hohen zeitlichen Aufwand noch tiefgehende technische Kenntnisse voraussetzt. Sie sehen: Die Vorteile überwiegen.

3.2.3   REWE-Reinartz Eilendorf: Jenseits der Big Player

Wie Sie sich denken können, setzen neben Ritter Sport auch andere große Marken aus dem Nahrungs- und Genussmittelbereich aufs Social Web und wollen durch soziale Netzwerke ihr Image positiv beeinflussen. Für sie bedeutet das Mitmachweb die Chance, ihre Bekanntheits- und Sympathiewerte weiter auszubauen. Als Beispiele sind hier unter anderem Nutella, RedBull, Chio Chips, aber auch Lindt oder Lambertz zu nennen. Selbst Biersorten sind aktiv und warten mit kreativen Fanaktionen bei Facebook auf, die nicht selten eine Brücke zwischen Online- und Offline-Marketing schlagen.

Marketing-Take-away: In der digitalen Kneipenwelt von »Bitte ein Bit«

Die Firma Bitburger geht bei Facebook vorbildlich vor. Gemäß dem Motto »Die Bitburger Facebook-Seite ist Dein Stammtisch im Netz: Freunde, Fußball, aktuelle News – und dazu: Bitte ein Bit!« hegt und pflegt man die Beziehungen zu Markenbotschaftern und hat eine gleichermaßen große wie aktive Fangemeinde aufgebaut. Dabei begrüßt einen schon die Homepage mit der auffälligen Aufforderung, Fan der Facebook-Seite zu werden, wo Bitburger eher anlassbezogen postet. Je nach Situation meldet man sich häufig einmal pro Tag zu Wort, während man an manchen Tagen keine Statusmeldungen verkündet (siehe Abbildung 3.25).

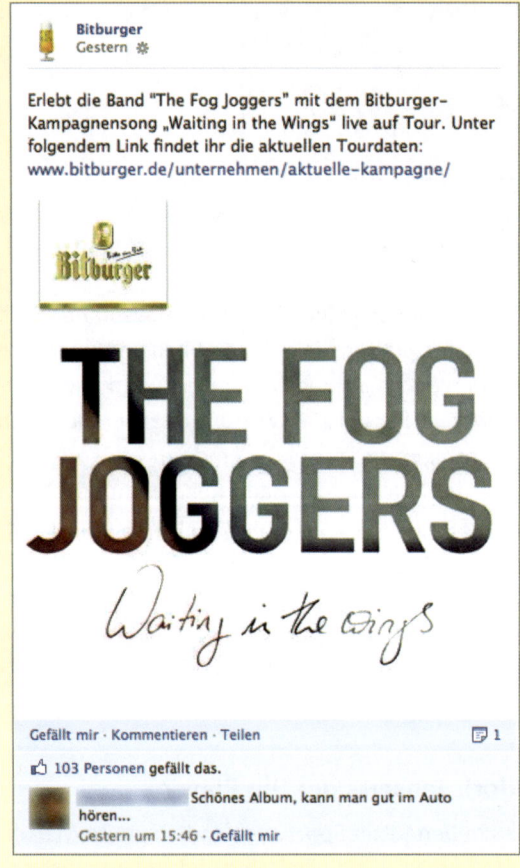

Abbildung 3.25   Posting auf der Facebook-Seite von Bitburger

Im Zeichen der interaktiven Markengestaltung stehen auch die zahllosen, oft medien-übergreifenden Gewinnspiele (siehe Abildung 3.26). Ob Fußballfreikarten, eine Grill-party, ein Weihnachtsgewinnspiel oder Konzertkarten – für den Geschmack der Fans ist mehrmals im Jahr etwas dabei, und das wissen die Fans zu schätzen.

Abbildung 3.26   Fanaktion auf der Facebook-Seite von Bitburger (App)

Wenn nun aber Einzelhändler mit einem kleineren Budget in sozialen Medien gute Imagewerbung machen, ist das seltener bekannt. Deswegen werden Sie nun den REWE-Reinartz Eilendorf aus Aachen näher kennenlernen.

Mit überschaubarem Mitteleinsatz und einer guten Portion Kreativität schafft es der lokale REWE auf Facebook, von sich Reden zu machen und rund 3.000 Fans täglich mit Angeboten, betrieblichem Insiderwissen und einfallsreichen Aktionen zu versorgen.

Dabei kommen die Postings des Supermarktes nie marktschreierisch rüber. In der Regel schafft man es, seine Angebote »sparsam« zu unterbreiten und vielmehr das Leben mit und im REWE zu zeigen. Auf Facebook bietet man statt Waren lieber Weihnachtsmänner, wie in Abbildung 3.27 zu sehen, zeigt Azubis beim Essen, Aus-zeichnungen und vieles mehr. Der REWE präsentiert sich dabei vielfältig und oft genug mit einem Augenzwinkern. Im Social Web kommt das auch bei lokal ansäs-sigen Unternehmen an. Nicht umsonst konnte man im Oktober 2012 stolz auf der Timeline verkünden: »*Wir haben es geschafft! Euer REWE-Reinartz in Eilendorf ist einer der Lieblingsmärkte 2012. Vielen Dank für die vielen Stimmen, die Ihr uns ge-geben habt*.«

Abbildung 3.27   Posting auf der Facebook-Seite des REWE-Reinartz

Wie Sie merken, ist das auf Facebook transportierte Bild eine runde Sache. Der REWE aus Eilendorf hat es verstanden, Produktplatzierungen, Mitarbeiter, Feier- und Festtage ebenso auf seiner Seite zu promoten wie Gewinnspiele. Dabei veranstaltet er nicht nur selbst Aktionen im Mitmachweb, sondern beteiligt sich auch an denen anderer Unternehmen. Anfang 2012 hat er so zum Beispiel einen *Mac Eilendorf* designt und zur Abstimmung freigegeben (siehe Abbildung 3.28). Imagemarketing auf ganzer Linie.

Als besonderes Highlight ist man zudem beim Location-based Service Foursquare vertreten (siehe Abbildung 3.29). Dadurch können User sowohl beim Einkaufen einchecken als auch Tipps und Feedback hinterlassen. Der Nutzen für den Supermarkt selbst? Ungefiltert erreichen ihn authentische Konsumentenmeinungen, die letztlich dazu beitragen, die Akzeptanz des Dienstleistungs- und Produktangebots zu überprüfen.

Was sich festhalten lässt: Der REWE-Reinartz Eilendorf steht für einen gelungenen Social-Media-Auftritt. Das Beispiel macht erneut deutlich, dass sich sympathische Kommunikation auf die eigene Marke einzahlt, da die Zielgruppenansprache aufgeht und die User sich gut aufgehoben fühlen. Der Supermarkt vermag es, sein Image in soziale Medien zu transportieren, indem er die Facetten des laufenden Betriebs thematisiert und seine Community auf vielfältige Weise unterhält.

Abbildung 3.28   Der Mac Eilendorf, kreiert von REWE-Reinartz

Abbildung 3.29   User-Kommentar zum REWE-Reinartz auf Fourquare

3.2.4   Hochschulkommunikation im digitalen Zeitalter

Universitäten und (Fach-)Hochschulen suchen im Rahmen ihrer Qualitätssicherung zusehends den Kontakt zu den Studierenden. Die direkte Kommunikation in Echtzeit praktizieren allerdings derzeit nur die wenigsten. Mangelnde Kapazitäten in den Öffentlichkeitsabteilungen werden häufig als Grund dafür genannt. Trotz der Optimierungspotenziale finden Hochschulen verstärkt seit 2007 den Weg ins Social Web, wobei Facebook das wichtigste Dialoginstrument ist. Wie eine Untersuchung der *Hochschule Aalen* herausfand, waren 2011 knapp 300 deutsche Hochschulen täglich auf Facebook aktiv, bei Twitter waren immerhin rund 200 mit einem eigenen Account vertreten, wovon aber nur rund die Hälfte aktiv twitterte. Indessen waren vor zwei Jahren 140 auf YouTube zu finden, während das Newcomer-Netzwerk Google+ seinerzeit immerhin knapp 50 Hochschulseiten verzeichnete.[15]

---

15 Studie der Hochschule Aalen, *http://de.slideshare.net/conrichter/deutsche-hochschule-in-social-media*

Dass sich Social Media in der Hochschulkommunikation auch heute noch nicht vollends durchgesetzt hat, zeigt sich wohl auch daran, dass aktuelle und aussagekräftige Studien in diesem Bereich schwierig zu finden sind. Nichtsdestotrotz stößt man von Zeit zu Zeit auf vereinzelte Erfolgsgeschichten im Bereich der digitalen Hochschul-PR. Beispielsweise führte die Fakultät für Informatik der *Hochschule Mannheim* eine Anzeigenkampagne auf Facebook durch, um durch sogenannte Facebook Ads qualifizierte Studienbewerber auf sich aufmerksam zu machen. Für ein Budget von 700 € wurde die Anzeige auf über 68.000 privaten Profilen eingeblendet, wodurch über 1.500 Personen auf die Anzeige klickten. Zwar konnte die Hochschule keinen eindeutigen Zusammenhang zwischen dem Kampagnenerfolg und der Zahl der StudienbewerberInnen ermitteln, dennoch schätzt sie die Wirkung hoch ein, weil die Zielgruppe erreicht und innerhalb dieser das Studienangebot in Mannheim bekannt wurde.

Jenseits der Bekanntheitssteigerung haben soziale Medien für Bildungseinrichtungen einiges zu bieten. Allen voran ist hier die verstärkte Interaktion mit der Zielgruppe zu nennen. Kommunikation und Austausch schaffen es, wissenschaftliche Themen praxisorientiert sowie das Leben, Lernen und Lehren an der Hochschule lebensecht darzustellen. So kann man sich auf Facebook, Twitter & Co. zugleich serviceorientiert, (inter-)national vernetzt und/oder besonders familienfreundlich präsentieren. Dementsprechend kann eine effektive PR-Arbeit im Social Web nicht »bloß« Immatrikulierte ansprechen, sondern auch zukünftige Generationen, das hochschuleigene Personal oder Forscher.

Dass sodann der Traffic durch die Öffentlichkeitsarbeit steigt, ist ein ebenso positiver Effekt wie die mittelfristige Stärkung des Hochschulstandortes. Und da die Nutzung sozialer Medien unentgeltlich ist, scheint das Kosten-Nutzen-Verhältnis besonders bestechend. Immerhin holt man die Zielgruppe dort ab, wo sie sich häufig und gerne in ihrer Freizeit aufhält, wo sie Lernthemen und Alltägliches bespricht. Stellt man sich als Hochschule sympathisch und studentennah auf, wird die emotionale Bindung zu den (angehenden) Studenten gestärkt. Dank des entstehenden Vertrauens fällt es den Fans und Followern leichter, unverbindlich nachzufragen und/oder sich einzubringen.

Bewerkstelligt werden kann Hochschulkommunikation 2.0 über unterschiedliche Plattformen und durch verschiedene Webtechnologien. Ob soziale Netzwerke, Sharing-Dienste, Blogs, Foren, Wikis und so weiter – auch hier kommt es auf die Strategie an. Denn bevor Sie loslegen, müssen Sie sich darüber im Klaren sein, wen Sie erreichen wollen, wie Sie die Zielgruppe erreichen und welche Kanäle infrage kommen. Erst wenn diese Grundarbeit geleistet ist, schaffen Sie es, den Personal- und Mitteleinsatz hinreichend einzuschätzen und Redaktionspläne etc. zu erarbeiten.

Die Ruhr Universität Bochum: »Ruhrpott-Woche inner Mensa!«

Die Ruhr Universität Bochum zeigt sich auf ihrer Facebook-Seite studentennah und veröffentlicht stets Aktuelles, was auch in häufig wechselnden Titelbildern zum Ausdruck kommt. Von der schneebedeckten Winterlandschaft über das sommerliche Picknick bis hin zu Danksagungen an 10.000 Fans – die gewählten Bilder haben Aktualitätsbezug (siehe Abbildung 3.30).

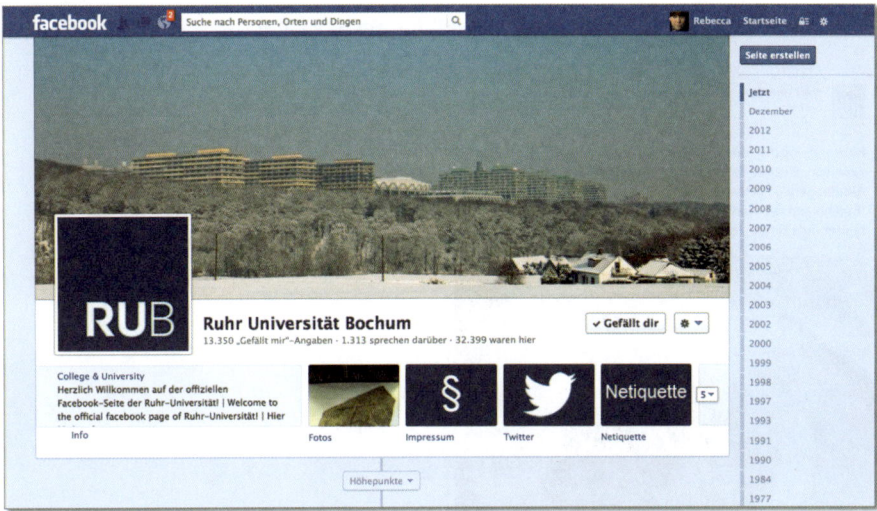

Abbildung 3.30   Facebook-Seite der Ruhr Universität Bochum

Auch die kurzen Informationen in der Beschreibungsbox zeugen von Servicefreundlichkeit, sie sind zweisprachig und wirken schon auf den ersten Blick User-freundlich. Neben Twitter und einem Impressum ist zudem eine Netiquette direkt in der Appsrow sichtbar. Als Kofferwort aus Etiquette und InterNet sind in dieser die Kommunikationsregeln für die eigene Facebook-Seite festgelegt. Die Netiquette soll folglich einen respektvollen Umgang und ein »angenehmes Miteinander« sicherstellen. Beleidigende und/oder diskriminierende Äußerungen werden dementsprechend nicht toleriert. Trotzdem die Ruhr Universität Bochum hier klar die Grenzen der »freien« Kommunikation aufzeigt, vermittelt sie auf sehr positive, interaktionsförderliche und glaubhafte Weise, dass man sich dort auf »Kommentare, Meinungen und Fragen auf der Pinnwand« freut.

Einen besonderen Sympathiebonus bekommt die Uni, indem sie in einer App auch das Social-Media-Team vorstellt. Name, Foto und Kürzel machen es den Fans leichter, den Ansprechpartner kennenzulernen. Gleichzeitig kommuniziert man, wann das Team zu erreichen ist.

Doch was ist mit dem Content? Ist auch dieser vorbildlich? Durchaus, denn gleich mehrmals am Tag wird etwas gepostet, manchmal sogar an Wochenenden, was sich gerade bei öffentlichen Einrichtungen sehen lassen kann. Die Inhaltsmischung ist ebenfalls gelungen und zielgruppengerecht. Man informiert über das Studentenleben, das Wetter und allerlei Wissenswertes, berichtet über Mensapläne und neue Lernplätze, über Rückmeldepflichten, Auslandssemester und über die Wahlen des Studierendenparlaments. Der ein oder andere Selbsttest, zum Beispiel ob das Mensaessen wirklich schmeckt, darf dabei ebenfalls nicht fehlen (siehe Abbildung 3.31).

Abbildung 3.31   Posting zur Ruhrpott-Woche der Uni-Mensa

Darüber hinaus hat das Facebook-Team auch kleinere »Traditionen« ins Leben gerufen. Beim sogenannten Dienstagsrätsel soll die Community die auf der Seite geposteten Bilder erraten. Neben solch spaßigen Statusmeldungen gibt es auch wissenschaftliche News aus einzelnen Fachbereichen sowie Hinweise auf Vorträge, Ausstellungen und Konzerte in der Umgebung.

Die Ruhr Universität nimmt dabei den Echtzeitdialog durchaus ernst, Fragen und Kommentare beantwortet sie stets kompetent und ausgiebig. Und dies macht sie nicht nur, wenn das Feedback positiv für das eigene Image ausfällt. So wird auch zu Kritik freundlich Stellung bezogen. Die User spricht man dabei direkt mit Vornamen an und versucht so, von Anfang an eine persönliche Beziehung aufzubauen (siehe Abbildung 3.32). Insgesamt ist die Tonalität sowohl dem Medium als auch der Zielgruppe angemessen. Dass Interaktion nicht auf sich warten lässt, scheint die logische Konsequenz zu sein. Die Fans der Seite lassen sich auf jeden Fall gerne miteinbeziehen.

Abbildung 3.32   Persönliche Anrede von Facebook-Fans

Die XING-Gruppe der RWTH Aachen

Austausch und Dialog ist auch jenseits von Facebook möglich. Eine Möglichkeit zum Auf- und Ausbau eines Alumni-Netzwerkes bieten etwa XING-Gruppen. Ein anschauliches Beispiel hierfür ist die RWTH Aachen. Mit weit über 10.000 Mitgliedern ist die Alumni-Gruppe auf XING bereits seit 2004 aktiv. Sie informiert über Weiterbildungsmöglichkeiten, Alumni-Persönlichkeiten und Förderer. Die Hauptaktivitäten spielen sich in den dazugehörigen Foren ab, wo gemeinsame Treffen im In- und Ausland organisiert sowie Vorträge und Besichtigungen promotet werden. Die beiden Moderatoren stellen darüber hinaus immer wieder Diskussionsstoff online. Obwohl die Aufrufe der Beiträge für eine gewisse Wirkung der XING-Gruppe sprechen, verhält sich die Community oftmals sehr zurückhaltend. Gruppenmitglieder nehmen die Informationen wahr, ohne zu intensiv zu kommentieren, wie Abbildung 3.33 ebenfalls zeigt.

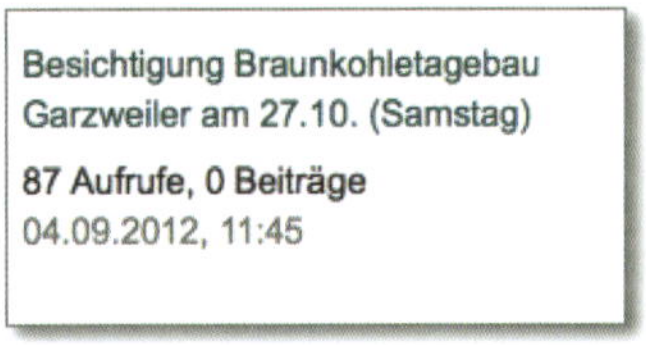

Besichtigung Braunkohletagebau
Garzweiler am 27.10. (Samstag)

87 Aufrufe, 0 Beiträge
04.09.2012, 11:45

Abbildung 3.33   Viele Beitragsaufrufe, wenige Kommentare in der XING-Gruppe der RWTH Aachen

Dass die Interaktion trotz intensiver Bemühungen des Alumni-Teams nicht recht in Gang kommen möchte, zeigt sich unter anderem in der Rubrik *Alumni stellen sich Alumni vor* und *Student-ALUMNI*, einem Forum für Studierende, wo Karrieremöglichkeiten, Veranstaltungstipps, Weiterbildungsangebote und Weiteres vorgestellt werden. Im Gegensatz hierzu machen die Gruppenmitglieder rege von der Möglichkeit Gebrauch, *Veranstaltungen von Alumni für Alumni* zu veröffentlichen (siehe Abbildung 3.34). Denn nicht zuletzt können RWTH-nahe Unternehmen und Ausgründungen auf diese Art auf ihre Events aufmerksam machen.

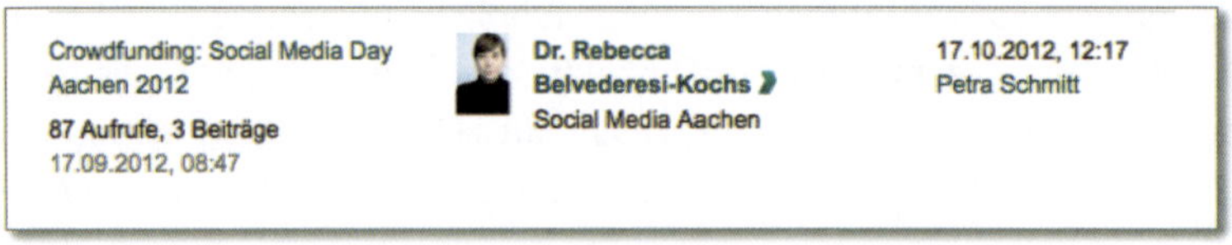

Crowdfunding: Social Media Day
Aachen 2012

87 Aufrufe, 3 Beiträge
17.09.2012, 08:47

Dr. Rebecca
Belvederesi-Kochs ✉
Social Media Aachen

17.10.2012, 12:17
Petra Schmitt

Abbildung 3.34   Veranstaltungsmarketing in der RWTH-Gruppe

Jenseits davon existieren noch weitere Foren, die hinsichtlich ihrer Aktivität ebenfalls als durchwachsen einzustufen sind. Falls Sie sich fragen, ob die PR auf XING
erfolglos ist, kann diese Frage nur verneint werden. Auch wenn der User-generated-Content nicht der Eckpfeiler dieser Social-Media-Maßnahme ist, sind ihre Ergebnisse nicht von der Hand zu weisen. Vernetzung darf eben in diesem Fall nicht
mit Interaktion gleichgesetzt werden, wichtig ist, dass die Beiträge gesehen und
wahrgenommen werden – und das werden sie. Etwas anders verhält es sich indessen auf Twitter: Hier ist in der Tat dialogische Echtzeitkommunikation gefragt.

Die Universität Hamburg auf Twitter

Gerade um sich als serviceorientierte Hochschule ins Gespräch zu bringen und sich
mit Studenten, Alumni, Förderern und der breiteren Öffentlichkeit kurz und bündig
auszutauschen, ist Twitter bestens geeignet. Doch wie können das Hochschulen effektiv realisieren, um ihr Image zu verbessern? So viel sei verraten: Durch automatisierte Tweets von der eigenen Facebook-Seite oder den RSS-Feed lässt sich dies
nicht bewerkstelligen (siehe Abbildung 3.35). Denn gezielt gesetzte Hashtags und
Retweets sind in diesem Kanal unabdingbar, insofern die Öffentlichkeitsarbeit effektiv sein soll. Auch anderen nicht zu folgen und den Microblogging-Dienst als
Push-Medium zu nutzen, ist nicht zielführend. Schließlich kann sich derjenige, der
reine Informationen will, diese auch auf anderem Weg beschaffen.

Abbildung 3.35   Beispiel für automatisch generierte Tweets einer Hochschule

Wie Twitter in der Hochschulkommunikation richtig funktioniert, macht unter anderem die Universität Hamburg deutlich.

Unter dem Namen @unihh twittert die Abteilung für Öffentlichkeitsarbeit ein- bis
dreimal täglich (siehe Abbildung 3.36). Dabei fällt die Ansprache sofort positiv ins
Auge: Offen und kommunikativ geht es zu, sodass die junge Zielgruppe mediengerecht angesprochen wird. Dies sieht man auch daran, dass die direkte Konversation
via Twitter zustande kommt und anderen Usern durch das @-Zeichen geantwortet

wird. Zudem versieht man die Schlagwörter mit sinnvollen Hashtags und fügt Links an passenden Stellen ein.

Abbildung 3.36   Twitter-Kanal der Universtität Hamburg

Obendrein lassen sich die Inhalte sehen und bestechen durch ihre Vielseitigkeit. Veranstaltungshinweise, Bewerbungsfristen, Öffnungszeiten, neue wissenschaftliche Erkenntnisse, aber auch Fotos bieten den Followern einen interessanten Mehrwert, was letztlich zu freundlichen Kurzgesprächen mit Interessierten führt. Händisch zu twittern und sich Mühe zu geben, lohnt sich also eindeutig. Die Redakteurinnen der Uni Hamburg verstehen es, ihre Hochschule ins Gespräch zu bringen, und nutzen die Möglichkeiten einer Kommunikation in 140 Zeichen systematisch.

Marketing-Take-away: US-Unis nutzen Foursquare

US-amerikanische Hochschulen wie Harvard, Florida Atlantic University oder auch die Universität Kansas nutzen den Location-based Service *Foursquare* für ihr Marketing. Denn die Betreiber des standortbezogenen Dienstes haben sich für Hochschulen besondere Formate einfallen lassen. Studienanfänger können beispielsweise unterschiedliche Routen abgehen, Tipps befolgen und »Badges« erhalten – eine kleine virtuelle Belohnung für das Kennenlernen des Campus.

Eine gelungene Kampagne veranstaltete in diesem Zusammenhang die Western Kentucky University. Zur Begrüßung der »Abschlussklasse 2015« verteilte sie in der Orientierungswoche 2011 Shirts an Studieninteressierte. Voraussetzung war allerdings, dass

sich diese mit der Uniseite auf Foursquare verbanden und auf dem Campus eincheck-
ten. Nach sehr großem Presseecho und Lob seitens der Zielgruppe, nutzt die Universität
nunmehr Foursquare, um Campus-Führungen zu organisieren und hilfreiche Tipps zu
hinterlassen. Spezielle Badges winken, wenn man bis spätabends in der Bücherei ein-
checkt und Ähnliches.

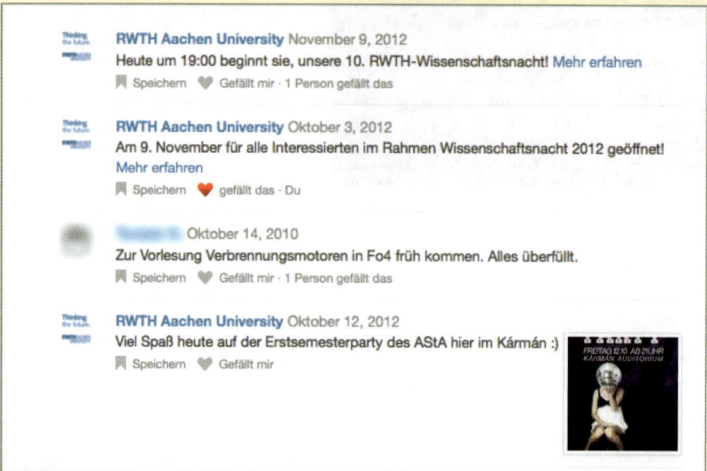

Abbildung 3.37   Tipps der RWTH auf Fourquare

Während sich Foursquare schon bei vielen Universitäten im angelsächsischen Raum
durchgesetzt hat, steckt der Anbieter – was die Nutzerzahlen anbelangt – hierzulande
in den Kinderschuhen. Eine Ausnahme von der Regel? Die RWTH hat 2012 angefangen,
Tipps zu hinterlassen. So finden sich Bibliotheksinformationen, Café- und Essensmög-
lichkeiten in Campus-Nähe und Sportangebote auf Foursquare (siehe Abbildung 3.37).
Tipps zu universitätseigenen Gebäuden werden zudem häufig mit Events wie der Wis-
senschaftsnacht, Semesteranfangsparty oder Diskussionsrunden verknüpft. Weiterführende Links, angelegte Listen mit interessanten Orten und einige Fotos runden das
passgenaue Serviceangebot für Studierende ab.

3.3   Wie Sie Ihren Service verbessern

Im Social Web können Sie Ihren Servicegedanken in völlig unterschiedlicher Form
kommunizieren und ausleben. Service kann dahingehend ausgelegt werden, dass
Sie Ihre Fans und Follower mit hilfreichen Tipps und Tricks versorgen, dass Sie über
Events informieren oder dass Sie sich konkreten Fragen und Beschwerden in Echtzeit annehmen.

So unterschiedlich wie das Serviceverständnis sind auch die Kanäle, über die der
Dienst am Kunden erfolgt. Von Fall zu Fall muss daher entschieden werden, welche

Kommunikationswege sich positiv auf das eigene Image auswirken. Beispielsweise macht es einen großen Unterschied, ob Ihre digitale Kommunikationsstrategie auf Geschäftskunden und -partner zielt oder sich an den privaten Endverbraucher richtet.

Diese Vielschichtigkeit zeigen auch serviceorientierte PR-Maßnahmen aus der Praxis – auf Facebook und Twitter, in Blogs und eigenen Communitys. Jenseits davon bieten sich, je nach Zielgruppe, auch XING oder LinkedIn an. Obwohl sich hierzulande das Marketing über die Einrichtung einer eigenen XING-Gruppe als Serviceangebot noch nicht durchgesetzt hat, ist es gerade in der Business-to-Business-Kommunikation ein wichtiges Instrument des interaktiven Austauschs. In einer solchen Gruppe können Sie zum Beispiel, neben Produkttipps und Event-Hinweisen, eine Rubrik mit FAQ einrichten, Feedback erfragen und Verbesserungspotenziale diskutieren. Auf die Dauer profitiert davon nicht nur das Netzwerk, sondern auch Ihr Image.

Marketing-Take-away: Mehr Service im Social Web spricht an

Ein jüngere Studie von der Agentur *NM Incite* hat Ende 2012 gezeigt, dass 47 % der Social-Media-Nutzer in den USA den digitalen Kundenservice in sozialen Echtzeitmedien in Anspruch nehmen und 30 % von ihnen dies sogar lieber tun als übers Telefon.[16]

Die große Überraschung der Studie? Sogar ein Drittel der über 65-jährigen nutzt Social Media in Kunden- und Support-Fragen. Am häufigsten werden die Kundenfragen sodann auf die Facebook-Seite der jeweiligen Firma gepostet, dicht gefolgt von Fragen im eigenen privaten User-Profil bei Facebook und dem Corporate Blog des Unternehmens.

3.3.1   Telekom: Das Dialogteam hilft sofort

Als die Telekom vor einigen Jahren ihren Schritt ins Social Web wagte, war das öffentliche Interesse groß. Denn Kundenservice 2.0 hat sich in den D-A-CH-Ländern auch heutzutage noch nicht flächendeckend durchgesetzt. Doch ist die Telekom ein Best-Practice-Beispiel für interaktive Serviceorientierung in sozialen Medien. Gleich über mehrere Kanäle sucht Sie die Nähe zum Kunden – alles unter dem Motto: *Telekom hilft*. Eine eigene Feedback-Community gibt es auf der gleichnamigen Website. Ergänzend pflegt man ein Serviceblog, einen Twitter-Account und eine Facebook-Seite. Sie alle stehen für die Kommunikationswende des Telekommunikationsgiganten, der in sozialen Medien »offene, direkte und persönliche Kommunikation«[17] mit den Kunden sucht.

---

16 NM Incite, *http://nmincite.com/wp-content/uploads/2012/10/NM-Incite-Report-The-State-of-Social-Customer-Service-2012.pdf*

17 Telekom-hilft, *www.telekom-hilft.de*

Das zigköpfige Team gibt dem Social-Media-Auftritt der Telekom eine persönliche Note. Die Servicemitarbeiter sind mit Foto, Vornamen und ihren Initialen vorgestellt (siehe Abbildung 3.38). Die Mitarbeiter stehen für eine schnellstmögliche Beratung bei Fragen oder Problemen zur Verfügung und präsentieren sich offen.

Abbildung 3.38   Teamdarstellung auf der Website

Direkt auf der Startseite von Telekom-hilft findet sich die Feedback-Community, in der die User zeitnahe Auskünfte erhalten. Noch während man etwas eintippt, werden Vorschläge von bereits gestellten Community-Fragen eingeblendet. Zusätzlich können Besucher der Seite Feedback geben und direkte Kritik üben. Auch das Blog wartet mit aktuellen Beiträgen auf und dient als öffentliche Austauschplattform. Indessen darf das sogenannte Service-Forum erst nach einer Registrierung aktiv genutzt werden.

Wie Sie feststellen, kommt der Servicegedanke bereits auf der interaktiven Website voll zum Tragen, zumal sich User über verschiedene Kategorien wie Mobilfunk, Festnetz, Rechnung, Vertrag etc. informieren und nach bereits gestellten Fragen beziehungsweise Diskussionen suchen können. Darüber hinaus wird der Gedanke auf Twitter und Facebook ausgelebt. Interessanterweise hat die Telekom zunächst mit Twitter unter dem Nutzernamen @telekom_hilft begonnen und sich erst nach den ersten positiven Erfahrungen für eine Service-Seite auf Facebook entschieden (siehe Abbildung 3.39).

Abbildung 3.39 Das Telekom-hilft-Team auf der Facebook-Seite

Die Telekom zeigt sich auf beiden Kanälen kundenorientiert und zielgruppengerecht. Ihrem Anspruch, zu helfen, wird sie dabei durchaus gerecht. Denn das Social-Media-Team beantwortet in der Tat alle Fragen, die zu Produkten und Service gestellt werden. Kommunikation auf Augenhöhe führt in diesem Fall zu einem offenen Kundendialog, der nahezu in Echtzeit stattfindet, insbesondere da man schnelle Responsezeiten gewissenhaft einhält.

> **Rechtstipp: Service via Facebook – gibt es da etwas zu beachten?**
> Die Problematik bei Kundenservice via Social Media wird sein, dass die Kommunikation regelmäßig öffentlich stattfinden wird – zumindest in Teilen. Der Anbieter wird darauf zu achten haben, dass eine Kontaktierung und ein späteres »Danke« zwar öffentlich erfolgen dürfen, aber für Vertragsinterna wie Kundendaten ein sicherer Kanal zur Verfügung gestellt wird.

Ähnlich der Website wird die persönliche Komponente auch in den Social Networks durch die bildliche Darstellung des Teams gewahrt; außerdem verwendet jeder Mitarbeiter stets sein Kürzel, damit die Kunden wissen, wer der Ansprechpartner ist (siehe Abbildung 3.40). Dem Unternehmen ein Gesicht zu geben und den Kunden zu vermitteln, sich persönlich für ihre Belange einzusetzen, ist angesichts der Voraussetzung uneingeschränkt imagefördernd. Das Bild des anonymen Großkonzerns wird so revidiert.

Abbildung 3.40   Twitter-Kanal von Telekom-hilft

Die Tonalität wirkt stets freundlich, kommunikativ und aufgeschlossen. Das konsequente Nennen des Vornamens trägt sein Übriges hierzu bei (siehe Abbildung 3.41).

Abbildung 3.41   Kundenservice via Facebook

Als Belohnung fürs Mitmachen versorgt man die Community auf beiden Kanälen sowohl mit aktuellen Statusupdates als auch Rabattaktionen. Darüber hinaus punktet die Telekom auf der Facebook-Seite mit einigen Apps. Durch »Frag Telekom-hilft« und Videos zu Mobilfunk, Entertainment und Internet bietet man folglich weitere Mehrwerte in Sachen Kundenservice (siehe Abbildung 3.42).

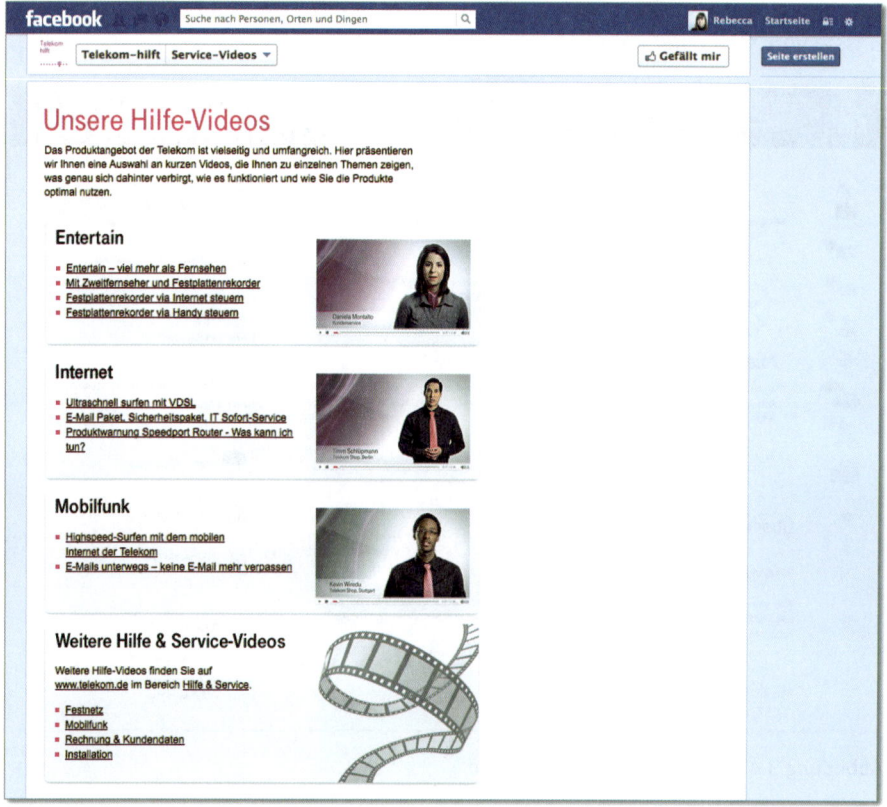

Abbildung 3.42   App mit Service-Videos auf der Facebook-Seite

Wie Sie vielleicht schon vermuten, ist die Telekom-hilft-Strategie in jeder Hinsicht hilfreich. Sie ist nicht nur ein besonderer Service für diejenigen Kunden, die in sozialen Medien aktiv sind, sondern hat auch sehr positiven Einfluss für das Image des Telekommunikationskonzerns.

3.3.2   Auerswald: »Einfach clevere Telefonanlagen«

Dass sich auch B2B-Unternehmen in sozialen Medien serviceorientiert aufstellen können, zeigt die Auerswald GmbH & Co. KG. Als Hersteller von Analog-, ISDN- und VoIP-Telefonanlagen und Telefonen ist man bereits seit über 50 Jahren am Markt und hat Anfang 2011 den Schritt ins Social Web gewagt. Seitdem postet Auerswald häufiger auf der Facebook-Seite, twittert fleißig und meldet sich gelegentlich bei Google+ zu Wort. Daneben ist der YouTube-Kanal gut bestückt und verhältnismäßig hoch frequentiert.

Da soziale Medien in diesem Fall nicht den Endkunden ansprechen und stattdessen das Hauptaugenmerk auf den Händler- und Kooperationsbeziehungen liegt, ist der Einsatz von XING hier naheliegend.

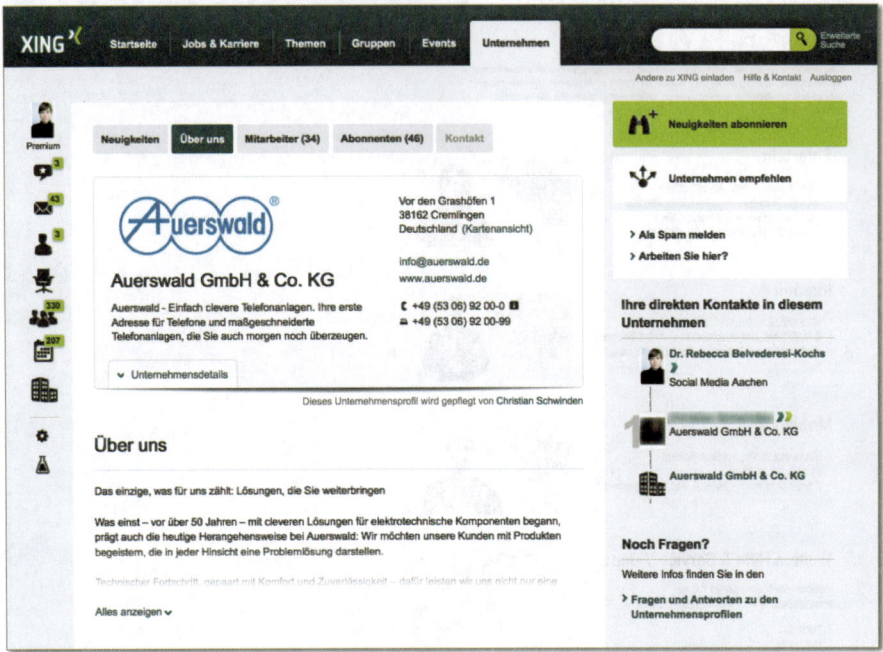

Abbildung 3.43   XING-Seite von Auerswald

Wie Sie der Abbildung 3.43 entnehmen können, hat das Unternehmen eine Seite bei XING, auf der es sich und seine Produkte vorstellt. Auffällig ist die recht beachtliche Zahl der Abonnenten, da das Thema kaum massentauglich ist. Die Abonnenten der Unternehmensseite werden sodann automatisch informiert, wenn sich etwas tut. Und das kommt bei Auerswald häufiger vor. So veröffentlicht man mehrmals pro Monat interessante Neuigkeiten – und sei es das Update einer Firmware.

Thematisch abwechslungsreicher geht es sogar in der hauseigenen XING-Gruppe zu (siehe Abbildung 3.44). Hier werden nicht allein News veröffentlicht oder Fragen und Antworten zur Verfügung gestellt. Darüber hinaus gibt es eine Vorstellungsrunde für Community-Zugänge, eine Rubrik für Ideen, Vorschläge und Feedback, Termine, Internes und das hauseigene »Clever Blog«. Die zwei Jahre alte Gruppe wirkt durchdacht und gut strukturiert, auch wenn die Anzahl der Beiträge sicherlich noch zunehmen könnte. Jedoch scheint es in der Social-Media-Strategie von Auerswald eben mehr um Qualität als um Quantität zu gehen.

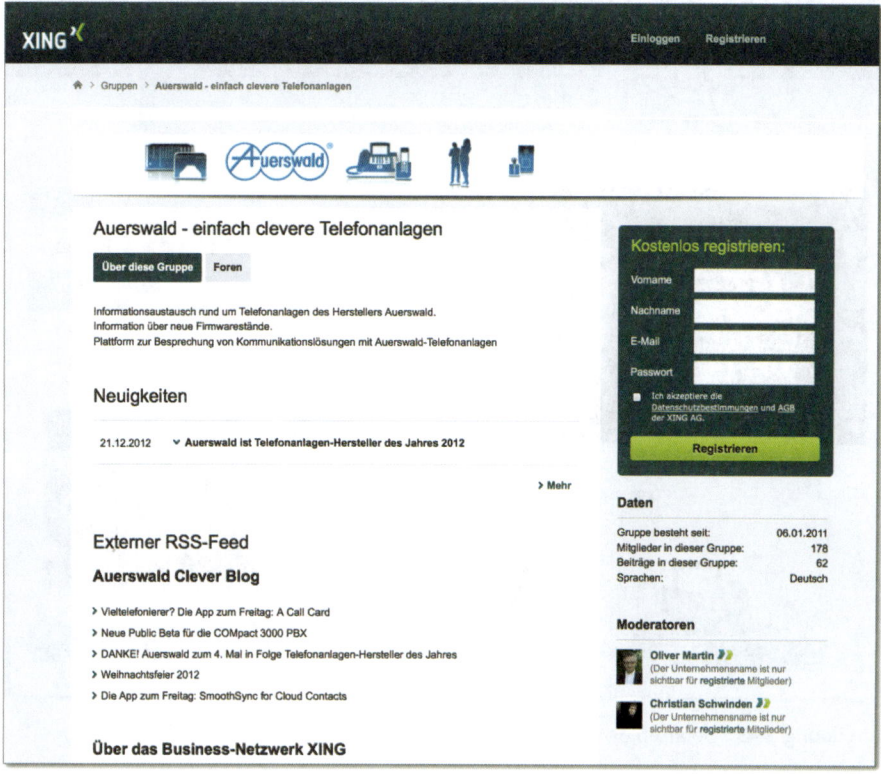

Abbildung 3.44 XING-Gruppe von Auerswald

Diese Bilanz lässt sich ebenso beim Serviceblog des Telefonanlagenherstellers ziehen. Das junge Blog befindet sich zwar noch in der Aufbauphase, sodass noch nicht allzu viele Kommentare vorzufinden sind, wartet aber dennoch mit zielgruppengerechten Beiträgen auf. Was neben Use Cases und sonstigen technologischen Themen besonders heraussticht, ist die Kategorie »Hallo Welt« (siehe Abbildung 3.45). Wenn auch seltener, berichtet man hier über »Internes« aus dem Technologieunternehmen. Weihnachtsfeiern dürfen dabei ebenso wenig fehlen, wie ein Eintrag zum 25-jährigen Dienstjubiläum.

Wie Sie merken, können auch Unternehmen im B2B-Segment durch umfassende PR-Maßnahmen im Social Web ihren Service zielgruppengerecht kommunizieren und verbessern. Dass die Resultate ebenfalls gut fürs eigene Image sind, liegt auf der Hand. Bei Auerswald ist es jedenfalls so.

Abbildung 3.45 Serviceblog von Auerswald

3.3.3 Die Deutsche Bahn: Auch Sie kommt im Social Web zu Hilfe

Überwiegend gute Erfahrungen hat auch die Deutsche Bahn mit diversen Social-Media-Aktivitäten gemacht, wobei das Ergebnis nicht uneingeschränkt positiv ausfällt. Schon nach kurzer Recherche auf der Website erfahren Social-Media-affine User, dass sich ein Dialogteam um Anliegen und Rückfragen im Social Web kümmert und dass der Konzern außerdem auf Twitter über Störungen informiert (siehe Abbildung 3.46). Grundzüge eines Full-Service-Gedankens sind also zu erkennen.

Da die Deutsche Bahn allerdings in sozialen Medien ein viel diskutiertes und oftmals stark verhasstes Thema ist, hat man sich beispielsweise auf Facebook für eine Netiquette entschlossen, um den konstruktiven Dialog mit den Bahnkunden zu suchen und sie fortlaufend zu informieren, ohne sich öffentlichen Beleidigungen auszusetzen (siehe Abbildung 3.47).

Abbildung 3.46 Deutsche Bahn im Social Web (Website)

Abbildung 3.47 Netiquette auf der Facebook-Seite DB Bahn (App)

Mit über 200.000 Fans gehört DB Bahn zu den Top-Seiten im Servicebereich. Hier ist man klar auf den Personenverkehr ausgerichtet und postet einmal pro Tag etwas Imageförderliches. Kurze Texte mit Bildern lockern sodann die Timeline auf (siehe Abbildung 3.48). Oft genug greifen die Statusmeldungen Reisethemen »in all ihren Facetten« auf. Manchmal wird auch das »Reisen mit der Bahn« mit Nostalgiefaktor belegt.

Abbildung 3.48   Posting auf der Timeline von DB Bahn

In der Community-Ansprache passt sich die Bahn nicht dem Mainstream an. Geduzt wird hier nicht. Das distanzierende »Sie« findet sich dabei sowohl in den Meldungen der Bahn als auch in den Antworten auf Nutzerbeiträge, schließlich werden Kunden der Bahn auch nicht im realen Leben geduzt. Nichtsdestotrotz präsentiert sich der Konzern fanfreundlich. So werden auf der Facebook-Seite *DB Bahn* auch Fanaktionen zu Titelbildern, Wichteln und Gewinnspielen veranstaltet. Dementsprechend ergänzt die Bahn ihr digitales Serviceangebot durch zahlreiche Apps.

Marketing-Take-away: Ironie hilft manchmal auch weiter

Wenn Ironie richtig eingesetzt wird, kann das im Social Web keinesfalls schaden. Ein schönes Beispiel gibt der Twitter-Account der Deutschen Bahn ab.

Im April 2012 beschwerte sich ein aufgebrachter Twitterer, es sei kein Toilettenpapier mehr in seinem Zug und er müsse nun improvisieren. Statt den Scherz einfach »auszu-sitzen«, antwortete ihm ein Mitarbeiter des Social-Media-Teams. Souverän ließ er sich auf das Spielchen ein. Nach einigen unterhaltsamen Tweets zeigte sich der Bahnmitar-beiter sogar sehr vorausschauend und antwortete (siehe Abbildung 3.49).

Abbildung 3.49   Tweet des Servicemitarbeiters der DB Bahn

Wie Sie sich denken können, kam der Tweet mit Augenzwinkern gut an. In der Twitter-Sphäre diskutierte man ihn mit einem Lächeln auf den Lippen und fand das Verhalten des Bahnangestellten uneingeschränkt toll. Retweets und Favorisierungen waren die Folge.

Neben der DB-Bahn-Seite, die bereits in zahlreichen Fachartikeln und -büchern als Best-Practice-Beispiel herangezogen wurde, unterhält der Bahnbetrieb darüber hi-naus eine Konzernseite auf Facebook. Sie dient der allgemeinen Imagepflege und richtet sich an eine breitere Zielgruppe, sodass man Konzernthemen jenseits des Privatkundenverkehrs vorstellt. Auf der Seite soll ein ganzheitliches Bild des inter-nationalen Konzerns gezeichnet werden. Gemäß der Imagestrategie leistet man hier Öffentlichkeitsarbeit, wobei der Content dementsprechend gestaltet ist. Von Modernisierungsmaßnahmen, prominenten Fürsprechern, Museumsführungen für Kinder über Barrierefreiheit – »Spannendes und Unterhaltsames aus und von der Deutschen Bahn« sind die Themen auf der Timeline (siehe Abbildung 3.50).

Dass sich das Bahn-Team viel Mühe mit der Pflege der Facebook-Seite gibt, bestä-tigt schon ein flüchtiger Blick. Zahlreiche Meilensteine zeichnen den Weg vom Kai-serreich bis in die heutige Bundesrepublik. Überdies bieten viele Apps den Fans einen Mehrwert und sind durchdacht.

Doch stellt sich die Frage, ob die Strategie aufgeht. Die Antwortet lautet: Nicht ganz, denn um viele Anliegen der User kann sich auf dieser Seite nicht gekümmert werden, was das Gros oft genug nicht einsieht (siehe Abbildung 3.51).

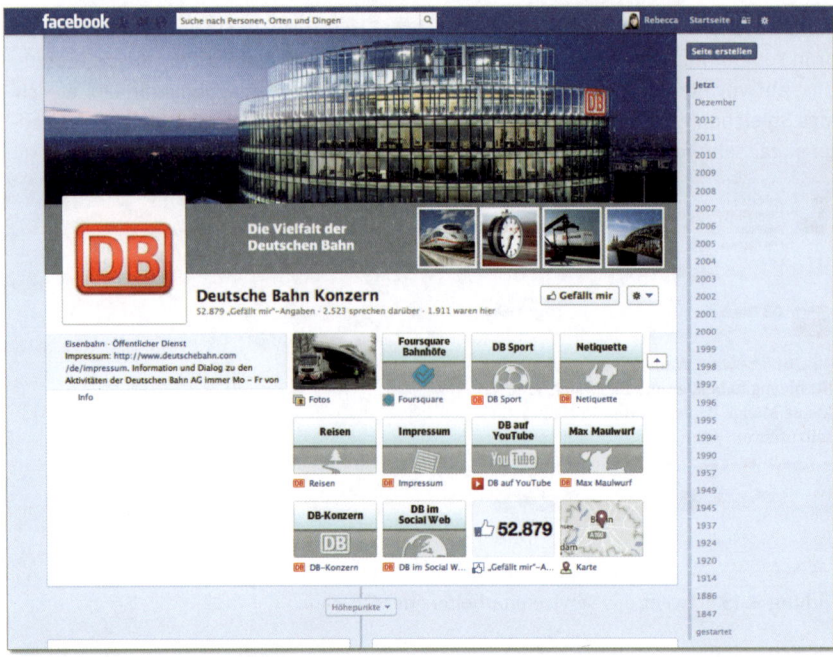

Abbildung 3.50 Der Konzern Deutsche Bahn auf Facebook

Abbildung 3.51 Kritik auf der Facebook-Seite von Deutsche Bahn Konzern

So bringen Nutzer wiederholt Kritik an, die mitunter sehr scharf formuliert ist. Sobald solch eine Situation eintrifft, reagiert das Team lediglich mit dem direkten Verweis auf die Serviceseite DB Bahn. Die Zuständigkeiten sind also intern klar, doch das scheint die (potenzielle) Zielgruppe nicht zu wissen. Überdies löscht man auch einige User-Kommentare mit Hinweis auf die Netiquette: »Hallo ..., Ihr Kommentar verstößt gegen unsere Netiquette. Daher mussten wir ihn löschen. Bitte halten Sie sich bei zukünftigen Posts an unsere Netiquette. Vielen Dank!«

Angesichts der scheinbaren Unbeholfenheit im Umgang mit Servicefragen und Kritik, ist die erhoffte Imagewirkung der Seite »Deutsche Bahn Konzern« fraglich. Die souveräne Kommunikation auf Augenhöhe und in Echtzeit ist in der Tat noch ausbaufähig. Allerdings ist die Idee, zwischen Konzerninformationen und Kundenservice zu trennen, in der Theorie eine wirklich gute – wenn da nicht die Praxis wäre.

Insofern sollten auch Sie sich im Vorfeld darüber Gedanken machen, wie Ihrer Zielgruppe die Kommunikationsstrategie erfolgreich vermittelt werden kann und welche Ressourcen Sie einplanen sollten, um Ihre Ziele im Social Web zu erreichen.

3.3.4   Die Dresdner Verkehrsbetriebe: »Ihre Meinung bewegt uns.«

Lokale Verkehrsbetriebe, die sich strategisch professionell in sozialen Medien positionieren und imageförderlich präsentieren, sind noch eine Seltenheit. Eine sehr schöne Ausnahme von der Regel sind die Dresdner Verkehrsbetriebe, die bereits seit Anfang Februar 2011 auf Facebook aktiv sind und »bewegenden« Service leisten. Der Content steht im Zeichen einer medial gerechten Imagewerbung. Wie unter anderem Abbildung 3.52 zeigt, präsentiert man sich offen, jung, dynamisch – und teilweise voller Witz und Charme.

Abbildung 3.52   Posting auf der Facebook-Seite der Dresdner Verkehrsbetriebe

Den direkten Dialog mit den Fans lassen die Seitenbetreiber nie aus den Augen. Dies zeigt sich gleich in zweifacher Hinsicht: Zum einen reagiert man auf die Fankommentare unter den eigenen Beiträgen und überlässt die Community nicht sich selbst. Zum anderen erweist man sich auch gegenüber den Beiträgen von Nutzern offen, die etwas an die Pinnwand der Dresdner Verkehrsbetriebe posten. Auch hier bleibt nichts unbeantwortet im Raum stehen. Ganz im Gegenteil: Die Verkehrsbetriebe nehmen sich diesen Postings sogar recht ausführlich an und antworten serviceorientiert mit der erforderlichen Ernsthaftigkeit. Letzteres sieht man einmal mehr daran, dass in direkten Antworten nicht geduzt wird. Während also die Community-Ansprache ansonsten formlos mit einem »Ihr« angesprochen wird und die Wort-Bild-Postings sehr locker und sympathisch wirken, verfolgt man also einen anderen, aber nicht weniger angemessenen Kurs bei den aktuellen Nutzerbeiträgen (siehe Abbildung 3.53).

Abbildung 3.53 Nutzerbeiträge und Antworten auf der Facebook-Seite

Das zugrundliegende PR-Konzept schein sich bewährt zu haben: Die Verkehrsbetriebe haben eine starke Fangemeinde auf Facebook aufgebaut. Daher meldet sich von Zeit zu Zeit auch der ein oder andere Markenbotschafter zu Wort, der das Unternehmen ausdrücklich lobt (siehe Abbildung 3.54). Einziger Wehrmutstropfen des ansonsten sehr gelungenen Facebook-Auftritts sind die im Titelbild angegebenen Öffnungszeiten, denn diese entsprechen nicht den Promotion-Richtlinien von Facebook.[18]

---

18 Die vollständigen Guidelines finden Sie unter *http://www.facebook.com/page_guidelines.php*.

Rechtstipp: Wie viel Text darf im Titelbild bei FB stehen (20 %-Regel)?
Was sagen die FB-Promotion-Guidelines?

Facebook gibt vor, dass »nicht mehr als 20 %« Text im Titelbild vorkommen dürfen. Bis heute ist nicht klar, wie sich diese 20 % bemessen – wahrscheinlich soll es darauf ankommen, wie viel Anteil der Gesamtfläche des Titelbildes mit Text belegt ist. Modellrechnungen bietet Facebook bis heute nicht. Insofern kann der allgemeine Rat nur lauten, Vorsicht walten zu lassen, mit dem Auge abzuschätzen und sich weit unterhalb der 20 % zu bewegen.

Jenseits davon zeigt aber die inhaltliche Leistung und die serviceorientierte Umsetzung, dass die Dresdner Verkehrsbetriebe die Grundprinzipien von Social Media verstanden haben und das Potenzial erfolgreich nutzen. Hierfür ernten sie, wie Abbildung 3.54 veranschaulicht, positives Feedback von Ihrer Community.

Abbildung 3.54   Positives Feedback für die Dresdner Verkehrsbetriebe

In ihrem YouTube-Kanal zeigt sich dies ebenfalls (siehe Abbildung 3.55). Wie die Videoaufrufe im oberen fünfstelligen Bereich verdeutlichen, geht auch hier die crossmediale Strategie auf – professionelle PR im Social Web kann und sollte eben über mehrere Kanäle erfolgen. Die betriebseigene Serie namens »Einsteiger« sticht dabei besonders positiv hervor. Beteiligte erzählen hier direkt aus dem Unternehmen. Dass sich die Mitarbeiter vor der Kamera äußern, schafft eine Form der sozialen Nähe. Dem Image ist dies einmal mehr zuträglich (Abschnitt 9.1.7, »Employee Branding: Die Mitarbeiter als Sprachrohr«).

Darüber hinaus erweist man sich bei Twitter als Ansprechpartner. Wenngleich man sich hier in einem geringeren Umfang als bei Facebook engagiert, findet Interaktion auf 140 Zeichen statt. Hauptsächlich informiert der Verbund jedoch unregelmäßig über Störungen. Zwischendurch meldet er sich auf Fragen zurück und geht höflich auf die Anliegen der User ein (siehe Abbildung 3.56).

Kurz und knapp: Die Mitarbeiter nehmen den Dialog sowohl online als auch offline ernst, und das zahlt sich aus. Denn selbst wenn sich bei dem Thema öffentliche Verkehrsmittel die Geister niemals einig sein werden, schaffen es die Verkehrsbetriebe aus Dresden wenigstens manch einen Kunden zum Umdenken zu bewegen, wie Abbildung 3.57 abschließend vor Augen führt.

Abbildung 3.55   YouTube-Kanal der Dresdner Verkehrsbetriebe

Abbildung 3.56   Direkte Kommunikation im Twitter-Kanal

Abbildung 3.57 Bestätigung einer Kundin via Facebook

3.3.5 Service-Communitys im Mitmachweb

Durch geschlossene Communitys können Sie Kunden, Partnern und Mitgliedern einen besonderen Service bieten. Wie das funktioniert, zeigen unterschiedliche Fallbeispiele aus der Praxis. Nachfolgend werden die *Deutsche Postbank* und die regionalen Industrie- und Handelskammern vorgestellt.

Ähnlich wie bei der Telekom gibt es auch bei der Postbank eine Service-Community, welche die breite Öffentlichkeit zum Fragen und Diskutieren einlädt (siehe Abbildung 3.58). Gerade erklärungsbedürftige Finanzprodukte und -dienstleistungen können so besser kommuniziert werden.

> *»Guter Service bedeutet, eine klare Sprache zu benutzen und möglichst keine Fragen offen zu lassen. In der Service Community sollen Kunden und Verbraucher diese Qualität ehrlich und zeitnah bewerten. Auch durch diese Offenheit und Transparenz kann verlorenes Vertrauen in Banken zurückgewonnen werden.«[19]*

Damit das Angebot von allen Interessierten in Anspruch genommen werden kann, sind die technischen Hürden sehr niedrig. Schon im öffentlichen Bereich sieht der Besucher der Seite häufige Fragen und kann zwischen unterschiedlichen Kategorien wählen. Ein intuitiver Eyecatcher sind die Bewertungen der Antworten. So sieht der

---

19 Michael Heinen, Bereichsleiter Direct Banking bei der Postbank, in der Presseinformation vom 27.06.2012.

User auf einen Blick, was andere als hilfreich oder weniger hilfreich einstufen. Die Community hat hier also nicht nur das Recht, zu fragen, sondern auch das Recht, die Antworten zu bewerten.

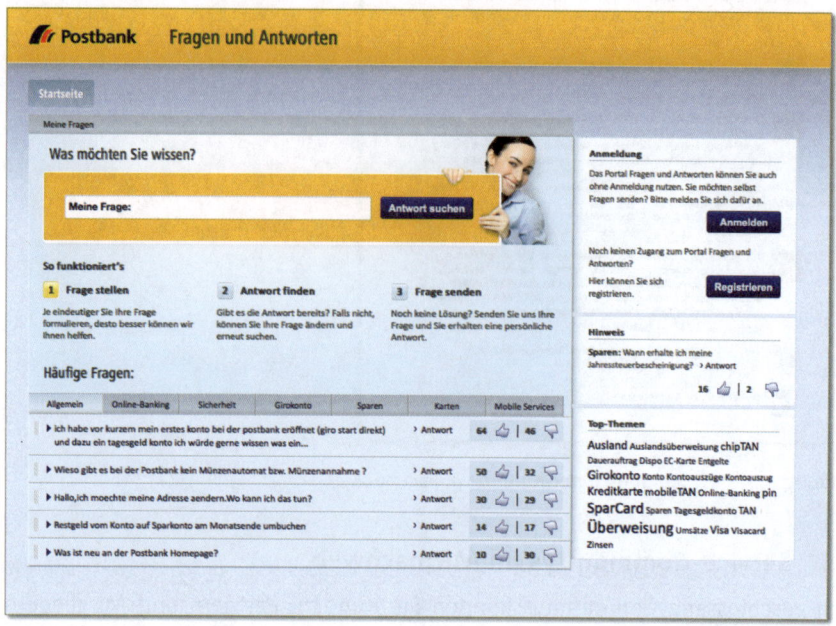

Abbildung 3.58 Service-Community der Deutschen Postbank

Den Community-Gedanken greifen auch Industrie- und Handelskammern zusehends auf. Manche haben eigene Mitgliedernetzwerke mit einem geschützten Bereich, andere sind auf XING aktiv und betreiben eine Gruppe nach dem Vorbild der *IHK für München und Oberbayern*, die schon eine mitglieder- und diskussionsstarke Community auf XING betreut. Diese dient als virtueller Unternehmertreffpunkt, wobei Netzwerken großgeschrieben wird. Event-Ankündigungen und regionale Wirtschaftsnews sind hier ebenso anzutreffen wie »*Fragen und Antworten rund um die IHK*« (siehe Abbildung 3.59).

Neben XING-Gruppen sind auch Communitys für Mitglieder ein bewährtes Serviceinstrument. In diesem Sinne hat beispielsweise die *IHK Nürnberg für Mittelfranken* eine eigene Community ins Leben gerufen, die allerdings nicht für alle Mitglieder offen ist (siehe Abbildung 3.60). Als Special-Interest-Netzwerk richtet sie sich lediglich an diejenigen Unternehmen, die unter die sogenannte *Kompetenzinitiative Bio-Markt Metropolregion Nürnberg* fallen. Ziel der Community ist es also, regional ansässige Unternehmen aus den Wachstumsbereichen Biolebensmittel, Naturmedizin und Naturkosmetik stärker zu vernetzen. Im Endeffekt sollen dadurch Synergien freigesetzt und Wachstumspotenziale erschlossen werden.

Abbildung 3.59 XING-Seite der IHK für München und Oberbayern

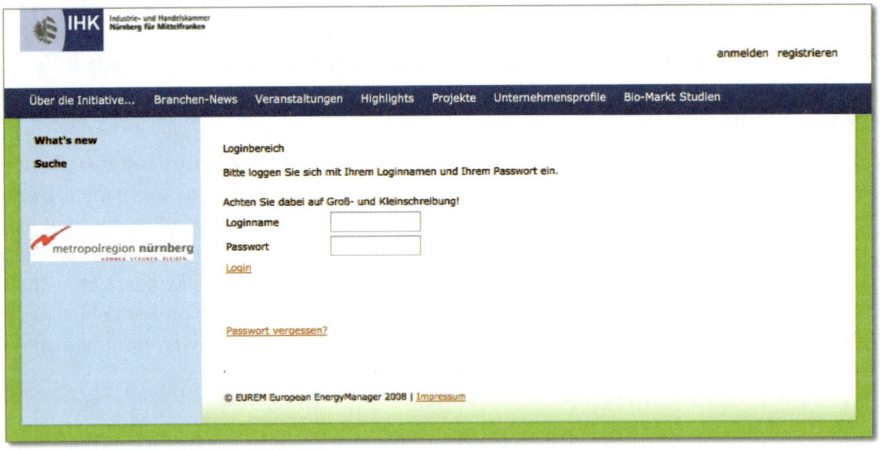

Abbildung 3.60 Geschützter Mitgliederbereich der IHK Nürnberg für Mittelfranken

Um Kooperationen zu fördern und Markttransparenz ebenso wie Marktakzeptanz zu schaffen, findet der Austausch zwischen den Unternehmen im geschützten Raum statt. Branchenunternehmen können ein eigenes Unternehmensprofil erstellen und sich anderen Mitgliedern präsentieren.

Einen anderen Akzent setzt hingegen das digitale Weiterbildungsangebot der IHK Chemnitz. Als Serviceleistung bietet sie eine interaktive eLearning-Plattform. Durch eine Online-Betreuung werden die Präsenz- und Selbstlernphasen vor der Ausbildereignungsprüfung unterstützt. Das Angebot vereinfacht zudem das Lernen in der Gruppe, weil sich die Mitglieder gegenseitig unterstützen können. Falls man mal etwas nicht auf Anhieb versteht, ist das sehr praktisch.

Wie Sie gemerkt haben, sind Service- und Feedback-Communitys sowohl für Unternehmen als auch für Institutionen und Verbände hervorragende Kommunikationsinstrumente. Insofern sie entsprechend gepflegt und betreut werden, machen sie eine serviceorientierte Öffentlichkeitsarbeit in einem geschützten Raum möglich. Die Einsatzbereiche von geschlossenen Communitys sind dabei ebenso vielfältig wie individuell. Was sie jedoch alle gemeinsam haben: Ihren Mitgliedern stiften sie einen Mehrwert.

Tipps für Organisationen: Der Serviceeinstieg im Social Web

Wenn Ihre Organisation durch soziale Medien einen verbesserten Service für Mitglieder und die breitere Öffentlichkeit anbieten möchte, sollten Sie kritische Stimmen nicht ignorieren oder gar versuchen, sie zu übertönen. Anstatt diese zu übergehen, müssen Sie auf Anmerkungen und Kritik zeitnah eingehen. Schließlich sind soziale Medien digitale Dialoginstrumente, die in Echtzeit laufen.

Genau aus diesem Grund sollten Ihre Social-Media-Verantwortlichen mit entsprechenden Kompetenzen ausgestattet sein. Eine Kommunikationskultur, in der beispielsweise jeder Smiley bewilligt werden muss, ist nicht tauglich fürs Mitmachweb. Ebenso wenig förderlich sind Informationsblockaden. Deswegen sollten Sie sicherstellen, dass die verantwortlichen Mitarbeiter Zugang zu den nötigen Informationen haben oder sie bei Bedarf schnellstmöglich bekommen.

Daneben empfiehlt es sich, Ihrer Organisation sprichwörtlich ein Gesicht zu geben. Stellen Sie Ihre Mitarbeiter vor, damit alle wissen, mit wem sie es zu tun haben. Der Pluspunkt? Anonyme Organisationen kritisiert man leichtfertiger als jene, bei denen man die Mitarbeiter zu kennen meint. In Anlehnung daran sollten Sie niemals den menschlichen Faktor im Social Web vergessen. Für Ihren Content heißt das, sich nicht bloß auf Zahlen zu besinnen. Aussagen wie »100.000 zufriedene Kunden sehen das aber anders!« sind in sozialen Medien – egal welcher Art – fehl am Platz. Kommunizieren Sie menschlich, das kommt am besten an.

3.3.6 HelloFresh: »Macht Sie zum Meisterkoch«

Gegründet im November 2011, zählt HelloFresh zu den erfolgreichen deutschen Startups. Idee des Unternehmens: Kunden bekommen frische Lebensmittel mit dazugehörigen Rezepten direkt bis an die Haustür geliefert. So soll einem trotz stressigen Alltags eine gesunde Ernährung erleichtert werden. Dabei schöpft das Startup aus den Potenzialen, die einem das Social Web bietet. Wie bei vielen Gründungen bestechen Social Media zunächst wegen ihrer Kosteneffizienz bei gleichzeitiger Reichweite. Dabei bietet sich der Einsatz sozialer Medien gerade für Gründungen an, weil man von Anfang an eine Community aufbaut. Auf die Art sehen Außenstehende, wie das Unternehmen wächst, was sich verändert und wie sich die Leistungen entwickeln. Tauscht man sich bereits in der Aufbauphase mit anderen aus, bekommt man Aufmerksamkeit geschenkt und kann seine Bekanntheit steigern. Zugleich wird durch den dauerhaften Kontakt emotionale Nähe zum User hergestellt, was man in Fachkreisen auch als *Ambient Intimacy*[20] bezeichnet. Durch Interaktion und Kommunikation bekommen Fans und Follower den Eindruck, Sie zu kennen und am jungen Firmenleben teilzuhaben – ein psychologischer Prozess, den Sie sich zunutze machen sollten.

Angesichts dieser Vorteile wurde auch HelloFresh schon kurz nach der Gründung auf Facebook und Twitter aktiv und brachte sich ins Gespräch, wie Abbildung 3.61 zeigt.

Abbildung 3.61   Erste Tweets von HelloFresh im Dezember 2011

HelloFresh versteht die Logik sozialer Netzwerke und schaffte es, Kundenservice ins Social Web zu transportieren. Ob Rezeptideen oder aufklärende Hinweise zu Gemüsesorten oder die Reaktion auf Community-Rückfragen, sowohl auf Facebook als auch auf Twitter ist man stets ansprechbar und kümmert sich um seine Fans und Follower (siehe Abbildung 3.62).

Die Ansprache ist dabei gerade auf der Facebook-Seite sehr sympathisch, die Tonalität der Postings macht in jeder Beziehung Lust auf mehr. Viele Bilder, bisweilen lustig und niedlich, unterstützen den positiven Gesamteindruck, wobei die Kernfarbe Grün auch immer wieder in der Timeline auftaucht. Dadurch wirkt der Auftritt allein schon optisch sehr zielgruppengerecht – modern, urban, aufgeschlossen.

Auf Kommentare von Fans geht das HelloFresh-Team ebenfalls zielgerichtet ein (siehe Abbildung 3.63). Es begreift sie als Chance, den eigenen Service noch etwas zu verbessern.

---

20 Interaktive Echtzeitmedien überbrücken räumliche Distanzen, sodass der Kontakt zwischen physisch entfernten Menschen regelmäßiger und intensiver gepflegt werden kann, als dies normalerweise üblich ist. Disambiguity, *http://www.disambiguity.com/ambient-intimacy/*

Abbildung 3.62   Direkter Kundenservice via Twitter

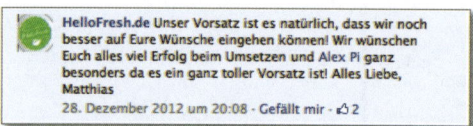

Abbildung 3.63   Kommentar von HelloFresh auf Feedback bei Facebook

Doch neben regelmäßigen Statusmeldungen beschenkt HelloFresh seine Fangemeinde auch mit interessanten Facebook-Apps. Besonders ins Auge sticht der Aufruf, die *Berliner Tafel e. V.* indirekt via HelloFresh zu unterstützen. »*Teilen & Helfen!*« ist das Motto des imagezuträglichen Projekts. Was genau dahintersteckt? Wirbt man über die App einen Facebook-Freund, der eine Bestellung bei HelloFresh aufgibt, spendet das Unternehmen eine Prämie in Höhe von 10 € an die Berliner Einrichtung.

Des Weiteren können User ihre Freunde via Facebook mit einem Gutschein beschenken und selbst auch noch etwas davon haben. Bei Weiterempfehlung winkt nämlich ein kleinerer Betrag, den man mit seiner eigenen Lebensmittelbox verrechnen lassen kann.

Wie Sie sehen, versteht HelloFresh die Prinzipien des Word-of-Mouth-Marketings in jeder Hinsicht, und guter Service in sozialen Medien gehört einfach dazu. Deswegen belässt man es auch nicht allein bei Facebook und Twitter, sondern ist zudem aktiv auf Pinterest (siehe Abbildung 3.64) – einem im März 2010 gegründeten Content-Sharing-Service,[21] bei dem registrierte Mitglieder ihre »Bilder-Kollektionen mit Beschreibungen an virtuelle Pinnwände heften können«. »Andere Nut-

---

21 »A content sharing service that allows members to "pin" images, videos and other objects to their pinboard.« Pinterest, *www.pinterest.com*

zer können dieses Bild ebenfalls teilen (repinnen), den Gefallen daran ausdrücken oder kommentieren.«[22] Während Pinterest also eher auf visuelle Kommunikation setzt, konzentriert sich das Blog des Startups auf haushaltsnahe Themen. Rege veröffentlicht werden hier Rezepte, Dekotipps und Sonstiges rund ums gesunde Essen. Das Konzept »Schmaus für zuhaus'« scheint also auch im Social Web aufzugehen.

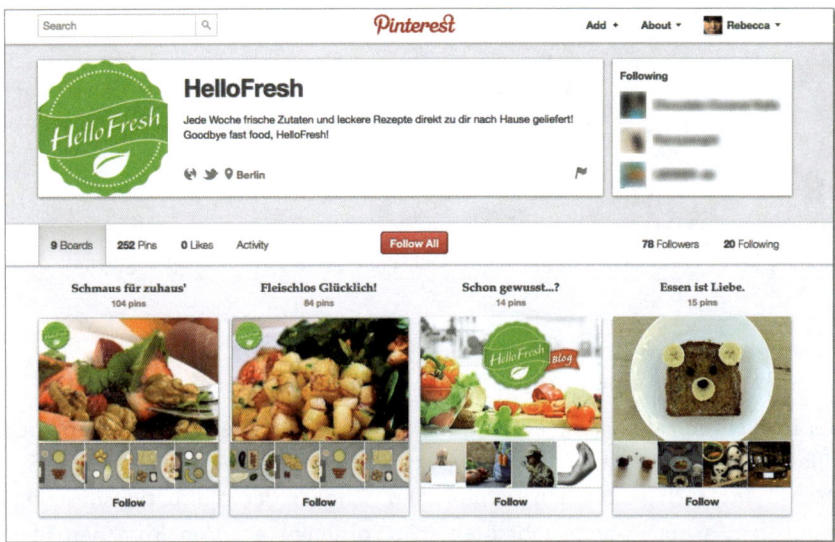

Abbildung 3.64   Pinterest-Account von HelloFresh

Marketing-Take-away: Warum nicht ein paar Tipps verraten?

Egal, ob in persönlichen Gesprächen oder in Netzdialogen – da Tipps und Tricks immer gut ankommen, sind sie meist auch fester Bestandteil von serviceliebenden Unternehmen und Organisationen.

Ein nettes Beispiel gibt das Verbandsunternehmen *Eine-Welt-Shop* auf seiner Facebook-Seite ab. Fair Trade, soziale Verantwortung und Ökologiebewusstsein sind die Anliegen dieses Shops, der in enger Beziehung zur Hilfsorganisation Misereor steht.

Der auf Facebook gepostete Content fällt dabei abwechslungsreich aus. So wird nicht nur der eigene Lieferservice für Lebensmittel promotet, sondern man gibt auch Zubereitungstipps für »faire« Trinkschokolade, Hintergrundinformationen zu Nahrungsmitteln, Tipps zur Fastenzeit, Geschenkideen und persönliche Buchempfehlungen (siehe Abbildung 3.65).

Wenngleich die Interaktion zu wünschen übrig lässt und oftmals keine Kommentare seitens der Community kommen, versorgt der Shop mittlerweile 14.000 Fans einmal täglich mit News und nützlichen Hinweisen.

---

22 Wikipedia, *http://de.wikipedia.org/wiki/Pinterest*

Abbildung 3.65 Persönliches Posting vom »Eine-Welt-Shop« auf der Facebook-Seite

3.3.7 Die Schiller Buchhandlung im Kundendialog

Schiller ist nicht nur der Name eines großen Dichters und Denkers, sondern auch der einer inhabergeführten Buchhandlung aus Stuttgart, bei der Service auch im Social Web in Anspruch genommen werden kann. Schon in der Informationsbeschreibung auf der Facebook-Seite gibt man sein Sortiment an. Von Romanen über Kinder- und Jugendliteratur über regionale Bücher bis hin zu Reiseführern – das Angebot kann sich sehen lassen.

Der Servicegedanke äußert sich unter anderem darin, dass Kunden kostenlos bestellen können und beliefert werden. Darüber hinaus ist es den beiden postenden Buchhändlerinnen wichtig, auf der Timeline Geschenkideen vorzustellen und über besondere Aktionen wie Spieleabende und Lesungen zu informieren. Für solche Aktionen legt man sogar Veranstaltungen bei Facebook an und lädt zu diesen ein. Wie Sie sich denken können: für einen lokalen Buchladen keine schlechte Promotion.

Ihren Fans berichten sie täglich und versehen jede Statusmeldung mit dem eigenen Kürzel. Persönlich und gewitzt stellen Sie auf der Facebook-Seite natürlich auch Bücher vor und laden zur Diskussion ein (siehe Abbildung 3.66).

Die Zusammenstellung des Contents kommt dabei sehr gut an. Die Community honoriert den Einsatz mit *Likes* und mitunter auch mit Kommentaren. Die Interaktion ist also für eine solch kleine Buchhandlung durchaus beachtlich.

Darüber hinaus pflegt die Geschäftsführerin den Twitter-Kanal der Buchhandlung selbst. Unter dem Nutzernamen @SchillerBuch kommuniziert sie mit über 1.800 Followern, wie Sie Abbildung 3.67 entnehmen können.

Abbildung 3.66 Posting auf der Facebook-Seite der Buchhandlung

Abbildung 3.67 Persönlicher Twitter-Account von Chefin und Buchhandlung

Die Chefin gibt nützliche Buchtipps und praktiziert im kleinen Rahmen und ohne finanziellen Aufwand vorbildliches Pull-Marketing. Sie tritt mit potenziellen Kunden in Kontakt, stellt neue Bücher vor und unterhält sich direkt mit ihren Followern. Dabei geizt sie auch nicht mit Interna aus dem Alltag einer Buchhändlerin, was dem Ganzen einmal mehr den Glanz etwas Besonderen verleiht. Mit der Twitter-Sphäre teilt sie beispielsweise folgenden Insider: »'Sagen Sie mal, sind in dem Abiaufgabenbuch 2013 auch schon die Abiaufgaben vom nächsten Jahr drin?' #fragengibts«.

All die Einzelheiten machen das Gesamtbild stimmig und vor allen Dingen sehr sympathisch. Und das sehen die Fans und Follower genauso (siehe Abbildung 3.68).

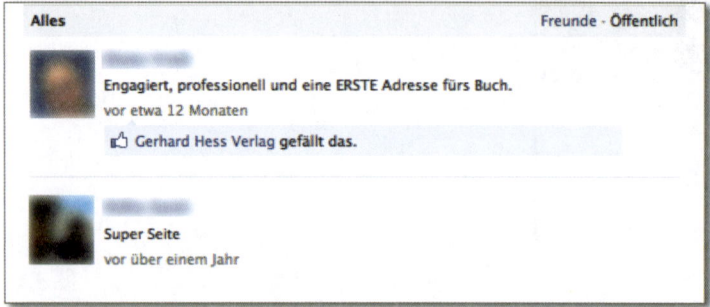

Abbildung 3.68   Lob und Anerkennung aus der Facebook-Community

Erneut zeigt sich, dass im Social Web serviceorientierte Marketingstrategien auch mit geringem Budget erfolgreich sein können. Durchdacht umgesetzt, kann die Öffentlichkeitsarbeit daher sogar von Nicht-PR-Profis übernommen werden. Gerade in kleineren Geschäften und Unternehmen ist Folgendes die Hauptsache: Es geht persönlich, sympathisch, mit Leidenschaft und Witz zu, sodass die Vielfältigkeit des grundsätzlichen Themas vermittelt wird und man die Zielgruppe auf diesem Weg erreicht.

3.4   Fazit: Was Sie tun und was Sie tunlichst vermeiden sollten

Wie der Blick in die Praxis veranschaulicht hat, gibt es nicht nur »feine« Unterschiede in Sachen Imagegestaltung 2.0 – bisweilen sind sie groß, und das nicht allein in Bezug auf den geposteten Content. So unterscheiden sich die aufgeführten Beispiele hinsichtlich der Schauplätze, auf denen man aktiv ist. Die Wahl der Plattformen und Netzwerke muss also nicht für alle Unternehmen und Organisationen immer die gleiche sein, sondern hängt vom Geschäftsmodell und der anvisierten Zielgruppe ab.

Trotz dieser Unterschiedlichkeit gibt es allerdings einige Faustregeln, die Sie aus dem Kapitel mitnehmen sollten.

Was Sie tun sollten

▶ Nutzen Sie die enorme Reichweite und die Mitmachpotenziale sozialer Medien. Voraussetzung dafür ist allerdings, dass Sie die Wirkungsmacht von Word of Mouth akzeptieren und die Logik von Social Media verstehen.

▶ Dementsprechend sollten Sie die Grundphilosophie einer *Kultur des Teilens* ver- innerlichen. Was das heißt? Teilen Sie sich selbst mit, geben Sie einen Einblick in das Innenleben Ihres Unternehmens, und erzählen Sie manchmal Insider- geschichten, die humorvoll und/oder fachlich relevant sind.

▶ Um Vertrauen aufzubauen, bietet es sich zudem an, die verantwortlichen Mit- arbeiter persönlich vorzustellen.

▶ Dass regelmäßige Postings sowohl gut für Ihre Reichweite als auch für das Image sind, scheint selbstredend. Was jedoch weniger selbstverständlich ist, dass Sie Ihre Community konsequent ansprechen. Wenn Sie sich intern auf das Siezen bei Fankommentaren geeinigt haben, dürfen Sie beispielsweise nicht davon abrücken, nur weil Sie davon ausgehen, dass ein User vielleicht jünger ist. Auch sollten Sie nicht die Art der Ansprache beziehungsweise die Tonalität per- manent wechseln. Seriöse Themen können nämlich auch durchaus charmant vorgestellt werden.

▶ Kurzum: Betrachten Sie Social Media nicht als Randphänomen im Kommunika- tionsmix. Drücken Sie sich stets freundlich aus, und versuchen Sie, möglichst authentisch zu bleiben. Behalten Sie dabei aber immer Ihre Zielgruppe und deren Bedürfnisse im Hinterkopf.

▶ Geben Sie der Netzgemeinde kein Serviceversprechen, dass Sie nicht halten können. Wenn Sie zum Dialog einladen, aber die Pinnwand nicht für die Bei- träge externer Nutzer freischalten, ist dies absurd. Auch das Löschen von Kom- mentaren ist nur in Ausnahmefällen zu empfehlen. Falls keine diskriminieren- den oder ehrverletzenden Inhalte gepostet werden, sollten Sie also davon absehen.

▶ Insgesamt geht es darum, die Community wertzuschätzen. User-generated Con- tent nicht ernst zu nehmen oder gar zu ignorieren, ist der denkbar falsche Weg. Stattdessen sollten Sie das Feedback aufnehmen und es nutzen, um an sich zu arbeiten.

▶ Um die Community stärker einzubinden und sie zu aktivieren, sollten Sie sich nicht davor scheuen, kreative Ideen in die Tat umzusetzen. Interaktionsförderliche Kampagnen sind allerdings arbeitsintensiv und müssen unter anderem deswegen gut geplant werden.

▶ Wie Sie vielleicht schon ahnen, haben die genannten Argumente im Kern eine Gemeinsamkeit. Wenn Sie sich in den Dialog mit der virtuellen Öffentlichkeit begeben, ist eines zwingend erforderlich: Sie müssen sich Mühe geben wollen!

Was Sie tunlichst vermeiden sollten

▶ Angst vor Meinungen in sozialen Medien zu haben, bringt Ihnen nichts. Da Ihre Marke mit großer Wahrscheinlichkeit eh schon diskutiert wird, sollten Sie die Chance zum Mitdiskutieren ergreifen. Statt sich vor dem Social Web zu fürchten, sollten Sie also Ihre Unsicherheit überwinden. Eine gezielte Strategieentwicklung muss her. In diesem Zusammenhang gilt es auch, direkt einen Krisenplan aufzustellen, damit Sie nichts unangenehm überraschen kann. Außerdem dürfen Sie nicht vergessen, Ihre Mitarbeiter hinreichend zu schulen und ihnen den Sinn und Zweck der Social-Media-Aktivitäten klar aufzuzeigen.

▶ Wenn Sie sodann aktiv sind, gilt es, altbekannte Werbestrategien hinter sich zu lassen. Agieren jenseits des Kommerzes ist gefragt. XING, Facebook, Twitter & Co. sind eben keine Push-Medien, weswegen Sie Ihre Fankommentare auch nicht ignorieren dürfen.

▶ Informieren dürfen Sie zwar, spammen aber nicht. Stattdessen gilt es, Sympathien zu wecken und mit abwechslungsreichen Inhalten aufzuwarten. Genau aus diesem Grund sollten Sie auch nicht den Weg des geringsten Widerstands gehen und lediglich automatisiert posten/twittern. Das Veröffentlichen von Links ohne dazugehörigen Teaser-Text und/oder Hashtags ist nahezu wirkungslos.

▶ Darüber hinaus sollten Sie Ihre Botschaft auch nicht immer mit dem gleichen Wortlaut wiederholen. Eine langweilige und monotone Außenwirkung ist nämlich nicht imageförderlich.

▶ Ferner sollten Sie nicht um Interaktion – die Währung des Social Webs – betteln. »Likes, Retweets oder Kommentare« sollten generiert werden, weil den Usern danach ist. Plumpe Call-to-Action im Übermaß führt allzu schnell dazu, dass sich die Community von Ihnen genervt fühlt.

▶ Zu guter Letzt: Denken Sie bei Social Media nicht nur an Facebook, weil das Netzwerk derzeit die größte Reichweite und Medienpräsenz hat. Wenn Sie sich im Mitmachweb positionieren, sollten Sie Ihre eigentliche Zielgruppenbestimmung niemals aus den Augen verlieren und sich möglichst crossmedial positionieren. Sie haben dadurch die Chance, tatsächlich mehr zu erreichen.

4 Produkte vermarkten, optimieren und finanzieren

»Think like a publisher, not a marketer.«
David Meerman Scott

Das Social Web bietet Ihnen zahlreiche Möglichkeiten zur kreativen, effektiven Produktvermarktung. Schließlich ist die Reichweite enorm und das Einsatzgebiet digitaler Markenkommunikation vielseitig. So suchen Unternehmen verschiedenster Branchen den Kontakt zu Markenbotschaftern, identifizieren Meinungsbildner (Influencer) und bemühen sich, eine große Community an Fans und Followern aufzubauen. Durch unterschiedliche Kommunikationsmaßnahmen und PR-Kampagnen steigern sie die Bekanntheit ihrer Produkte, bringen deren Qualität an den User und stellen so mehr Vertrauen in deren Leistungsfähigkeit her.

Kurzum: Interaktive Echtzeitmedien sind ideal, um den Markt kontinuierlich zu bearbeiten. Sie dienen sowohl dazu, die Akzeptanz Ihrer Produkte beziehungsweise Dienstleistungen zu kontrollieren als auch die Kaufbereitschaft zu erhöhen. Es überrascht daher kaum, dass auch vermeintlich traditionelle Branchen ins Social Web gezogen sind.

Doch neben der Marktpenetration und -akzeptanz sprechen weitere handfeste Gründe für das Engagement in sozialen Medien. An vorderster Front: Online Reputation Management. So sucht beispielsweise der Versicherungsdienstleister Allianz schon seit einigen Jahren den Dialog auf Twitter, nicht zuletzt weil dies gut fürs Image und den Ruf ist (siehe Abbildung 4.1). Der Konzern bekommt auf diese Art und Weise direkt mit, was User als potenzielle Kunden denken und was sie von einem Versicherer erwarten. Sich in 140 Zeichen offen und ansprechbar zu präsentieren, ist dabei eine hohe Kunst, die zugleich das eigene Suchmaschinenranking verbessert. Denn die Präsenz und Interaktion in sozialen Netzwerken ist auch unter SEO-Gesichtspunkten vorteilhaft. Dass dies mittelfristig der Vertriebssteigerung zugutekommt und sich Social-Media-Aktivitäten absatzsteigernd auswirken, wurde mitunter im vorangehenden Kapitel thematisiert (Abschnitt 3.2, »Wie Sie Ihr Image fördern«).

Jenseits der genannten Argumente können Sie soziale Medien auch zielgerichtet für die Markenentwicklung einsetzen, wobei es verschiedene Wege gibt, den Konsumenten in öffentlichkeitswirksamen Aktionen und Kampagnen einzubeziehen.

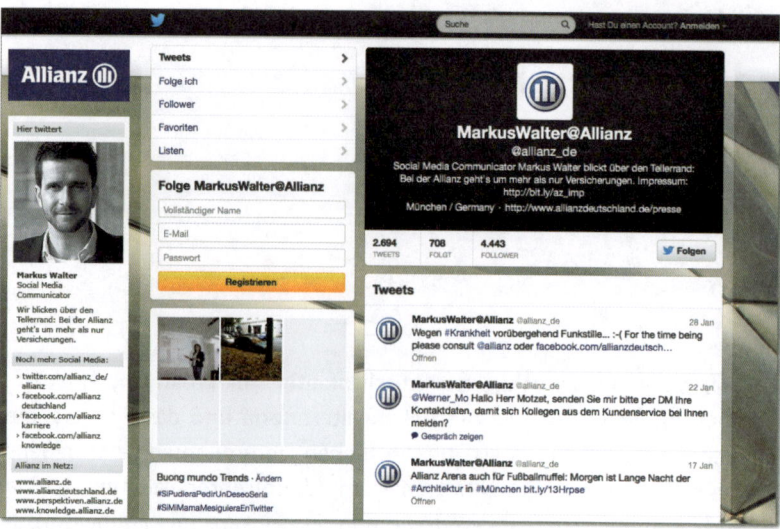

Abbildung 4.1 Twitter-Kanal der Allianz Versicherung

Der Vorteil für Sie? Sie schaffen Kommunikationsanlässe, durch die Sie sich wiederum mediale Aufmerksamkeit verschaffen und zudem von der gewünschten Zielgruppe Gehör geschenkt bekommen.

Hinreichend geplante PR-Kampagnen, in denen Sie die Potenziale von Online-Communitys durchdacht nutzen, werden Ihnen folglich in jeder Hinsicht zum Vorteil gereichen. Dies zeigt sich auch im weiteren Verlauf des Kapitels. Ihnen wird vermittelt, wie Sie Produkte dank des Inputs von Fans, Followern & Co. a) optimieren können und b) Ihre Ideen durch Communitys finanzieren lassen können. Letzteres fällt unter den Begriff *Crowdfunding* – eine Form der »Schwarmfinanzierung«, die sich in den USA bereits etabliert hat und mittlerweile auch hierzulande häufiger von sozialen Organisationen, Künstlern und Kreativen ebenso wie von Unternehmen genutzt wird (siehe Abbildung 4.2).

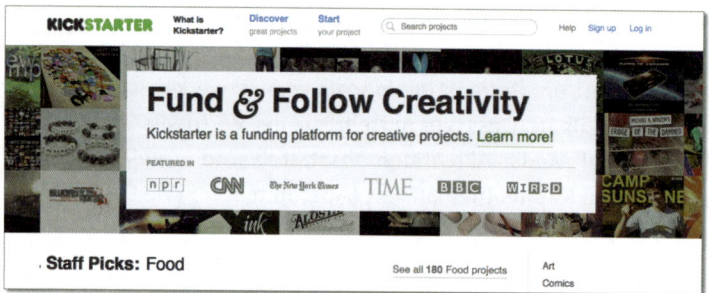

Abbildung 4.2 Website von Kickstarter, einer der weltweit erfolgreichsten Plattformen für Crowdfunding

Sie sehen, die Potenziale des Social Webs sind da. Nun gilt es, sie zu ergreifen und in Ihre PR-Arbeit einfließen zu lassen. Der vielbeschworene »Hype« um Social Media ist dementsprechend noch lange nicht vorbei.

Social Media: Wird der Hype 2013 vorbei sein?

Für die Studie *Social Media Marketing in Unternehmen 2012* befragte das *Deutsche Institut für Marketing* im vergangenen Jahr 900 Unternehmensvertreter aus unterschiedlichen Branchen.[1] Sie sollten eine Prognose für 2013 in Sachen Social Media Marketing aufstellen und angeben, ob sie eine Trendwende erwarten. Als Ergebnis wurde festgehalten, dass der »Hype« um Social Media noch nicht vorbei sei. 68,9 % der Unternehmen kommunizieren via Social Media ihre Produkte und Dienstleistungen, Tendenz steigend. Denn ein Drittel derjenigen, die noch inaktiv sind, wollen bald den Schritt in die interaktiven Echtzeitmedien wagen. Zudem glauben 77,9 % der Befragten an die Zukunftsfähigkeit von Social Media. Die Welle wird also nicht abebben.

Auch offenbart die Studie einiges bezüglich der Umsetzung der Social-Media-Aktivitäten. Unter anderem fragte man die Teilnehmer, wer für den Auftritt des eigenen Unternehmens verantwortlich sei. Mit 73 % liegen die Kompetenzen ganz klar intern: Das Marketing in sozialen Medien wird von und in den Unternehmen selbst gemacht. Im Kontrast zu dieser deutlichen Angabe gibt es allerdings nur in rund einem Viertel der Unternehmen eine Fachkraft, die sich ausschließlich mit der Kommunikation auf Facebook, Twitter & Co. beschäftigt. In den anderen Fällen scheinen manche Mitarbeiter das Content Marketing und Community Management untereinander aufzuteilen und es neben der regulären Arbeit zu machen.

Da die Budgets für Social Media im Durchschnitt noch weit unter 20 % des Gesamtmarketingbudgets liegen, doch die Aktivitäten zwecks Kundenbindung (73 %) und Kundengewinnung (65 %) in Zukunft ausgebaut werden sollen, werden die Etats für professionelle Arbeit in sozialen Netzwerken in den nächsten Jahren wachsen.

Dabei wird auch das sogenannte Content Marketing in Zukunft an Bedeutung gewinnen. Wikipedia beschreibt dieses als

> *»eine Marketing-Technik, die mit informierenden, beratenden und unterhaltenden Inhalten durch Profile individualisierte Personen anspricht, um sie vom eigenen Unternehmen und seinem Leistungsangebot zu überzeugen und sie als Kunden zu gewinnen oder zu halten.«*

---

1 Deutsches Institut für Marketing, *http://www.marketinginstitut.biz/media/studie_dim_-_social_media_marketing_in_unternehmen_2012_121121.pdf*

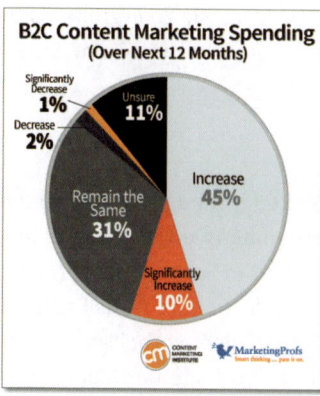

Abbildung 4.3   Investitionsklima in Content Marketing im B2C[2]

Da diese Marketingtechnik in den USA etablierter ist, macht das *Content Marketing Institute* hierzu bereits seit mehreren Jahren Umfragen. Befragt werden B2B- und B2C-Marketer zur Relevanz und Perspektive des Content Marketings (Abschnitt 2.1.1, »Social Networks und Sharing-Dienste für Ihren Community-Aufbau«).

Sehr aufschlussreich und ein wenig überraschend ist, dass B2B-Unternehmen sogar aktiver im Content Marketing sind als ihre B2C-Kollegen. Paradoxerweise sind sie allerdings prozentual etwas weniger von der Effektivität überzeugt, wobei dies keine nennenswerten Auswirkungen auf das Investitionsklima zu haben scheint. Bei der Endverbraucheransprache sieht dies schon anders aus. Hier besteht scheinbar noch Nachholbedarf, sodass das Investitionsklima im B2C sehr positiv ist: Schon 2013 wollen mehr als die Hälfte der Unternehmen das Budget für Content Marketing ausbauen (siehe Abbildung 4.3).[3] Sie vertrauen in die Leistungsfähigkeit der Word of Mouth und glauben, dass interessante Inhalte mit Mehrwert von User zu User weitergegeben werden. Dementsprechend sind sie bereit, in die junge Marketingdisziplin zu investieren.

Online prägt auch B2B-Kaufentscheidung

Im Rahmen der Fachtagung »ThinkB2B« hat Google 2011 eine Studie präsentiert, anlässlich der 1.600 Entscheider aus US-amerikanischen Firmen im Geschäftskundenbereich befragt wurden.[4] Im Ergebnis zeigt sich, dass sich zunächst 73 % der Studienteilnehmer via Suchmaschinen informieren und dann noch einmal 51 %

---

2   B2C beschreibt den Business-to-Consumer-Markt, das heißt, hiermit sind Angebote von einem Unternehmen an Konsumenten gemeint) laut Content Marketing Institute, *http://contentmarketinginstitute.com/2012/11/2013-b2c-consumer-content-marketing/*

3   Content Marketing Institute, *http://www.slideshare.net/CMI/b2-c-research2013cmi*

4   Google, *http://www.google.com/think/events/b2b2011/content.html*

über die Unternehmens-Website. Darüber hinaus gaben 45 % an, Online-Bewertungen zu lesen, um sich einen realistischen Eindruck zu machen. Dicht gefolgt wird dies von der Aussage, die erforderlichen Informationen über Webpräsenzen von Berufsverbänden zu beziehen (42 %).

Dabei sind für knapp 10 % der Befragten die recherchierten Online-Ergebnisse ausschlaggebender als die Meinung von Kollegen. Das Internet ist als Informationsmedium folglich auch im B2B-Kaufprozess entscheidend. So achten 71 % der Befragten insbesondere auf Angaben, die online zu finden sind, bevor sie die Produkte kaufen (siehe Abbildung 4.4). Dass Kaufunschlüssige zudem ihre Informationen über einen Berufsverband oder eine Messe beziehen, kommt in 40 % der Fälle vor. Letztlich ist es weitaus wichtiger als Katalogwerbung, Gespräche mit Vertretern, Direct Mailings und TV-Werbung, die 11 % der Befragten nannten.

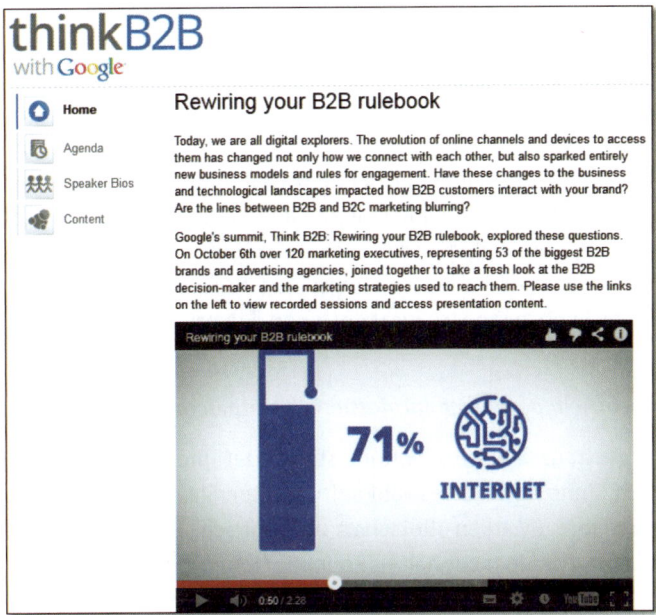

Abbildung 4.4   Webseite zur Fachtagung »ThinkB2B«

Angesicht der hohen Meinungsbedeutung der Netzwelt ist auch nicht verwunderlich, dass Online-Werbung den höchsten Erinnerungswert hat. 57 % der Befragten bestätigten dieser einen Wiedererkennungswert, während bei Print und TV lediglich 34 % und 16 % im Gedächtnis haften bleiben. Angesichts dieser harten Faktoren spielen also Facebook, Twitter, Blogs & Co. eine bedeutende Rolle für die Markenbildung, -wahrnehmung und die Unternehmenserlöse. Insofern sollten auch B2B-Unternehmen in den D-A-CH-Ländern nicht den Trend verschlafen und Social Media systematisch in ihre Kommunikation einbinden.

4.1   Wie Sie Ihre Produkte promoten

Das Social Web verändert die Art der Unternehmenskommunikation und des Informationsflusses. Die Wirkungsmacht sozialer Medien stellt Unternehmen vor neue kommunikative Herausforderungen. Insofern ist es zwingend erforderlich, die Besonderheiten moderner Internetkultur und Webtechnologien zu kennen, um sie effektiv in die eigene Kommunikationsstrategie einzubinden und die Potenziale für die digitale Produktpromotion auszuschöpfen. Wie dies erfolgreich verläuft und was es zu beachten gibt, zeigen Ihnen die nachfolgenden Ausführungen und Beispiele.

4.1.1   Grundsätze für erfolgreiche Produktvermarktung im Social Web

Die Kommunikation mit der virtuellen Öffentlichkeit erfolgt nach eigenen Regeln, die Sie kennen und beherrschen sollten. Ohne die richtige Einstellung ist Ihre Produktpromotion im Mitmachweb nämlich wirkungslos. Nur so können Sie Ihre Ziele erreichen, Aufmerksamkeit erzeugen und Sympathien für Ihre Marke wecken. Dabei gibt es einige Grundsätze, die in jedem Fall und branchenübergreifend gelten – ganz gleich, ob man Produkte oder Dienstleistungen an den Endkunden verkauft oder mit Handelspartnern in den Dialog treten möchte. Es gibt universale Eigenschaften, auf die es in der Kommunikation ankommt. Die Prinzipien eines erfolgreichen Dialogs im Social Web haben sozusagen einen kleinsten gemeinsamen Nenner:

Kommunizieren Sie authentisch, persönlich, professionell, zeitnah und interessant.

Damit ein respektvoller Austausch auf Augenhöhe stattfindet und man Ihnen Ihre Botschaft im eigentlichen Sinne des Wortes »abkauft«, sollten Sie stets transparent vorgehen. Vermitteln Sie Ihre (Marken-)Botschaft authentisch, und machen Sie keine Nutzungsversprechen, die Sie nicht halten können. Neben dieser produktbezogenen Komponente umfasst Authentizität im Social Web noch etwas mehr: Der Begriff bezieht sich ebenfalls auf Ihre Sprachwendungen und Formulierungen. Wenn Sie Statusmeldungen, Tweets & Co. veröffentlichen, sollte Ihre Sprache angemessen und der in sozialen Netzwerken angepasst sein. Auch die Tonalität muss passen – und wenn Sie sich beispielsweise darüber freuen, dass Sie *500 Likes* haben, dann dürfen Sie dies auch gerne mit einem Smiley zum Ausdruck bringen, wie in Abbildung 4.5 ersichtlich.

Ein weiterer Aspekt, der ebenfalls in Abbildung 4.5 zum Ausdruck kommt: Wenn Ihnen nicht danach ist, die Community zu duzen, sollten Sie es lassen. Wichtig ist allerdings, dass Sie dies konsequent umsetzen, alle User gleich behandeln und stringent an Ihrer Kommunikationslinie festhalten. Diesen Ratschlag sollten Sie allerdings nicht missinterpretieren: Es geht in sozialen Medien keineswegs darum, eine sprachliche Distanz zu Fans und Followern aufzubauen. Das wäre durchweg kontraproduktiv. Vielmehr sollten Sie versuchen, den Spagat zwischen »Business-Sprech« auf der einen und der Sprache in sozialen Netzwerken auf der anderen Seite zu schaffen.

Abbildung 4.5   Twitter-Kanal von CardPage

Eine »persönliche« Geschichte zu erzählen, etwas aus dem Unternehmen preiszugeben und seine Community am täglichen Geschehen teilhaben zu lassen, ist uneingeschränkt zu empfehlen. Wenn Sie mit offenen Augen durch Ihr Unternehmen gehen, werden Sie überrascht sein, wie viele »Kleinigkeiten« und Randthemen sich hierzu anbieten. Ansprechenden Content zu finden, ist demnach kein unüberwindbares Hindernis, im Gegenteil: Wenn Sie erst einen Blick dafür entwickelt haben, wird Ihnen schnell auffallen, welche Story erzählenswert ist und welche sich nicht fürs Social Web eignet. Wichtig ist eben, die Produkt- und Unternehmensbotschaft begeisternd und spannend zu kommunizieren. Potenzielle Markenbotschafter wollen sachlich informiert und emotional gepackt werden. Im besten Fall werden sie Ihre Marke dann leidenschaftlich weiterempfehlen.

Allerdings funktioniert dies nicht, wenn Sie halbherzig vorgehen und/oder den User nicht hinreichend wertschätzen – und sei es durch einen *Like* unter seinem Posting. Immerhin sind Social Media ein Dialoginstrument, das in Echtzeit stattfindet. Insofern sollten Sie kurze Antwortzeiten gewährleisten. Ist das nicht der Fall, verärgert man manches Mal User, wie in Abbildung 4.6 am Fallbeispiel der Deutschen Bank auf Facebook zu sehen ist. Schnelligkeit in der Interaktion, gepaart mit einem professionellen, freundlichen und sympathischen Tonfall, ist also die Sprache, die Sie unbedingt beherrschen sollten.

Gemäß der Devise »Content is King!« noch eine Anmerkung zu Ihren Inhalten: Sie sollten soziale Medien mehrmals wöchentlich mit neuen interessanten Inhalten füttern. Die inhaltliche Ausrichtung sollte allerdings deutlich weniger kommerziell und werblich als in klassischen Medien sein. Auch der Begriff *interessant* muss neu gedacht werden. Denn von Interesse sind eben nicht nur Produkt-News, sondern auch emotionale Markenkomponenten sowie die sozialen Beziehungen im Unternehmen selbst. Insofern gilt es, *Content Marketing* richtig umzusetzen und die richtigen Themen zu finden. Denn nur ansprechende Inhalte erhöhen die Weiterempfehlungsbereitschaft. Wie diese sympathisch präsentiert werden, sodass die eigene Marke in den Köpfen der Community präsent bleibt, zeigt das kommende Fallbeispiel.

Abbildung 4.6 Facebook-Seite der Deutschen Bank mit kritischen Nutzerkommentaren

---

Rechtstipp: Vorschaubilder

Bedenken Sie, dass Sie auch mit Vorschaubildern eine Urheberrechtsverletzung begehen können – die Größe des Bildes spielt hierbei keine Rolle! Wenn Sie auf Ihrer Facebook-Seite einen Link teilen und dabei ein Bild angezeigt wird, ohne dass Sie die entsprechenden Rechte zur Nutzung dieses Bildes erworben haben, begehen Sie regelmäßig eine Urheberrechtsverletzung. Daher kann bei der Nutzung von Vorschaubildern nur zur Vorsicht geraten werden. Im Zweifelsfall deaktivieren Sie das Vorschaubild vor dem Teilen des Links!

IKEA Heerlen: Mehr als »nur« Wohnwelten anschaulich vermitteln

Dass Lifestyle-Themen, Wohnungseinrichtungen und Dekorationstipps gut im Social Web ankommen und bestens geeignet sind, um den interaktiven Dialog in Echtzeit

zu suchen, weiß auch das allseits bekannte Möbelhaus IKEA. Schon auf seiner offiziellen deutschen Facebook-Seite begrüßt es den interessierten Privatkunden mit
den flapsigen Worten »Hej, schön, dass du da bist.«. Da die Aktivitäten auf Twitter
und YouTube nicht sonderlich nennenswert sind, scheint der Fokus des schwedi-
schen Möbelhauses auf Facebook zu liegen, zumal die Reichweite des Netzwerkes
besonders hoch ist. Summa summarum ist IKEA allerdings stets am Puls der Zeit.
So stellte man im vergangenen Jahr ein digitales Technik-Highlight auf der eigenen
Facebook-Seite vor.

Abbildung 4.7   Facebook-Seite von IKEA Deutschland

Anlässlich des neuen Katalogs mit dem Motto »Come alive« ließ die Möbelhauskette eine App für iOS- und Android-Geräte entwickeln, die nach dem Prinzip *Augmented Reality*[5] funktioniert (siehe Abbildung 4.7). Auf manchen Seiten des neuen
Katalogs war ein Smartphone-Symbol aufgedruckt, sodass User mithilfe der kostenlosen App zusätzliche Inhalte zu den Produkten anzeigen lassen konnten. Im Angebot waren zum Beispiel Videos und Bildergalerien, darunter auch interessante
Hintergrundgeschichten der IKEA-Designer. Ein weiterer Hingucker, das sogenannte *Röntgenblick*-Feature, ermöglicht den Usern, quasi in die Möbel hineinzu-

---

5   Als *Augmented Reality* wird eine computergestützte Erweiterung der menschlichen Wahrnehmung bezeichnet. Dabei verschwimmen die Grenzen zwischen realer und virtueller Welt.

blicken. Dass die technische Umsetzung dieser kreativen Idee auch die Auseinandersetzung mit der Marke und den Produkten stärkt und als Content für die reichweitenstärkste Plattform genutzt wurde, untermauert einmal mehr die Bedeutung crossmedialer PR-Arbeit.

Doch jenseits des großen Vorbilds verstehen es auch lokale IKEA-Häuser, interessante Inhalte im Social Web zu kommunizieren, sodass die Produkte und das Unternehmen der Zielgruppe nähergebracht werden. Ein anschauliches Beispiel hierfür gibt IKEA Heerlen. Die Besucher der Website werden bereits auf der Startseite auf die Präsenzen bei Facebook und Twitter aufmerksam gemacht (siehe Abbildung 4.8). Nach dem Klick auf den Facebook-Button gelangt man zu einer Seite namens »Dein IKEA Heerlen«.

Abbildung 4.8 Social Buttons auf der Website von IKEA Heerlen

Schon auf den ersten Blick wirkt die Facebook-Seite sehr dynamisch, sympathisch und vor allen Dingen lebendig. Obwohl hier nicht täglich gepostet wird, versorgt IKEA Heerlen seine Community durchschnittlich zweimal wöchentlich mit neuen Inhalten. Besonders überzeugend ist, dass man neben persönlich erzählten Entstehungsgeschichten von Produkten wie der ÅKERKULLA-Textilserie auch viel »Internes« von sich preisgibt. Der regionale IKEA zeigt, was vor Ort passiert und welche Personen hinter dem Unternehmen stehen.

Die auf der Timeline zu findenden Bilder sind folglich keine reine Produktwerbung, sondern bunt gemixt mit Mitarbeiter- und Kundenfotos – unterfüttert durch sporadische, manchmal nur indirekte Produkthinweise. Indem man auch etwas Lustiges mit Bezug zum Unternehmen postet, wirkt der Auftritt extrem sympathisch – IKEA zum Anfassen. Man traut sich, einen Einblick jenseits des Katalogs zu vermitteln, und kommuniziert eben mehr als nur Wohnwelten. So lässt man die User auch an der Arbeitswelt teilhaben ebenso wie am sozialen Engagement des Unternehmens.

Dass kommerzielle Unternehmen auch gesellschaftlich Verantwortung tragen, zeigt die eigene Facebook-Seite also ebenfalls. Das Engagement für einen guten Zweck wird häufiger thematisiert, dazu gehören etwa die Stofftiere-Spenden für Kinder im Aachener Universitätsklinikum (siehe Abbildung 4.9).

Abbildung 4.9   Soziales Engagement auf der Facebook-Seite

Die PR-Ausrichtung im Sinne der *Corporate Social Responsibility* karitativ zu gestalten und in sozialen Medien auch die soziale Einstellung zu vermitteln, ist ebenso effektiv, wie die Promotion von Aktionsgutscheinen und sonstigen Fangewinnspielen, die »Dein IKEA Heerlen« im Übrigen ebenfalls macht. Man berichtet sowohl über laufende als auch über stattgefundene Aktionen, sodass der Community auch im Nachlauf das Geschehen durch Bildmaterial nähergebracht wird.

Gleichzeitig kommuniziert man, dass Fans und Kunden den höchsten Stellenwert für das Unternehmen haben. Neben Danksagungen an Community-Neuzugänge berichtete das Team von »Dein IKEA Heerlen« beispielsweise über Deutschkurse für niederländische Mitarbeiter (siehe Abbildung 4.10). Schließlich kommen im deutsch-niederländischen Einzugsgebiet circa 30 % der Kunden aus Deutschland.

Wie Sie merken, schafft es der lokale IKEA durch sein Facebook-Marketing, eine persönliche Beziehung zum Kunden aufzubauen. Das Ganze vollzieht sich vor dem Hintergrund einer familiären Atmosphäre, ohne gekünstelt zu wirken. Wenn das Unternehmen nun diesen Gedanken auch in andere soziale Netzwerke transportieren würde, könnte die Reichweite sicherlich davon profitieren. Denn auf Twitter präsentiert man sich im direkten Vergleich nicht ganz so zielführend: Die Aktivität ist sehr eingeschränkt, sodass sowohl die Follower-Zahlen als auch die Interaktionsrate gering ist. Trotz dieser kleineren Einschränkung in Sachen Twitter-Kommunikation nimmt man sich auch in diesem Kanal die Zeit, auf Anfragen zu antworten – wenngleich die Beantwortung etwas verzögert erfolgt (siehe Abbildung 4.11).

Abbildung 4.10 Engagement für deutsche Kunden auf der Facebook-Seite des IKEA Heerlen

Abbildung 4.11 Direkte Gespräche im Twitter-Kanal von IKEA Heerlen

Insofern beherzigt das Möbelhaus aus Heerlen, dass effektive Kommunikation im Web 2.0 immer zweigleisig verläuft und dass sich Vermarktungsstrategien der Logik sozialer Medien anpassen müssen. Markenfürsprecher werden hier durch eine gezielt »soziale« Ansprache für sich vereinnahmt und erfahren in sozialen Netzwerken einmal mehr, was das Besondere an »ihrem« IKEA ist.

Markenbotschafter 2.0: Die Community der IKEA-Fans

Wie Sie gesehen haben, stellt IKEA den Kontakt zu Kunden und Markenanhängern über soziale Medien her und positioniert sich interaktiv. Die Möbelhauskette möchte den Austausch forcieren und das Band zu ihren Fans stärken. Weniger bekannt ist allerdings, dass sich diese ebenfalls um einen gegenseitigen Austausch miteinander bemühen. Denn auch Markenfans wollen von ihren Erfahrungen berichten und sich gegenseitig Einrichtungstipps geben.

Aus diesem Bedürfnis heraus ist ein unabhängiges Fanforum entstanden, welches ausschließlich von User-generated Content lebt. Nach der kostenlosen Registrierung können User Fragen stellen und anderen Mitgliedern Antworten geben. Die Themen des interaktiven Forums sind dabei vielfältig: Von der Unternehmensgeschichte über das Sortiment bis hin zu Gastronomiebedarf und der IKEA-Marketingstrategie – diskutiert wird hier viel und rege. Unter der Rubrik »Ikea Stories« berichten dann die Mitglieder über ihre Erlebnisse bei IKEA und teilen mit, warum Sie zu IKEA-Fans geworden sind.

Die IKEA-Community zeigt einmal mehr die Wirkungsmacht von Markenbotschaftern im Social Web. Digitale Empfehlungen, getragen von einem Austausch unter Gleichgesinnten, führen in diesem Fall zu einer sehr effizienten und authentischen Werbung für das Unternehmen und seine Produkte.

4.1.2   Der Einfluss von (micro-)bloggenden Produkttestern

Unabhängige Blogs sind für viele Kaufinteressenten ein wichtiges Instrument der Meinungsbildung. Blogs gelten dabei oft als seriöses und vertrauenswürdiges Informationsmedium. Eine gute Produktbesprechung in einem viel gelesenen Blog kann also ein effektives Werkzeug in der Produktpromotion sein. So versteht man unter Influencer Marketing, einflussreiche Multiplikatoren zu identifizieren und diese für die eigene Marke sprechen zu lassen.

> »The future is not about marketing to influencers – it's about marketing with them. [...] Treating influencers as an extension of your company – rather than a distribution channel – will result in a more impactful experience for influencers and consumers alike.«[6]

Mit aller Voraussicht wird diese Herangehensweise in Zukunft auch den deutschen Markt stärker als bislang prägen. Allerdings sollten sich Unternehmen darüber im Klaren sein, dass Blogger großen Wert auf ihren unabhängigen Status legen. Wie unter anderem die *Technorati Media Study* herausstellt, kooperiert die Mehrheit lediglich mit Marken, die sie selbst schätzen, und nimmt an für sie überzeugend klingenden Kampagnen teil.[7]

Blogger schreiben dabei nicht aus vornehmlich finanziellen Gesichtspunkten, sondern weil sie Freude daran haben, sich selbst und ihre Meinung mitzuteilen. Dementsprechend macht das Gros auch einfach »echte« Produkttests, ohne dafür die Meinung des herstellenden Unternehmens einzuholen. Sie wollen oft schlichtweg

---

6   Emily Garvey in ihrem Blogbeitrag »3 Ways Brands Can Evolve Their Thinking for the Next Generation of Influencer Marketing«, am 25. Juli 2012 in WOMMA-Blog erschienen, nachzulesen unter *http://bit.ly/VydQIK*.

7   Technorati Media, *http://bit.ly/YTiZZc*

ihre Erfahrungen mit anderen über das eigene Blog, über Twitter, aber auch über YouTube teilen.

Gerade auf YouTube finden sich beispielsweise zahlreiche Videos, in denen private User Neuerscheinungen vorstellen, Tipps geben und Praxistests durchführen. Unter anderem ist dies stark verbreitet bei technischen Produkten und bei Kosmetikprä-paraten. So geht es in manch einem Kanal ausschließlich um Beauty-Themen (siehe Abbildung 4.12): Hier stellen meist junge Frauen unter 30 Jahren die passenden Produkte für das »perfekte« Haarstyling vor, geben Make-up- und Pflege-Tipps, probieren neue Nagellacke in Trendfarben aus und Weiteres.

Abbildung 4.12   Produkttester auf YouTube

Sie sehen: Ihre Produkte werden so oder so ausprobiert und besprochen. Wichtig ist jedoch, dass Sie sich darauf einstellen und die richtigen Schritte in die Wege lei-ten. So sollten Sie besonders einflussreiche Blogger ausfindig machen, um sie ge-zielt und unaufdringlich anzuschreiben. Wenn Sie anfragen, ob sie das Produkt tes-ten wollen, vergeben Sie sich also nichts – allerdings sollten Sie unbedingt darauf achten, keine Forderungen zu stellen. Denn Blogger lieben ihre Meinungsfreiheit und wollen keine Produktwerbung betreiben (siehe Abbildung 4.13). Angesichts dessen ist ihre primäre Motivation auch nicht, Geld mit dem Blog zu verdienen, sondern sich selbst, ihre Meinung und ihr Fachwissen als Konsument mitzuteilen.

Vorschreiben, welche Inhalte oder Ergebnisse wünschenswert sind, können und sollten Sie nicht – sonst riskieren Sie, dass Ihnen erpresserische Methoden vorgeworfen werden und man sich abfällig über Ihr Geschäftsgebaren äußert.

Abbildung 4.13 Bloggende Produkttester

Ein sehr schönes Beispiel für eine imagezuträgliche Vorgehensweise bietet hier das *Familotel*. Seit mehr als 15 Jahren hat man sich auf familiengerechten Urlaub spezialisiert und vereint mittlerweile 60 Mitgliedsbetriebe für »Urlaub auf familisch«, wie es auf der Facebook-Seite heißt (siehe Abbildung 4.14). Dabei ist Familotel selbst äußerst aktiv im Social Web. Neben Facebook hat man einen Flickr- und einen YouTube-Account, zudem bloggt man sehr regelmäßig umfangreiche Artikel.

Dass das Familotel um die Macht und Wirkungsweise sozialer Medien weiß, kam auch bei einer auf Blogger zugeschnittenen Wochenendaktion zur Geltung. Die Dachgruppe veranstaltete nämlich das erste sogenannte Elternblogger-Treffen Deutschlands und lud am letzten Oktoberwochenende 2012 in das Familienhotel *Borchard's Rookhus* ein.

Abbildung 4.14 Facebook-Seite von Familotel

Vor der Kulisse der Mecklenburgischen Seenplatte sollten sich bloggende Mütter und Väter kennenlernen und sich in Sachen kreatives Schreiben SEO & Co. weiterbilden. Ihnen wurde die Möglichkeit geboten, sich fern ab des Alltagsumfeldes über ihre Arbeit auszutauschen und miteinander über die Netzwelt zu diskutieren, während sie gleichzeitig die Familotel-Gruppe näher kennenlernen und auf ihre Praxistauglichkeit hin testen durften. Eingeladen wurden sie schließlich mit ihrer Familie.

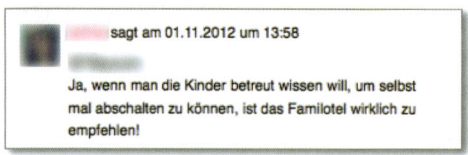

Abbildung 4.15 Feedback zur Blogger-Aktion des Familotels

Grundgedanke der PR-Aktion war, dass sich bloggende Eltern immer mehr zu Meinungsbildnern entwickelt haben und dass kostenlos angebotene Workshops diesen helfen können, ihre Reichweite zu erhöhen. Durch die bessere Auffindbarkeit in Suchmaschinen könnten und sollten sie mittelfristig mehr Leser für sich begeistern. Der positive Nebeneffekt der Influencer-Aktion? Weder digitales noch analoges Feedback blieben aus (siehe Abbildung 4.15). Neben Blogartikeln, Kommentaren und Tweets von den Beteiligten wurde auch die Presse auf die PR-Maßnahme der Hotelgruppe aufmerksam.

Rechtstipp: Haftbarkeit für Missbrauch von freiem WLAN

Wenn Sie bei einer PR-Aktion Ihren Teilnehmern ein freies WLAN zum Live-Bloggen zur Verfügung stellen möchten, gilt es, Folgendes zu beachten: Folgt man der Rechtsprechung, kann der Inhaber eines Internetzugangs grundsätzlich im Zuge der sogenannten *Störerhaftung* für Rechtsverstöße haften, die über seinen Internetzugang begangen werden – wobei die Störerhaftung zugunsten von Familienmitgliedern eingeschränkt wird. Rein rechtlich bestünde damit tatsächlich eine Haftung.

Faktisch ist es aber so, dass bei der Ermittlung der IP-Adresse samt zugehörigen Daten einige Probleme bestehen. Während bei Urheberrechtsverletzungen in Torrent-Netzwerken die IP-Adresse leicht zu ermitteln ist und ein Auskunftsanspruch besteht, ist bei anderen technischen Umständen das Vorgehen schwieriger. Wenn etwa in einem Forum eine Beleidigung ausgesprochen wird, wird der Geschädigte erst einmal die IP-Adresse vom Forenbetreiber erhalten müssen, um sodann zu versuchen, die IP-Adresse einem Anschluss vom Provider zuordnen zu lassen. Im Bereich der Persönlichkeitsrechtsverletzungen sind derartige Abmahnungen entsprechend selten zu finden.

Angesichts des großen Medienechos hat sich auch die konzeptionelle Vorarbeit gelohnt. Denn die Familienhotel-Gruppe hatte sich die Mühe gemacht, die teilnehmenden Blogger gezielt zu sondieren und zu kontaktieren. Via E-Mail wurden besonders herausstechende und sympathisch wirkende Meinungsbildner zu dem Wochenende mit Workshop- und Familiencharakter eingeladen. Wichtig war den Gastgebern dabei, von Beginn an zu kommunizieren, dass man keine Verkaufsveranstaltung durchführe. Das Ergebnis bezeichnete Vorstand *Michael Albert* als »voller Erfolg. Neben den Tipps in Sachen Schreibhandwerk nehmen die Familien viele Eindrücke von Familotel mit nach Hause.« Aufgrund der positiven Erfahrungen wolle man auch künftig mit familienfreundlichen Bloggern arbeiten, wie die Nachlese im Familotel-Blog festhielt (siehe Abbildung 4.16).

Falls Sie Interesse an einer größer angelegten Testaktion im Social Web haben, können Sie Ihre Produkte auch spezialisierten Test-Communitys zur Verfügung stellen, von denen es mittlerweile schon einige gibt. Unter anderem bietet die Lifestyle-Zeitschrift *fit for fun* eine solche für angemeldete Mitglieder an. Das Motto lautet hier: »Sagen Sie uns jetzt Ihre Meinung! Einfach bei der FIT FOR FUN Test-Community anmelden und zu Hause kostenlos absolute Topprodukte testen und bewerten.« Ein solches Angebot nimmt die Community gerne und gewissenhaft wahr, wie die große Anzahl der Kommentare zeigt. Dabei sind nicht alle Kommentare zu 100 % positiv, sondern auch durchaus konstruktiv kritisch (siehe Abbildung 4.17). Die öffentliche Diskussion um die Produktqualitäten kommt also auch den herstellenden Unternehmen zugute, weil das Gratisfeedback zur weiteren Markenentwicklung genutzt werden kann.

Abbildung 4.16 Corporate Blog von Familotel

Abbildung 4.17 Konsumentenstimmen in der »FIT FOR FUN Test-Community«

Darüber hinaus gibt es breiter angelegte Communitys zum Testen von neuen Produkten, wie zum Beispiel *trnd* (siehe Abbildung 4.18). Nach eigener Aussage ist man mittlerweile die größte Mitmach-Community in Europa. Als angemeldeter Nutzer locken viele Vorteile: Man erhält das Produkt nicht nur unverbindlich und kostenlos, sondern teilweise sogar noch vor dem Markteintritt. So können User bereits exklusiven Zugang zu Produktneuheiten erhalten, bevor diese im Handel zu erwerben sind. Jenseits der verlockenden Exklusivität sind auch die finanziellen Mehrwerte für Mitglieder nicht von der Hand zu weisen, denn manches Mal handelt es sich um hochpreisige Premiumprodukte, die auf Herz und Nieren geprüft werden sollen.

Abbildung 4.18   Die trnd-Plattform für Produkttests

Für Hersteller liegen die Vorteile indessen in einem ablaufmäßig gut zu steuernden Word-of-Mouth-Marketing. Immerhin schreibt sich trnd auf die Fahne »Echte Geschichten der Menschen« hervorzubringen – Geschichten, die von Markenbotschaftern erzählt werden. Ein weiterer Vorteil für teilnehmende Unternehmen liegt zudem darin, dass Sie die Zahl der Teilnehmer, die Testregion und die Zielgruppe bestimmen können. Die Kriterien und Konditionen des Testprogramms hat man folglich selbst in der Hand – was dabei jedoch als Ergebnis rauskommt, obliegt dem Auftraggeber selbstverständlich nicht. Denn die Meinungen und Bewertungen der Multiplikatoren sind auch in diesem Fall nicht mit Geld zu kaufen.

4.1.3 Von Free Samples und dem Wert des eigenen sozialen Netzwerkes

In den USA hat es sich bereits durchgesetzt, Free-Sampling- und Couponing-Aktionen im Social Web durchzuführen. So werden oft genug auf Facebook, Twitter & Co. Kampagnen gestartet, in denen User das Produkt gratis zur Verfügung gestellt erhalten, um es zu testen – so macht es zum Beispiel der Nahrungsergänzungsmittelhersteller *Schiff* mit einem Krill-Präparat namens *MegaRed*, das der Omega-3-Zufuhr dient. Gemäß dem Werbeversprechen »small, red, powerful and supports cardiovascular health and more« präsentiert sich *MegaRed* auf der eigenen Facebook-Seite in der Farbe knallrot (siehe Abbildung 4.19). Kraftvoll und modern soll die Ausstrahlung der Marke sein.

Abbildung 4.19 Facebook-Seite von Schiff MegaRed

Während der Content mit einem starken Produktbezug für deutsche Verhältnisse sehr werblich erscheint, hat die Marke ihre Community durch zahlreiche Aktionen konsequent ausgebaut und verzeichnet mittlerweile Fanzahlen im sechsstelligen Bereich.

Schon im Frühling 2010 startete MegaRed eine groß angelegte Testkampagne (siehe Abbildung 4.20). Nach dem *Liken* der Fanpage konnten User eine Gratisprobe des Produkts erhalten. Dazu war lediglich die Autorisierung der zugehörigen App notwendig – eine zugegebenermaßen geringe Mitmachhürde. Sobald der Fan die notwenigen Schritte erfolgreich durchgeführt hatte, erschien ein automatisches

Facebook-Posting durch die genehmigte App. Auf die Art wurden all diejenigen, die eine Produktprobe über Facebook anforderten, zu Multiplikatoren des Präparats.

Abbildung 4.20   Free-Samples-Kampagne

Rechtstipp: Missbrauch mit dem »Social Graph« bei Apps – auf welche Daten darf ich zugreifen, wenn User meine App autorisieren?

Achten Sie darauf, dass eine Individualisierung der Nutzer verhindert wird. Es darf Ihnen nicht möglich sein, zu erkennen, welcher konkrete Nutzer in Ihrer App bestimmte Daten hinterlegt hat. Wenn überhaupt, dann steht einzig eine anonymisierte statistische Auswertung zur Diskussion. Sie selbst sollten sich aber den Grundsatz der Datensparsamkeit im deutschen Datenschutzrecht halten und nur das erheben, was zum Betrieb Ihrer App absolut notwendig ist.

Nach weiteren kleineren Kampagnen entschloss sich der Nahrungsergänzungsmittelhersteller Anfang 2013 erneut für eine groß angelegte Promotion namens *Heart Helth Pledge* (siehe Abbildung 4.21). Dieses Mal trat der Gruppencharakter des *sozialen* Netzwerkes deutlicher hervor. Um dem Slogan gerecht zu werden, sollten die Fans der Facebook-Seite einen »Schwur« auf ein gesundes und bewusstes Leben mit dem Markenpräparat abgeben. Je mehr User sich über die App zu *MegaRed* bekannten, desto höhere Rabatte wurden ihnen eingeräumt. Die dahinterliegende Idee ist simpel: Durch Mengenrabatte soll das Kollektiv der Markenbotschafter belohnt werden, während gleichzeitig die Markenloyalität gestärkt wird. Insofern handelt es sich bei dieser Form des Schwarmkaufs um eine loyalitätsfördernde Kampagne.

Mit einem ähnlichen Konzept arbeitet auch der Anbieter *CrowdUp*, der sich auf den Vertrieb über Facebook spezialisiert hat (siehe Abbildung 4.22). CrowdUp ermöglicht unter anderem, Gruppenangebote abzuwickeln, und eröffnet durch sogenannte Group-Offers gerade Herstellern und Einzelhändlern öffentlichkeitswirksame Absatzpotenziale auf Facebook.

173

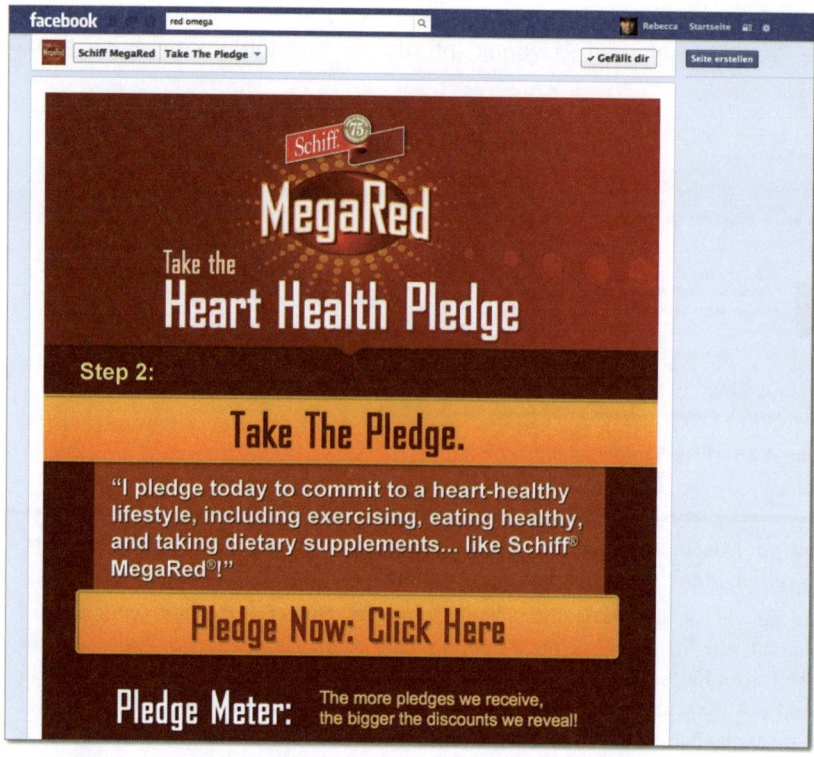

Abbildung 4.21 Heart-Helth-Pledge-Kampagne

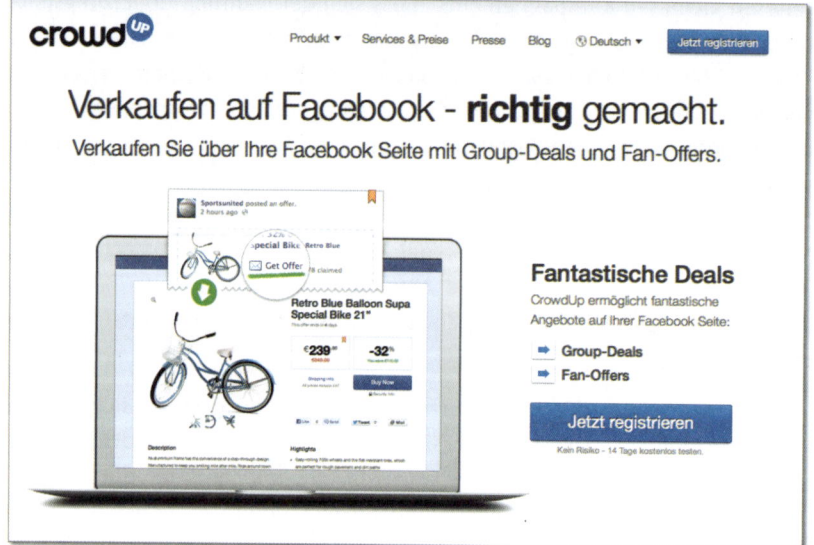

Abbildung 4.22 Website des Anbieters CrowdUp

Entsprechend dem Leitspruch »Allein shoppen war gestern!« können Sie Sonderkonditionen für eine Gruppe von Käufern anbieten, wobei der Deal allerdings nur beim Erreichen einer kritischen Käufermasse zustande kommt. Bevor die Aktion losgeht, können Sie jedoch selbst entscheiden, was das Mindestmaß an Käufern ist und wie viele Produkte Sie maximal anbieten möchten. Sie sehen: Wenn es die Margen zulassen und Sie das Produkt in einer social-media-affinen Zielgruppe bekannt machen möchten, sind solche digitalen Gruppenkäufe eine gute PR-Maßnahme, die obendrein umsatzförderlich ist.

Allerdings bedarf es, ähnlich wie bei herkömmlichen Rabattaktionen, auch im Social Web einer entsprechenden Strategie. So sollten Sie die Laufzeit Ihrer Rabattkampagne sorgfältig planen, die wirtschaftlich maximal zu vertretende Teilnehmerzahl kalkulieren und sich überlegen, durch welche flankierenden PR-Maßnahmen die angestrebte Reichweite erzielt werden kann. Statt die Vorbereitungsphase zu überspringen, sollten Sie diese lieber nutzen, um einen Blogbeitrag zur »Offers«-Kampagne zu verfassen, Facebook-Postings vorzubereiten, gegebenenfalls Werbeanzeigen zu schalten, auf die Aktion auch bei Twitter hinzuweisen und/oder die Presse darüber zu informieren. Ohne nötigen Vorlauf kann es nämlich sein, dass Sie zwar Abnehmer für Ihr Produkt finden, aber ohne dabei Ihre Reichweite zu steigern und Ihren Einfluss auszubauen.

Marketing-Take-away: Facebook-Shops als Umsatzmagnet?

Im Juli 2012 führte *Prof. Christian Brock* von der Zeppelin Universität in Friedrichshafen eine Befragung zum Thema »Facebook-Commerce« (f-commerce) durch. Online befragte man 300 Social-Media-Nutzer, um das Vertrauen in Facebook-Shops zu analysieren und zu einer Bestandsaufnahme zu gelangen. Die im August 2012 veröffentlichten Ergebnisse überraschten allerdings kaum: »Facebook-Commerce wird als Vertriebskanal noch nicht akzeptiert. Das Angebot ist bisher zu klein und das Vertrauen der Verbraucher in Facebook als Verkaufskanal ist zu gering.«[8]

Während in den USA der Social Commerce über Facebook, Twitter & Co. schon Erfolge verzeichnet, lassen deutsche Konsumenten hier noch Vorsicht walten. Denn Shopping über Facebook können sich lediglich ein Drittel der Befragten vorstellen, obschon Dreiviertel der Studienteilnehmer das soziale Netzwerk als Dialogkanal ansonsten sehr schätzen und neun von zehn in Onlineshops bestellen. Die Argumente gegen den f-Commerce sind rechtlicher und sicherheitstechnischer Natur. So mangelt es sowohl am Vertrauen in Facebook als auch in die (Seriosität der) Anbieter.

Obwohl Social Commerce hierzulande noch in den Kinderschuhen steckt, haben Unternehmen bereits positive Erfahrungen mit dem Produktvertrieb via Social Media gemacht, so auch Dell. Der Konzern unterhält seit 2007 einen Outlet-Kanal

---

8 Christian Brock, Tim Lersch, *http://www.hamburg-media.net/fileadmin/redakteur/Studie_F_ Commerce_Status-Quo__Erfolgsfaktoren_und_Implikationen.pdf*, Seite 6.

auf Twitter, in dem Gutscheine für vergünstigte Produkte angeboten werden (siehe Abbildung 4.23). Per Klick auf den in den Tweets enthaltenen Link gelangt der User zur entsprechenden Webseite. Zwei Jahre, nachdem der Verkaufskanal lief, gab man einen Umsatz von 2 Mio. US$ allein über Twitter bekannt. Das Spannendste? Nach einer Anlaufphase von anderthalb Jahren, konnte die erste Million geknackt werden. Die zweite folgte dann allerdings recht schnell, innerhalb der nächsten sechs Monate. Am Ball zu bleiben und Ausdauer zu beweisen, macht sich also bezahlt.

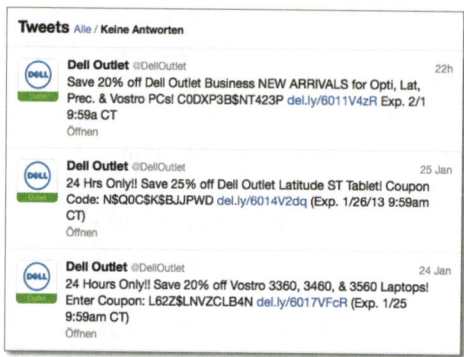

Abbildung 4.23   Twitter-Kanal von Dell Outlet

Rechtstipp: Darf man auch via Facebook und Twitter bestellen?

Rechtlich ist es für die meisten Verträge gleichgültig, auf welchem Weg ein Vertrag zustande kommt: Sie können ebenso mündlich einen Vertrag schließen wie schriftlich. Es ist Ihnen unbenommen, Bestellungen via Twitter oder Facebook zu akzeptieren. Achten Sie aber darauf, dass hier wahrscheinlich ein Vertrag im Fernabsatz geschlossen wird und Sie unter anderem ein Widerrufsrecht einräumen müssen.

Für einen weniger kommerziellen, aber nicht minder effektiven Twitter-Einsatz endschied sich der Cornflakes-Hersteller *Kellogg's* im vergangenen Jahr. Den Stellenwert von Word of Mouth kennend, entschloss Kellogg's sich dazu, die On- und Offline-Welt stärker zu verbinden, und machte in London einen sogenannten Tweet-Shop auf.

Was es damit auf sich hat? Kunden erhielten Probepackungen des frisch eingeführten »Special K«, und zwar nicht gegen Bezahlung, sondern als Dankeschön für einen Tweet (siehe Abbildung 4.24). Das Ladenlokal im Londoner Stadtteil Soho lebt folglich nicht von den Barkäufen der Kunden, sondern vom Wert ihres sozialen Netzwerkes. Um sozialen Einfluss zu erlangen, vertraute Kellogg's auf die von User zu User ausgesprochenen Empfehlungen. Selbstverständlich geschah dies wohlwissentlich in dem Bewusstsein, dass Twitterer ihre Erfahrungen authentisch an die eigenen Follower weitergeben und es dadurch zu Multiplikatoreffekten kommen würde. Denn im besten Fall twittern sie, nachdem sie die neue Sorte probiert haben, noch einmal und teilen mit, was ihnen besonders gefallen hat. Sie merken bereits: Ein cleverer Schachzug, um die Netzwelt zum Mitmachen zu bewegen. Indem die Promotion für die Produktneuheit ein Stück weit ausgelagert wurde, schaffte es Kellogg's, die Word of Mouth auf sich aufmerksam zu machen, User-generated Content zu erzeugen und Markenbotschafter für sich zu gewinnen. Eine ähnliche Zielsetzung verfolgte auch der amerikanische Hygieneartikelhersteller *Kotex*, wobei die Umsetzung deutlich anders war. So spielte sich die Kampagne auf der Plattform Pinterest ab.

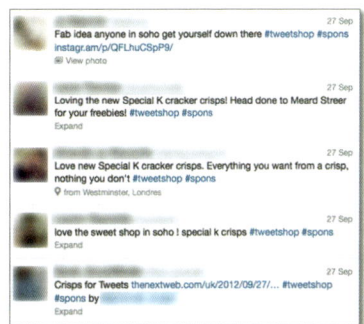

Abbildung 4.24   User-generated Content zum Tweet-Shop von Kellogg's

Eine inspirierende Pinterest-Kampagne als kleine Aufmerksamkeit

Pinterest eignet sich zur visuellen Kommunikation, das ist den meisten bereits bekannt. Dass man aber darüber hinaus auch Kampagnen auf der Sharing-Plattform durchführen kann, ist den wenigsten bekannt. So machte der Hygieneartikelhersteller *Kotex* im Jahr 2012 als erstes Unternehmen mit einer Aktion von sich reden, die on- und offline näher zusammenrückte. Im Gegensatz zu Kellogg's, MegaRed & Co. nutzte Kotex nicht die »üblichen Verdächtigen« unter den sozialen Medien, sondern entschied sich bewusst für das Newcomer-Netzwerk Pinterest (siehe Abbildung 4.25).

Anlässlich des *Women's Inspiration Day* schaute sich Kotex ungefragt auf zahlreichen Pinnwänden (Boards) von Userinnen um. Letztlich machte man 50 aktive Userinnen ausfindig, die dank ihres individuellen Stils besonders auffielen. In ihren Pinterest-Boards hatten sie sozusagen ihre Persönlichkeit, ihre Interessen und ihre Leidenschaft hinterlegt.

Doch was folgte dann? Anhand der gepinnten Bilder stellte Kotex ein individuelles Überraschungspaket für die Frauen zusammen. In diesem waren gepinnte Produkte und Sonstiges, wofür diese sich interessierten, enthalten (siehe Abbildung 4.26).

Abbildung 4.25   Beispiel für ein sogenanntes Board auf Pinterest

Das Päckchen ließ man ihnen dann punktgenau am Women's Inspiration Day zukommen – unangekündigt natürlich.

Abbildung 4.26   Video der Kotex-Kampagne auf YouTube

Die Überraschung war dementsprechend groß. Vor Freude und Dankbarkeit kamen die beschenkten Pinterest-Nutzerinnen nicht bloß dem Wunsch nach, die Inhalte ihres Pakets zu repinnen. Sie zeigten sogar noch darüber hinausgehendes Engagement und erwähnten die Kampagne in anderen Social Networks, sodass sich diese auch auf Twitter und Instagram in Windeseile verbreitete.

Eine gute Idee wurde so innerhalb kürzester Zeit mit fast 700.00 Impressionen belohnt. Das PR-Prinzip »Tue Gutes und lass darüber reden« hat auch in diesem Fall gegriffen. Insofern handelt es sich bei dieser »inspirierenden« Pinterest-Kampagne um Word-of-Mouth-Marketing in Reinkultur.

Eine kreative Instagram-Kampagne für Autoliebhaber

Auch das Nischennetzwerk Instagram ist kampagnenreif. Dabei handelt es sich um eine App für iOS- und Android-Geräte, bei der man über eigene Fotos ansprechende Filter legt und das überarbeitete Bild dann mit der eigenen Community teilt sowie zu Facebook, Twitter und Flickr senden kann (siehe Abbildung 4.27).

Abbildung 4.27   Website von Instagram

Aufgrund der zahlreichen Filter und der Weiterempfehlungsfunktion, können Unternehmen und Organisationen von der visuellen Kommunikation profitieren. Darüber hinaus eignet sich die Foto-Sharing-App aber auch zur Durchführung von produktbezogenen Kampagnen, wie der Automobilhersteller Ford Ende 2011 vormachte. Als Erster nutzte er Instagram in Kombination mit Facebook, um ein erfolgreiches Gewinnspiel für den neuen Ford Fiesta zu realisieren (siehe Abbildung 4.28). Unter dem Namen #Fiestagram sollte die Kampagne letztlich nicht bloß User-generated Content hervorbringen, sondern auch positive Imageeffekte, weil sie von der Öffentlichkeit als besonders innovativ wahrgenommen wurde.

Abbildung 4.28   YouTube-Video über die #Fiestagramm-Kampagne (YouTube-Video zu #Fiestagram, http://www.youtube.com/watch?v=s6JI80agHUM&feature=player_embedded)

179

Die Idee? Auf der Facebook-Seite von Ford Fiesta konnten sich Nutzer anmelden und bekamen wöchentlich eine neue Aufgabe gestellt. Zu einem bestimmten Thema sollten immer ein Foto mit Instagram bearbeiten und mit dem Hashtag #Fiestagramm bei Instagram hochladen. Auf der Facebook-Seite wurden diese Bilder dann in einer Facebook-App abgebildet und der Community präsentiert (siehe Abbildung 4.29). Gleichzeitig winkten attraktive Wochengewinne fürs Mitmachen, während der Hauptpreis natürlich der neue Ford Fiesta Titanium war.

Dadurch dass die meisten Gewinnspielteilnehmer ihre Bilder nicht allein auf Instagram hochluden, sondern auch gleichzeitig auf Twitter und Facebook veröffentlichten, war die Reichweite der Hashtag-Kampagne enorm (Abschnitt 8.2.3, »Ihre Hashtag-Kampagne auf Twitter«). Innerhalb der Laufzeit von sieben Wochen entstanden 16.000 Bilder mit #Fiestagram. Zudem explodierten die Fanzahlen auf der Facebook-Seite, da über 120.000 neue Fans zur Ford-Fiesta-Community hinzustießen.

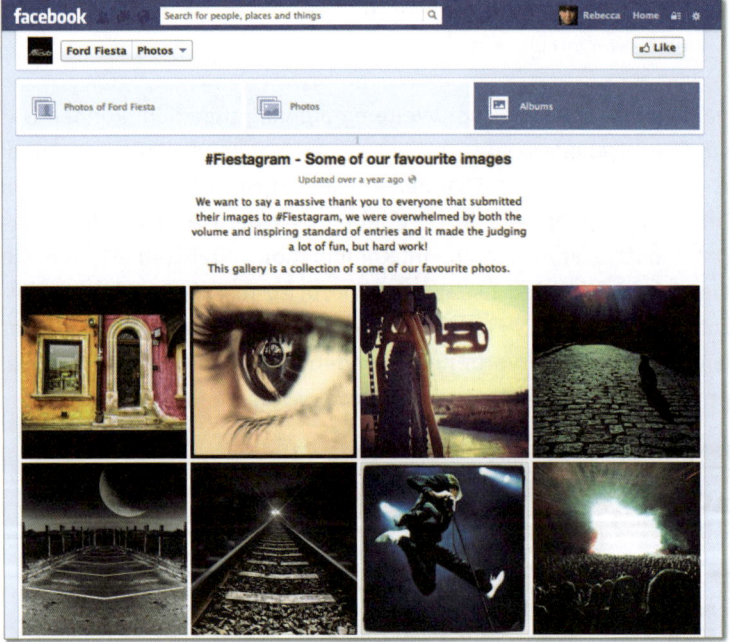

Abbildung 4.29   Fotoalbum zu #Fiestagram auf der Facebook-Seite

So zeigt sich auch am Beispiel von Ford Fiesta, dass sich kreative Ideen auf die Markenbildung auszahlen und die Auseinandersetzung mit ihren Produkten steigen lassen. Dass interaktive Gewinnspiele im Social Web die Community dauerhaft bei der Stange halten können und ebenfalls zur Produktvermarktung beitragen, zeigt das deutsche Schuhhandelsunternehmen Görtz.

4.1.4   Görtz auf Facebook: »Trends entdecken. Markieren. Gewinnen.«

Wie man seine Produkte richtig in Szene setzt, macht der Filialist Görtz auf seiner Facebook-Seite vor. Auf der Timeline findet sich ein bunter Mix: Postings zu hauseigenen Produkten, den neuen Schuhtrends, Kollektionen namhafter Schuh- und Accessoiredesigner, Rabattaktionen und alles, was das schuhliebende Fanherz begehrt.

Die mediale Mischung unterstützt die Vielseitigkeit des Social-Media-Ansatzes. Fotos und Bilder werden oft genug mit dem entsprechenden Link zum Onlineshop versehen. Die Produkte werden dabei grafisch und textlich mit Aussagen wie »New Arrival« oder »Must Have« ansprechend dargestellt. Auch kreativ amüsante Wortspielereien sind hier erlaubt, wie Sie in Abbildung 4.30 sehen: »Nieten-Boot sucht Begleiter für die nächste Saison! Wer hat Interesse?«

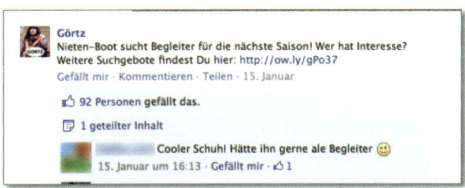

Abbildung 4.30   Wortspielereien auf der Facebook-Seite von Görtz

---

Rechtstipp: AGB bei Onlineshops

Seien Sie bei Ihren AGB in Ihrem Onlineshop vorsichtig: Der Bundesgerichtshof hat inzwischen klargestellt, dass unwirksame AGB zu wettbewerbsrechtlichen Abmahnungen durch Mitbewerber führen können. Die langjährige Abmahnpraxis ist damit auf festen Boden gestellt. Das Problem ist dabei, dass viele bis heute verbreitete AGB inzwischen als unwirksam eingestuft wurden: die doppelte Schriftformklausel, pauschalierter Schadensersatz, Aufrechnungsverbot – bei vielen Standardklauseln droht eine Abmahnung, wobei dank Google diese Standardklauseln im Fall der Verwendung für potenzielle Abmahner leicht zu finden sind.

Es gibt im Internet viele Auflistungen mit Klauseln, die problematisch sind – diese Übersichten mögen sinnvoll sein, aufgrund der Komplexität der Materie kann aber nur angeraten werden, sich AGB für seinen Shop aus professioneller Hand einzukaufen. Sollte hiernach dennoch eine berechtigte Abmahnung kommen, wird man zumindest prüfen können, ob der AGB-Verkäufer nicht schlecht gearbeitet hat und schadensersatzpflichtig ist.

Wie Sie vielleicht schon ahnen, ist die Community-Ansprache sehr fanorientiert, sodass es in den Postings stets locker und freundlich zugeht. Gleiches zeigt sich mitunter in der Reaktion auf Fankommentare, wobei sich das Social-Media-Team grundsätzlich wenig in die Fandiskussion einmischt. Insofern könnten die Moderationsaufgaben stellenweise noch Aufwind vertragen.

Dessen ungeachtet bezieht man aber die Community aktiv mit ein. Dies geschieht zum einen durch Umfragen, zum anderen durch direkte Handlungsaufforderungen. Als Call-to-Action werden Rückfragen wie »Wo shoppt es sich am besten?« gestellt. Dabei fordert man sporadisch zum *Liken* und *Teilen* auf, was jedoch in diesem Fall nicht besonders aufdringlich wirkt, da die Frequenz noch vertretbar ist.

Ein uneingeschränkter Pluspunkt der Content-Strategie sind hingegen die Randinformationen aus dem Berufsleben der Görtz-Mitarbeiter. Man zeigt unter anderem, wie die *Fashion Week* in Berlin mit Schuhen ausgestattet wird. Daneben hat es Görtz verstanden, in den Statusmeldungen die eigenen Produkte mit Alltäglichem zu verknüpfen (siehe Abbildung 4.31). Themen wie »Schuhe und Wetter« oder »Schuhe und Feiertage« passen eben perfekt zusammen.

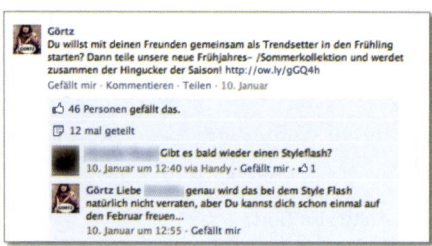

Abbildung 4.31 Posting zu etwas Alltäglichem mit Produktbezug

Um die Community auszubauen und zu aktivieren, veranstaltet das Handelsunternehmen häufiger Gewinnspiele für die Fangemeinde. Schließlich will diese bei Laune gehalten werden. Neben saisonalen Aktionen wie dem »Weihnachts-Bonbon«, bei dem Kunden ihre Einkäufe posten und den Einkaufswert zurückerstattet bekommen, ist das wohl bekannteste Gewinnspiel der sogenannte *Style Flash*. Bis auf eine kurze Winterpause findet dieser jede Woche statt. Zu gewinnen gibt es hier einen trendigen Artikel aus der aktuellen Kollektion. Dabei hält man sich gewissenhaft an die Promotion-Guidelines von Facebook und veranstaltet das Gewinnspiel in einer App (siehe Abbildung 4.32).

Marketing-Take-away: Gewinnspiele auf Facebook

Da die Nutzung von Facebook für Unternehmen kostenlos ist, stellt das Unternehmen »Spielregeln« für Werbezwecke auf. So sind Gewinnspiele, Fanaktionen und sonstige Werbemaßnahmen jenseits des reinen Content-Marketings auf der Timeline stets in einer eigenen Anwendung (Facbeook App) durchzuführen. Auch darf die Aktion in keiner Verbindung zu Facebook stehen. Deswegen muss ersichtlich sein, dass die Teilneh-

mer ihre Informationen nicht Facebook bereitstellen, sondern lediglich dem promoten-
den Anbieter.

Zudem ist die Nutzung von Facebook-eigenen Funktionen untersagt. Werbeaktionen
wie »Klicke auf ›Gefällt mir‹, teile diesen Beitrag und gewinne xyz« sind demnach nicht
gestattet. Insofern ist die Pinnwand als Teilnahmemedium tabu. Ebenso wenig dürfen
die Gewinner über Facebook informiert werden, was aus Daten- und Persönlichkeits-
schutzgründen ja durchaus sinnvoll erscheint.

Abbildung 4.32   Facebook-App zum Görtz-Style-Flash

Dem Motto »Trends entdecken. Markieren. Gewinnen.« entsprechend können sich
Fans auf dem aktuellen Style-Flash-Bild selbst markieren. Die ersten 50, denen dies
innerhalb von zehn Minuten gelingt, qualifizieren sich für das Losverfahren. Die Herausforderung? Der Style Flash startet stets zu unterschiedlichen Zeiten, sodass die
Community gespannt auf Hinweise des Social-Media-Teams wartet. Dies verstärkt
einmal mehr die animierende Wirkung des Gewinnspiels, bei dem sich intensiv mit
den Produkten auseinandergesetzt wird.

Wie die gesamte Strategie ankommt? Görtz-Fans posten auf die Seite, sie machen
Komplimente, loben das Sortiment und posten Bilder von ihren Einkäufen. Dass bei
so viel positivem Markenfeedback auch die ein oder andere Kritik aufkommt,

scheint nur plausibel. Positiv hervorzuheben ist jedoch in diesem Zusammenhang: Egal, ob Beschwerden, Nachfragen, Probleme beim Einkauf in der Filiale oder im Onlineshop – alles wird zügig und freundlich bearbeitet, ohne persönliche Daten zu veröffentlichen. Diese Serviceorientierung wissen die Fans zu schätzen und bedanken sich zuweilen öffentlich auf Facebook.

Die Content- und Service-Strategie von Görtz geht also auf. Lifestyle, Mode und Shopping gehören eben zum Leben vieler Schuhliebhaber dazu. So werden nicht allein die Produkte, sondern auch das dazugehörige Lebensgefühl auf der Facebook-Seite vermarktet – und das spricht an.

Rechtstipp: Nennung von Gewinnern

Dürfen Sie die Gewinner bei Gewinnspielen auf Facebook, Twitter & Co. mit vollem Namen bekanntgeben? Grundsätzlich erst einmal nicht: Die Bekanntgabe des Namens des Gewinners ist nur mit dessen Einverständnis möglich. Daher sollte dies vorher in wirksamer Weise eingeholt werden, anderenfalls ist eine Veröffentlichung nicht möglich. Achten Sie zudem auf die Vorgaben der Plattform innerhalb derer Sie gegebenenfalls ein Gewinnspiel veranstalten: Facebook etwa wünscht eine Benachrichtigung nur im Rahmen der App, über die das Gewinnspiel läuft – eine Benachrichtigung über private Nachrichten ist untersagt.

4.1.5 Facebook Ads: Werbung, die sich auszahlt!

Zielgruppengerechte Werbeanzeigen auf Facebook zu schalten, ist sehr effektiv, denn Sie können exakt bestimmen, wem die Werbung eingeblendet werden soll. Das dahinterstehende Konzept nennt sich *Behavioral Targeting* und meint: Das Verhalten der Mitglieder, ihre Interessen und ihre Kommunikation werden von Facebook analysiert und Werbetreibenden als Datenmasse zur Verfügung gestellt. Dadurch können Unternehmen und Organisationen Ihre Anzeigen passgenau auf die gewünschte Zielgruppe abstimmen und Streuverluste minimieren. Nehmen wir beispielsweise an, Sie hätten einen Feinkostladen. Welche Facebook-Nutzer würden wohl infrage kommen?

Vermutlich werden Sie davon ausgehen, dass Ihre Zielgruppe finanziell gut abgesichert ist und sich von Zeit zu Zeit etwas gönnt. Darüber hinaus wäre es sehr wahrscheinlich, dass sie sich für Öle, Weine, Backen, Kochen, Essen und so weiter interessiert. Wenn Sie den Gedanken weiterspinnen, werden Ihnen noch weitere Ideen kommen (siehe Abbildung 4.33). Bei Facebook können Sie genau diese Interessen präzise angeben, sodass Sie Ihrer Zielgruppe immer näher kommen und dieser die Anzeige eingeblendet wird. Der Effekt? Ihre Werbung wird genau den Nutzern eingeblendet, die sich mit Ihrem Thema befassen. Das Werbeumfeld ist also sehr positiv.

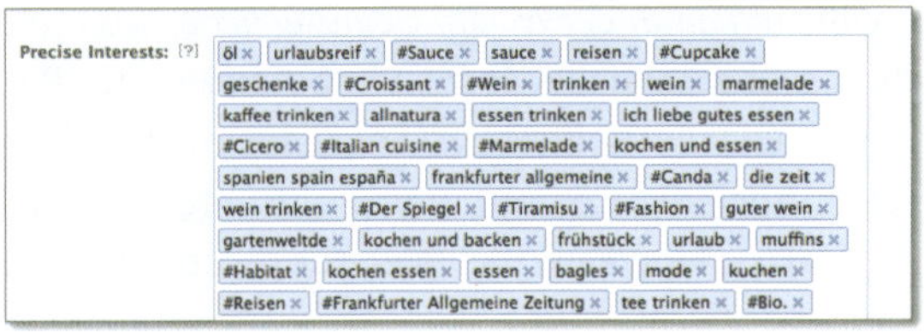

Abbildung 4.33   Beispiel für eine Facebook-Werbeanzeige

Die Erfahrung, dass das Kosten-Nutzen-Verhältnis überzeugt, haben daher bereits einige Unternehmen gemacht. So auch Maggi mit einer systematischen Anzeigenkampagne. Um die Marke präsenter zu machen, hat der Lebensmittelkonzern *Nestlé* Anzeigen auf Facebook geschaltet (siehe Abbildung 4.34).

Abbildung 4.34   Facebook-Seite von Maggi Kochstudio

Eingebettet in eine Crossmedia-Kampagne, liefen diese über einen Zeitraum von sieben Wochen. Markenwahrnehmung, Reichweite und Neukundengewinnung waren die obersten Zielsetzungen, wobei insbesondere die Maggi-fix-Produkte jungen Familien und Müttern bekannt gemacht werden sollten. Hierzu wurde das Thema »gemeinsames Kochen mit Kindern« aufgearbeitet. Kinder- und familienfreundliches Kochen in der Praxis zeigten unter anderem Videos. Neben einem TV-Spot und Printanzeigen versuchte man, das Zielpublikum auch über soziale Medien zu erreichen und schaltete auf Facebook unterschiedliche Anzeigenformate: gesponserte Meldungen sowie Anzeigen mit Bildern, Videos oder Umfragen ebenso wie *Page Post Ads*. Bei Letzteren handelte es sich beispielsweise um ein Posting der Maggi-Kochstudio-Seite, das nicht bloß den eigenen Fans eigenblendet wurde, sondern der definierten Zielgruppe.

In der Appsrow fand sich sodann *Willkommen in der Maggi Gemüseküche*, wo interessanter Content rund um das frische und schnelle Kochen geboten wurde. Rezepte, Tipps und Tricks sowie ein Gewinnspiel sollten das Engagement der alten und neu gewonnenen Fans befördern. Auch der Content wurde entsprechend animierend und sympathisch gestaltet, sodass neue Fans den Weg zur Facebook-Seite fanden (siehe Abbildung 4.35).

Abbildung 4.35   Danksagung an 75.000 Maggi-Fans auf Facebook

Das crossmediale Vorgehen ging auf, denn durch die Summe der PR-Maßnahmen konnte Maggi seinen Absatz deutlich steigern, wobei Facebook eine Schlüsselrolle einnahm:

> »Facebook war nicht nur der kosteneffizienteste Weg, um unsere Reichweite auszubauen, sondern generierte effiziente Umsatzsteigerungen und hat uns geholfen, neue Kunden zu erreichen.«[9]

Mit 8 % des gesamten Anzeigenbudgets erzielte man auf Facebook einen überproportionalen Umsatz von knapp einem Fünftel. Außerdem wurde die Anzeigenkampagne fast 2 Mio. Menschen eingeblendet, die der anvisierten Zielgruppe entspra-

---

9   Tina Beuchler, Head of Media Communication, Nestlé Deutschland AG, siehe *http://www.lead-digital.de/start/social_media/maggi_roi_von_facebook_werbung_uebertrifft_den_von_tv.*

chen. Dadurch konnten vor allem Käufergruppen angesprochen werden, an die Maggi nicht über Fernseh- und Printwerbung herangekommen wäre. Koch- und kaufwillige Endverbraucher zu finden, hat hier funktioniert. Das Social Web ist somit der geeignete Ort gewesen, um die noch nicht »gesättigte« Zielgruppe zu erschließen und den Abverkauf durch gezielte Kommunikationsmaßnahmen zu steigern.

Marketing-Take-away: Die Qual der Wahl bei Facebook Ads

Es gibt eine ganze Reihe von unterschiedlichen Anzeigenformaten, die Ihnen Facebook zur Verfügung stellt. Als Empfehlungsmarketing unter Freunden sind *Sponsored Stories* besonders hervorzuheben. Durch diese werden einzelne Fans Ihrer Community zu Markenbotschaftern Ihrer Seite. Beispielsweise können Sie sich für eine sogenannte *Page Like Sponsored Story* entscheiden. Hier sehen befreundete User, dass ein Freund bereits mit Ihrer Seite verbunden ist (siehe Abbildung 4.36).

Grundsätzlich wird dabei angenommen, dass Facebook-Freunde ähnliche Interessen haben und deswegen die gleichen Unternehmensseiten für sie interessant sein dürften. Folglich wird der Fan bei diesem Anzeigenformat zum Markenbotschafter in seinem »privaten« Freundeskreis. Der exponierte »Gefällt mir«-Button ist sodann ein Handlungsaufruf, ebenfalls Fan der Seite zu werden.

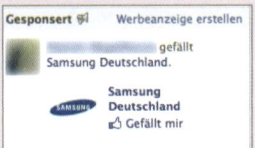

Abbildung 4.36   Beispiel für Page Like Sponsored Story

Darüber hinaus haben Sie allerdings noch einige andere Möglichkeiten, die gesponserten Meldungen zu gestalten. So können Sie beispielsweise auch Nicht-Fans anzeigen lassen, welches Posting im eigenen Freundeskreis geliked wurde (*Post Like Sponsored Story*), welcher Freund soeben eine Statusmeldung des Unternehmens kommentiert oder ein Angebot (*Facebook Offer*) in Anspruch genommen hat (siehe Abbildung 4.37). Unterm Strich gibt es zwölf Anzeigentypen, die als *Sponsored Story* einzuordnen sind und Werbetreibenden zur Verfügung stehen.

Abbildung 4.37   Beispiel für eine weitere Sponsored Story

4.2   Wie Sie Community-Ideen nutzen

Dass sich das Mitmachweb für interaktive Kampagnen eignet, haben Sie bereits an einigen Fallbeispielen gesehen. Bislang wurde allerdings eine Mitmachmöglichkeit außer Acht gelassen – eine Chance, die kreativen Potenziale der User für die eigene Organisation zu nutzen und mit Akteuren aus der Netzwelt intensiv am eigenen Produkt zu arbeiten. Die Rede ist von Crowdsourcing, zu Deutsch: Schwarmauslagerung.

Als Kofferwort aus *Crowd* und *Outsourcing* beschreibt der Begriff die Auslagerung von markenspezifischen Prozessen an Dritte aus der Internetgemeinde. Dementsprechend gibt es hier auch einige Schnittstellen zum betriebswirtschaftlichen Konzept der Open Innovation, wo Unternehmen gemeinsam mit Kunden innovative Problemlösungen erarbeiten und so das Produkt markttauglicher machen. Sie sehen: Die gemeinsame Produktentwicklung gewinnt für Unternehmen und Organisationen an Bedeutung:

> »Manager setzen immer häufiger auf die Masse: Sie öffnen Wertschöpfungsketten und bauen auf die Kreativität, das Wissen und die Kooperationsbereitschaft von Kunden, Zulieferern und von allen anderen am Unternehmen und seinen Produkten Interessierten.«[10]

In diesem Zusammenhang ist die veränderte Rolle des Konsumenten erneut hervorzuheben. Nirgendwo sonst wird derart deutlich, dass der Typus des *Prosumenten* tatsächlich Realität geworden ist. Konsumenten werden nämlich zu Ideenschöpfern, zu Produktexperten, zu Produzenten – sie innovieren »ihre Marke« und schaffen sich eine ganz eigene Markenerfahrung.

Für Sie heißt das allerdings, dass klassische Top-down-Ansätze passé sind, denn der schöpferische Geist der *Prosumenten* stellt Forderungen und braucht ein Stück weit Freiheit. Insofern sollten Sie, wenn Sie Crowdsourcing-Kampagnen durchführen, stets darauf achten, fair, offen und vertrauensvoll vorzugehen. Misstrauen aus der Community oder Manipulationsverdächtigungen stiften Unruhe und Unmut. Sie färben zwar auf das Image und das Produkt ab – jedoch nicht, wie gewünscht. Denn transparente Kommunikation ist auch im Crowdsourcing das A und O Ihres Erfolgs im Social Web.

4.2.1   Fünf gute Gründe fürs Crowdsourcing

Gute Gründe für Crowdsourcing gibt es viele. Deswegen fällt es oft schwer, sich auf einige wenige zu konzentrieren und die schlagendsten Argumente systematisch zu-

---

10   *http://www.harvardbusinessmanager.de/blogs/artikel/a-840963.html*

sammenzufassen. Trotz der Komplexität des Themas ist eins leicht zu vermitteln: Erfolgreiches Crowdsourcing bringt immer eine Win-win-Situation hervor, da sowohl die Angebots- als auch die Nachfrageseite davon profitiert. Schließlich arbeiten Produzenten Hand in Hand mit Konsumenten und lernen deren Bedürfnisse, Erwartungen und Wünsche kennen.

Doch was spricht darüber hinaus dafür?

▶ Durch Crowdsourcing schaffen Sie Kommunikationsanlässe, die Ihre Öffentlichkeitsarbeit im Social Web vorantreiben. Entsprechend sind Crowdsourcing-Kampagnen ein idealer Anlass für eine zielgerichtete Vermarktung in sozialen Medien. Wenn Sie reichweitenstark aufgebaut sind und Sie genügend Planungs- und Kreativleistung investieren, wird der Zugewinn an Image und Reputation in der Netzwelt enorm sein. Sie können also die online schlummernde Schwarmintelligenz für Ihren Markenaufbau und Ihre Markenentwicklung nutzen. Die dabei entstehenden Inhalte sind darüber hinaus gut für Suchmaschinen, die stets mit neuen Inhalten gefüttert werden wollen. Im Endeffekt wird die Kampagne dadurch positive SEO-Effekte mit sich bringen.

▶ Sie geben Konsumenten einen Anreiz, sich intensiver mit Ihrer Marke zu befassen und sich aktiv in Produktions- beziehungsweise Schaffensprozesse einzubringen. Aus klassischer Marketingsicht steigert also Crowdsourcing das Involvement, während aus Social-Media-Perspektive die interaktive Kommunikation in Echtzeit langfristig die Markenloyalität stärkt. Schließlich fühlt sich die Community geschmeichelt, weil Ihre Meinung gefragt ist, sie am Prozess beteiligt und über aktuelle Entwicklungen auf dem Laufenden gehalten wird.

▶ Crowdsourcing trägt zum Innovationsmanagement bei. Durch die interaktiven Kampagnen entstehen neue Produkt-, Verpackungs- und Designideen. Gleichwohl können Sie die Marktakzeptanz Ihrer (neuen) Produkte testen und letztlich ein kundenorientiertes Produkt auf den Markt bringen.

▶ Dadurch, dass Sie Teile der Forschung und Entwicklung an die Crowd oder Ihre Community auslagern, gibt es auch Kostenvorteile. Effektives Crowdsourcing im Social Web trägt zur Kostendegression bei, da der Schwarm die zu lösenden Aufgaben übernimmt.

▶ Durch den Schwarm erhalten Sie einen ganzen Wust an vielfältig einsetzbaren und interpretierbaren Informationen. Wenn Sie das Material sammeln und systematisch auswerten, erhalten Sie letztlich einen Pool an kostenlosen Verbesserungsvorschlägen. Diese können Sie sogar langfristig nutzen, um Ihre Produkt- und/oder Marketingstrategie kundentauglicher zu machen. So gelangen Sie durch Crowdsourcing – last but not least – an sogenannte *Consumer Insights*. Bei einer durchdachten Untersuchung der gewonnenen Daten können Sie also gegebenenfalls sogar ableiten, welche Kaufmotive Ihre Zielgruppe bewegen.

4.2.2   Crowdsourcing als PR-Kampagne verstehen

Crowdsourcing-Projekte bieten Kommunikationsanlässe, die es zu vermarkten gilt. Dass hierbei auch positive Imageeffekte freigesetzt werden, scheint selbstredend. Im Endeffekt handelt es sich um eine öffentlichkeitswirksame Kampagne, die strategisch aufgebaut sein will, um Ihnen den größtmöglichen Erfolg und Nutzen zu bringen. Dementsprechend müssen Sie unterschiedliche Projektphasen durchlaufen und einen Plan für die zielgerichtete PR-Arbeit im Social Web entwickeln. Doch welche Punkte gibt es zu beachten? Welche Maßnahmen sind unabkömmlich?

1. Definieren Sie Ihre Ziele: Was ist Sinn und Zweck der Aktion?

2. Entwickeln Sie eine kreative Route: Was soll gemacht werden?

3. Sondieren Sie die Community: Welche Kanäle sind sinnvoll?

4. Gießen Sie die Kreativstrategie in ein Konzept: Welche Schritte sind erforderlich?

5. Klären Sie die rechtlichen Voraussetzungen ab: Was ist erlaubt?

6. Stellen Sie einen realistischen Zeitplan für die Kampagne auf: Welche Milestones gibt es? Welche To-dos fallen in welcher Phase an?

7. Planen Sie entsprechenden Personaleinsatz: Wie viele Mitarbeiter sind involviert? Wer kümmert sich um die Community bei Rückfragen?

8. Verbreiten Sie die frohe Botschaft: Welche flankierenden PR-Maßnahmen sind zu ergreifen? Welcher Content wird bei Facebook, Twitter & Co. gepostet?

9. Respektieren Sie die Community: Was erwarten die Teilnehmer? Welche Umgangsformen sollten zur Zielerreichung an den Tag gelegt werden?

10. Monitoren Sie täglich, was im Social Web über Sie gesprochen wird, und messen Sie Ihren Kampagnenerfolg auch in Offline-Medien: Wo wird die Kampagne erwähnt, wie wird sie wahrgenommen, was sagen Fans, Follower, Kunden & Co.?

Da die Konzeption von ganzheitlichen PR-Kampagnen, die auch crossmedial im Social Web vermarktet werden sollen, einiges an strategischer Vorarbeit verlangt, ist es hilfreich, nach bewährten Methoden vorzugehen. Erfahrungsgemäß kann man hierbei auf die sogenannte SMART-Methode zurückgreifen. Das Kürzel SMART steht dabei für Maßnahmen, die folgende Eigenschaften aufweisen:

▶ **s**pezifisch

▶ **m**essbar

▶ **a**ktionsorientiert

▶ **r**ealistisch

▶ **t**erminiert

Wie dies im Zusammenhang mit Ihrer Crowdsouring-Aktion aussehen könnte? Ein Vorschlag für die Kampagnenlaufzeit wäre folgende Formulierung, die natürlich ohne Gewähr ist und Ihnen lediglich die Grundlagenarbeit vor Augen führen soll:

Mein Projekt läuft über vier Wochen auf Kanal z, zwei Wochen zuvor beginnt die Ankündigungsphase im Blog, auf Facebook und Twitter. Auch eine Pressemitteilung wird im Vor- und im Nachlauf verfasst und an Journalisten geschickt. Während der Kampagnenlaufzeit blogge ich mindestens zweimal pro Woche. Darüber hinaus poste und twittere ich aber täglich zum Projektstand und informiere die Community. Nach der Gesamtlaufzeit von sechs Wochen habe ich x Vorschläge aus der Community gesammelt und x neue Fans hinzugewonnen.

Marketing-Take-away: Crowdsourcing nicht ohne Krisenplan

Groß angelegte Crowdsourcing-Kampagnen können mitunter nach hinten losgehen, wenn aus Reihen der Community beispielsweise Vorschläge eingereicht werden, die nicht in Ihrem Sinne sind. Unter anderem hat die Erfahrung auch die Marke Pril gemacht, als sie einen Online-Designwettbewerb für ein neues Etikett der Spülmittelflasche durchgeführt hat. So sollten User ihre Vorschläge unterbreiten, damit die Community öffentlich über diese abstimmen konnte. Erfolgreich war die Kampagne, insofern über 50.000 Einreichungen zu verzeichnen waren. Da allerdings einige Nutzer spaßige Designs wie eine mit einem Hähnchen verzierte Pril-Flasche einreichten, diese sehr gut ankamen und eins davon letztlich zu den beliebtesten Bildern zählte (siehe Abbildung 4.38), sah sich das Unternehmen veranlasst, eine Juryentscheidung vorzulagern.

Abbildung 4.38 Pril mit »Hähnchengeschmack« als Community-Favorit

Dass dieser Umschwung nicht gut ankam, können Sie sich vorstellen. Ein kleinerer Aufstand der Webgemeinde war absehbar. Was können Sie als Veranstalter aus diesem Beispiel lernen?

Eine interaktive Kampagne, bei der der Schwarm die Oberhand hat, kann durchaus unerwartete Resultate hervorbringen. Insofern sollten Sie stets eine Backup-Lösung parat haben. Im Vorfeld ein Worst-Case-Szenario durchzuspielen und einen Krisenplan in der Schublade zu haben, wird Ihnen im Zweifelsfall jede Menge Unmut und Unsicherheit ersparen. Insofern ist das gedankliche Durchspielen aller Eventualitäten die beste Prävention – und letztlich auch der Garant für die Durchführung einer verheißungsvollen Kampagne.

4.2.3   Balea Eisschimmer: Alles andere als frostig in der kalten Jahreszeit

Erfolgreiche Crowdsourcing-Kampagnen gibt es einige. So haben bereits einige Hersteller gute Erfahrungen mit der Crowd gemacht. Daher fällt die Auswahl an Best Practices nicht leicht. Ritter Sport hat beispielsweise auf die Art den Werbespot und die Werbestars für seine Olympia-Schokolade gefunden, Nivea arbeitete zusammen mit den Konsumenten an der Entwicklung des *Black&White*-Deos und auch Tchibo hat mit seiner 2008 gelaunchten Ideenplattform *Tchibo Ideas* schon viele Optimierungsvorschläge aus der Community erhalten (siehe Abbildung 4.39). Der Crowd Raum für (kreative) Ideen zu lassen und Kunden stärker einzubeziehen, schadet also nicht.

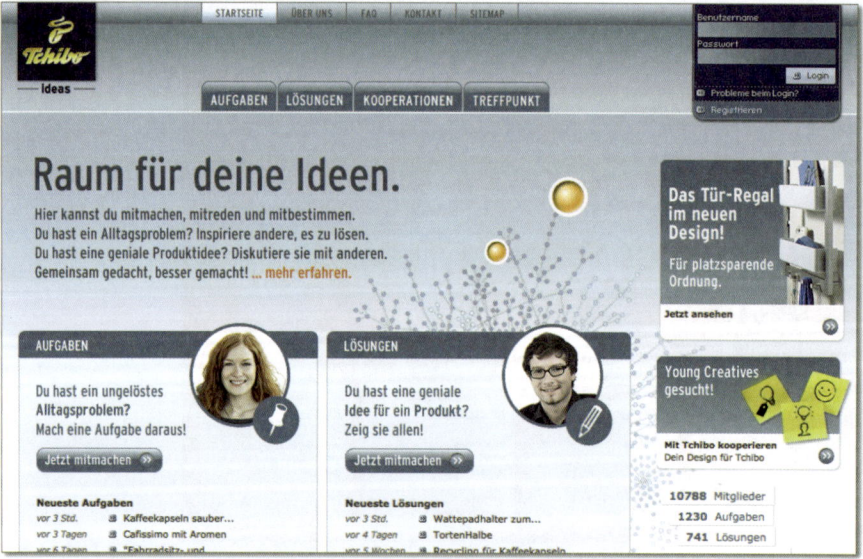

Abbildung 4.39   Webseite von Tchibo Ideas

Dies hat auch Drogeriemarkt dm erkannt und im Frühjahr 2011 erstmals eine Crowdsourcing-Aktion für seine Hausmarke *Balea* durchgeführt. Unterstützt wurde die Kampagne von unserAller.de – einer Plattform für Open Innovation. Gemäß dem Leitspruch »Bei unserAller entscheidest Du, wie neue Produkte aussehen!« sollten dm-Fans entscheiden, wie das neue Balea-Duschgel für die »kalte Jahreszeit« beschaffen sein sollte. Denn fest stand, schon im Herbst 2011 sollte es auf den Markt kommen.[11]

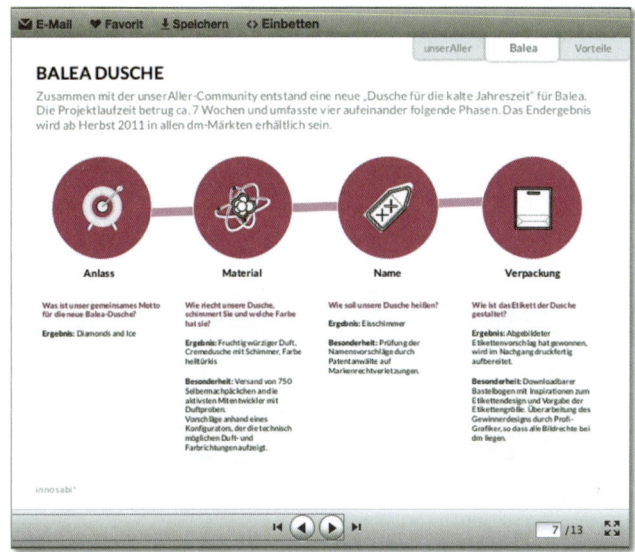

Abbildung 4.40   Präsentation zur Balea-Kampagne http://bit.ly/XDteko

Durch eine Facebook-App konnten die Fans der dm-Facebook-Seite ihre Vorschläge für die Farbe, den Namen, den Duft und das Etikettendesign der neuen Duschgels selbst bestimmen (siehe Abbildung 4.40) – Mitmachweb von vorne bis hinten. Aufgebaut war das Kampagnenkonzept wie folgt: Zunächst wurden die Community-Vorschläge für das Motto des zu schaffenden Produkts gesammelt. Rund 2.500 Einreichungen sprechen dabei für sich.

In einem weiteren Schritt erhielten die 25 Favoriten sogenannte »Mixboxen« für die weitere Produktentwicklung. Nach einer bestimmten Zeit der Produktentwicklung standen die fertigen Duschgelentwürfe der Community zur Abstimmung bereit. Gefragt war also die Meinung der Fans, die sich durch ihr Voting die Chance sicherten, das neue Produkt zu gewinnen. Die Community war in den kompletten Prozess eingebunden. Die digitale Kommunikation mit Markenfans brachte sodann den Gewinner hervor: Der Favorit war die Sorte »Eisschimmer«, in Abbildung 4.41

---

11 Der Anbieter unserAller.de hat hierzu eigens eine Case Study zusammengestellt. Die komplette SlideShare-Präsentation findet sich unter *http://de.slideshare.net/cvandelden/kunden-entwerfen-neue-duschcreme-fr-dm-auf-unserallerde*.

dargestellt. »Eis, Schimmer und Diamanten. Ich habe versucht, das Motto ›Diamonds and Ice‹, die schimmernde Creme und den Namen ‚Eisschimmer' in meiner Gestaltung zu vereinen«, so stellte der Sieger des Wettbewerbs sein Produkt der Community vor.

Abbildung 4.41   Das Endprodukt der Crowdsourcing-Aktion

Das neue Duschgel ließ dm in limitierter Auflage produzieren, sodass Eisschimmer im Herbst 2011 in den Filialen erhältlich war. Das Konzept des Crowdsourcings als öffentlichkeitswirksamer Innovationsprozess hat gegriffen, denn auch nach Erscheinen des Produkts wurde dieses vielfach online getestet und online besprochen, wobei die Resonanz der Netzwelt – wie zu erwarten – positiv war. Ein Beispiel hierfür findet sich unter anderem auf der Webseite von Pinkmelon (siehe Abbildung 4.42). Regelmäßig stehen hier Kosmetika auf dem Prüfstand, um von erfahrenen Bloggerinnen unter 30 Jahren bewertet zu werden. Gesamturteil: 5 von 5 Punkten. Das Ergebnis ist zwar eindeutig, allerdings nicht sonderlich überraschend. Denn immerhin hatte die Community während der Aktionslaufzeit sozusagen als Kontrollgruppe fungiert. Schon aus diesem Grund rechnet es sich, die Crowd in Sachen Produktentwicklung zurate zu ziehen.

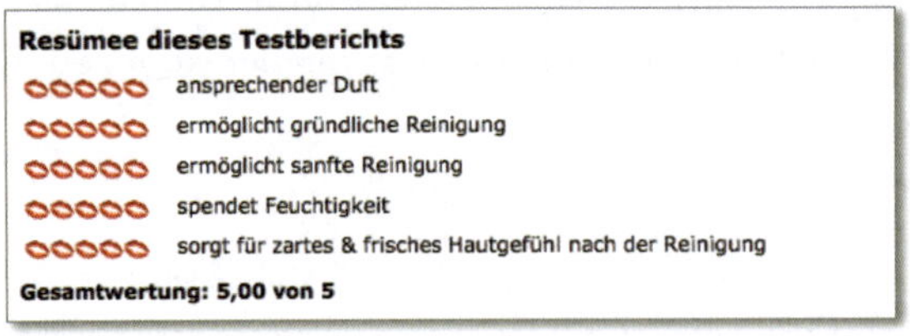

Resümee dieses Testberichts

ᗧᗧᗧᗧᗧ   ansprechender Duft

ᗧᗧᗧᗧᗧ   ermöglicht gründliche Reinigung

ᗧᗧᗧᗧᗧ   ermöglicht sanfte Reinigung

ᗧᗧᗧᗧᗧ   spendet Feuchtigkeit

ᗧᗧᗧᗧᗧ   sorgt für zartes & frisches Hautgefühl nach der Reinigung

Gesamtwertung: 5,00 von 5

Abbildung 4.42   Testberichte des Eisschimmer-Duschgels

Mass Customization im Social Web: Individuell geht's zu!

Mass Customization, zu Deutsch kundenindividuelle Massenproduktion, hat sich bereits seit einigen Jahren etabliert. So können User beispielsweise Ihr individuelles Etikett für Konsumgüter designen, maßgeschneiderte Hemden online gestalten und bestellen oder Ihre Wunschpraline zusammenstellen.

Nach den positiven Erfahrungen von dm gibt es auch seit geraumer Zeit eine Webapplikation, durch die dm-Kunden die Aufkleber ihrer hauseigenen Lieblingshausprodukte individuell gestalten können (siehe Abbildung 4.43). Auf die Art kreieren Markenfans ihr ganz persönliches Duschgel und fühlen sich den Produkten noch enger verbunden.

Abbildung 4.43   Individuelles Etiketten-Design bei Balea-Produkten

4.2.4   CeBit: »Bestimmen Sie die Zukunft Ihres digitalen Lifestyles«

Mitte Januar hat die CeBit eine interaktive Plattform für Open Innovation gelauncht, auf der Unternehmen die Netzwelt um Hilfe und Ideen bitten können. Der zugrunde liegende Gedanke bei solch offenen Innovationsprozessen ist überzeugend: Mehr Köpfe produzieren in kürzerer Zeit mehr Ideen. So ist die Innovationskraft im Vergleich zur hauseigenen Forschungs- und Entwicklungsabteilung größer und das Unternehmen weiß gleichzeitig die spätere Marktakzeptanz besser einzuschätzen.

Das Mitmachweb wird also zum Ideenpool – so auch bei der CeBit, deren Ideen-plattform eher eine technische Ausrichtung hat (siehe Abbildung 4.44). Unter an-derem dient diese dazu, Vorschläge für Softwareverbesserungen und neue Features zu sammeln. Aber auch weitere Einsatzmöglichkeiten sind denkbar, da das Ange-bot noch in seinen Kinderschuhen steckt. Prinzipiell könnten hier sogar neue Pro-dukte aus der Taufe gehoben werden, nach dem Motto: »Warum gibt es immer noch kein Produkt, das mein Problem löst?«

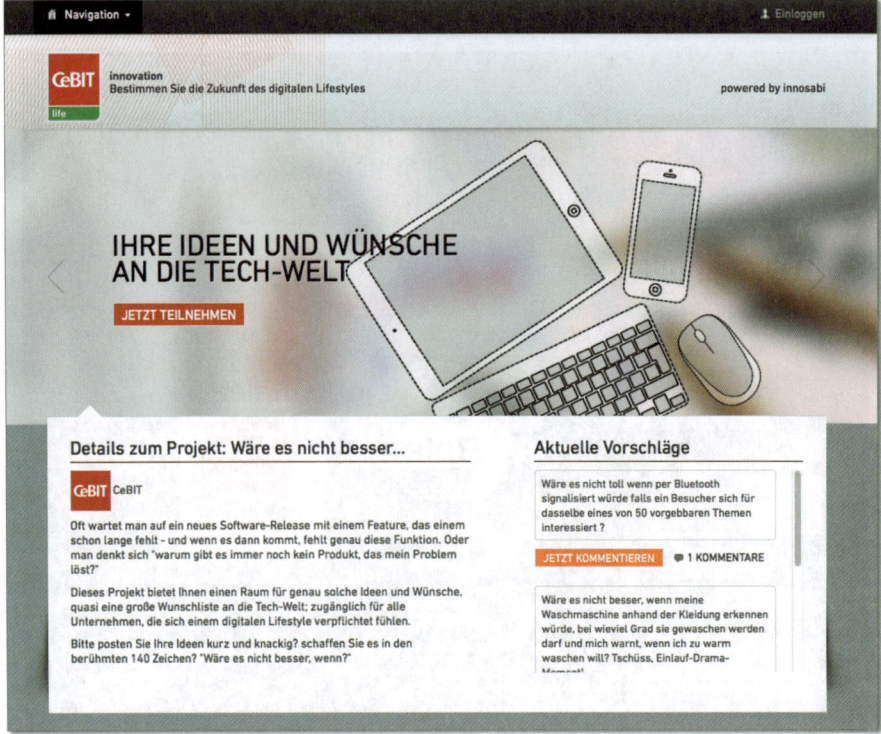

Abbildung 4.44 Webseite zur CeBit-Ideenplattform

Als erstes Projekt suchte der 1999 gegründete Onlineshop *buecher.de* funktionale Ideen für seine mobile Website, die bis dato schon recht erfolgreich lief. Da aller-dings die Zahl der mobilen Zugriffe und der mobilen Einkäufe stark zunahm, sollte die Website erweitert werden (siehe Abbildung 4.45). Und wer könnte bessere Tipps hierfür geben als die Netzgemeinde? Schließlich wissen User sehr genau, wel-chen mobilen Webauftritt Sie von einem Unternehmen erwarten, was ihren Kaufentschluss beschleunigt und wie digitale Angebote wie E-Books, E-Magazine, Musik, Spiele und so weiter attraktiv darzustellen sind.

Abbildung 4.45   Buecher.de ruft zu Open Innovation auf.

Im Fall von buecher.de zeigt sich aufs Neue, dass der Kreativprozess im Mitmach-web nicht ohne Plan zu realisieren ist. So lief das Projekt in drei Phasen ab:

- 15.01.–18.03.2013: Ideeneinreichung mit Diskussion und Bewertungssystem
- 19.03.–24.03.2013: Begutachtung durch eine Jury von buecher.de und Selektion der besten Ideen
- 25.03.–12.04.2013: Community-Voting auf der CeBIT-Innovationsplattform

Doch welchen Anreiz gab man der Community tatsächlich zum Mitmachen? Dem Gewinner und den »aktivsten Mitentwicklern« winkten als Dankeschön Büchergut-scheine im Gesamtwert von 1.000 €. Die Aktivität der Community-Mitglieder wurde nach einem Punktesystem bemessen, sodass es beispielsweise für jeden Kommentar 1 Punkt gab oder für ein »Gefällt mir« unter meinem Vorschlag 3 Punkte. Diese spielerischen Komponenten und eine kleine finanzielle Motivation einzubinden, ist dabei sehr sinnvoll, weil dadurch die Leistung der Mitmachenden honoriert wird und sich diese wertgeschätzt fühlen.

Was allerdings nicht voll zum Tragen kam, ist die plattformübergreifende Promotion des Open-Innovation-Projekts. Obwohl bücher.de auf Facebook, Twitter und Pinterest aktiv ist (siehe Abbildung 4.46), fanden sich gerade in der Anfangsphase keine auffälligen Hinweise auf die Aktion, was sehr schade ist, da die eigenen Fans und Follower als Kunden des Unternehmens mit Sicherheit ebenfalls kreativen Input hätten geben können.

Sie sehen: Crowdsouring als PR-Kampagne zu verstehen und als solche auch cross-medial zu vermarkten, ist lohnenswert. Da sich die Reichweite erhöht und sich die Community zugleich in das aktuelle Geschehen eingebunden fühlt, werden die Erfolge in den meisten Fällen deutlich größer sein.

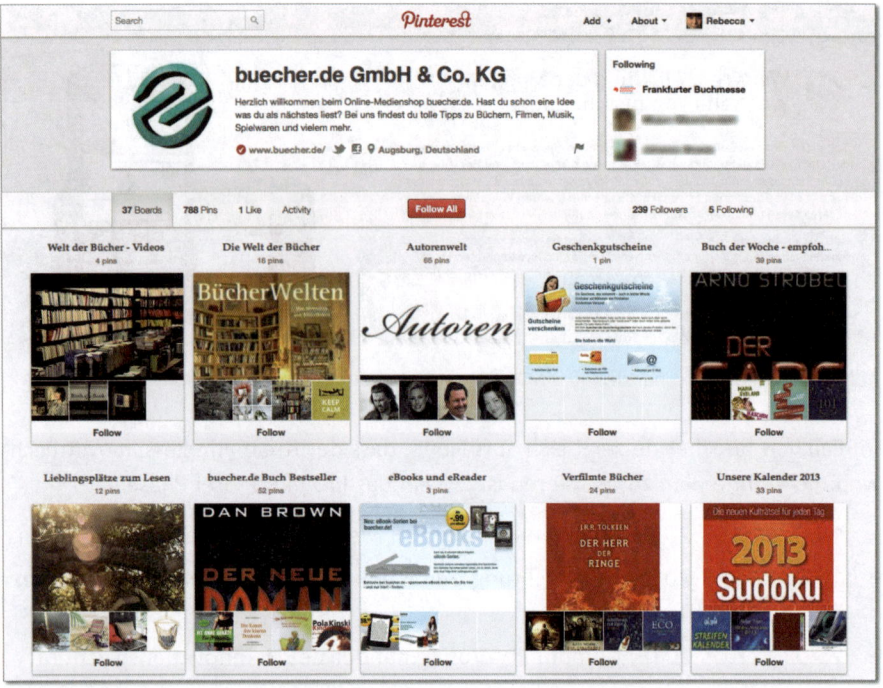

Abbildung 4.46 Pinterest-Account von buecher.de

4.2.5 Crowdsourcing: Auch via Twitter möglich

Neben Blogs und Facebook-Seiten bieten sich kleiner dimensionierte Crowd-sourcing-Aktionen auch auf Twitter an. Durch den Anbieter *twtpoll* können Sie beispielsweise eine 140 Zeichen lange Umfrage erstellen, in der Sie die Ideen und Meinungen der Twitter-Sphäre einholen (siehe Abbildung 4.47). Zur Auswahl stehen hier unterschiedliche Antworttypen – von Multiple-Choice über Matrizen bis hin zu längeren Kommentaren. Auch multimedial darf geantwortet werden, weil Bilder und Videos ebenfalls als Feedback eingesendet werden. Neben einer Gratisversion zum Testen können in den zahlungspflichtigen Paketen weitere Optionen hinzugebucht werden, damit sogar personenbezogene Daten extrahiert und die Umfrage dem Corporate Design angepasst werden kann.

Falls Sie die Meinungen und Ideen der Community via Twitter einholen möchten, stellt sich die Frage nach dem Wie (siehe Abbildung 4.48). Wie können Sie Ihre Umfrage über Twitter promoten, damit möglichst viele Twitter-User daran teilnehmen?

Abbildung 4.47   Twitter-Umfragen mit twtpoll erstellen

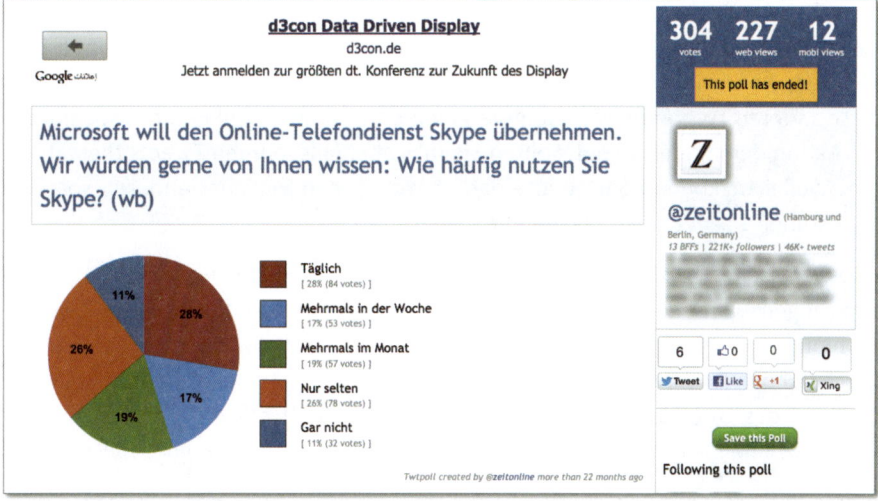

Abbildung 4.48   Beispielhafte Umfrage zur Nutzung von Skype

Zunächst einmal sollten Sie Ihre Follower rechtzeitig darüber informieren, dass überhaupt eine Umfrage ansteht. Wiederholt können Sie schon einige Tage zuvor darauf hinweisen, allerdings sollten Sie auch hier berücksichtigen: bitte nicht mit ein und derselben Formulierung. So können Sie beispielsweise mitteilen, dass die Vorbereitungen für die Umfrage laufen, dass es um xy gehen wird und dass Sie sich schon auf die Ergebnisse freuen. Gleiches gilt natürlich auch während der Laufzeit. So ist mehrmals Twittern erlaubt, eintöniges Twittern ist hingegen tabu (siehe Abbildung 4.49). Besonders effektiv ist es natürlich, wenn Sie Ihren Followern auch einen Anreiz geben, an der Aktion teilzunehmen oder diese zu retweeten – vielleicht finden Sie ja einen kleinen (im-)materiellen Anreiz zum Mitmachen.

Abbildung 4.49   Beispiel für einen animierenden Mitmach-Tweet

Was darüber hinaus wichtig ist: Wenn Sie aktiv zur Umfrage twittern, sollten Sie unbedingt geläufige Hashtags nutzen. Ganz allgemein kann das zum Beispiel #Gewinnspiel, #Followerpower, #Umfrage etc. sein. Wenn es aber gerade passt, können Sie sich auch von den aktuellen Twitter-Trends inspirieren lassen und schauen, ob Ihr Thema zu diesen passt. Was sodann sehr ins Gewicht fällt, ist der Zeitpunkt Ihrer Tweets. Dieser muss zielgruppengerecht gewählt sein. Außerdem sollten Sie beachten, dass Sie zu »Stoßzeiten« twittern, sprich: Senden Sie Ihre eigenen Botschaften, wenn viele Ihrer Follower online sind. Ansonsten laufen Sie Gefahr, dass diese anderen Twitterern nicht angezeigt werden, wenn sie online sind. Sobald sich die Aktion dem Ende zuneigt, sollten Sie dies ebenfalls in Ihren Tweets thematisieren. Vielleicht können Sie gerade dadurch noch den ein oder anderen spätentschlossenen User zum Mitmachen bewegen.

Wie Sie gesehen haben, kann der Schwarm auf unterschiedliche Weise in Projekte einbezogen werden. Sie haben die Chance, Gedanken und Vorschläge aus der Community in die eigene Markenbildung systematisch zu integrieren und sich dadurch kundenorientierter aufzustellen. Was das Image und die Vermarktung anbelangt, ist das Outsourcing an die Crowd zudem äußerst effektiv – Sie zeigen Präsenz, gewinnen Aufmerksamkeit und realisieren bestenfalls sehr gute Ideen.

Rechtstipp: Was es für Sie heißt, wenn das Los entscheidet ...

Dürfen Sie bei einem Facebook-Gewinnspiel das Los auch ohne Notar entscheiden lassen? Die »notarielle Aufsicht« bei der Losziehung im Rahmen von Gewinnspielen gibt dem Ganzen einen seriösen Anstrich, ist aber nicht gesetzlich vorgeschrieben.

4.3   Wie der Schwarm Ihre Projekte finanziert

Seit der Gründung von *Startnext* im Jahr 2010 entstanden in den D-A-CH-Ländern eine Vielzahl an Crowdfunding-Plattformen. Daher ist diese Form der onlinebasierten »Schwarmfinanzierung« mittlerweile ein geläufiger Begriff in der Netzwelt. Aber was steckt dahinter?

Beim Crowdfunding unterstützen zahlreiche Mikroinvestoren ein Projekt und tragen durch ihren Support zu dessen Vollfinanzierung bei. Im Gegenzug erhalten sie vorab festgelegte Aufmerksamkeiten, die – je nach investiertem Budget – kleiner oder größer ausfallen. Dabei gilt das Alles-oder-nichts-Prinzip, denn eine Finanzierung kommt lediglich zustande, wenn die von den Projektinitiatoren definierte Zielsumme zu 100 % zusammengetragen wurde.

Am häufigsten wird Crowdfunding von Kunst- und Kulturschaffenden sowie von NPOs genutzt, da diese oftmals nicht die finanziellen Mittel zur Realisation ihrer Ideen haben. Angefangen mit der 2006 gelaunchten Plattform *Sellaband*, etablierte sich Crowdfunding rasch in der Musik- und Kulturindustrie. Künstler, denen beispielsweise kein Geld für die Produktion ihres neuen Albums zur Verfügung stand, suchten hier nach Unterstützern. Nach den ersten Durchbrüchen wurde das Erfolgsprinzip spätestens mit der US-amerikanischen Finanzierungsplattform *Kickstarter* (2008) auch auf andere Branchen übertragen, sodass sich Crowdfunding ebenfalls in der deutschsprachigen Film-, Game- und Technikbranche durchsetzen konnte und derzeit auch an Bedeutung für KMU zu gewinnen scheint.

4.3.1   Drei gute Gründe fürs Crowdfunding

Ähnlich wie beim Crowdsourcing gibt es gewichtige Gründe für die Umsetzung eines Crowdfunding-Projekts. Wenngleich hier die Argumente nicht ganz so vielfältig ausfallen, sind sie doch nicht minder relevant. So gibt es drei Hauptargumente, warum sich Crowdfunding lohnt:

1. Das offensichtlichste Argument ist das Zusammentragen von finanziellen Mitteln. Ihr Start- und Investitionskapital kann aufgebracht werden, ohne dass Sie selbst in Vorleistung treten oder gar einen Kredit aufnehmen müssen. Das Verfügbarmachen der notwendigen Mittel hat also einen ganz klaren Vorteil für Sie.

2. Da Sie von Beginn an die Netzgemeinde in Ihr Projekt einbeziehen, empfangen Sie wertvolle Anregungen von unterschiedlichen Seiten. Die Rückmeldung von Unterstützern erhalten Sie schließlich, bevor das Produkt/Projekt realisiert wird. Insofern ist das Feedback aus der Community Gold wert: Sie können Ihr Produkt optimieren und die Marktakzeptanz erhöhen, ohne mit Produktionskosten in Vorleistung zu treten und somit Kapital zu verschenken.

3. Crowdfunding ist ein öffentlichkeitswirksamer Kommunikationsanlass, durch den Sie Aufmerksamkeit erlangen können. Wenn Sie Crowdfunding als Marketingkampagne begreifen, werden Sie a) schnellere und bessere Erfolge erzielen sowie b) Ihre Idee öffentlich präsentieren und in Szene setzen.

Angesichts des letzten Arguments empfehlen und verlangen etablierte Plattformen den Dreh eines Teaser-Videos (siehe Abbildung 4.50). In diesem sollen sich die

Projektinitiatoren vorstellen, die Geschichte hinter dem Projekt erzählen und das ein oder andere emotionale Bild einblenden. Es gilt, den User mit seiner Leidenschaft für das Projekt anzustecken und zu transportieren, worum es geht. Auch die Benennung des konkreten Funding-Zwecks darf nicht fehlen. Als Initiator über seinen eigenen Schatten zu springen und vor der Kamera Gesicht zu zeigen, ist dabei immens wichtig, um Vertrauen zu wecken, zu überzeugen und sich die Unterstützung der Community zu sichern.

Abbildung 4.50   Erklärungsvideo auf Kickstarter http://kck.st/YvIPnM

4.3.2   Tipps für Ihr Crowdfunding-Projekt

Damit Ihr Projekt erfolgreich finanziert wird, sollten Sie einiges an Vorarbeit leisten. Konzeptionelle Überlegungen stehen ebenso an wie Marketingmaßnahmen. Um Ihnen das Vorgehen zu erleichtern, sollten Sie folgende Hinweise in sich aufnehmen und anschließend einen realistischen Projektplan entwickeln:

1. Überlegen Sie sich ein Projekt, das für Crowdfunding geeignet ist und bei dem die Zielgruppe (überwiegend) über Online-Kanäle erreicht werden kann.

2. Recherchieren Sie Plattformen, und schauen Sie sich genau deren Alleinstellungsmerkmale, Konditionen und Tutorials an. Auch sollten Sie darauf achten, welche Art von Projekten hier bislang erfolgreich finanziert wurde. Nur so können Sie abschätzen, wie Ihre Erfolgsaussichten sind.

3. Nachdem Sie sich für eine Plattform entschieden haben, geht es in die Konzeptionsphase. Gehen Sie in sich, und machen Sie sich eine Liste mit »Verkaufsargumenten«. Wo liegt der konkrete Nutzen? Was ist der Mehrwert? Warum kann Ihr Projekt die Welt verändern?

4. Beginnen Sie mit der Umsetzung; erstellen Sie ein Kampagnenkonzept, und erarbeiten Sie Ihre Kernbotschaft. Diese sollte sodann unbedingt in Ihrem Teaser-Video sprachlich und visuell vermittelt werden. Falls Sie sich unsicher sind, sollten Sie das Konzept auch einmal Ihrem eigenen Freundeskreis unterbreiten. So erfahren Sie, ob es überzeugt oder noch verfeinert werden muss.

5. Pushen Sie die Aktion gerade in der Startphase auch über andere Kanäle, und suchen Sie den Dialog mit den Mitgliedern aus unterschiedlichen Communitys. Nutzen Sie die Potenziale von Facebook, Twitter & Co., und denken Sie auch an ansprechende Banner auf Ihrer Website, entsprechende Blogbeiträge, weiterführende Videos mit Mehrwert und so weiter. Immerhin erhöhen solche flankierenden Maßnahmen Ihre Reichweite, steigern die Aufmerksamkeit und wecken Neugier.

6. Wie Sie bereits mitbekommen, kommt das benötigte Geld nicht von alleine. Sie müssen sich anstrengen, um die Community zu überzeugen und Förderer zu finden. Wie dies am konkreten Fallbeispiel auf der größten deutschen Plattform Startnext aussehen könnte, wird Ihnen im folgenden Abschnitt präsentiert.

Rechtstipp: Crowdfunding oder Fundraising

Crowdfunding aus Anbietersicht hat vor allem einen rechtlichen Aspekt, an den gedacht werden muss: Fließt das Geld auch wirklich? Wenn Sie sich in die Abhängigkeit einer Plattform begeben, müssen Sie an das Problem denken, dass der Plattformbetreiber während der laufenden Sammelphase insolvent gehen kann. Wenn es sich dann um einen ausländischen Anbieter handelt, wird es in der Praxis schwer, sich das angesammelte Geld auszahlen zu lassen. Ein Anbieter mit Sitz in Deutschland dagegen, der dem deutschen Insolvenzrecht unterliegt, bietet die größere Sicherheit, da notfalls nationale Gerichte zuständig wären.

Die größeren Plattformen in diesem Bereich sehen bisher keine Zweckbindung vor, gleichwohl geben Sie als Anbieter klar an, dass das gesammelte Geld zumindest einem bestimmten Projektziel zufließen muss. Sie dürfen das Geld also insofern nicht »zweckentfremden«. Darüber hinaus fehlt bisher einschlägige Rechtsprechung, insbesondere was eine Zweckbindung angeht oder gar eventuelle Rückzahlpflichten. Somit gibt es noch viele Unklarheiten, die Sie als Anbieter vorsichtig agieren lassen sollten.

Im Übrigen beachten Sie die üblichen Regeln bei der Einführung neuer Produkte: Sie dürfen fremde Produkte nicht einfach kopieren, insbesondere im Bereich des Designs sind Ähnlichkeiten mit bestehenden Produkten zu vermeiden. Achten Sie auch auf das Namensrecht und Markenrecht. Unter *http://register.dpma.de* können Sie selber recherchieren, ob bestimmte Bezeichnungen bereits eingetragen sind.

4.3.3   Startnext: »Dankeschöns für deinen Support!«

Als erste deutsche Crowdfunding-Plattform ging *Startnext* im Oktober 2010 live. Nach dem Vorbild von *Kickstarter* befolgt man auch hier das Alles-oder-nichts-Prinzip. Erst wenn die volle Summe erreicht ist, kommt ein Projekt zustande, und der Initiator erhält das Geld. Wird die angestrebte Finanzierungshöhe hingegen nicht aus der Community aufgebracht, fließen die Gelder an die Mikroinvestoren (Supporter) zurück. Im Fall einer Überfinanzierung kommt der Überschuss ebenfalls den Projektinitiatoren zugute.

Dabei ist die Finanzierung bei Startnext ein Prozess aus mehreren Phasen:

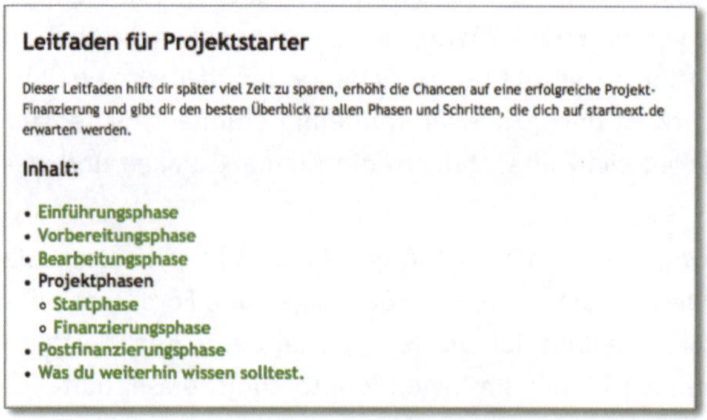

Leitfaden für Projektstarter

Dieser Leitfaden hilft dir später viel Zeit zu sparen, erhöht die Chancen auf eine erfolgreiche Projekt-Finanzierung und gibt dir den besten Überblick zu allen Phasen und Schritten, die dich auf startnext.de erwarten werden.

Inhalt:

- Einführungsphase
- Vorbereitungsphase
- Bearbeitungsphase
- Projektphasen
  - Startphase
  - Finanzierungsphase
- Postfinanzierungsphase
- Was du weiterhin wissen solltest.

Abbildung 4.51 Projektphasen auf Startnext

Aus Abbildung 4.51 geht hervor, dass man sich zunächst mit der Schwarmfinanzierungsmethode und der Plattform vertraut machen sollte. Anschließend erfolgt die Konzepterstellung, inklusive der bereits erwähnten flankierenden Maßnahmen. Ist dieser Prozess der Selbstklärung abgeschlossen, kann der Initiator sein Projekt einstellen, ohne dass es für Außenstehende sichtbar ist, und es in Ruhe bearbeiten. Als besonderen Service bietet *Startnext* dabei auch eine Feedbackfunktion an und prüft, ob alle formalen Anforderungen erfüllt wurden.

Erst danach gelangt das Projekt in die Startphase und wird für die Community sichtbar. Innerhalb eines Monats müssen nun genügend Fans gesammelt werden, damit das Projekt überhaupt in die Finanzierungsphase gelangen kann. Das Erstellen dieser ersten Hürde verfolgt sinnvollerweise das Ziel, ausschließlich Projekte mit Akzeptationspotenzial und Erfolgsaussichten zum Finanzieren bereitzustellen. Während der Finanzierungsphase von maximal drei Monaten gilt es sodann, die Community zu mobilisieren und das Projekt auch über andere Kanäle zu pushen, damit die benötigte Summe schnellstmöglich erreicht wird und sich genügend Supporter finden.

Doch was versprechen sich Unterstützer von der Finanzierung? Als Aufmerksamkeit winken ihnen sogenannte Dankeschöns, die sich der Projektinitiator bereits vor dem Start überlegt hat. So wird von Anfang an kommuniziert, welches Dankeschön für welche Spendenhöhe winkt. Wie sich anhand des folgenden Erfolgsbeispiels zeigt, war dies auch Anfang 2013 der Fall, als es um die Finanzierung von 7.500 € für das Finale der Hörspielreihe *Allimania* ging (siehe Abbildung 4.52). Schon weit vor Projektende war man mit 222 % überfinanziert, sodass bereits zu diesem Zeitpunkt die 20. Folge des Hörspiels professionell mit allen Hauptsprechern hätte produziert werden können. Immerhin hatten 725 Supporter bis Ende Februar bereits 16.680 € aufgebracht, obwohl das Projekt noch bis Mitte März 2013 laufen sollte.

Mehr als Zweidrittel von ihnen unterstützte die Produktion des Finales mit einem Betrag von 25 €, um eine gepresste Auflage aller *Allimania*-Teile auf CD zu erhalten.

Sie sehen: Seine Community zu aktivieren und dabei Transparenz zu wahren, hat im vertrauensbasierten Crowdfunding einen enormen Stellenwert und macht sich, soweit die Projektidee überzeugt, bezahlt.

Abbildung 4.52   Überfinanziertes Projekt auf Startnext

Marketing-Take-away: 1,7 Mio. € in zwei Jahren

Anlässlich des zweijährigen Jubiläums im Oktober 2012 hat die Finanzierungsplattform Startnext eine bilanzierende Infografik zusammengestellt. Mit einer Erfolgsquote von 48 % wurden innerhalb der ersten zwei Geschäftsjahre zahlreiche Einzelprojekte im Gesamtvolumen von 1,7 Mio. € finanziert (siehe Abbildung 4.53). Im Durchschnitt wurde dabei ein Betrag von 60 € gespendet, wobei die Top-3-Rubriken Film/Video, Musik und Event waren. Interessant ist auch der Hinweis, dass mehr als 3.300 User sogar mehrmals für Projekte spendeten – die Wiederholungsquote scheint also recht hoch zu sein.

Abbildung 4.53 Auszug der Infografik anlässlich des zweijährigen Bestehens von Startnext. Eine vollständige Darstellung finden Sie unter http://visual.ly/startnext-fakten-2012.

Ein Blick auf die Besucherquellen untermauert erneut die kommunikative Schlüsselstellung von Social Media für Projekte in der Finanzierungsphase. 29 % griffen direkt auf die Plattform zu, während 28 % der Webseitenbesucher von Facebook kommen. Ein Viertel des Traffics wurde indessen über die Suchmaschine Google generiert, knapp ein Fünftel stammt von Medienberichten, Projektwebseiten und Partnern.

4.3.4 Respekt.net: Zivilgesellschaftliches Engagement mitfinanzieren

Wenn Sie eine gemeinwohlorientierte Projektidee mit gesellschaftlicher Relevanz in die Tat umsetzen wollen, kann dies unter anderem über die Ende 2010 in Österreich gegründete Plattform *Respekt.net* erfolgen (siehe Abbildung 4.54). Diese »bringt Menschen mit Ideen mit potenziellen UnterstützerInnen zusammen«. So können hier sowohl NPOs als auch Einzelpersonen und Unternehmen Ihre Visionen für ein respektvolles Miteinander vorstellen und um Unterstützung bitten. Einzige Voraussetzung ist eben, dass es in die programmatische Ausrichtung der Plattform passt – bei den Fördervorhaben soll es schließlich darum gehen, »das private, wirtschaftliche und öffentliche Leben voran(zu)bringen«.

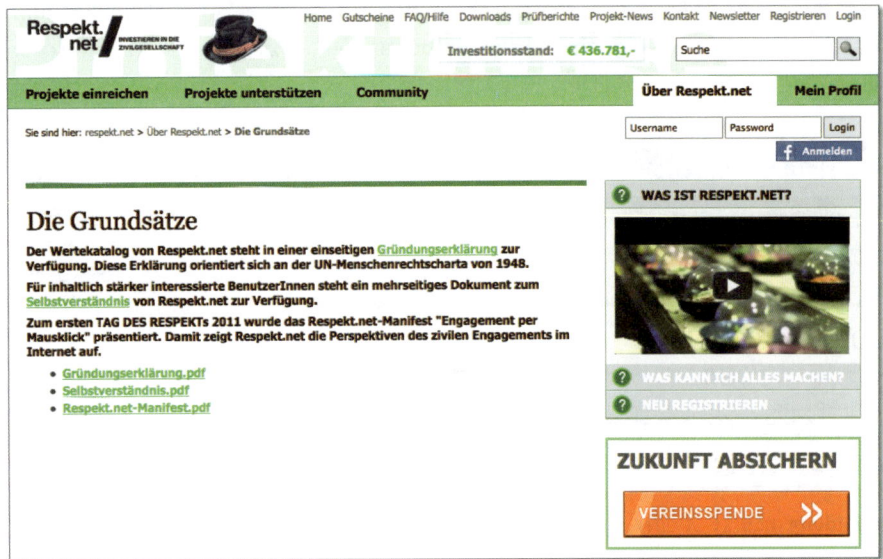

Abbildung 4.54   Grundsätze von Respekt.net

Bis Anfang 2013 hat die Community bereits zahlreiche sozialpolitische Projekte mit einem Gesamtvolumen von über 430.000 € finanziert. Dabei steht bei Respekt.net nicht ausschließlich finanzielle Unterstützung auf der Agenda. Förderer dürfen auch ihr Know-how spenden und sich an dem Projekt ehrenamtlich beteiligen. Letzteres fällt dann in die Rubrik »Zeit spenden«.

Wie Sie wahrscheinlich bereits vermuten, ist die Plattform der Auffassung, gesellschaftliches Engagement solle keine Grenzen kennen. Aus diesem Grund kann man hier auch Gutscheine zum Weiterverschenken erwerben. Empfohlen wird den Besuchern der Website beispielsweise, die Gutscheine im Familien- und Bekanntenkreis zu verteilen und sich dadurch für die effektivere Umsetzung und den Schutz der Menschenrechte einzusetzen. In diesem Zusammenhang werden Unternehmen ebenfalls gezielt angesprochen: Respekt.net schlägt ihnen vor, den eigenen Mitarbeitern und/oder Kooperationspartnern die Gutscheine zukommen zu lassen. Dementsprechend können sich hierfür sowohl Privatpersonen als auch Organisationen registrieren (siehe Abbildung 4.55).

Sie sehen, den vielfältigen Anforderungen sozialer Projekte werden die Betreiber der Plattform durchaus gerecht, sodass eben nicht allein finanzielle »Nöte« im Vordergrund stehen. Gerade für reine Finanzierungsprojekte sind die Mitmachhürden recht gering. Zudem prüft das Respekt.net-Team die Anträge, um sicherzustellen, dass diese mit der Gründungserklärung konform gehen. Insofern ist die Umsetzung des eigenen Anliegens durchweg konsequent. Das zeigt sich ebenso auf der Internetseite, wo die Prüfberichte der Gesellschaft für alle Interessierten einsehbar sind. Man lebt Transparenz vor, anstatt sie von politischen, sozialen und ökonomischen Einrichtungen bloß zu fordern.

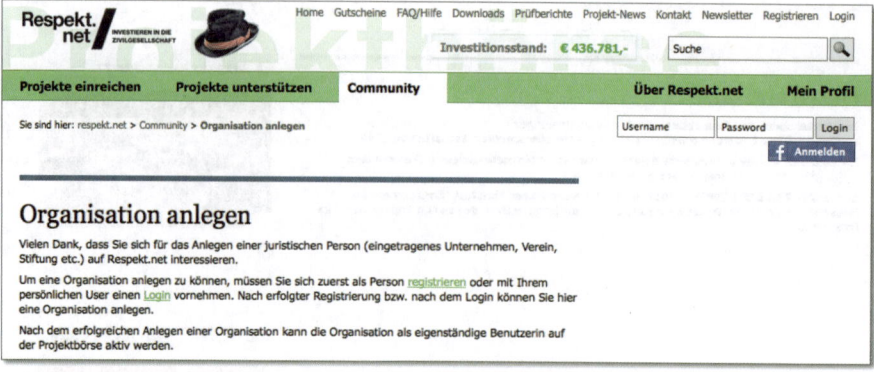

Abbildung 4.55 Optionen für Organisation auf Respekt.net

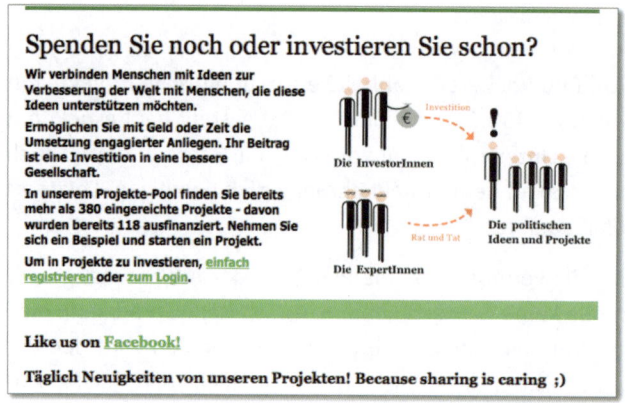

Abbildung 4.56 Aufruf zum Spenden und Projekteinfügen auf Respekt.net

Aus PR-Sicht ist darüber hinaus interessant, dass Respekt.net im Jahr 2011 anlässlich des ersten TAG DES RESPEKTs der Öffentlichkeit ein Manifest vorstellte. Unter dem Leitspruch »Gesellschaftspolitisches Engagement Per Mausklick« formulierte man zwölf Thesen und klärte über die Plattform auf (siehe Abbildung 4.56). Dramaturgisch endet das vierseitige Manifest mit der Aussage: »Wir wollen nützlich sein – nutzen Sie www.respekt.net zur Rückgewinnung Ihrer zivilen Handlungsfähigkeit.«[12]

---

12 *http://www.respekt.net/fileadmin/user_upload/PDF_Dateien/Respekt.net-Manifest-Gesellschaftspolitisches-Engagement-per-Mausklick-2011-09-20.pdf*

Für mehr transparente Kommunikation und Reichweite engagiert sich Respekt.net auch in sozialen Netzwerken und ist auf Facebook, Twitter und YouTube vertreten. Dabei wird die Facebook-Seite mit Fanzahlen im vierstelligen Bereich ein- bis zweimal pro Tag mit neuen Inhalten gefüttert, während der Twitter-Kanal äußerst unregelmäßig und ineffektiv genutzt wird. In 140 Zeichen über Aktuelles zu informieren, sollte dabei für die Plattformbetreiber eigentlich ein Leichtes sein – zu erzählen gibt es nämlich genug. Ein anderes Bild zeichnet sich allerdings auf YouTube (siehe Abbildung 4.57): Die Videoaufrufe sind im eigenen Channel sogar im fünfstelligen Bereich. Hier wartet man mit aussagekräftigen Testimonials zur Plattform und zum Thema »Zivilcourage« auf, wobei die Aktivität auf YouTube seit 2009 erkennbar abgenommen hat.

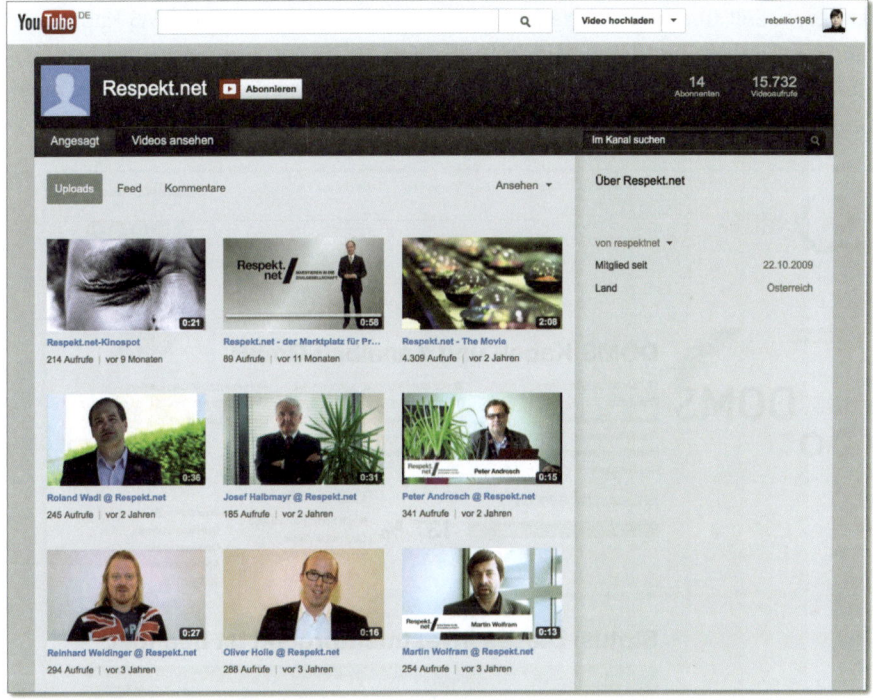

Abbildung 4.57   YouTube-Kanal von Respekt.net

Auch wenn die Plattform die Weichen für weiterführende PR-Maßnahmen im Social Web gestellt hat und das Verfassen des eigenen Manifests ein cleverer Kommunikationsschachzug war, gilt es in Zukunft, die Möglichkeiten sozialer Medien mehr zu nutzen und Vernetzung stärker in den Mittelpunkt der eigenen PR-Aktivität zu rücken. Denn dies wird sich positiv auf die eigene Plattform und die darauf laufenden zivilgesellschaftlichen Projekte auswirken. So bedarf es letztlich einer starken Community, um die (virtuelle) Öffentlichkeit zu mobilisieren.

4.3.5   Durchbruch im Crowdinvesting für den Mittelstand

In Anlehnung an Crowdsourcing entstand im Zusammenhang mit Unternehmens- und Gründungsfinanzierung der Begriff des Crowdinvestings. Während Crowdfunding auf der Bereitschaft vieler kleiner Geldgeber fußt, beruht das daran angelegte Konzept des Crowdinvestings auf einer anderen Logik: Hier werden Investoren gesucht, die ihr Geld zeitlich befristet anlegen und Rendite erhalten. In der Regel ist folglich eine Verzinsung für die Kapitalaufnahme vorgesehen. Die Spielregeln sind dabei identisch, denn das Alles-oder-nichts-Prinzip gilt auch hier.

Überwiegend von Startups genutzt, befindet sich Crowdinvesting hierzulande noch in der Etablierungsphase. Nichtsdestotrotz konnte im Januar 2013 zum ersten Mal ein deutscher Mittelständler durch eine solche Schwarminvestition ein Projekt finanzieren. Seit über drei Jahrzehnten auf dem Markt wollte die DOMS Kabel- und Kanalbau GmbH über die Plattform *United Equity* 25.000 € zusammentragen, maximal aber 60.000 €. Das Kapital diente dazu, den Fuhrpark auszubauen und einen Neuson Mobilbagger anzuschaffen.

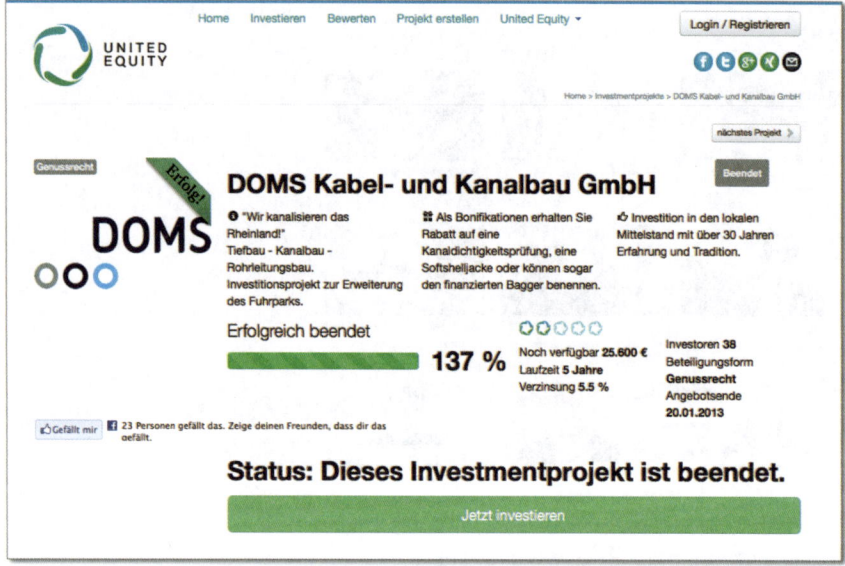

Abbildung 4.58   Crowdinvesting im Mittelstand

Als der Finanzierungszeitraum endete, war die Zielsetzung längst (über-)erfüllt. Das Projekt wurde zu 137 % finanziert. Mit einer Verzinsung von 5,5 % wollte das etablierte Tief- und Rohrleitungsbauunternehmen aus Leverkusen die Gelder innerhalb von fünf Jahren zurückzahlen (siehe Abbildung 4.58). Es fanden sich sodann 38 Investoren, denen neben der Rendite auch noch weitere Anreize geboten wurden. Ab einer investierten Summe von 2.500€ durfte man den Bagger taufen, auch der eigene Name sollte das Fahrzeug zieren. Zudem waren, abhängig von der Investitionssumme, darüber hinausgehende Belohnungen vorgesehen (siehe Abbildung 4.59).

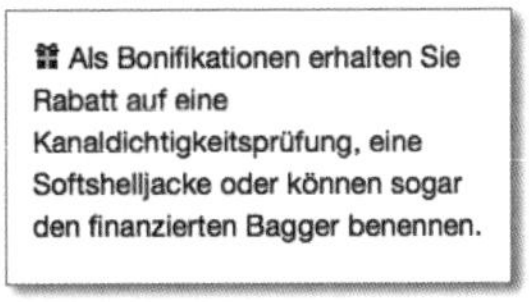

> ⚒ Als Bonifikationen erhalten Sie
> Rabatt auf eine
> Kanaldichtigkeitsprüfung, eine
> Softshelljacke oder können sogar
> den finanzierten Bagger benennen.

Abbildung 4.59   Anreize für die Crowd

Die erste Erfolgsgeschichte des Crowdinvestings im deutschen Mittelstand lässt vermuten, dass in Zukunft häufiger auf diese neue Form der Kapitalbeschaffung zurückgegriffen wird.

Falls Sie allerdings selbst darüber nachdenken, auf diese Art Fremdkapital aufzunehmen, sollten Sie den Arbeitsaufwand nicht unterschätzen. Immerhin verlangen potenzielle Investoren einige Angaben zu Ihrem Unternehmen. So müssen Sie beispielsweise nach Erklärungstexten zu Ihrem Unternehmen und dem angedachten Investitionsobjekt auch in der Lage sein, Ihr »Geschäftsmodell auf einen Blick« darzustellen. Kurz und bündig sind Kooperationspartner, Geschäftsaktivitäten, Angebot, Kundenbeziehungen, Zielgruppen, Ressourcen, Ausgaben, Einnahmen, Vertriebskanäle zu benennen. Dementsprechend müssen sie sich öffnen, um hier erfolgreich zu sein.

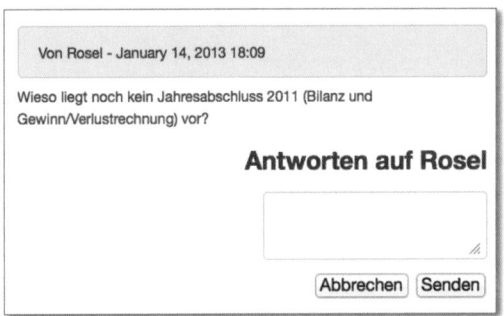

Abbildung 4.60   Rückfragen aus der Community

Darüber hinaus sollten Sie einplanen, dass die Community handfeste Fragen zu Ihrem Projekt stellt (siehe Abbildung 4.60). Um Ihr Vorhaben auch in der breiteren Öffentlichkeit vorzustellen, sollten Sie – so vorhanden – auch Ihre Social-Media-Präsenzen nutzen und Ihr Anliegen unaufdringlich darüber promoten. In unserem Fall hat dies die Crowdinvesting-Plattform auf Facebook und Twitter selbst getan, weil DOMS keine eigenen Social-Media-Accounts unterhält (siehe Abbildung 4.61).

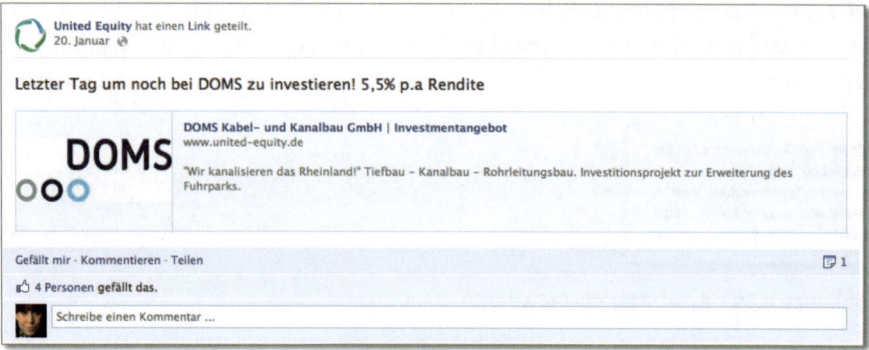

Abbildung 4.61 Facebook-Posting zur Mobilisierung

Zudem müssen sie personelle Kapazitäten kalkulieren, um auf Rückfragen von Investitionswilligen einzugehen. Dies ist allerdings auch bei klassischen Kreditbeantragungen nicht sonderlich anders, da man sich hier ebenfalls die Zeit nehmen muss, um Verständnisfragen zu klären.

Wie Sie erkennen, lohnt es sich auch im Mittelstand, den Schwarm einzubinden und eine loyale Community aufzubauen. Denn Crowdfunding ist nur ein Beispiel dafür, wie Sie von sozialen Webtechnologien profitieren können. Eine praktikable Alternative zu klassischen Finanzierungsmodellen bietet dieses allemal.

4.4 Fazit: Was Sie tun und was Sie tunlichst vermeiden sollten

Produkte zu vermarkten, zu optimieren und zu finanzieren – dies alles kann sich dank neuer Kommunikationstechnologien im Social Web vollziehen. Auch in diesem Kapitel wurde herausgearbeitet, wie die dazugehörigen PR-Maßnahmen erfolgreich verlaufen und was erforderlich ist, um effektiv vorzugehen. Lassen Sie uns also die Dos and Don'ts noch einmal rekapitulieren.

Was Sie tun sollten

▶ Passen Sie sich der Logik sozialer Medien an, und beachten Sie Kommunikationsregeln in sozialen Medien. Hier ist Transparenz, Offenheit und Professionalität ebenso erforderlich wie ein schnelles Reaktionsvermögen.

▶ Seien Sie authentisch, wenn Sie sich in sozialen Netzwerken äußern, Ihre Produkte präsentieren und Ihre Markenbotschaft vermitteln. Authentizität ist ein Schlüsselbegriff, der sich sowohl im Produktversprechen als auch in der Community-Ansprache und Tonalität äußert.

▸ Bleiben Sie der zuvor definierten Kommunikationslinie treu, und halten Sie daran fest, ohne unflexibel zu sein. Wichtig ist, dass Sie alle User gleichermaßen zuvorkommend behandeln und ansprechen.

▸ Überzeugen Sie durch »persönliche« Geschichten, und lassen Sie mitunter Ihre Mitarbeiter Gesicht zeigen. Es geht darum, die Community durch ansprechende Inhalte sachlich und emotional zu packen.

▸ Tun Sie Gutes, und lassen Sie darüber reden. Identifizieren Sie Influencer, und ziehen Sie diese auf Ihre Seite. Wenn diese zu Markenbotschaftern werden, sind sie das einflussreichste und »echteste« Sprachrohr. Wichtig in diesem Zusammenhang: Versuchen Sie nicht die Meinungsfreiheit von (Micro-)Bloggern & Co. zu beschneiden. Forderungen zu stellen, kommt nicht gut an und kann Ihrem Online-Ruf schaden.

▸ Beziehen Sie Ihre Community durch unterschiedliche Kampagnentypen spielerisch mit ein, und stärken Sie die Markenloyalität. Exemplarisch zu nennen, sind hier Gewinnspiele, Wettbewerbe, Bloggertreffen, Free-Samples, Coupons und/ oder Rabatte bei Schwarmkäufen.

▸ Gehen Sie crossmedial vor, und legen Sie den Fokus gerade bei Kampagnen nicht ausschließlich auf Facebook. Flankierende Maßnahmen sind sinnvoll und erhöhen Ihre Reichweite. Darüber hinaus sollten Sie in Betracht ziehen, Facebook Ads zu schalten, da diese bei exaktem Targeting äußerst effizient und effektiv sind.

▸ Insgesamt sollten Sie sich stets fragen: Welchen Nutzen haben Sie für die Community und welchen kann die Community für Sie haben? Vergessen Sie auch nicht, dass der Schwarm nicht allein zum Abverkauf motiviert werden kann. Durch Crowdsourcing öffnen sich neue Wege zur Produktentwicklung und -finanzierung, die beschritten werden wollen.

Was Sie tunlichst vermeiden sollten

▸ Gehen Sie nicht unmethodisch an Social Media Marketing heran. Ad-hoc-Maßnahmen können nach hinten losgehen. Allein deswegen lohnt sich strategische Vorarbeit, bei der Sie unter anderem nach der SMART-Methode vorgehen können (Abschnitt 4.2.2, »Crowdsourcing als PR-Kampagne verstehen«). Zudem lohnt es sich gerade bei Kampagnen, ein Worst-Case-Szenario durchzuspielen und einen Krisenplan in der Hinterhand zu haben, falls User anders reagieren, als erwartet. Die beste Prävention ist und bleibt allerdings: Machen Sie keine Versprechen, die Sie nicht halten können!

▸ Unterschätzen Sie nicht den Zeitfaktor und die in sozialen Netzwerken erforderlichen kommunikativen Kompetenzen: Eine halbherzige Herangehensweise äußert sich oftmals in unangemessenen Responsezeiten, einer extrem kommerziellen Tonalität und lieblos wirkenden Kommunikationsmustern. Ihre Aussagen müssen zwar professionell sein, gleichwohl aber Sympathie für die Marke und die dahinterstehende Firma wecken.

▶ Arbeiten Sie nicht Top-down, da User sich ein eigenes Bild von den Produkten bilden möchten. Dementsprechend sollten Sie auch nicht versuchen, Influencer zu manipulieren und in eine Richtung zu drängen. Wenn Sie beispielsweise an die Crowdsourcing-Aktion von *Pril* oder auch an die Testerkampagne von *Samsung Mobiler* denken, sollten Sie darüber hinaus nicht während der Laufzeit die »Regeln der Zusammenarbeit« ändern. Dies unterstreicht einmal mehr die Bedeutung einer hinreichenden Planung.

▶ Zum Schluss: Fordern Sie nicht nur, sondern geben Sie Ihrer Community auch etwas zurück. Motivieren Sie, indem Sie sich als guter Zuhörer erweisen, kleinere wie auch größere Aktionen durchführen und nicht zuletzt interessanten Content liefern.

5 Verbände präsentieren, für Themen sensibilisieren

»Organisationen müssen ihre Rahmenbedingungen schneller anpassen, da sich das Web permanent weiterentwickelt.«
Webmanager einer globalen NPO

Verbände und andere Non-Profit-Organisationen (NPOs) haben sich politischen wie auch gesellschaftlichen, kulturellen, wissenschaftlichen, ökologischen und/ oder wirtschaftlichen Zielen verpflichtet. Um diese zu erreichen, versuchen sie, den Willens- und Meinungsbildungsprozess systematisch zu beeinflussen. Kurzum: Ein prädestiniertes Feld für PR-Arbeit, denn Beziehungen mit (Teilbereichen) der Öffentlichkeit wollen geknüpft und gepflegt werden.

> **Rechtstipp: Haben Verbände besondere Auflagen ins Sachen Werbung?**
> Verbände, die werben möchten, sollten das Trennungsgebot von redaktionellen Inhalten und Werbung bedenken: Werbung muss deutlich als solche gekennzeichnet sein und darf nicht als redaktioneller Beitrag verschleiert werden.

5.1 Wo stehen Verbände im Social Web?

Die deutsche Verbandslandschaft ist alles andere als einheitlich, weswegen die Handlungsfelder und PR-Maßnahmen sehr verschieden ausfallen. Dies spiegelt sich auch im Social Web wider. Manche Organisationen scheuen sich vor sozialen Medien und fürchten rechtliche Fallstricke, Lobby-Vorwürfe oder gegnerische Stimmen, während andere regelrecht auf das Mitmachweb gewartet zu haben scheinen, um in den Dialog zu treten – wie Sie unter anderem in Abbildung 5.1 am Beispiel der Sparkassen anlässlich der internationalen Finanzmarktkrise sehen.

Auch wenn Verbände Social Media überwiegend als Chance betrachten, wissen sie in den meisten Fällen noch nicht, wie diese am sinnvollsten in die Kommunikationsstrategie einzubinden sind. Einen solchen Eindruck bestätigte schon 2010 eine Umfrage zum Thema »Verband 2.0« von IntraWorlds.[1] Ihr zufolge sahen drei viertel

---

1 IntraWorlds, *http://www.intraworlds.de/verbandsstudie/*

der Befragten die Vorzüge und bejahten zu 89 % die Potenziale für den Informationsaustausch. Zudem waren 76 % der Überzeugung, soziale Medien würden die Bindung der Mitglieder stärken, und 77 % gaben dabei an, dass Social Media eine exaktere Kommunikation mit den Zielgruppen ermögliche.

Abbildung 5.1   Sparkassen suchen auf einer Facebook-Seite den Dialog mit Kritikern.

Trotz der weitgehenden Einsicht in die Sinnhaftigkeit, unterhielten erst knapp die Hälfte eigene Präsenzen im Social Web oder besaßen ein verbandseigenes Angebot in Form von Wikis, XING-Gruppen, Foren und geschlossenen Communitys. Als Hauptargument für das zurückhaltende Engagement wurden die recht »hohen Risiken« genannt, darunter der konsequente Betreuungsaufwand sowie Sicherheits- und Datenschutzaspekte. Des Weiteren fürchteten einige Verbandsvertreter, ihre Mitglieder wüssten nicht mit neuen Medien umzugehen, sodass ihnen die Handhabung schwerfiele.

Nun könnte man meinen, das Blatt habe sich zum jetzigen Zeitpunkt gewendet und Verbände seien heute mehr in sozialen Medien unterwegs. Doch nicht ganz. Dies ergab eine 2012 durchgeführte Kurzumfrage des *Instituts für angewandte PR*, das 94 Verbände zu ihrer Öffentlichkeitsarbeit befragte.[2] Selbst wenn eine Website vorhanden ist und man regelmäßig Newsletter-Marketing betreibt, sind Social Media immer noch nicht strategisch in die Verbandskommunikation eingebunden.

Drei viertel der Befragten leisten noch keine Verbandsarbeit in sozialen Medien. Die restlichen konzentrieren sich, der Reihenfolge nach, auf XING, Facebook und

---

2   Institut für angewandte PR, *http://www.institut-fuer-angewandte-pr.de/fileadmin/Dokumente/ Umfrage_Verbaende_Auswertung_uphoff_pr_2012.pdf*

Twitter. Indessen versuchen lediglich 10 %, die Öffentlichkeit über Blogs oder Foren zu informieren oder Meinungen mitzugestalten.

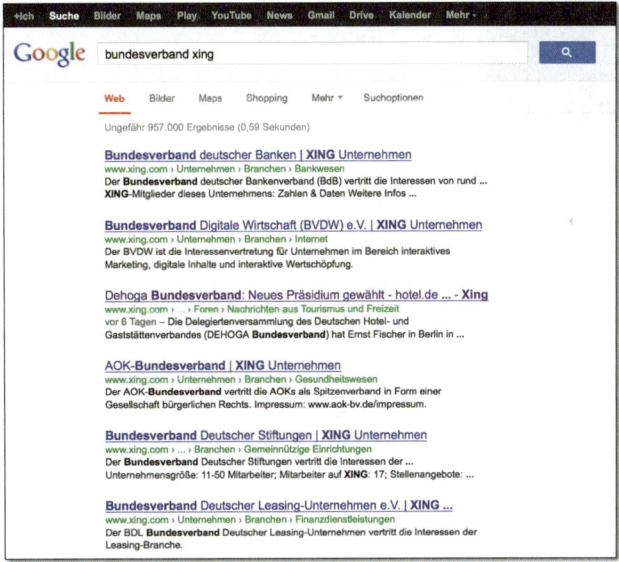

Abbildung 5.2   Google-Suche nach »bundesverband xing«

Die Studie erweckt den Anschein brachliegender Potenziale: Die klassische Pressearbeit findet größtenteils noch kein adäquates Pendant im Social Web. Zwar arbeiten Verbände oftmals mit Online-Presseportalen, und wirtschaftsnahe Vereinigungen sind mitunter bei XING zu finden (siehe Abbildung 5.2), doch ist für die Mehrheit eine crossmediale Positionierung in sozialen Netzwerken noch in weiter Ferne. Auch scheinen die konkreten Einsatzfelder von Social Media und deren Zweckmäßigkeit für einzelne PR-Gebiete nach wie vor nicht hinreichend bekannt zu seien. So drängt sich auch mit Blick auf die Praxis der Eindruck auf, dass beispielsweise der Nutzen einer gezielten Eventpromotion in sozialen Medien eher unklar zu sein scheint – was umso erstaunlicher ist, als sich der Einsatz von Social Media bei der Öffentlichkeitsarbeit für Verbandsveranstaltungen eindeutig lohnt. (Kapitel 8, »Events modern promoten«)

Dass der kommunikative Handlungsbedarf durchaus gegeben ist, haben größere Organisationen wie der Deutsche Fußball-Bund schon seit Längerem erkannt. Heute setzen sie soziale Medien sehr zielgerichtet und erfolgreich ein (siehe Abbildung 5.3) und bereichern ihre Öffentlichkeits- und Imagearbeit durch den interaktiven Echtzeitdialog.

Insofern sollten auch Sie nicht die Chance an sich vorbeiziehen lassen und sich mit dem Gedanken tragen, Ihren Verband in Zukunft intensiver zu vermarkten.

Abbildung 5.3 Der Twitter-Kanal des Deutschen Fußball-Bundes

5.2 Zehn Gründe für professionelles Verbandsmarketing

Wie im vorherigen Abschnitt angedeutet, gibt es viele gute Gründe, weshalb sich auch Ihr Verband im Mitmachweb präsentieren sollte. Falls Sie aber immer noch nicht überzeugt sind, helfen Ihnen die folgenden Argumente, Ihre Bedenken und Vorbehalte zu zerstreuen:

1. Das Social Web bewegt. Für viele Menschen ist es ein wesentlicher Bestandteil ihrer Realität und beeinflusst Entscheidungsprozesse. Durch die Kommunikation in sozialen Netzwerken können Sie einen Prozess des Umdenkens in Bewegung setzen.

2. Dank hoher aktiver Nutzerzahlen hat das Mitmachweb eine ungeheure Reichweite. Es halten sich Meinungsführer und Influencer tagtäglich in sozialen Medien wie Facebook, YouTube und Twitter auf. Allein dies sollten Sie zum Anlass nehmen, sich intensiver mit dem Thema zu befassen und sich für systematisches Verbandsmarketing zu entscheiden.

3. Dementsprechend ist das Mitmachweb der optimale Ort für Ihre Aufklärungs-, Öffentlichkeits- und Imagearbeit. *Agenda-Setting* kommt somit auch hier zum Tragen (Abschnitt 2.1.2, »Corporate Blogging für Ihre Medienpräsenz«), insbesondere wenn Sie Ihre Themen öffentlich in Social Networks besprechen. Zudem kann die Themenplatzierung über geschlossene Netzwerke für auserwählte Adressaten erfolgen. Ein Beispiel wären hier XING-Gruppen, die sich ausschließlich an Ihre Verbandsmitglieder richten und bei denen Vertraulichkeitsaspekte eine große Rolle spielen.

Rechtstipp: Muss man bei XING-Gruppen etwas Besonderes beachten, außer das Übliche? Oder gibt es hier einen eklatanten Unterschied zwischen einer »offenen« und geschlossenen Gruppen?

Wie bei sonstigen geschlossenen Gruppen auch ist das Persönlichkeitsrecht zu bedenken, es darf also kein Gruppenmitglied ohne dessen Einwilligung in die Öffentlichkeit gezogen werden. Interessant ist bei XING sicherlich der Aspekt, dass die Teilnehmer alle mit Klarnamen bekannt sind und üblicherweise auch Ihre Adresse hinterlegt haben. Die Rechtsdurchsetzung wird so erheblich erleichtert, da die ladefähige Anschrift eines potenziellen Unterlassungsschuldners nicht erst lange ermittelt werden muss.

4. Durch die ständige Verbreitung von relevanten Informationen, gepaart mit der Interaktion zwischen Ihnen und den Nutzern, schaffen Sie ein Bewusstsein für Ihr Anliegen und halten es in den Köpfen Ihrer Mitglieder, Fans und Follower präsent (siehe Abbildung 5.4). Sie bringen sich selbst ins Dauergespräch und sind nicht zwingend darauf angewiesen, dass andere über Sie berichten. Dies ist gerade für kleinere und/oder jüngere Verbände eine Chance, sich in das Licht der Öffentlichkeit zu rücken und sich Gehör zu verschaffen.

Abbildung 5.4   Der Twitter-Kanal des Verbandes der ölsaatenverarbeitenden Industrie in Deutschland

5. Dank des öffentlich stattfindenden Dialogs schaffen Sie Transparenz. Sie vermitteln, worum es Ihnen eigentlich geht und welche Leistungen Sie erbringen. Dies dient selbstredend auch Repräsentations- und Imagezwecken.

6. Sie können nicht bloß den Kontakt zu Multiplikatoren und Meinungsgruppen suchen, sondern auch zu Ihren Mitgliedern. Denn soziale Medien sind ein wichtiges Instrument des effizienten Mitgliedermarketings in Echtzeit. Ein intensiver Austausch zeugt von Ihrer Servicementalität und ist der Mitgliederbindung enorm zuträglich.

7. Moderne Webtechnologien kurbeln darüber hinaus den internen Wissensaustausch an. Beispielsweise optimieren geschlossene Mitgliedernetzwerke, Wikis oder Foren das Wissensmanagement Ihres Verbandes. Zudem können Sie hierzu verschlüsselte Twitter-Accounts nutzen sowie geschlossene Gruppen bei XING, LinkedIn, Facebook oder Google+, wie Sie in Abbildung 5.6 sehen.

8. Stehen digitale Plattformen zur Verfügung, wird »Mitmachen« leicht gemacht. Im Idealfall befördert die steigende Vernetzung unter den Mitgliedern den aktiven Austausch. Dadurch bekommt Ihre Verbandskommunikation nicht nur deutlich mehr Dynamik, sondern gewinnt auch an Präsenz in sozialen Medien.

9. Durch systematische PR im Social Web gewinnen Sie also im Zweifelsfall an Attraktivität für Nichtmitglieder. Indem Sie unter anderem auf Ihre Veranstaltungen bei XING, Facebook, Twitter & Co. aufmerksam machen, machen Sie mittel- bis langfristig neue Mitglieder auf sich aufmerksam.

10. Last but not least eignen sich soziale Medien hervorragend zur Durchführung von reichweitenstarkem, nationalem wie internationalem Gemeinschaftsmarketing. Ein prominentes Beispiel, wie in Abschnitt 3.2.1, »Der Deutsche Sparkassen- und Giroverband: Giro sucht Hero« vorgestellt, ist die 2011 gestartete Kampagne »Giro sucht Hero« des Deutschen Sparkassen- und Giroverbandes.

Wie Sie merken, sind die Argumente für eine professionelle Aufstellung gerade im Verbandsbereich zahlreich. Jetzt geht es eigentlich »nur noch« darum, Ihren Verband ins Social Web zu bringen und die Möglichkeiten des digitalen Zeitalters erfolgreich zu nutzen.

5.3 Wie Sie Ihren Verband ins Social Web bringen

Da Verbände die Interessen Ihrer Mitglieder in der Öffentlichkeit vertreten und die öffentliche Wahrnehmung mitgestalten, sollten Sie sich nicht unbedarft ins Social Web begeben. Vielmehr ist es angebracht, dass sich Kommunikations- und Marketingverantwortliche im Vorfeld hinreichend mit dem Thema auseinandersetzen und sich über die Regelsysteme in sozialen Medien informieren. Dabei ist die Strategieentwicklung wesentlich für Ihren Erfolg im Mitmachweb.

Auch wenn Social Media vor Spontanität strotzen, gilt das keineswegs für nicht profitorientierte Organisationen. »Einfach machen!« kann nämlich nach hinten losgehen und Sie vor unerwartete Probleme stellen: So können sich etwa Kritiker zu Wort melden und den Sinn Ihrer Arbeit angreifen. Spätestens in solchen Grenzfällen rächt es sich, wenn Sie vor dem Einstieg einiges nicht bedacht haben. Wenn Sie sich der virtuellen Öffentlichkeit präsentieren und für Ihre Themen sensibilisieren möchten, stellt sich daher zunächst die Frage nach der sogenannten *Institutional Readiness*.

5.3.1   Ist Ihr Leitbild bereit für Verbandsmarketing im Social Web?

Zunächst in der IT-Branche gebräuchlich, bezeichnet *Institutional Readiness* in unserem Fall die interne Bereitschaft und Fähigkeit, eine professionelle PR-Arbeit im Social Web durchzuführen. Bezogen auf Ihre Organisation heißt das: Sind Sie wirklich reif für Social Media Marketing? Entspricht es Ihrem Selbstverständnis, ansprechbar für die Außenwelt zu sein? Sind Sie gewillt und fähig, sich auf anderen Wegen und mit anderen Mitteln mitzuteilen?

Sie sehen: Die inneren Voraussetzungen für eine konsequente Öffentlichkeitsarbeit müssen geschaffen werden. Wenn Sie aktiv werden, gehören beispielsweise lange Freigabezyklen der Vergangenheit an. Sie benötigen qualifiziertes Personal, das in der Content-Erstellung frei ist und Ihr Vertrauen genießt. Bei andauernden Verzögerungen und Wartepausen verlieren soziale Medien ihren Echtzeitcharme, und der Dialog mit Fans und Followern gerät ins Stocken. So ist es hervorragend, wenn Sie Ihre Community beispielsweise live oder unmittelbar nach Veranstaltungen schon mit entsprechendem Bildmaterial versorgen können und sie am Geschehen teilhaben lassen, wie das Beispiel in Abbildung 5.5 zeigt.

Durch eine kommunikative und transparente Vorgehensweise in sozialen Netzwerken können User direkt und in Echtzeit Anteil am Geschehen nehmen, was sie mit Interaktion würdigen, wie ein Blick auf Abbildung 5.5 verdeutlicht. Der DBB hat sich also in dieser Hinsicht erfolgreich positioniert, er hat die nötige Vorarbeit geleistet und die entsprechenden organisatorischen Voraussetzungen für PR im Social Web geschaffen.

Intern die Weichen zu stellen und den bisherigen Führungsstil auf seine Praxistauglichkeit in der Social-Media-Zukunft hin zu hinterfragen, bleibt auch Ihnen nicht erspart. Nur so werden Sie feststellen, ob Ihr Verbandsleitbild bereit ist für eine systematische Positionierung im Mitmachweb.

Abbildung 5.5 Die Facebook-Seite des Deutschen Beamtenbundes

Institutional Readiness im Fundraising: Sind Sie bereit?

Im *Fundraising*, sprich bei der Spendengenerierung, ist *Institutional Readiness* bereits seit einigen Jahren ein geläufiger Begriff. Gerade bei der Durchführung einer Online-Spendenkampagne sollten Sie die entsprechenden Voraussetzungen im Organisationsinneren schaffen. Die folgenden Fragen helfen Ihnen, Ihre »Bereitschaft« zu überprüfen:

▶ Ist der Spendenzweck überzeugend? Spricht er die Menschen konkret an, oder muss man ihn erst veranschaulichen? Gibt es offensichtlichen Bedarf? Herrscht schon eine gewisse Sensibilität für das Thema?

▶ Hat Ihre Organisation ein ausreichendes Standing beziehungsweise Reputation, sodass Spendenwillige ihre Gelder in guten Händen wissen?

▶ Ist Ihre Führungskultur überhaupt offen genug für eine solche Kampagne? Lässt Ihre Kommunikationskultur auch das Delegieren von Verantwortung zu? Haben Sie genügend Manpower, um alles selbstständig durchzuführen? Wie verfahren Sie mit freiwilligen Helfern? Was dürfen diese, was nicht?

▶ Wie können Sie die Kampagne bekannt machen? Welches Anschubbudget ist hierfür vorgesehen?

5.3.2   Welche Ziele verfolgen Sie?

Ohne Strategie ist Ihre Verbandskommunikation zum Misserfolg verdammt. Genauso wenig können Sie ohne konkrete Zieldefinition greifbare Maßnahmen bestimmen. Aus diesem Grund sollten Sie einen effektiven Strategie-Fahrplan für Ihre PR im Social Web entwickeln. Dieser klärt, welche langfristigen Ziele Sie durch den Einsatz von sozialen Medien erreichen möchten, wen Sie zu erreichen gedenken und wofür Sie Social Media nutzen.

Die folgenden Grundsatzfragen beugen einem kopflosen Vorgehen vor:

▶ *Zielbestimmung*
Geht es Ihnen eher um Beziehungsmanagement oder eher um Bekanntheitssteigerung? Ist vielleicht Online Reputation Management Ihre oberste Zielsetzung? Eine andere Alternative: Möchten Sie auf ein bestimmtes Thema aufmerksam machen und/oder im Sinne des Sozialmarketings eine langfristige Verhaltensänderung herbeiführen?

▶ *Zielgruppenbestimmung*
Ist die breite Öffentlichkeit Ihre primäre Zielgruppe oder ist Ihre PR-Arbeit an Meinungsbildner, spezielle Interessengruppen oder Ihre Mitglieder adressiert?

▶ *Zweckbestimmung*
Streben Sie die Optimierung Ihrer Mitgliederbeziehungen an? Wollen Sie Kommunikationsprozesse verschlanken und den verbandsinternen Austausch in Echtzeit ermöglichen? Sind also kurze Dienstwege und mehr Service für Mitglieder Ihr Anliegen? Vielleicht möchten Sie auch Ihre Veranstaltungen über das Social Web effektiv promoten, oder Sie haben ein konkretes Projekt, das finanzieller Unterstützung bedarf, sodass Online-Spenden und Crowdfunding für Sie infrage kommen (Abschnitt 4.3, »Wie der Schwarm Ihre Projekte finanziert« sowie Abschnitt 6.1.4, »Fundraising und Crowdfunding«).

Allein der Auszug an zufällig zusammengestellten Fragen zeigt, wie wichtig eine strategische Grundlagenarbeit in der Vorbereitungsphase ist. Denn nur durch diese wird es Ihnen in einem nächsten Schritt gelingen, Communitys und Plattformen nach Relevanz zu filtern und Social Media in Ihre bestehenden PR-Aktivitäten einzubinden.

5.3.3   Welche Plattformen sind sinnvoll?

Wenn Sie Ihre Social-Media-Strategie festlegen, sollten Sie sich zunächst auf einige wenige Kanäle konzentrieren. Schließlich müssen Sie erst herausfinden, wie Sie damit im Tagesgeschäft zurechtkommen und ob Sie es schaffen, konstant neuen Content zu veröffentlichen. Vielleicht findet Ihre Kampagne ja auch von Anfang an sehr großen Anklang, und Sie müssen mehr Zeit investieren, als ursprünglich angedacht.

Insofern ist es wichtig, sich nicht schon von vornherein zu übernehmen. Denn wenn Sie merken, dass Ihr Verbandsmarketing im Social Web zu Erfolgen führt, können Sie immer noch zusätzliche Maßnahmen ergreifen und neue Kommunikationskanäle erschließen.

Jenseits des eigenen Blogs oder der gängigen öffentlichen Webanbieter wie Facebook, YouTube, Twitter, Flickr, Slideshare sowie XING und LinkedIn lohnt es sich zudem, geschlossene Netzwerke in Erwägung zu ziehen. Diese können exklusive Informationen für Ihre Mitglieder bereitstellen oder dazu beitragen, die Mitglieder effektiver zu vernetzen. Zu solchen sozialen Medien zählen beispielsweise:

► Wikis

► Foren

► Communitys mit persönlichen Profilen, Chatfunktion etc.

► Geschlossene Gruppen bei XING oder LinkedIn

► geheime Gruppen bei Facebook oder, wie in Abbildung 5.6, geschlossene Communitys bei Google+

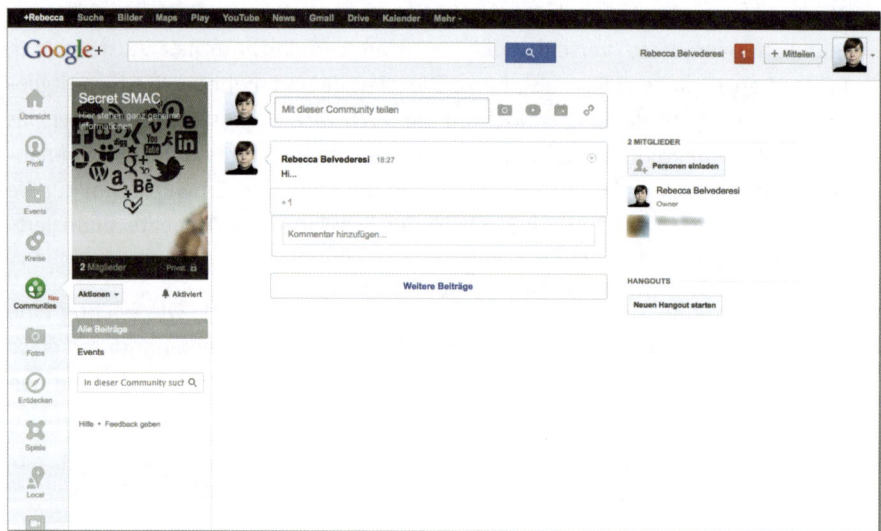

Abbildung 5.6   Eine geschlossene Community auf Google+

Ob öffentlich oder geschlossen – wie so häufig, kommt es auch hier auf Ihre Zielsetzung an.

Rechtstipp: Was gibt es rechtlich bei geheimen Gruppen bei Facebook oder geschlossene Communitys bei Google+ zu beachten?

Sowohl für den Administrator solcher Gruppen wie auch für andere Teilnehmer gilt, dass man die dortigen Inhalte nicht ohne Erlaubnis der Betroffenen nach außen tragen darf. Screenshots etc. von Beiträgen in solchen Bereichen sollte man tunlichst unterlassen, hier wird regelmäßig eine Persönlichkeitsrechtsverletzung vorliegen. Darüber hinaus sollte man, wenn für die Öffentlichkeit nicht erkennbar ist, wer überhaupt Mitglied der Gruppe ist, auch von Mitteilungen über Mitgliedschaften absehen.

5.3.4   Welche Erwartungen werden Ihnen begegnen?

Sobald sich Ihr Verband in sozialen Medien öffentlich mit eigenen Accounts engagiert, erwarten User einiges von Ihnen. Um auf diese Erwartungshaltung angemessen vorbereitet zu sein, finden Sie fünf konkrete Tipps, die Ihnen das Leben leichter machen:

1. Wenn Sie den Dialog in sozialen Netzwerken suchen und diesen auch entsprechend ankündigen, sollten Sie auch real dazu bereit sein. Denn wenn in Beschreibungen bei Facebook, Twitter & Co. steht, dass Sie sich austauschen wollen, werden User dieses Angebot wahrnehmen. In diesem Zusammenhang ist es wichtig, dass Sie Ihr Gegenüber mit der nötigen Ernsthaftigkeit und dem gewünschten Respekt behandeln. Hierzu gehört zum Beispiel, dass Sie Followern auf Twitter zurückfolgen. Dies signalisiert Interesse an twitternden Kommunikationspartnern und zeigt, dass Sie den Dialog wertschätzen. Alles andere könnte indessen unnahbar oder desinteressiert wirken, was auf Dauer reputationsschädlich wäre und Ihnen somit auch keinen Erfolg im Social Web beschert (siehe Abbildung 5.7).

Abbildung 5.7   Der Twitter-Kanal des Deutschen Sparkassen- und Giroverbandes

2. Wenn Sie auf Ihren eigenen Seiten/Accounts kommunizieren und öffentlich im Mitmachweb Stellung beziehen, sollten Sie stets die Kommunikation auf Augenhöhe suchen. Der Merksatz lautet hier: *Informieren ja, belehren nein!* So sollten

Sie Ihre Community über neueste Entwicklungen nicht unterrichten, sondern ihr die aktuellen Geschehnisse – in einer Kurzgeschichte verpackt – erzählen. Eine belehrend-distanzierte Haltung ist in sozialen Netzwerken also fehl am Platz und vergrault Ihre Fans und Follower. Storytelling ist der bessere Weg, um den Kontakt zur Zielgruppe herzustellen und diese zur Interaktion einzuladen.

3. Bemühen Sie sich darum, abwechslungsreichen Content zu posten. Wenn Sie Fotos bei Flickr online gestellt haben, können Sie diese ebenfalls in anderen sozialen Netzwerken veröffentlichen. Crossmediale Ansätze erhöhen Ihre Reichweite und sorgen für ein stimmiges Gesamtbild im Social Web. Außerdem ist es ratsam, die Chance zur Vernetzung zu ergreifen und auch Beiträge, Fotos oder Videos von anderen Seiten mit Ihren Communitys zu teilen (siehe Abbildung 5.8). Dadurch gelingt es Ihnen, sich vielfältig und informiert zu präsentieren.

Abbildung 5.8   Die lokale Facebook-Seite des Deutschen Gewerkschaftsbundes Regensburg teilt unter anderem auch Inhalte von anderen Seiten.

4. Ihr Content darf ruhig unterhaltsam und gewitzt sein. Sporadisch eine Statusmeldung mit Augenzwinkern zu verfassen, macht einen sympathischen Eindruck und ist imageförderlich. Angesichts dessen sollten Sie auch eine angemessene Sprache finden. Passen Sie Ihren bisherigen Mitteilungsstil sozialen Medien an, Postings wie »Es freut uns, Ihnen mitteilen zu dürfen …« sind deplatziert und interessieren User nicht sonderlich.

5. Zu guter Letzt noch der Hinweis auf Ihre Reaktionszeiten. Wenn Sie sich in Echtzeitmedien positionieren, dürfen die Reaktions- und Antwortzeiten nicht allzu lang sein. So sollten Sie mehrmals täglich einen Blick auf Ihre Social-Media-Kanäle werfen und – bei Bedarf – auf Rückfragen und Anmerkungen antworten. Allen voran gilt es, Facebook und Twitter im Blick zu halten, weil hier derzeit (noch) am meisten und am schnellsten interagiert wird. Ein gutes Reaktionsvermögen ist also ein absolutes Muss, denn ein Verband, der öffentliche Stimmungen nicht auffängt und nicht auf diese eingeht, rückt sich selbst in ein schlechtes Licht.

Marketing-Take-away: Der Panda-Shitstorm

Im Juni 2011 strahlte die ARD eine Dokumentation mit dem Titel »Der Pakt mit dem Panda« aus. In dieser wurde der *World Wide Fund For Nature* (WWF) kritisiert. So warf der Filmemacher die Frage auf, ob der WWF wegen seiner Wirtschaftsnähe seiner Aufgabe, die letzten intakten Ökosysteme zu retten, nicht mehr nachkomme. Durch die implizierten Vorwürfe litt mit einem Schlag die Glaubwürdigkeit der ansonsten prestigeträchtigen Organisation.

Irritierte, verärgerte Zuschauer fanden Ihren Weg zur Facebook-Seite, um etwas genauer nachzuhaken und sich Luft zu machen. Während Facebook zum Schauplatz eines viralen Skandals wurde, diskutierten User auch auf Twitter, in Blogs und Foren heftig über das Thema. Bei Facebook war der Fehltritt allerdings besonders groß, weil die Seitenbetreiber weder zeitnah noch angemessen auf den Unmut der User eingingen. Anstatt mit Fakten zu argumentieren und die Diskussionen auf eine sachliche Ebene zu heben, präsentierte man eine Art Punkteprogramm (siehe Abbildung 5.9).

Abbildung 5.9   Der Panda-Shitstorm auf der Facebook-Seite des WWF Deutschland

Krönung des Debakels war, als eine WWF-Mitarbeiterin um Verständnis für die Ge-schäftszeiten der eigenen Facebook-Seite bat, da man lediglich zwischen 8.00 und 18.00 Uhr reagieren könne. Dass dies die wütende Menge nicht gerade besänftigte, scheint selbstredend. Die Krisenkommunikation schien gescheitert. Zudem stießen die mitarbeitenden Social-Media-Verantwortlichen an ihre Grenzen und flüchteten sich in eine zu sachliche Analyse der Vorfälle. Der WWF versäumte es in diesem Fall, die Stärke sozialer Medien in die eigene Krisen-PR zu integrieren: Anstatt die Community auf der Beziehungsebene anzusprechen und die Emotionslage zu entspannen, präsentierte man ein Vier-Punkte-Programm und schaltete die Pinnwand erst vier Tage nach Ausbruch des »Shitstorms« für alle User sichtbar. Die Vorzüge der persönlichen Kommunikations-kultur im Social Web wurden seinerzeit nicht genutzt.

5.3.5 Welche personellen Herausforderungen erwarten Sie?

Eine erfolgreiche PR-Arbeit im Social Web erfordert Ressourcen. Insofern sollten Sie sicherstellen, dass Ihr Personal über hinreichendes Social-Media-Wissen verfügt und auf die Anforderungen in der modernen Verbandskommunikation eingestellt ist. Dies gilt insbesondere für den oder die Social-Media-Verantwortlichen, wobei Sie hierfür nicht zwingend eine volle Stelle aufwenden müssen. So bietet es sich je nach Verbandsart und -größe an, einen oder mehrere Mitarbeiter aus der Marke-ting- oder Kommunikationsabteilung mit dem Social Media Management zu beauf-tragen, sodass die Verantwortlichen einen Teil Ihrer Arbeitszeit mit der Kommuni-kation in interaktiven Echtzeitmedien verbringen. Ob dies sodann 20 % oder 50 % der Arbeitszeit in Anspruch nehmen darf, muss letztlich die Verbandsführung ent-scheiden. Nicht zuletzt hängt diese Grundsatzentscheidung davon ab, welche Re-levanz dem Thema *Social Web* verbandsintern zugeschrieben wird.

Falls die Mitarbeiter im zukünftigen Social-Media-Team Unsicherheiten und Hem-mungen haben, sollten Sie diese durch gezielte Maßnahmen wie Seminare, Strate-giepapiere, Kommunikationsrichtlinien und Social Media Guidelines abbauen. Sol-che Vorkehrungen sorgen für ein einheitliches Erscheinungsbild und Auftreten in sozialen Netzwerken, den beteiligten Mitarbeitern vermitteln sie das erforderliche Know-how und stiften zugleich Handlungssicherheit. So schreiben Sie in Ihrer So-cial Media Policy zum Beispiel verbindlich nieder, ob und wie sich Ihre Mitarbeiter als Angehörige der Organisation kenntlich machen. Dadurch wissen etwa die Social Media Manager, ob sie ein personalisiertes Autorenprofil im Verbandsblog anlegen sollen, welche dienstlichen Informationen in ihrem persönlich Facebook-Profil ent-halten sein müssen und/oder wie der Verband als Arbeitgeber in Business-Netz-werken kenntlich gemacht werden sollte etc. (Abschnitt 1.2.2, »Wieso ist eine Social Media Policy essenziell für Ihre PR?«) Durch die oben genannten Maßnah-men stellen Sie zudem eine kreative Route für Ihren Content auf, damit den Social-

Media-Verantwortlichen die zu kommunizierenden Themen bekannt sind. Die Entwicklung einer solchen Content-Strategie ist natürlich besonders wichtig für Verbände, in denen es Tabuthemen gibt, die nicht an die Öffentlichkeit dringen sollen.

Für den Fall, dass Sie Ihr Social-Media-Team durch Ehrenamtliche unterstützen lassen, sollten Sie ebenfalls für freiwillige Helfer die Verantwortlichkeiten, Zuständigkeiten, Administratorenrechte und den vertraulichen Umgang mit den Zugangsdaten für Ihre Social-Media-Präsenzen klären. Je höher die Fluktuation, desto bedeutsamer wird dieser Aspekt.

> **Rechtstipp: Haftungshinweise**
>
> Vorsicht – die Frage, wer für Inhalte haftbar ist, wenn sich ein Verband durch ehrenamtliche Mitarbeiter unterstützen lässt, wird nicht selten lauten: beide. Jedenfalls wenn der Verband als Betreiber des betroffenen Dienstes auftritt, wird er sowohl bei urheberrechtlichen als auch bei persönlichkeitsrechtlichen Verletzungen zumindest als sogenannter Störer hinsichtlich der Unterlassung in Betracht kommen. Ob daneben noch der Mitarbeiter als Anspruchsgegner in Betracht kommt, wird auf den Einzelfall ankommen. Man sollte daher den Weg gehen, klar vertraglich zu regeln, wie Arbeitsprozesse stattfinden. Bei einem Pflichtverstoß wird der Mitarbeiter dann gegebenenfalls durch den Verband in Regress zu nehmen sein. Allerdings wird man davon ausgehen können, dass eine Haftung eines ehrenamtlichen Mitarbeiters zumindest für einfache Fahrlässigkeiten ausgeschlossen ist.

Durch Social Media Guidelines erhält darüber hinaus auch der Rest des Verbandspersonals eine klare Handlungsempfehlung dafür, welche öffentlichen Stellungnahmen als Vertreter Ihres Verbandes im Social Web erlaubt sind und was man vermeiden sollte. Dadurch wissen Mitarbeiter beispielsweise, in welcher Form sie in ihrer Freizeit auf der eigenen Verbandsseite bei Facebook kommentieren dürfen. Daneben sind Guidelines gerade für NPOs mit einer großen Zahl an ehrenamtlichen Mitarbeitern enorm wichtig, damit auch diese ihre Kommunikation in sozialen Netzwerken darauf abstimmen können und sich verantwortungsvoll in diesem öffentlichen Raum bewegen. So sieht man es auch bei der Caritas, deren Guidelines auf ihrer Internetseite (siehe Abbildung 5.10) genau einen solchen Fall beschreiben:

»Unsere glaubwürdigsten Botschafter sind Sie: die Mitarbeiterinnen und Mitarbeiter und die vielen Freiwilligen und Ehrenamtlichen. Durch Ihren Einsatz geben Sie der Caritas vor Ort ein Gesicht – tun Sie dies gerne auch in Ihren sozialen Netzwerken.«[3]

---

3 Caritas, *http://www.caritas.de/diecaritas/fuermitarbeiter/caritaswebfamilie/social_media_leitlinien_caritas/guidelines*

Abbildung 5.10   Social Media Guidelines der Caritas

Marketing-Take-away: Netiquette – auch für Ihre Community Manager

Als *Netiquette* bezeichnet man eine Wortschöpfung aus Internet und Etikette. Indem Sie klare Verhaltensregeln in Ihren Social-Media-Kanälen hinterlegen, wissen Fans und Follower, welche Umgangsformen Sie von ihnen erwarten und welche Sie ihnen entgegenbringen (siehe Abbildung 5.11).

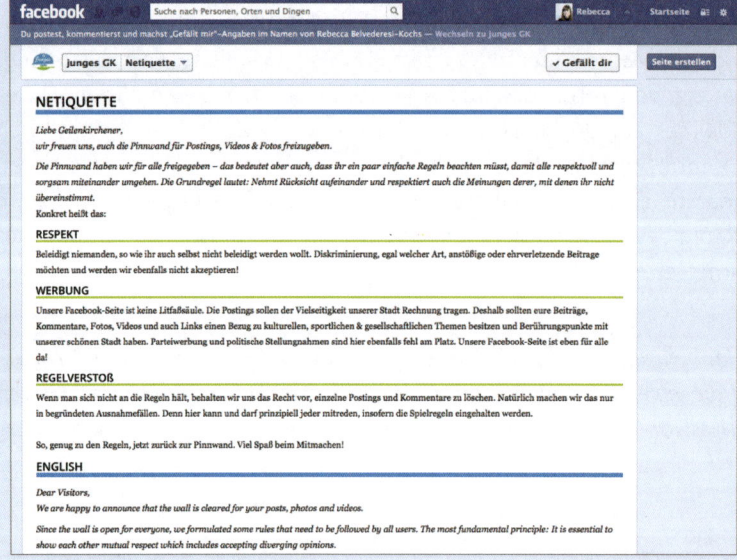

Abbildung 5.11   Die Netiquette auf der Facebook-Seite des Projekts »Junges GK«

Eine Netiquette ermöglicht also, souverän und respektvoll miteinander zu kommunizieren. Die Einbindung einer solchen bietet sich für Verbände an, da sie Verhaltenssicherheit für alle Parteien mitbringt – auch für Ihre eigenen Mitarbeiter und ehrenamtlichen Helfer.

5.3.6   Die zehn beliebtesten Fehler im Social Web

Wenn Sie das Gelesene Revue passieren lassen, werden Sie schnell feststellen, dass sich Ihre Erfolge im Social Web nicht von alleine einstellen. Ganz im Gegenteil: Es verlangt viel Konzeptions-, Strategie- und Kreativleistung, damit unterschiedliche Faktoren positiv zusammenspielen. Für einige Verbände kein leichtes Unterfangen. Deswegen wird nun das Pferd von hinten aufgezäumt – mit einer kleinen Anleitung zum konstruktiven Misserfolg:

1. Betrachten Sie das Social Web als unnötigen Trend, und sitzen Sie ihn einfach aus.

2. Sie sollten sich vor sozialen Medien scheuen, weil diese a) sehr schnelllebig sind, b) Ihre Mitglieder eher nicht damit zurechtkommen und hier c) prinzipiell jeder mitmachen darf.

3. Wenn schon, dann verwenden Sie Social Media ausschließlich als Push-Kanal, um Ihre Botschaften unter die Leute zu bringen.

4. Lassen Sie keine öffentlichen Kommentare zu, damit Ihnen nichts passiert und Sie gegenüber jeglicher Kritik gefeit sind. Mitglieder und sonstige Anspruchsgruppen sollen stattdessen per E-Mail kommunizieren.

5. Stellen Sie im Vorfeld keinen Krisenplan auf – das käme einer selbsterfüllenden Prophezeiung gleich.

6. Seien Sie sich dessen bewusst, dass die Echtzeitkomponente im Verbandsmarketing völlig überbewertet wird. Reaktionen innerhalb einer Frist von 14 Tagen reichen aus.

7. Verwenden Sie unbedingt Amtssprache, damit jedem User klar wird, dass Sie eine ordentliche Organisation sind. Wichtig ist, dass Sie Ihre Botschaft verlautbaren und stets bei der Kernaussage bleiben.

8. Verzichten Sie auf qualifiziertes Personal. Da Social Media bekanntlich kinderleicht zu bedienen sind, reichen auch unerfahrene Teilzeitkräfte. Schließlich können Sie unbesonnene Statusmeldungen und Kommentare wieder löschen.

9. Wenn Sie unter Kapazitätsmangel leiden, ist das auch kein Problem. Das wochenlange Ausbleiben von Postings, Tweets & Co. hat sowieso keinerlei Auswirkung auf Ihre Reichweite und Ihr Image.

10. Falls Sie aktiv sind, verzichten Sie unbedingt auf Social Buttons. Durch die Links zu Ihren Social-Media-Accounts wird sonst Ihre Aktivität in sozialen Netzwerken nur allzu schnell bekannt und die Aufmerksamkeit der Website-Besucher lenkt sich auf Facebook, Twitter & Co.

Wenn Sie diese Anleitung umsetzen, können Sie davon ausgehen, dass Ihr Image einen erheblichen Schaden nimmt. Social Media in der Verbandskommunikation können eben nur funktionieren, wenn Sie das Handwerkszeug beherrschen und sich an einer klar ausgearbeiteten Strategie orientieren. Erfolgreiche Social-Media-PR für Verbände wird erst dadurch zu mehr als nur einem Hype.

5.4   Wie Verbandsmarketing in der Praxis aussieht

Das Verbandsmarketing ist in der Praxis ebenso vielfältig wie die Zielsetzungen von Verbänden selbst. Um Ihnen in diesem Kapitel einen Einblick in die Aktivitäten von Non-Profit-Organisationen zu geben, werden Ihnen die PR-Arbeit von folgenden drei Verbandstypen vorgestellt:

▶ Verbraucher- und Naturschutzverbände

▶ Branchenverbände

▶ Berufsverbände

Abgerundet werden die Praxisbeispiele durch ausgewählte Gemeinschafts- und Imagekampagnen, die Ihnen neue Wege der modernen Verbandskommunikation aufzeigen.

5.4.1   Verbraucher- und Naturschutz goes Social Media

In sozialen Medien ist das PR-Klima in Sachen Verbraucher- und Naturschutz sehr gut. Oftmals stoßen Interessenverbände auf fruchtbaren Boden, wenn sie für Umwelt- und Konsumententhemen sensibilisieren. Ist die PR-Arbeit durchdacht und sympathisch, erzielen sie durch lebensnahe Themen eine hohe Reichweite und können sich mit Endverbrauchern direkt austauschen.

Dabei sollten der Austausch und Dialog mit der interessierten Öffentlichkeit Ihr Hauptaugenmerk sein – und wie am WWF-Shitstorm von 2011 gezeigt, dürfen Sie den Gesprächsbedarf im Mitmachweb nicht unterschätzen (Abschnitt 5.3.4, »Welche Erwartungen werden Ihnen begegnen?«). Fangen wir daher mit einem Best-Practice-Beispiel der allseits bekannten NGO *Greenpeace* an.

Greenpeace: Viel Action für Umweltaktivisten

Seit mehr als vier Jahrzehnten setzt sich Greenpeace auf internationaler Ebene für Umweltschutz ein und fordert Menschen dazu auf, selbst aktiv zu werden. Die PR-Arbeit zeugt dabei von einem hohen Professionalisierungsgrad – sowohl in klassischen Medien als auch im Social Web.

Der Social-Media-Auftritt ist alles andere als improvisiert. So liegt eine ganzheitliche Strategie vor, die Online-Aktivitäten mit Offline-Aktionen koordiniert und durch die man vor allem die jüngere Zielgruppe anspricht. Greenpeace engagiert sich auf Plattformen, auf denen sich die Adressaten in ihrer Freizeit aufhalten und wo bereitwillig Inhalte geteilt werden.

Zum Informieren und Diskutieren lädt man seit Jahren in üblichen Netzwerken wie Facebook, YouTube, Twitter und Flickr ein. Beim Start ins Social Web 2007 war man außerdem auf MySpace und in den VZ-Netzwerken sehr aktiv. Nachdem diese allerdings in den letzten Jahren an Bedeutung verloren, passte man sich an und präsentiert sich nunmehr ebenfalls auf Google+. Dadurch dass Greenpeace hier schon im oberen fünfstelligen Bereich in den Kreisen anderer ist (siehe Abbildung 5.12), gehört die Seite, gemessen an der reinen Anhängerzahl, zu den Spitzenreitern der deutschen Umweltschutzorganisationen auf Google+.

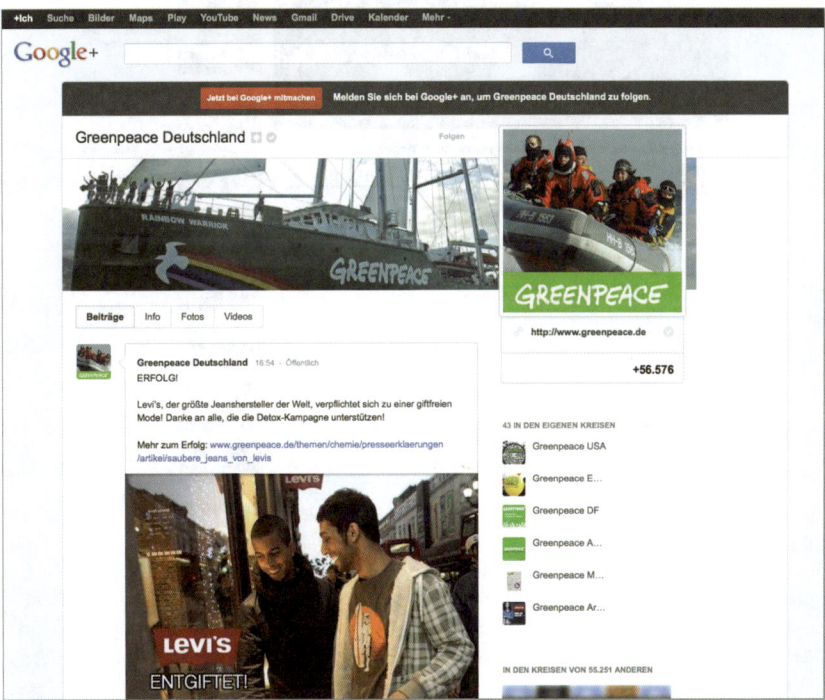

Abbildung 5.12 Greenpeace auf Google+

Darüber hinaus unterhält Greenpeace ein eigenes, sehr gut gepflegtes Blog mit zahlreichen Autoren, die Ihre Standpunkte darlegen und über eine Vielzahl von Kampagnen berichten.

Marketing-Take-away: Der #ShellFAIL als Antikampagne

Anfang Juni 2012 veröffentlichte ein privater User ein Video auf YouTube. Mit der Handykamera aufgenommen, sahen Zuschauer exklusive Einblicke in eine blamable Pressekonferenz des Ölkonzerns Shell. Denn trotz entsprechendem Ambiente ging bei dieser alles schief, was nur hätte schiefgehen können.

Der weibliche Ehrengast der Presseveranstaltung wurde von dem Miniaturnachbau einer typischen Förderanlage mit ölig anmutender Flüssigkeit bespritzt (siehe Abbildung 5.13). Bei solch einem Skandal ist es kein Wunder, dass das Video innerhalb eines Tages bereits über eine halbe Million Views auf YouTube verbuchen konnte und auch in anderen Communitys als #ShellFAIL diskutiert wurde.

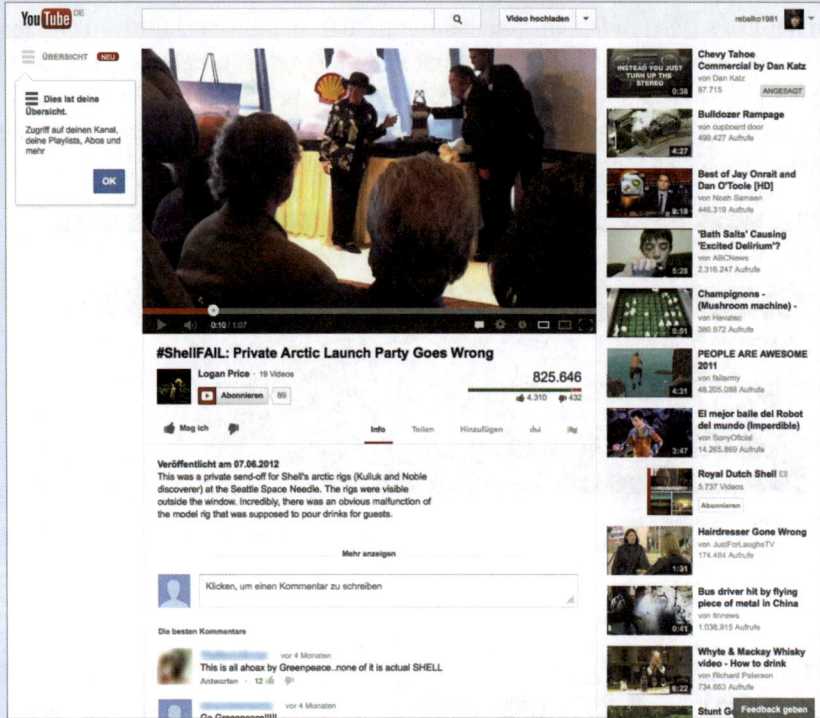

Abbildung 5.13   Das YouTube-Video zur Shell-Antikampagne

Kurzum: Eine kleinere Katastrophe, die die Reputation des Öl-Multis vor den Augen der Presse ruiniert hätte – wenn sie nicht von Greenpeace inszeniert gewesen wäre. Um auf das Förderungsgroßprojekt in der Arktis aufmerksam zu machen und die breitere Öffentlichkeit auf die Bohrungen hinzuweisen, haben die Umwelt- und Naturschützer durch ihren viral gehenden Amateurfilm für Aufsehen gesorgt.

Eine Antikampagne, die innerhalb kürzester Zeit aufging und sogar noch etwas erfolgreicher war als das Vorjahresvideo »The Dark Side«, welches sich, in Anlehnung an den preisgekrönten *Darth Vader*-Spot von VW, gegen die Emissionspolitik des Automobilherstellers richtete (siehe *http://bit.ly/VW_Commercial*).

Während die Homepage von Greenpeace e. V. eher Fakten- und Sachlagen vermittelt, dient die Community namens *Greenaction* dazu, zu mobilisieren und zu politisieren (siehe Abbildung 5.14). In ihr können registrierte Nutzer sowohl eigene Aktionen starten als auch an bereits laufenden mitwirken.

Als Kampagnen-Community konzipiert, konnte Greenaction allein im November 2012 rund 45.000 Besucher verzeichnen. Initiatoren rufen hier regelmäßig zur Unterstützung auf. Sie suchen beispielsweise bloggende Co-Autoren, Öffentlichkeitsarbeiter und Menschen, die zur digitalen Weiterempfehlung und zur Einbindung des Kampagnen-Widgets auf der eigenen Website bereit sind. Darüber hinaus werden in der sehr lebendigen Community auch die kommenden Aktionen vor Ort besprochen.

Abbildung 5.14　Die Greenaction-Community von Greenpeace

Der Facebook-Auftritt von Greenpeace e. V. ist mit ebenso viel Hingabe und Leidenschaft gestaltet. Facebook ist eben die Anlaufstelle, um sich auszutauschen, Anregungen zu geben und zu empfangen. Die Qualität und Regelmäßigkeit der Postings, die Community-Ansprache und Responsezeiten sind scheinbar überzeugend, ansonsten würden die »Gefällt mir«-Angaben im fünfstelligen Bereich nicht permanent wachsen.

Nicht nur auf der offiziellen Facebook-Seite, die Sie in Abbildung 5.15 sehen, sondern auch auf diversen Unterseiten wie dem *Greenpeace Magazin* veröffentlicht man täglich multimediale Statusmeldungen. Das Social-Media-Team informiert über Mangelzustände und über Kampagnen-Erfolge, was die Community mit viel Interaktion belohnt. Um das Paket abzurunden, können Förderer auch direkt über die Facebook-Seite spenden.

Abbildung 5.15 Die deutsche Facebook-Seite von Greenpeace

Die Professionalität der deutschen Umweltschützer ist angesichts des internationalen Vorbildes kaum verwunderlich. So hat jedes Land eine nationale Greenpeace-Seite, teilweise sogar einzelne Regionen und Städte. Die englischsprachige Seite *Greenpeace International* hat dabei mit einer beeindruckenden Fanzahl im Millionenbereich vorgelegt und auch zwei spezielle Serviceseiten auf Facebook eingerichtet: *International Picture Desk* (siehe Abbildung 5.16) und *International Video Desk* versorgen Interessierte und Mitstreiter mit Bild- und Fotomaterial, damit dieses verbreitet werden kann.

Mitmachweb par excellence, zumal Netzwerke und Plattformen nicht als isolierte Teilbereiche nebeneinanderstehen. Vielmehr verfolgt die NGO eine umfassende Crossmedia-Strategie, weil sich alle Kanäle gegenseitig zuarbeiten und die PR-Aktivitäten aufeinander abgestimmt sind. In diesem Sinne verweisen die Profilinformationen in sozialen Netzwerken auch stets auf die Homepage, auf welcher wiederum alle Social Media exponiert im oberen rechten Drittel zu sehen sind. Dadurch wissen geneigte Besucher direkt, wo und wie sie sich dauerhaft mit der Organisation vernetzen können.

Insofern verdeutlicht das Fallbeispiel eins auf jeden Fall: Das Social Web kann zu vielseitigen Zwecken eingesetzt werden. Informieren, Aufklären, Austauschen, Vernetzen, Animieren, Mobilisieren – alles wesentliche Zielsetzungen der crossmedialen Erfolgskommunikation von Greenpeace im Mitmachweb.

Abbildung 5.16   Die Facebook-Seite für Bilder von Greenpeace

Foodwatch: Mit Zuckerbrot und Peitsche im Web

Vom ehemaligen Greenpeace-Geschäftsführer *Thilo Bode* gegründet, tritt die Organisation Foodwatch seit 2002 immer wieder ins Zentrum des öffentlichen Interesses und leistet Aufklärungsarbeit. Durch aufmerksamkeitserregende Kommunikation schafft sie es, kontrovers in den Medien diskutiert zu werden, zumal das Verbraucherschutzthema »Lebensmittel« jeden etwas anzugehen scheint.

Foodwatch agiert in Sachen Aufklärungsarbeit alles andere als diplomatisch (siehe Abbildung 5.17). Reißerisch und schonungslos möchte man Unternehmen und Verbraucher aufrütteln. BSE-verseuchtes Rindfleisch, Alkoholrückstände im »alkoholfreien« Bier, Gelatine in Fruchtsäften und cholesterinsenkende Margarine – Konsumenten sollen wissen, welche Inhaltsstoffe enthalten sind und wie sie sich, dank einer starken Gemeinschaft, zur Wehr setzen können.

Dementsprechend stehen Mitmachkampagnen, in denen User von Anfang an eingebunden sind, auf dem Programm. Diese finden überwiegend im Web statt. So können Interessierte an E-Mail-Aktionen teilnehmen oder online für die Negativauszeichnung »Goldener Windbeutel« voten, für die laut Aussage von Foodwatch im Jahr 2012 rund 130.000 Menschen auf der Kampagnen-Website *www.abgespeist.de* abstimmten.

Abbildung 5.17   Ein Posting der Facebook-Seite von Foodwatch

Richtig interaktiv geht es dann auf YouTube, Facebook und Twitter zu, wobei schon die Website durch Social Plugins in der Sidebar dazu einlädt, sich auf Facebook und Twitter mit der Organisation zu verbinden. Darüber hinaus finden die Besucher der Homepage Empfehlungsmöglichkeiten durch einen Weitersagen-Button über jedem Artikel (siehe Abbildung 5.18).

Abbildung 5.18   Social Plugins auf der Website von Foodwatch

Ähnlich wie Greenpeace weiß Foodwatch offensichtlich um die Potenziale und Wirkungsweise des Word-of-Mouth-Marketings. So finden sich auf Facebook auch Querverweise zu Twitter und YouTube in der Appsrow, wie Sie in Abbildung 5.19 sehen.

Abbildung 5.19   Die Appsrow der Facebook-Seite von Foodwatch

Neben allerhand politisierenden Informationen und kampagnenbezogenen Standpunkten stellt man auf Facebook ebenfalls Pressemeldungen vor. Der Verband versucht summa summarum die eigene Marke als NPO zu stärken. Mitte Oktober führte er eine Aktion durch, um 70.000 »Gefällt mir«-Angaben zu erreichen (siehe Abbildung 5.20). Auch wenn die Handlungsaufforderung im Titelbild gegen die Promotion-Guidelines des Netzwerkes verstößt,[4] war diese Aktion ein voller Erfolg. Schon im darauffolgenden Monat wurde die Zielvorgabe erfüllt.

Insgesamt ist Foodwatch sowohl bei Facebook als auch beim Microblogging-Dienst Twitter gut aufgestellt und erreicht Unterstützer und Interessierte in kürzester Zeit. Wenn etwas unter den Nägeln brennt, wird dies auch durch eine scharfe Tonalität kenntlich gemacht. Dadurch wirkt die Organisation polarisierend, was im Endeffekt Ihrer Öffentlichkeitsarbeit keinen Abbruch tut. Schließlich wird dadurch mehr über sie geredet.

So auch auf YouTube. Der gut bestückte Kanal hat unterschiedliche Videokonzepte. Manche Spots befassen sich mit Produkten und gehen diesen auf die Spur, andere dekonstruieren mutmaßlich falsche Werbeaussagen, weitere zeigen Pressekonferenzen, Street-Aktionen und natürlich dürfen daneben Clips zu den *Goldenen Windbeuteln* der letzten Jahre nicht fehlen.

Jenseits davon favorisieren die Verantwortlichen andere Clips zu Nahrungsmittelreportagen oder Interviews, sodass diese dann im eigenen Kanal mit erscheinen.

---

4 Mehr zu den Guidelines von Facebook erfahren Sie hier: *https://www.facebook.com/page_guidelines.php*.

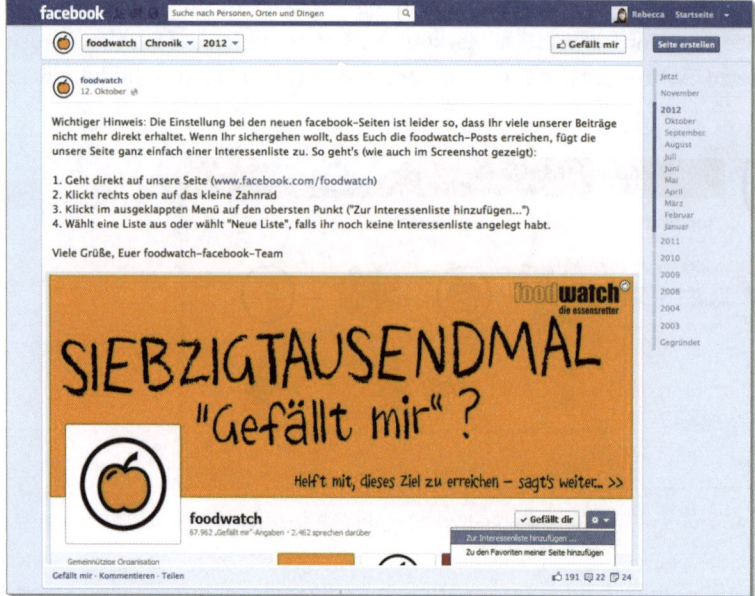

Abbildung 5.20   Ein Posting zur Siebzigtausendmal-Aktion auf der Facebook-Seite von Foodwatch

Ähnlich wie bei Greenpeace wird das Prinzip des Austauschs und der Vernetzung verstanden und gelebt. Für Foodwatch ist YouTube mehr als nur eine Video-Sharing-Plattform, da Videos von der Community fleißig kommentiert werden (siehe Abbildung 5.21). Der YouTube-Kanal ist debattenreich, es geht sowohl sachbezogen als auch emotional zu.

Abbildung 5.21   Kommentare im YouTube-Channel von Foodwatch

Der Account wirkt dabei gut betreut, was die Abonnenten wohl ähnlich sehen. Sonst würden sich diese nicht in den Diskurs einbringen und als loyale »Marken«-Anhänger der NPO fungieren.

Trotz der vorhandenen Kritiker, die sicherlich auch der kommunizierten Kompromisslosigkeit geschuldet ist, demonstriert Foodwatch, dass man die Macht und die Logik sozialer Medien verstanden hat und zu nutzen weiß. Durch die kampagnen- und reichweitenstarke Performance schafft es die Organisation, auch die Aufmerksamkeit von Tageszeitungen und Magazinen auf sich zu ziehen.

Marketing-Take-away: Ein Mädchen revolutioniert die Schulkantine

Im April 2012 machte ein neunjähriges, schottisches Mädchen im Social Web von sich reden: Sie startete ein Food-Blog namens NeverSeconds und postete, nach vorheriger Absprache mit ihren Lehrern, täglich das Essen aus der Schulkantine (siehe Abbildung 5.22).

Jedes Foto versah sie auf einer Gesundheitsskala mit einem Wert von 1 bis 10 und thematisierte dadurch die desolate Ernährungsversorgung im britischen Schulwesen. Die Idee ihres so bezeichneten »Food-o-meter« kam bei den Lesern überraschend gut an – was dazu führte, dass die Inhalte in Windeseile geteilt wurden und sich wie ein Lauffeuer im Mitmachweb verbreiteten. Im Endeffekt konnte NeverSeconds deswegen schon innerhalb einer guten Woche die 100.000-Besucher-Marke knacken.

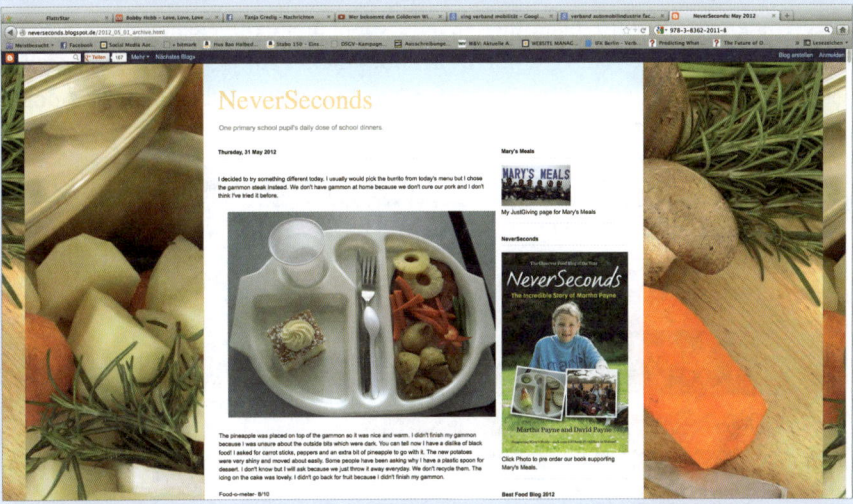

Abbildung 5.22   Das Kampagnenblog NeverSeconds

Die Aktion war derart öffentlichkeitswirksam, dass sogar Starkoch *Jamie Oliver* Wind von ihr bekam und der aufgeweckten Martha per Twitter zu ihrem Kampagnenblog gratulierte.

Durch den viralen Selbstläufer begannen auch andere Kinder, ihre Essensbilder an die Schülerin zu schicken, damit diese veröffentlicht wurden. Sich den virtuellen Rummel zunutze machend, führte Martha dann eine Spendenaktion für die Organisation *Mary's Meals* durch, dank derer eine nordafrikanische Schule unterstützt werden sollte.

Immerhin kamen auf die Art in kürzester Zeit 2.000 £ an Spendengeldern zusammen – und selbstredend hat sich durch den medialen Buzz auch das Essen an der eigenen Schule massiv verbessert. Heute gehört JunkFood nicht mehr zum »täglich Brot« der schottischen Schülerin (siehe *http://bit.ly/12k63AL*).

Verbraucherzentrale NRW: Informationsvielfalt wie aus dem Bauchladen

Seit über 50 Jahren möchte die Verbraucherzentrale NRW e. V. Konsumenten vor Preiserhöhungen und schlechter Qualität schützen, Transparenz schaffen und dem Endverbraucher durch Aufklärungsarbeit zu mehr Marktmacht verhelfen. Als unabhängige Anlaufstelle berät sie in alltäglichen Verbraucherfragen und hilft Einzelnen wie auch Gruppen, ihre Ansprüche und Interessen durchzusetzen.

Die Verbraucherzentrale NRW ist dabei auch im Web 2.0 öffentlichkeitswirksam positioniert und arbeitet nah am Konsumenten. Ihrem Informationsauftrag kommt bereits die Website nach, auf der sich relevante Informationen zu Themen »Lebensmittel & Ernährung« oder »Markt & Recht« finden. Allerdings fehlen Social Buttons, sodass der Besucher nicht sofort auf die gut gepflegten Präsenzen in sozialen Netzwerken hingewiesen wird. Eigentlich schade, denn die regionale Einrichtung wartet nicht bloß mit einer ansprechenden Facebook-Seite auf, sondern ist mit gleich mehreren Accounts auf Twitter vertreten sowie auf YouTube und auf Google+ (siehe Abbildung 5.23).

Abbildung 5.23 App auf der Facebook-Seite der Verbraucherzentrale NRW

Wenngleich die Facebook-Seite schlicht gehalten ist und dezent wirkt, sind die Postings umso überzeugender. Regelmäßig und häufig werden vielfältige Themen besprochen – von »Klimafreundlichen Sparanlagen« über Versicherungsabschlüsse bis hin zu irreführenden Werbeversprechen und Gesetzesänderungen.

Dabei präsentiert die Verbraucherzentrale ihre Inhalte nicht trocken. Im Gegenteil: Sie wirken aufgrund des ausgewogenen Medienmixes sogar sehr lebendig. So veröffentlicht das Social-Media-Team abwechselnd Bilder, Videos oder Links mit verbraucherrelevanten Informationen und Neuerungen. Zudem stellt die Beratungsstelle ihre Projekte vor und berichtet von Veranstaltungen (siehe Abbildung 5.24).

Abbildung 5.24 Posting auf der Facebook-Seite der Verbraucherzentrale NRW

Der informative Mehrwert der Facebook-Seite liegt für über 3.000 Fans auf der Hand. Sie erhalten dort, wo sie sich ohnehin aufhalten und über Alltägliches wie Konsum austauschen, die wichtigsten Verbraucherinfos.

Allerdings könnte der Dialog mit den Fans etwas Aufwind vertragen. Manches Mal macht es den Eindruck, als ließe man sie mit den veröffentlichten Informationen alleine. So bringt sich die Verbraucherzentrale selten in anschließende Diskussionen ein. Die Reaktionsdichte ist also noch ausbaufähig. Positiver zu bewerten ist hingegen der auf Facebook anzutreffende Servicegedanke: Über eine App gelangt man beispielsweise zur Kartenübersicht über die örtlichen Beratungsstellen. Per Mausklick kommt man so zur gewünschten Beratungsstelle auf der Website mit Vor-Ort-Telefonnummern und -Öffnungszeiten.

Dieser Servicegedanke wird auf Twitter fortgeführt, weswegen man gleich mehrere Kanäle mit unterschiedlicher Ausrichtung betreibt:

▶ @vznrw als offizieller Hauptkanal

▶ @vznrw_finanzen als Kanal des eigenen Finanzportals

▶ @checked4you als Kanal des eigenen Online-Jugendmagazins

▶ @Meine_Wende als Kampagnen-Kanal mit Energietipps

Der Content-Mix ist ähnlich vielseitig wie bei Facebook, sodass Follower regelmäßig mit informativen Tweets versorgt werden. Die gesetzten Hashtags helfen sodann, in der Twitter-Suche aufzutauchen (siehe Abbildung 5.25).

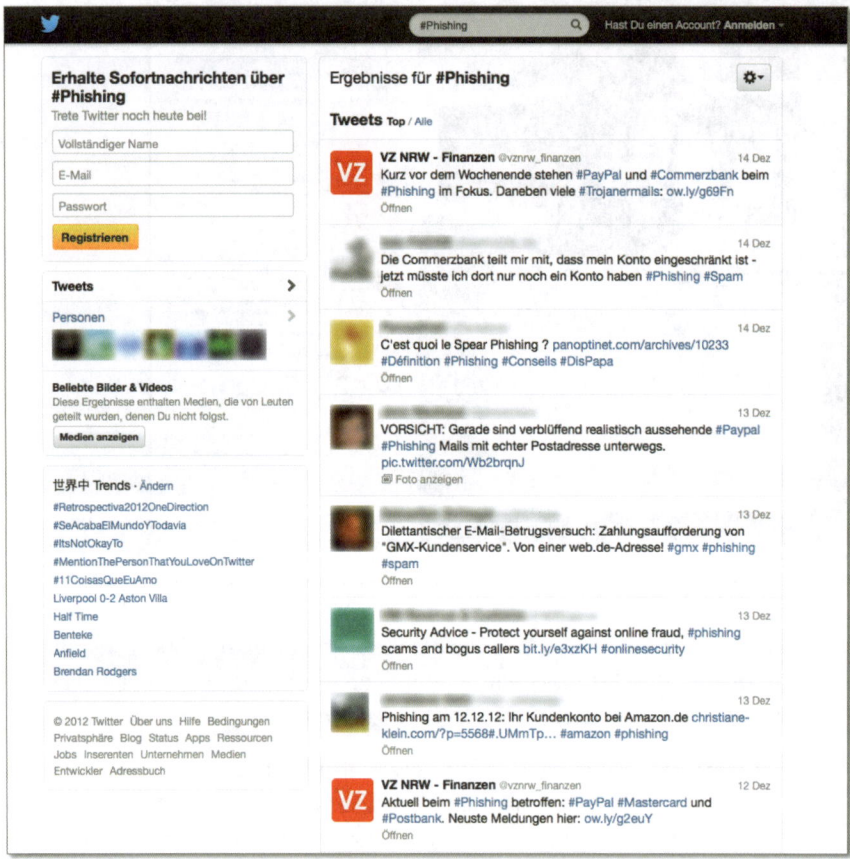

Abbildung 5.25   Die Hashtag-Suche nach Phishing

Wie Sie sehen, sind die in Abbildung 5.26 dargestellten Mentions ebenfalls ein Indiz dafür, dass man sich im offiziellen Twitter-Account @vznrw tatsächlich um den Dialog in Echtzeit bemüht. Gleiches Bild zeichnet sich, wenn man nach Retweets Ausschau hält. Auch diese Twitter-Funktion wird rege genutzt.

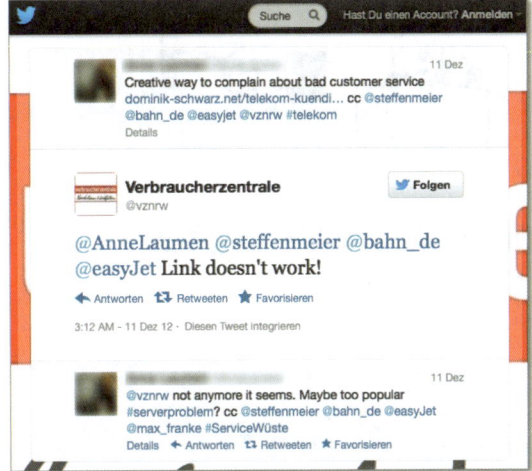

Abbildung 5.26   Direkte Konversation auf Twitter

Den Kontakt zu Konsumenten und Multiplikatoren suchen die Verbraucherschützer auch über YouTube. Der im Corporate Design gestaltete Kanal mit grün-gelbem Hintergrund hat Wiedererkennungswert. Wenngleich bislang wenige Videos eingebunden sind, vermitteln die vorhandenen Spots gerade der jüngeren Zielgruppe sachgerechte Informationen, zum Beispiel zum Thema »Illegale Downloads«. Positiv fällt auch auf, dass die Verbraucherzentrale NRW fremde Videos empfiehlt und kommentiert. Sie honoriert also, wenn sich andere mit Verbraucherthemen beschäftigen.

Würde der Kanal in Zukunft mit mehr Material aufwarten, ließe sich mit Sicherheit einiges bewegen. Ein gutes Vorbild liefert bereits der Bundesverband mit seinem YouTube-Kanal, dessen Spots über Inkasso-Unternehmen (siehe Abbildung 5.27), Online-Bewertungsplattformen und einiges mehr aufklären. Selbstredend darf hier ein Kurzfilm mit dem Titel »Der Kampf mit Facebook« nicht fehlen – was einen durchaus zum Schmunzeln bringt, denn die vermeintliche Datenschutzkrake scheint für die regionalen Beratungsstellen aktuell das mächtigste Instrument der PR-Arbeit im Social Web zu sein.

Abbildung 5.27 Aufklärungsvideo der Verbraucherzentrale auf YouTube

5.4.2 Branchenverbände im Social Web

Durch Social Media können Sie ganze Branchen ins Gespräch bringen. Darüber hinaus kann eine imagezuträgliche Öffentlichkeitsarbeit im Social Web zu einer stärkeren Vernetzung Ihrer Verbandsmitglieder beitragen. So fördert eine konstante PR, sofern charmant und unaufdringlich, mittel- und langfristig Ihre Mitgliedergewinnung – nicht zuletzt, weil Sie im Mitmachweb auch den Nachwuchs gezielt ansprechen und für Ihr Berufsfeld begeistern können, was unter anderem im nachfolgenden Fallbeispiel zum Ausdruck kommt.

DEHOGA Bayern: Ein Auftritt im Zeichen der Gastlichkeit

Der Hotel- und Gaststättenverband DEHOGA ist ein mitgliederstarker Bundesverband. Deutschlandweit setzt er sich für rund eine Viertelmillion Betriebe des Gastgewerbes ein, die weit über eine Million Arbeits- und Ausbildungsplätze stellen.

Um die Interessen seiner Mitglieder angemessen zu vertreten, gibt es landesweite Vereinigungen, von denen manche im Social Web aktive Öffentlichkeitsarbeit leisten. So zum Beispiel der bayerische Hotel- und Gaststättenverband, der sich um die gezielte Verbesserung von Rahmenbedingungen für Hotellerie und Gastronomie im südlichsten Bundesland bemüht. Schon auf der Website des DEHOGA Bayern finden sich Social Links, die, prominent platziert, auf Facebook, Twitter, YouTube und XING verweisen (siehe Abbildung 5.28).

Abbildung 5.28   Hinweise zu Facebook, YouTube & Co. auf der Website des DEHOGA Bayern

Im Business-Netzwerk XING ist der DEHOGA Bayern durch eine eigene Seite ver-treten. Auf dieser stellt sich der Verband vor und versorgt Interessierte mit An-schrift sowie Kontaktinformationen. Sehr selten wurden bislang auf dieser Seite Neuigkeiten online gestellt, was schade ist, weil die Newsfunktion die Abonnenten der XING-Seite regelmäßig mit wesentlichen Informationen versorgen könnte. Po-sitiv hervorzuheben ist hingegen, dass sich die Verbandsmitarbeiter der Seite rich-tig zugeordnet haben und so auch für externe User kontaktierbar sind (siehe Abbil-dung 5.29). Dadurch können die Nutzer direkt via XING mit dem gewünschten Ansprechpartner Kontakt aufnehmen und sich mit ihm vernetzen.

Dem Vernetzungsgedanken würde eine regionale XING-Gruppe für Verbandsmit-glieder sicher noch mehr gerecht. In dieser könnten Mitglieder, so wie bei den hes-sischen Kollegen seit geraumer Zeit möglich, Stellen ausschreiben, Jobgesuche star-ten oder sich über gesetzliche Neuerungen im Gastgewerbe austauschen.

Zur allgemeinen Beziehungspflege dient indessen die Facebook-Seite, welche den User im Titelbild mit einer freundlichen Hotelfachfrau empfängt, was dem Auftritt sofort eine persönliche Note gibt. Schließlich lebt der Verband von und für seine Mitglieder. Auch das Profilbild bedient sich einer gelungenen Symbolsprache, es verbindet geschickt den Verbandsnamen und das landestypische blau-weiße Rau-tenmuster (siehe Abbildung 5.30).

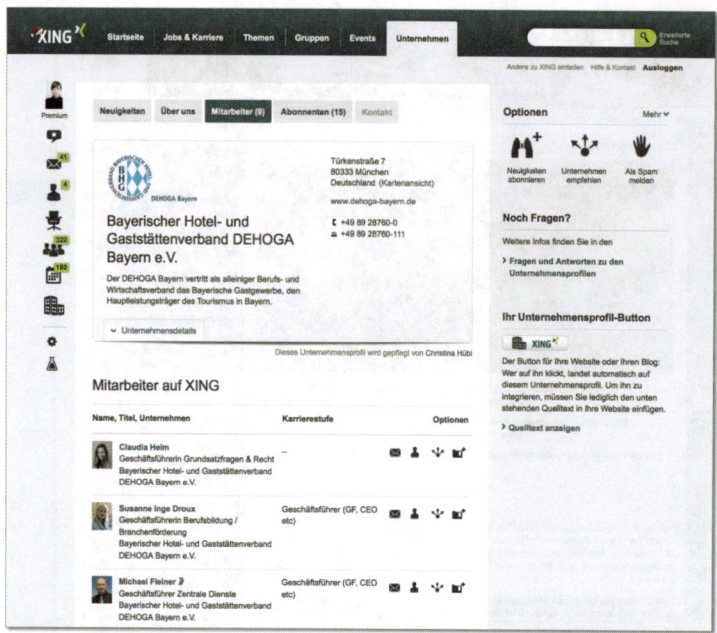

Abbildung 5.29   Die Mitarbeiterliste auf der XING-Seite des DEHOGA Bayern

Abbildung 5.30   Postings auf der Facebook-Seite der DEHOGA Bayern

Die Bildsprache in der Timeline fällt ebenfalls auf, in der man viel Wert auf visuelle Vermittlung legt. Aus dem Grund finden sich zahlreiche, gut strukturierte Fotoalben auf der Facebook-Seite. Dadurch dass auf den Fotos oft Personen zu sehen sind, wird dem Verband ein Gesicht gegeben. Berufsbildungsmessen, Pressegespräche und Einblicke »Hinter die Kulissen« zeigen die Menschlichkeit der Organisation.

Rechtstipp: Urheberrechtlicher Schutz von Pressemitteilungen

Denken Sie daran, dass nach der Rechtsprechung auch Pressemitteilungen urheberrechtlichen Schutz genießen. Es dürfen also nicht ohne Weiteres Pressemitteilungen Dritter kopiert und übernommen werden, so seltsam dies auf den ersten Blick auch klingen mag! Allerdings gibt es eine Ausnahme bei amtlichen Pressemitteilungen, etwa von Behörden oder Gerichten: Diese unterliegen keinem Urheberrecht, müssen aber bei Übernahme mit der korrekten Quelle benannt werden.

Nicht allein die hochgeladenen Bilder überzeugen, sondern auch die regelmäßigen Postings zum Hotellerie- und Gastronomiegewerbe. Der Content ist ein angenehmer Mix aus Branchennews, Stellenausschreibungen und Veranstaltungen. Dies findet bei den Fans, die gerne mit der Seite interagieren, Anklang.

Allerdings versäumt man es manchmal, auf Kommentare zu reagieren. Ein schneller Klick auf »Gefällt mir« bei lobenden Fankommentaren könnte Abhilfe schaffen und würde zeigen, dass man die sich einbringenden Menschen wertschätzt. Selbiges gilt für den Twitter-Kanal @DEHOGA_Bayern, welcher als flankierendes Medium reinen Informationscharakter hat und seltener genutzt wird.

Im Kontrast hierzu steht die Aktivität auf YouTube: Der Kanal ist vollends im Social Media Marketing integriert und wird mit abwechslungsreichen Videos gefüllt. User finden Interviews, Tagungsauszüge oder auch mobilisierende Filme, wie den Aufruf des Hauptgeschäftsführers Ralf Schell zur Demonstration gegen GEMA-Erhöhungen (siehe Abbildung 5.31). Dabei schafft es der DEHOGA Bayern gerade durch die Interviewformate, in denen Verbandsmitglieder im Mittelpunkt stehen, Nähe und das Gefühl der Vertrautheit aufzubauen. Ähnlich wie auf der eigenen Facebook-Seite zeigt man auch in diesem Kanal – im wahrsten Wortsinne – Gesicht und erreicht durch die verschiedenen Formate, das Verbandswesen lebhaft und erfahrbar zu machen.

Bundesverband deutscher Banken: Klare Spielregeln für Twitter & Co.

Dass moderne Kommunikationsstrategien auch in traditionsreichen Branchenverbänden ankommen, veranschaulicht ebenfalls das Fallbeispiel des Bundesverbandes deutscher Banken. Denn auch er sucht aktiv den Dialog im Mitmachweb, und so nehmen Social Media schon auf der klar strukturierten Website eine herausragende Stellung als eigener Menüpunkt ein (siehe Abbildung 5.32).

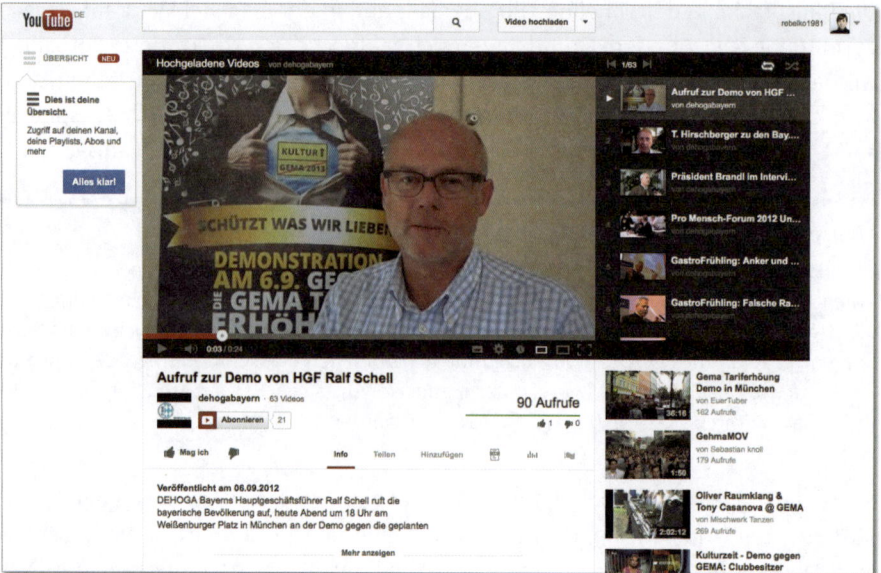

Abbildung 5.31 Ein Demonstrationsaufruf im YouTube-Channel der DEHOGA Bayern

Abbildung 5.32 Social Media als Menüpunkt des Bankenverbandes

Neben dieser exponierten Darstellung im oberen Sichtfeld finden sich auch im unteren Bereich der Startseite noch einmal Hinweise auf die verbandseigenen Accounts. Dadurch weiß der User direkt, wo ein Austausch mit dem Bankenverband stattfinden kann (siehe Abbildung 5.33). Zusätzlich werden die Inhalte aus Twitter direkt auf die Startseite gestreamt, wobei sich die Besucher der Website auch wahlweise den Stream aus YouTube, Flickr und Slideshare ansehen können.

Abbildung 5.33 Hinweise auf die Social-Media-Präsenzen des Bankenverbandes

Wie Sie feststellen, ist die Internetpräsenz alles andere als nicht durchdacht. Davon zeugt auch der Menüpunkt SOCIAL MEDIA, unter dem sich neben der Netiquette gängige Fragen zum hauseigenen Twitter-Account finden. Mit dem Social-Media-Angebot möchte sich der Bankenverband neuen Kommunikationsformen anpassen und in »zeitgemäßer Art und Weise« über relevante Themen informieren. Gleichzeitig gibt er dem Ganzen eine persönliche Note: Die verantwortlichen Mitarbeiter werden auf der Website mit Bild, Namen, Position und Kürzel vorgestellt. Dadurch durchbricht der Verband die vermeintliche Anonymität im Social Web und baut eine persönliche Beziehung zu den Usern auf, damit diese gleich merken, dass sie mit »echten Menschen« sprechen und eben nicht mit einer gesichtslosen Organisation. Es entsteht der Eindruck, persönliche Kommunikation werde hier großgeschrieben.

Abbildung 5.34 Der Twitter-Kanal des Bankenverbandes

Bei näherer Betrachtung des Twitter-Kanals bestätigt sich dies allerdings nur bedingt. Das Hintergrundbild nennt zwar die Namen der twitternden Mitarbeiter des Bankenverbandes (siehe Abbildung 5.34), damit die Follower wissen, wer sie mehrmals täglich mit Informationen versorgt, doch könnten sowohl der Content-Mix als auch die interaktive Ausrichtung einen Feinschliff vertragen.

Dabei steht die Content-Strategie im Zeichen des Informationsservice. Das Angebot aus »Bankenbrief« und Verbandsnewsletter wird durch Links zum Pressebereich
der Homepage ergänzt, was prinzipiell hilfreich ist. Allerdings bringt dieses Vorgehen lediglich einen Mehrwert für diejenigen Twitterer, die nicht den Newsletter
abonnieren. Zudem verzichtet der Verband auf Hashtags und intensive Diskussionen in der Twitter-Sphäre – ein Umstand, der unweigerlich den Eindruck entstehen
lässt, Twitter sei ein Push-Kanal. Insofern täte eine interaktivere Positionierung der
Reichweite des Kanals gut – vor allem, weil die Ansätze für eine erfolgreiche Aufstellung schon vorhanden sind: Live wird von Pressekonferenzen getwittert, um potenzielle Multiplikatoren und Interessenten mit Echtzeitinformationen zu versorgen und am Innenleben der Organisation teilhaben zu lassen. Genau dieser Ansatz
kommt bereits auf Flickr zum Tragen. Durch Veranstaltungsalben, Pressefotos, Por-
träts und informative Schaubilder/Grafiken erhalten User sowohl Faktenwissen als
auch visuelle Eindrücke vom Geschehen auf Pressekonferenzen, Preisverleihungen
und anderen Verbands-Events.

YouTube-Marketing in erklärungsbedürftigen Branchen

Gerade in erklärungsbedürftigen Branchen können Videos mitteilungsförderliche Instrumente sein, um komplexe Sachverhalte anschaulich zu vermitteln.

Dies verdeutlicht der Bankenverband mit seinem YouTube-Kanal, in dem sich alles rund
um das Thema »Bank« dreht. Es gibt Mitschnitte von verbandseigenen Interviews sowie
Pressekonferenzen, während man die jüngere Zielgruppe durch Videos zum sogenann-
ten Schul|Banker-Programm anspricht, ein Planspiel, bei dem Schüler Vorstandsarbei-
ten übernehmen, um ein Gespür für den Beruf des leitenden Bankangestellten zu bekommen.

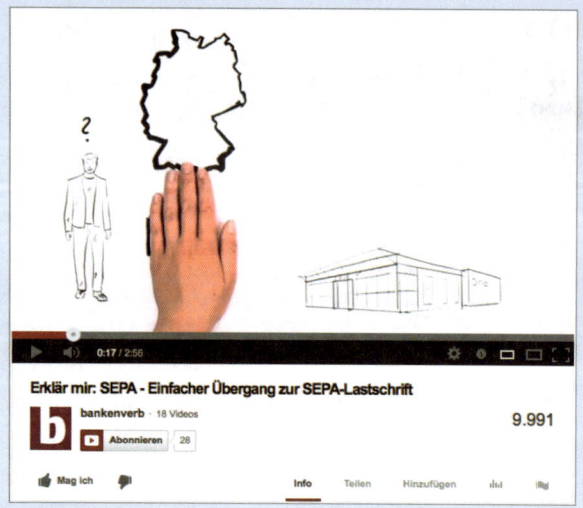

Abbildung 5.35   »Erklär mir«-Video des Bankenverbandes auf YouTube

Darüber hinaus gibt es »Erklär mir«-Videos, die kurz und einfach über Geschäftsvorgänge informieren (siehe Abbildung 5.35). So verstehen Zuschauer in weniger als fünf Minuten die neuen Geschäftsbedingungen des SEPA-Lastschriftverfahrens und einiges mehr.

Wie Sie sehen, können kleine Tutorials und informierende Clips erklärungsbedürftige Produkte greifbarer und verständlicher machen. Dem Bundesbankenverband gelingt dies jedenfalls.

Zwischenmenschliches wird im B2B-Netzwerk XING aufgegriffen, wo der Verband durchaus Persönlichkeit zeigt. Das ansprechende Plusprofil enthält zahlreiche Bilder der Geschäftsführer. Auf den Fotos präsentieren sie sich in ungezwungenen Gesprächen (siehe Abbildung 5.36). Sie sind in Bewegung und halten sich außerhalb der eigenen Büroräume auf. Sich unterhaltend und miteinander lachend ist der Gesamteindruck kommunikativ und aufgeschlossen.

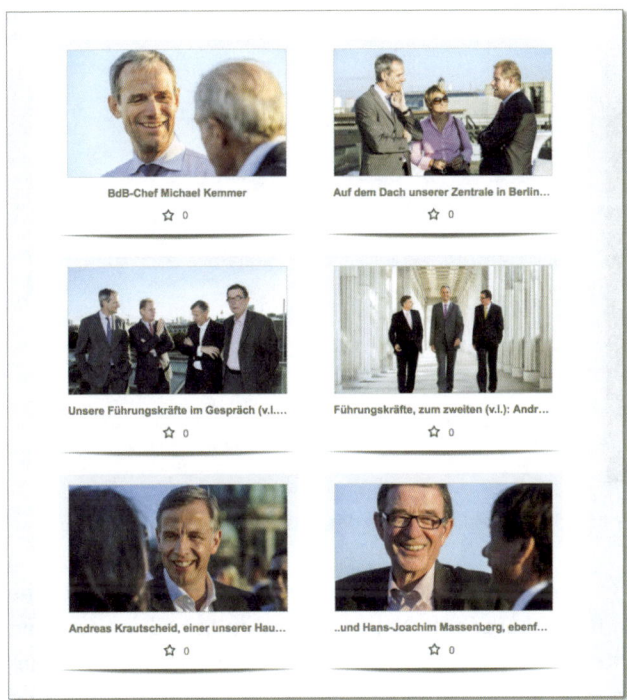

Abbildung 5.36   Bildergalerie auf der XING-Seite des Bankenverbandes

Im NEUIGKEITEN-Feld bindet der Bankenverband außerdem seine Tweets ein. Dadurch werden Abonnenten der XING-Seite automatisch in ihrem persönlichen Newsfeed mit Kurzbotschaften versorgt und über die Meldungen in 140 Zeichen auf dem Laufenden gehalten, ohne auf Twitter danach suchen zu müssen.

Doch auch in Sachen Rekrutierung schöpft die Organisation das Potenzial von XING aus. Auf der Verbandsseite werden Stellenausschreibungen angekündigt, um die Aufmerksamkeit von Fachkräften auf sich zu ziehen. Wie Sie sich denken können, ist diese Social-Media-Strategie im B2B-Netzwerk genau die richtige und geht auf.

Bundesverband eMobilität: Durchstarten im Social Web

Erneuerbare Energien und Elektromobilität stehen hoch im Kurs, weil sie nicht zuletzt das industrielle Gefüge in Zukunft verändern werden. Bei solch einer medialen Präsenz und zahlreichen Kontroversen um dieses Thema, scheint es selbstredend, dass sich ein eigener Bundesverband dieser Materie annimmt. So hat sich der Bundesverband eMobilität (BEM) zum Ziel gesetzt, bis 2020 die gesetzlichen Rahmenbedingungen für mehr Elektromobilität zu schaffen. Es handelt sich also um ein ambitioniertes Projekt, das auf gute Kommunikation und öffentliche Unterstützung angewiesen ist.

Abbildung 5.37 Die mobile App des eMobilitätsverbandes, passend zur Online-Strategie

Während die Website über die Verbandsarbeit und das Thema informiert (siehe Abbildung 5.37), versucht BEM über soziale Netzwerke Akzeptanz zu schaffen und durch eine hohe Reichweite die Bekanntheit zu steigern. Dies erzielt man unter anderem durch Social Plugins, die stets am unteren Ende der Webseite zu finden sind und dem Besucher das Teilen in soziale Netzwerke erleichtern. Die Öffentlichkeitsarbeit wäre allerdings noch effektiver, wenn die Social-Media-Kanäle ebenfalls direkt eingebunden wären. Auf die Art ließen sich schneller Fans und Follower finden, vor allem weil sich der BEM auf seiner Facebook-Seite als frische Organisation präsentiert. Er will seine Fans nicht bloß aufklären und informieren, wie beispielsweise in Abbildung 5.38 zu sehen, sondern außerdem unterhalten.

Besonders ansprechend wirken die Konferenz- und Messefotos, die einmal mehr die Dynamik des Verbandes unterstreichen. Was ebenfalls gut ankommt, sind Postings aus dem Verbandsalltag und das Hervorheben von wichtigen Statusmeldungen.

Abbildung 5.38 Informations-Posting auf der Facebook-Seite des Bundesverbandes eMobilität

Obwohl der Dialog mit den Fans mitunter schleppend verläuft, ist die Community-Ansprache sehr gelungen. So wünscht der Seiteninhaber beispielsweise nicht nur ein schönes Wochenende, sondern verbindet das mit einem witzigen eMobilität-Video, in dem eine Frau von einem Bibliothekar als zu laut und störend empfunden wird (siehe Abbildung 5.39 und *http://bit.ly/Bib_eMobilität*). Nachdem sie zu Stille ermahnt wurde, fährt sie in einem Akt des »stillen Protests« mit ihrem leisen Elektroauto durch die heiligen Hallen der Bücherei.

Abbildung 5.39 Sympathie-Posting auf der Facebook-Seite des Bundesverbandes eMobilität

Weitere Videos finden sich im verbandseigenen YouTube-Kanal NEUE MOBILITÄT. Neben Messevideos setzt hier ein Clip mit Sternekoch *Johann Lafer* ein besonderes Highlight (siehe Abbildung 5.40 und *http://bit.ly/Lafer_BEM*).

Das Video ist Bestandteil der PR-Kampagne »eat & charge«, die die »Faszination, Begeisterung und Leidenschaft für Nachhaltigkeit, regionale Küche und die Mobilität der Zukunft« vermitteln soll. Elektromobilität wird sozusagen zum Bestandteil eines urbanen, bewussten Lebensstils.

Abbildung 5.40   Johann Lafer im YouTube-Channel des Bundesverbandes eMobilität

Der Link zum Video ist auch auf der XING-Seite des BEM zu finden, was dem Crossmedia-Ansatz des Bundesverbandes entspricht. Wie Sie sehen, setzt sich der Verband im Social Web in entsprechendes Licht und bringt frischen Wind in sein Energiethema.

Rechtstipp: Allgemeine Hinweise zu YouTube

Wenn Sie selbst etwas auf YouTube hochladen, achten Sie in jedem Fall darauf, ob Sie die Nutzungsrechte zur Veröffentlichung an dem jeweiligen Video haben, was bei einem selbst erstellten Video noch recht leicht anzunehmen sein wird. Daneben denken Sie auch an Persönlichkeitsrechte: Sie dürfen nicht einfach Videos veröffentlichen, auf denen andere Personen zu erkennen sind. Eine wichtige Ausnahme liegt dann vor, wenn die zu erkennenden Personen nur »Beiwerk« sind, also neben der eigentlichen Aufnahme gar nicht wesentlich ins Gewicht fallen.

Denken Sie daran, dass es Software gibt, mit der man Videos von YouTube herunterladen kann! Der jeweilige Nutzer ist damit urheberrechtlich wahrscheinlich im Zuge der Privatkopie nach § 53 UrhG gedeckt, während YouTube wohl Unterlassungsansprüche gegen den Anbieter solcher Software geltend machen kann. Sie selbst jedenfalls sollten daran denken, dass sich hochgeladene Videos auf diesem Weg nochmals unbemerkt weiter verbreiten können.

5.4.3   Berufsverbände in der vernetzten Welt

Das Mitmachweb ist unverzichtbar für Berufsverbände, die sich dialogorientiert positionieren möchten. Durch soziale Medien und interaktive Webtechnologien können sie vermitteln, wofür sie stehen und welche Aufgaben sie tagtäglich wahrnehmen, sowie ihren Mitgliedern eine digitale Plattform für Vernetzung und Wissensaustausch geben. Ob Mitgliedermarketing, Fachaustausch oder Schärfung des Berufsprofils – soziale Medien sind vielseitig einsetzbar und eignen sich bestens für Ihre Zwecke.

Bundesverband deutscher Wirtschaftsingenieure: Steil nach oben

Ein gelungenes Beispiel für Öffentlichkeitsarbeit und Mitgliedermarketing liefert in weiten Teilen der Verband Deutscher Wirtschaftsingenieure e. V. (VWI). Im Social Web schärft er das Profil des Wirtschaftsingenieurs und ermöglicht seinen Mitgliedern den fachlichen Austausch.

Da sich der Verband vor allem um den studentischen Nachwuchs bemüht, ist sein Schritt ins Mitmachweb mehr als plausibel. Schon auf der Website stehen Hinweise auf den eigenen Wikipedia-Eintrag, auf die Profile bei XING, Facebook, Twitter und StudiVZ, wo allerdings wenig los.

Besonders interessant? Der VWI greift nicht nur auf soziale Netzwerke zurück, sondern bietet eingeloggten Mitgliedern ein geschlossenes Wiki, das sogenannte vWiki. Darüber hinaus betreibt er ein eigenes Forum mit einem öffentlichen und einem geschützten Bereich (siehe Abbildung 5.41).

Fragen zum Wirtschaftsingenieurwesen - Studienberatung			
Thema	Antworten (gelesen)	Autor	Letzter Beitrag
Aufstellung über prozentuale Anteile	5 (272)	Matthias Meiler	19.11.2012 [22:28] Matthias Meiler
Eventuelle Ausbildung vor dem Studium	3 (2238)	Karl Benedikt Reith	07.11.2012 [14:44] Florian Holtkämper
Suche Master-Vertiefung im Bereich Mng. & aviation	2 (427)	Constantin Trautmann	04.11.2012 [14:51] Karsten Kuhfahl
Wirtschaftsingenieur - Berufsberatung	3 (2472)	Benedikt Frank	13.08.2012 [10:24] Tim Weinert
10 Jahre aus der Schule raus - und jetzt doch	1 (1047)	Jannis Schilling	16.03.2012 [00:46] Robert Lüdicke
Wi-Ing Immobilienbranche?	0 (705)	Philipp Schulz	14.12.2011 [17:22] Philipp Schulz
Hochschulwechsel nach Wing Bachelor?	3 (1350)	Tolga Ermis	06.09.2011 [16:09] Christian Göke
Zwickau oder Dresden?	1 (908)	Hans Gräfe	02.09.2011 [19:55] Tobias Lindner
Physik	1 (860)	Dalibor Pantic	23.08.2011 [20:25] Marcel Rasche

Abbildung 5.41   Forum auf der Website des VWI

Durch die Summe der Social-Media-PR-Maßnahmen kann man im Falle des VWI in der Tat von einer Rundumversorgung der Mitglieder sprechen. Regionale XING-Gruppen unterstützen dabei den Austausch und das Networking von Alumni. Branchenkontakte herzustellen, Ideen zu schmieden, Projektpartner zu finden, fachlich zu diskutieren und den Dialog mit Interessierten zu suchen, hat oberste Priorität in der Interessenvertretung (siehe Abbildung 5.42).

Neben den Alumni-Gruppen gibt es eine allgemeine VWI-Gruppe mit mehreren tausend Mitgliedern. Deren Beiträge sind nicht öffentlich einsehbar, damit die Privatsphäre gewahrt bleibt und Diskussionen in geschützter Atmosphäre stattfinden.

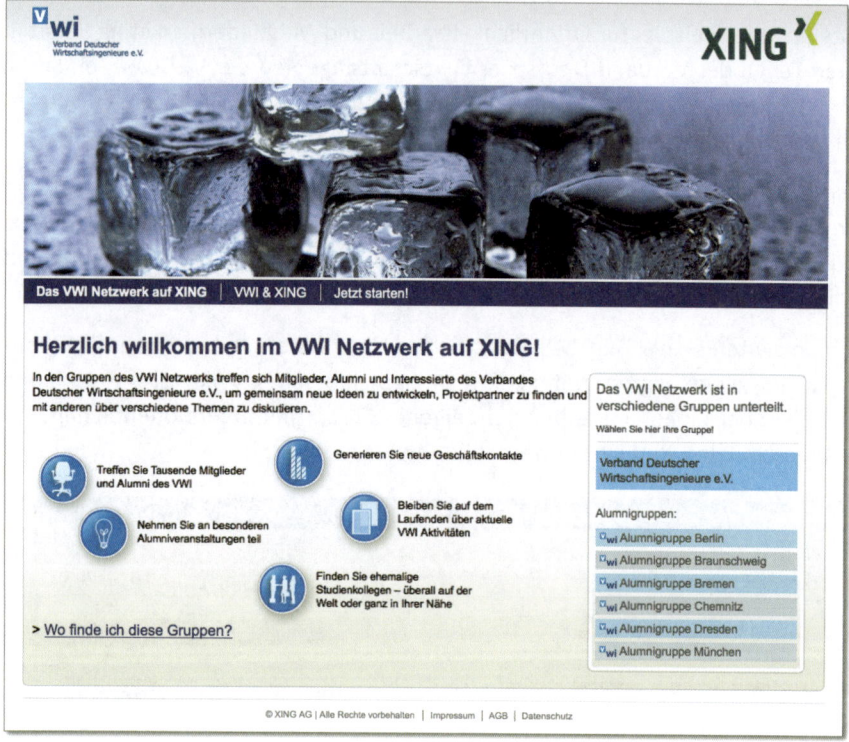

Abbildung 5.42   Das XING-Netzwerk des VWI

Während bei XING nicht jeder mitmachen darf, ist die Facebook-Seite des VWI durch und durch auf Öffentlichkeit(sarbeit) eingestellt. Sie scheint sich insbesondere an junge Wirtschaftsingenieure zu richten, die karrieretechnisch »steil nach oben« wollen (siehe Abbildung 5.43).

Der Verband meldet sich häufig zu Hochschulthemen und -standorten zu Wort – alles, was nah am Studentenleben ist. So fehlt auch in der Adventszeit eine Liste mit den beliebtesten Weihnachtsmärkten nicht.

Abbildung 5.43   Die Facebook-Seite des VWI

Auf dem richtigen Weg war eine Zeit lang auch das Veranstaltungsmarketing auf Facebook. Das Manko? Die Events hätten etwas häufiger in der Timeline Erwähnung finden dürfen, zudem wären andere Einladungstexte mediengerechter und letztlich effektvoller gewesen. Besonders zeichnet sich mit Blick auf die vergangenen VWI-Veranstaltungen ab, dass die Interaktion mit Fans und Mitgliedern noch ausbaufähig ist (siehe Abbildung 5.44). Reaktionen auf Kommentare wären wünschenswert, um dem Austauschgedanken gerecht zu werden und zugleich die Reichweite zu erhöhen.

Abbildung 5.44   Ein Event des VWI auf Facebook

259

Unter Umständen ist diese mangelnde Rückmeldung ebenfalls dafür verantwortlich, dass die eigenen Postings relativ wenige »Gefällt mir«-Angaben und Kommentare erhalten. Auch bei Twitter wäre eine interaktivere Positionierung erfolgversprechend. Automatisierte Tweets, die direkt von der Facebook-Seite stammen, sind bei Weitem nicht so wirkungsvoll wie Retweets oder Mentions. Erfolgreiche Öffentlichkeitsarbeit im Social Web heißt eben, dialogorientiert vorzugehen.

Berufsverband Deutscher Psychologinnen und Psychologen: Geistreich positioniert in sozialen Medien

Die Interessen von niedergelassenen Psychologinnen und Psychologen vertritt der Berufsverband Deutscher Psychologinnen und Psychologen e. V. (BDP) bereits seit 1945. Neben der klassischen PR ist er auch in sozialen Medien aktiv. Dies erfährt der geneigte Besucher direkt auf der Website, auf der man, ohne lange zu suchen, auf verschiedene B2B- und B2C-Netzwerke hingewiesen wird.

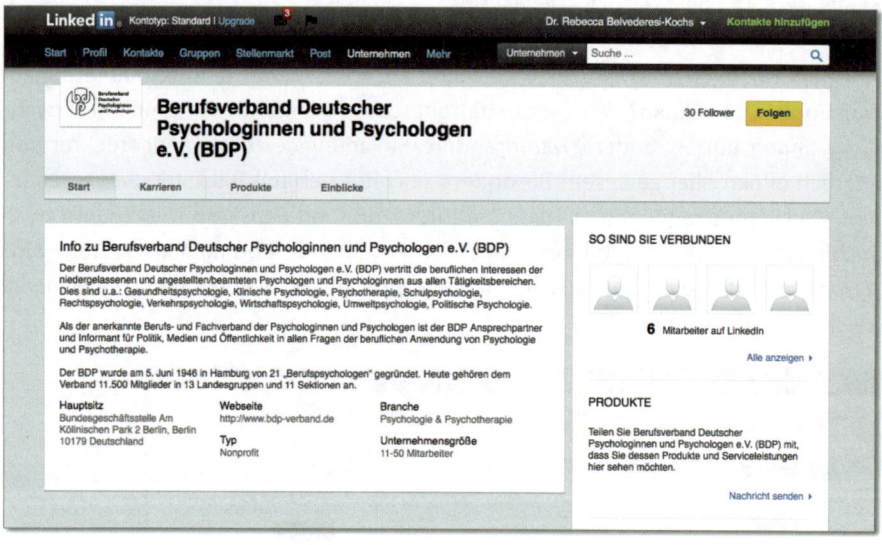

Abbildung 5.45   Die LinkedIn-Seite des BDP

Bei XING und LinkedIn (siehe Abbildung 5.45) ist der BDP mit eigenen Seiten vertreten, die überwiegend identisch sind. Der einzig auffällige Unterschied besteht in der Anzahl der zugeordneten Mitarbeiter. Gerade bei XING erfreut sich die Seite einiger Abonnenten, die immerhin vereinzelt Neuigkeiten erhalten. Einen Kommunikationsvorsprung hat sich indessen die Landesgruppe Mitteldeutschland verschafft, die eine XING-Gruppe mit mehr als 100 Mitgliedern unterhält:

> »Ziel dieser Gruppe ist es, Kontakt zwischen den Mitgliedern des BDP in Mittel-
> deutschland herzustellen und über Veranstaltungen des BDP zu informieren.

Zudem gibt es die Möglichkeit, sich über Stellengesuche und -angebote auszutauschen. Nutzen Sie die Möglichkeit sich mit Gleichgesinnten auszutauschen!«

Wie Sie sehen, lohnt sich Gruppenmarketing bei entsprechender Zielsetzung. Allerdings ist eine systematische Gruppenleitung stets zeitintensiv. Der Betreuungsaufwand entspricht dem einer gut gepflegten Facebook-Seite.

Während XING und LinkedIn beim BDP lediglich flankierend erscheinen, ist das Engagement bei Facebook und Twitter wesentlich höher. Allein auf der Facebook-Seite benachrichtigt man über 1.200 Fans mehrmals pro Woche über bevorstehende Veranstaltungen, Vorträge und Tagungen und über Neuigkeiten aus Psychologie. Der Content ist dabei gut durchmischt: Interessante Fachartikel, Mediathekhinweise, Schnappschüsse von Tagungen, bevorstehende Events und allerlei Wissenswertes. Die Fans werden auf dem Laufenden gehalten und verpassen weder den fachlichen Anschluss noch Veranstaltungen, was die Community häufiger mit positivem Feedback belohnt (siehe Abbildung 5.46).

Abbildung 5.46   Posting des BDP auf der eigenen Facebook-Seite

Klicken User in der Appsrow auf REPORT PSYCHOLOGIE, gelangen sie zur Facebook-Seite des verbandseigenen Fachmagazins. Eingebettet in eine breitere Content-Strategie wird hier die monatlich erscheinende Zeitschrift beworben. Dementsprechend veröffentlicht man Statusmeldungen mit psychologischem Bezug (siehe Abbildung 5.47), die aber zugleich im Zeichen des Sympathiemarketings stehen.

Abbildung 5.47 Posting auf der Facebook-Seite des Magazins »Report Psychologie«

Dass solche Content-Strategien nicht nur etwas für die eigene Facebook-Seite sind, stellt der BDP auf Twitter unter Beweis. Wenngleich die direkte Interaktion mit Erwähnungen durch @beliebigerNutzername im Tweet (Mentions) eher nachrangig scheint und die Ansprache manchmal etwas lockerer sein dürfte, sind die Tweets von Mehrwert für psychologisch Interessierte. Sie enthalten beispielsweise Links zu Fachartikeln, zu Interviews oder zu relevanten Veranstaltungen (siehe Abbildung 5.48). Außerdem werden die Tweets anderer Nutzer per Retweet mitunter weitergegeben.

In Grundzügen ist der Berufsverband also bei Twitter schon auf dem richtigen Weg und das, obwohl der Microblogging-Dienst noch vornehmlich als Informationskanal im Medienmix zu fungieren scheint. Mehr Interaktivität, schnellere Reaktion und direkte Vernetzung wären auch in diesem Fall die geeigneten Hebel für eine erfolgreiche PR- und Öffentlichkeitsarbeit in sozialen Medien.

Abbildung 5.48 Ein getwitterter Link vom BDP

RENO Bundesverband: »… wenn's recht ist?«

Die Vereinigung der Rechtsanwalts- und Notariatsangestellten e. V., kurz RENO, setzt sich für die beruflichen Interessen ihrer Mitglieder ein, sie will diese wahren und fördern. Soziale Netzwerke sollen die Mitglieder schnell mit Informationen versorgen und sie zudem vernetzen (siehe Abbildung 5.49). Deswegen ist man zwischenzeitlich auch auf Facebook, XING und Twitter vertreten.

Abbildung 5.49   Hinweise auf Social Media auf der Website des RENO Bundesverbandes

Auf den ersten Blick überzeugt die Facebook-Seite: Das Design spricht an, die Profilinformationen sind sorgsam ausgefüllt, und es sind sinnvolle Apps wie Impressum, über RENO und Weiterbildung integriert. Aber auf den zweiten Blick stolpern Besucher über vereinzelte Statusmeldungen, die keine Systematik und Regelmäßigkeit erkennen lassen. Facebook wird eher sporadisch genutzt, Echtzeitkommunikation und das versprochene Mitteilen von Neuigkeiten finden sich nicht. Den Lesefluss stören manches Mal orthografische Fehler (siehe Abbildung 5.50), was dem Verbandsmarketing und -image nicht sonderlich zuträglich ist.

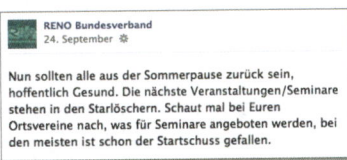

Abbildung 5.50   Posting auf der Facebook-Seite des RENO Bundesverbandes

An Interaktion und Mitteilungsfreudigkeit mangelt es auch bei XING. Zwar ist die XING-Seite des RENO Bundesverbandes erneut ein Hingucker, aber neben allgemeinen Informationen rund ums Thema Weiterbildung gibt sie nicht viel her. Neuigkeiten sind ebenso wenig zu finden, wie eine vollständige Liste der Verbandsmitarbeiter.

Die Vernetzung der Mitglieder und der versprochene Wissensvorsprung liegen noch in weiter Ferne. Eigentlich ist dies sehr bedauerlich, denn Inhalte hätte der Verband zur Genüge. Dass diese Vermutung nicht aus der Luft gegriffen ist, zeigt sich am Beispiel des RENO Sachsen-Anhalt e. V. Der Regionalverband unterhält bereits seit Ende 2011 eine eigene Facebook-Seite und sorgt, wie in Abbildung 5.51 ersichtlich, für hochwertigeren und regelmäßigeren Content als die eigene Dachorganisation.

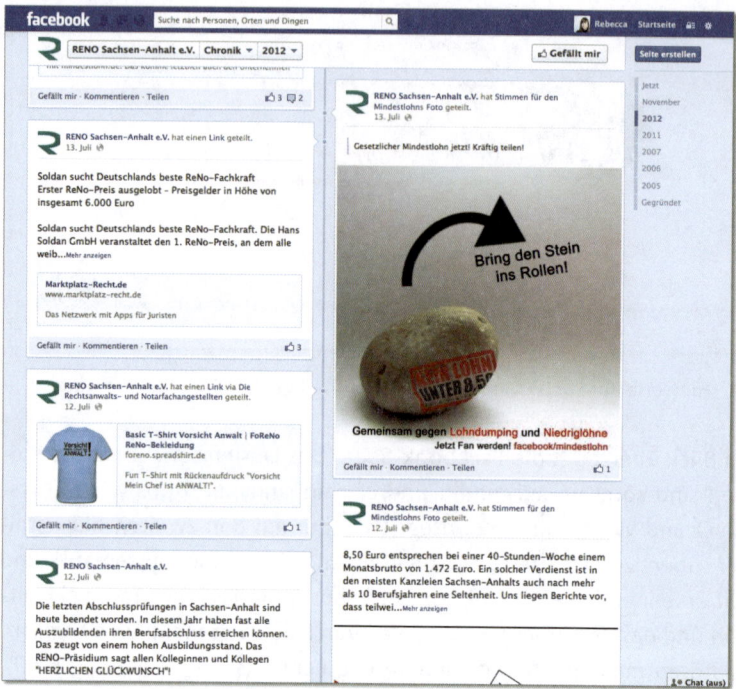

Abbildung 5.51   RENO Sachsen-Anhalt e. V. auf Facebook

5.4.4   Gemeinschafts- und Imagekampagnen

Das Social Web eignet sich hervorragend, um öffentlichkeitswirksame Kampagnen mit starker Strahlkraft durchzuführen. Einige von diesen sind den meisten Lesern ein Begriff – denken Sie beispielsweise an »Giro sucht Hero« als groß angelegte Kampagne der Sparkassenfinanzgruppe, die online und offline miteinander verzahnt ist und insbesondere bei unter Dreißigjährigen sehr gut ankommt (Abschnitt 3.2.1, »Der Deutsche Sparkassen- und Giroverband: Giro sucht Hero«).

Doch auch im kleineren Rahmen bietet das Mitmachweb Spielraum für kreative und informative Kampagnen, die die Verbandsaktivität ins rechte Licht rücken. Ein schönes Beispiel hierfür liefert erneut die Verbraucherzentrale NRW. In Zusammenarbeit mit zahlreichen Partnern möchte sie dank neuer Medien neue Energiezeiten einläuten. Durch die Kampagne »meine-wende.de« versucht sie, eine Wende im ökologischen und ökonomischen Umgang mit Energie herbeizuführen.

Auf der Website, aber auch auf Facebook, Twitter und YouTube motiviert sie durch Testimonials, Aufklärungsarbeit, digitale Informationsversorgung dazu, sich aktiv an der Energiewende zu beteiligen. So können sich User Infobroschüren zu Stromfressern oder energiesparenden Geräten herunterladen oder per Stromtarif-Rechner das Preis-Leistungs-Verhältnis ihres Stromanbieters kontrollieren. Wem das Serviceangebot von »meine-wende.de« besonders gefällt, der kann die Seite per Social Plugins in diverse soziale Netzwerke teilen.

Neben regelmäßigen Postings, Tweets und Video-Uploads finden auch Aktionen zu besonderen Anlässen statt. Zum Beispiel können Verbraucher die Informationsschreiben ihres Versorgungsanbieters zu Strompreiserhöhungen einschicken, um prüfen zu lassen, ob die angekündigten Erhöhungen korrekt kommuniziert wurden. Darüber hinaus können sich Fans für individuelle Energieberatungen und -begehungen bewerben, bei denen Haus oder Wohnung auf Energiefresser hin inspiziert werden.

Jenseits davon können sich User auf Facebook auch selbst zu Markenbotschaftern für eine Anti-Atom-Kampagne machen (siehe Abbildung 5.52) und, wenn Sie die zugehörige Anwendung zulassen, einen Aktionsbadge mit der Aufschrift »Ich trenn mich!« erhalten. Durch diesen können sie sich sodann in ihrem Facebook-Profilbild gegen Atomkraftwerke positionieren und Stellung beziehen (siehe Abbildung 5.53).

Wie Sie sehen, ist die Einsicht in das Kampagnenpotenzial des Mitmachwebs da und die Verbraucherzentrale NRW ist dabei kein Einzelfall, da das Social Web auch in anderen Bereichen für gemeinsame Imagekampagnen genutzt wird. Jedoch weist das Fallbeispiel »meine-wende.de« eine Besonderheit auf: Die Verbraucherzentrale hat eben eigens zum Zwecke ihrer Energiekampagne eigene Kanäle aufgesetzt, um den Themenschwerpunkt über die Laufzeit hinweg zu kommunizieren.

Für andere Organisationen bietet sich dieses Vorgehen nicht unbedingt an, insofern die Kampagnen zeitlich begrenzt sind. Gerade hier stellt sich die Frage, ob sich der personelle, zeitliche und finanzielle Mehraufwand lohnt, zusätzliche Accounts anzulegen und zu pflegen. Insofern sollten Sie sich die Frage stellen, ob Sie auch Ihre Kampagne auf klar abgrenzbaren Präsenzen durchführen möchten oder diese stattdessen in Ihre allgemeinen Imagekanäle im Social Web einbinden. Eine Möglichkeit, wie letztere Variante aussehen kann, zeigt sich am Beispiel der GEMA, die den Dialog in sozialen Netzwerken sucht und die Internetgemeinde für Ihr Anliegen mobilisieren möchte.

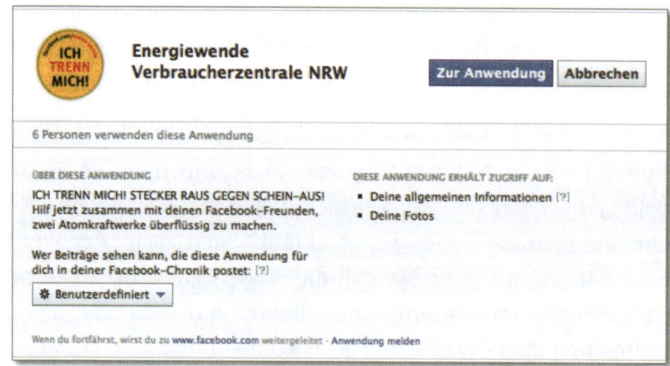

Abbildung 5.52 Die Facebook-App »Ich trenn mich!«

Abbildung 5.53 Die Kampagnen-App, um den Aktionsbadge für das eigene Profilbild zu erhalten

Musik ist uns was wert: Die Melodie der Vervielfältigungsrechte

Die Gesellschaft für musikalische Aufführungs- und mechanische Vervielfältigungsrechte, kurz GEMA, ist jedem ein Begriff. Manche sind uneingeschränkte Befürworter, andere sind absolut dagegen und betrachten die GEMA als Relikt einer antiquierten Musikindustrie (siehe Abbildung 5.54).

Abbildung 5.54   Die Ergebnisse der Twitter-Suche zur GEMA

Hingegen sieht sie sich selbst als eine unabkömmliche Vermittlungsinstanz, durch die Urheberrechte gewahrt bleiben. So überrascht kaum, dass die GEMA auch im Social Web ihr Ansehen aufzubessern versucht und entsprechende Imagekampagnen durchführt. Bereits auf ihrer Website begrüßt den Besucher die Rubrik »Die GEMA im Netz«. Per Mausklick erfährt man, wo der Dialog mit Interessierten und Kritikern stattfinden soll: Ob auf Facebook, Twitter und MySpace sowie im hauseigenen Blog – man positioniert sich dank sozialer Medien, will sich auszutauschen und gleichzeitig informieren.

Das Motto des Vorhabens lautet GEMAdialog, und dies wird auch gleichnamig in den Social Communitys kommuniziert. Verknüpfen, austauschen, nachfragen, mitreden soll hier stattfinden.

Das gut aufgestellte Blog, welches direkt die Autoren vorstellt und auch auf die anderen Präsenzen in sozialen Netzwerken verweist, begrüßte den User Ende 2012 mit einem griffigen Erklärungstext:

> *»Die GEMA schreibt einen Weblog. Warum? Weil wir mit allen, denen Musik am Herzen liegt, in direkten Kontakt treten wollen. Über die jetzige gema.de Seite ist das leider nicht möglich. Auch wenn wir bereits intensiv an dem Relaunch arbeiten, wird es noch einige Monate dauern, bis die gema.de mit all den neuen Funktionen auch Web 2.0 tauglich ist. So lange möchten wir aber nicht warten und auch unsere User nicht warten lassen.« (GEMAdialog Blog Startseite)*

Die diskutierten Themen sind vielfältig. Man berichtet über die GEMA, weist auf Aktionen hin oder bloggt über aktuelle Projekte. Was sehr gut und sinnvoll erscheint, ist der Hinweis auf die geringen Kapazitäten des Dialogteams. Dadurch wissen kommentierende User, dass das Blog nicht 24/7 betreut werden kann und dass sich eventuelle Verzögerungen bei der Beantwortung von Fragen ergeben. Das siebenköpfige Team bittet hier um Geduld, was aber einer Kommunikation auf Augenhöhe keinen Abbruch tut, zumal eifrige Diskussionen um die Bedeutung der GEMA durchaus etwas länger andauern können. Insofern ist der Hinweis auf die personelle Knappheit an dieser Stelle richtig und wichtig. Im Endeffekt beweist er, dass man den Dialog mit allen Konsequenzen ernst nimmt.

Das gleiche Signal sendet auch die Facebook-Seite aus, die seit Anfang 2011 existiert und das interaktive Hauptelement der Social-Media-Aktivität ist. In puncto Fanzahlen liefert sie sich ein enges Rennen mit der sogenannten Anti-GEMA-Gruppe, die sich gegen die »Unterdrückung der GEMA« zur Wehr setzt (siehe Abbildung 5.55).

Abbildung 5.55   Die Anti-GEMA-Gruppe auf Facebook

Rechtstipp: Ab wann werden Antikampagnen zur Rechtsstreitfrage?

»Antikampagnen« haben regelmäßig zwei tragende Elemente: eine besonders scharfe Kritik und daneben gegebenenfalls einen Boykottaufruf. Kritik ist, wie bereits an anderer Stelle erläutert, bis zur Grenze der Schmähkritik und der falschen Tatsachenbehauptung möglich. Wenn darüber hinaus das Design oder Logo des kritisierten Unternehmens verwendet wird, etwa in satirischer Verzerrung, entstehen aber schnell markenrechtliche und urheberrechtliche Probleme. Auch hier gilt, dass Meinungsfreiheit und Satire geschützt sind. Die Grenze ist dann erreicht, wenn für den objektiven

Betrachter nicht mehr erkennbar ist, ob es sich um einen Inhalt des kritisierten Unternehmens selbst handelt oder nicht; diese Verwechslungsgefahr muss vermieden werden!

Auch Boykottaufrufe sind grundsätzlich möglich und von der Meinungsfreiheit gedeckt – aber mit Einschränkungen. Doch auch hier gibt es Grenzen: Wenn die Zielgruppe des Boykottaufrufes wirtschaftlich unter Druck gesetzt wird, dem Boykottaufruf zu folgen, ist dies nicht mehr von der Meinungsfreiheit gedeckt. Ebenso wenig erlaubt ist es, wenn ein Mitbewerber zum Boykott aufruft, wenn also der Wettbewerb verfälscht wird.

Bei solch einer Antikampagne mit Sogwirkung ist der Dialog mit Facebook-Usern umso wertvoller, weil man so den Diskurs selbst steuern und potenziellen »Fans« etwas bieten kann. Dies tut die GEMA beispielsweise durch Aktionen wie »Musik ist uns was wert« (siehe Abbildung 5.56).

Abbildung 5.56   Die App zur Kampagne »Musik ist uns was wert.«

Die Idee? Musikliebhaber konnten in einer Facebook-App ihren Lieblingssong angeben und ein privates Konzert ihres Lieblingsmusikers gewinnen. Die Kampagne sollte gerade junge Menschen ansprechen, zur Imageverbesserung beitragen und für die Wichtigkeit der GEMA sensibilisieren. Solche Kreativansätze stellen eine emotionale Bindung zwischen Fans und Organisation her und sind deswegen auch mehr wert als FAQ, die ebenfalls in der Appsrow zu finden sind.

Passend zum Namen der Facebook-Fanseite wird auch der Dialog mit Interessierten großgeschrieben. Mehrmals täglich erreichen das Social-Media-Team die Fragen und Kommentare der User, die sowohl fachlicher als auch kritisierender Natur sind. Sehr positiv: Bei GEMAdialog wird auf jede Frage geantwortet, sodass es den Usern auch nicht sonderlich schwerfällt, sich an die Netiquette zu halten.

Dass die Beantwortung von Fragen innerhalb der »Geschäftszeiten« passiert, ist dabei verzeihlich, weil sich das Team durchweg Mühe gibt. Dies erkennt man schon bei näherer Betrachtung der Chronik. So vervollständigen zahlreiche Meilensteine die eigene Facebook-Seite. Auch der Content auf GEMAdialog ist abwechslungsreich. Gepostet werden Videos, in denen Mitarbeiter und Mitglieder komplexe Sachverhalte erklären, ebenso wie Bilder von GEMAlegenden (siehe Abbildung 5.57). Blogartikel und allgemeine Informationen sind sodann weitere Teile im Puzzle der Vervielfältigungsrechte.

Abbildung 5.57   Eine GEMAlegende auf der Facebook-Seite

Wie Sie wahrscheinlich bereits vermuten, zeugt das Kampagnenbeispiel vornehmlich von einem Umstand: Trotz Widerstand im Social Web weiß die GEMA Fans für sich zu begeistern. Sie hat einen harmonischen Content-Mix entwickelt und beherrscht die Melodie sozialer Medien.

Die Zukunft ist »on«: Das Jugendangebot der AOK

AOK-on ist das Jugendportal der Gesundheitskasse AOK. Die Website bietet Schülern, Azubis, Studierenden und Berufseinsteigern Informationen mit Mehrwert. Sie liefert Gesundheitstipps, versorgt mit allgemeinen Karrieretipps, glänzt mit Promi-Interviews, informiert im Sinne des Employer Brandings über die AOK als Arbeitgeber und thematisiert zielgruppengerecht Alltägliches aus »Liebe & Leben« (siehe Abbildung 5.58).

Abbildung 5.58   Die Website von AOK-on mit Hinweis auf Facebook

Um den Austausch mit der jungen Zielgruppe zu wagen und sich als attraktiver Versicherer zu vermarkten, findet sich bereits auf der Startseite der Hinweis auf die eigene Facebook-Seite.

Auf Facebook werden die Fans schon seit 2011 thematisch vielfältig unterhalten und bisweilen durch Handlungsaufrufe zur Interaktion animiert. Sie sollen ein aktiver Teil der Community sein. Im Vergleich geht diese Strategie auf, da man einen deutlichen Fanvorsprung gegenüber den regionalen AOK-Seiten von Bayern, Nordost oder Rheinland/Hamburg hat.

Die verwendete Sprache ist dabei sehr jugendlich und zielt oftmals darauf, Interaktion heraufzubeschwören (siehe Abbildung 5.59). So bestehen die Statusmeldungen manches Mal aus einem kurzen und knappen Statement wie »Und alle so: Ferien!!!«. Die Zielgruppe ist also bekannt, und man schafft es, sich ihrer Sprache anzupassen, ohne seine Botschaft zu vergessen. Dementsprechend finden sich Texte, Links, Fotos und Videos zuhauf.

Abbildung 5.59   Call-to-Action auf der Facebook-Seite der AOK-on

Des Weiteren sprechen Fanaktionen und Gewinnspiele die Zielgruppe an. Bereits seit 2011 führt man beispielsweise »Schulmeister« als Kreativwettbewerb auf Facebook durch. Bei diesem treten weiterführende Schulen gegeneinander an, um ein exklusives Konzert zu gewinnen (siehe Abbildung 5.60).

Die dazu passenden Videos sind ebenfalls auf der Facebook-Seite einzusehen, sodass auch Außenstehende einen Eindruck davon bekommen, welche Aufgaben die Schüler wie gemeistert haben. Im vergangenen Jahr trat sodann die Band *Culcha Candela* im Gymnasium Salzgitter-Bad auf. Dass die dabei entstandenen Videos und Fotos dem Facebook-Team als Content dienen, ist ein weiterer positiver Nebeneffekt solcher Imagekampagnen.

Was allerdings bei all der Kreativleistung zu bemängeln ist, sind die mangelnden Reaktionen auf das Community-Feedback. Hier versäumt man es, das Engagement der Fans gebührend zu honorieren und auf den User-generated Content einzugehen. Leider kann dies vor allen Dingen in kritischen Grenzfällen bitter aufstoßen (siehe Abbildung 5.61). Denn auch für negatives Feedback sollte man sich bedanken beziehungsweise signalisieren, dass man es überhaupt zur Kenntnis genommen hat.

Abbildung 5.60   Posting auf der Facebook-Seite der AOK-on

Abbildung 5.61   Kritische Kommentare auf der Facebook-Seite AOK-on

Dass einen die Nicht-Reaktion im Social Web teuer zu stehen kommen kann, zeigte sich etwa Ende November 2012. Auf der Facebook-Seite von AOK-on kam es zu einem kleineren Aufruhr, als sich einige User über einen hauseigenen Artikel beschwerten, bei dem der Fleischkonsum verherrlicht worden wäre. Die AOK-on reagierte allerdings nicht auf die Nachfragen wütender User, die dieses Thema sehr wohl ernst nahmen und das Bedürfnis hatten, die Aussagen richtigzustellen (siehe Abbildung 5.62).

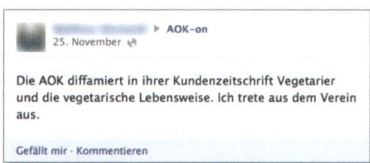

Abbildung 5.62   Kritische Kommentare auf der Facebook-Seite AOK-on

Das Fatale an dieser kommunikativen Schieflage? Während man die Pinnwand-Postings der Kritiker ignorierte, reagierte man allerdings auf Anfragen anderer Natur, was für eine unbeholfene Krisenbewältigung spricht. Wie Sie sehen, handelt es sich um eine sehr unelegante Weise, mit Kritik im Social Web umzugehen. Insofern ist die Interaktion, auch wenn AOK-on ansonsten den Facebook-Auftritt sehr zielgruppengerecht gestaltet und meist den Geschmack der Jüngeren trifft, in der Tat ausbaufähig.

Auch an diesem Beispiel zeigt sich, dass langfristig nur ein Dialog auf Augenhöhe zufriedenstellende Ergebnisse aufweisen wird und durch eben diese die Zielgruppe der Nachwuchskunden und Nachwuchskräfte geworben werden kann.

Vollgas in der Eventpromotion: Die Internationale Automobil-Ausstellung

Die Internationale Automobil-Ausstellung (IAA) fasziniert ihr Publikum seit weit über 100 Jahren und zählt mit über 1.000 Austellern wahrlich zu den Messeschwergewichten. Um auch Social-Media-User für sich zu begeistern, betreibt der Verband der Automobilindustrie e. V. (VDA) schon seit August 2011 eine ausstellungsbezogene Kampagnenseite auf Facebook (siehe Abbildung 5.63), dank der man mit der Öffentlichkeit kommuniziert und auf die weltweit größte Mobilitätsmesse aufmerksam macht.

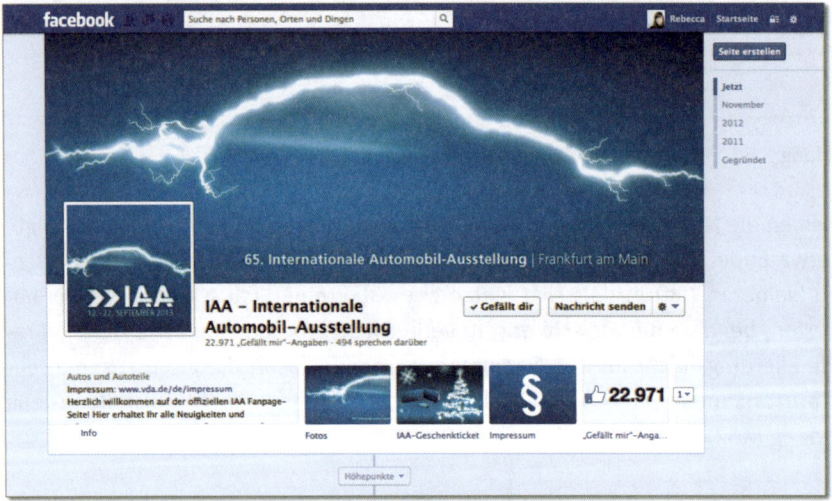

Abbildung 5.63   Die Facebook-Seite zur IAA

Die Strategie geht auf: Facebook dient als interaktive Austauschplattform, auf der man auf das Event mit einigem Vorlauf einstimmt und das Messegeschehen lebensecht begleitet. Als größtes Netzwerk der Welt liegt das Hauptaugenmerk eindeutig auf dem blauen Riesen, während Twitter über den Kanal @IAA2011 für die Kommunikation eher nachrangig scheint und vornehmlich der Live-Berichterstattung von auf der Messe stattfindenden Presse-Events dient (siehe Abbildung 5.64).

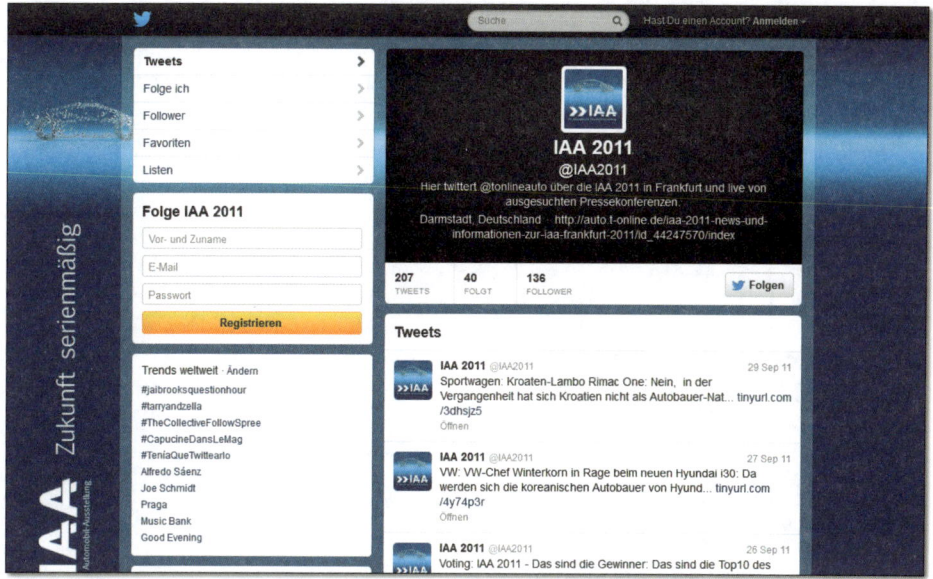

Abbildung 5.64 Der IAA-Twitter-Kanal

Neben bilderreichen Postings und Hinweisen auf prominente Gäste wartet das Social-Media-Team auf der Facebook-Seite mit unterhaltsamen historischen Wer-
beplakaten auf, um die Vorfreude auf das Event anzuheizen. Dass dies gelingt, zeigt
die hohe Interaktionsrate, auf welche konsequent hingearbeitet wird. So wurde die
Masse der Automobilfans beispielsweise anlässlich der IAA 2011 dazu aufgefordert, ihre Fragen zu stellen. Bei solch einer fanorientierten Ausrichtung ließen
Rückmeldungen, Likes und Kommentare nicht lange auf sich warten. Ausstellungsbezogene Gewinnspiele tragen ihr Übriges dazu bei, das Engagement der Fans in
der Promotionphase zu steigern. Dass die Seitenbetreiber ihre Aktivitäten dann
während der Pausenphasen auf Eis legen, tut dem Erfolgsmodell des Facebook-
Marketings keinen Abbruch – zumal sie dies in einer angemessenen Weise auf der
Timeline kommunizieren, wie das Posting zum »Saisonende« in Abbildung 5.65 bestätigt.

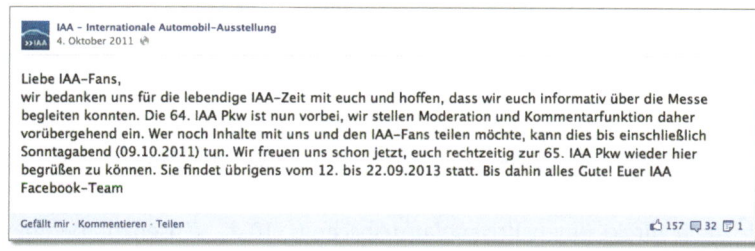

Abbildung 5.65 Posting zum »Saisonende« der IAA auf Facebook

Abgerundet wird die gelungene Social-Media-Strategie seit 2011 durch eine Smartphone-App (siehe Abbildung 5.66). Angesichts der rasant steigenden Zahl an mobilen Internetzugriffen ist die Entwicklung der App umso vorausschauender gewesen. Durch diese stehen nämlich Lagepläne, Veranstaltungen, News und Termine auch von unterwegs zur Verfügung. Zudem können sich die Besucher eine individuelle IAA-Route zusammenstellen. Sie sehen: ein stimmiges Gesamtkonzept.

Abbildung 5.66 Die IAA-App für mobile Endgeräte

5.5 Fazit: Was Sie tun und was Sie tunlichst vermeiden sollten

Obwohl die Fallbeispiele ein durchmischtes Bild der Verbandskommunikation im Social Web ergeben, bringen sie letztlich die Möglichkeiten und Wirkungsfähigkeit des Mitmachwebs ans Licht. Von öffentlicher Beziehungspflege über effektives Mitgliedermarketing bis hin zu Wissensmanagement, Eventpromotion und umfassenden Kampagnen – das Social Web kann vieles leisten, wenn Ihr Verband neue Medien richtig nutzt.

Was Sie tun sollten

▶ Erstellen Sie zunächst eine Strategie, in der Sie Ihre Ziele und Ihre Botschaften festhalten. Nachdem Sie einen Fahrplan für Ihren Content festgezurrt haben, sollten Sie auch direkt einen Krisenplan (Abschnitt 10.2, »Krisenkompetenz: Auch in der Krise einen kühlen Kopf bewahren«) für den Ernstfall verfassen.

▶ Integrieren Sie Social Plugins auf Ihrer Website, damit Besucher die Inhalte in soziale Netzwerke weiterempfehlen können. Auf die Art werden Sie von Word-of-Mouth-Marketing profitieren. Obendrein sollten Sie auf Ihrer Homepage auf Ihre eigenen Seiten/Kanäle hinweisen. Dadurch finden Sie schneller Kommunikationspartner im Netz.

▶ Stellen Sie sich crossmedial auf, und verknüpfen Sie Ihre Social-Media-Kanäle. Das Beispiel von Greenpeace und Foodwatch liefert Ihnen hierfür optimales Anschauungsmaterial.

▶ Präsentieren Sie sich in sozialen Netzwerken kommunikativ und offen. Passen Sie Ihren Tonfall dem in sozialen Netzwerken an, ohne sich dabei zu verstellen. Auch wenn »Beamtendeutsch« prinzipiell unerwünscht ist, sollten Sie möglichst authentisch bleiben und nicht allzu »jugendlich« kommunizieren.

▶ Zeigen Sie mit Ihrem Verband Gesicht, und nutzen Sie Fotos, um Verbandsmitarbeiter und -mitglieder in Szene zu setzen. Das schafft Sympathien und Nähe, was Ihrem Beziehungsmanagement guttut.

▶ Veröffentlichen Sie regelmäßig Inhalte. Denn nur durch Konstanz und Interaktion können Sie Ihre Reichweite und Ihren Einfluss ausbauen.

▶ Teilen Sie auch passende Inhalte von anderen Seiten, um sich selbst stärker zu vernetzen und sich ins Gespräch zu bringen. Gleichzeitig liefern Sie Ihrer Community dadurch abwechslungsreichere Inhalte mit Mehrwert.

▶ Stellen Sie schnelle Reaktionszeiten sicher, weil alles andere einfach nur reputationsschädlich ist. Allerdings sollten Sie Ihre Kapazitäten entsprechend planen.

▶ Nutzen Sie das Social Web für kreative Mitmachkampagnen, die zur Bekanntheitssteigerung beitragen und Ihnen zugleich das Material für Ihr Community Management zuspielen, wie es bei AOK-on der Fall ist.

▶ Behalten Sie Ihre Social-Media-Kanäle im Auge, damit Sie nicht verpassen, wenn Fans und Follower mit Ihnen diskutieren möchten. Außerdem fangen Sie so Stimmungslagen schneller ein.

▶ Seien Sie sich des Arbeitsaufwands bewusst, denn Social Media Marketing und Community Management erledigen sich wahrlich nicht von selbst.

Was sie tunlichst vermeiden sollten

▶ Verwenden Sie Social Media nicht als Push-Medium. Das eingleisige Kommunizieren Ihrer Botschaften wird Ihrem Image schaden – denn soziale Medien funktionieren nicht nach dem überkommenen Sender-Empfänger-Modell.

▶ Führen Sie Social Media nicht ohne entsprechende Begleitmaßnahmen ein. Gerade wenn Ihr Verband bekannt ist und ein gutes Ansehen genießt, sollten

Sie sich ergänzende PR-Maßnahmen für den Launch überlegen. Pressemitteilungen, Pressekonferenzen, ein erster YouTube-Spot oder eine Aktion können hierzu ebenso genutzt werden, wie eine Erwähnung in Ihrem Newsletter, eine geänderte E-Mail-Signatur und Infomaterial.

▶ Wenn Sie einmal aktiv sind, sollten Sie Ihre Fans und Follower nicht verwahrlosen lassen. Folgen Sie Followern zurück, bedanken Sie sich für Facebook-Likes, und begrüßen Sie neue Mitglieder in Ihrer XING-Gruppe. Alles andere wirkt abwertend, distanzierend und unhöflich.

▶ Versprechen Sie nichts, was Sie nicht halten können. Wenn sich beispielsweise persönlicher Dialog oder schnelle Informationsvermittlung als Marketinggag herausstellen, wird Ihnen das um die Ohren fliegen.

▶ Unterschätzen Sie nicht die Macht privater Nutzer. Sofern Sie User-generated Content im Raum stehen lassen, ohne darauf einzugehen, macht das keinen guten Eindruck. Brodeln breitere Unzufriedenheit und Missstände unter der Oberfläche, laufen Sie dadurch auch sehr schnell Gefahr, zum Zentrum eines Shitstorms zu werden.

6   Soziale Missionen im Social Web

»Nur wer selbst brennt, kann Feuer in anderen entfachen.«
Augustinus von Hippo

Social Media thematisieren, bewegen und verändern – sie gestalten unsere Realität. Die Kommunikation mit und in sozialen Medien prägt unsere Wahrnehmung und unser Problembewusstsein. Deswegen eignet sich das Social Web hervorragend, um soziale Projekte und Initiativen bekannt zu machen und zu vermarkten. Doch warum können soziale Medien zum gesellschaftlichen Umdenken beitragen? Worauf ist das begründet?

Stark verallgemeinert, tragen Social Media zum

▶ Identitätsmanagement,

▶ Beziehungsmanagement und

▶ Informationsmanagement

bei.[1] Indem User Inhalte produzieren und Informationen vervielfältigen, teilen sie zugleich etwas über die eigene Person mit. Sie tragen ihre Identität ins Social Web. Auf die Art gibt man seinem Netzwerk weiter, was einen interessiert und beschäftigt. Ganz in diesem Sinne besprechen User in sozialen Medien nicht bloß Produkte, sondern auch Themen mit gesellschaftlicher Relevanz – Themen, mit denen man sich identifiziert und die man mit seiner Umwelt diskutieren möchte.

Dadurch zeigt man, wofür man (ein-)steht. Gleichzeitig ergeben und festigen sich hieraus soziale Beziehungen. »Social« Media drehen sich schließlich um zwischenmenschliche Kommunikation und sozialen Austausch. Gleichgesinnte lassen sich unkompliziert finden. Die Verknüpfung unter Mitstreitern und Befürwortern wird leichter. Gesellschaftliche Anliegen verbreiten sich unterm Strich schneller, sodass auf einfachem Weg letztlich mehr Menschen mobilisiert werden können.

Die informationelle Personalisierung im Web verstärkt diese Gruppendynamik. Denn die Beschaffung und Verarbeitung von Informationen wird zunehmend individueller.

---

1   Ansgar Zerfaß, Martin Welker und Jan Schmidt: Kommunikation, Partizipation und Wirkungen im Social Web. Bd. 1: Grundlagen und Methoden: Von der Gesellschaft zum Individuum. Köln: Halem 2008.

Zu nennen sind in diesem Zusammenhang allen voran RSS Feeds, die Sie abonnieren und in einem sogenannten Reader lesen können. Bei einem RSS-Reader handelt es sich letztlich um eine Anwendung, die von selbst ausgewählten Webseiten aktuelle Beiträge abruft und komprimiert darstellt. Diese versorgen Sie also automatisch mit neuen Informationen von Seiten, die Sie interessant finden und abonniert haben. Größtenteils können Sie RSS-Reader auch mobil aufrufen, um aktuelle Beiträge bequem auf dem Smartphone zu lesen.[2] Eine solche Möglichkeit bietet etwa *feedly* – ein Reader für PC, Notebook, iOS- und Android-Geräte. Wie bei vielen anderen Anbietern, können Sie auch hier die Informationsvielfalt bändigen, indem Sie verschiedene Kategorien anlegen (siehe Abbildung 6.1).

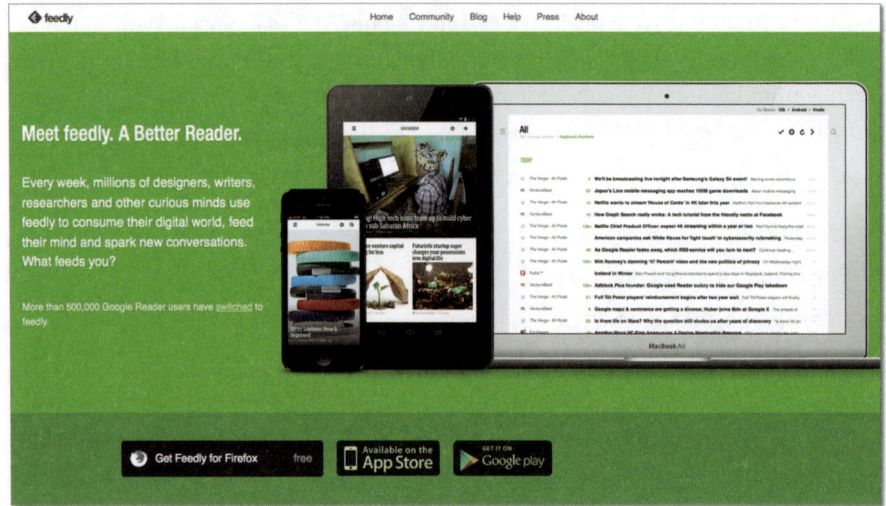

Abbildung 6.1 Webseite des RSS-Readers feedly

Ein anderes Beispiel für Individualisierung des Informationsmanagements sind selbstverständlich auch Facebook-Seiten und Twitter-Accounts, mit denen Sie sich verbunden haben und deren Mitteilungen Sie fortlaufend empfangen. Einmal mehr zeigt sich: Der Zugang zu Informationen und die Dichte an Informationen, die als individuell relevant eingestuft und als wertig und interessant befunden werden, hat im digitalen Zeitalter deutlich zugenommen und wird auch in Zukunft nicht weniger.

Diese neuen Formen des Identitäts-, Beziehungs- und Informationsmanagements gilt es, auch für gemeinnützige Initiative zu nutzen. Über das Netz können Sie nämlich genau diejenigen erreichen, die gegenüber Ihrem Anliegen aufgeschlossen und an einem thematischen Austausch interessiert sind. So vermögen Sie, über soziale

---

2 Areamobile, *http://www.areamobile.de/specials/rss-mobile.php*

Medien Kontakte zu Fürsprechern zu knüpfen, indem Sie Ihr Profil schärfen, Stellung beziehen und regelmäßig neue Informationen verbreiten. Durch all dies lassen sich die Beziehungen zur Öffentlichkeit systematisch gestalten. Sie müssen lediglich Ihre Kommunikationsstrategie auf die Präsentations- und Diskussionsformen im Social Web abstimmen.

6.1 Themenwahrnehmung und -verarbeitung im Social Web

Um die Wahrnehmung und die Verarbeitung von gesellschaftlichen Anliegen und sozialen Problemlagen mitgestalten zu können, sollten Sie die Logik sozialer Medien verstehen. Beispielsweise gilt es, den im Marketing und der Kommunikation gebräuchlichen »Publikationsmodus« zu verlassen (Abschnitt 2.3.1, »Zur Beschaffenheit von Social Media Releases«). Anstatt der digitalen Welt unentwegt Ihre Botschaft zu verkünden, sollten Sie mehrdimensional kommunizieren. Nur das führt zum Erfolg.

Mehrdimensionale Kommunikation bedingt allerdings, dass Sie anderen Nutzern ebenfalls Gehör schenken. Wenn Sie diese Chance zum Zuhören und Mitmachen versäumen, wird Ihnen meist selbst nicht oder nur für eine begrenzte Zeit zugehört. Soziale Medien leben letztlich davon, sich zu verständigen und zu unterhalten. Aus diesem Grund sollten Sie andere User als relevante Gesprächspartner betrachten und mit ihnen interagieren. Über kurz oder lang empfinden dann auch andere Ihr Thema als persönlich relevant.

Die Grenzen zwischen Individual-, Gruppen- und Massenkommunikation verwischen, umso wichtiger ist, dass professionelle Inhalte zum Nachdenken anregen, ausgewählte Gruppen ansprechen und Menschen bewegen. Insofern sollten Sie sich nicht zu sehr vom Hang zum Persönlichen in sozialen Medien einnehmen lassen. Führen Sie sich stets vor Augen, Ihr Anliegen und Ihre Organisation angemessen zu (re-)präsentieren.

6.1.1 Neue Medien und gesellschaftlicher Wandel

Neue Medien haben die Kommunikationsprozesse verändert. Durch Ihre Reichweite und Echtzeitkomponente haben Sie einen nicht zu unterschätzenden gesellschaftlichen Einfluss. Das Sender-Empfänger-Modell hat dabei ausgedient. Die Top-down-Mechanismen der klassischen PR sind durchbrochen, was dazu führt, dass soziale und politische Belange mittlerweile auch »von unten« groß gemacht werden können. Im angelsächsischen Raum wird auch von *Citizen Journalism* gesprochen,[3] zu Deutsch Bürger-Journalismus. In Zusammenhang mit Social Media handelt es sich hierbei um eine publizistische Strömung, welche von Bürgern getragen wird und in der User authentische Inhalte in Form von Kommentaren, Blogbeiträgen, YouTube-Clips etc. zu überwiegend politischen Themen veröffentlichen.

Angesichts dessen wird sozialen Medien ein massiver politischer Einfluss zugeschrieben. Denken Sie beispielsweise an die Live-Berichterstattung über den *Arabischen Frühling*, der mithilfe von Twitter und Facebook in die westliche Welt getragen wurde, oder an hitzige Kontroversen über Politiker wie *Karl-Theodor zu Guttenberg* oder *Christian Wulff* bis hin zum US-amerikanischen Präsidentschaftskandidaten *Mitt Romney* (siehe Abbildung 6.2).

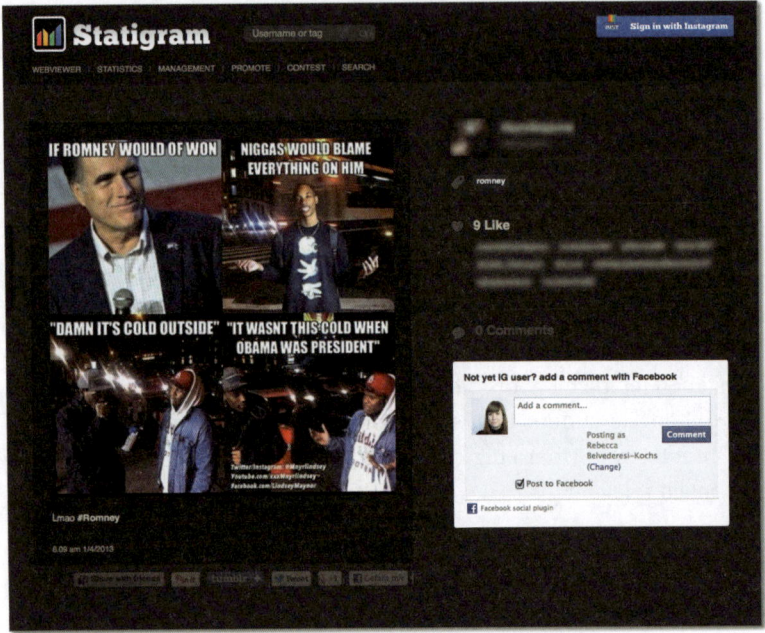

Abbildung 6.2   Bild zum US-amerikanischen Präsidentschaftswahlkampf

Denken Sie aber auch an aufsehenerregende Polizeifahndungen via Facebook, an vermisste Kinder und Jugendliche in Ihrer Timeline oder an sogenannte Graswurzelbewegungen (Grassroots Movements), deren lokales Engagement in Echtzeitmedien einen großen Buzz und eine politisch engagierte Community hervorbringt.

Dementsprechend können selbst kleine Initiativen im Mitmachweb großen Fahrtwind bekommen. Ein anschauliches Beispiel ist der *Kölner Schutzhof für Pferde, Tierschutz & Umwelt e. V.*, der nach einem schweren Brand Anfang 2011 auf Facebook aktiv wurde und um Hilfe bat (siehe Abbildung 6.3).

---

3   wikipedia, *http://en.wikipedia.org/wiki/Citizen_journalism*

Abbildung 6.3 Posting auf der Facebook-Seite des Schutzhofes

Nachdem man die Brandkrise mithilfe der analogen und digitalen Öffentlichkeits-arbeit überwand, konnte der Schutzhof eine starke Gemeinschaft aus regionalen Tierschutzinteressierten aufbauen. Zwischenzeitlich tauschte er sich mit über 2.000 Fans über seine Facebook-Seite aus.

Wie Sie sehen, vermögen auch einige wenige, zum Knotenpunkt eines Netzwerkes zu werden und eine kleine Revolution herbeizuführen. Dass dies funktioniert, hat bereits NeverSeconds gezeigt, als eine englische Schülerin mit ihrer Blogreportage über das Essen in der Schulkantine für Aufsehen sorgte (Abschnitt 1.4.1, »Marke-ting-Take-away: Ein Mädchen revolutioniert die Schulkantine«). Ein anderes Bei-spiel für die Veränderungsmacht des Social Webs liefert auch die Kampagne #609060 (siehe Abbildung 6.4). Mit dem Anti-Hashtag #609060 wollten insbeson-dere Twitter- und Instagram-Nutzer medial kommunizierte Schönheitsideale ankla-gen und Werbebildern trotzen, da diese ihres Erachtens wenig mit der Realität zu tun haben. So fotografierten sich ganz »normale« Frauen jenseits der 90/60/90-Maße in Alltagssituationen, um so die ungeschminkte Wahrheit aufzudecken. Die authentischen Schnappschüsse teilten sie via Instagram und Twitter mit der Öffent-lichkeit.

Was Sie mitnehmen sollten: Zum einen werden gesellschaftliche Kontroversen und Missstände ins Social Web getragen, zum anderen schärfen soziale Medien das Be-wusstsein für gemeinsamen Handlungsbedarf und lassen in kurzer Zeit kleinere wie auch größere Bewegungen entstehen. Da es zwischen Individuum, Medien und Ge-sellschaft durchaus Wechselwirkungen gibt, haben auch Social Media das kommu-nikative Miteinander deutlich verändert.

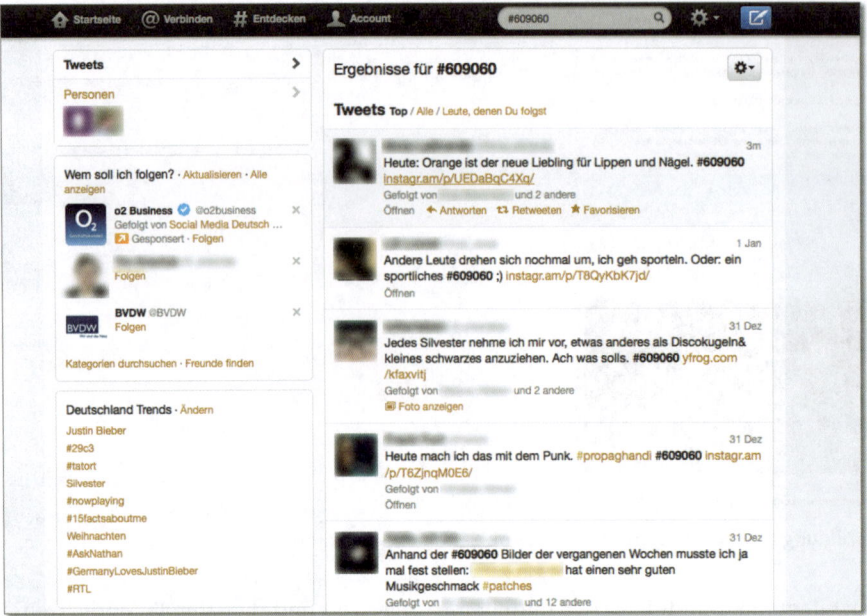

Abbildung 6.4   Das Hashtag #609060 in der Twitter-Suche

Rechtstipp: Wann bietet sich eine Vereinsgründung an?

Eine Vereinsgründung kostet durchaus beachtliche Zeit und Geld – denken Sie über einen Verein nach, wenn Sie mit anderen gemeinsam ein bestimmtes Anliegen haben und dieses verfolgen möchten. Wenn Sie mindestens sieben Mitstreiter sind, bietet sich ein Verein, auch als e. V. an. Sollten Sie den Verein als gemeinnützig anerkennen lassen, lohnen sich Spenden, da der Spender hier 50 % der Spendenzahlung später steuerlich geltend machen kann. Speziell wenn Sie auf Dauer ideelle Ziele verfolgen und Spenden sammeln möchten, lohnt sich eine Vereinsgründung. Ein weiterer Vorteil ist dabei, dass die handelnden Vereinsmitglieder nur bedingt persönlich haften.

Bei rein geschäftstätigem Handeln sind andere Formen naheliegend: Die Gesellschaft bürgerlichen Rechts (GbR) ist schnell gegründet und kann inzwischen auch unter eigenem Namen klagen und verklagt werden. Allerdings haftet hier jeder Gesellschafter persönlich und mit seinem privaten Vermögen. Andere Formen, wie etwa die GmbH, bieten hier mehr Sicherheit, sind aber auch zeit- und kostenintensiver.

6.1.2   Erfolgreiches Grassroots Marketing im Social Web

Was früher eher im persönlichen Gespräch entstand, geht in der digitalen Medienwelt von heute oft öffentlich vonstatten. Ideen entwickeln sich, formieren sich zu einer sozialen Bewegung, und prinzipiell kann jeder User der Initiator einer Kampagne sein.

Der Vorteil? In sozialen Medien können Sie Menschen mit bewegenden Themen kostengünstig konfrontieren, sie um Ihren Themenschwerpunkt gruppieren und mobilisieren (siehe Abbildung 6.5). Vorausgesetzt, Sie verstehen es, mit Ihrem Anliegen zu begeistern, weil eine Graswurzelbewegung ansonsten nicht daraus erwächst.

Abbildung 6.5 Malcolm X als »schwarze« Graswurzelbewegung

Doch welche Punkte gibt es zu beachten? Was sollten Sie beherzigen? Unterschätzen Sie nicht die Macht des (interaktiven) Storytellings. Aus diesem Grund sollten Sie Ihr Thema niemals künstlich hochziehen und andere mit Ihrem Faktenwissen erschlagen. Stattdessen ist es sinnvoll, eine authentische Geschichte zu erzählen – eine Geschichte, die menschlich bewegt. Dadurch gewinnen Sie a) mehr Aufmerksamkeit und stärken b) die emotionale Bindung, sodass sich User mehr mit Ihren Projektzielen identifizieren. Demzufolge finden Sie mehr Multiplikatoren, die Ihre Botschaft teilen.

In der Praxis sollten Sie hierbei ein paar Aspekte berücksichtigen: Veröffentlichen Sie Ihre Statusmeldungen beispielsweise, wenn viele User online sind. Die Reichweite ist hier potenziell höher. Zudem lohnt es sich, bei Facebook mit vielen Bildern zu arbeiten und die Menschen hinter dem Projekt zu zeigen. Bei Twitter sollten hingegen Hashtags zum Einsatz kommen, wobei Ihre Tweets auch nicht zu lang sein dürfen, damit Retweets möglich sind.

Darüber hinaus sollten Sie freiwillige Helfer mit Ruhm und Ehre belohnen und diese im Blog, auf Facebook, Twitter & Co. – sofern erlaubt – mit Bild und ein paar Sätzen zur Person vorstellen. Das schmeichelt nicht nur, sondern kommt außerdem bei Außenstehenden gut an. Ebenso gilt es, die Leistungen von Influencern, Multiplikatoren und Spendern wertzuschätzen und in der Community lobend zu erwähnen. Mitunter bieten sich auch kreative Mitmachaktionen an – und seien diese noch so klein, wie etwa jede Woche einen *Fan of the Week* zu küren (siehe Abbildung 6.6).

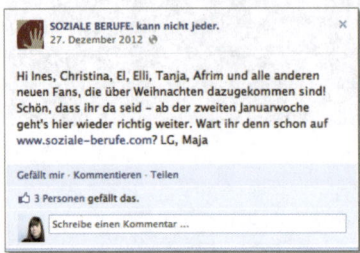

Abbildung 6.6   Posting auf der Facebook-Seite der gemeinnützigen Organisation zum Thema »Soziale Berufe«

Insgesamt sollten Sie die Mitmachhürden so niedrig wie möglich halten. Ihre ersten Gehversuche können Sie durch unkomplizierte Call-to-Actions machen, indem Sie zum Teilen, Liken, Kommentieren und Retweeten auffordern. Tasten Sie sich ruhig langsam heran, um das Engagement Ihrer Community zu steigern. Sie werden sehen, es lohnt sich!

6.1.3   Soziale Kampagnen in sozialen Netzwerken

Eine soziale Kampagne können Sie durch unterschiedliche Maßnahmen ins Zentrum des öffentlichen Interesses rücken. Wichtig ist, dass Sie nicht bloß einen überzeugenden Zweck kommunizieren, sondern diesen auch anschaulich transportieren – sei es durch einen Claim, der Ihre Markenbotschaft zusammenfasst, oder einen Slogan mit Wiedererkennungswert (siehe Abbildung 6.7).

Abbildung 6.7   Slogan der Schulinitiative UBUNTU

Um sich möglichst professionell darzustellen, gehört auch die Entwicklung eines Corporate Designs dazu. Ein visuelles Leitbild muss her. Angefangen bei der Homepage über die Facebook-Seite bis hin zu sonstigen sozialen Medien sollte sich das Corporate Design wiederfinden, um ein einheitliches Gesamtbild abzugeben.

Rechtstipp: Das Impressum von Stiftungen

Was muss im Impressum von Stiftungen enthalten sein? Hier gelten die allgemeinen Regeln, dabei sollte eine Stiftung Folgendes speziell beachten:

▶ Name der Stiftung mit Vertretungsberechtigtem angeben

▶ volle Anschrift der Stiftung benennen

▶ Gibt es eine Registereintragung?

▶ wenn redaktionelle Inhalte geboten werden, einen inhaltlich Verantwortlichen nach
   § 55 Rundfunkstaatsvertrag angeben

Da Ihre Website die digitale Visitenkarte Ihres Projekts ist und die Mobilzugriffe in den letzten Jahren stark gestiegen sind,[4] sollten Sie dies bereits in der führen Konzeptionsphase berücksichtigen. Mobiloptimierte Seiten mit Social Plugins sind Ihrer Kampagne zuträglich. Ebenso zuträglich ist ein kampagneneigenes Blog, in dem Sie fortlaufend über Projektneuerungen und Zwischenstände berichten.

Warum sich ein Blog darüber hinaus lohnt? Regelmäßiges Bloggen erhöht Ihre Keyword-Dichte, sodass Ihre Inhalte besser von Google gefunden werden. Zudem schaffen Sie durch Blogbeiträge auch Inhalte für andere Netzwerke und können diese in Ihren Social-Media-Kanälen posten. Dabei ist es gerade auf Facebook uneingeschränkt empfehlenswert, eine Seite anzulegen. Diese bieten Ihnen schlichtweg mehr Optionen für professionelles Marketing. Im Gegensatz zu einem privaten Profil können Sie hier uneingeschränkt viele Fans ansammeln, nach Belieben kreative Aktionen in einer App durchführen und obendrein statistisches Material über Ihre Community einsehen. Darüber hinaus gibt es aber noch weitere handfeste Gründe für Seiten. Allesamt sprechen sie dafür, Ihr Anliegen nicht über einen Account für Privatpersonen bekannt zu machen, wie beispielsweise in Abbildung 6.8 der Fall.

Soziale Kampagnen können allerdings auch abseits von Facebook, Twitter & Co. durchgeführt werden. Je nach Anlass sollten Sie über den (ergänzenden) Einsatz von XING und/oder LinkedIn nachdenken. Beispielsweise eignen sich B2B-Netzwerke besonders für die gezielte Suche nach Fürsprechern und Unterstützern. Wenn Sie also potenzielle Sponsoren aus Unternehmen ansprechen wollen oder den direkten Kontakt zu politischen wie journalistischen Multiplikatoren herstellen wollen, sollten Sie sich durchaus auf XING und LinkedIn umschauen. Auch in diesem Fall gilt: je crossmedialer, desto effektiver. Wie dies sodann in der Praxis zum Tragen kommt, erfahren Sie im Folgenden anhand des Fallbeispiels eines jüngst ins Leben gerufenen Projekts, das moderne Webtechnologien in gleich mehrerlei Hinsicht und zu mehreren Zwecken einsetzt.

---

4 Webtrekk, *http://www.frische-fische.de/pdf/1600.pdf*

Abbildung 6.8 Ein privates Profil für den gemeinnützigen Zweck statt einer Facebook-Seite

Managerfragen.org: »fair. öffentlich. direkt.«

Die junge Initiative *Managerfragen.org* setzt soziale Medien ein, um Topmanager und Bürger in den Dialog zu bringen. Sie dient »fairem, öffentlichem und direktem Onlinedialog ... für informierte Vertrauensentscheidungen und eine bürgernahe und interaktive soziale Marktwirtschaft in der digitalen Welt«[5].

Die innovative Frage- und Antwortplattform, die von ehrenamtlichem Engagement lebt, ist unabhängig und gemeinwohlorientiert. Mitmachprinzipien werden dabei hochgehalten, zumal die angestrebte Kommunikation zwischen Wirtschaft und Bevölkerung im Zeichen des verantwortungsvollen Sozialunternehmertums steht. Ein ambitionierter Ansatz, der sich auszahlt, sodass man bereits prominente Fürsprecher, wie zum Beispiel die *MINT-Initiative* oder *Peter Grassmann* (Öko-Soziales Forum), für sich gewinnen konnte.

Um mehr Transparenz zu schaffen und Vertrauen in das Wirtschaftssystem zu fassen, dürfen BürgerInnen erfolgreichen ManagerInnen auf der Plattform Fragen stellen. Im Sommer 2012 lag dabei der Fokus zunächst auf Energie- und Umweltthemen. Führende Manager aus Dax, MDax, TecDax bezogen Stellung zu Energieeffizienz, Produktionstechniken, Versorgungswegen, Verbraucherverhalten, Energiepolitik und vielem mehr.

---

5 Managerfragen, *http://www.managerfragen.org/VisionAndMission.html*

Abbildung 6.9   Website von Managerfragen.org

Die Hürde, mitzumachen, ist auf der portalartigen Homepage relativ gering. Schon auf der Startseite kann man sich einloggen (siehe Abbildung 6.9), auch per Facebook. Zudem sind auf der Startseite aktuelle Fragen und Antworten öffentlich einsehbar, was Interesse weckt und zum Mitmachen motiviert. Bei so viel Interaktion und User-generated-Content darf auch ein professioneller Auftritt in sozialen Medien nicht fehlen. Dementsprechend ist Mangerfragen.org auf Facebook, Twitter, YouTube aktiv. Auch bloggt man seit September 2012, um sich thematisch mit verschiedenen Wirtschaftsthemen auseinanderzusetzen und sich in der Öffentlichkeit mehr Gehör zu verschaffen. So erscheinen im Blog durchschnittlich zweimal pro Monat Fachartikel zu sozioökonomischen Themen mit hohem Aktualitätsbezug und erhöhen so die Sichtbarkeit im Social Web.

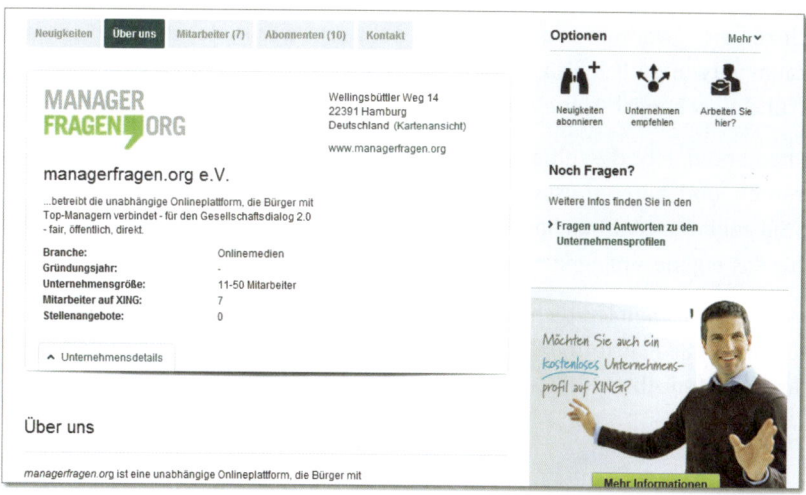

Abbildung 6.10   XING-Profil von Managerfragen.org

Darüber hinaus ist XING ein fester Bestandteil der Kommunikationspolitik (siehe Abbildung 6.10). Hier präsentiert man sich mit einer Seite und einer eigenen Gruppe. Das Bedienen des Business-Netzwerkes ist angesichts der (sozial-)wirtschaftlichen Ausrichtung der Initiative mehr als sinnvoll, weil hierüber leicht Entscheidungsträger ausfindig zu machen sind und kontaktiert werden können.

Abbildung 6.11   Posting auf der Facebook-Seite von Managerfragen.org

Obschon die Plattform noch recht jung ist, punktet man bereits mit professioneller Öffentlichkeitsarbeit im Social Web – und das nicht bloß auf der Facebook-Seite, auf der regelmäßig über Themen, Menschen und Projektstände informiert wird (siehe Abbildung 6.11). Durch die plattformübergreifende Arbeit mit Testimonials zeigt sich zugleich, wer hinter der Initiative steht und wer hinter den Kulissen anpackt. Kaum verwunderlich also, dass dies auch im projekterklärenden Imagetrailer auf YouTube zu sehen ist (siehe Abbildung 6.12).

Wie Sie bemerken, lebt die Initiative auch im eigenen Social Media Marketing den transparenten und fairen Austausch und setzt auf die Strahlkraft der Word of Mouth. Sie regt zum Mitmachen und Beteiligen an und vermag es letztlich, die Crowd für das eigene Anliegen zu mobilisieren.

Wie diese Mechanismen letztlich dazu führen, auch Spendengelder für einen guten Zweck durch soziale Plattformen und Webtechnologien sammeln zu können, erfahren Sie im nächsten Abschnitt.

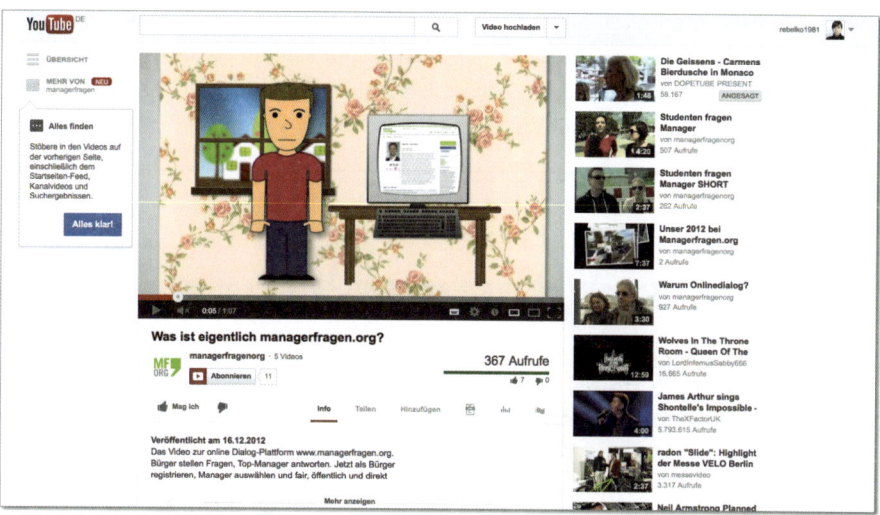

Abbildung 6.12   Imagetrailer im YouTube-Kanal von Managerfragen.org

6.1.4   Fundraising und Crowdfunding

Wenn Fundraising für Ihr Projekt infrage kommt, sollten Sie Ihre *Institutional Readiness* hinterfragen (siehe Abschnitt 5.3.1, »Ist Ihr Leitbild bereit für Verbandsmarketing im Social Web?«). Sind Sie tatsächlich bereit, die notwendigen Schritte zur Durchführung einer Online-Spendenkampagne zu gehen? Haben Sie einen überzeugenden, allgemein verständlichen Spendenzweck sowie die personellen Voraussetzungen und ein Budget, um die Kampagne öffentlichkeitswirksam umzusetzen?

Bei digitalen Spendenaufrufen sind Investitionen in Marketingmaßnahmen entscheidend. Es geht nämlich nicht nur darum, genügend Gelder zu sammeln, sondern das eigene Anliegen in der virtuellen Öffentlichkeit angemessen und zielgruppenorientiert in Szene zu setzen. Einprägsam und reichweitenstark soll die Kampagne sein – und die Voraussetzungen dafür, müssen Sie schaffen.

Neben der institutionellen Bereitschaft gibt es weitere »Erfolgsgeheimnisse« wie das Prinzip des *Social Proofs*. Dieses sollten Sie sich unbedingt für Ihr Non-Profit-Marketing zunutze machen. Social Proof steht für soziale Bewährtheit und sozialen Einfluss. Konkret ist folgender psychologischer Prozess damit gemeint: Indem man seine Mitmenschen dabei beobachtet, wie sie Sachverhalte wahrnehmen und sich verhalten, leitet man für sich selbst die angemessene Situationswahrnehmung und das passende Verhalten ab. Der soziale Einfluss der Umwelt entfaltet seine Wirkung.

Wenn sich viele Menschen für etwas aussprechen und dafür einstehen, strahlt dies aus und überzeugt weitere. Die Zahl der Fürsprecher scheint zugleich für die Angemessenheit und Richtigkeit der Botschaft zu stehen – zumindest in diesem Fall mag Quantität gleichbedeutend mit Qualität sein.

Abbildung 6.13   Website der PRO-Organspende-Stiftung

Durch das Prinzip des Social Proofs kann auch Ihr Projekt eine Sogwirkung entfalten und schneller zum Erfolg führen. Wie das gelingt? Setzen Sie unter anderem Testimonials ein, und veröffentlichen Sie persönliche Fürsprecher auf der Website und in sozialen Netzwerken. Dabei muss es sich nicht immer um Prominente wie *Til Schweiger* handeln (siehe Abbildung 6.13). Es darf durchaus aus dem Leben gegriffen sein, denn auf die Geschichte kommt es an.

Rechtstipp: Wenn Interviewte und Unterstützer mit Bild vorgestellt werden

Wenn man Unterstützer in einem Interview mit Foto vorstellen möchte, gibt es zwei Problemfelder:

▸ Urheberrecht: Das verwendete Foto wurde wahrscheinlich von einem Fotografen erstellt. Es ist zwingend zu klären, ob der Abgebildete überhaupt die Rechte erworben hat, dieses Foto im Internet zu veröffentlichen. Wenn dies bejaht wird, muss geklärt werden, ob der Fotograf namentlich am Foto zu benennen ist, was nur dann nicht der Fall ist, wenn der Fotograf hierauf ausdrücklich verzichtet hat. Tipp: Am sichersten ist es, sich den Namen des Fotografen nennen zu lassen und diesen direkt zu kontaktieren.

▸ Persönlichkeitsrecht: Mit dem Interviewten sollte schriftlich festgehalten werden, was von ihm veröffentlicht wird, und darüber hinaus, wie lange es auf der Webseite zu lesen sein darf. Wenn man eine Veröffentlichung auf unbestimmte Zeit vereinbart, sollte dem Interviewten ein Widerrufsrecht zugesprochen werden, dass nach einer Mindestlaufzeit ausgesprochen werden kann und mit einer Widerrufsfrist einhergeht. Anderenfalls läuft man Gefahr, dass eine Klausel, die ohne Gegenleistung eine unbefristete Veröffentlichung vorsieht, gerichtlich als unwirksam eingestuft wird – das Interesse des Interviewten ist zwingend bei der Regelung zu berücksichtigen. Die angemessene Widerrufsfrist sollte sicherstellen, dass genügend Zeit zur Entfernung der Inhalte von der Webseite nach dem Widerruf zur Verfügung steht.

Darüber hinaus gibt es weitere Werkzeuge, durch die Sie zeigen können, dass sich Ihr Projekt sozial bewährt hat und von der breiteren Zielgruppe anerkannt ist. Genau dies signalisieren beispielsweise sowohl Spenden-Widgets (siehe Abbildung 6.14) als auch Online-Spendenzähler, die während einer Fundraising-Kampagne auf die tagesaktuell zusammengetragene Summe verweisen und spendenfreudige User so zum »Jetzt Spenden« anhalten.

Abbildung 6.14   Spenden-Widget von Betterplace.org

Marketing-Take-away: Mit Widgets zum Kampagnenerfolg

Die Reichweite Ihres sozialen Projekts können Sie durch Kampagnen-Widgets steigern, indem Sie diese Fürsprechern, Mitstreitern und Spendern über Ihre Website zur Verfügung zu stellen. Unterstützer und Förderer können diese dann auf Ihrer eigenen Website einbinden und signalisieren, dass sie Ihr Projekt sinnvoll finden. Widgets sind also kostengünstige und effektive PR-Maßnahmen.

Um die Bekanntheit Ihres Projekts zu steigern, sollten Sie User-generated Content nutzen. Bewährte Aktionen wie *Pay with a tweet* oder *Pay with a like* können dazu beitragen (siehe Abbildung 6.15). Indem User Ihr Anliegen per Twitter oder Facebook weitergeben, zahlen sie statt eines finanziellen Betrags mit dem Wert ihres sozialen Netzwerks (Abschnitt 4.1.3, »Von Free Samples und dem Wert des eigenen sozialen Netzwerkes«). Die gesteigerte Aufmerksamkeit und Präsenz in sozialen Medien zahlt sich mittelfristig in Form von höheren Spendenbeträgen aus. Word-of-Mouth-Marketing schafft nämlich nicht allein Sichtbarkeit, sondern vor allen Dingen Vertrauen. In Kombination mit einer überzeugenden Content-Strategie, die Ihre Zielgruppe sowohl thematisch als auch visuell anspricht, beleben Sie den Spendenwillen. Dabei sollten Sie unbedingt die visuelle Kommunikation mit in den Vordergrund Ihrer Strategie stellen, um die Aufmerksamkeit auf das eigene Anliegen zu lenken. So verbessern sich Ihre Chancen, »die Welt ein bisschen besser zu machen«.

Abbildung 6.15   Video zu Pay with a Tweet http://vimeo.com/19880705

Mit Betterplace.org die Welt verbessern

Betterplace.org ist eine hoch angesehene Spendenplattform für Hilfsprojekte und gemeinnützige Organisationen. Veränderungswillige können hier Geld, Gegenstände, Zeit oder Wissen spenden und gegen entsprechende Spendenquittung etwas Gutes tun (siehe Abbildung 6.16).

Getreu dem Motto »*Wir sind die, die jetzt einfach mal anfangen mit dem Weltverbessern*« ist Betterplace.org in der Nutzung kostenlos. Spendensammler geben lediglich an, wofür und in welcher Höhe die Spenden benötigt werden.

Von dieser Möglichkeit machte beispielsweise der sogenannte *Mitternachtsbus* Gebrauch und suchte auf der Plattform nach Unterstützung (siehe Abbildung 6.17). In Hamburg fahren nachts freiwillige Helfer mit diesem Bus, um die Grundversorgung von Obdachlosen sicherzustellen. Hierfür wollte man 50 Schlafsäcke und Decken anschaffen.

Abbildung 6.16   Website von Betterplace.org

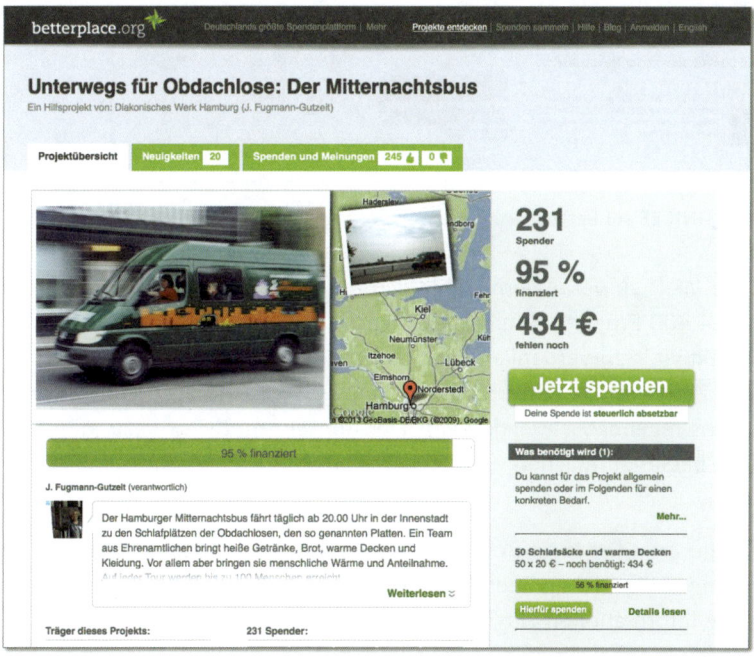

Abbildung 6.17   Der Hamburger Mitternachtsbus auf Betterplace.org

Durch die kommunizierte Zweckbestimmung wissen potenzielle Spender, wofür die Gelder eingesetzt werden. Die Psychologie dahinter? Je konkreter der gute Zweck, desto höher ist die Spendenbereitschaft, weil davon ausgegangen wird, dass die Beträge nicht versickern.

Diesem Eindruck beugt Betterplace.org allerdings ohnehin vor. Uneigennützig wird die Spendensumme zu 100 % an das Projekt weitergegeben. Aufgrund der zahlreichen Vorteile ist es nicht verwunderlich, dass auch große Organisationen Betterplace.org rege nutzen. Als prominente Beispiele sind UNICEF oder das Deutsche Rote Kreuz zu nennen (siehe Abbildung 6.18).

Abbildung 6.18   UNICEF auf Betterplace.org

Der Ansatz, die Welt zu verbessern, zahlt sich aus: Weit über 320.000 Spender haben mehr als 4.400 Projekte zum Erfolg gebracht. Dies ist nicht zuletzt der eigenen Marketingaktivität zu verdanken. Man bloggt, ist auf Pinterest, Twitter und YouTube aktiv. Zudem stellt Betterplace.org auf der eigenen Facebook-Seite mit über 11.000 Fans regelmäßig Projekte vor. Der Content motiviert dazu, die Welt ebenfalls etwas besser zu machen, und fordert zum Mitmachen auf (siehe Abbildung 6.19).

Obschon sich die grundlegende Botschaft wiederholt, wird Facebook-Fans ganz und gar nicht langweilig. Neben Spendenaufrufen gibt es Projektvideos von Prominenten, aktuelle Informationen zur Spendenlandschaft und hilfreiche Tipps für interessierte Organisationen. Darüber hinaus legt man regelmäßig Veranstaltungen für regionale Hilfsaktionen an oder wechselt das Titelbild.

Abbildung 6.19   Posting auf der Facebook-Seite von Betterplace.org

Das Selbstmarketing von Betterplace.org ist durchweg kampagnenbewusst, sympa-
thie-erzeugend und durchdacht, wie ein Blick auf die unterschiedlichen Boards bei
Pinterest ebenfalls unter Beweis stellt (siehe Abbildung 6.20).

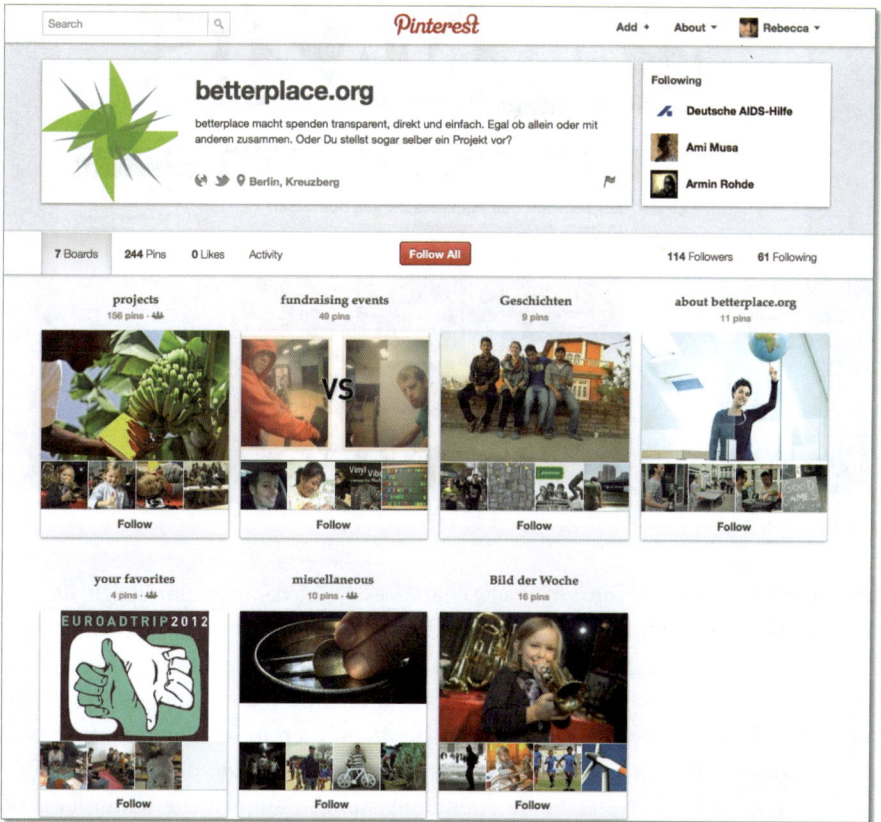

Abbildung 6.20   Betterplace.org auf Pinterest

297

In der Summe fügen sich die Aktivitäten im Social Web zu einem rundum stimmigen und glaubhaften Gesamtbild. Betterplace.org erlangt durch transparente Kommunikation in Echtzeitmedien das Vertrauen der User – und darauf kommt es gerade im Spendenwesen an.

Crowdfunding für »Kein Bock auf Nazis«

Seit mehreren Jahren leistet das Projekt *Kein Bock auf Nazis* Aufklärungsarbeit, um Schüler und Jugendliche über die nationalsozialistische Szene zu informieren und die Zivilcourage zu stärken (siehe Abbildung 6.21). Das alles geschieht mit der Absicht, dass Neonazis »in ihrer Schule oder ihrem Jugendclub keinen Fuß auf den Boden bekommen«.

Abbildung 6.21   Website von »Kein Bock auf Nazis«

Obschon die Initiative von vielen geschätzt wird, litt das gemeinnützige Projekt 2011 unter Geldknappheit. Seit 2006 hatte man als Aufklärungsmaßnahme über 1 Mio. Zeitungen und 250.00 DVDs kostenlos an Schülerredaktionen verteilt. Aufgrund der hohen Produktionskosten hätte dieser Informationsservice eingestellt werden müssen. Daher entschlossen sich die Initiatoren für ein Finanzierungsprojekt auf der deutschen Crowdfunding-Plattform *Startnext*, um die Schülerzeitung gegen rechts durch entsprechende Spendenleistungen aufrechtzuerhalten und sie weiterhin drucken zu können. Dank der Schwarmfinanzierung wollte man die

Druckkosten für eine halbe Million Exemplare stemmen. Benötigt wurden dazu 7.500 €, die recht schnell zusammenkamen. So ließen sich 160 Menschen zur finanziellen Unterstützung des sozialen Projekts bewegen und bekundeten ähnlich wie in Abbildung 6.22: »Wir kriegen das hin!«, »Super! Weiter so!« oder »Tolle Sache«. Für die Schülerzeitung gegen rechts wurden letztlich 7.600 € über Startnext zusammengetragen, was einen Finanzierungsüberschuss von 100 € bedeutete, der dem gemeinnützigen Projekt ebenfalls zufloss.

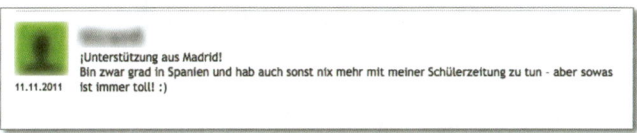

Abbildung 6.22   User-Kommentar auf der Website von Startnext

Die Aktivierung der Crowd fiel 2011 nicht schwer. Neben dem überzeugenden Spendenzweck scheint dies wohl vornehmlich daran gelegen zu haben, dass *Kein Bock auf Nazis* zum Start der Finanzierungsaktion bereits eine Community im Social Web aufgebaut hatte. Denn Öffentlichkeitsarbeit leistete man hier bereits seit 2009 sehr erfolgreich, wie es scheint. So hatte die eigene Facebook-Seite im Sommer 2011 bereits ein erfreuliches Ereignis zu feiern: Das Social-Media-Team freute sich über (fast) 66.666 Fans (siehe Abbildung 6.23).

Abbildung 6.23   Facebook-Posting aus 2011

Damals wie heute vermochte das gemeinnützige Projekt, junge Menschen gezielt anzusprechen, sodass sich auf der Facebook-Seite bis Ende 2012 eine aktive Fangemeinde im sechsstelligen Bereich herausbildete (siehe Abbildung 6.24). Auch findet sich das Prinzip des Social Proofs in den Kommunikationsmaßnahmen wieder, da zahlreiche bekannte Bands wie *Die Toten Hosen*, *Die Ärzte*, *Wir Sind Helden* etc. Pate stehen. Sie alle werden der breiteren Öffentlichkeit ebenso wie der Community immer wieder als Fürsprecher präsentiert und sorgen eine gewisse Strahlkraft.

Sie sehen: Durch den Aufbau einer starken Gemeinschaft in sozialen Medien, gepaart mit einer crowdfunding-tauglichen Idee, konnten Initiatoren ihre Community im Jahr 2011 zum Spenden bewegen und dadurch die Zukunft ihrer Offline-Kommunikation sichern.

Abbildung 6.24   Facebook-Seite von »Kein Bock auf Nazis«

6.2   Wie Sie Ihre Themen richtig platzieren

Agenda Setting ist wichtig für Ihren Erfolg im Social Web. Durch die gezielte Kommunikation Ihrer Themen können Sie nämlich Einstellungen und Verhalten verändern. Wenn Sie Social Media richtig einsetzen und sich ansprechend aufstellen, werden Sie Ihr Anliegen reichweitenstark vermarkten und Ihre Inhalte/Anliegen ins Gespräch bringen. Ihre Themen durch moderne Webtechnologien in den öffentlichen Diskurs zu bringen, lohnt also –ist aber zugleich arbeitsintensiv und erfordert Mühen.

Was das bedeutet? Positionieren Sie sich mediengerecht, und streuen Sie regelmäßig Content in Form von Postings, Tweets, Blogbeiträgen & Co. Dabei sollten Sie Ihre Statusmeldungen in sozialen Netzwerken überwiegend händisch veröffentlichen statt automatisiert. Auf Bequemlichkeit zu setzen, bringt Ihnen auf Twitter nichts. Gerade hier könnten Ihre Botschaften, wenn per RSS-Feed oder via Facebook automatisiert getwittert, als zu einseitig und uninteressant empfunden werden. Das Mitmachweb ist eben kein Schauplatz für unpersönliches Push-Marketing (siehe Abbildung 6.25). Genau deswegen sollten Sie auch beispielsweise niemals Links via Twitter ohne weiterführende Kommentare teilen. Sie sollten immer schauen, dass Ihre Tweets die Neugier der Follower wecken und zum Weiterlesen animieren. Dies können Sie besonders gut durch einschlägige Hashtags bewerkstelligen, weil User dann bereits den Kontext des Links erahnen können.

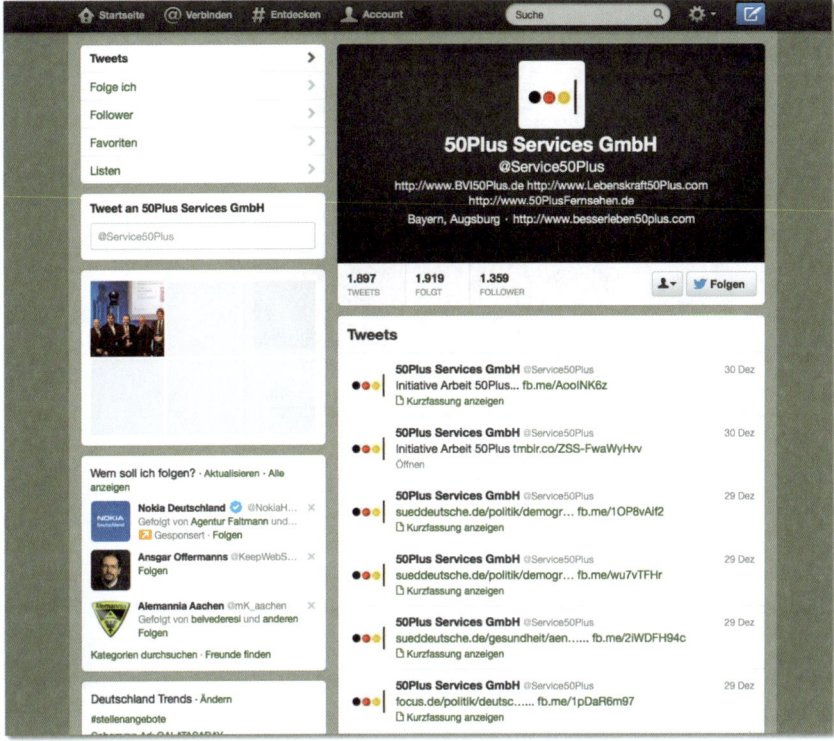

Abbildung 6.25   Twitter-Kanal der Initiative 50Plus

Wie Sie das Social Web als Quell der Veränderung produktiv nutzen, zeigen Ihnen die kommenden Beispiele. Sie befassen sich mit unterschiedlichen Initiativen, die sich der Öffentlichkeit professionell präsentieren und diese für ihre Themen sensibilisieren.

6.2.1   Sozialhelden: Denn »sozial is' muss!«

Der gemeinnützige Verein *Sozialhelden* organisiert ein Netzwerk aus ehrenamtlich tätigen Menschen, die sich für soziale Gerechtigkeit engagieren. Sein Ziel ist es, die Welt etwas sozialer zu machen und auf Probleme hinzuweisen, ohne Mitleid zu erregen. So entwickeln Sozialhelden kreative Projekte, um auf gesellschaftliche Schieflagen aufmerksam zu machen und diese im besten Fall zu überwinden. Seit 2004 sensibilisieren sie für Missstände und wollen zum Umdenken bewegen.

Durch effektive PR werden die Vereinsprojekte offline wie online rege diskutiert. Dabei ist besonders Vereinsmitbegründer *Raul Krauthausen* eine sehr präsente Medienfigur (siehe Abbildung 6.26).

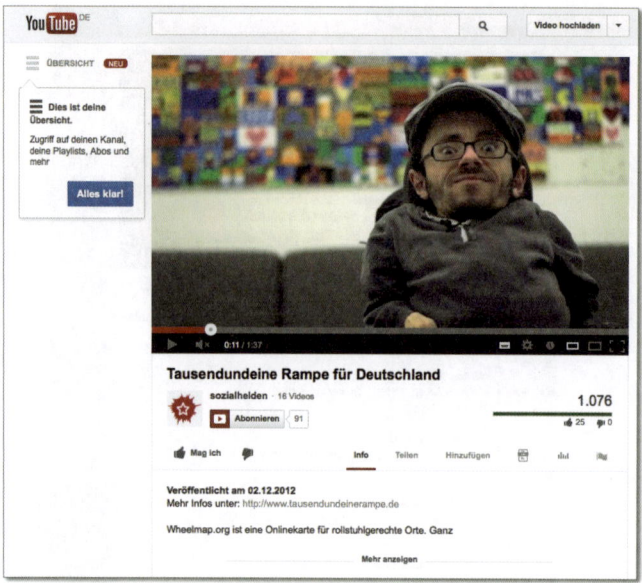

Abbildung 6.26   Kampagnenvideo zu »Tausendundeine Rampe für Deutschland«

Die Homepage der Sozialhelden ist ein komplettes Blogsystem mit integrierten Empfehlungsfunktionen. So ermöglichen Social Plugins dem Leser, die Beiträge direkt zu Facebook, Twitter & Co. zu empfehlen. Neben allgemeinen Informationen sind auf der Seite auch Rubriken wie Presse, Auszeichnungen, Partner etc. eingebunden. Gebloggt wird sodann regelmäßig über die eigenen Kampagnen, wie den *SuperZivi*, *Pfandtastisch helfen!* oder *Leidmedien.de* – ein Projekt, das sich für eine sachgerechte Berichterstattung über Menschen mit Behinderungen einsetzt. Spenden-Buttons sind gleich an mehreren Stellen sinnvoll eingebunden (siehe Abbildung 6.27).

Dass bei solch preisgekrönten Projekten, Social Media Marketing nicht fehlen darf, scheint auf der Hand zu liegen. Die Sozialhelden sind auf Facebook, Twitter, You-Tube und auf Flickr vertreten. Sie nutzen diese Kanäle, um Aufmerksamkeit zu erlangen und in den Dialog mit der Öffentlichkeit zu treten.

Letzteres zeigt sich besonders auf Twitter (siehe Abbildung 6.28). Obwohl der Kanal unregelmäßig genutzt wird und die Sozialhelden nicht täglich twittern, sucht man den interaktiven Austausch. Neben sporadischen Echtzeitupdates gehören hier die Erwähnungen anderer Twitterer (@Mention) ebenso zum guten Ton, wie das Zurückfolgen der eigenen Follower. Auch beantwortet man die Fragen der User recht zeitnah und bedankt sich öffentlich für Spenden (siehe Abbildung 6.29). Sympathische Kommunikation findet also in 140 Zeichen statt. Dass der Verein nicht täglich interagieren kann, ist dabei verzeihlich.

Abbildung 6.27   Sozialhelden-Kampagne »Leidmedien.de«

Abbildung 6.28   Twitter-Kanal der Sozialhelden

Abbildung 6.29   Direkte Interaktion auf Twitter

Ähnlich geht es auch auf der Facebook-Seite der Sozialhelden zu (siehe Abbildung 6.30), wo die Qualität der Statusmeldungen nicht von deren Unregelmäßigkeit überschattet wird. *Klasse statt Masse* ist hier die Losung. Die Zusammenstellung des Contents ist dabei dem Thema angemessen gewählt und wirkt sehr ansprechend – sie ist menschlich und projektbezogen zugleich. Neben Presseberichten informiert man über laufende Aktionen, veröffentlicht »organisationsinterne« Fotos wie vom neuen Büro, stellt Teammitglieder vor oder zeigt, wer welches Projekt in Zukunft unterstützen wird.

Abbildung 6.30   Facebook-Seite der Sozialhelden

Wie Sie sehen, ist das alles andere als eintönig – und das kommt an. Allein die Neuigkeit, dass man nach Fußballprofi *Christoph Metzelder* auch Moderatorin *Inka Bause* für das Projekt *www.tausendundeinerampe.de* gewinnen konnte, wurde von den Fans geteilt, geliked und positiv kommentiert (siehe Abbildung 6.31).

Positiv auffallend ist die starke Bildsprache, mit denen die Sozialhelden in sozialen Medien arbeiten. Dieser Eindruck bestätigt sich auch im Flickr-Account. Neben sympathischen Teamfotos können User Alben mit Pressemeldungen, Projekten und Preisverleihungen anschauen (siehe Abbildung 6.32). Ähnliche Inhalte im Videoformat finden sich auch auf YouTube, wo sowohl Beiträge von ZDF, Radio Bremen, SWR als auch selbst produzierte Projektvideos anzusehen sind. Man lässt also auch hier die User am Projektgeschehen hautnah teilhaben.

Abbildung 6.31   Posting auf der Facebook-Seite

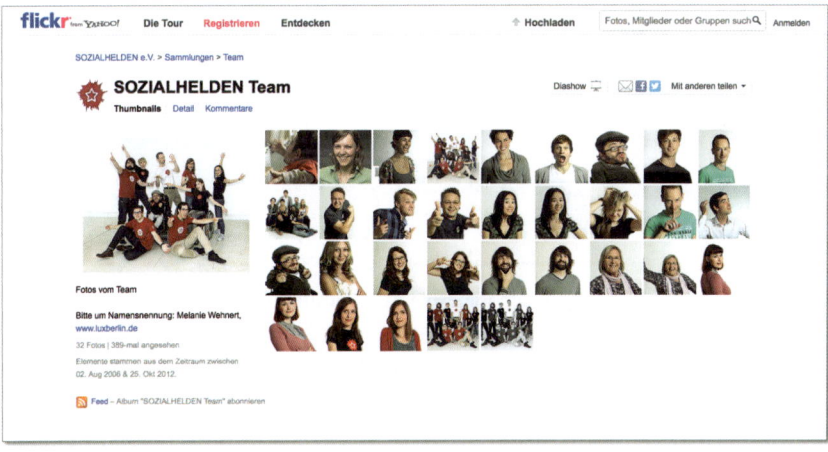

Abbildung 6.32   Flickr-Account der Sozialhelden, inklusive Teamvorstellung

Diese Zusammenschau der digitalen Kommunikationsmaßnahmen zeigt vor allen Dingen eins: Der gemeinnützige Verein hat es verstanden, dass man auch in der Welt des Social Webs einige(s) sozial bewegen kann – und er weiß, dies mit verschiedenen Mitteln und auf unterschiedlichen Kanälen gezielt umzusetzen.

Be a Social Design Hero: Die Sozialhelden auf jovoto

Im Sommer 2012 entschloss sich der Verein, einen offenen Wettbewerb über die Kreativplattform jovoto auszuschreiben. Eine neue Website, inklusive eines Redesigns, sollte her. Um die Kosten niedrig zu halten und der Kreativität freien Lauf zu lassen, sollte die Website lediglich »aktivierend« sein. Schließlich dient sie dazu, neue Projekte vorzustellen und Fürsprecher beziehungsweise Förderer zu finden.

Für den Relaunch war die Integration von Social Media besonders wichtig, denn Hinweise auf Facebook, Twitter, Flickr & Co. dürfen im modernen Sozialmarketing ebenso wenig fehlen wie Social Plugins.

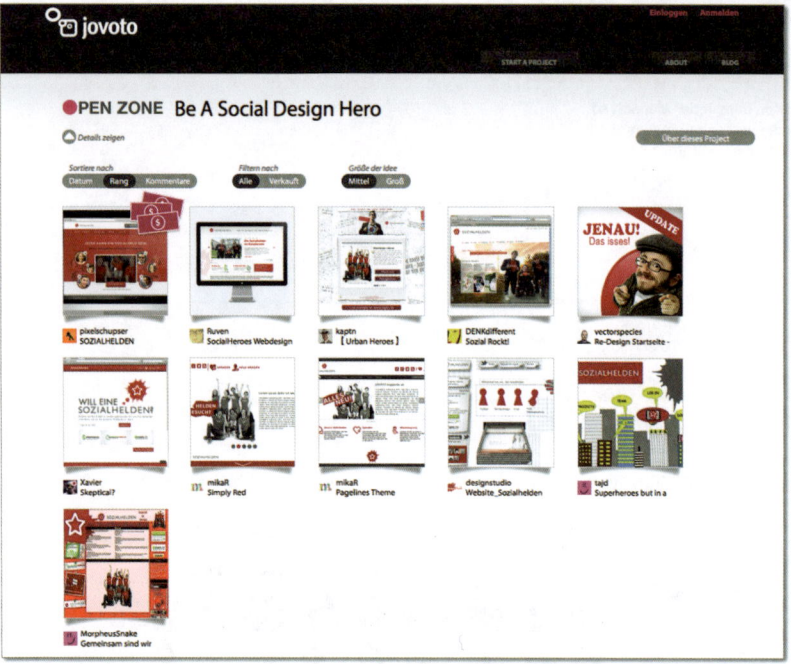

Abbildung 6.33   jovoto-Kampagne zum Redesign der Website

Dem Aufruf »Jeder kann ein Sozialheld sein« sind zahlreiche Kreative gefolgt (siehe Abbildung 6.33). Ihre Arbeiten stellten sie auf jovoto online, um den Verein zu unterstützen und seine Projekte besser in Szene zu setzen – Mitmachweb in Vollendung!

6.2.2   Die Berliner Tafel: »Mit Laib und Seele«

Die *Tafel* versorgt bedürftige Menschen mit Nahrungsmitteln, die überschüssig sind und kurz vor der Entsorgung stehen (siehe Abbildung 6.34). Die Lebensmittelspenden erreichen soziale und karitative Einrichtungen, wodurch der Verein eine wichtige Versorgungsfunktion im Leben vieler Menschen einnimmt, so auch in Berlin, wo 1993 die erste Tafel Deutschlands gegründet wurde.

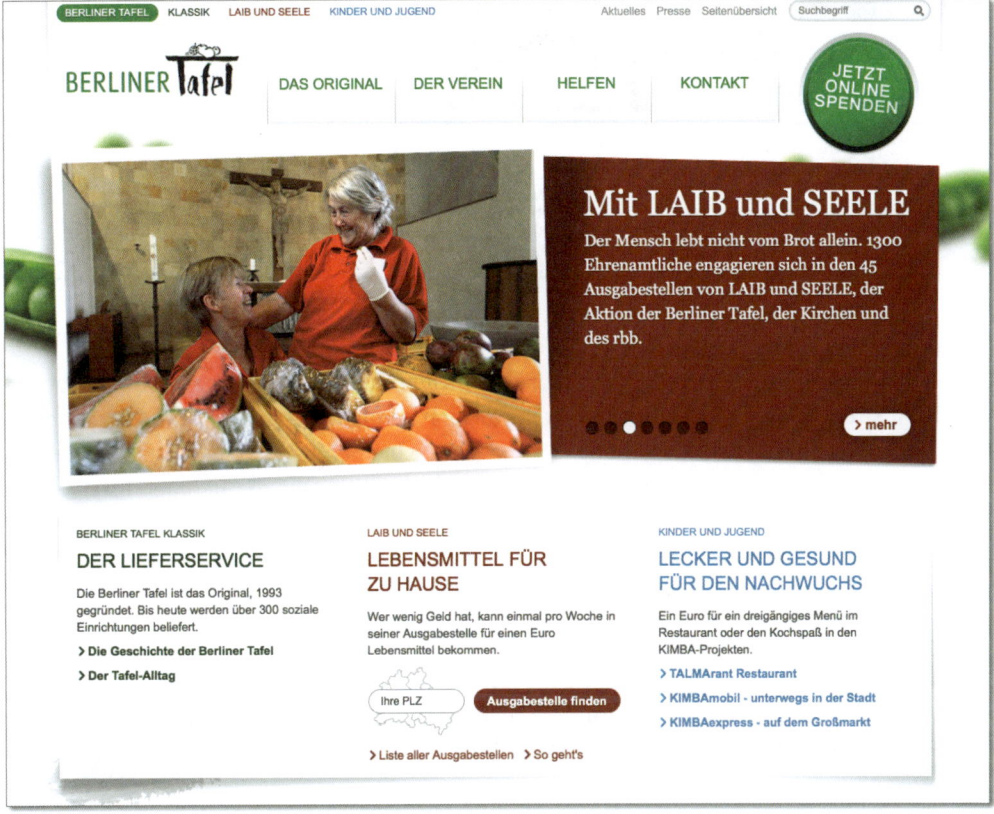

Abbildung 6.34   Startseite der Berliner Tafel

Die Website begrüßt den User mit frischen und freundlichen Farben, wobei anlässlich des Themas viel mit grünen Akzenten gearbeitet wird.

Die auffällige Portalstruktur lässt zudem Platz für verschiedene Startseiten, die über ein dezentes Menü im Header anwählbar sind. Das Besondere? Es gibt zielgruppen- und kampagnenspezifische Webseiten. Eine richtet sich zum Beispiel an Kinder und Jugendliche (siehe Abbildung 6.35), die etwas über Nahrungsmittel erfahren oder im KIMBAmobil speisen möchten.

Abbildung 6.35   Zielgruppengerechte Seite für Kinder und Jungendliche

Neben der gelungenen visuellen Vermittlung des Themas findet sich auf der gut strukturierten Homepage auch eine ansprechende Mischung aus aktuellen und generellen Projektinformationen. So hat sie auch einen Bereich für AKTUELLES, der regelmäßig mit neuen Inhalten gefüllt wird. Dabei macht die Berliner Tafel keinen Hehl daraus, auf Spenden angewiesen zu sein. Auf jeder Seite findet sich ein exponierter Spendenbutton, der zum Online-Spendenformular per Lastschrift oder PayPal führt. Auch weist man darauf hin, wie das Projekt darüber hinaus unterstützt werden kann.

Um Beihilfe und Aufklärung bemüht man sich ebenfalls auf Facebook. Im Gegensatz zum Twitter-Kanal wird die Community hier gehegt und gepflegt. Die Berliner Tafel postet wochentäglich bis zu dreimal, um sich ins Gedächtnis zu rufen und über sich zu informieren.

Das Titelbild bildet zehn unterschiedliche, teils prominente Persönlichkeiten ab, es spiegelt die Vielschichtigkeit und Menschlichkeit der Organisation (siehe Abbildung 6.36).

Auf der Timeline promotet man immer wieder Spendenaktionen und macht beispielsweise darauf aufmerksam, Weihnachtsgeschenke für einen guten Zweck zu stiften. Bilder, Links und Statusmeldungen animieren die Fans, Initiative zu ergreifen, und informieren, wo und wie Unterstützung gebraucht wird. Zudem punktet man durch Infos und Presseberichte über die Berliner Tafel und kommuniziert, wo Helfer unterwegs und zu finden sind. Besonders gelungen ist, dass man auf der Facebook-Seite die Leistungen der Mitarbeiter und Ehrenamtlichen honoriert (siehe Abbildung 6.37). Schließlich ist es reputations- und imageträchtig, diejenigen gebührend zu ehren, die sich mit »Laib und Seele« für das Wohl anderer einsetzen.

Abbildung 6.36   Facebook-Seite der Berliner Tafel

Wie Sie sehen, setzt die Berliner Tafel das Konzept des Social Proofs auf unterschiedlichen Kanälen in die Tat um und schafft es darüber hinaus, die gewonnene Aufmerksamkeit in Interaktion umzuwandeln.

Abbildung 6.37   Posting zu Ehren der HelferInnen

Spenden per SMS: Die Berliner Tafel e.V. macht's auf Facebook

In der Appsrow der Berliner Tafel auf Facebook findet sich eine Spendenmöglichkeit (siehe Abbildung 6.38). Hier können User eine kleine Spende von 5 € für den gemeinnützigen Verein spenden, indem sie ihre Handynummer eingeben. Der Zweck ist klar, der Aufwand gering.

In Anbetracht dessen, dass sich in sozialen Netzwerken viele junge Menschen mit geringem Spendenbudget aufhalten, ist dieses Vorgehen besonders durchdacht und passend. Unkompliziert kann so die Berliner Tafel unterstützt werden, ohne das Netzwerk verlassen zu müssen.

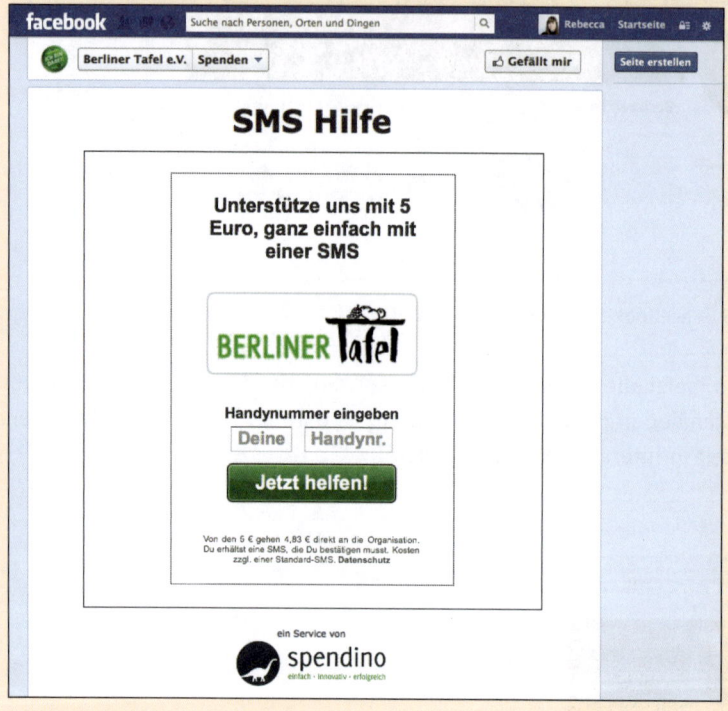

Abbildung 6.38   Spenden per SMS über die Facebook-Seite

6.2.3   Zentrum für Politische Schönheit: »Politische Poesie« im Social Web

Das *Zentrum für Politische Schönheit* versteht sich als »ein Thinktank für politische Poesie, moralische Schönheit und menschliche Großgesinntheit.«[6] Künstler, Kreative und Menschenrechtler setzen sich für einen kritisch reflektierten Umgang mit Politik ein. Mit provokanten Kunstaktionen versuchen sie, auf Menschenrechts-

---

6   *http://www.politicalbeauty.de/center/Zentrum_fur_Politische_Schonheit.html*

themen hinzuweisen, denn ihnen zufolge sollte Kunst »weh tun, anklagen, provozieren, reizen.«[7]

Für Furore sorgte die *Initiative für die Verteidigung der Menschlichkeit e. V.* unter anderem mit ihrem »Thesen-Anschlag« auf den Bundestag 2009 und im darauffolgenden Jahr mit dem Projekt »Säule der Schande« zum Gedenken der Opfer des Srebrenica-Massakers.

Schon die Website, auf der sich Fotos, Videos, Kurztexte und Spendeninformationen finden, ist recht interaktiv gestaltet. Die eingebundene Like-Box verweist auf die Facebook-Seite, die bereits seit 2010 besteht und zwischenzeitlich fast 10.000 Fans verbucht.

In ruhigen Phasen informiert das Zentrum für Politische Schönheit die Community mehrmals pro Monat in unregelmäßigen Abständen. Wenn allerdings Aktionen laufen, steigt die Posting-Frequenz drastisch an. In heißen Phasen berichtet man sogar mehrmals täglich, um Aktuelles direkt weiterzugeben (siehe Abbildung 6.39).

Abbildung 6.39   Aktions-Postings auf der Facebook-Seite

---

7   Zentrum für Politische Schönheit, *http://www.politicalbeauty.de/center/Zentrum_fur_Politische_Schonheit.html*

Auf Facebook versuchen die politischen Aktionskünstler durch Bilder, Videos, Zeitungsartikel, Zitate und Sinnsprüche für die Menschenrechte einzustehen und wachzurütteln. Darüber hinaus äußern sie sich in kurzen Statements zum weltpolitischen Geschehen.

Was besonders gelingt, ist die Vernetzung mit anderen sozialen Organisationen. So machen die Initiatoren auf ihrer Timeline auf Projekte von *Oxfam* oder *Foodwatch* aufmerksam und fordern ihre Fans auf, sich daran zu beteiligen.

Der Content-Mix auf Twitter und Google+ gleicht dem der Facebook-Seite, wobei die Aktivitäten gerade bei Google+ weit weniger ausgeprägt sind (siehe Abbildung 6.40). So meldet man sich seltener zu Wort, um die Community mit Aktionsbildern, Videos und Presseberichten zu versorgen, und nutzt Google+, wahrscheinlich vornehmlich unter SEO-Gesichtspunkten, eher als flankierendes Medium. Denn die Postings erhöhen die Sichtbarkeit, auch wenn der Diskurs im sozialen Netzwerk von Google ansonsten eher ruhig verläuft.

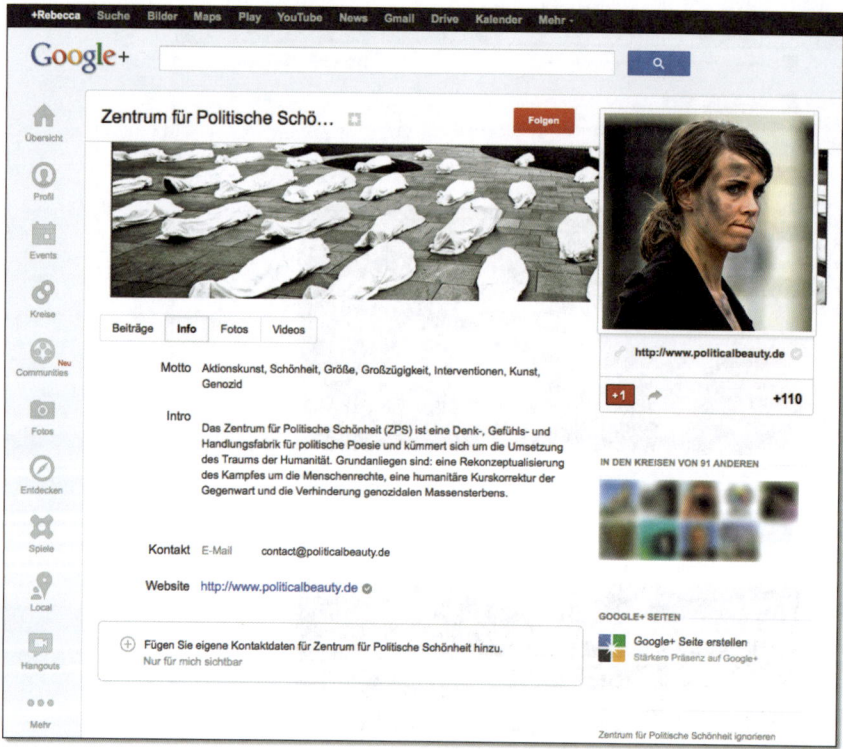

Abbildung 6.40   Zentrum für Politische Schönheit auf Google+

Bei Twitter werden die Nachrichten oft automatisiert von der Facebook-Seite weitergegeben, was mitunter dazu führt, dass Sätze abgeschnitten sind und Bilder nur per Klick auf den Link zu sehen sind. Darüber hinaus interagiert man aber mit Followern und sucht den direkten Austausch. Hin und wieder finden sich auch Retweets, die jedoch eher sparsam eingesetzt werden, was prinzipiell schade ist, weil sie den Content-Mix aufwerten könnten und der Vernetzungsgedanke auch auf Twitter sichtbarer würde.

Crowdfunding-Aktion auf indiegogo.de

Das Zentrum für Politische Schönheit machte im vergangenen Herbst ebenfalls von Crowdfunding Gebrauch. Für eine Aktion gegen die *Waffenfabrik Heckler & Koch* in Oberndorf suchte man finanzielle Unterstützung über die internationale Plattform indiegogo. Die Menschenrechtsaktivisten wollten einen Sarkophag über die Fabrik ziehen, um diese hermetisch abzuschotten und die »wahren Massenvernichtungswaffen des 21. Jahrhunderts einzudämmen«.

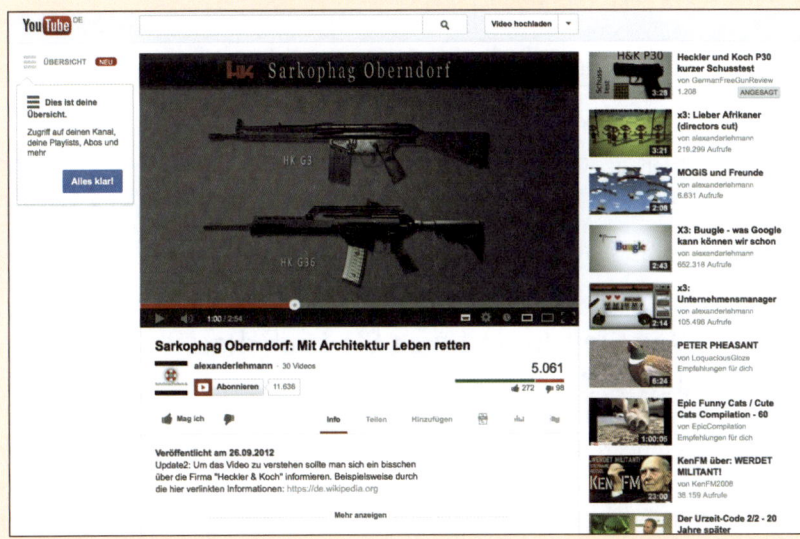

Abbildung 6.41   Kampagnenvideo im YouTube-Kanal

Zunächst sollte Sand und Blei per Hubschrauber über die Waffenfabrik geschüttet werden, um dann das Gelände mit einer Schutzhülle aus Stahlbeton abzuriegeln. Wie Sie sich sicher denken, ein kostspieliges Unterfangen. Nichtsdestotrotz konnte das radikale Kunstprojekt die Community überzeugen und wurde erfolgreich finanziert.

Um die Projektidee zu veranschaulichen, produzierte man bereits vorab ein entsprechendes Stimmungsvideo für den YouTube-Kanal *beautypolitics* (siehe Abbildung 6.41). Zudem nutzte man insbesondere Twitter als flankierendes Medium während der Kampagnenlaufzeit. Mit bis zu fünf Spendenaufrufen, die im Oktober 2012 täglich in die Twitter-Sphäre hinausgeschickt wurden, schoss die Initiative allerdings streckenweise über das Ziel hinaus. Denn angesichts der sonstigen Kanalaktivität wirkt das gezeigte Engagement eher kontraproduktiv – politische Poesie darf eben nicht übertrieben und monoton wirken (siehe Abbildung 6.42).

Abbildung 6.42 Kampagnenbegleitende Tweets während der Crowdfunding-Aktion

Trotz mancher Abstriche zeigt das Zentrum für Politische Schönheit einmal mehr, wie sehr gesellschaftliche Diskurse über das Social Web mitgestaltet und befeuert werden können.

6.3 Fazit: Was Sie tun und was Sie tunlichst vermeiden sollten

Soziale Medien vermögen, die Öffentlichkeitsarbeit sozialer Projekte, Bewegungen und Initiativen ideal zu unterstützen. Kosteneffizienz, PR-Klima und Reichweite sind dabei die drei vordergründigen Argumente, weswegen auch Sie ihre sozialen Missionen im Mitmachweb vermarkten sollten.

Insofern Sie die folgenden Faktoren beachten, können Sie selbst mit geringen Marketingbudgets Großes erreichen und das Social Web zum Quell der gesellschaftlichen Veränderung werden lassen.

Was Sie tun sollten

▶ Hinterfragen Sie Ihre Institutional Readiness, und überprüfen Sie, ob Sie wirklich bereit sind fürs Mitmachweb.

▶ Wenn ja, informieren Sie regelmäßig über Ihre sozialen Netzwerke und Ihr Kampagnenblog. Der Projektstand sollte allerdings nicht Ihre einzige Botschaft sein.

▶ Stellen Sie genügend Manpower für Ihre Kampagne sicher.

▶ Versuchen Sie möglichst menschlich und sympathisch rüberzukommen. Arbeiten Sie auch online viel mit Menschen, indem Sie beispielsweise Testimonials posten.

▶ Erzählen Sie eine mitreißende Geschichte. Interactive Storytelling stärkt die emotionale Bindung und die Identifikation.

▶ Seien Sie für Rückfragen ansprechbar, und bedanken Sie sich für das Ihnen entgegengebrachte Interesse.

▶ Stellen Sie der Community freiwillige Helfer, Sponsoren und Befürworter Ihres Projekts vor.

▶ Lassen Sie Spendern ein digitales Dankeschön via Facbeook, Twitter & Co. zukommen.

▶ Nutzen Sie die neuen Möglichkeiten zum Fundraising, und integrieren Sie Spendensysteme.

Was Sie tunlichst vermeiden sollten

▶ Haben Sie keine Angst, öffentlich diskutiert zu werden.

▶ Nutzen Sie Social Media nicht als Push-Kanal. Eintönigkeit und Monotonie sind hier tabu.

▶ Legen Sie bei Facebook kein privates Profil an, und fangen Sie nicht an, darüber »Freunde« zu sammeln. Ihre PR hat durch eine Facebook-Seite deutlich mehr Möglichkeiten, nicht zuletzt weil Sie so auch ein Spenden-Widget als Facebook App einbinden können.

▶ Seien Sie in Ihren Kanälen nicht unnahbar, und präsentieren Sie nicht bloß Fakten. Dass diese – gezielt eingesetzt – ab und an nicht fehlen dürfen, ist selbstredend. Allerdings sollten Sie Ihre Community nicht damit erschlagen.

▶ Erstellen Sie keinen Content, der nicht geteilt werden kann. Ein anschauliches Bad-Practice-Beispiel sind automatisierte Tweets, die für Twitter zu lang sind und deswegen abgeschnitten werden.

▶ Nehmen Sie die Sprache in sozialen Netzwerken nicht uneingeschränkt an, damit Sie nicht allzu salopp und unseriös rüberkommen. Schließlich soll Ihr Anliegen ernst genommen und Ihre Botschaft angemessen kommuniziert werden.

▶ Seien Sie nicht an der falschen Stelle zurückhaltend, und bitten Sie die Community um Unterstützung und Spenden. Der Rücklauf wird nicht zu unterschätzen sein.

7 Kulturmarketing zeitgemäß gestalten

»Even though it is clear that the internet and social media are booming businesses, the cultural sector is still characterised by a digital divide as far as public participation, knowledge sharing and communication integration go.«
Blogger von prthroughthelookingglass

Kulturelle Angebote attraktiv zu gestalten, effektiv zu vermarkten und ins Bewusstsein der Öffentlichkeit zu rücken, ist kein leichtes Unterfangen. Neben dem internen Projektmanagement muss auch die Beziehung zur Außenwelt gestaltet werden, denn es gilt, Interessierte und Multiplikatoren zu finden, anzusprechen und zum Teilhaben zu bewegen. Zudem möchte das potenzielle Publikum vorab informiert und – wenn möglich– sogar unterhalten werden.

Es geht folglich darum, Besucher zu akquirieren und diesen Besuchern bestenfalls sogar unvergessliche Eindrücke zu bescheren, indem sie schon frühzeitig in Entstehungsprozesse eingebunden werden. Vorzugsweise werden so Erlebnisse geschaffen, die wiederum mit virtuellen Freundes- und Bekanntenkreisen geteilt und besprochen werden. Word of Mouth spielt also auch im Kulturmarketing eine bedeutsame Rolle. Kaum verwunderlich, dass die Potenziale des Social Webs in der Kunst- und Kulturszene seit einigen Jahren diskutiert werden. Beispielsweise ging *Ulrike Schmid*, Betreiberin des Blogs *Kultur 2.0*, bereits 2010 in einer Studie der Frage nach, ob und wie Social Media im orchestralen und Museumskontext zum Einsatz kommen. Das seinerzeitige Ergebnis war durchaus schon beachtlich, sodass Schmid zu der Feststellung kam: »Von den 474 untersuchten Kulturinstitutionen nutzt jedes sechste Orchester und jedes vierte Museum mittlerweile Social Media für seine Kommunikationsaufgaben.«[1]

Um die Aufmerksamkeit der Öffentlichkeit zu erlangen und den Diskurs anzuregen, müssen Kulturangebote/-güter über unterschiedliche Medien vermarktet werden. So geht es im kulturellen Sektor darum, die eigene Zielgruppe durchdacht anzusprechen und diese auf das »Produkt« aufmerksam zu machen. Hierzu eignen sich digitale Kommunikationsmittel und soziale Medien besonders. Allerdings ist umfassendes Digitalmarketing bis zum heutigen Tag noch nicht im Marketing- und

---

1 Ulrike Schmid: Studie zum Social-Media-Engagement deutscher Museen und Orchester ist online, Blogbeitrag, veröffentlicht am 7. Oktober 2012 auf *www.kulturzweinull.de*.

Medienmix aller kulturellen Einrichtungen angekommen. Wenngleich die ersten Erfolgsgeschichten für den deutschsprachigen Raum vorliegen und diverse Studien die Effektivität von Social Media in der Kulturwirtschaft dokumentieren, herrscht manches Mal Unsicherheit, insbesondere bei institutionellen Entscheidungsträgern. Nicht selten stellen sich die Fragen, a) welche Maßnahmen man überhaupt ergreifen kann und b) welche personellen Ressourcen zur Durchführung erforderlich sind. Allerdings herrscht weitgehende Einigkeit darüber, dass die Kommunikation durch soziale Medien prinzipiell sinnvoll ist und dem Ausbau des interaktiven Kulturmarketings nutzt. Die direkte Interaktion mit unterschiedlichsten Adressaten herzustellen, ist dabei eine der spannendsten und größten Herausforderungen für Kulturschaffende.

Deswegen soll Ihnen die nachfolgende Auflistung mögliche Wege skizzieren und Ihnen aufzeigen, wie Sie User stärker am Geschehen teilhaben lassen und durch Interaktion auch emotional an sich binden.

Erreicht werden kann dies durch:

▶ Präsenzen in etablierten Social Networks wie Facebook und Twitter

▶ die Nutzung von Sharing-Diensten für Bilder, Videos und Podcasts

▶ spezielle Social-Media-Events, bei denen es gestattet ist, live zu bloggen oder zu twittern

▶ kollaborative Kampagnen, Crowdsourcing und Crowdfunding (Kapitel 4, »Produkte vermarkten, optimieren und finanzieren«)

▶ wissensvermittelnde Apps für mobile Endgeräte, die beispielsweise Rundgänge durch Museen virtuell simulieren

▶ die Entwicklung einer eigenen kleinen Special-Interest-Community oder die Pflege eines kulturellen Nischen-Netzwerkes, wie das in Abbildung 7.1 dargestellte Theaterforum (*www.theaterforum.com*)

Wie Sie bereits ahnen werden, sind die PR-Möglichkeiten im Social Web im Kultursektor so vielfältig wie die Branche selbst. Um Licht ins Dunkel zu bringen, befasst sich Abschnitt 7.2, »Museen, Theater, Ausstellungen und Inszenierungen«, überwiegend mit konkreten Praxisbeispielen aus dem hochkulturellen Bereich und thematisiert institutionelle Einrichtungen im Detail, um Ihnen die Wahl des richtigen Netzwerkes zu erleichtern. Für Kulturschaffende und kreativwirtschaftliche Kleinunternehmen lohnt hingegen ein genauer Blick in Abschnitt 7.3, »Künstler, Musiker und Kreative«, denn hier werden unterschiedliche PR-Strategien vorgestellt, und es zeigt sich, wie sowohl Ihre Promotion als auch Ihre Vernetzung durch soziale Medien beflügelt werden.

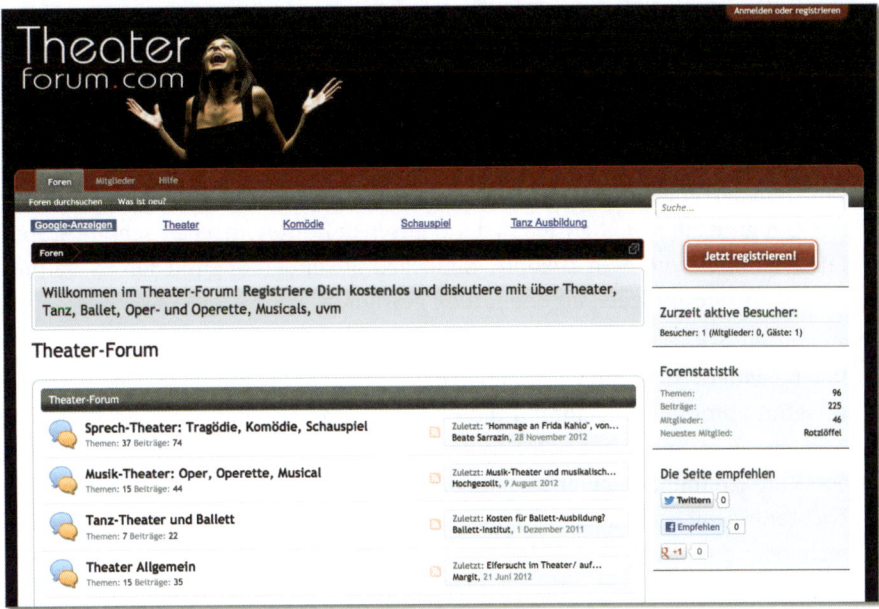

Abbildung 7.1 Die Startseite des interaktiven Theaterforums

7.1 Wie Sie Ihre Leidenschaft transportieren

Wer seine Kunst vermarktet, vermittelt zugleich auch Informationen, Emotionen und Leidenschaft. Tut man dies nicht, kann die eigene Botschaft nicht in das Zentrum des öffentlichen Interesses rücken und verhallt. Im Alltag gehören Kulturvermarktung und -vermittlung demnach zusammen.

Die eigene Passion zu transportieren und ansteckende Begeisterung hervorzubringen, ist also substanziell im Kulturmarketing. Um die Promotion und die Öffentlichkeitsarbeit allerdings langfristig auf ein solides Fundament zu stellen, sind zunächst ein paar grundsätzliche Anmerkungen zum Thema vonnöten. Zu beleuchten sind die ungleichen Voraussetzungen, unter denen Kulturmarketing betrieben wird. Grundsätzlich gilt es nämlich, zwischen zwei verschiedenen Herangehensweisen zu unterscheiden, die folgenschwere Auswirkungen auf Ihre PR-Arbeit haben – so auch im Social Web:

▶ *Demand-Pull-Ansatz*
Bei diesem Ansatz handelt es sich um ein markt- und zielgruppenorientiertes Vorgehen. Sie lernen zunächst die Wünsche und Bedürfnisse des Publikums kennen und konzipieren in einem weiteren Schritt das kulturelle Angebot. Hier leisten Social Communitys und Networks wertvolle Dienste, weil Sie – ohne

großen Aufwand – Stimmungsbilder und authentische Meinungen in Erfahrung bringen können. Die Markttauglichkeit Ihres Vorhabens und dessen Marktakzeptanz können Sie beispielsweise auch durch Crowdfunding-Kampagnen herausfinden. Immerhin erfahren Sie dadurch, inwieweit Ihr Projekt andere Menschen begeistern und zum Spenden bewegen kann.

Der Demand-Pull-Ansatz, welcher ein kundenorientiertes Kulturverständnis mit sich bringt, ist in manchen Teilen der deutschen Kulturwirtschaft schon verbreitet. Allerdings wird er in Zukunft, parallel zu sinkenden öffentlichen Fördermitteln, Etats und Budgets, an Bedeutung gewinnen.

▶ *Supply-Push-Ansatz*
In eine andere Richtung weist hingegen der Supply-Push-Ansatz. Hier wird das Angebot vordefiniert, während die PR- bzw. Marketingmaßnahmen dazu dienen, dieses an Journalisten, Meinungsbildner und Publikum zu bringen. Im Fall von Kulturtreibenden heißt dies, dass beispielsweise eine Ausstellung oder eine Theaterinszenierung zunächst konzipiert wird, ohne eine vorherige Nachfragerecherche durchzuführen. Sobald dann alles in trockenen Tüchern ist und die Termine, Location sowie Beteiligte feststehen, ist das Kulturangebot reif für weitere Vermarktungsmaßnahmen. Zu letzteren zählen auch die Aktivitäten in sozialen Medien und die Präsenz in sozialen Netzwerken. Im Gegensatz zum Demand-Pull-Prinzip muss in diesem Fall zunächst eine Öffentlichkeit geschaffen werden. Um Interesse zu wecken, bieten sich soziale Medien mit ihrer hohen Reichweite und ihrem Potenzial zur digitalen Mund-zu-Mund-Propaganda zweifelsohne an.

Diese aus der Betriebswirtschaftslehre stammende Unterteilung zwischen Demand-Pull und Supply-Push ist wesentlich für Ihre PR-Arbeit, da sie deren Voraussetzungen massiv beeinflusst und für das eigene PR-Verständnis essenziell ist. Schließlich stellt sich die Frage, ob die Menschheit auf Ihr Kulturangebot gewartet hat und das Publikum wie von selbst angezogen wird oder ob Sie erst Aufmerksamkeit, Fürsprecher und Interessenten für Ihr Projekt gewinnen müssen, damit dieses erfolgreich wird. Auf den Punkt gebracht: Gibt es handfesten Bedarf, oder muss erst ein Bewusstsein geschaffen werden? Doch keine Sorge, in beiden Fällen eignet sich das Social Web bestens, wie die nachfolgenden Gründe zeigen.

Zehn Gründe für Kulturmarketing im Social Web

Bevor Sie in den kommenden Abschnitten die Möglichkeiten einer erfolgreichen PR- und Öffentlichkeitsarbeit anhand der Praxisbeispiele aus dem kulturellen Sektor näher kennenlernen, lohnt sich zunächst eine Zusammenstellung der Hauptargumente. Die zehn ausschlaggebendsten Punkte für Kulturmarketing im Social Web finden Sie daher hier:

1. Immer mehr Menschen nutzen Internetangebote und informieren sich im Social Web, bevor sie eine »Kaufentscheidung« treffen. Das gilt auch für Sie. Der größte Fehler ist also, sich nicht in sozialen Medien zu positionieren, sich nicht auf sympathische Weise ins Gespräch zu bringen und Besucher dadurch auch nicht von sich zu überzeugen.

2. Das Social Web ist auf dem Vormarsch. Kaum ein Kulturbetrieb ist heutzutage nicht online durch eine eigene Webpräsenz vertreten, und die Zahl der Einrichtungen, die sich in sozialen Netzwerken direkt mit der Zielgruppe austauschen, nimmt ebenfalls stetig zu. Wenn Sie das vermeintliche Risiko scheuen und sich nicht vermarkten, verpassen sie die Chance zum direkten Echtzeitdialog mit Interessierten und Multiplikatoren. Sie verpassen aber darüber hinaus die Chance, sich positiv von anderen Kultureinrichtungen abzuheben und auf sich neugierig zu machen. Letztlich laufen sie also Gefahr, sich selbst auszuschließen und aus dem öffentlichen Gespräch zu drängen.

3. Soziale Medien bieten Ihnen eine kostengünstige Möglichkeit, sich regional wie überregional zu vermarkten, da die Nutzung mehrheitlich gratis ist. Gerade Künstler oder Kultureinrichtungen, die eher Nischen bedienen oder mit kleinem Budget kalkulieren, profitieren von der Reichweite und der leichten Bedienbarkeit sozialer Netzwerke und Plattformen.

4. Insbesondere in der Phase des »Markenaufbaus« wird Ihnen der unmittelbare Austausch zugute kommen, denn Sie erfahren, was andere von Ihnen erwarten und sich wünschen würden. In letzter Konsequenz erhalten Sie schnell, offen und ehrlich Feedback, welches obendrein kostenlos ist. Vielleicht inspirieren Sie die Community-Vorschläge sogar, und Sie erhalten neuen kreativen Input.

5. Sie können schon mit wenig Aufwand relativ große Wirkungen erzielen und Aufmerksamkeit für Ihre Einrichtung/Projekte/Veranstaltungen gewinnen, indem Sie Ihre Adressaten gezielt ansprechen und einladen. Kundengewinnung und -bindung wird durch die unkomplizierte Handhabung leicht gemacht. Setzt man das eigene Anliegen sympathisch und ansprechend in Szene, werden Fans und Follower schnell zu Markenanhängern und tragen Ihre Botschaft gerne weiter.

6. Soziale Netzwerke wie Facebook und Twitter beeinflussen Ihr Image auch langfristig positiv. Durch eine gut geplante und ebenso gut durchgeführte Positionierung im Social Web ebnen Sie den Weg für eine moderne Kommunikation auf Augenhöhe und bauen Barrieren ab.

7. Sie können die interessierte Öffentlichkeit direkt an Kunst und Kultur teilhaben lassen und sie zum Mitfiebern bewegen. So stärken kleinere Blicke hinter die Kulissen die Identifikation mit Ihren Projekten und führen zu einer dauerhaften emotionalen Bindung.

8. Gerade Foto- und Video-Sharing-Plattformen wie Pinterest, YouTube und Vimeo bieten sich an, visuell und/oder akustisch stimulierende Inhalte zu kommunizieren. Ansprechende Videos und Bilder animieren sodann die User, diese zu liken, zu teilen und machen Kultur auch im Netz erlebbar.

9. Nirgendwo sonst haben Kultureinrichtungen die Chance, gezielt das junge Publikum anzusprechen und ihm Kulturinhalte lebensnah zu vermitteln. Insofern dient das Social Web in der Tat dazu, kulturelle Brücken zu schlagen und die eigene Zielgruppenansprache strategisch zu erweitern.

10. Durch Social Media kann Kunst geschaffen werden, da Inhalte nicht nur von Ihnen, sondern auch von Ihrer Community kommen. Durch unterschiedliche Maßnahmen der interaktiven Kollaboration können Sie gemeinsam mit Ihren Fans und Followern etwas Kreatives produzieren. Crowdsourcing ist also auch hier von Bedeutung und eine mächtige Quelle für den künstlerischen Prozess.

Sie merken, es gibt vielfältige und gewichtige Gründe sich aktiv als Kulturschaffender im Social Web zu präsentierten. Daher stellt sich »nur noch« die Frage, wie Sie dies in der Praxis umsetzen können.

Marketing- Take-away: Studie zeigt die Effektivität von Social Media für Museen

Eine im April 2012 bei *colleendilen.com* erschienene Studie zum Thema »Was beeinflusst die Entscheidung, ein Museum zu besuchen« hat, zumindest für die USA, nachgewiesen, dass Websites, Word of Mouth und Social-Media-Aktivitäten sehr wohl auf die Entscheidungsfindung einwirken und maßgeblich dazu beitragen, museale Angebote attraktiv zu finden.[2]

Die Studie macht deutlich, dass Social Media im Kulturmarketing nicht zu unterschätzen sind. Die Ergebnisse der Studie treffen insbesondere auf diejenigen zu, die aufgrund ihrer demografischen, psychologischen und Verhaltensmerkmale als »high prosensity visitors« (HPV) einzustufen sind und die höchste Neigung zum Museumsbesuch aufweisen. Die überragende Mehrheit der museumsaffinen Befragten informiert sich nämlich zunächst im (Social) Web über das Museum und entscheidet dann, ob ein Besuch lohnt. Von ihnen werden Webseiten, inklusive mobiler Internetseiten, in Sachen Recherche und Meinungsbildung klar bevorzugt und mit einem Indexwert von 418 Punkten belohnt. An zweiter Stelle stehen mit 237 Punkten Empfehlungen nach dem WoM-Prinzip und in sozialen Medien. Gefolgt werden diese von »Begutachtungen durch Ebenbürtige« (*peer review*), sprich Online-Bewertungen von Privatpersonen auf Plattformen, wie beispielsweise *yelp.de*. Mit einem zugewiesenen Wert von 162 stehen diese weit vor gedruckten Zeitungen, welche gerade bei den HPV geringen Einfluss haben und 75 Punkte erzielen. Traditionelle Medien wie Museumsführer oder klassisches POS-Material in Form von Broschüren belegten indessen den letzten Platz im Ranking.

---

2 Colleendilen, *http://colleendilen.com/2012/07/11/the-importance-of-social-media-in-driving-people-to-your-museum-or-visitor-serving-nonprofit-data/*

7.1.1   Neue Form der Kulturvermarktung

Digitale Kulturvermarktung kann über ganz unterschiedliche Kanäle erfolgen. Zunächst gilt es selbstredend, an die öffentlichen, weil reichweitenstärksten Netzwerke und Plattformen zu denken.

Allen voran bietet Facebook zahlreiche Möglichkeiten, die Kultur-PR möglichst professionell zu gestalten, da hier im Idealfall sowohl das Corporate Design als auch Multimedia-Content zum Einsatz kommt. Auf der eigenen Facebook-Seite können Sie Fans permanent mit Hinweisen, Fakten und interessanten Hintergrundinformationen versorgen, sodass ihnen authentische Einblicke »hinter die Kulissen« gegeben werden.

Ein schönes Beispiel hierfür bietet die »Romy Schneider Ausstellung« auf Facebook (siehe Abbildung 7.2). Die Seite, die mittlerweile schon über 7.000 »Gefällt mir«-Angaben verzeichnet, informiert regelmäßig und lässt die Fans von Zeit zu Zeit an TV-Dreharbeiten und »hohem Besuch« teilhaben.

Abbildung 7.2   Die Facebook-Seite der »Romy Schneider Ausstellung«

Außerdem besteht auf Facebook die Möglichkeit, Promotionmaßnahmen bei besonderen Anlässen wie Erstaufführungen, Vernissagen oder Record-Releases zu ergreifen. Neben dem Erstellen einer Veranstaltung können Sie auch, um die Zielgruppe sehr konkret anzusprechen, Werbeanzeigen schalten und wichtige Statusmeldungen bewerben (Abschnitt 8.2.1, »Facebook als Promotiontool für Ihre Events«).

Doch Facebook ist nicht das einzige Instrument für Ihre digitale Kulturvermarktung. Darüber hinaus bieten sich andere Social-Media-Kanäle an – und sei es als flankierende Medien. Wie Sie in den kommenden Abschnitten noch erfahren werden, haben bereits diverse Kulturbetriebe, wie etwa das Deutsche Currywurst Museum in Berlin, unter Beweis gestellt, dass Twitter nicht bloß für popkulturelle oder einzelkünstlerische Projekte Sinn macht, sondern auch für hochkulturelle Betriebe. Auf Twitter können Sie sich als offener Ansprechpartner erweisen, indem Sie den direkten Austausch mit Verantwortlichen in Echtzeit anbieten, was für kulturelle Institutionen mit öffentlichem Bildungsauftrag (noch) keine Selbstverständlichkeit und daher ein eindeutiger Wettbewerbsvorteil ist.

Dabei kann der Twitter-Account, ähnlich der Facebook-Seite, sowohl von Einzelnen als auch problemlos von einer Gruppe als Gemeinschaftsprojekt befüllt werden, sodass man sich den Arbeitsaufwand teilt. Und wie der Account des Mercedes-Benz Museums vormacht, behält man dank der Listenfunktion leichter den Überblick über Follower und deren Interessengebiete (siehe Abbildung 7.3).

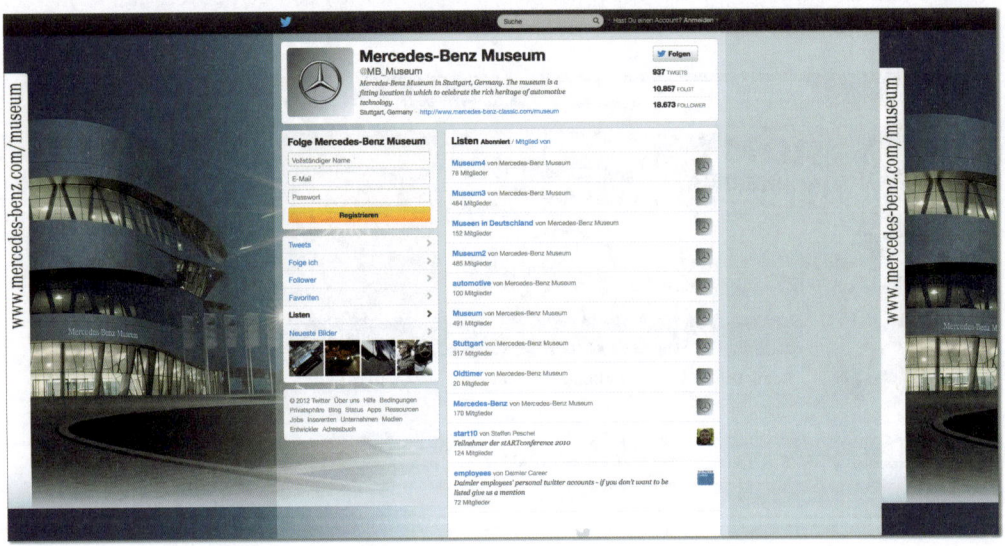

Abbildung 7.3 Die Listen des Mercedes-Benz Museums auf Twitter

YouTube dient ebenfalls als Plattform, auf der sich Kulturbetriebe vorstellen können. Neben Museen nutzen ferner Theater, Tanzgruppen, Orchester oder Musiker die Gelegenheit, Ihre Kunst per Video zu vermarkten. Professionelle ebenso wie amateurhafte Clips erfüllen hier die Funktion, (authentische) Eindrücke zu vermitteln und im besten Fall Nähe zum Publikum zu schaffen. Während YouTube und Flickr bereits fester Bestandteil der Kommunikationsstrategie mancher Kultureinrichtungen im Social Web sind und die Beziehungspflege zu Bloggern (Blogger Relations) immer mehr Beachtung findet, fristen Google+, Pinterest ebenso wie Instagram im kulturellen Bereich noch ein stiefmütterliches Dasein.

Im Gegensatz zu den USA besteht in den D-A-CH-Ländern bislang kein weitgehendes Vertrauen in die Effektivität von Google+, was auch letztlich der Grund ist, wieso der Arbeitsaufwand zum Bespielen und Pflegen einer weiteren Plattform von den meisten Kulturtreibenden gescheut wird, wie die Suche nach Google+-aktiven Museen in Abbildung 7.4 verdeutlicht. Dieser Umstand ist allerdings nicht einer mangelhaften Funktionalität von Google+ geschuldet, sondern liegt vor allem an einem: Im hiesigen Kultursektor stecken ganzheitliche Social-Media-Strategien mit crossmedialen Komponenten noch in den Kinderschuhen.

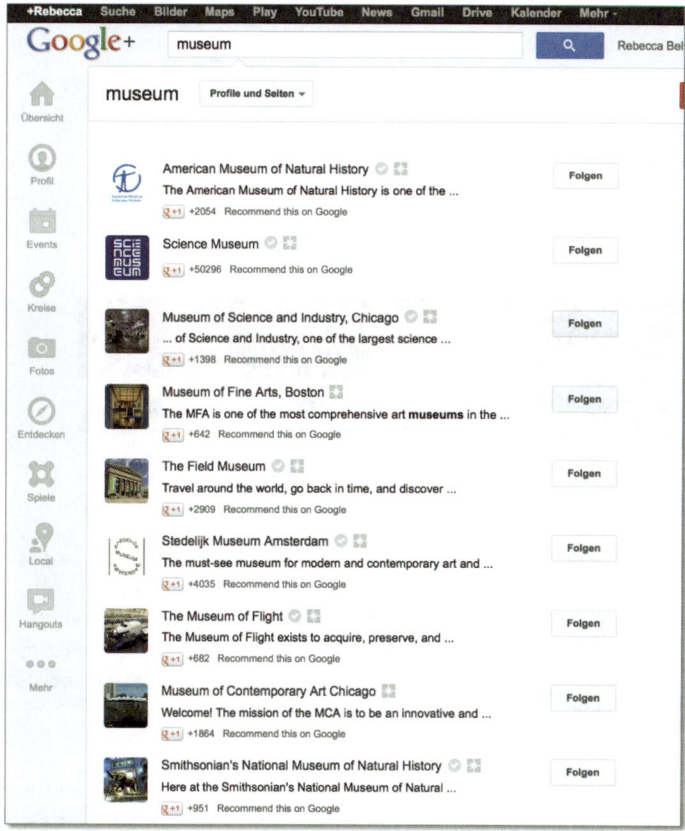

Abbildung 7.4   Suchergebnisse zu »museum« bei Google+ Ende 2012

Dieser Eindruck drängt sich auch in Sachen Pinterest und Instagram auf. Eigentlich wären beide Bild-Sharing-Plattformen prädestiniert für eine visuelle Kulturvermittlung und -vermarktung, doch werden sie letztlich nur selten eingesetzt. Dabei könnten gerade institutionelle Kulturbetriebe mit internationaler Besucherstruktur von beiden Webangeboten profitieren, weil sowohl Pinterest als auch Instagram in anderen Ländern sogar noch weiter verbreitet sind als in Deutschland.

Weitere Gründe für den Einsatz von Pinterest

Bei Pinterest geht es vornehmlich um visuelle Stimulation. Ob als Museum, Theater oder als zoologischer Garten – es geht darum, bei Pinterest (emotionale) Bilder zu pinnen, die User zum Liken, Repinnen und Teilen in andere soziale Netzwerke wie Facebook und Twitter bewegen.

In der Regel sind diese Bilder in Kulturbetrieben ohnehin vorhanden oder können mit dem Smartphone in Windeseile aufgenommen werden. Auch das Einpflegen beziehungsweise Zuordnen zu Kategorien ist im Handumdrehen geschehen. Beispielsweise können Museen ihre Pins nach Stilrichtungen gruppieren, ganze Ausstellungsboards anlegen oder spezielle Boards ihren liebsten Künstler widmen (siehe Abbildung 7.5).

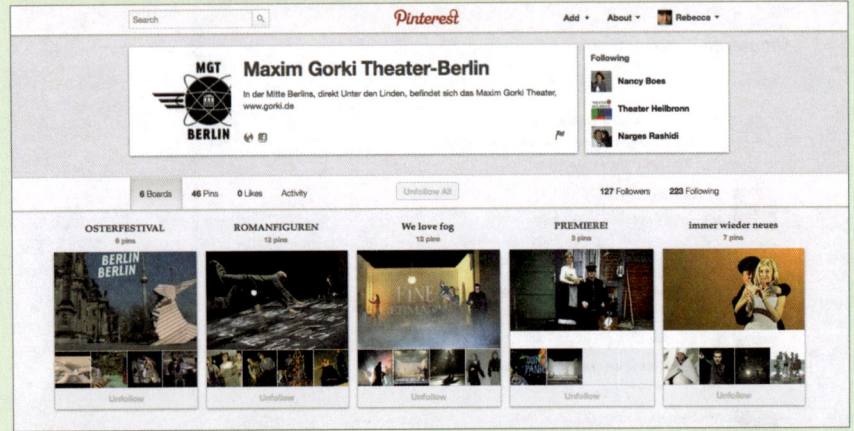

Abbildung 7.5   Das Maxim Gorki Theater auf Pinterest

Ein ansehnliches Beispiel für die vielfältigen Einsatzmöglichkeiten von Pinterest ist das DDR-Museum, welches in späteren Abschnitten noch näher beschrieben wird. Das Museum hat Boards angelegt und pinnt Bilder aus Berlin, der DDR, aus dem laufenden Betrieb und von anderen musealen Einrichtungen. Kulturmarketing auf Pinterest setzt es erfolgreich ein, sodass sich der gepinnte Content auch organisch in die weitere Social-Media-Kommunikation einfügt.

Wie skizziert, gibt es haufenweise Optionen zur systematischen Kulturvermarktung in neuen Medien. Zusammenfassend können Sie daher festhalten: Wenn Sie Social Media im Kulturmarketing einsetzen wollen, sollten Sie als Erstes die individuell relevanten Netzwerke identifizieren, um sie im weiteren Verlauf konsequent mit neuen Inhalten zu bespielen. Dadurch begünstigen Sie den Aufbau einer lebendiger Community.

Bevor's losgeht: Welche Schritte Sie noch gehen sollten

Erfolg stellt sich meist nicht von alleine ein. Um kulturelle Angebote effektiv zu vermarkten, ist daher eine gewisse Vorarbeit unerlässlich. So sollten Sie bereits in der ersten Planungsphase klären, was a) Ihre Zielsetzung ist und wie sich b) Ihre Zielgruppe zusammensetzt, weil sich hieraus grobe Handlungsempfehlungen für eine gezielte Ansprache auf verschiedensten Kanälen und Plattformen ableiten. Sie entwickeln darüber hinaus ein besseres Gespür dafür, wodurch Sie Ihre Adressaten am sinnvollsten ansprechen und wie Ihre Inhalte aufbereitet werden wollen.

Um zu erfahren, was potenzielle Fans und Follower von Ihnen erwarten, ist Empathie und Kundenkenntnis gefragt. Versetzen Sie sich also in die Perspektive Ihrer Zielgruppe, um möglichst informative, unterhaltsame und animierende Inhalte mit Mehrwert zu liefern. Diesen Schritt sollten Sie nicht aussparen, da die Generierung interessanten Contents in der Tat das A und O einer erfolgreichen Kulturvermarktung im Social Web ist. Ein zielgruppengerechter Content-Mix lässt Ihre Community die jüngsten Ereignisse, innerbetriebliche Prozesse und kulturelle Entstehungsgeschichten interessiert verfolgen. Nur durch diesen kann Interesse geweckt, sich ausgetauscht und der digitale Diskurs aufrechterhalten werden.

Das Content Management kann dabei durch diverse Tools wie HootSuite, Sproutsocial oder Buffer erleichtert werden, dank derer sich beispielsweise Tweets und Statusupdates bei Facebook terminieren lassen (siehe Abbildung 7.6). Schließlich ist es gerade bei kulturellen Wochenendangeboten immens von Bedeutung, die Community darüber zu informieren, auch wenn Veranstaltungen und Aufführungen außerhalb der Kernarbeitszeit oder an Feiertagen stattfinden. Jedoch sollten Sie die Community stets im Auge behalten. Am Social Media Monitoring zu sparen, wäre der falsche Weg. Insofern sollten Sie regelmäßig die Effektivität Ihrer Kommunikationsmaßnahmen kontrollieren und sicherstellen, dass Ihre Strategie im Social Web gewinnbringend ist.

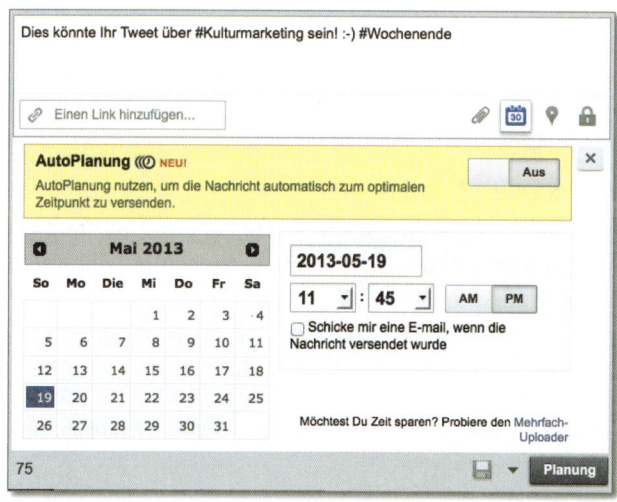

Abbildung 7.6   Vorterminierter Tweet mit HootSuite

7.1.2   Neue Form der Kulturvermittlung

Jenseits der eigenen Website bietet das Internet enormes Potenzial für die interaktive Kulturvermittlung – und obwohl dies feststeht, werden neue Webtechnologien eher sparsam eingesetzt. Interaktive Kulturvermittlung ist eben noch keine Selbstverständlichkeit. Dabei ermöglichen es soziale Netzwerke, sich mit Usern auszutauschen, sie in Schaffensprozesse einzubeziehen und für das eigene Projekt zu begeistern. So passen Kulturvermittlung und interaktive Webtechnologien perfekt zueinander, zumal erstere wie folgt definiert wird:

> »Kunst- und Kulturvermittlung bezeichnet alle Aktivitäten, die das künstlerische und kulturelle Erbe im Kontext der vermittelnden Institution interessierten Personen (Rezipienten) verständlich zugänglich machen und zur Partizipation anregen.«[3]

Verständlichkeit und Partizipation können dabei problemlos durch Social Media hergestellt werden. Bei Verständnis- oder Interessensfragen können User auf Facebook, Twitter & Co. am Echtzeitdialog teilnehmen und unkompliziert nachfragen. Außerdem können durch Kommunikationsmaßnahmen in sozialen Medien bislang unerreichte Zielgruppen kostengünstig angesprochen und nachhaltig für kulturelle Themen sensibilisiert werden. Dies hat auch Kulturmarketingexperte *Christian Holst* in einem Blogbeitrag herausgearbeitet:

> »Gute Vermittlung bedeutet, nicht nur zu belehren und zu informieren, sondern die Faszination der Kunst durch Partizipation erlebbar zu machen. Was liegt da also näher, als das »Mitmach-Web« – wie das Web 2.0 auch genannt wird – für die Kulturvermittlung zu nutzen? Es gibt erstaunlich wenige Beispiele, wo das bereits geschieht.«[4]

Zwei dieser »wenigen Beispiele« für moderne Kulturvermittlung sind das interaktive Projekt *myShakespeare* sowie die Twitter-Kampagne *Ask A Curator*, die Ihnen nun vorgestellt wird.

Lebendige Vermittlung: Ask A Curator!

Kulturmarketing und Kulturvermittlung gehen Hand in Hand. Ein Best-Practice-Beispiel hierfür liefert die internationale Aktion: *Ask A Curator* (siehe Abbildung 7.7), welche erstmals 2010 pressewirksam durchgeführt wurde.

---

3   Marion Gruber: E-Learning im Museum und Archiv. Vermittlung von Kunst und Kultur im Informationszeitalter. Innsbruck: Univ. Diss. 2006, S. 23.

4   Christian Holst: Kulturvermittlung und Web 2.0. Eine Liebe auf den dritten Blick?, am 01.06.2012 veröffentlicht auf *www.kultur-vermittlung.ch*.

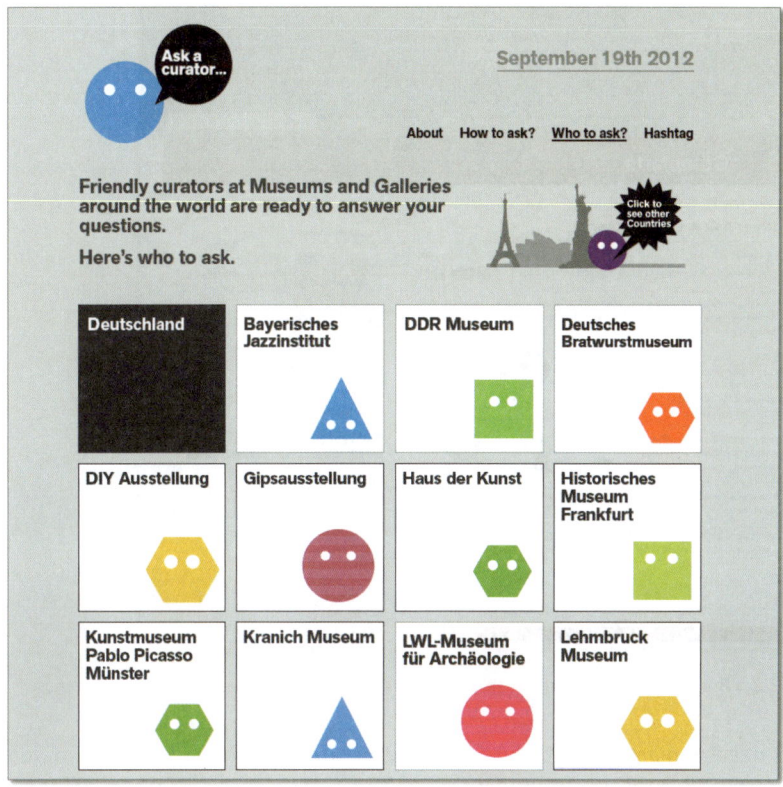

Abbildung 7.7 Die Website zum internationalen Ask-A-Curator-Tag auf Twitter

Die englische Kreativagentur *sumo* hatte sich 2010 ein simples, aber bestehendes Konzept einfallen lassen, um den musealen Dialog in der Twitter-Sphäre zu beleben und den Kontakt zu interessierten Microbloggern aktiv herzustellen. Daher entschloss man sich, an einem festgelegten Datum eine Art öffentlicher Fragestunde durchzuführen und Kuratoren auf Twitter der digitalen Welt Rede und Antwort stehen zu lassen. Der Leitgedanke wurde sodann auf der Website zusammengefasst: »*Museums and galleries not only house fascinating collections, they are also the home to leading experts who love to share their passion for art, history and science.*«[5]

Warum also nicht den offenen Austausch mit genau diesen Experten suchen und mehr über den Museumsbetrieb erfahren? Scheinbar ein cleverer Kommunikationsschachzug, denn über die Erstaufführung von *Ask A Curator* berichtete auch die BBC (siehe Abbildung 7.8).

---

5 museumminute, *https://museumminute.wordpress.com/author/jamieglavic/page/4/*

Abbildung 7.8 Berichterstattung zum Ask-A-Curator-Tag

Angesichts des Premierenerfolgs wurde die Aktion auch 2012 wiederholt. Um den direkten Austausch mit der Twitter-Sphäre zu fördern, durften dieses Mal am 19. September einen Tag lang Kuratoren befragt werden, wobei sich zu diesem Zweck weltweit 200 zur Verfügung stellten (siehe Abbildung 7.9). Ob zum Museumsbetrieb, zu Ausstellungen, Kunstwerken & Co. – erneut konnten interessierte Twitterer in 140 Zeichen mit dem Hashtag #AskACurator über all das diskutieren, was sie schon immer einmal über den Museumsbetrieb erfahren wollten.

Abbildung 7.9 Auszug aus der Twitter-Timeline vom Ask-A-Curator-Tag

Dass diese Gelegenheit von Twitterern rege genutzt wurde, veranschaulichen unter anderem die Staatlichen Museen zu Berlin, wie in Abbildung 7.10 ersichtlich. Am 19. September antwortete die Kuratorin, Dr. Korbacher, auf Fragen wie: »Was ist bislang die größte Herausforderung als Kurator?«, oder »Was halten Sie von Augmented Reality für/in Ausstellungen?«

Abbildung 7.10   Die Staatlichen Museen Berlin anlässlich des Ask-A-Curator-Tages

Auf die Art gelang es, sowohl das öffentliche Interesse zu wecken als auch eine gefühlte Nähe durch offene Kommunikation herzustellen und seine eigene professionelle Leidenschaft an Laien weiterzugeben. Wie die staatlichen Museen der Hauptstadt zeigen, bieten solche Aktionen den idealen Anlass, sich dialogwillig und kundenorientiert im Mitmachweb zu präsentieren. Und wer weiß: Vielleicht imponiert dies sogar dem (akademischen) Nachwuchs und macht den ein oder anderen Betrieb als potenziellen Arbeitgeber attraktiver.

Sein oder nicht sein, das ist ...: myShakespeare

Ende 2012 veranstaltete die *Royal Shakespeare Company* ein sogenanntes *World Shakespeare Festival*. Anlässlich dessen ergriff sie ausgefeilte PR-Maßnahmen im Social Web, um auch hier den Diskurs über den Weltliteraten erneut zu beleben und lebendig zu halten. Kurzum: In und mit sozialen Medien wollte man also die Werke und das Wirken des großen Lyrikers angemessen würdigen und sein Erbe aufrechterhalten. Um den neuesten technologischen und gesellschaftlichen Entwicklungen gerecht zu werden, rief der Veranstalter sodann ein interaktives Projekt ins Leben. Eine Website namens *myShakespeare* fordert weltweit Menschen dazu auf, ihre persönlichen Gedanken und Empfindungen über Shakespeare im Netz zu teilen und so auch andere an ihren Erfahrungen teilhaben zu lassen (siehe Abbildung 7.11).

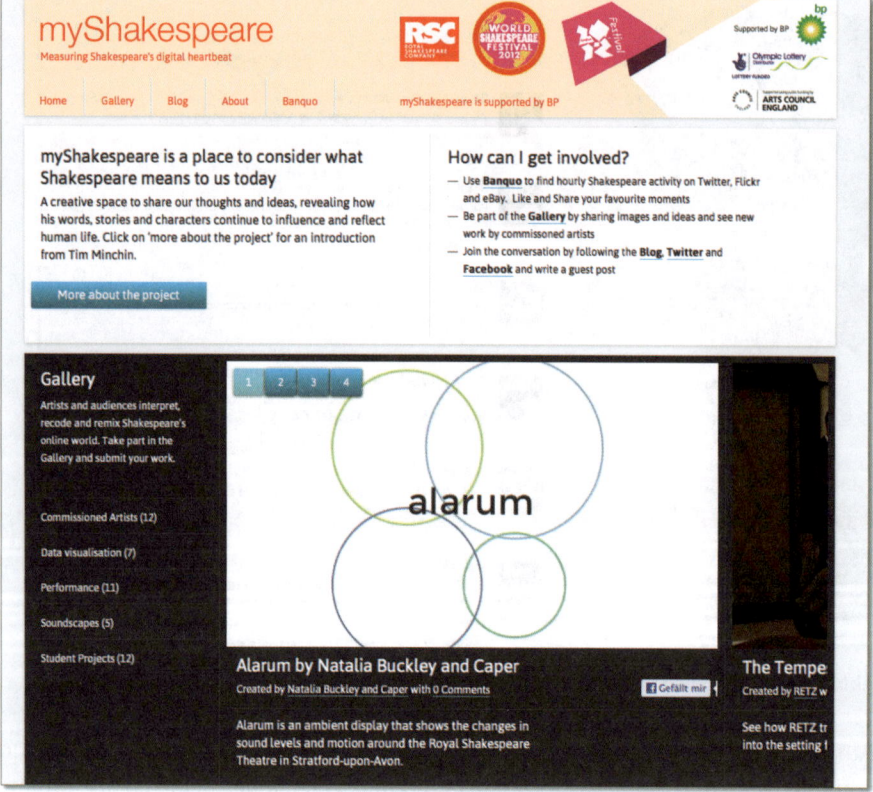

Abbildung 7.11 Die Website zur internationalen Kampagne »myShakespeare«

Im Zentrum standen die folgenden Fragen: Wie kann Shakespeare in der Gegenwart interpretiert werden, und sind seine Werke aktuell? So bloggte, twitterte und facebookte das Organisationsteam über die Relevanz in der heutigen Zeit und rief darüber hinaus Shakespeare-Fans zum Mitmachen auf. Um das Projekt zu unterstützen, sollten sie Gastbeiträge schreiben, Bilder einsenden und den Content in ihren eigenen Social-Media-Kanälen teilen. Die Bedeutung und Reichweite von User-generated Content machte sich die Kampagne somit zunutze. Die Word of Mouth in die eigene Öffentlichkeitsarbeit einzuspannen, brachte dabei augenscheinlich Erfolg: Obwohl das Thema sicherlich nicht »massentauglich« ist, konnte die Facebook-Seite des World Shakespeare Festivals Anfang 2013 auf über 6.000 Fans blicken.

Wie das Beispiel von myShakespeare veranschaulicht, kann Kulturvermittlung in sozialen Medien einiges bewegen und Themen aufleben lassen. Bedeutsam ist in diesem Zusammenhang, Kunst und Kultur erfahrbar und erlebbar zu machen und zum Austausch einzuladen.

Marketing-Take-away: Museums-Apps im Gespräch

Die Museologin Dorian Ines Gütt twittert und bloggt regelmäßig über Museums- und Ausstellungsapplikationen für mobile Endgeräte. Für Kuratoren und Interessierte finden sich unter dem Twitter-Nutzernahmen @museumsapp sowie museums-app.com/WP/ zahlreiche Praxisbeispiele, aus denen man Wertvolles lernen kann (siehe Abbildung 7.12).

Abbildung 7.12   Der Twitter-Account der Museologin Dorian Ines Gütt

So berichtete Gütt auch über die Museums-App »Neanderthal« des Neanderthal Museums in Mettmann bei Düsseldorf, das bereits aufgrund seiner Multimedialität mehrfach ausgezeichnet wurde (siehe Abbildung 7.13).

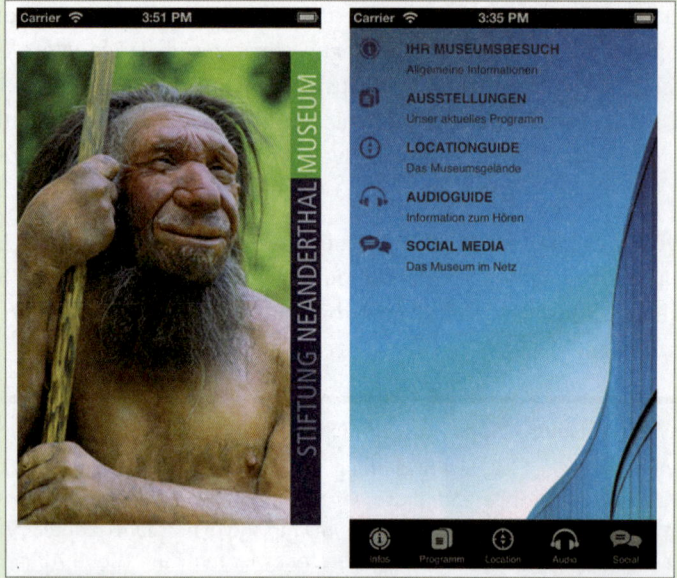

Abbildung 7.13   Abbildung der Museums-App der Neanderthal-Stiftung

Die Neanderthal-App wartet mit allgemeinen Museumsinformationen, dem Ausstellungsprogramm und Besucherinformationen auf. Darüber hinaus beinhaltet sie einen Audioguide. Begleitend zum Museumsrundgang führt er den Besucher durch die verschiedenen Ausstellungen. Auch museumspädagogisch ist man durch einen speziell auf Kinderbedürfnisse zugeschnittenen Guide bestens aufgestellt. Das Konzept der kostenlosen App zahlt sich aus, denn bislang sind die Rezensionen ausschließlich positiv.

7.1.3   Grundlegende Tipps für Ihre Kulturvermittlung im Social Web

Oft stellen sich gerade Social-Media-Einsteiger die Frage: Wie läuft die digitale Positionierung überhaupt erfolgreich ab, und was gilt es, zu beachten? Daher helfen Ihnen die folgenden Tipps dabei, eine professionelle und effektive Kommunikationsbeziehung mit der Öffentlichkeit dank Social Media aufzubauen:

▶ Akzeptieren Sie die Netzkultur, und passen Sie sich der Sprache wie auch den Gepflogenheiten in sozialen Netzwerken an. Um Kultur angemessen zu vermitteln, ist es also notwendig, sich auch mental auf die Medien einzulassen und diese nicht als eingleisigen Kanal zur Mitteilungsveröffentlichung zu begreifen.

▶ Lassen Sie Gespräche und Diskussionen zu, die im Social Web von User zu User stattfinden, und fordern Sie dazu auf, dass sie geführt werden. Wie das geht? Stellen Sie beispielsweise W-Lan zur Verfügung, und untersagen Sie nicht die Nutzung von mobilen Endgeräten. Dass die Handys Ihrer Besucher dabei auf lautlos zu stellen sind, können und sollten Sie selbstredend weiterhin verlangen, damit der Betrieb oder die Aufführung nicht gestört werden.

▶ Suchen Sie darüber hinaus auch selbst die Gespräche in sozialen Medien, und laden Sie auf Ihren eigenen Seiten zur Diskussion ein. Je interaktiver Sie sich positionieren, desto besser. Denn das erhöht in der Regel Ihre Reichweite, und Sie können ein größeres Publikum ansprechen.

▶ In diesem Zusammenhang ist es absolut essenziell, dass Sie auf Wunsch auch entsprechende Auskünfte erteilen. Kulturvermittlung im Social Web kann eben nur funktionieren, wenn Sie Ihren Fans und Followern aktiv zuhören und Brücken der Verständigung bauen. Bewerkstelligen können Sie dies zum Beispiel, indem Sie die Entstehung von Ausstellungen, Inszenierungen & Co. prozessbegleitend in der virtuellen Öffentlichkeit kommunizieren. So generieren Sie dauerhaft Interesse und gestalten aktiv Ihr digitales Image.

▶ Beziehen Sie bewusst kulturelle Meinungsbildner, die ein gutes Ansehen im Social Web genießen, in Ihre Vermittlungsstrategie ein, und denken Sie sich innovative Möglichkeiten der Kooperation aus. Beispielsweise könnten Sie einen sogenannten »Tweetup« organisieren (siehe Abbildung 7.14).

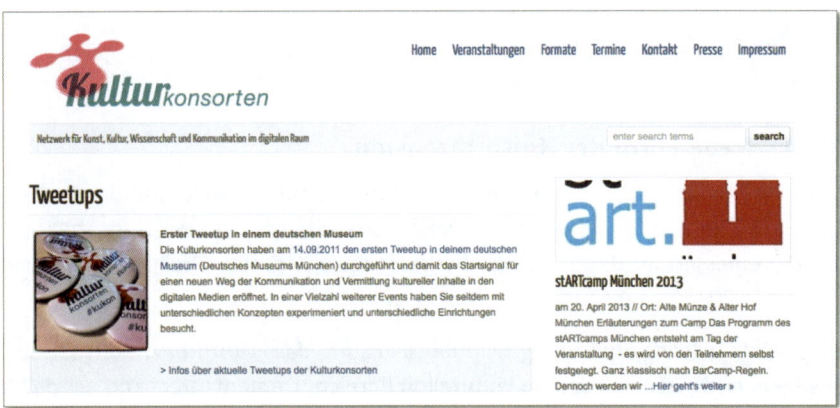

Abbildung 7.14   Website von Kulturkonsorten, die ebenfalls Tweetups organisieren

Der Begriff entstand in Anlehnung an Meetup und bezeichnet das physische Zusammentreffen von Twitterern, um das gegenseitige Kennenlernen im realen Leben zu ermöglichen. Solche Formate eignen sich hervorragend für den Kultursektor: Sie können aktive Twitterer zu einer Veranstaltung einladen, eine exklusive (Auf-)Führung machen und ihnen gestatten, live darüber zu berichten. Auf Anhieb und in einer gebündelten Aktion lässt sich so ein großer Buzz erzeugen, während zugleich der Austausch unter den twitternden Teilnehmern angekurbelt wird. Positiver Nebeneffekt: Der online stattfindende Gedankenaustausch beugt störenden Zwischengesprächen vor.

▶ Schaffen Sie digitale Wissensräume, und nutzen Sie die Möglichkeiten moderner Technologien: Spezielle Museum-Apps können dabei virtuell durch die Ausstellung führen und klassische Audioguides ersetzen. Auch rein digitale Museumsrundgänge oder Augmented Reality bieten Ihnen ganz neue Wege, Ihren Besuchern Kultur zu vermitteln.

Rechtstipp: Was müssen Sie bei Museums-Apps beachten?

Vorsicht: Nur weil ein Museum etwas ausstellt, ist es noch nicht »gemeinfrei«! Das Museum hat einerseits das Hausrecht, das beachtet werden muss. Zum anderen gilt auch hier weiterhin das Urheberrecht, demzufolge entweder die 70-jährige Schutzfrist zu beachten ist, die mit dem Tod des Urhebers zu laufen beginnt – oder bei Lichtbildern (»einfache Fotografien«) zumindest 50 Jahre ab Veröffentlichung des Lichtbildes.

Ein Foto des Museumsgebäudes darf allerdings gemacht werden, sofern es von einem öffentlich zugänglichen Platz aus erstellt wird, dies ist in Deutschland von der »Panoramafreiheit« nach § 57 UrhG gedeckt.

Allerdings können die Museen für sich selbst mit Apps Werbung machen, auch wenn manche Werke noch urheberrechtlichen Schutz genießen: Zur Eigenwerbung dürfen Abbildungen erstellt werden.

7.1.4 Neue Form der Kulturrezension

Von den Umsätzen her betrachtet, boomt der kulturelle Veranstaltungsmarkt seit Jahren. Dabei werden immer mehr Tickets über das Internet verkauft. Während es 2008, gemessen an den Gesamtticketkäufen, 28 % Online-Ticketverkäufe waren, haben sie 2011 um weitere 10 % zugenommen.[6]

Angesichts dieser Entwicklung wundert es kaum, dass Word of Mouth tatsächlich allgegenwärtig ist – so auch im kulturellen Bereich. Dementsprechend werden Veranstaltungen in Blogs, in Foren, auf Facebook & Co. und sogar in Wikipedia besprochen. Die User tauschen sich darüber aus, welche Aufführungen oder Museumsbesuche kurz bevorstehen, was erlebt wurde und wie man das ein oder andere empfunden hat. Die Spannweite und Qualität der Fragen, Kommentare und Bewer-

---

6 Livekritik-Beitrag, *https://www.companisto.de/startups/livekritik.de-startup-11/overview*

tungen ist dabei sehr hoch. Teilweise geht es um triviale Fragen wie: »Was zieht man eigentlich bei einer Theaterpremiere an?« (siehe Abbildung 7.15), teilweise um sachbezogenen Meinungsaustausch. Nicht selten kommt es auch zu einem profunden Schlagabtausch unter Experten und Connaisseuren.

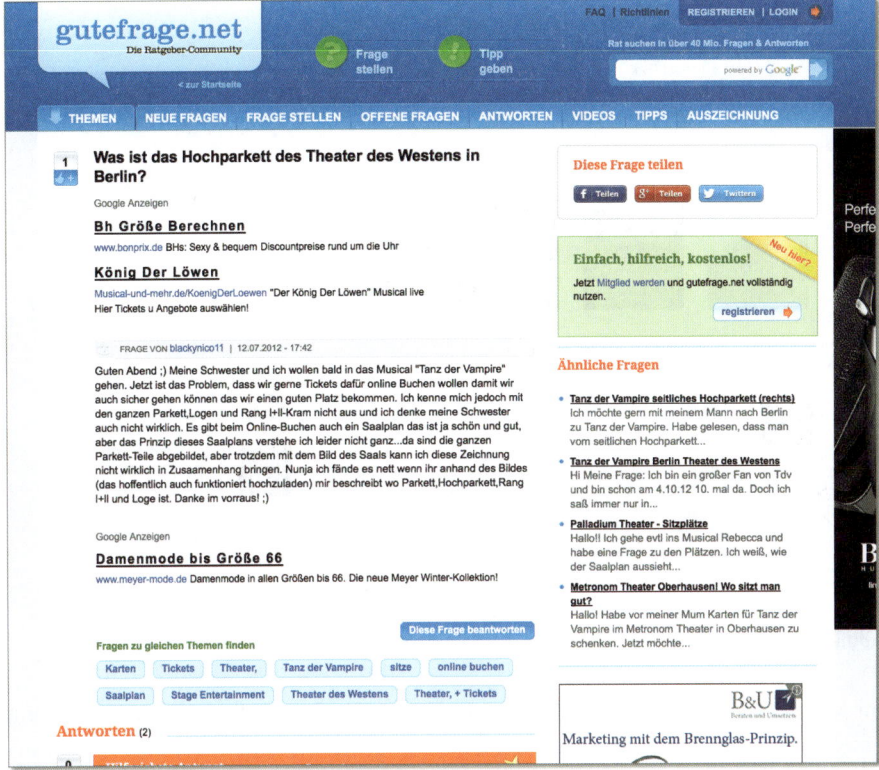

Abbildung 7.15   Eine gute Frage im Forum gutefrage.net

Darüber hinaus nutzen auch immer mehr User die Möglichkeiten mobiler Endgeräte und laden sich Bewertungs-Apps herunter. Unter anderem sind hier die Location-based Services Foursquare und Qype zu nennen, die gerade von jüngeren Zielgruppen rege genutzt werden.

Durch diese standortbezogenen Dienste können User nicht bloß Check-ins vornehmen und ihrem virtuellen Freundeskreis mitteilen, wo sie sich gerade aufhalten, sondern auch öffentlich einsehbare Bewertungen und Tipps hinterlassen (siehe Abbildung 7.16). Dadurch gewähren sie auch anderen Nutzern virtuelle Einblicke – sie zeigen ihnen an, welche »Orte« sich in der unmittelbaren Nähe befinden und wie diese bewertet sind.

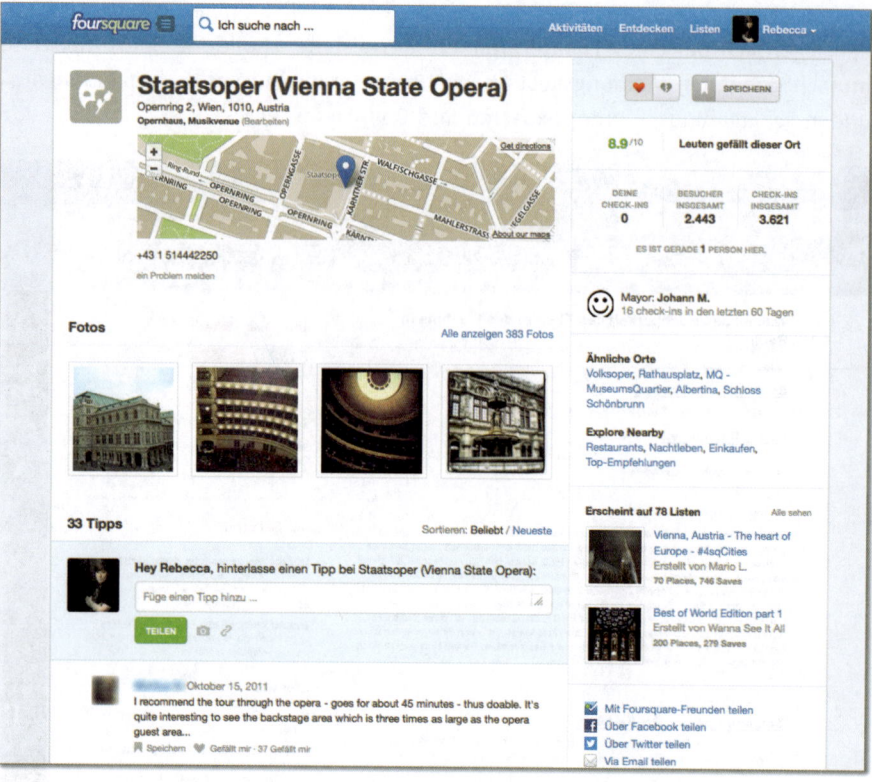

Abbildung 7.16 Die Wiener Staatsoper auf Foursquare

Im konkreten Fall von Foursquare heißt dies, dass Sie für Ihre Kultureinrichtung einen Ort, ein sogenanntes Venue, kostenlos einrichten können, sodass Ihre Besucher hier einchecken können. Die Freunde und Bekannte dieser Besucher bekommen dies wiederum angezeigt. Ihr Venue kann alsdann von Ihren Besuchern, Fans und »Freunden« rezensiert und mit Tipps und Fotos versehen werden. User-generated Content steht hier also im Vordergrund, wodurch Ihr Kulturmarketing im Idealfall zum Selbstläufer wird. Bestärken können Sie dies, indem Sie beispielsweise Spezialangebote wie Einzel- oder Gruppenrabatte bei Museums- beziehungsweise Theater-Check-ins anbieten und die Aufmerksamkeit der Foursquare-Nutzer auf sich ziehen. Auch bestimmte Events, die in mehreren Lokalitäten stattfinden – man denke zum Beispiel an Nächte der offenen Museen/Kirchen –, können effektiv beworben werden, wenn Sie dafür spezielle Badges bei Foursquare einrichten. Solche PR-Maßnahmen erhöhen Ihre Reichweite um ein Vielfaches, und die darin enthaltenen Gamification-Elemente motivieren User zum Mitmachen.

Wie Sie Foursquare sinnhaft einsetzen können, zeigt sich auch am Fallbeispiel der Wiener Staatsoper. Beispielsweise können Sie auf Ihrem Account nachvollziehen, wie oft bei Ihnen insgesamt eingecheckt wurde und wie viele Besucher den Dienst nutzen, außerdem sehen Sie das privat fotografierte Bildmaterial (siehe Abbildung 7.17) und können anhand der hinterlassenen Tipps erkennen, was die Besucher lobend erwähnen. So hinterließ ein User im Mai 2011 den Tipp: »One of the worlds best opera houses which also hosts legendary Vienna Opera Ball!«

Abbildung 7.17   Die Bildergalerie der Wiener Staatsoper auf Foursquare

Marketing-Take-away: Mit LED seinen Standort im Museum lokalisieren

An einem museums- und shoptauglichen Projekt, das auf Location-based Services setzt, arbeitet seit 2012 ein Startup aus Cambridge. Unter dem Namen *ByteLight* entwickeln die Gründer eine LED-basierte Standortbestimmung. In Anlehnung an bereits existierende Konzepte, die GPS nutzen, senden spezielle LEDs einzigartige Signale aus, die auf Smartphones empfangen werden. So könnten beispielsweise in der Museumsdecke solche LEDs integriert werden und wenn der Besucher unter diesen steht, vermitteln sie exakte Ausstellungsinformationen über das entsprechende Exponat an das eigene Smartphone.

Livekritik: Bewegt? Berührt? Begeistert!

Auf der Website *livekritik.de* können User ihre Bewertungen von Veranstaltungen hinterlassen und öffentlich ins Netz stellen. Die noch recht junge Seite wurde im Sommer 2012 aus der Taufe gehoben und lebt überwiegend von User-generated Content – vom Mitmachen, Kritisieren, Beleuchten und Loben, auch wenn die Anzahl der bisherigen Beurteilungen aufgrund der erst kurzen Lebensdauer des Portals noch überschaubar ist.

Rechtstipp: Urheberrecht bietet eine Vielzahl von Freiheiten

Das Urheberrecht bietet Ihnen Freiheiten mit Grenzen. Beachten Sie dabei auf jeden Fall folgende Aspekte:

▶ Es gibt keinen umfassenden Schutz von Ideen – auch wenn bereits jemand ein Bild nach einer Idee gemalt hat, dürfen Sie dennoch grundsätzlich die gleiche Idee haben. Die konkrete Umsetzung aber ist geschützt, das heißt, Sie dürfen das konkret entstandene Bild nicht einfach kopieren.

▶ Sie dürfen fremde Werke nicht einfach entstellen, jeder Urheber hat ein Recht darauf, dass sein Werk nicht entstellt wird.

▶ Ihnen steht ein Zitatrecht zu, das heißt, Sie dürfen fremde Werke zitieren, sofern Sie einen anerkannten Zitatzweck anführen können und die Quelle nennen. Der bekannteste Zitatzweck ist die Belegfunktion. Das heißt, wenn Sie sich inhaltlich mit etwas auseinandersetzen möchten, können Sie es zitieren, um die jeweilige Aussage zu belegen. Eine Ausschmückfunktion ist als Interesse aber nicht anerkannt; alleine der Wunsch, Inhalte nutzen zu können, ist nicht vom Zitatrecht gedeckt.

Durch den Claim »Bewegt? Berührt? Begeistert! Ihre Meinung im Rampenlicht.« vermittelt die Plattform bereits mit wenigen Worten die Grundidee. Jede Nutzerstimme zählt, jeder darf seine Wahrnehmung der Dinge kundtun. Um die Usability sicherzustellen, ist das Bewertungssystem recht simpel und klar gehalten. Per Punktevergabe lassen sich hier Unterhaltung, Anspruch, Preis-Leistungs-Verhältnis und die Atmosphäre der Veranstaltung bewerten. Die Summe der einzelnen Bewertungskriterien wird alsdann per Daumen hoch/Daumen runter visualisiert (siehe Abbildung 7.18).

Für die Bewertenden ist dies selbstredend eine gute Möglichkeit, selbst einmal Theaterkritiker zu sein, die eigene Kulturteilhabe kommunikativ zu reflektieren und mit anderen Kulturliebhabern einen offenen Meinungsaustausch zu suchen.

Für passive Nutzer bringt das Bewertungssystem ebenfalls Vorteile: Sie bekommen glaubhafte Beurteilungen, wenn sie sich über Inszenierungen, Konzerte, Lesungen, Shows, Ausstellungen und sonstige kulturelle Darbietungen informieren möchten, bevor sie ein Ticket buchen. Außerdem kann man als User angeben, ob die Bewertung als hilfreich empfunden wurde oder nicht. Diese Form der Qualitätskontrolle bietet späteren Besuchern der Webseite eine Hilfestellung. Als besonderer Service können über die Plattform auch direkt Tickets erworben werden.

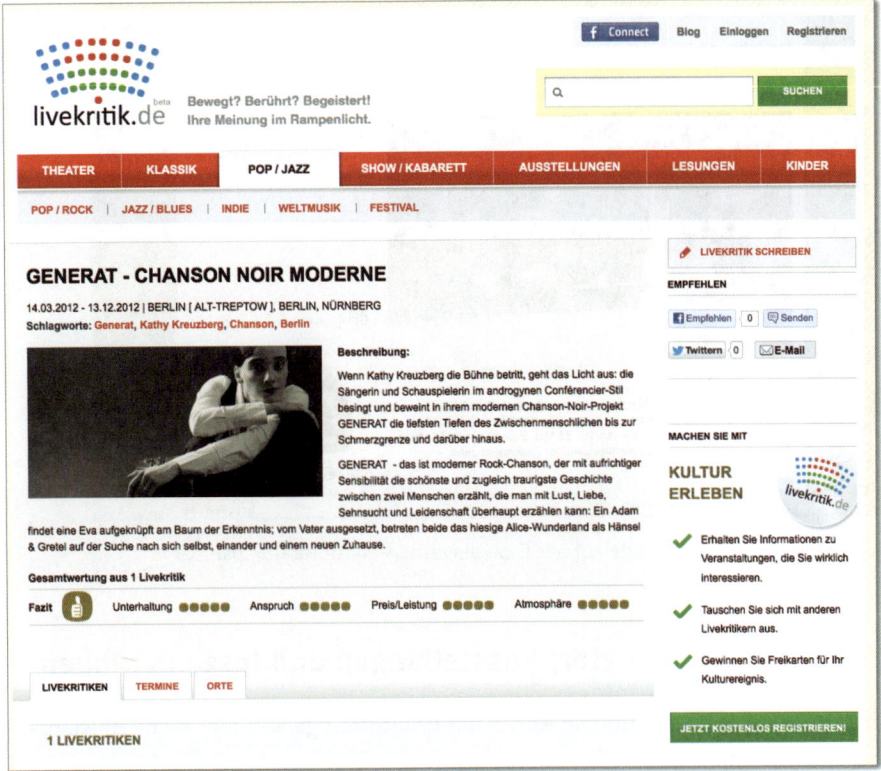

Abbildung 7.18   Die Website von livekritik.de

Dass die Gründer von livekritik.de dabei selbst der Wirkungsmacht des Webs 2.0 vertrauen, zeigt sich an ihrer Crowdinvesting-Aktion: Ende 2012 stellten sie potenziellen Investoren Anteile an ihrer Plattform auf *Companisto* zum Verkauf (siehe Abbildung 7.19). Mit sicheren Marktkenntnissen und einem tragfähigen Geschäftsmodell konnten sie Investoren in kürzester Zeit für sich gewinnen und waren noch weit vor Beendigung der Kampagnenlaufzeit überfinanziert. Die Idee, erlebnisbasierte Bewertungen von Nutzer zu Nutzer zu bündeln und gleichzeitig den Erwerb von Tickets möglich zu machen, wurde aufgrund ihrer intuitiven Verständlichkeit sehr gut angenommen. Schließlich wissen auch andere Geschäftsleute, wie wichtig authentische Empfehlungen in der digitalen Welt für reale Kaufentscheidungen sind.

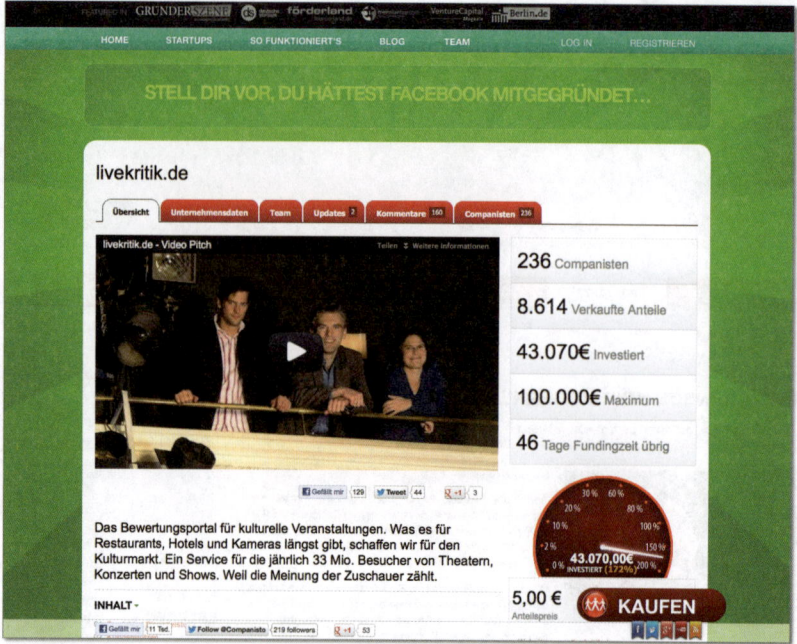

Abbildung 7.19   livekritik.de auf der Crowdinvesting-Plattform Companisto

7.2   Museen, Theater, Ausstellungen und Inszenierungen

In Zeiten, in denen öffentliche Kunst- und Kulturbudgets immer mehr zu Mangelware werden und das Verhandlungstalent der Beteiligten auf die Probe gestellt wird, ist es umso wichtiger, effektiv und kostengünstig Öffentlichkeitsarbeit für die eigene Sache zu betreiben – sei es zum Erhalt von finanziellen Zuwendungen, die im Vorfeld aufzubringen sind, sei es zur Promotion von einzelnen Aufführungen, Ausstellungen und Inszenierungen, damit sich deren Kosten tragen.

Welche Kulturbetriebe und Kulturtreibenden dies besonders gelungen umsetzen, zeigen die folgenden Fallbeispiele. Sie legen Zeugnis darüber ab, dass dialogisch und interaktiv aufgebaute Kulturvermarktung und -vermittlung funktioniert und sich positiv auf die Beziehung zu Ihren Besuchern auswirkt.

7.2.1   Das DDR Museum: »Willkommen in einem der interaktivsten Museen der Welt!«

Ein Museum in privater Hand muss wirtschaftlich tragfähig sein und sich gegenüber modernen Marketingkonzepten aufgeschlossen zeigen. Immerhin muss es kostendeckend arbeiten, genügend Besucher für sich begeistern und durch attraktive Ausstellungen auf sich aufmerksam machen – so auch das DDR Museum in Berlin, welches seit April 2004 inmitten der Hauptstadt geplant und aufgebaut wurde. In der hauseigenen PR bezeichnet man sich dabei als eins »der interaktivsten Museen der Welt« (siehe Abbildung 7.20), kaum verwunderlich also, dass Social Media hier nicht fehlen dürfen.

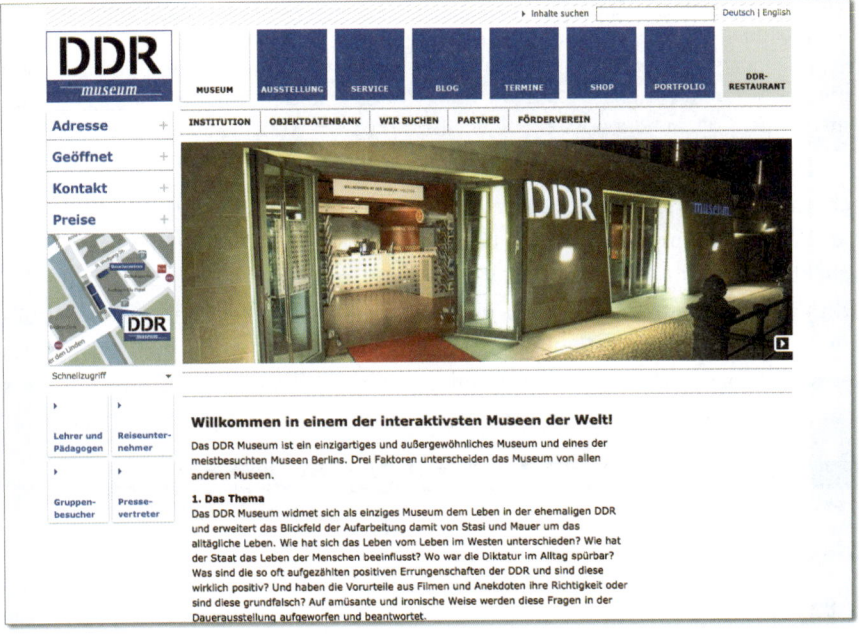

Abbildung 7.20   Die Homepage des DDR Museums

Doch wie ist das privat betriebene Museum mit Nostalgiefaktor im Social Web aufgestellt? Wo ist man überall aktiv? Dass man sich als interaktives Museum mit der Aufgabe, »Geschichte zum Anfassen« anzubieten, auf Facebook präsentiert, scheint selbstredend. Doch die Aktivität des DDR Museums ist alles andere als eine Selbstverständlichkeit im Museumswesen. So versorgt man die Community meist mehrmals täglich mit abwechslungsreichen Postings. Zeitgeschichtliches aus Wirtschaft, Politik und Gesellschaft steht auf dem Plan, und so darf auch der ein oder andere Hinweis auf DDR-typische Werbeplakate und Konsumgüter nicht fehlen. Auch Akten und andere historische Dokumente werden als Foto gepostet, insofern sie zu Sammlungen gehören und dem interessierten Facebook-User einen informativen Mehrwert bieten. Gleiches gilt für Fun Facts ebenso wie für historische Begebenheiten und Schlüsselereignisse. Selbst wenn letztere an und für sich kein Grund zur Erheiterung geben und sich mit ernsten Inhalten auseinandersetzen, sodass Fans nicht unweigerlich ein Lächeln auf den Lippen haben – wie bei Plakatwerbung oft der Fall –, werden die Inhalte doch interessant und zielgruppengerecht verpackt.

Geschichtsvermittlung wird also großgeschrieben und interaktiv angegangen – auf die Art lädt die Vergangenheit einer deutschen Nation zur Diskussion in der Gegenwart ein.

> **Rechtstipp: Darf man historisches Material wie Werbeplakate abbilden?**
>
> Wenn das Museum Fotografien erlaubt, darf jeder grundsätzlich für seinen privaten Bedarf Abbildungen erstellen, hier greift die sogenannte »Privatkopie« nach § 53 UrhG. Wenn die abgelichteten Bilder keinem Urheberrecht mehr unterliegen, dürfen sie frei verbreitet werden. Ansonsten gilt, wie immer, dass man sich erst die Nutzungsrechte sichern muss – alleine die Ausstellung in einem Museum ist keine Erlaubnis.

Doch auch live, sprich Face to Face, wird einiges geboten und für den Austausch getan. Veranstaltungen finden zu unterschiedlichsten DDR-Themen statt. Man macht sich die Mühe, diese auch auf Facebook anzulegen, sodass eine breite Öffentlichkeit auf die anstehenden Events aufmerksam gemacht wird (siehe Abbildung 7.21). Durch zusätzliche Informationen und Postings weckt man sodann das Interesse, daran teilzunehmen. Pluspunkt: Wie beschrieben, sind die Events stets mit aussagekräftigen Bildern und Texten versehen.

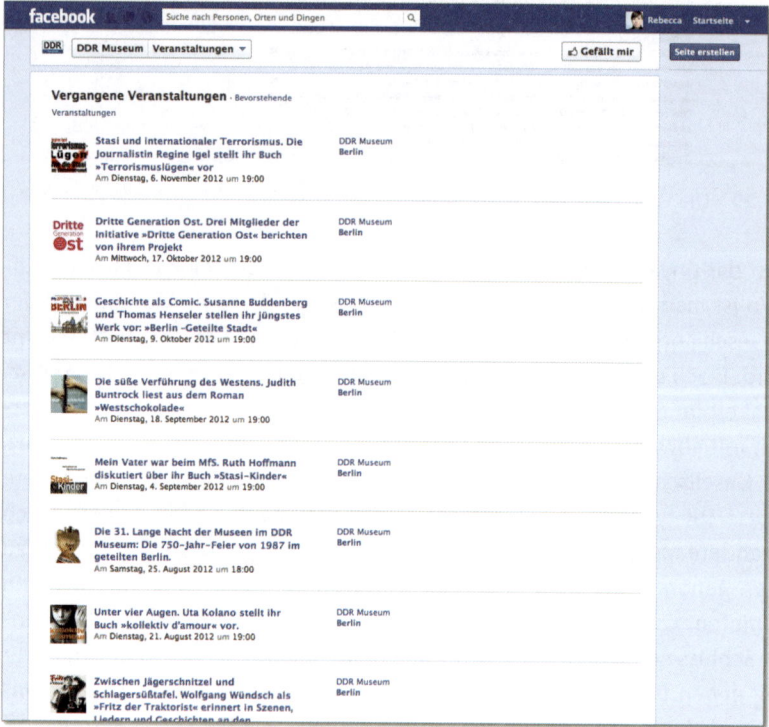

Abbildung 7.21   Auszug der Veranstaltungsliste des DDR Museums auf Facebook

Alleinstellungsmerkmal: Exklusive Einblicke für Facebook-Fans

Dass Social Media Content nicht immer aufwendig produziert sein muss, haben Sie bereits in den vorherigen Kapiteln erfahren. Doch was bedeutet das im musealen Zusammenhang?

Was in der Regel immer gut ankommt, sind exklusive Einblicke, durch die Ihre Fans und Follower einen wie auch immer gearteten Mehrwert erfahren. Auch hier übernimmt das DDR Museum eine Vorbildfunktion. Als man vor einigen Jahren das Museum erweiterte, veröffentlichte man am 8. Juli 2010 ein kurzes Baustellenvideo auf der Facebook-Seite (siehe Abbildung 7.22).

Abbildung 7.22   Baustellenvideo des DDR Museums[7]

Um die Community auf dem Laufenden zu halten, sollte man durchaus schon vor der offiziellen Eröffnung einen Blick hinter die Baufassade geben, wo Chaos, Staub und Dreck zum guten Ton gehören. Das verbindet und macht neugierig. In Kombination mit dem geposteten Satz »Ein erster, exklusiver Blick auf unsere Baustelle, nur hier auf Facebook!« eine fanfreundliche Idee, die nicht viel Aufwand bedeutet, die User einbezieht und vielleicht sogar mit der Fertigstellung der Baustelle mitfiebern lässt.

Die Facebook-Community belohnt das Engagement des Museums mit recht hohen »Gefällt mir«-Angaben, Check-ins und Interkationen. Mit über 7.000 Seiten-Likes kann sich das Museum, auch im Vergleich mit manch einer größeren Kulturinstitution des städtischen Sektors, mehr als sehen lassen. Zudem zeugen die »Sprechen darüber«-Angaben von einem gelungenen Auftritt.

---

7   Baustellen-Video, *http://bit.ly/DDR_Museum*

Knapp 9.000 Mal gaben Besucher mit ihrem Smartphone auf Facebook an, dort gewesen zu sein. Beim Location-based Service Foursquare waren es hingegen 2.000 Check-ins, von rund 1.400 Usern generiert. Dabei winkte das Museum mit einem Check-in-Special, welches im November 2012 eine Rabattaktion vorsah: »Get your entrance ticket for the reduced fee (4 € instead of 6 €) when you're checked in!« Bei einem Check-in konnten sich Museumbesucher also eine Ersparnis von 2 € sichern. Warum man das Foursquare-Special in englischer Sprache verfasste? Gerade im angelsächsischen Raum ist der Webanbieter verbreitet und wahrscheinlich wollte das DDR-Museum eben auf diese Weise seine internationale Besucherschaft ansprechen.

Wer sich also interaktiv und crossmedial aufstellt, kann nur gewinnen – und der User kann nur davon profitieren. So auch auf Twitter, das man ebenfalls mit sorgfältiger Regelmäßigkeit für das eigene Museumsmarketing nutzt. Der Twitter-Account besticht dabei mit viel direkter Interaktion – Dialog wird gelebt, anstatt Geschichte nach dem Muster eines Frontalunterrichts abzuspulen (siehe Abbildung 7.23).

Abbildung 7.23 Der Twitter-Account des DDR Museums

Das Sympathischste? Im Gegensatz zu vielen anderen Kultureinrichtungen im Social Web weiß man hier ganz genau, wer twittert: Es ist der Museumsdirektor persönlich, was wahrlich mit positiven Imageeffekten verbunden ist und die Sympathien wachsen lässt. Persönliche Kommunikation mit Verantwortlichen, die sich als ansprechbar und dialogwillig herausstellen, ist nun einmal die beste Art der Öffentlichkeitsarbeit im Social Web.

7.2.2   Das Deutsche Currywurst Museum: »Es geht um die Wurst!«

Woher stammt die Currywurst? Eine Frage, bei der sich die Geister unter den Wurstliebhabern scheiden. Doch worüber kaum Zweifel besteht, ist der Einfallsreichtum des Deutschen Currywurst Museums.

Das Museum, das seit 2009 in Berlin angesiedelt ist, hat extra ein wurstiges Maskottchen, das die Straßen der Hauptstadt regelmäßig unsicher macht, an unterschiedlichen Events und Charity-Aktionen teilnimmt, was für spaßigen Content und gute Stimmung in sozialen Netzwerken sorgt, wie ein Blick auf die Facebook-Seite verrät (siehe Abbildung 7.24) Das Maskottchen namens QWoo ist in der Tat viel unterwegs und lässt sich im Raum Berlin zu unterschiedlichen Gelegenheiten blicken.

Abbildung 7.24   Maskottchen des Deutschen Currywurst Museums

Dabei spielt sich das Content und Community Management des Museums überwiegend auf Twitter und Facebook ab. Denn hier werden Fans und Follower regelmäßig auf dem Laufenden gehalten. Außerdem ist man auf Foursquare, Flickr, YouTube und Pinterest vertreten, wobei die Social-Media-Verantwortlichen auf diesen Plattformen allerdings nicht allzu aktiv sind. Sie konzentrieren sich stattdessen auf das Kulturmarketing bei Facebook und Twitter und integrieren dabei auch andere Webangebote wie Instagram, um ihrer Fangemeinde einen sinnvollen Mehrwert zu bieten (siehe Abbildung 7.25). Sporadisch nutzen Sie also die Foto-Sharing-App, um die Kommunikation ihrer Inhalte visuell zu unterstützen.

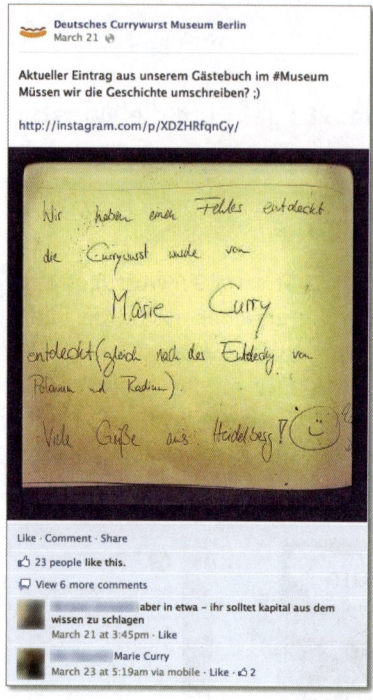

Abbildung 7.25   Facebook-Posting mit einem Instagram-Foto

Rechtstipp: Was gibt es bei Pinterest zu beachten?

Pinterest ist verlockend, vor allem weil die Nutzer hier schnell dem üblichen Motto verfallen, dass man letztlich ja nur Werbung für Dritte betreibt, wenn man fremde Inhalte teilt. Das verleitet dazu, eine mutmaßliche Einwilligung der Rechteinhaber anzunehmen – so funktioniert es im Urheberrecht aber nicht. Tatsächlich ist auch hier das Urheberrecht zu beachten, und man sollte gut überlegen, welche Inhalte man hier letztendlich wirklich teilt. Grundsätzlich wird man bei Pinterest, wie sonst auch, die Nutzungsrechte an dem geteilten (»gepinnten«) Inhalt vorweisen müssen.

Doch nun zum zweiten Standbein des Social-Media-Auftritts: Das Currywurst Museum twittert sehr rege und präsentiert sich der Twitter-Sphäre aufgeschlossen und informiert. Unter dem Namen @QWoo unterhält man sich in 140 Zeichen gewitzt über diverse Themen und geht direkte Gespräche mit anderen ein. Auf Twitter zeigt man sich extrem routiniert und sicher, was kaum verwunderlich ist, da die Social-

Media-Aktivität des Museums mit dem Microblogging-Dienst ihren Anfang nahm (siehe Abbildung 7.26).

Abbildung 7.26   Twitter-Account des Deutschen Currywurst Museums

Weil der Auftritt in sozialen Medien von vielen Experten als sehr gelungen einge-stuft wird, führte Karin Janner für das Kulturmarketing Blog im Dezember 2011 ein Interview mit den Social-Media-Verantwortlichen. Hinterfragt wurde dabei unter anderem, warum QWoo eine derart exponierte Rolle in der Online-PR-Strategie spiele:

> »Ein Maskottchen ist eine prima Möglichkeit, um einfacher als Museumsinstitu-tion mit Menschen zu kommunizieren. QWoo ist einfach ein Sympathieträger und bringt die Menschen zum Schmunzeln. Ganz nebenbei umgehen wir so das Pro-blem der endlich langen Benutzernamen bei Twitter.«[8]

Die Personifizierung des Museum durch das Maskottchen soll aber nicht heißen, dass es auf Twitter immer nur um die Wurst geht. Denn auch hier wartet der Mu-seumsbetrieb mit mehr auf: So umreißen die Tweets von @QWoo auch Themen wie Berlin, Stadtkultur, Leben, Essen, Fleckenkulturen und bringen somit alles auf den Tisch, was das Currywurstherz begehren könnte – sozusagen schmackhaftes Content Marketing vom Feinsten.

---

8   Kulturmarketing Blog, *http://kulturmarketingblog.de/social-media-in-der-praxis-currywurst-musem-berlin/667*

7.2.3 Melodisches Gezwitscher: Der »KultUp« des hr-Sinfonieorchesters

Dass sich interaktive PR- und Öffentlichkeitsarbeit bestens für Kulturbetriebe eignet, stellen unter anderem auch sogenannte *KultUps* unter Beweis – ein innovatives Format, bei dem die reale mit der virtuellen Welt verschmilzt. In der Frankfurter Twitter-Szene findet dieses kulturelle Meetup, bei dem Twitterer live von kulturellen Events in 140 Zeichen berichten, als monatliche Veranstaltung statt. Die Event-Reihe für kulturbegeisterte Microblogger existiert bereits seit dem Frühjahr 2012 und wird organisiert von Ulrike Schmid und Tanja Neumann. Im September 2012 hat das Sinfonieorchester des Hessischen Rundfunks zum KultUp geladen, um den Austausch über das Erlebte in knapper Zeichenform direkt und in Echtzeit zu ermöglichen.

Insofern bietet das hr-Sinfonieorchester ein anschauliches Best-Practice-Beispiel für moderne Kulturvermarktung und -vermittlung via Twitter.

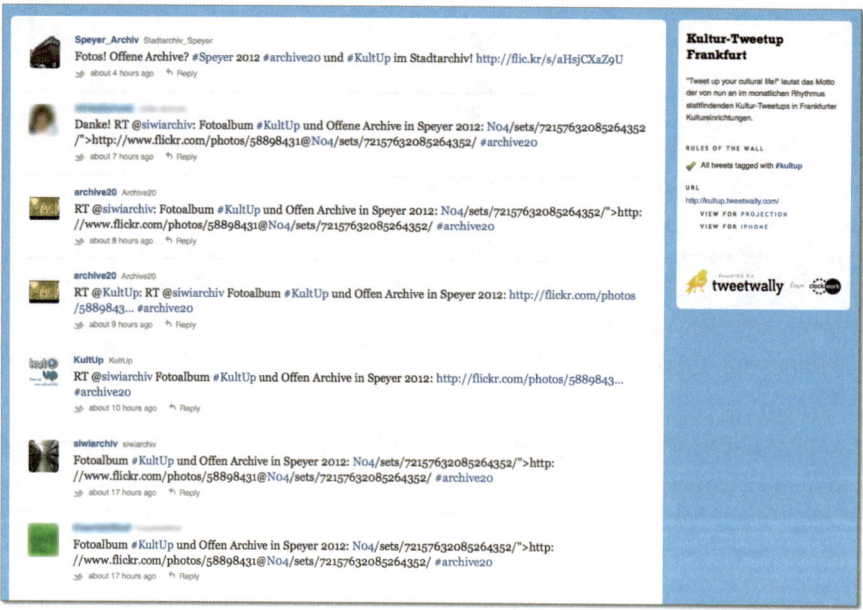

Abbildung 7.27 Auszüge der Twitter-Wall

Live von der öffentlichen Probe des Stücks *Till Eulenspiegels lustige Streiche* durfte am 12. September mit dem Hashtag #kultup getwittert werden, was das Zeug hält (siehe Abbildung 7.27). Die twitternden Teilnehmer wurden ausdrücklich dazu aufgefordert, ihre Eindrücke mit der Öffentlichkeit zu teilen und die Interaktion mit der »Außenwelt« zu suchen. In Echtzeit die Musik als Zuhörer zu erleben und die eigenen Erfahrungen und Empfindungen unmittelbar an Außenstehende weiterzugeben, war dabei einmalig für das hr-Sinfonieorchester. Die musikalische Vorbereitungsphase wurde dadurch mit einem Schlag einer breiteren Öffentlichkeit zugänglich, als es sonst bei öffentlichen Proben der Fall ist.

Rechtstipp: Freies WLAN bei Tweetup, haftbar für unangebrachte Seiten?

Theoretisch käme eine Haftung als Störer in Betracht, wenn Dritte über den eigenen Internetanschluss Rechtsverletzungen – nicht nur im Urheberrecht – begehen. Allerdings wird es immer die faktische Frage geben, ob dies nachvollziehbar ist. Wenn jemand über seinen Twitter-Account Links zu einer »unangebrachten Seite« teilt, wird man schwer nachvollziehen können, über welchen Anschluss er dies tat. Daher ist die Frage eine eher theoretische, ohne praktische Relevanz. Anders aber, wenn die IP-Adresse nachvollziehbar ist, etwa in Torrent-Netzwerken oder in Webforen, die von Deutschland aus betrieben werden.

Um die gesteigerte Aufmerksamkeit und das Interesse externer Twitterer aufzufangen, war auch das Orchestermanagement ebenfalls aktiv. Über den Twitter-Account des Hessischen Rundfunks @hronline beantworteten die Verantwortlichen parallel die Fragen von Twitterern, die nicht vor Ort sein konnten, und regten so den weiteren Gedankenaustausch an.

Im Großen und Ganzen zeigt die Aktion aufs Neue, wie wichtig Gespräche in Echtzeitmedien sind und dass diese eine physische Teilhabe im realen Leben nicht ausschließen. Daneben verdeutlicht der Tweetup aber auch, dass Ihrer kreativen Entfaltung im Social Web kaum Grenzen gesetzt sind und Sie das Kampagnenpotenzial nutzen sollten.

7.2.4 YouTube-Theater: Das Theater an der Wien

Gerade für Kultureinrichtungen wie Theater oder Museen ist YouTube ein wichtiges Medium für moderne Öffentlichkeitsarbeit. Der Sharing-Dienst kann dazu genutzt werden, offizielle Videos wie auch weniger offizielles Filmmaterial mit der interessierten Öffentlichkeit zu teilen und potenziellen Besuchern dadurch lebendige Einsichten in die Welt des Schauspiels zu gewähren.

Ein gutes Fallbeispiel, wie YouTube in der Theaterwelt zum Einsatz kommt und Sympathien bei den Zuschauern weckt, ist das Theater an der Wien (siehe Abbildung 7.28). Mit über 1.129 Sitzplätzen und 50 Stehplätzen handelt es sich um eine traditionsreiche Einrichtung, die seit 2006 den Beinamen *Das neue Opernhaus* trägt.

Neben der Facebook-Seite ist der YouTube-Kanal des Theaters das wichtigste Social-Media-Instrument. Der seit September 2008 existierende Kanal verzeichnet bislang ca. 160.000 Videoaufrufe und hat auch Abonnenten, die über Uploads informiert werden. Mit einer beachtlichen Anzahl an hochgeladenen Videos wartet das Theater auf. Das Besondere? Es werden sowohl Kurzfilme von diversen Aufführungen online gestellt als auch von Proben und Making-ofs. Summa summarum kommt der inhaltliche Mix sehr gut an, wie die in Abbildung 7.29 folgenden Kommentare des Probenauszugs der Oper *Partenope* von *Georg Friedrich Händel* zeigen.

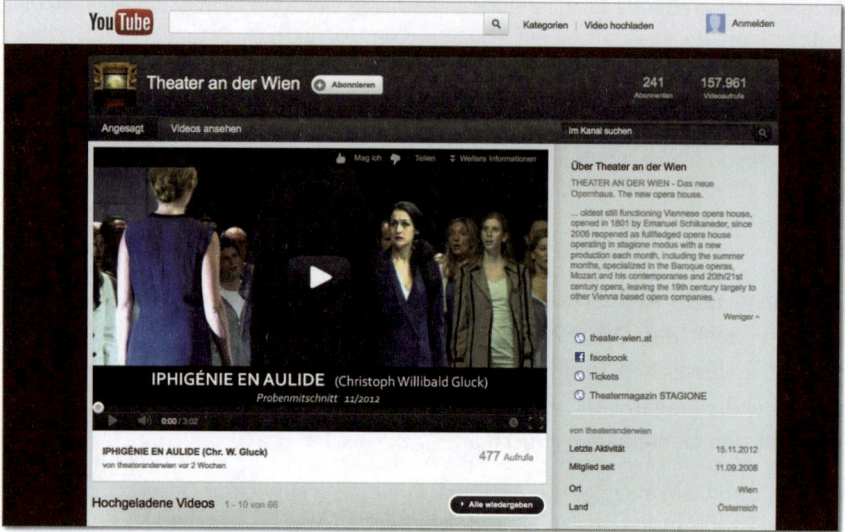

Abbildung 7.28   Der YouTube-Kanal des Theaters an der Wien

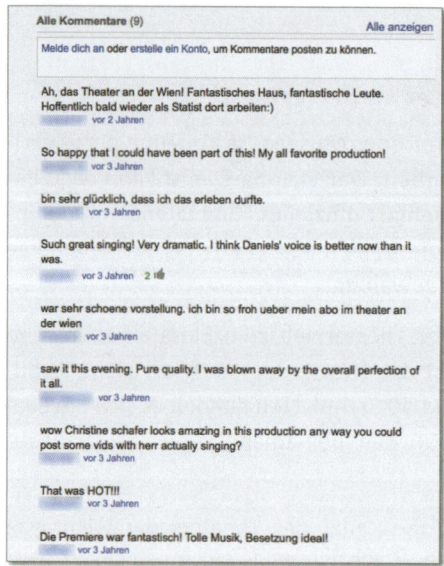

Abbildung 7.29   Lobende Kommentare auf YouTube

Auch die zur Verfügung stehenden Making-ofs sind für Außenstehende sehr spannend. So hat man die komplette Entstehungsgeschichte der Aufführung *The Voice Of Hoffmann* der *Jugend an der Wien* in fünf Teilen dokumentiert (siehe Abbildung 7.30). Dadurch können auch Außenstehende hautnah am Entstehungsprozess einer solchen Jugendoper teilhaben und sehen, wie aufwendig und arbeitsintensiv eine professionelle Inszenierung letztlich ist. Der wortwörtlich zu verstehende Blick hinter die Kultur hat dabei seinen unangefochtenen Charme – und wer weiß, vielleicht veranlasst er weitere junge Menschen, ihre Liebe für die Oper zu entdecken.

Abbildung 7.30   Ein Making-of im YouTube-Channel des Traditionstheaters

Ebenfalls charmant und interessant ist das Video des Theater-Umbaus im Sommer 2008. In knapp zwei Minuten bekommt der YouTube-Zuschauer vermittelt, wie das Theater zu »mehr Beinfreiheit« im Zuschauerraum gelang. Auch hier zeigt sich, wie wichtig es ist, das Informationsbedürfnis seines Publikums zu kennen.

Denn wer erfährt nicht gerne, wie solche Neugestaltungen vonstatten gehen und welche Schritte zwischen dem Vorher-nachher-Vergleich liegen.[9]

Sie sehen: Das Theater schafft es, sich durch kurzweilige Videos abwechslungsreich zu präsentieren und Einblicke in die Facetten des Theaterbetriebs zu geben.

---

9   Das Video können Sie sich im YouTube-Kanal des *Theaters an der Wien* unter *http://bit.ly/ Upk3U5* ansehen.

7.2.5 Crowdfunding für Ausstellungen: »Ein Blick Iran«

Ist man von seiner kulturellen Idee überzeugt, stellt sich die Frage, wie man diese realisieren kann. Hierzu bedarf es selbstredend finanzieller Aufwendungen, und so stehen Kulturtreibende manches Mal vor der Herausforderung, das erforderliche Kapital aufzubringen. In Zeiten sinkender Kulturbudgets kann dies zugegebenermaßen durchaus schwierig sein. Umso wichtiger also, sich mit alternativen Finanzierungsmethoden vertraut zu machen.

In diesem Zusammenhang ist die Möglichkeit zum Crowdfunding erneut von Bedeutung, zumal diese – neben der finanziellen Komponente – zugleich positive Auswirkungen auf die öffentliche Wahrnehmung hat und Ihr Vorhaben der breiteren Öffentlichkeit präsentiert wird.

Für einen solchen kapital- und imagezuträglichen Weg hat sich beispielsweise der bayerische Filmemacher und Fotograf Benedikt Fuhrmann entschieden. Entschlossen, eine interkulturelle Ausstellung umzusetzen, startete er Ende April 2012 ein kreatives Projekt auf der Crowdfunding-Plattform Startnext (siehe Abbildung 7.31). Innerhalb eines knappen Monats sollten 50.000 € durch Community-Spenden zusammenkommen – mit Erfolg: Denn innerhalb der Finanzierungsphase vom 15. Juli bis zum 12. August erreichte das Projekt »Ein Blick Iran« sein Finanzierungsziel und übertraf dieses sogar, sodass letztlich 51.726 € zu Buche schlugen.

Die geplante Ausstellung wurde folglich überfinanziert und das, obwohl lediglich die bei Startnext üblichen Dankeschöns vorgesehen waren. Ein Incentive im klassischen Sinne beziehungsweise ein besonderer materieller oder ideeller Anreiz, sich ausgerechnet an diesem Unterfangen zu beteiligen, war also nicht vorhanden. Doch der Grundgedanke der Ausstellung und die dahinterstehende Vision waren derart überzeugend, dass das Vorhaben großen Anklang fand und sich schnell Förderer über Startnext fanden.

Fuhrmann hatte nämlich die Idee, in der Kirche St. Maximilian in der bayrischen Landeshauptstatt München eine multimediale Ausstellung über den Iran und seine Menschen anzubieten (siehe Abbildung 7.32). Kulturelles Zusammenführen stand also auf dem Plan, es sollte ein Raum für die interkulturelle Verständigung geschaffen werden. Wichtig war dem Initiator, einen anderen Blick auf den Iran zu werfen, als er über die Massenmedien vermittelt wird, und das vor dem Hintergrund einer christlich-institutionellen Szenerie in Bayern. Kurzum: Ein Kulturprojekt im Zeichen der friedlichen Einigung, das zur Reflektion anregen und Kulturen näherbringen sollte.

Abbildung 7.31   Unter dem Motto »Sag Servus und Salam« stellt Benedikt Fuhrmann sein Projekt »Ein Blick Iran« auf Startnext vor.

Abbildung 7.32   Die Facebook-Seite des finanzierten Kulturprojekts »Ein Blick Iran«

355

Die Resonanz auf Startnext war entsprechend groß, und auch in der Presse wurde darüber berichtet. Die Spendengelder wurden zur Kostendeckung für die Ausstellungsrealisation verwendet. Erst die Community hat dies möglich gemacht. Durch ihre Zuwendungen konnten beispielsweise die Leihgebühren für Videobeamer, Leinwände, Scheinwerfer, Tonanlagen und Abspielgeräte sowie Druckkosten für Ausstellungsbilder und Werbemittel gestemmt werden.

Durch die Crowdfunding-Kampagne hat der Initiator Fuhrmann also genügend Mittel zusammengetragen, um eine Ausstellung, »zum Erleben, Fühlen und Nachdenken... (m)it Projektionen, Bildern, Musik und mehr« zu realisieren (siehe *einblickiran.de*). Wie Sie merken, macht sich die Konzeption und Durchführung von Finanzierungsaktionen im Social Web letztlich bezahlt.

7.2.6   Exkurs zum Buchwesen: Die Mayersche Buchhandlung

Die Mayersche Buchhandlung, 1817 von Jacob Anton Mayer in Aachen gegründet, ist seit 195 Jahren ein Paradies für Liebhaber des gedruckten Wortes. Doch in Zeiten von Onlineshopping und E-Books ist der Büchermarkt hart umkämpft, und Buchhandlungen müssen sich etwas einfallen lassen, um ihre Kunden an sich zu binden. Die Mayersche macht dies unter anderem durch soziale Medien.

So sieht man bereits beim Blick auf die Homepage, dass sie in zahlreichen sozialen Netzwerken aktiv ist und den persönlichen Kontakt zu Buchliebhabern sucht (siehe Abbildung 7.33). Im Blog der Buchhandlung präsentiert man täglich neue Buchtipps, wobei die beteiligten BloggerInnen stets vorgestellt werden. Schließlich soll man als Leser wissen, wer welche Lektüre und welches Hörbuch empfiehlt.

Abbildung 7.33   Blog der Mayerschen Buchhandlung

Rechtstipp: Gilt die Buchpreisbindung auch online?

Die Buchpreisbindung gilt für jeden, der gewerbsmäßig oder geschäftsmäßig Bücher verkauft – auch online. Allerdings gibt es einige Ausnahmen, die wichtigsten im Alltag sind wohl einmal die Reduzierung beschädigter Bücher sowie Preisnachlässe anlässlich eines Räumungsverkaufs, wenn ein Buchhandel endgültig schließt.

Ähnlich persönlich geht es auch auf der Facebook-Seite zu, denn hier begrüßt einen bereits das Social-Media-Team im Titelbild mit Foto und Namen, sodass man gleich weiß, mit wem man es als Fan zu tun hat. Mit über 34.000 Fans gehört die Seite wahrlich zu den Topperformern des Buchhandels. Die Community versorgt man gewissenhaft und regelmäßig mit Informationen über Neuerscheinungen, Neueröffnungen, Veranstaltungen, Stellenausschreibungen und sonstige Aktionen. Das Spektrum des gebotenen Contents ist breit und lädt zur Diskussion ein. Für die regelmäßig wiederkehrende Aktion »Azubi-Filiale« richtete man sogar eine eigene Facebook-Seite ein (siehe Abbildung 7.34). Auf dieser berichten Azubis vier Wochen lang, wie sie eine Filiale übernehmen und führen. Ihre erste Führungserfahrung, inklusive der Erlebnisse dieser herausfordernden Situation, teilen sie sodann mit der Außenwelt über die Facebook-Seite der Azubi-Filiale.

Abbildung 7.34   Die Seite der Mayerschen Azubi-Filiale auf Facebook

Im Zusammenhang mit dem Community Management auf der regulären Facebook-Seite ist besonders hervorzuheben, dass das Social-Media-Team auf Kommentare und Anmerkungen stets zeitnah und freundlich eingeht, was die Fans gerne belohnen. Denn die Resonanz ist hier unverkennbar – ein Punkt, der auch für die anderen sozialen Plattformen gilt.

Auf Twitter kann die Buchhandlung mittlerweile auf über 3.000 Follower blicken (siehe Abbildung 7.35). Und auch hier ist der Kontakt persönlich gehalten und findet sehr rege wie auch regelmäßig statt. Neben Rezensionen und Buchtipps, finden sich Hinweise auf Jobangebote und amüsanter Content, wobei die direkte Konversation mit Followern ebenfalls nicht fehlt.

Abbildung 7.35   Der Twitter-Account der Mayerschen Buchhandlung

Der YouTube-Kanal der Mayerschen Buchhandlung ist mit über 300 Videos prall gefüllt. Videos von Autogrammstunden, Autoreninterviews und Lesungen vermitteln hautnahe Einblicke in das aufregende Alltagsgeschäft der Buchhändler.

Von letzteren erfahren User auch einiges im Rahmen des Buchspione-Formats. Regelmäßig lässt die Mayersche ihre Mitarbeiter zu Buchspionen werden und diese ihr Lieblingsbuch in Kurzform beschreiben (siehe Abbildung 7.36). Kurze Trailer vermitteln dabei, worum es inhaltlich geht und was das Buch in den Augen des Mitarbeiters auszeichnet. Persönliches Empfehlungsmarketing ist also der Ausgangspunkt dieser innovativ sympathischen Vermarktungstaktik.

Last but not least sei auf das Qype-Profil der Mayerschen verwiesen, das ganz im Sinne des ganzheitlichen Reputationsmanagements steht. Auf der Bewertungsplattform wurden überwiegend positive Bewertungen hinterlassen, doch auch ein paar negative Stimmen meldeten sich zu Wort und kritisierten, die Mayersche habe schlechten Service oder keinen Flair. Die Kritiker werden jedoch von den treuen

Anhängern der Buchhandlung zurechtgewiesen. Die Kunden erweisen sich in diesem Fall als loyale Markenbotschafter und treten für ihre Mayersche ein.

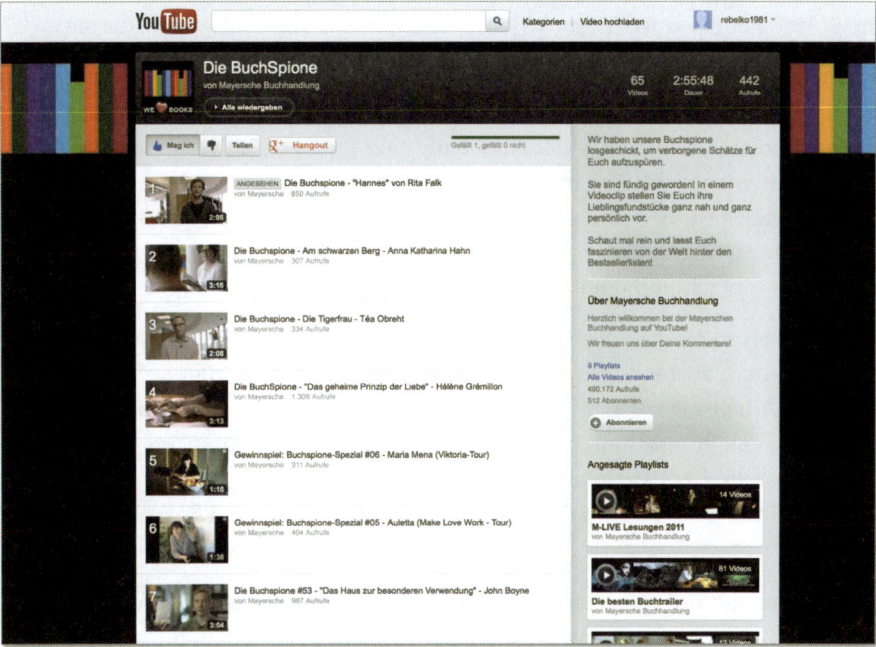

Abbildung 7.36   Die unternehmenseigene Videoreihe »Buchspione«

Das Unternehmen profitiert in diesem Fall gleich in zweifacher Weise: Man bekommt zwar das negative Feedback mit und kann es zielgerichtet verarbeiten, ist aber dank zahlreicher Fürsprecher eben nicht direkt dazu gezwungen, darauf zu reagieren.

Wie Sie sehen, zieht sich die persönliche Ansprache und die konsequente Ansprechbarkeit des Social-Media-Teams durch die gesamte Community-Strategie der Buchhandlung. Das schafft ebenso Identifikation wie Vertrautheit – und nicht zuletzt entsteht dadurch Vertrauen in die Kompetenz und den Servicewillen der Mitarbeiter.

7.3   Künstler, Musiker und Kreative

Die Kultur- und Kreativwirtschaft ist eine vielfältige Boom-Branche. Vereint werden hier unterschiedliche Berufsbilder aus folgenden Kerngebieten: Presse, Buchwesen, Musik, Kunst, Darstellende Kunst, Designwirtschaft, Architektur, Film, Rundfunk, Markt für darstellende Künste, Werbung sowie Software/Gaming. Als eigenständige Branche genießt die Kultur- und Kreativwirtschaft seit einigen Jahren gesellschaftliche wie auch wirtschaftliche Bedeutung, immerhin arbeiten hier rund eine halbe Million Menschen in 238.000 Betrieben. Bereits 2008 erwirtschaftete die Branche einen Umsatz von 132 Mio. € innerhalb der deutschen Grenzen.

Trotz ihrer volkswirtschaftlichen und gesellschaftlichen Relevanz sind gerade im Einzelfall die PR- und Marketing-Budgets oftmals (sehr) begrenzt. Nichtsdestotrotz ist es natürlich wesentlich, sich selbst und seine Produkte zu vermarkten. Schließlich möchte man nicht eine buchstäblich »brotlose Kunst« herstellen, sondern von seinen kreativen Ideen und der Umsetzungsstärke leben können. Angesichts dessen ist es umso vorteilhafter, dass die Nutzung sozialer Netzwerke meist gratis, die Bedienung einfach und die Reichweite groß ist.

Wenn Sie also kreativwirtschaftlich aktiv sind, haben Sie im Social Web optimale Möglichkeiten, kostengünstig auf sich aufmerksam zu machen und – mit entsprechendem Arbeitseinsatz und charmanter Kreativität – Ihre Bekanntheit zu steigern. Denn wenn Sie interessanten Content online stellen, kann dieser sehr einfach geteilt werden und gegebenenfalls sogar eine Lawine an Views, Likes und Retweets lostreten. Manches Mal sind Künstler durch solche viralen Effekte zu Stars geworden.

Die Gründe hierfür liegen sowohl in guten Ideen an sich als auch am Werbeumfeld in sozialen Medien. Da sich in diesen in der Regel alles um die Vernetzung und den Austausch unter Freunden und Bekannten dreht, ist die Atmosphäre zwischenmenschlich aufgeladen, und man ist empfänglich für emotionale Themen wie Kunst, Kultur und Musik. Als User möchte man sich ausdrücken, anderen Nutzern seinen Geschmack vermitteln, und deswegen teilt man auch gerne solche medialen Inhalte, die einen beschäftigen (siehe Abbildung 7.37).

Abbildung 7.37   Ein Beispiel für nutzergeneriertes Empfehlungsmarketing

Jenseits dieser Bereitschaft zum Vervielfältigen Ihrer Inhalte gibt es noch zahlreiche weitere Argumente für eine Aktivität im Social Web. Einige wesentliche finden Sie bereits hier:

▸ In Ihren Social-Media-Kanälen können Sie sich sozusagen selbst ins Rampenlicht stellen und interaktiv vermarkten. Wichtig ist dabei, dass Sie die Nähe zu Ihren Fans und Followern suchen und Social Media nicht bloß als einseitigen Kommunikationsweg begreifen.

▸ Sie können sich so zum einen eine Fanbasis aufbauen, mit der Sie fortlaufend in Kontakt stehen und von der Sie Feedback für Ihre Arbeiten erhalten, zum anderen können Sie sich auch mit befreundeten Kreativen vernetzen und selbst zeigen, welche Arbeiten Sie mögen beziehungsweise welche Arbeiten Sie inspirieren.

▸ In sozialen Netzwerken können Sie unterschiedliche Medientypen für Ihre Selbstvermarktung nutzen: Sie können Bilder, Grafiken und Fotografien, Songs und Videos, Texte und vieles mehr teilen. Kostspielige Produktionen sind dabei kein Muss. Da Ihre Inhalte möglichst authentisch sein sollten, können Sie auch unretouchierte Fotos und selbst gedrehte Videos online stellen. Die Community weiß solche »ungeschminkten Wahrheiten« zu würdigen und freut sich, auch inoffizielles Material zu sehen.

▸ Außerdem haben Sie, wie bei Facebook, die Möglichkeit, Veranstaltungen zu erstellen, Ihren Freundeskreis zu diesen einzuladen und/oder bei relativ geringen Kosten Werbeanzeigen zu schalten.

In der Summe der Faktoren ist Ihr Social Media Marketing also deutlich effektiver und ressourcenschonender als das Anfertigen von Werbemitteln wie Flyern und Plakaten. Auf klassische Öffentlichkeitsarbeit und den engen Kontakt zu Pressevertretern sollten Sie allerdings nicht verzichten, da Sie hier noch eine weitere Zielgruppe als in sozialen Netzwerken erreichen können.

Wie man im großen und im kleinen Rahmen das Social Web für die Vermarktung der eigenen Kunst nutzen kann, zeigen Ihnen in den folgenden Abschnitten zwei Best-Practice-Beispiele – einmal aus der Musik- und einmal aus der Modebranche.

7.3.1 Digitales Selbstmarketing: Von Justin Bieber zu Frau Schröder

Moderne Selbstvermarktung in sozialen Medien ist in der Kunst-, Kultur- und Musikindustrie unerlässlich und von unschätzbarem Wert. Nicht umsonst nutzen Weltstars Twitter, Facebook & Co., um Ihre Fans auf dem Laufenden zu halten, zu informieren und zu unterhalten. Und diese Strategie geht auf: Im Dezember 2012 gehörten zu den einflussreichsten Twitterern mit den meisten Followern der Welt ausschließlich internationale Topstars, wie Abbildung 7.38 zeigt.

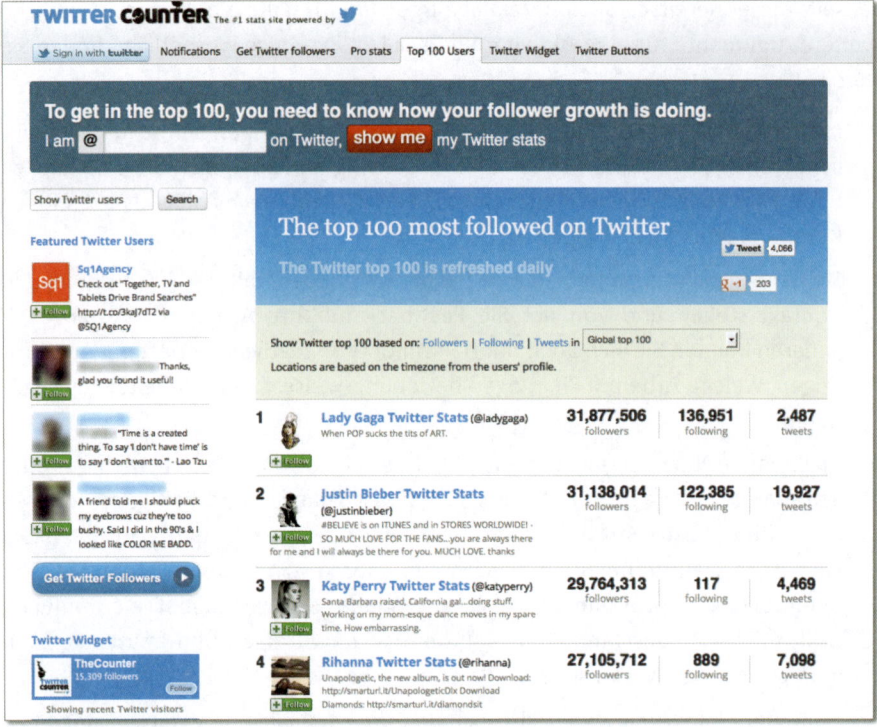

Abbildung 7.38 Die follower-stärksten Twitter-Accounts Ende 2012

Megastars wie Justin Bieber, Lady Gaga und Katy Perry haben einen erheblichen Einfluss in sozialen Medien. Sowohl in der Offline- als auch in der Online-Welt sind Ihnen ihre Fans und Follower treu ergeben. Wenn Sie etwas auf Facebook oder Twitter von sich preisgeben, erreichen sie die Massen und erhalten unmittelbar Antworten, Likes, Kommentare, Retweets und vieles mehr. Das Phänomen von solchen Social-Media-Superstars wurde daher in den vergangenen Jahren immer wieder in der Fachpresse thematisiert. So hat beispielsweise die Zeitschrift Mashable bereits 2011 eine Infografik über Justin Bieber und seinen Erfolg im Social Web gebloggt (siehe Abbildung 7.39).[10]

Heißt das im Umkehrschluss, Social Media sei nichts für weniger prominente Künstler? Nein, ganz und gar nicht. Denn auch für Sie ist es das Wichtigste, den direkten Kontakt mit dem Publikum zu suchen und nicht den Eindruck der Unnahbarkeit entstehen zu lassen (siehe Abbildung 7.40).

---

10 Mashable, *http://mashable.com/2011/11/06/justin-bieber-infographic/*

Abbildung 7.39   Infografik über den Erfolg von Justin Bieber im Social Web von Crisp Social

Abbildung 7.40   Posting auf der Facebook-Seite von Jupiter Jones

Was dies für Ihren Auftritt im Social Web heißt: Suchen Sie den Dialog mit Ihren Fans und Followern, und unterhalten Sie sich mit diesen auf Augenhöhe. Bitten Sie die Community auch um Feedback, und lassen Sie sich von den Wünschen der Fans inspirieren. Manchmal kann ein solcher Austausch den kreativen Schaffensprozess enorm beflügeln.

Auf der anderen Seite bietet der persönliche Kontakt zu Ihnen den Fans einen sofortigen Mehrwert, da sie an Ihren Erlebnissen und Erfahrungen teilhaben und den Arbeitsprozess zumindest gefühlt hautnah begleiten dürfen (siehe Abbildung 7.41). Als Belohnung für diese Unterstützung ist es natürlich ratsam, das Engagement der Community mit mehr als »nur« einem verbalen Dankeschön zu belohnen. Für solche PR-wirksamen Aktionen bieten sich beispielsweise Gratisdownloads oder die Verlosung von Freikarten beziehungsweise VIP-Tickets an.

Abbildung 7.41   Ein kreatives Facebook-Posting zur Weihnachtszeit

Von der Webcam zum Protegé von Justin Timberlake

Esmée Denters ist ein sogenannter YouTube-Star. Im Jahr 2006 nahm ihre Karriere auf der weltweit größten Sharing-Plattform ihren Anfang mit einem selbst gedrehten Webcam-Video. Das Gesangstalent der jungen Niederländerin überzeugte die Community in Windeseile und so wurde sie auch in den USA recht schnell populär.

Ein Jahr später veröffentlichte sie sodann ein spektakuläres Video mit dem Titel »*me singing ›what goes around‹ Justin Timberlake*« (siehe Abbildung 7.42).[11] Im saloppen

---

11   Das YouTube-Video finden Sie unter *http://bit.ly/Denters*.

Abbildung 7.42 Erfolgsvideo von Esmée Denters

T-Shirt vor der Kamera stehend, sang sie das Lied von Timberlake, begleitet durch ein Piano. Am Ende des schlicht gehalten Videos kam alsdann der Überraschungseffekt: Ein Schwenk mit der Kamera – hin zu Timberlake, der persönlich hinter dem Flügel saß und sie während des Songs begleitet hatte.

Dies verhalf ihrer Karriere vollends zum Durchbruch. Das Video wurde bis heute knapp 24 Mio. Mal angeschaut. Der Kanal der Künstlerin hat insgesamt eine Viertelmillion Abonnenten und über 150 Mio. Aufrufe. Heute ist die Sängerin bei Tennman Records unter Vertrag, der Plattenfirma von Timberlake. Ihre Alben und Singles promoted Sie allerdings nicht mehr allein über YouTube, sondern auch über Ihre Facebook-Seite, den eigenen Twitter-Account und MySpace (siehe Abbildung 7.43).

Sie sehen: Durch einen viralen Spot und den Überraschungsauftritt von Justin Timberlake wurde die Sängerin schlagartig im Netz bekannt. User wurden auf ihren YouTube-Kanal aufmerksam und teilten das Video in Windeseile auch auf Facebook und Twitter. Doch damit sollte das Selbstmarketing nicht enden. Nach dem Erfolgshit in sozialen Medien nutzte Esmée Denters die Chance, ihre Community dauerhaft zu pflegen und in Markenfans umzuwandeln, die nach Statusupdates und neuen Videos lechzen.

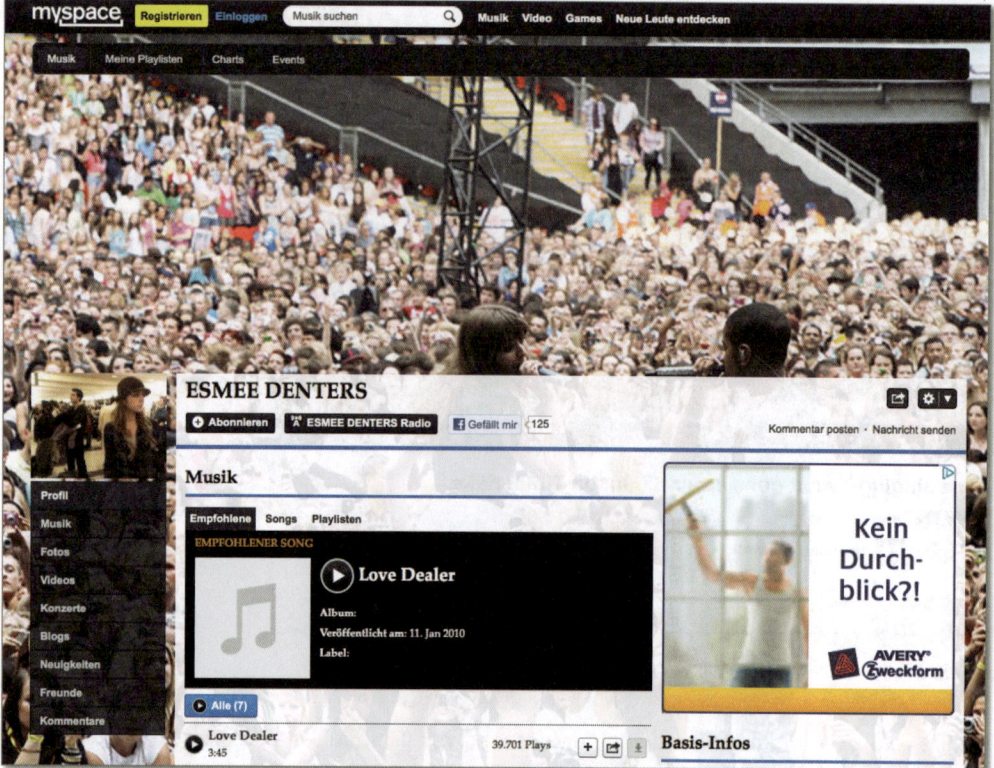

Abbildung 7.43   Das MySpace-Profil von Esmée Denters

Vom kreativen Modedesign zur charmanten Facebook-Seite

Es gibt zahlreiche Beispiele für kleinere Objektkünstler, Modeschaffende und Schmuckdesigner auf Facebook. Viele von ihnen betreuen die Facebook-Seite selbst und informieren ihre Fans fortlaufend über neue Produkte, Materialien, Ausstellungen, Messebesuche und Beiläufiges aus dem kreativen Schaffensprozess.

Ein besonders gelungenes Beispiel für eine »kreative« Facebook-Präsenz liefert *Frau Schröder fashion design* (siehe Abbildung 7.44). Frau Schröder produziert nicht nur Selbstgenähtes, -gestricktes und -gehäkeltes, sondern recycelt vor allem alte Kleidung und Gegenstände, um diese in neuwertige Kleider, Blusen, Taschen, Schmuck und mehr zu verwandeln.

Ihre Produkte und Kollektionen stellt sie dabei regelmäßig am lebenden Objekt vor – sie zeigt diese nicht nur an sich selbst, sondern auch an ihren Kundinnen, wovon Abbildung 7.45 einen Eindruck vermittelt.

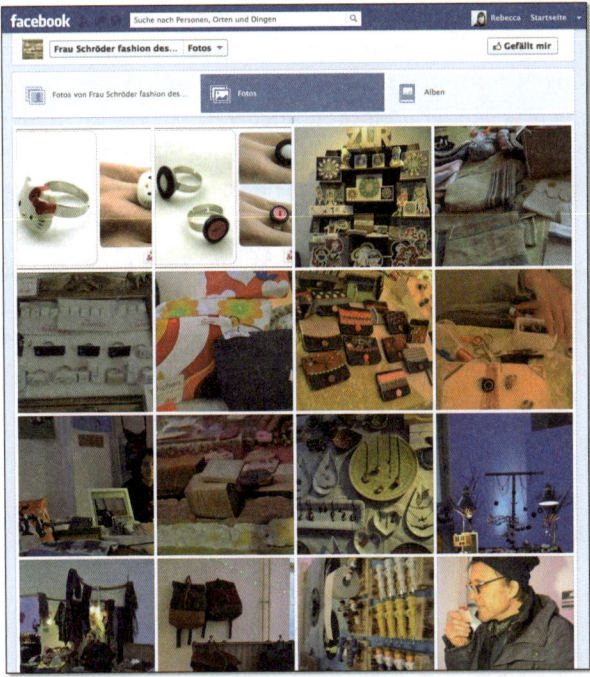

Abbildung 7.44 Fotos von »Frau Schröders fashion design« auf Facebook

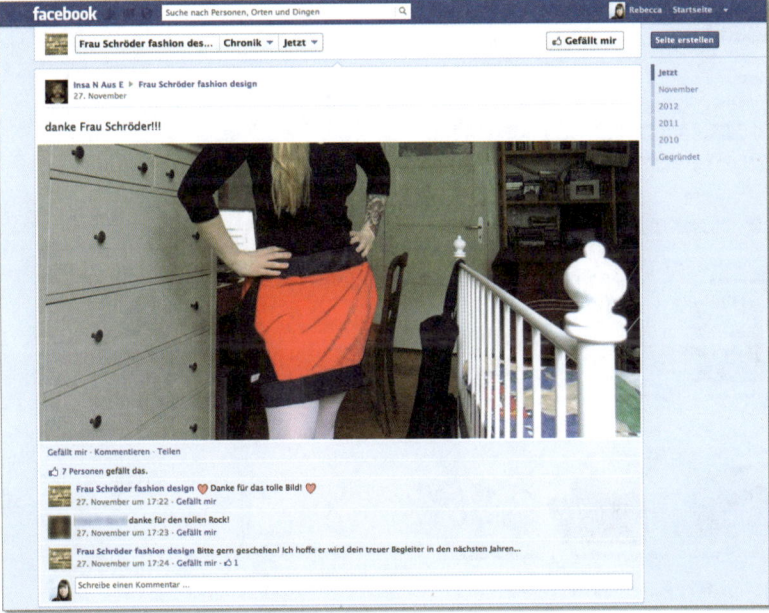

Abbildung 7.45 Frau Schröders Produkte werden von Kundinnen auf Facebook präsentiert.

Die Ansprache ist dabei sehr persönlich gehalten, die Tonalität charmant. Um Ihre Marke bekannt zu machen, postet die Sympathieträgerin zahlreiche Fotos und legt von Zeit zu Zeit Veranstaltungen für unterschiedliche Anlässe an. In der Weihnachtszeit hat sie so ihren Adventskalender promotet. Auch versteht Frau Schröder es, die Community durch kleinere Geschenke für ihr Engagement zu belohnen und bei Laune zu halten. Um den Vertrieb anzukurbeln, hat sie auf der Facebook-Seite ihren Shop eingebunden, den sie auf dem virtuellen Marktplatz *DaWanda* betreibt.

Marketing-Take-away: Online-Marktplätze für Kreative

Wenn Sie sich kreativ betätigen und Ihre Produkte online vertreiben möchten, sollten Sie nach sogenannten Online-Marktplätzen Ausschau halten. Das prominenteste Beispiel im deutschsprachigen Raum ist hier DaWanda.

Ausgerichtet auf den Vertrieb von Design-Unikaten und Kleinkunst, können Kleinunternehmer hier ihre Produkte platzieren und im eigenen Shop verkaufen. Insofern hat sich DaWanda seit 2006 darauf spezialisiert, Charakterprodukte aus eigener Herstellung anzubieten und besetzt mit diesem Geschäftsmodell erfolgreich eine Nische. Ob Mode, Objektkunst, Schmuck oder Nahrungsmittel, wenn Sie den Grundsätzen des Unternehmens entsprechen und Individuelles, jenseits von Massenware, anfertigen, lohnt sich die zu zahlende Provision für verkaufte Artikel allemal, zumal Sie Ihren Shop auch unkompliziert bei Facebook als App einbinden können (siehe Abbildung 7.46).

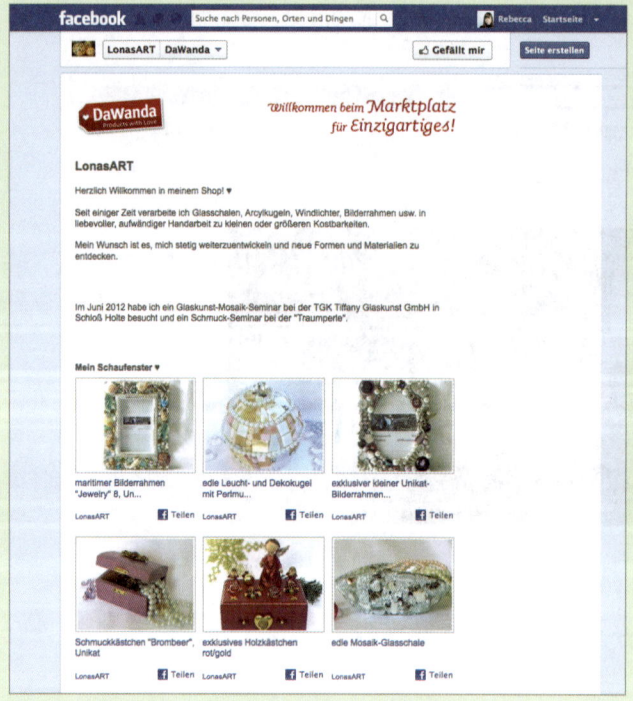

Abbildung 7.46   Der DaWanda-Shop als Facebook-App

Am Beispiel von *Frau Schröders fashion design* wird deutlich, dass Öffentlichkeitsarbeit über die eigene Facebook-Seite unabhängig von der Größe des Kreativunternehmens sehr wirkungsvoll sein kann. Entsprechender Zeitaufwand, kreative Content-Ideen und gute Produkte tragen dazu bei, Ihr Image und Ihre Bekanntheit zu steigern – je persönlicher dabei die Ansprache ist, desto besser!

Rechtstipp: DaWanda

Wenn Sie etwas bei DaWanda verkaufen möchten, denken Sie daran, dass Sie sich als Unternehmer im Sinne des BGB betätigen und wettbewerbsrechtlich relevant handeln. Das heißt insbesondere:

▶ Achten Sie darauf, die Vorgaben des Fernabsatzes einzuhalten, insbesondere ausreichend über ein eventuell bestehendes Widerrufsrecht zu belehren.

▶ Seien Sie bei Ihren AGB vorsichtig, unwirksame AGB könnten abgemahnt werden.

▶ Vorsicht im Umgang mit Mitbewerbern! Sie dürfen Ihre Mitbewerber nicht diffamieren, was im »lockeren Umgang« auf DaWanda vielleicht schnell geschehen kann.

Ein wichtiges Problemfeld: Achten Sie auf fremde Marken- und Urheberrechte, aber auch Geschmacksmusterrechte. Es ist dringend davon abzuraten, fremde Produkte optisch zu kopieren. Auch wenn Sie ein fremdes Produkt nur als »Vorlage« verwenden, in Details aber abändern, drohen hier erhebliche Probleme. Vergleiche sind auch zu unterlassen: Wenn Sie etwas anbieten und offerieren mit dem Hinweis »Ein Produkt so wie Produkt X«, kann dies eine Markenrechtsverletzung sein. Allerdings dürfen Sie nach § 14 MarkenG Produktzubehör mit dem Namen des Produkts bewerben, für das es gedacht ist, also etwa eine »iPad-Hülle« auch als solche benennen.

7.3.2   Social Media Newsrooms für Künstler und Musiker

Social Media Newsrooms stellen die Inhalte in sozialen Netzwerken und andere wertige Informationen gebündelt auf einer Seite dar (Abschnitt 2.3.4, »Social Media Newsrooms: Ihre digitale »Pressemappe« der Echtzeitkommunikation«). Für Künstler, Kulturschaffende und Musiker, die im Social Web eh schon eigene Präsenzen haben und ihre Communitys aktiv am Geschehen teilhaben lassen, bieten sich solche Newsrooms an, da sich hier beispielsweise Musikjournalisten und Fans einen schnellen Überblick über sämtliche Aktivitäten ihres Stars verschaffen können. Denn im übertragenen Sinne gleichen Newsrooms einer digitalen Pressemappe, die stets auf dem neuesten Stand ist. In ihr finden sich Statusupdates auf Facebook, Stellungsnahmen in Form von Tweets oder Blogbeiträgen ebenso wie Bilder und Videos.

Social Media Newsrooms gewähren also hautnahe Einblicke in das Leben und die Arbeit von Künstlern und Musikern – und überzeugen durch eine zentral zur Verfügung gestellte Ansammlung von (authentischen) Echtzeitinformationen – so auch im Fall von Thees Uhlmann, hauptsächlich bekannt als Gründungsmitglied der deutschen Indie-Rock-Band Tomte, als erfolgreicher Solokünstler in den deutschen Charts und als Labelchef des *Grand Hotel van Cleef* (GHvC).

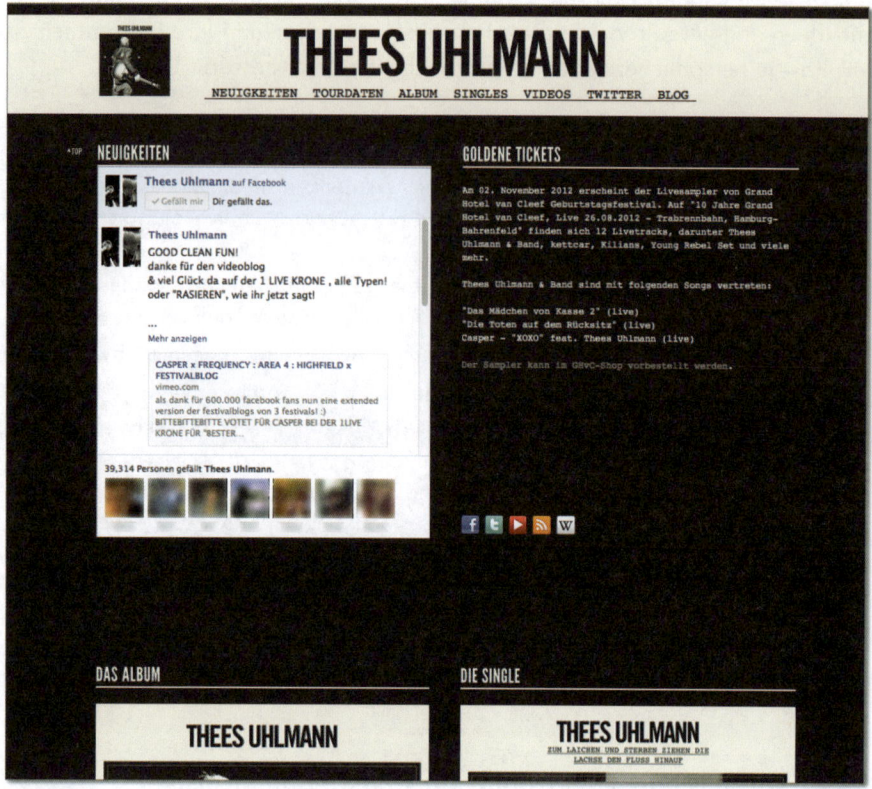

Abbildung 7.47   Der Social Media Newsroom von Thees Uhlmann

Nachdem Thees Uhlmann einige Jahre äußerst erfolgreich mit seiner Band Tomte durch diverse Alben und Hits in den Charts vertreten war, nahm er ein weiteres Album als Solokünstler auf. Zum Record Release im August 2011 erschien auch ein eigener Newsroom, der als Ersatz für eine klassische Website fungieren sollte (siehe Abbildung 7.47). Dem Künstler war es allerdings wichtig, dass sich seine Eindrücke und seine Meinung, die er »von unterwegs« bei Facebook und Twitter veröffentlicht, ebenfalls auf der Website widerspiegeln. Insofern war ein Social Media Newsroom die nächstliegende Entscheidung, da die Inhalte aus sozialen Netzwerken direkt auf *www.theesuhlmann.de* gestreamt werden.

Neben Facebook und Twitter finden sich dort auch zahlreiche YouTube-Videos und ein Verweis auf sein Blog im Menü, das aktuelle Album sowie die Singles mit Hinweisen zu amazon.de, damit Kaufwillige nicht lange suchen müssen. Neben den aktuellen Tourdaten macht der Newsroom auch manches Mal auf Gewinnspiele und

Sonderaktionen aufmerksam, so zum Beispiel als *Goldene Tickets* anlässlich des zehnjährigen Bestehens des GHvC verlost wurden.

Rechtstipp: GEMA – kann man als Künstler seine Videos zur Promotion bei YouTube hochladen, oder hat man als GEMA-Mitglied keine Rechte mehr daran?

Wer GEMA-Mitglied wird, kann individuell bestimmen, welche Rechte abgetreten werden. Wer letztlich das Recht der öffentlichen Wiedergabe abtritt, kann nicht mehr ohne entsprechende Vereinbarung seine eigenen Werke ohne Vergütung bei YouTube hochladen. Daher: Als GEMA-Mitglied erst die Nutzungsrechte verbindlich klären, bevor man etwas bei YouTube hochlädt.

Erneut zeigt sich, dass Fans, Follower und Abonnenten nicht allein »mit guter Musik« belohnt werden wollen, sondern von Zeit zu Zeit auch mit kleinen Aufmerksamkeiten und Mitmachaktionen. Wenn diese sodann auf der Timeline in unterschiedlichen sozialen Netzwerken promotet werden, ist ein Social Media Newsroom umso nützlicher, weil sich hier die Informationen aus sozialen Medien wiederfinden. Dass Thees Uhlmann seine Website durch einen solchen Newsroom ersetzt hat, scheint also angesichts seiner ausgeprägten Aktivität auf Facebook, Twitter & Co. sinnvoll.

7.3.3 Mit Crowdsourcing und Crowdfunding auf sich aufmerksam machen

Neben den Präsenzen in sozialen Netzwerken gibt es für Kreative noch zahlreiche weitere Möglichkeiten, auf sich aufmerksam zu machen, bekannter zu werden, langfristig neue Kontakte zu knüpfen und sich mittelfristig ins Gespräch zu bringen. Zwei Ansätze aus der Praxis sind Crowdsourcing und Crowdfunding (Abschnitt 4.2, »Wie Sie Community-Ideen nutzen« sowie Abschnitt 4.3, »Wie der Schwarm Ihre Projekte finanziert«).

So rufen Unternehmen und Organisationen von Zeit zu Zeit Internetnutzer auf, sich aktiv an einem Crowdsourcing-Projekt zu beteiligen und die kreativen Fähigkeiten unter Beweis zu stellen. Mit niedrigen Einstiegshürden lockend, richten sich solche Wettbewerbe meist an Designer. Diese haben die Chance, an der Weiterentwicklung des Marken-/Produktbildes mitzuwirken und gegebenenfalls sogar etwas zu gewinnen, was manch einen Kreativen künstlerisch wie auch finanziell reizt. Für Beteiligte also prinzipiell eine gute Alternative, die sich gerade für Berufseinsteiger und Freelancer eignet, weil man sich so Referenzen schaffen und Leerläufe überbrücken kann.

Wenn allerdings sehr komplexe und für den Markenkern relevante Kreativleistungen an die »Community« ausgelagert werden und Crowdsourcing in unvergütete

Pitches ausufert, ist das für die Betroffenen nicht wünschenswert. So wurde in der Fachpresse schon manches Mal der Vorwurf laut, über diesen Weg ungebührlich an unbezahlte Ideen zu kommen (siehe Abbildung 7.48).

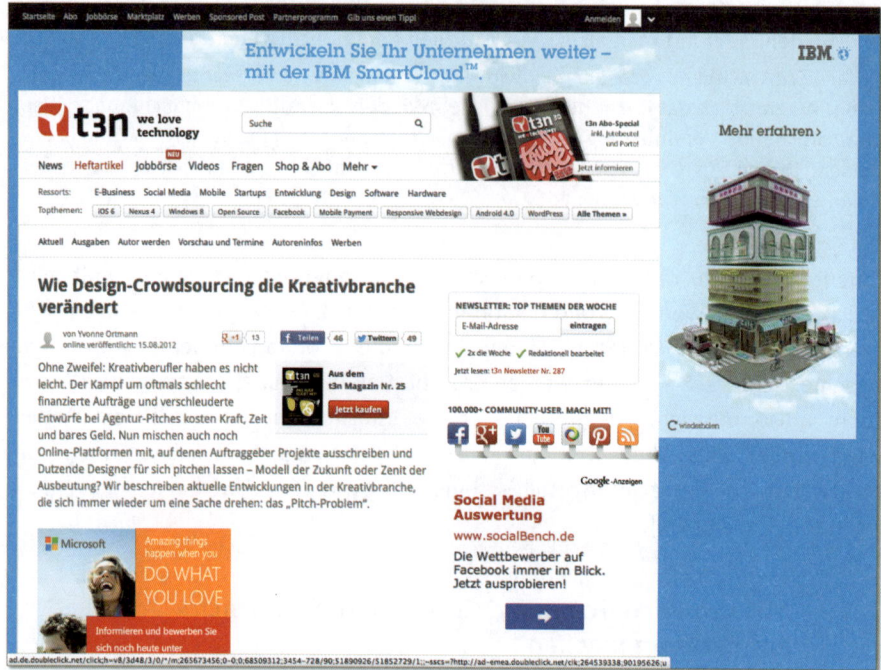

Abbildung 7.48   Kritische Stellungnahme zu Crowdsourcing in der Kreativbranche

Eine Crowdsourcing-Plattform, die in den meisten Fällen eine Vergütung für die eigene Kreativarbeit vorsieht, ist hingegen die 2006 gegründete Plattform *jovoto.de*. Sie führt Angebot und Nachfrage zusammen und versucht, »die Welt ein bisschen kreativer [zu] machen und auf diese Weise Unternehmen und Organisationen dabei [zu] helfen, ihre Probleme zu lösen«.

Bei öffentlichen Ausschreibungen kann sich jeder Kreative, der sich von einem Projekt angesprochen fühlt, mit einem Entwurf bewerben. Die Entwürfe werden dabei der Öffentlichkeit zugänglich gemacht, damit sie diskutiert und von der Community bewertet werden können. Falls der eigene Entwurf positiv aufgenommen und mit vielen Stimmen belohnt wird, winkt das sogenannte *Community-Preisgeld*. Darüber hinaus entscheiden aber die Projektgeber selbst, welcher Entwurf ihren Vorstellungen entspricht und erwerben sodann die Lizenzrechte. Neben diesem öffentlichen Bereich gibt es auch noch andere Pitch-Formen, die privater sind oder bei denen direkt eine Vergütung vorgesehen ist, wie Abbildung 7.49 zeigt.

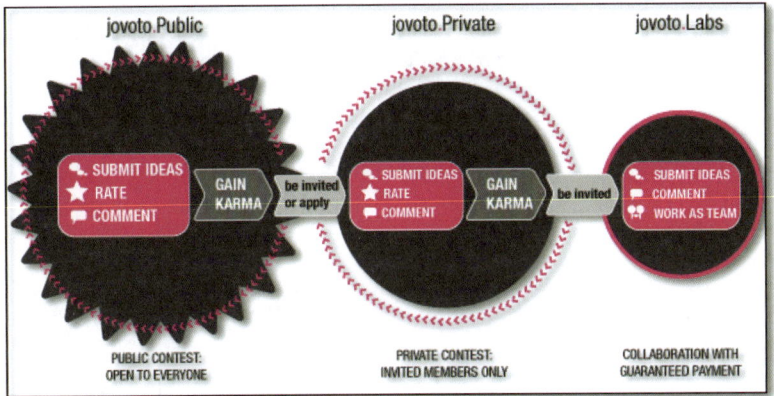

Abbildung 7.49 Die Möglichkeiten auf jovoto.de

Im Gegensatz zum Crowdsourcing können auch »fertige« Ideen im Social Web durch Communitys finanziert werden. Wie bereits mehrfach gezeigt (Abschnitt 4.3.3., »Startnext: Dankeschöns für deinen Support!« sowie Sozialhelden: Denn »sozial is' muss!«), bieten sich unterschiedliche Plattformen für Künstler, Designer, Musiker, Autoren und andere kreativ Inspirierte an.

Neben dem finanziellen Anreiz zur Durchführung einer solchen Crowdfunding-Aktion, erlangen Kulturschaffende durch solche Kampagnen auch Popularität. Zudem merkt man als Initiator recht schnell, womit sich andere Menschen begeistern lassen und welche Erwartungshaltung realistisch ist. Insofern bieten Ihnen Crowdfunding-Plattformen eine optimale Möglichkeit, Ihr Projekt vorzustellen und die Öffentlichkeit für Ihr Vorhaben zu gewinnen.

Marketing-Take-away: Mit Flattr zum Micro-Payment

Warum nicht anderen Menschen schmeicheln und eine kleine Aufmerksamkeit zukommen lassen, wenn Sie gute Arbeit leisten? Diese berechtigte Frage beantwortet das Konzept *Flattr*, ein Kunstwort aus Flatrate und dem englischen flatter (schmeicheln).

Durch die Einbindung der Flattr-Buttons auf der eigenen Internetseite ermöglicht man anderen Usern, interessante Beiträge finanziell zu honorieren (siehe Abschnitt Abbildung 7.50). Kleine und kleinste Finanzzuwendungen belohnen also guten Content. Das Prinzip des Social-Payment-Service ist dabei einfach und überzeugend: User bestimmen ein monatliches Budget, das sie via Flattr spenden wollen. Dieses verteilt sich sodann entsprechend der Klickrate auf Flattr-fähige Beiträge.

Zunächst in der Blogosphäre viel genutzt, unterstützt der Flattr zudem Twitter, Soundcloud und noch drei weitere Dienste. Im vergangenen Jahr kam es sodann durch Drittanbieter zu Erweiterungen, eine von ihnen trägt den Namen FlattrStar. Durch diese können Inhalte aus weitaus mehr Netzwerken eine kleine Unterstützung erfahren. So können auf Wunsch Favorisierungen und Retweets, aber auch Fotos auf Instagram,

Last.fm-Content, App.net-»Stars« und einiges mehr durch FlattrStar wertgeschätzt werden. Welche Dienste man unterstützen möchte, bleibt dabei jedem User selbst überlassen.

Abbildung 7.50 Der Flattr-Button im Blog von loehrzeichen.de

Für Kreative, die beispielsweise bei Instagram ihre Arbeiten veröffentlichen, also sicherlich eine Überlegung wert. Schließlich können durch geflatterte Fotos & Co. durchaus stattliche Beträge zustande kommen – die Summe der Mikrobeträge macht's eben.

7.3.4 Vernetzt gedacht: Kreative Zusammenschlüsse im Social Web

Da die Kreativbranche floriert, sind in den vergangenen Jahren immer mehr kleine Einzelunternehmen entstanden, sodass es mittlerweile gerade in städtischen Gebieten einen großen Pool an Kreativen gibt, die umtriebig in verschiedensten Bereichen aktiv sind.

Immer öfter bemühen sich Initiativen, diese Kreativkompetenzen zu bündeln oder zumindest ein stadtweites Netzwerk aufzubauen. Ziel dieser Zusammenschlüsse: sich kennenlernen, austauschen, voneinander etwas lernen und sich gegenseitig unter die Arme greifen. Schließlich braucht die Texterin eine Homepage, der Schmuckdesigner eine Pressemitteilung, der Webdesigner eine Beklebung für sein Büro etc.

Abbildung 7.51   Die Website von Kreatives Leipzig e. V.

Ein solches Netzwerk, das sich hauptsächlich Kleinunternehmern verpflichtet fühlt, bietet unter anderem *Kreatives Leipzig* (*www.kreatives-leipzig.de*, siehe Abbildung 7.51). Der Verein wurde 2010 als Sprachrohr der städtischen Kreativszene gegründet – mit dem Ziel, Synergien zu nutzen und den regionalen Arbeitsmarkt mitzugestalten. Mit gut bestückter Homepage und mehreren Social-Media-Präsenzen steigert man hier die öffentliche Aufmerksamkeit und macht auf Termine wie auch aktuelle Projekte aufmerksam.

Die regelmäßig gepflegte Facebook-Seite ist durchaus lebhaft: Die Content-Strategie überzeugt und findet bei den Fans Anklang. Auch Twitter-Account, Vimeo, Soundcloud und Flickr sind tragende Säulen dieses Kreativzusammenschlusses, den es in ähnlicher Form auch in anderen Städten gibt. So verfolgen Projekte, wie zum Beispiel Hannoverliebe oder Kreatives Aachen, ebenfalls das Anliegen, die städtische Kreativszene enger zusammenzubringen, und bedienen sich hierzu der Möglichkeiten des Social Webs.

7.4   Fazit: Was Sie tun und was Sie tunlichst vermeiden sollten

Dass Echtzeitmedien Ihr Kulturmarketing bereichern, hat ein Blick in die Praxis gezeigt. Schließlich sind die Einsatzfelder vielseitig, sodass Kulturschaffende jede Menge Optionen haben, ihre PR im Mitmachweb nach ihren Wünschen zu gestalten. Dabei sollten Sie die nachfolgenden Punkte beachten, um sich möglichst erfolgreich zu positionieren.

Was Sie tun sollten

▶ Wagen Sie den Echtzeitdialog mit der virtuellen Öffentlichkeit, und profitieren Sie von der Reichweite des Social Webs.

▶ Nutzen Sie soziale Netzwerke, aber auch Location-based Services, um auf sich aufmerksam zu machen und Influencer ebenso wie Förderer zu erreichen.

▶ Machen Sie Ihre Projekte erlebbar und (be)greifbar, sodass eine Kultur des Mitmachens entsteht und sich auch ein junges Publikum von den Inhalten angesprochen fühlt.

▶ Versuchen Sie, Vertrauenswürdigkeit zu vermitteln und digitale Wissensräume zu schaffen, indem Sie durch offene Dialoge und spezielle Events eine gewisse Nähe zu Ihrem Publikum herstellen.

▶ Binden Sie Nutzer bereits früh in den Entstehungsprozess ein, um das emotionale Band zu stärken.

▶ Suchen Sie die Interaktion, damit Sie Tipps und Meinungen aus der Community einholen.

▶ Zeigen Sie Ihren Fans und Followern auch »exklusive« Inhalte, die man über traditionelle Medien nicht promoten würde.

▶ Ergreifen Sie die Monetisierungschancen, die Ihnen das Web 2.0 bietet – sei es durch Crowfunding, Flattr & Co.

Was Sie tunlichst vermeiden sollten

▶ Scheuen Sie sich nicht davor, dass im Web über Sie gesprochen wird, und haben Sie keine Angst vor User-generated Content. Denn wenn Ihre Leidenschaft für Kultur vermittelt werden soll, reichen herkömmliche Kommunikationskanäle nicht mehr aus.

▶ Haben Sie keine Bedenken, sich aktiv ins Gespräch zu bringen, und versuchen Sie nicht, die Gespräche unter Nutzern zu unterbinden. Heißt im Klartext: Ermöglichen Sie den Austausch, und mischen Sie konstruktiv und sympathisch in Unterhaltungen mit.

▸ Planlosigkeit und Unregelmäßigkeit sind tabu. Wenn Sie sich im Social Web positionieren, sollten Sie stets ein klares langfristiges Ziel vor Augen haben und wissen, was Sie tun.

▸ Zeigen Sie unter keinen Umständen Desinteresse an den Meinungen anderer, oder signalisieren Sie keinesfalls Arroganz und Überheblichkeit. Sie dürfen sich nicht über andere stellen, sondern müssen bereit sein, auf Augenhöhe zu kommunizieren.

▸ Positives wie auch negatives Feedback darf folglich nicht ignoriert werden. Jeder Nutzer hat das Recht auf eine eigene Meinung und muss ernst genommen werden.

▸ Verzichten Sie nicht darauf, »interne« Inhalte zu posten, nur weil Sie diese als irrelevant wahrnehmen. Gerade Content, der einen Blick hinter die Kulissen erlaubt, ist für Ihre Fans und Follower von unschätzbarem Wert – sie wollen involviert werden.

8 Events modern promoten

»Dreaming or awake, we perceive only events that have meaning to us.«
Jane Roberts

Events zu planen und erfolgreich zu promoten, bedarf eines intensiven Arbeitsaufwandes. Meist handelt es sich dabei um ein komplexes Unterfangen. Denn es gilt, sowohl Meinungsbildner als auch unterschiedliche Kanäle einzubeziehen. Das alles ist Praktikern bereits bestens bekannt und keine Neuheit, die das Social Web mit sich bringt. Doch wie verändern sich die Voraussetzungen der praktischen Event-Vermarktung im Zeitalter des Mitmachwebs? Welche neuen Herausforderungen stellen sich? In welchen Kanälen sollte man als Veranstalter aktiv werden, um User für das eigene Event zu begeistern?

Fakt ist: Auch wenn Word-of-Mouth-Marketing ein zentrales Element der vernetzten Welt ist, verbreitet sich die Nachricht über das eigene Event nicht zwingend wie ein Lauffeuer im Internet. Anstatt auf einen Selbstläufer zu spekulieren, ist es ratsam, das bestehende Potenzial sozialer Medien gezielt für die eigenen Zwecke einzusetzen und sich proaktiv aufzustellen. So sollte nicht allein der Anlass der Veranstaltung und deren Format »gut«, im Sinne von attraktiv und vielversprechend sein, sondern auch die dazugehörige Öffentlichkeitsarbeit. Von Anfang an sind Maßnahmen zu ergreifen, die das Gefühl vermitteln, dass die User Teil des Events sind. »Mittendrin im Mitmachweb« – so lautet das Motto von Eventpromotion im Web 2.0, und dies erfordert, dass User schon in der Frühphase in das Geschehen einbezogen werden.

Damit Ihr Event im Social Web planmäßig und erfolgreich vermarktet wird, gibt Ihnen dieses Kapitel Anleitung und Inspiration. Es unterstützt Sie dabei, Ihre Veranstaltung in allen Projektphasen mithilfe interaktiver Online-Kommunikation optimal zu vermarkten.

8.1 Wie Sie Ihr Event im Vorfeld promoten

Vorfreude ist bekanntlich die schönste Freude. Deswegen sollten Sie sich rechtzeitig Gedanken über die erforderlichen Maßnahmen in der virtuellen Öffentlichkeit machen. Ziel sollte dabei nicht nur sein, Interessenten, Unterstützer und Besucher frühzeitig zu informieren und ihr Event zu bewerben, sondern vielmehr eine Community aufzubauen und sie aktiv in die Vorbereitungen einzubinden.

Im Idealfall wird das Event durch die Promotionarbeit bereits im Vorfeld zu einem Erlebnis. User-orientierter Content, der Insiderwissen vermittelt und unterhaltsame Einblicke in das Geschehen vor dem Geschehen gibt, trägt dazu bei, sich als potenzieller Besucher bereits im Vorlauf mit dem anstehenden Event zu identifizieren.

Allerdings bedarf es eines nicht unerheblichen Zeitaufwandes, um das Ganze sorgsam vorzubereiten. Auch kreative Gedankenarbeit ist hier gefragt. Denn vor dem Handeln steht nun einmal das Konzept, und dieses muss ausgearbeitet werden. Die nötige Vorarbeit und die Koordination der PR-Anstrengungen im Social Web sollte dementsprechend nicht unterschätzt werden. Schließlich können Sie nur durch ein planmäßiges Vorgehen sicherstellen, dass die ergriffenen Maßnahmen nicht verpuffen. So sollten Sie bereits in der Vorbereitungsphase einen realistischen Aktionsplan für Ihre Aktivitäten im Social Web erstellen.

Doch wie könnte ein solcher Plan aussehen? Was sollte man bedenken? An dieser Stelle ist es ratsam, nach einem bewährten Prinzip vorzugehen und sich die sogenannten W-Fragen zu stellen: Wer? Wie? Was? Wo? Wann? Warum? Am besten tun Sie dies bereits während eines ersten Brainstormings in einem kleineren Team. Denn je mehr Köpfe sich Gedanken machen, desto geringer ist das Risiko, Wesentliches nicht bedacht zu haben. Um zu einer gemeinsamen Lösungsfindung zu gelangen und einen sinnvollen »Schlachtplan« zu entwerfen, ist also Teamarbeit genau das Richtige.

Im Konkreten sollten Sie sich folgende Fragen stellen:

- ▶ Wer soll angesprochen werden?
- ▶ Wie erreichen wir unsere Zielgruppe?
- ▶ Was interessiert unsere Zielgruppe?
- ▶ Wo sollen die User angesprochen werden, wo die Meinungsbildner?
- ▶ Wann sollen wir auf welcher Plattform mit der Promotion beginnen? In welchen Abständen sollen wir neuen Content posten? Wann ist spätestens auf Rückfragen zu antworten? Welche Responsezeiten sind realistisch?
- ▶ Warum sollten uns die User »liken« oder »folgen«? Mit welchen Informationen sollten wir sie versorgen?

Die aufgeführten Fragen helfen Ihnen dabei, aus der Vielzahl von Communitys, Portalen und Netzwerken die angemessenen zu sondieren, einen groben Content-Fahrplan zu entwerfen und zugleich den Workflow für die Eventpromotion festzulegen. Doch zunächst einige grundsätzliche Anmerkungen zum Thema für alle diejenigen, deren tägliches Brot nicht in der Eventpromotion liegt.

8.1.1   Grundsätzliches: Was macht ein Event erfolgreich?

Erfolgreiches Eventmarketing ist das Ziel. Hierzu sollten Sie wissen, was man genau unter einem Event versteht und wovon dessen Erfolg abhängt. Nur, woran misst sich eigentlich der Erfolg Ihrer Eventpromotion?

Um diese Frage zu beantworten, scheint es zunächst zweckmäßig, sich mit den Charakteristika von Events auseinanderzusetzen. Denn erfolgreiches Veranstaltungsmarketing im Social Web setzt nun einmal voraus, dass Sie wissen, was ein Event auszeichnet. So legten Event-Forscher bereits Mitte der 1990er Jahre sechs Kriterien fest und definierten, dass ein Event

1. keinen reinen Verkaufscharakter habe,
2. sich von der Alltagswirklichkeit der Zielgruppe unterscheide,
3. qua hoher Kontaktintensität zielgruppenorientiert sei,
4. durch die Einbeziehung der Teilnehmer interaktionsorientiert sei,
5. eine integrale Funktion in der Unternehmenskommunikation habe,
6. die Aufgabe erfülle, ein Ereignis und eine Botschaft erlebbar beziehungsweise erfahrbar zu machen.[1]

Anhand dieser Kriterien sehen Sie bereits, dass Events eindeutig zur Erlebnisprofilierung von Produkten, Marken, sozialen und kulturellen Projekten beitragen. So betont auch Alexander Rüdiger, Fachmann für Kreativmarketing: »Unter Eventmarketing sind zielgerichtete Erlebnisstrategien zu verstehen. Diese Form des Marketings dient Marken, Unternehmen und Menschen, um Image und Umsatzzuwachs zu erzielen, Mitarbeiter zu motivieren und Kundenbindungen langfristig zu festigen.«[2]

Dem Ambiente kommt dabei eine Schlüsselposition zu. Denn das Besondere – sei es die Lokalität, der Anlass, die Botschaft oder die Art der Inszenierung – hat einen hohen Stellenwert für die erlebnisschaffende Live-Erfahrung. Nicht umsonst wird im Kontext von Social Media das Schlagwort der *Ambient Intimacy* ins Feld geführt. Es bezeichnet das Phänomen, eine gewisse Form der freundschaftlichen Intimität durch soziale Medien herzustellen und das, obschon man keinen physischen Zugang zu den Personen hat. Insofern prägt der interaktive Austausch, der bereits im Vorfeld der Veranstaltung vonstattengeht, die Erfahrungsintensität und verstärkt die Situationsverarbeitung positiv.

---

1   Cornelia Zanger, Frank Sistenich, *http://www.tu-chemnitz.de/wirtschaft/bwl2/download/lit/ Zanger_Sistenich_1996-Eventmarketing.pdf*

2   INNUNG/NEWS 7-8/2007, *http://www.ruediger.com/deu/eventmarketing.pdf*

All dies gilt es, bereits in der Planungsphase im Hinterkopf zu halten. Immerhin handelt es sich bei Eventpromotion, ganz gleich ob off- oder online, um eine spezielle Form der Kommunikationspolitik, die das Geschehen erfahrbar macht.

Marketing-Take-away: Events als Erlebnisvermarktung

»Eventmarketing bedeutet für uns, die faszinierende Welt von Coca-Cola vor Ort hautnah erlebbar zu machen.«[3] Kaum verwunderlich also, dass sich Coca-Cola auf Fachmessen präsentiert, verschiedene Großveranstaltungen sponsert und sogar den sogenannten *Coca-Cola Dome*, in dem über 30 Events pro Jahr stattfinden, in Südafrika unterhält (siehe Abbildung 8.1).

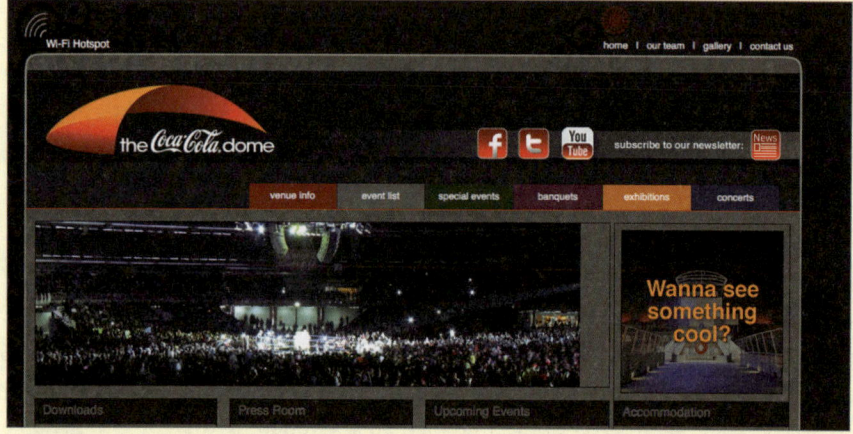

Abbildung 8.1   Website des Coca-Cola Dome

Darüber hinaus findet die Erlebnisvermarktung regelmäßig in sozialen Netzwerken statt. So auch im Sommer 2011 bei StudiVZ. Hier wurde man aktiv, um die studentische Zielgruppe zu erreichen und den *Coke Sound Up Truck* zu promoten. Der Truck war in zahlreichen Studentenstädten als fahrende Bühne unterwegs, auf der bekannte Bands ebenso wie Newcomer spielten. Alles mit der Intention, dem Publikum eine »ultimative Sommerparty« zu ermöglichen. Letztlich soll das Konsumieren von Coca-Cola also zu einem kulturellen Ereignis werden.

8.1.2   Ist die klassische Event-Arbeit passé?

Nicht selten stellt sich die Frage, ob Social Media inzwischen zum Nonplusultra der heutigen Eventpromotion geworden sind und auf klassische Medienarbeit verzichtet werden kann – eine Frage, die nicht leicht und vor allen Dingen nicht leichtfertig zu beantworten ist. Social Media bieten zweifelsohne großes Potenzial für die

---

3   Coca-Cola, zitiert in Marketing-Marktplatz, *http://www.marketing-marktplatz.de/Grundlagen/ Eventmarketing.htm*.

Eventpromotion. Die Reichweite ist enorm, die Zielgruppenbestimmung sehr exakt möglich (*Behavioral Targeting*), und die Kosten, jenseits der Arbeitsleistung, sind in den meisten Fällen überschaubar.

Trotz dieser Argumente werden soziale Medien und Webtechnologien klassische Kommunikationsinstrumente kaum verdrängen. Bei der Mehrheit der Veranstaltungen sind Social Media folglich kein Ersatz, sondern vielmehr eine Ergänzung der bestehenden Maßnahmen.

Zu dieser Einschätzung kommt auch die Studie »Event-Klima 2012«, die im Frühjahr 2012 den aktuellen Entwicklungen im Eventmarketing-Markt nachgegangen ist.[4] 226 deutsche Unternehmen und Agenturen wurden befragt. Zunächst kam die Untersuchung zu der Erkenntnis, dass sich die Branche weiterhin positiv entwickelt und öffentliche (Konsumenten-)Events auf dem Vormarsch sind. Was die Einschätzung der Relevanz von Social Media im Eventmarketing anbelangt, waren die Ergebnisse ebenfalls recht eindeutig: Mit 84 % der Befragten geht die Mehrzahl davon aus, dass soziale Medien das bestehende Eventmarketing zwar sinnvoll ergänzen, aber eben nicht ablösen.

Marketing-Take-away: Ein Tipp für kulturelle Veranstaltungen

Wenn Sie kulturelle Veranstaltungen promoten und im Netz darauf aufmerksam machen wollen, bietet es sich gegebenenfalls an, das Event in kommunalen Datenbanken und auf landesweiten Kulturservern einzustellen. So vergrößern Sie Ihre Reichweite und können gezielt (institutionelle) Kulturschaffende ansprechen, die sich oft über solche Webangebote informieren.

Insofern gilt auch weiterhin, traditionelle Werbewege zu nutzen, insbesondere wenn die anvisierte Zielgruppe nicht social-media-affin ist. Möchten Sie beispielsweise ein kleineres Konzert vor Ort promoten, empfiehlt sich, in Zeitungen zu inserieren, den Kontakt zu Pressevertretern zu suchen sowie diverse Druckmittel wie Flyer und Plakate herstellen und verbreiten zu lassen. Die herkömmliche Pressearbeit ist in diesem Fallbeispiel also keineswegs passé – zumal man durch Interviews oder Reportagen in den Printmedien oder im Rundfunk auch heutzutage noch andere Zielgruppen als im Social Web erreichen kann.

Was jedoch »klassische« Medien wie Print, Rundfunk und TV kaum leisten können, ist ein (inter-)aktiver Austausch über das anstehende Event-Erlebnis. Daher ist es umso wichtiger, soziale Medien als Chance zur Echtzeitkommunikation zu begreifen. Feedback wird hier unmittelbar gegeben, insofern man darum bittet. Wenn man die Unterschiede zwischen Web 1.0 und Web 2.0 verinnerlicht hat, fällt das dialogorientierte Vorgehen leichter (siehe Tabelle 8.1).

---

4   FAMAB, *www.famab.de/global/download.html?id=399918*

Eventpromotion im Web 1.0	Eventpormotion im Web 2.0
statisch	dynamisch
text-, stimmen- und/oder bildbasiert	multimodal
monologische Kommunikation (One to Many)	dialogische Kommunikation (Many to Many)
konsumieren	prosumieren
Mundpropaganda	Word of Mouth
mittlere Reichweite	hohe Reichweite

Tabelle 8.1 Überblick über die zwei Stadien der Eventpromotion

Wie Sie bereits vermuten, liegt das Marketingpotenzial in der Steigerung des Bekanntheitsgrades, die bei entsprechendem Personaleinsatz recht schnell und ohne finanziellen Großaufwand zu erzielen ist.

Dies unterstreicht einmal mehr der von *amiando* durchgeführte *Social Media & Events Report 2012*, bei dem ca. 1.000 Veranstalter befragt wurden.[5] Die Studie untersuchte, wie sich der Einsatz von sozialen Netzwerken in der Event-Vermarktung entwickelt. Die Online-Umfrage hat ergeben, dass Social Media weiterhin einen hohen Stellenwert im Eventmarketing besitzen. So bekundeten 73 % der Teilnehmer, soziale Medien seien »sehr wichtig« oder »ziemlich wichtig« für ihr Marketing. Eine neutrale Position wurde von knapp einem Fünftel (18 %) eingenommen. Ein geringerer Anteil der Befragten negierte indessen die Bedeutung von sozialen Marketingmaßnahmen. Als ziemlich unwichtig sowie vollkommen irrelevant bezeichneten 10 % den Social-Media-Einsatz. Über die Gründe gibt die Studie allerdings keine Auskunft.

Konzentriert man sich hingegen auf die social-media-aktiven Veranstalter, zeigt sich, dass Facebook auch im Eventmarketing die Nase vorn hat. So waren die Top Fünf der genutzten Netzwerke im Jahr 2012:

▶ Facebook 84 %

▶ Twitter 61 %

▶ XING 46 %

▶ YouTube 42 %

▶ LinkedIn 41 %

---

5 amiando, *http://info.amiando.com/social-media-report-2012-DE*

Google+ wurde immerhin von 36 % der Event-Veranstalter aktiv eingesetzt. Ähnlich wie bei Facebook und XING kann man hier ebenfalls ein Event erstellen (siehe Abbildung 8.2), seine Kreise hierzu einladen und zudem weitere interessante Funktionen nutzen, wie im Abschnitt »Streaming: Inhalte in Echtzeit mit Internetnutzern teilen« in Abschnitt 8.4.1 erläutert wird.

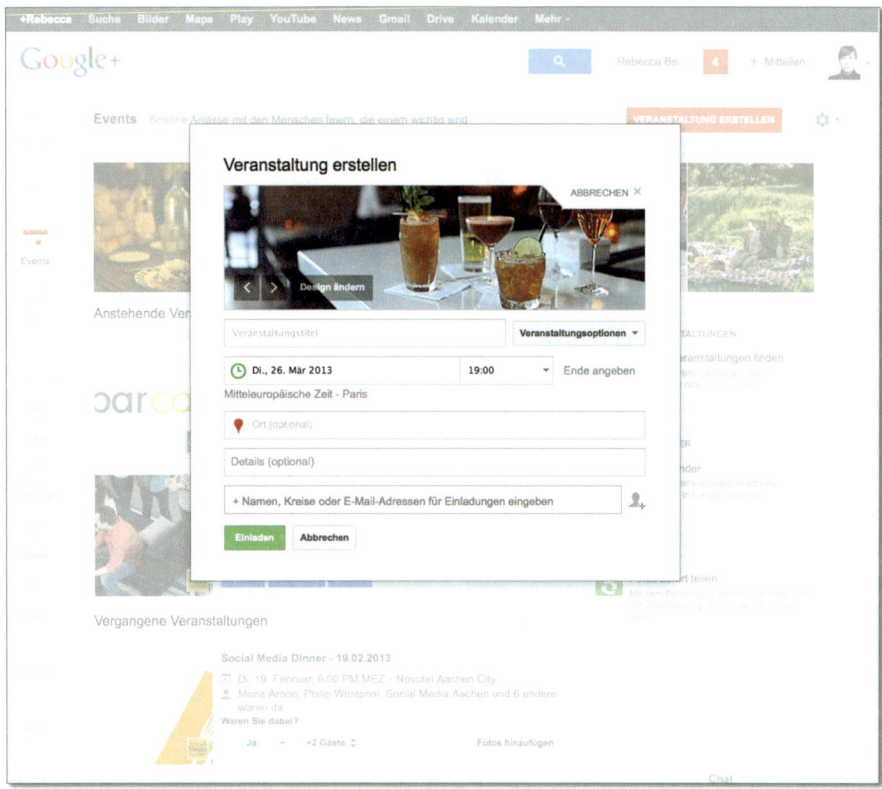

Abbildung 8.2   Events bei Google+ im Handumdrehen erstellen

Doch zeigt sich auch in diesem Fall: Obgleich das Interesse an dem sozialen Netzwerk von Google groß ist, spielt es zumindest zum jetzigen Zeitpunkt noch eine untergeordnete Rolle in der Veranstaltungsvermarktung. Dies ist umso bedauerlicher, da Google+ seit Frühsommer 2012 das Anlegen von privaten wie öffentlichen Events anbietet. Ebenso attraktiv für Veranstalter sind die Möglichkeiten zu interaktiven Video-Chats mit mehreren Personen, durch sogenannte Hangouts eröffnen sich der Eventpromotion neue Chancen. Als Tool hat sich Google+ aber dennoch in der Praxis nicht etabliert. Zu sehr scheinen sich Veranstalter auf den Blauen Riesen, Twitter, Videoplattformen und Business-Netzwerke zu fokussieren, wenn Sie sich einmal für diese entschieden haben.

8.2 Netzwerke sondieren und Communitys aufbauen

In der ersten Planungsphase stellen sich einige wesentliche Fragen angesichts der einzuschlagenden Marketingstrategie. Alle, die schon einmal eine Veranstaltung professionell vermarktet haben, wissen, wie wichtig solche strategischen Grundsatzentscheidungen sind. Denn die Weichen zur erfolgreichen Eventpromotion werden schon sehr früh gestellt, so auch im Social Web.

Um Ihnen die Sondierung der relevanten Netzwerke zu erleichtern, werden in den kommenden Kapiteln insbesondere Facebook, Twitter, Blogs und B2B-Netzwerke näher beschrieben. Anhand einzelner Plattformstrategien und beispielhafter Ausführungen zeigt sich, wie Sie Ihr Event auf sympathische und kreative Weise ins Gespräch bringen und welche Themen von Ihrer Community als interessant wahrgenommen werden (können).

Da sich dieses Kapitel auf ausgewählte Netzwerke und Tools beschränkt, bei denen wertvolle praktische Erfahrungen vorliegen, erheben die nachfolgenden Ausführungen keineswegs einen Anspruch auf Vollständigkeit. Sie dienen vielmehr der Inspiration und sollen zu weiteren community-orientierten Aktionen anregen. Immerhin ist es je nach Anlass und Ausrichtung der Veranstaltung ratsam, auch über den Einsatz anderer Social Networks nachzudenken. Andere Plattformen sind beispielsweise von Vorteil, wenn die Eventpromotion sehr stark auf visuelle Momente setzt und international angelegt ist. Je nach Fokus und Ausrichtung der Veranstaltung bieten sich Flickr, Pinterest und Instagram als reichweitenstarke Sharing-Dienste an, ebenso wie der Einsatz von Location-based Services, wie zum Beispiel Foursquare.

8.2.1 Facebook als Promotiontool für Ihre Events

Mit über 1 Mrd. Mitglieder ist Facebook im Bereich des nationalen wie internationalen Eventmarketings das Netzwerk Nummer 1. Ist einmal der Einladungstext für das Event geschrieben, lassen sich hier Veranstaltungen im Handumdrehen erstellen. Dabei haben Sie als Privatperson sowohl die Möglichkeit, nicht öffentliche Veranstaltungen wie für Betriebsfeiern oder Sponsorentreffen anzulegen, als auch öffentliche Veranstaltungen, zu denen die Allgemeinheit eingeladen ist. An letzteren kann prinzipiell jeder Facebook-User teilnehmen, und jeder ist auch in der Lage, die eigenen Facebook-Freunde hierzu einzuladen. Im Klartext kann hier also ein viraler Selbstläufer entstehen.

Die hohe Reichweite in Kombination mit der Tatsache, dass sich die meisten Social-Media-User am längsten und am häufigsten auf Facebook aufhalten, bieten riesige Chancen zur Interaktion und Partizipation. Dies kann bereits im Vorfeld zu Marketingzwecken genutzt werden.

Die Angst vor Facebook-Partys

Wenn User sich durch den Veranstaltungsanlass oder aus Gründen der allgemeinen Belustigung dazu bewegt sehen, die Teilnahme an einer Veranstaltung, die versehentlich als »öffentlich« angelegt wurde, zu bestätigen und das Event obendrein mit dem Freundeskreis zu teilen, kommt es gelegentlich zu sogenannten Facebook-Partys (siehe Abbildung 8.3). Solche privaten Veranstaltungen werden gerade in der Presse kontrovers diskutiert, weil völlig überbordend und eskalierend. Da sich solche Fauxpas seit 2011 häufen, warnt die Berichterstattung in klassischen Medien insbesondere bei Jugendlichen vor einem unreflektierten Umgang mit Facebook-Funktionen.

Abbildung 8.3   Artikel aus der Bild-Zeitung vom 09.09.2012

Ausufernde Veranstaltungen sind aber im Unternehmens- und Organisationskontext in der Tat eine Seltenheit. Bei den meisten Anlässen ist die Angst vor »zu vielen« Besuchern ohnehin unbegründet. Immerhin versuchen Unternehmen und Organisationen meist, möglichst viele Interessenten für ihre Veranstaltung zu gewinnen. Einer erfolgreichen, empfehlungsbasierten Eventpromotion via Facebook steht folglich nichts im Weg. Schließlich überwiegen die Vorteile.

Ist man user-freundlich aufgestellt und der Content ansprechend, kann das die Identifikation mit der Veranstaltung, deren Organisatoren und den Themen nur befördern. Die Emotionalisierung, ganz gleich ob im Profit- oder Non-Profit-Bereich, spielt erneut eine wesentliche Rolle – man ist von Anfang an dabei, bekommt die neuesten Entwicklungen mit und fühlt sich eingeweiht. Ein Gefühl für die gemeinsame Sache entsteht.

Ebenso wichtig für Ihre Positionierung im Social Web sind Empfehlungsfunktionen. In der Welt des Word-of-Mouth-Marketings sollten Sie ermöglichen, dass die User Ihre Inhalte teilen und so dem eigenen Freundeskreis empfehlen können, wie auch Abbildung 8.5 zeigt. Haben Sie zum Beispiel ein Teaser-Video produzieren lassen, wäre es unsinnig, es nicht bei YouTube hochzuladen und auf die Verbreitung durch das Teilen in sozialen Netzwerken wie Facebook, Twitter und Google+ zu hoffen.

Gleiches gilt für die Inhalte Ihrer Website und/oder Ihres Blogs. Auch hier sollten Sie möglichst von Beginn an Social Plugins integrieren (siehe Abbildung 8.4), damit das Entdeckte und Gelesene per Mausklick von den Besuchern Ihrer Seite geteilt und weiterempfohlen werden kann.

Abbildung 8.4   Beispiel für Social Plugins

Jenseits der bewusst vorgenommenen Vermarktung im Social Web existieren folglich viele Schauplätze, die Sie nicht zwingend beeinflussen (müssen). Im Zweifelsfall wird Ihnen dadurch sogar Arbeit erspart. So sollten Sie beispielsweise, falls Sie ein Ticketsystem zum Vertrieb Ihrer Eintrittskarten nutzen, auf das Vorhandensein indirekter Marketingfunktionen achten (siehe Abbildung 8.5). Viele Serviceanbieter wie *www.amiando.de*, *www.yelp.de/events* oder *www.eventbrite.de* sind mit Share-Buttons versehen. Dadurch können Teilnehmer auch ihrem eigenen Netzwerk die Teilnahme an der Veranstaltung nahelegen. Auf die Art vollzieht sich die Empfehlung von User zu User, auch ohne Ihr Zutun. Social-Media-Komponenten sind also bereits im Spiel, bevor Ihre Eventpromotion im Social Web überhaupt losgeht.

> **Rechtstipp: Gibt es bei Ticketsystemen etwas Rechtliches zu beachten?**
> Sofern Sie Tickets über Ticketsysteme veräußern, sollten Sie überlegen, ob Sie einen gewerbsmäßigen Weiterverkauf durch Dritte unterbinden möchten. Dies können Sie durch eine entsprechende Regelung in Ihren »Allgemeinen Ticketbedingungen« festlegen.

Doch zurück zu Ihrer Facebook-Seite: Wenn diese einmal startklar ist und im Corporate Design erstrahlt, ist es sinnvoll, die Community unmittelbar an den Fortschritten und Entwicklungen der Event-Planung und -organisation teilhaben zu lassen. Die Basis dessen ist selbstredend regelmäßig zu posten. Etwas zu berichten gibt es schließlich immer. Und das Publikum möchte laufend informiert und einbezogen werden.

Abbildung 8.5   Website von amiando mit Empfehlungsfunktionen

Was sich als Content besonders anbietet, sind sporadische Blicke hinter die Kulissen. Denn wer interessiert sich nicht dafür, wie sich beispielsweise ein Künstler auf eine Show vorbereitet oder wie die Generalprobe gelaufen ist, welche Themen auf einer Fachtagung präsentiert werden und was die Referenten beruflich wie auch privat machen, wie die Organisatoren einer Veranstaltung in einem Interview rüberkommen und um welche »Baustellen« sich noch gekümmert werden muss.

Nicht umsonst kommen Fotos vom Team sowie dankende Erwähnungen von Sponsoren und Unterstützern ebenso gut an, wie Bilder von Auf- und Umbauarbeiten, von »ungeschminkten« Wahrheiten oder kleinen Erfolgserlebnissen. Dementsprechend existiert noch vor Beginn der »heißen Phase« ein Portfolio an Themen, die in der Community dankbar aufgenommen und diskutiert werden.

> **Marketing-Take-away: Sponsorensuche im Social Web**
>
> Gerade bei der Organisation von gemeinnützigen Veranstaltungen sollten Sie sich trauen, auch Sponsoren via Facebook, XING, Twitter & Co. zu suchen. Seriöses Auftreten und Anliegen vorausgesetzt, stößt man in sozialen Netzwerken immer wieder auf offene Ohren. Hier kann man sein Anliegen kommunizieren, finanzielle Förderer erreichen und direkt mit diesen in Kontakt treten. Probieren Sie es aus, es lohnt sich!

Fünf Schritte für eine erfolgreiche Eventpromotion mit Facebook

Wenn Sie ein wiederkehrendes Event relativ eigenständig auf Facebook bewerben möchten, sollten Sie über eine eigene Page jenseits der offiziellen Firmen- und/ oder Organisationsseite nachdenken. Denn gegebenfalls können Sie dadurch Ihre Zielgruppe effektiver ansprechen. Ein Beispiel: Bei sich wiederholenden Fachkonferenzen lohnt es sich etwa, ein eigenes Event anzulegen. So werden andere Fans nicht mit zu speziellen Informationen überflutet und Sie können das Fachpublikum gezielt auf die Tagung einstimmen.

Falls auch Sie Ihr Event neben der allgemeinen Facebook-Seite promoten wollen, sollten Sie sich an folgendem Schema orientieren:

1. *Seite anlegen und designen*
    Legen Sie zunächst eine Facebook-Seite für Ihre Veranstaltung an. Diese fungiert als Dreh- und Angelpunkt Ihrer künftigen Marketingaktivität auf Facebook und trägt langfristig zur sukzessiven Fangenerierung bei. Falls es sich um ein regelmäßig wiederkehrendes Event handelt, können Sie die Seite fortan als Grundlage Ihrer event-bezogenen Öffentlichkeitsarbeit nutzen und die bestehende Fanbasis bei gegebenem Anlass immer wieder aktivieren.

    Wichtig in Zusammenhang mit der Erstellung der Seite ist, dass die Gestaltung gemäß des Corporate Designs erfolgt. Eine Seite, die keinen Wiedererkennungswert besitzt und bei der keine eindeutige visuelle Zuordnung zur entsprechenden Website erfolgt, ist meist ineffektiv und darüber hinaus für den User unattraktiv. Hier sollten Sie darauf achten, dass Titel- und Profilbild dazu beitragen, die Seite relativ intuitiv dem Event zuzuordnen. Neben den gestalterischen Komponenten sollten Sie ferner auf textliche Konsistenz Wert legen und die Beschreibungen Ihrer Website in das Infofeld einfügen. Einheitlichkeit ist nun einmal das Wesensmerkmal des Brandings.

2. *Veranstaltung erstellen und dazu einladen*
    Im zweiten Schritt sollten Sie von Ihrer Facebook-Seite aus eine Veranstaltung für Ihr Event anlegen. Denken Sie auch daran, sich selbst und das Organisationsteam mit als Gastgeber einzutragen. Dies ist möglich, sobald Sie eine Zusage gemacht haben und an der Veranstaltung teilnehmen (siehe Abbildung 8.6). Durch das Hinzufügen haben Sie als Gastgeber die Möglichkeit, auch Ihren persönlichen Freundeskreis zum Event einzuladen.

    Ferner gilt es, zu beachten, dass das Logo in angemessener Größe hochgeladen wird, um auch auf der Veranstaltungsseite die visuelle Identifikation zu stärken. Zudem ist die sorgsame Wahl eines prägnanten Titels zu empfehlen. Direkte Assoziationen auszulösen, schadet schließlich nicht. Die eigentliche Event-Beschreibung sollte übrigens nach dem KISS-Prinzip erfolgen: »Keep ist simple, stupid«, damit auch jeder die Inhalte versteht. Ein Call-to-Action, sprich die

Aufforderung, an der Veranstaltung teilzunehmen, Freunde einzuladen oder sie auf der eigenen Timeline zu teilen, ist ebenfalls vorteilhaft.

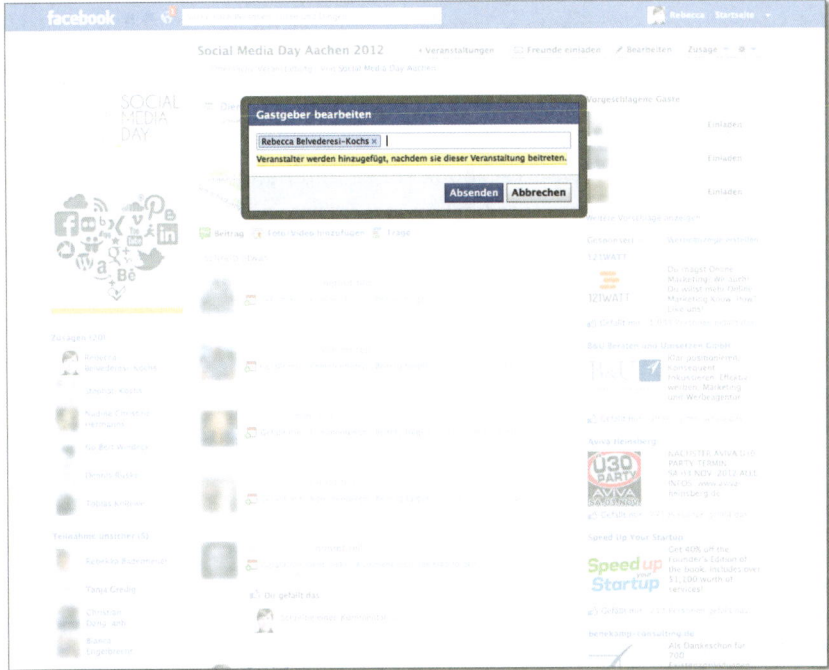

Abbildung 8.6   Klicken Sie auf das Zahnradsymbol (rechts oben), und gehen Sie auf »Gastgeber bearbeiten«.

Rechtstipp: Besonderheiten der Preisauszeichnung bei kommerziellen Veranstaltungen beachten

Passen Sie bei Preiswerbung auf, hier gibt es einige Fallen. Mit die wichtigste Regel ist, dass bei Werbung mit durchgestrichenen Preisen klar sein muss, worauf sich der durchgestrichene Preis bezieht! Sie müssen also angeben, ob es sich etwa um die UVP des Herstellers handelt oder um den von Ihnen selbst vorher geforderten Preis. Sollte es sich um Ihren eigenen, früheren Preis handeln, muss dieser auch tatsächlich gefordert worden sein – auf keinen Fall darf mit einem fiktiven, niemals wirklich verlangten Preis als angeblichem früheren Preis geworben werden, dies wäre ein abmahnfähiger Wettbewerbsverstoß!

3. *Like-Button und Like-Box auf Homepage einbinden*

   Da Sie sich die Mühe gemacht haben, eine Facebook-Seite anzulegen, sollten Sie auch eine sogenannte »Like Box« auf Ihrer Webpräsenz integrieren. In dieser sehen Besucher sofort die neuesten Postings, die Anzahl der »Gefällt mir«-Angaben und gegebenenfalls auch, welche Freunde bereits Fan der Seite sind.

Durch das »Gefällt mir«-Feld wird der Besucher Ihrer Website dazu animiert, sich mit Ihrer Facebook-Seite zu verbinden. Dementsprechend kann so der Traffic von Website zu Facebook konvertiert werden. Ähnliches gilt auch für das F-Symbol, das Sie ebenfalls einbinden und im oberen Drittel der Webseite unterbringen sollten, damit der User direkt weiß, dass Sie auch auf Facebook zu finden sind.

4. *Werbeanzeigen schalten*

Die Anzeigenformate von Facebook sehen unter anderem vor, dass Veranstaltungen gezielt beworben werden können. Ergänzend können Sie aber auch Ihre Facebook-Seite oder Ihre Website zusätzlich bewerben. Hierzu sollten Sie eine Kampagne mit unterschiedlichen Anzeigentypen anlegen und jeweils die Zielgruppenauswahl im Auge behalten.

Ein durchdachtes Behavioral Targeting trägt dazu bei, möglichst viel aus dem investierten Werbebudget herauszuholen, und ist auch in der Langfristperspektive effektiv. Beispielsweise können Sie Fanpage-Ads einsetzen, die auf ein vorgeschaltetes Fangate verweisen, um nachhaltig Fans zu generieren und – zumindest bei regelmäßig wiederkehrenden Veranstaltungen – auch in Zukunft direkt über Neuigkeiten zu informieren.

Rechtstipp: Gibt es etwas Rechtliches zu beachten, wenn man Werbeanzeigen schaltet?

Nach dem Gaststättengesetz ist es untersagt, Alkoholmissbrauch Vorschub zu leisten, entsprechend sollte man die Gestaltung von Werbeanzeigen vorsichtig handhaben: Wenn man den Eindruck erweckt, es ginge um die Organisation eines Trinkgelages, etwa des bekannten »Flatrate-Trinkens«, ist es absehbar, dass die zuständige Ordnungsbehörde einschreitet. Achten Sie auch auf das Markenrecht: Manche Slogans oder auch Namen sind geschützt und sollten nicht für die eigene Party einverleibt werden.

5. *Community Management*

Eine Fanbasis durch Werbeanzeigen aufzubauen und dann brachliegen zu lassen, ist nicht ausreichend. Eine inaktive Masse an Fans bringt Ihnen nämlich nichts, weil der Facebook-Algorithmus (EdgeRank) Interaktion mit Sichtbarkeit im Newsfeed belohnt: Je niedriger die Interaktionsquote, desto weniger oft werden Ihre Postings im Neuigkeitenbereich Ihrer Fans erscheinen. So müssen diese im wahrsten Wortsinn zu einer interaktiven Community werden.

6. Und damit der Dialog mit und unter den Fans ins Rollen kommt und diese aktiv eingebunden werden, muss regelmäßig über Geschehnisse informiert werden. Allein aus diesem Grund sollten Sie so oft wie möglich neuen Content auf der Facebook-Seite veröffentlichen. Wenn die personellen und finanziellen Ressourcen es zulassen, sollten Sie sogar täglich etwas posten und mit neuesten

Event-Entwicklungen, Insiderwissen und amüsanten Inhalten aufwarten. Durch die aktive Teilhabe der Community sorgen Sie letztlich für Interaktion, wie es das Beispiel einer promoteten Social-Media-Tagung in Abbildung 8.7 zeigt.

Abbildung 8.7   Facebook-Seite des »Social Media Day Aachen«

Fallbeispiel: TOP HAIR Trend & Fashion Days

Ein Beispiel für gelungenes Facebook-Marketing im Branchenkontext ist die Düsseldorfer Messe *TOP HAIR Trend & Fashion Days*. Die Messe rund ums Thema »Haare« findet alljährlich im Frühjahr statt und ist nach eigenen Angaben das angesagteste und größte Event der Friseurbranche. Zu Gast sind hier nationale und internationale Topfriseure ebenso wie Designer und Modebegeisterte, aber auch Trainer, die Ihr Können und Wissen in unterschiedlichen Workshops präsentieren.

Die Facebook-Seite, welche seit 2011 rege genutzt und gerade im Vorfeld der Messe regelmäßig mit Statusupdates bestückt wird, transportiert genau diese Vielfalt (siehe Abbildung 8.8). Die Informationen sind abwechslungsreich und zielgruppengerecht. Kaum verwunderlich also, dass die Fachmesse im Frühling 2013 auf über 5.500 Facebook-Fans blicken konnte.

Veröffentlicht werden sämtliche Infos über das Event, prominente Gäste, die Erfolgsgeschichte einzelner Salons, Angebote rund um Tickets, Anreise und Unterkunft, Fotos von in der Branche bekannten Personen und die Highlights der Kreationen. Auch Postings zu Gewinnspielen und Wettbewerben finden sich, was ebenfalls für Zuspruch in der Community sorgt. Auch mangelt es nicht an Serviceorientierung auf der Seite von *TOP HAIR Trend & Fashion Days*. So zeigt Abbildung 8.9, dass im Community Management auch Anreisespecials für Besucher auf der Timeline platziert werden. Wie Sie sich vorstellen können, eine erfolgreiche Strategie, um die »haarige Angelegenheit« zu promoten.

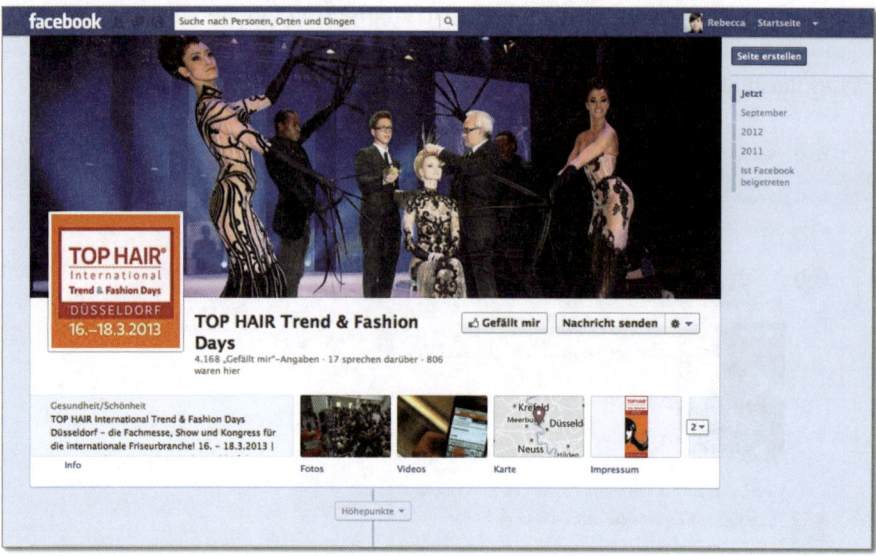

Abbildung 8.8   Die Facebook-Seite von TOP HAIR

Abbildung 8.9   Community Management auf der Facebook-Seite von TOP HAIR

Wie Sie also sehen, können Sie die Sympathien Ihrer Fans durchaus wecken, indem Sie Ihre Leidenschaft für das Thema kommunizieren und Usern einen informativen wie auch unterhaltsamen Mehrwert bieten.

Rechtstipp: Ausufernde Facebook-Partys – ist man als Veranstalter haftbar?

Die Frage der Haftung von Partyveranstaltern – seien sie mit oder ohne Facebook organisiert – ist sehr komplex. Allgemein nach »der Haftung« zu fragen, vereinfacht bereits das eigentliche Problem zu sehr. Vielmehr gibt es mehrere Ebenen, auf denen eine Haftungsproblematik auftreten kann:

▸ Der Veranstalter einer Party sollte eine entsprechende Haftpflichtversicherung abschließen, die bei Beschädigungen an der gemieteten Halle aufkommt, ebenso wie bei Verletzungen der Besucher vor Ort. Eine entsprechende Klausel wird bereits in einschlägigen Mietverträgen für Event-Locations zu finden sein. Ebenfalls ist anzuraten, einen Sicherheitsdienst zu beauftragen, jedenfalls ab einer bestimmten Besuchermenge.

▸ Wenn eine Party erheblich ausufert und ein Polizeieinsatz nötig wird, tritt die polizeirechtliche Frage auf, ob der Veranstalter für die Einsatzkosten der Polizei aufkommen muss. Wenn vor Ort ausreichend Sicherheitsvorkehrungen getroffen wurden, wird dies wohl zu verneinen sein. Wenn gar keine Sicherheitsvorkehrungen getroffen wurden, wie etwa bei durch Unachtsamkeit veröffentlichten Einladungen auf Facebook, besteht dieses Risiko schon eher.

▸ Daneben steht die Frage, ob man zivilrechtlich für Schäden aufkommen muss, die auftreten, weil Partygäste in der Nachbarschaft randalieren. Dies mag im Zuge einer Störerhaftung zu diskutieren sein, aber nur so lange, wie nicht nachweislich vor Ort ausreichend für Sicherheit gesorgt wurde. Wer einen geeigneten Veranstaltungsort ausgesucht hat, den Alkoholverzehr außerhalb des Veranstaltungsortes untersagt und einen Sicherheitsdienst beauftragt hat, sollte hier aus der Haftung für derartige Schäden ausgenommen sein.

8.2.2   Twitter als Promotiontool für Ihre Events

Auch Twitter eignet sich hervorragend für Ihre Eventpromotion. Mithilfe des Microblogging-Dienstes können Ihre Veranstaltungen bestens angeteasert und interaktiv vermarktet werden. So hat Twitter bekanntlich eine hohe Reichweite, weil die Weitergabe von Botschaften per Knopfdruck oder Klick kinderleicht ist. Retweets von interessanten Events zu machen und selber Event-Empfehlungen auszusprechen, ist hier durchaus üblich. Außerdem ist es üblich, bei Verständnisproblemen spontan nachzufragen und unkompliziert Rückfragen zu stellen. Der direkte Dialog auf Twitter ist für Veranstalter ein Segen. Denn es gibt Feedback gratis, und gegebenenfalls wird man so auf Dinge aufmerksam gemacht, die man vorher nicht auf dem Schirm hatte.

Aus diesem Grund sollten Sie Twitter nicht nur als reinen Informationskanal sehen, sondern als ein regelrechtes Servicemedium. Insofern Sie es zulassen und wenn Sie auf Nachfragen und Anregungen eingehen, ist Twitter ein mächtiges und vielseitig einsetzbares Echtzeitmedium zur Eventpromotion.

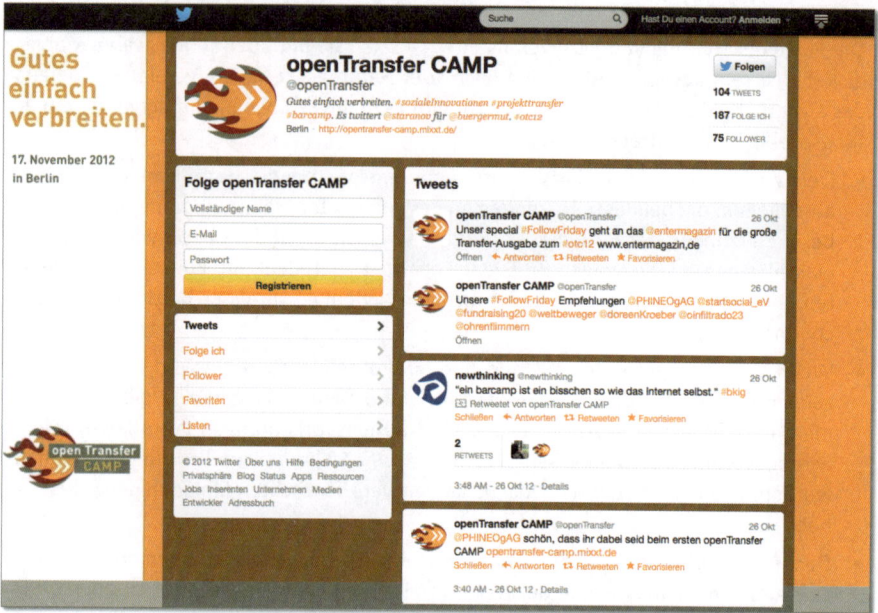

Abbildung 8.10   Sozial und gesellschaftlich relevante Events lassen sich via Twitter ebenfalls interaktiv vermarkten, hier am Beispiel von @openTransfer.

Bei der Event-Vermarktung auf Twitter sollten Sie allerdings darauf achten, dass Sie nicht eingleisig und marktschreierisch vorgehen (siehe Abbildung 8.10). Die Twitter-Sphäre nimmt ein solches Vorgehen übel und als Spam wahr. Versuchen Sie daher stets neue Bezüge und Kontexte in Ihrer Botschaft unterzubringen und sich nicht fortlaufend mit den gleichen Worten zu wiederholen. Unterhaltsam, kreativ und abwechslungsreich soll es sein. Daher der gut gemeinte Tipp: Setzen Sie mitunter Tools zur Terminierung von Tweets ein. Dadurch verlieren Sie nicht so schnell den Überblick, was wann und wie getwittert wird. Wenn Sie es richtig anstellen und darüber nicht das händische Twittern von aktuellen Geschehnissen vernachlässigen, können langweilige Repetitionen und Follower-Schwund vermieden werden.

8.2.3   Ihre Hashtag-Kampagne auf Twitter

Wenn Sie sich bereits mit Twitter auskennen, sollten Sie die Konzeption und Durchführung einer Hashtag-Kampagne in Betracht ziehen. Denn Hashtags (#) sind kleine Zeichen mit großer Wirkung. Durch das #-Symbol können Begriffe bei Twitter markiert und in einem weiteren Schritt kategorisiert werden.

Abbildung 8.11   Tweets über »Deutschland sucht den Superstar« mit #DSDS

Hashtags erleichtern somit die Konversation über ein bestimmtes Thema, beispielsweise über Ihr anstehendes Event, und bringen eine gewisse Ordnung in die ansonsten sehr schnelllebige Twitter-Timeline. Deswegen nutzen aktive Twitterer zur Kategorisierung von unterschiedlichen Themen und zu unterschiedlichen Anlässen rege Hashtags (siehe Abbildung 8.11). Dabei kann die Nutzung aktiv erfolgen, indem man selbst mit einem geläufigen Hashtag operiert, das einen entsprechenden Bezug zum Thema hat, oder passiv, indem man ein bestimmtes Hashtag in die Suchfunktion eingibt und nach Tweets sucht, in denen der markierte Begriff vorkommt. Macht man Letzteres, so erhält man eine Liste aller Tweets mit der entsprechenden Markierung. Auf diese Weise lässt sich schnell und einfach herausfinden, wann, wo, wie und von wem Ihr Event auf Twitter diskutiert wird. Zudem können Sie dadurch auch qualifizierte Follower und microbloggende Multiplikatoren finden, die sich über artverwandte Themen auf Twitter austauschen und sich mit diesen verbinden.

Jenseits dieser Grundlagen können und sollten Hashtags aber auch aktiv in die Eventpromotion einbezogen werden, um das Social Media Marketing professioneller aufzuziehen. So haben sich Hashtags gerade bei hochkarätigen Events von öffentlichem Interesse im Laufe der letzten Jahre zu einem enorm wichtigen Konversationstool entwickelt und sollten im interaktiven Eventmarketing nicht mehr fehlen.

Fünf Tipps für Ihre Hashtag-Kampagne

Eine professionelle Eventpromotion in der Twitter-Sphäre verlangt in den meisten Fällen den systematischen Einsatz von selbst entwickelten Hashtags. Für den dramaturgischen Aufbau einer solchen Hashtag-Kampagne sollten Sie folgende fünf Punkte beachten und in Ihre Social-Media-Konzeption einfließen lassen:

1. *Selbstklärung*

   Bestimmen Sie zunächst, welche Bedeutung das Hashtag haben sollte. Sie sollten also die Intention und das Anliegen konkretisieren, damit Ihre Hashtag-Kampagne eindeutig und fokussiert ist. Dabei können Sie sich durchaus für eine sinnvolle Abkürzung entscheiden, die man sich auch als User herleiten kann. Schließlich müssen Sie mit den zur Verfügung stehenden Zeichen haushalten. Zu lang darf das Hashtag folglich nicht sein.

   Fragen Sie sich in diesem Zusammenhang auch, was Sie sich von Ihren Followern wünschen. Welchen Wert sollten diese dem Veranstaltungs-Hashtag beimessen? Möchten Sie einen großen Buzz um Ihr neues Produkt erzeugen und auf den Launch aufmerksam machen? Möchten Sie auf einen gesellschaftlichen Missstand aufmerksam machen und zur Auseinandersetzung mit dem Thema auffordern? Möchten Sie eine Fachkonferenz unter ausgewählten Experten und Multiplikatoren promoten? Oder ist die Zielsetzung eine andere?

   Ohne hinreichende Selbstklärung können je nach Thematik missverständliche oder sogar doppeldeutige Kreationen entstehen. So zum Beispiel auch die Abkürzung von Social Media, die intuitiv #SM lautet. Auch wenn #SM auf Twitter in den seltensten Fällen etwas mit Sado-Maso zu tun hat, verdeutlicht dieses Beispiel doch recht deutlich, dass Sie Vorsicht walten lassen sollten.

2. *Recherche*

   Wichtig ist, dass ein Hashtag geschaffen wird, das einen eindeutigen thematischen Bezug zu Ihren Tweets hat und vielleicht sogar – intuitiv erfassbar – eine passende Assoziation hervorruft. Aus diesem Grund ist es auch unbedingt erforderlich, eine kurze Recherche vorzunehmen und herauszufinden, ob Ihre Vision nicht schon von jemand anders realisiert wurde und das Hashtag in einem anderen Zusammenhang in Umlauf ist.

   Ihre Informationen können Sie sich selbstredend über die Twitter-Suche verschaffen, aber auch spezialisierte Websites wie *www.hashtags.org* können hilfreich sein, um sich einen schnellen Überblick zu verschaffen (siehe Abbildung 8.12). Zudem können Sie hier, ebenso wie beispielsweise auf *Tagalus*, die Bedeutung Ihres Hashtags einragen.

3. *Umsetzung*

   Haben Sie sich für ein Hashtag entschieden, kann es gleich an die Arbeit gehen. Von nun an gilt es, zu twittern, über das Event zu informieren und es anzuteasern. Hier ist es durchaus hilfreich, auch in einigen wenigen Tweets auf die Entstehung und die Bedeutung des Hashtags hinzuweisen. Eine kurze Erklärung erspart nämlich gegebenenfalls im Nachlauf einiges an Zeit.

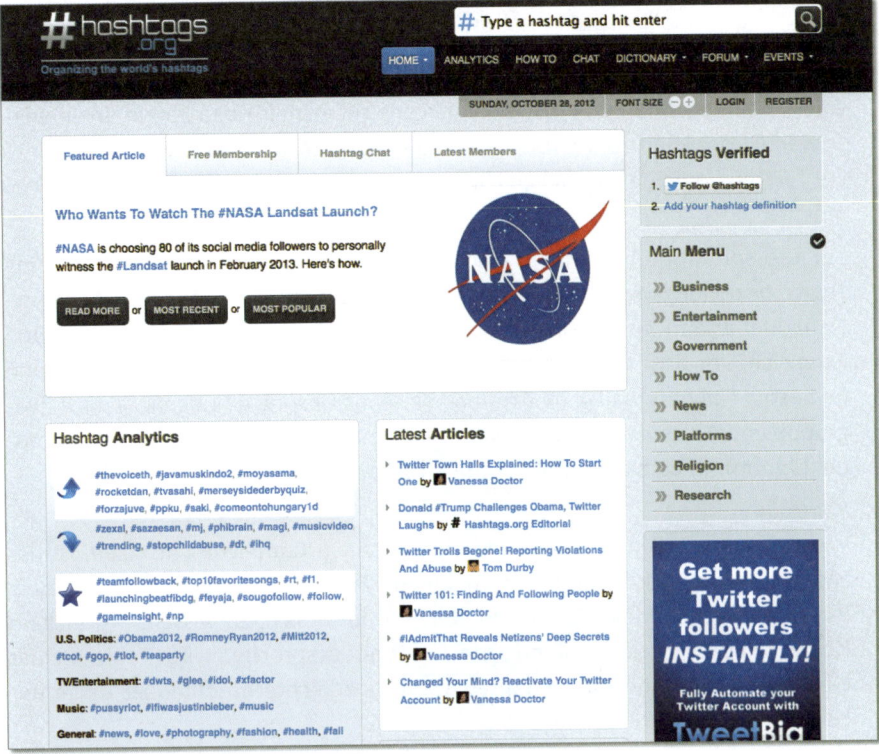

Abbildung 8.12   Website von hashtags.org

Falls man in puncto Twitter noch unerfahren ist, sollte man sich zunächst in moderater Zurückhaltung üben und nicht zu viele Tweets pro Tag veröffentlichen. Denn dies wird nur allzu leicht als Spam wahrgenommen und nicht selten durch offene Kritik vonseiten der Twitter-Sphäre getadelt.

Deswegen sollten Sie sich insbesondere in den ersten beiden Wochen Ihrer Twitter-Aktivität den Mehrwert Ihrer Updates ins Bewusstsein rufen. Ein kleiner Tipp für Neulinge: Bemühen Sie sich insbesondere um sprachliche Vielfalt, gepaart mit einem Sinn für Wortwitz, wenn Ihre Kernbotschaften sehr ähnlich sind und die Wiederholungen sonst Spamverdacht hervorrufen können.

4. *Etablierung*
Wenn Sie sich dieser Grundkonstellationen bewusst sind, steht einer erfolgreichen Etablierungsphase Ihrer Kampagne kaum noch etwas im Wege. Allerdings ist eine konsequente Integration des Hashtags in Ihre Tweets die Voraussetzung. Das bedeutet jedoch nicht, auf weitere Markierungen verzichten zu müssen.

Im Gegenteil: Ihr Event können Sie nämlich durch den Einsatz weiterer Hashtags, die verbreitet und bekannt sind, promoten. Beispielsweise kann man zum sogenannten Followfriday (#ff), jeden Freitag einen Referenten seiner Fach-tagung oder einen besonders produktaffinen Twitterer empfehlen – selbstre-dend in der Hoffnung, dass man mit der Empfehlung gleichzeitig auch auf die eigene Sache aufmerksam macht. Ähnliches gilt auch für den Begriff #Follower-power. Dieser kann zum Einsatz kommen, wenn man beispielsweise Fragen an die Twitter-Gemeinde in Sachen Unterbringung, Location oder Ähnliches stellen möchte.

Zur Crosspromotion empfiehlt sich des Weiteren, die sogenannten *Trending Topics* beziehungsweise nationalen Trends auf Twitter im Auge zu behalten. Denn hier erfährt man, worüber sich gerade am meisten unterhalten wird, und kann sich, vor dem Hintergrund des eigenen Events, auf eine angenehme und im besten Fall unterhaltsame Art und Weise ins Gespräch bringen. Je nach Ziel-gruppe und Anlass kann man zum Beispiel bei #Tatort, Germany's Next Topmo-del (#gntm), #Fussball oder Ähnlichem konstruktiv mitreden.

5. *Kontrolle*

Wenn Sie mit Twitter arbeiten und eine Hashtag-Kampagne umsetzen, ist das Monitoring der Aktivitäten entscheidend. Für die realistische Einschätzung Ihres Kampagnenerfolgs ist es nun einmal erforderlich, zu wissen, in welchem Kontext und mit welchem Tenor über Ihr Event gesprochen wird. Tools, die das Observieren und Kontrollieren Ihres Hashtags erleichtern, sollten Sie daher un-bedingt in Anspruch nehmen.

Ein gutes Beispiel für ein sehr beliebtes Gratis-Tool, über das nicht bloß Twitter-Accounts verwaltet werden, sondern auch Alerts (Meldedienste) zum Einsatz kommen, ist unter anderem *Tweetdeck*. Aber auch auf *www.twilert.com* kann innerhalb weniger Sekunden ein Alert eingerichtet werden, der täglich via E-Mail über den Gebrauch des gewünschten Hashtags zu (selbst-)bestimmter Uhr-zeit informiert.

Eine Hashtag-Kampagne zum Erfolg zu führen, ist – wie Sie merken – mit Arbeit verbunden. Sie ist allerdings keine vergebene Liebesmühe, im Gegenteil: Gut geplante und umgesetzte Hashtag-Kampagnen sind ein Schlüssel für interaktive Echtzeitkommunikation auf Twitter. Nutzen Sie sie als Chance, von den Gepflo-genheiten der Twitter-Sphäre zu profitieren und in das Gezwitscher einbezogen zu werden.

Fallbeispiel für Erste Hilfe 2.0: Das US-amerikanische Rote Kreuz

Das Rote Kreuz genießt als internationale Organisation hohes Ansehen und dürfte wohl jedem Leser hinreichend bekannt sein. Weitaus weniger bekannt ist hingegen der Umstand, dass das »Red Cross« in den USA ebenfalls das Social Web für sich entdeckt hat und ein Best-Practice-Beispiel für gelungene Eventpromotion auf Twitter ist. Während der schweren Brände in Kalifornien 2007 bemerkte die Organisation, dass man 140 Zeichen lange Botschaften zu mehr nutzen kann, als für Ankündigungen von Spendenaktionen:

>*We realized that Twitter was a great way to provide valuable real-time tips in times of crisis where every second counts. Twitter users also helped us share that information by retweeting shelter locations online and then extending that information offline by telling their neighbors.*<[6]

Schon durch einfaches Retweeten kann ein Multiplikatoreffekt erzielt werden, sodass Twitterer die Hinweise auch ihren Nachbarn und Verwandten weitergeben können, die in dieser Notsituation vielleicht sogar Leben retten. Genau aus diesem Grund wurden nach der Krisenaktion im Sinne der Nachbarschaftshilfe in Krisenherden 300 lokale Twitter-Accounts eingerichtet, überwiegend von Freiwilligen betreut.

Nach den positiven Erfahrungen mit dem Micoblogging-Dienst kooperierte das Rote Kreuz Weihnachten 2011 mit Craig Newmark, dem Gründer von Craigslist und *Craigconnects.org*, um eine Kampagne mit »promoted Tweets«, also Werbe-Tweets, auf die Beine zu stellen. In den Tweets forderte man zum Retweeten auf und bediente sich des Hashtags #PerfectGift.

Abbildung 8.13   Hashtag-Kampagne des amerikanischen Roten Kreuzes

User sollten die schönsten Geschenkideen für sich selbst und andere twittern. Außerdem wurde ein Link für weitere Spenden getwittert (siehe Abbildung 8.13). Für jeden Retweet und jede Antwort spendete Craig Newmark 1 US$. Letztlich erreichte man allein dadurch im Dezember 2011 Spenden in Höhe von 10.000 US$. Und auch die Community honorierte die gemeinnützige Kampagne und ging sogar noch darüber hinaus, wie diese drei ausgewählten Nutzerstimmen zeigen:

▸ @annekbradley: This year, I donated to Aid to Victims of Domestic Violence, my dad's favorite charity, in his honor. #perfectgift

▸ @LaurenJJohnson shared a picture of her giving blood: the gift that saves the day through @RedCross!

▸ @benmangan donated to #PolarisProject, which fights modern day slavery, in memory of [his] grandmother, Florence Mangan.

---

6   Wendy Harman, *http://www.socialmediamarketingcoach.com/casestudies.htm*

Vom Erfolg der Hashtag-Kampagne beflügelt, entschloss sich das Rote Kreuz auch im Jahr 2012, #PerfectGift in anderer Form weiter zu nutzen. Daher wurde #PerfectGift zu einer großflächigen Promotion einer Blutspende-Aktion eingesetzt. Auch in dieser wird auf das Engagement von Twitter-Nutzern vertraut: Denn User werden dazu aufgefordert, das Hashtag zu nutzen und die Inhalte der dazugehörigen Seite *www.redcrossblood.org/perfectgift* via Twitter zu teilen.

Insofern zeigt das Beispiel des amerikanischen Roten Kreuzes, dass die Organisation Word of Mouth in Ihre Kommunikationsstrategie effektvoll einbindet. Sie hat es verstanden, das Kampagnenpotenzial des Social Webs für gemeinnützige Zwecke zu nutzen.

8.2.4   Über Facebook und Twitter hinaus: Eventmarketing via YouTube

Dass Eventmarketing 2.0 für Künstler besonderen Mehrwert bietet und wunderbar funktioniert, beweisen die drei Manzano-Brüder, besser bekannt als *Boyce Avenue*. Die 2004 gegründete Band begann schon im Jahr 2007, Musikvideos über YouTube zu verbreiten (siehe Abbildung 8.14). 2009 wurde dieses Engagement erstmals mit einem Plattenvertrag belohnt. Im selben Jahr gab die Band ihr erstes Konzert in New York und ist seither ununterbrochen auf Tour. Nicht nur in Amerika, auch in Asien oder Europa füllen Boyce Avenue mittlerweile die Konzerthallen.

Um ihre Tour zu promoten, greift die Band neben Facebook und Twitter auch weiterhin auf YouTube zurück. Am Ende ihrer Videos schicken die Künstler häufig kurze Botschaften an Zuschauer, Freunde und Fans. Sie sprechen Neujahrsgrüße aus, weisen auf Platten-Releases hin oder geben Hinweise zu ihren Tour-Daten. Im Anschluss daran werden schriftliche Informationen eingeblendet, die den Nutzer über Termine, Konzerte, Touren oder andere Events informieren (siehe Abbildung 8.15.).

Seit geraumer Zeit bieten die Musiker ihren Abonnenten zudem einen besonderen Service: Insider-Informationen zu Upgrades oder Meet-and-greet-Aktionen werden in den Videobotschaften angekündigt oder als Link in der Videobeschreibung auf YouTube eingebunden. Durch diese Strategie hat es die Band geschafft, das Augenmerk Ihrer Facebook-Fans und Twitter-Follower auch auf den YouTube-Kanal zu lenken und sich eine schiere Zahl an Videoaufrufen zu sichern. Die crossmediale und äußerst fanorientierte Aufstellung im Social Web führt letztlich, gepaart mit der lebensechten Vermarktung der Stars, zum Erfolg, sodass sich weltweit die Konzerthallen füllen.

Abbildung 8.14   YouTube-Kanal von Boyce Avenue

Abbildung 8.15   Videobotschaft am Ende eines YouTube-Videos

8.2.5 Blogs und Websites

Je nach Größe, Zielgruppe und Ausrichtung Ihrer Veranstaltung empfiehlt es sich, eine eigene Website und/oder ein eigenes Blog zu Informations- und Promotionzwecken aufzusetzen. Dabei sollten Sie im Hinterkopf behalten, dass die mobile Internutzung in den vergangenen Jahren stetig zugenommen hat und sich vor allem die jüngeren Bevölkerungsgruppen, mit Smartphone und Tablet ausgestattet, von unterwegs informieren. Neue Nutzungskontexte und -gewohnheiten entstehen. So hat die ARD/ZDF-Onlinestudie 2012 ergeben, dass sich das mobile Surfen seit 2009 mehr als verdoppelt hat und von 11 % auf 23 % anstieg.[7] Dieser Trend scheint ungebrochen.

Anfang letzten Jahres nutzten schon mehr als ein Viertel aller Deutschen mobiles Internet. Das ergab eine Studie der *Initiative D21*, die sich ausschließlich mit diesem Thema auseinandersetzte. Ein weiteres interessantes Ergebnis ist, dass 40 % der Befragten prinzipiell einer intensiveren Mobilnutzung zugetan wären, wenn nicht die Übertragungsgeschwindigkeit lahmen würde.[8] Doch welche Konsequenzen hat diese Entwicklung für weitsichtiges Eventmarketing?

Stellen Sie sich auf die neuen Nutzungsanforderungen ein, und profitieren Sie von Webauftritten, die auch mobil attraktiv und aufgeräumt aussehen. Je nach Umfang der Seite können Sie sich für eine mobile Variante entscheiden, wie beim Hotelreservierungsservice *HRS* (siehe Abbildung 8.16). Auf dieser werden nicht alle, sondern nur die wichtigsten Informationen übersichtlich arrangiert. Für Websites mit einer hohen Informationsdichte und komplexen Informationsstruktur bieten sich mobile Versionen besonders an.

Abbildung 8.16 Mobile Website von HRS

---

7 ARD/ZDF-Onlinestudie 2012, *http://www.ard-zdf-onlinestudie.de/*

8 Initiative D21, *http://www.initiatived21.de/portfolio/mobile-internetnutzung*

Jenseits davon können Sie auf ein Webdesign setzen, das automatisch das jeweilige Endgerät erkennt und die Inhalte der Website dessen Größe anpasst. Das dazugehörige Schlagwort lautet *Responsive Webdesign*. Durch die Anwendung neuer Webstandards wie HTML5 und CSS3 ist der grafische Aufbau und die Strukturierung der einzelnen Elemente dynamisch (siehe Abbildung 8.17). Dadurch ist es letztlich gleich, ob sich ein Besucher die Seite stationär auf dem PC oder auf einem Laptop, Tablet oder Smartphone anschaut.

Abbildung 8.17   Responsive Webdesign beim »Nachwuchspreis Neue Medien 2012«

Egal, für welche Lösung Sie sich letztlich entscheiden: Wichtig ist, dass der mobile Aufruf auf Ihrer Seite reibungslos funktioniert, damit sich User auch unterwegs über Ihr Event informieren können. Weshalb sich allerdings Blogs besonders für Ihre interaktive Promotion eignen, erfahren Sie im nächsten Abschnitt.

Gründe für ein Event-Blog

Die Gründe für die Einrichtung eines Blogs sind zahlreich. Ein gut designtes und strukturiertes Blog kann sogar Ihre Website ersetzen.

Doch dem noch nicht genug. Blogstrukturen, insbesondere Wordpress, werden von Google »belohnt« und machen die Auffindbarkeit in Suchmaschinen bei fortlaufender Aktualisierung des Inhalts leichter. Je mehr man postet, je höher die authentische Keyword-Dichte, desto besser für das Ranking. Das soll nicht heißen, dass man jeden Tag Romane schreiben muss. Das Anfertigen kürzerer Beiträge einmal bis mehrmals pro Woche reicht aus. Es muss auch nicht immer Text sein. Denn Blogs sind prädestiniert für Multimedialität. Informationen wie Trailer, Flyer und Interviews werden gebündelt und sind auch in Zukunft an einer Stelle auffindbar. Ein kleines digitales Archiv, wenn man so will.

Pluspunkt in diesem Zusammenhang: Die Erstellung wie auch Veröffentlichung neuer Bild- und Textinhalte ist simpel und erfordert in der Regel keine HTML-Kenntnisse. Ist der Content interessant genug, wird dies durchaus von der Blogosphäre durch Verlinkungen und Kommentierungen belohnt. Im besten Fall knüpft man dadurch wertvolle Kontakte zu anderen Bloggern, die sich ebenfalls mit der Materie befassen, und wird als kompetenter Ansprechpartner wahrgenommen. Als wichtige SEO-Maßnahme sind Verlinkungen und Verweise auf andere Blogs den Suchmaschinenergebnissen einmal mehr zuträglich.

Die von Ihnen produzierten Bloginhalte sollten auch in anderen sozialen Netzwerken zum Einsatz kommen. Sie liefern idealen Content für Facebook, Twitter & Co. und können von dort aus auch anderen Usern weiterempfohlen werden. Eine mehrfache Vermarktung über unterschiedliche Kanäle ist also eindeutig zu empfehlen. Dies sollte allerdings nicht automatisiert geschehen. Deutlich effektiver ist es, die Blogartikel händisch einzupflegen, auf die erforderliche Länge zu kürzen und mit einem passenden Teaser anzukündigen.

Thematisch kann man sich im eigenen Blog ähnlich wie auf Facebook positionieren und das Event auf unterschiedliche Weise ankündigen. Auch hier geht es darum, über einen längeren Zeitraum auf das Event einzustimmen, brandneue Informationen weiterzugeben und aktuelle Entwicklungen zu skizzieren. Darüber hinaus bieten Blogs aber auch den Platz, auf angrenzende Randthemen einzugehen, diese aufzuarbeiten und zur gemeinsamen Diskussion einzuladen. Gerade aus diesem Grund ist es besonders wichtig, Kommentare zuzulassen. Schließlich bedeutet Eventpromotion 2.0, Ansprechbarkeit und Dialog auf unterschiedlichen Kanälen zu suchen.

Im Gegensatz zu Facebook können Sie auf dem eigenen Blog auch individuelle Werbeaktionen durchführen, die nicht an spezielle Promotion-Guidelines gebunden sind. Ein formales Gerüst wie bei Facebook existiert hier nicht, wobei Sie selbstredend nach Maßgabe der allgemeinen deutschen Gesetze vorgehen müssen. Nichtsdestotrotz: Gewinnspiele, Quiz und Wettbewerbe können im eigenen Blog durchgeführt und zu Promotionzwecken eingesetzt werden.

Das Blog zur IdeenExpo

Messemarketing ist Eventmarketing par excellence, so auch bei der IdeenExpo. Alle zwei Jahre in Hannover stattfindend, versucht sie junge Menschen für naturwissenschaftliche und technische Berufe zu begeistern. Diese Begeisterung wird auch über das Social Web transportiert. Über YouTube kann man sich verschiedene Videos ansehen, und auch auf Facebook und Twitter ist die Messepromotion durchweg im Gange – und das, obwohl das nächste Event erst wieder am 24. August 2013 beginnt.

Auf Facebook und Twitter wird dabei täglich gepostet. Von Orientierungsveranstaltungen für Studieneinsteiger über Schülerwettbewerbe bis hin zu aktuellen Arbeitsmarktentwicklungen und spannenden Blogbeiträgen – das thematische Portfolio ist in der Tat umfangreich.

Abbildung 8.18 Das Blog zur IdeenExpo

Ebenso abwechslungsreich ist das dazugehörige Blog (siehe Abbildung 8.18). Unter dem Motto »IdeenFinderBlog – unterwegs zur IdeenExpo« erscheint hier in der Regel ein neuer Beitrag pro Monat. Das Bloggerteam umfasst insgesamt zwölf Köpfe und widmet sich eigentlich keinen Themen von der Stange. Meist haben die Beiträge einen hohen persönlichen Bezug und sind in der Ich-Form verfasst. Angesichts dieser strategischen Ausrichtung ist es besonders user-freundlich, dass jedem Beitrag sofort der entsprechende Autor mit Foto zugeordnet ist. Das stärkt die Identifikation und schafft ein Gefühl von Vertrautheit, selbst wenn es nur einmal pro Monat zum Tragen kommt.

8.2.6 XING und LinkedIn

Ist Ihr Event im B2B-Bereich angesiedelt oder abhängig von Sponsoren mit einer größeren Spendenhöhe/-bereitschaft, sollten Sie über die Vermarktung in den Business-Netzwerken XING und LinkedIn nachdenken. Denn die Eventpromotion in beiden Netzwerken bietet gleich mehrere Vorteile: Veranstaltungen sind kinderleicht anzulegen, zu verwalten und per Suchfunktion aufzufinden. Gäste aus dem eigenen Netzwerk können auf einmal oder in einzelnen Wellen mit unterschiedlichen Ansprachetexten eingeladen werden. Zudem können Sie persönliche Nachrichten verfassen und gezielte Interessenten individuell einladen (siehe Abbildung 8.19), was selbstredend etwas zeitaufwendiger ist. Ein weiterer Bonus: Wie auch in den meisten anderen sozialen Netzwerken können Sie die Einstellungen nachträglich bearbeiten und das ein oder andere korrigieren, wenn sich Planänderungen ergeben.

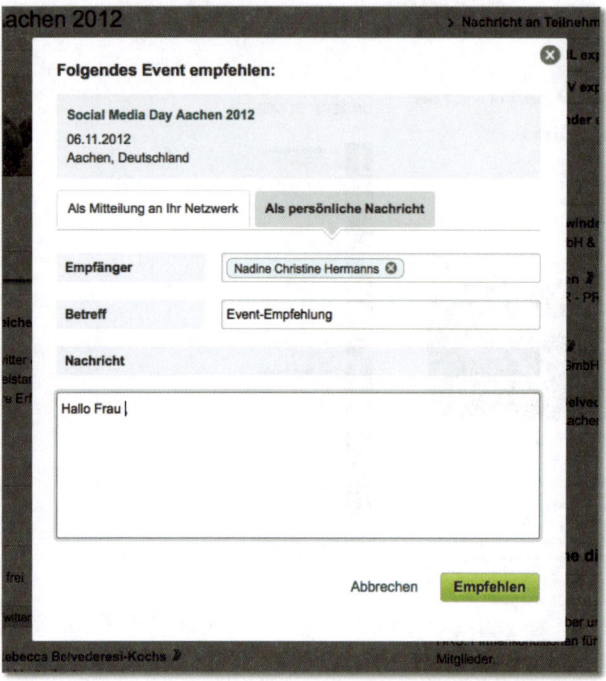

Abbildung 8.19   Persönlich gehaltene Event-Empfehlung auf XING

Marketing-Take-away: Events mit ausgewählten Gästen

Wenn Sie ein geschlossenes Event wünschen oder in einer sensiblen Branche arbeiten, in der Diskretion zählt, können Sie bei XING die Gästeliste für Außenstehende uneinsehbar machen und ausgewählte Personen einladen. Für den Veranstalter ist sie jederzeit einsehbar.

Des Weiteren können Sie die angelegten Veranstaltungen unkompliziert im eigenen Profil ankündigen und empfehlen, wobei jeder Status auch zu Twitter und Facebook geteilt werden kann (siehe Abbildung 8.20). Das Word-of-Mouth-Marketing wird Ihnen also leicht gemacht – und falls es Mal nicht greift, können Sie zusätzlich Werbeanzeigen für Ihr Event schalten.

Abbildung 8.20 Weiterempfehlung eines Events zu Twitter und Facebook

Marketing-Take-away: Event-Organisation mit amiando

Anfang 2011 übernahm XING die Event-Plattform amiando. Zwischenzeitlich hat amiando nach eigenen Angaben international mehr als 180.000 Events beworben und umfasst ein 55 Mitarbeiter starkes Team. Die Plattform bietet einen flexiblen Service für Event-Registrierung und Ticketing, der sich relativ individuell den Kundenbedürfnissen anpasst. Beispielsweise kann der Ticketverkauf auch direkt auf der eigenen Facebook-Seite eingebunden werden, man kann Gutscheine für ausgewählte Besucher herausgeben und eine kundengerechte Preisstaffelung bei Veranstaltungen vornehmen. Die Organisation wird also deutlich vereinfacht. Bei kostenlosen Veranstaltungen fallen, genau wie bei XING selbst, keine Gebühren an. Bei kostenpflichtigen Veranstaltungen wird hingegen eine geringfügige Pauschale pro verkauftem Ticket, zzgl. 5,9 % vom Ticketpreis, angesetzt.

Um die Konversation und die Aufmerksamkeit einmal mehr zu steigern, bietet sich auch ein gezieltes Marketing in XING- und LinkedIn-Gruppen an. In diesen können Sie Ihr Event auf unterschiedliche Weise bewerben: So können Sie a) die reine Veranstaltung ankündigen und die Gruppenmitglieder hierzu einladen. Dies sollten Sie allerdings nicht allzu häufig tun, da ein solches Vorgehen verständlicherweise von anderen Nutzern als Spam wahrgenommen werden kann. Mit Marktschreierei kommen Sie also auch in diesen Netzwerken nicht sehr viel weiter, zumindest nicht langfristig. Insofern bietet sich Variante b) an, die zugegebenermaßen mit mehr Arbeitseinsatz verbunden ist und im Zeichen des Networkings steht. Wie Sie Letzteres anstellen? Melden Sie sich sporadisch in einzelnen Gruppen zu einem Thema zu Wort, das auch auf Ihrem Event diskutiert wird, und stoßen Sie den Gedankenaustausch an. Selbstredend können Sie, wenn es thematisch passt, auch auf die anstehende Veranstaltung hinweisen (siehe Abbildung 8.21). Dies kommt bei vielen

Mitgliedern besser an, weil Sie unaufdringlich auf Ihre Veranstaltung aufmerksam machen.

Abbildung 8.21   Eventpromotion in XING-Gruppen anlässlich des »Social Media Day Aachen 2012«

Was Sie mitnehmen sollten: In Business-Netzwerken sollte der Gedanke des Net-workings Ihre Aktivitäten leiten. Wenn Sie XING und LinkedIn als reinen Vertriebs-kanal nutzen, wäre das stark verkürzt. Statt »je mehr desto besser« kommt es viel-mehr auf die Qualität Ihrer Beiträge in Gruppen, in Ihrem eigenen Profil und nicht zuletzt auf die Wertigkeit Ihrer Kontakte an. Um allerdings wertige Verbindungen herzustellen, sollten Sie auch Ihren digital hinterlegten Lebenslauf regelmäßig ak-tualisieren, um anderen Mitgliedern die Möglichkeit zu geben, sich ein fundiertes Bild von Ihnen zu machen. Dieser ist sozusagen Ihre Visitenkarte, zeugt von Ihren Kompetenzen und erweckt im besten Fall einen vertrauenswürdigen Eindruck. Als Veranstalter ist dies, wie auch in den meisten anderen Branchen, immens wichtig. Ein gut gepflegter Lebenslauf auf XING führt nämlich zu einem Vertrauensvor-schuss und lässt potenzielle Gäste neugierig werden.

8.3   Fallbeispiel: Die Olympiade 2012 in sozialen Medien

Vergangenen Sommer sorgte die Olympiade nicht nur wegen der sportlichen Hoch-leistungen für Furore, sondern auch im Zusammenhang mit Social Media. Wenn-gleich soziale Medien anlässlich Olympia bereits 2011 zum Einsatz kamen, sind die

Diskussionen mit und in Social Communitys erst im vergangenen Jahr richtig auf-
geblüht.

Als die olympischen Sommerspiele 2012 am 27. Juli in London ihren Anfang nahmen, war alles anders. Denn zuvor sind noch nie soziale Plattformen derartig in den
medialen Mittelpunkt gerückt. Nicht umsonst werden die Olympischen Spiele
2012 in der Fachpresse auch die »Socialympics« genannt.

Dies hat zwei Gründe: Erstens sind die Nutzerzahlen von Facebook, Twitter & Co.
von 2011 auf 2012 noch einmal beträchtlich gestiegen – dementsprechend legte
auch das Konversationspotenzial zu. Zweitens wurde der Social-Media-Einsatz
auch von den Organisatoren selbst forciert. So kooperierte das Olympische Komitee mit Facebook und rief die offizielle Seite »The Olympic Games« ins Leben (siehe
Abbildung 8.22).

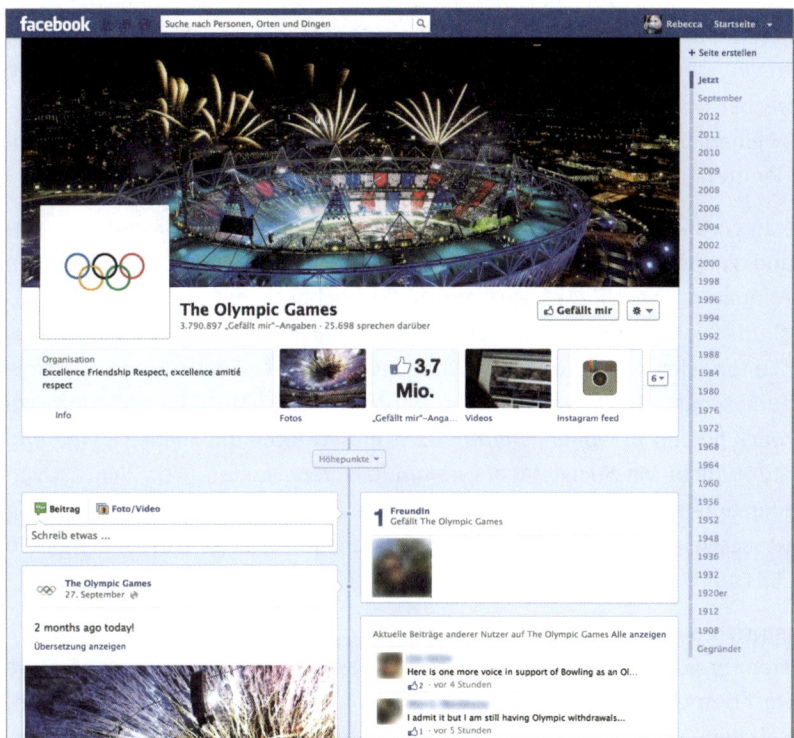

Abbildung 8.22   Offizielle Facebook-Seite zu den Olympischen Spielen

Gemäß dem Leitgedanken *Explore London 2012* sollte sie der Entdeckungslust der
User gerecht werden. Umgesetzt wurde die Promotion für das Sport-Event mit Gewinnspielen und interessanten Einblicken in das olympische Dorf. Auf der Seite mit
3,7 Mio. »Gefällt mir«-Angaben präsentierte man zudem die Facebook-Seiten von

einzelnen Athleten und Teams und informierte über die unterschiedlichen Disziplinen.

Doch das Engagement beschränkte sich nicht allein auf Facebook. Auch ein Twitter-Kanal sowie Accounts bei Google+, Foursquare, Tumblr, Instagram und You-
Tube wurden eingerichtet und rege genutzt. Dieser Maßnahmenkatalog wurde
selbstredend mit dem Gedanken aufgestellt, mehr Menschen in das Geschehen
einzubeziehen als die 11 Mio. Besucher in London. Live-Videoübertragungen auf
Facebook und regelmäßige Updates auf allen Kanälen waren die Norm. Die Einblicke in das Olympische Dorf sollten intensiver als zuvor sein – und waren es de facto
auch. So stellte Jennifer Wilson von der Digitalagentur *The Project Factory* richti-
gerweise fest: »Who needs results and coverage when the world is your commen-
tator?«[9] Und genau dies geschah.

Merklich wurde diese Verschiebung im kommunikativen Machtgleichgewicht
unter anderem auf Twitter. Der Microblogging-Dienst wurde rege, streckenweise
aber »zu rege«, von sportbegeisterten Besuchern genutzt. So wurde Twitter von
einem Sprecher des Olympischen Komitees mitverantwortlich für technische Störungen bei einem Straßenradrennen gemacht, da das Mobilfunknetz aufgrund von
SMS und Twitter-Botschaften überlastet gewesen sei.

Allein hieran wird klar: Anlässlich Olympia 2012 wollten sich mehr Menschen einbringen und sich durch Bloggen, Tweeten, Liken und Sharen zu den sportlichen
Leistungen äußern. Exakt dieses Stimmungsbild zeichnete auch eine zuvor durchgeführte Studie von *TechBargains*:[10] Sieben Achtel der potenziellen Olympia-Zu-
schauer planten, sich während des Zuschauens aktiv über Social-Media-Plattformen auszutauschen. 22 % der Befragten gaben an, Social Media »sehr oft« zu
diesem Zweck nutzen zu wollen, weitere 22 % antworteten mit »häufig«, während
lediglich 12 % nicht via Social Media kommunizieren wollten. Von den aktiven
Usern bevorzugten hierbei 77 % Facebook und 31 % Twitter (siehe Abbildung
8.23). Textnachrichten wollten knapp 30 % versenden – fast genauso viele gaben
an, sich Clips auf YouTube anzuschauen, während 20 % Google+ nutzen wollten.

Macht man sich auf die Suche nach den Gründen, wieso User soziale Netzwerke
verwendeten, ergibt sich ein nicht überraschendes Bild: Ins Feld geführt wird die
emotionale Komponente. Mit 53 % gaben mehr als die Hälfte der Befragten an,
durch das Teilen von Inhalten ihrem Team Support zukommen lassen zu wollen.
Virtueller Beistand für das favorisierte Team war somit das vordergründige Argument für das Posten, Teilen und Kommentieren in den eigenen Kanälen.

---

9   The Sydney Morning Herald, *http://www.smh.com.au/digital-life/digital-life-news/get-set-for-
    the-socialympics-20120714-222gh.html*

10 TechBargains, *http://www.techbargains.com/infographics/olympics (Infografik)*

Abbildung 8.23   Infografik von TechBargains

Indessen gaben lediglich 21 % an, die Ergebnisse im eigenen Netzwerk zu veröffentlichen und zu kommentieren. 11 % wollten sich über die zeremoniellen Teile der Veranstaltung, wie die opulente Eröffnungsfeier, austauschen, weitere 10 % über persönliche Athleten-Storys und 5 % über London im Allgemeinen.

Doch nicht alleine die User waren aktiv, auch die Athleten selbst haben 2012 bei der Sommerolympiade so viel wie noch niemals zuvor in sozialen Medien preisgegeben. Wie ein Blogbeitrag auf *everything for the man* (EFTM) zum Thema »Facebook and the Social Olympics – who did we talk about?« am 17. August 2012 festhielt,[11] hatten folgende Hochleistungssportler den höchsten Einfluss in sozialen Netzwerken:

1. Usain Bolt (siehe Abbildung 8.24)
2. Michael Phelps
3. Gabby Douglas

---

11 EFTM, *http://eftm.com.au/2012/08/facebook-and-the-social-olympics-who-did-we-talk-about-7873*

413

4.   Ryan Lochte

5.   Tom Daley

6.   Neymar

7.   Andy Murray

8.   Jessica Ennis

9.   Oscar Pistorius

10. Serena Williams

Abbildung 8.24   Usain Bolt wurde im Social Web als schnellster Mann der Welt gefeiert.

Dabei drangen teilweise unangemessene Inhalte an die Öffentlichkeit. Wenige Tage vor der Eröffnungsfeier twitterte beispielsweise eine 23-jährige griechische Athletin namens Paraskevi Papachristou: »Mit so vielen Afrikanern in Griechenland werden die Mücken aus dem West-Nil essen wie zu Hause.« Dadurch dass zuvor mehrere Menschen in Athen nach Mückenstichen an West-Nil-Fieber erkrankt waren und ein Mann sogar daran starb, war das Entsetzen hinsichtlich dieser rassistischen und pietätlosen Aussage umso größer, und die Athletin wurde von den Spielen ausgeschlossen.

Zur Prävention solch reputationsschädlicher »Missgeschicke« erließ das Olympische Komitee diverse Guidelines für die Athleten und das sonstige Personal.[12] Ihnen wurde unter anderem untersagt, Bericht erstattend in der ersten Person zu schreiben. So waren das Spielgeschehen, aber auch die Aktivitäten anderer Teil-

---

12 International Olypic Committee, *http://www.olympic.org/Documents/Games_London_2012/ IOC_Social_Media_Blogging_and_Internet_Guidelines-London.pdf*

nehmer tabu. Falls jemand Bilder, auf denen auch andere Spitzensportler zu sehen war, posten wollte, bedurfte es zunächst einer Genehmigung. Auch privat aufgenommene Videos vom olympischen Dorf durften nicht geteilt werden. Ebenfalls wurde der Schutz der Wortbildmarke in den Guidelines thematisiert. So durften Teilnehmer nicht das olympische Logo auf ihren Social-Media-Kanälen nutzen und vervielfältigen. Außerdem hatten sie Vorsicht angesichts des Gebrauchs der Bezeichnung »olympisch« walten zu lassen. Um keine falschen Assoziationen zu wecken, sollte »olympisch« nicht im Zusammenhang mit Produkten oder Services verwendet werden.

#nbcfail mahnt zu Offenheit im Social Web

Mit dem Beginn der Olympischen Spiele brach ein »Shitstorm« gegen NBC aus, da in den USA die Eröffnungsfeier nicht live ausgestrahlt wurde, obschon die Moderatoren den Eindruck einer Live-Übertragung aufrechterhielten. Das erzeugte bei vielen Zuschauern Unmut, und auch die Community wollte ein solches Vorgehen nicht tolerieren. Was die Zuschauer zudem ungehalten stimmte, waren fragwürdige Kürzungen des übertragenen Contents. So fehlte beispielsweise das Gedenken an die Londoner Terroropfer von 2005.

Als deswegen herbe Kritik geäußert wurde, ging NBC nicht darauf ein. Man tat weiterhin so, als wäre die Übertragung live, und sendete die beliebtesten Disziplinen zur Prime-Time – unabhängig davon, ob die Gewinner bereits feststanden. Im Zeitalter des Social Webs war das ein törichter Täuschungsversuch, zumal Sportler und Otto-Normal-User die Ergebnisse bereits auf unterschiedlichen Plattformen veröffentlichten und diskutierten. Kaum verwunderlich, dass sich ein britischer Journalist namens Guy Adams hierzu kritisch äußerte. Er etablierte #nbcfail und beschwerte sich auf Twitter über die Zensur. Um seinem Unmut Luft zu machen, veröffentlichte er sogar die E-Mail-Adresse des NBC-Senderchefs, was postwendend von Twitter getadelt wurde, indem man seinen Account sperrte. Der Shitstorm ging daraufhin erst richtig los und überraschte die NBC, die nicht darauf vorbereitet war.

Was Sie aus dem Negativbeispiel lernen sollten? Das Spiel mit offenen Karten ist im Social Web unabdingbar. Transparente und ehrliche Kommunikation wird dankbar aufgenommen, während bewusste Täuschungsversuche, sobald bekannt, von der Mehrheit der User abgestraft werden.

Wenn Sie sich die Social-Media-Aktivitäten anlässlich der Olympiade 2012 noch einmal vor Augen halten, wird eins klar: Dialoge über große, aber auch kleine Events finden im Mitmachweb unter Usern sowieso statt. Empfehlungen werden ausgesprochen, und Aktuelles wird live über verschiedene Plattformen weitergegeben – und im speziellen Fallbeispiel, sogar nicht nur von Usern, sondern auch von den beteiligen Akteuren. Interaktiver Austausch in Echtzeit auf allen Seiten herzustellen, kann dabei ein wichtiges Marketingwerkzeug sein, insofern die Beteiligten mit den neuen Medien umzugehen wissen. Die Moral von der Geschicht': Durch Social Media kann auch Ihr Event in aller Munde sein.

8.4   Wie Sie Social Media während des Events einsetzen

Kurz vor dem Event. Die Vorbereitungen sind gelaufen, das Spektakel kann beginnen. Die Teilnehmer, aber auch die Organisatoren sind vorfreudig gespannt und können kaum erwarten, dass es endlich losgeht. Diese Situation sollten Sie für veranstaltungsbegleitende Marketingmaßnahmen nutzen und den Teilnehmern ermöglichen, ihre Gedanken und Erwartungen dank Social Media frei zu äußern. Authentisch soll es sein, denn Begeisterung ist bekanntlich ansteckend. So könnte man auch mit den Worten von *Gustav Regler* sagen:

> »There are events which are so great that if a writer has participated in them his obligation is to write truly rather than assume the presumption of altering them with invention.«[13]

Was den Workload anbelangt, ist die Vorbereitungsphase wesentlich arbeitsintensiver und komplexer zu handeln, als das Social Media Management während der Veranstaltung selbst. Allerdings ist es wichtig, die Grundsteine dafür zu legen: So sollten Sie entsprechende Voraussetzungen schaffen, damit User schon unmittelbar vor der Veranstaltung und auch währenddessen über die Geschehnisse und Erlebnisse sprechen können. Daher werden Ihnen im Folgenden einige Instrumente vorgestellt, die sich hier bewährt haben. Sie alle laden zum interaktiven Dialog über das Event ein.

8.4.1   Live-Blogging, Streaming und Twitterwalls

Gerade bei kommerziellen Groß-Events, auf denen Produktneuheiten von namhaften Marken und Herstellern vorgestellt werden, hat sich das Bloggen live von der Veranstaltung als wichtiges Marketingtool etabliert. Bloggende Meinungsbildner nehmen am Event teil und verarbeiten währenddessen ihre Eindrücke. Sie reflektieren das Erlebnis im eigenen Blog, posten kurze Statements und veröffentlichen Foto- und Videomaterial von der Veranstaltung. Dadurch wird das Event auch für die Menschen erfahrbar, die zwar am Thema interessiert sind, aber nicht vor Ort teilnehmen können.

Live-Blogging: Damit Sie schon währenddessen Multiplikatoren erreichen

Die Teilnehmer während Ihrer Veranstaltung bloggen zu lassen, kann ein wichtiges Instrument Ihrer Eventpromotion im Social Web sein. Auch Sie selbst sollten die Chance ergreifen, von einem offiziellen Account aus über das Geschehen zu bloggen. Durch das Veröffentlichen der Inhalte in Echtzeit kann und wird nämlich auch die Außenwelt über die Veranstaltung und deren Highlights informiert. Egal, ob Sie

---

13 Gustav Regler, *http://en.wikiquote.org/wiki/Ernest_Hemingway*

es selbst machen oder externen Bloggern freien Lauf lassen: Durch Live-Blogging können Sie die Blicke der Öffentlichkeit auf sich ziehen.

Dabei sollten Sie vorab unbedingt prüfen, ob ein Internetzugang zur Verfügung steht. Vorzugsweise sollten Sie als Veranstalter für einen kostenlosen WLAN-Zugang sorgen, damit Content schon direkt von der Veranstaltung geliefert werden kann.

In diesem Zusammenhang sollten Sie auch erwägen, welche Art des Bloggens für Ihre Zwecke am effektivsten ist. Sollen vornehmlich Bilder in einem Blog veröffentlicht werden, sollen längere Texte überwiegen oder reichen vielleicht auch schon Kurzbotschaften in Form von Tweets? Wie sollen die Informationen den nicht teilnehmenden Usern zugänglich gemacht werden? Bloggt man ausschließlich im eigenen Blog, oder dürfen auch externe Blogger live über das Event informieren? Ist es dramatisch, wenn Interpunktion und Orthografie unter der notwenigen Spontaneität beim Live-Bloggen leiden? Letzteres sicher nicht, denn schließlich geht es genau darum, unverfälschte Einblicke in das Geschehen und spontane Gefühlsäußerungen zu kommunizieren.

Marketing-Take-away: Tools fürs Live-Blogging

Wenn Sie live von Ihren Veranstaltungen bloggen möchte, sind die richtigen Werkzeuge wesentlich. In der Praxis bewährt haben sich beispielsweise Tools wie *Live Blogging* als Plugin für Wordpress oder *CoverItLive* als Webservice, der per iframe in Ihre Website eingebunden wird. Falls Sie nach einer Plattform suchen, die auch kollaboratives Live-Blogging sowie das breitere Veröffentlichen von Social-Media-Content ermöglichen, können Sie zudem auch auf *ScribbleLIVE* zurückgreifen (siehe Abbildung 8.25).

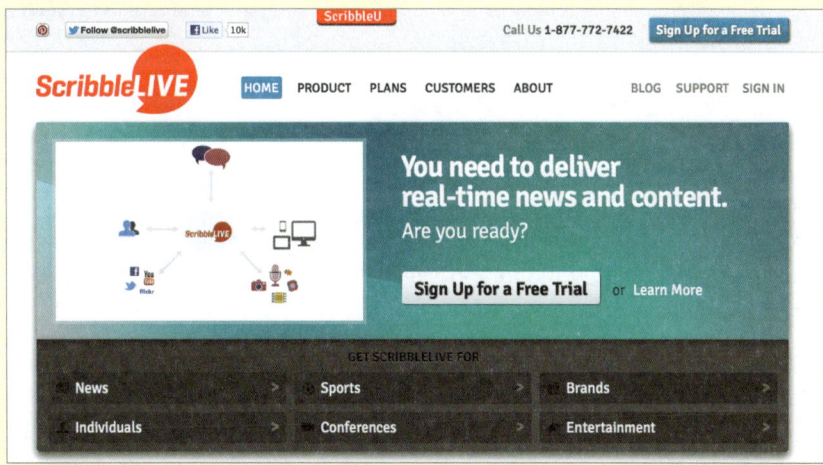

Abbildung 8.25   Website von ScribbleLIVE

Statische Seiten mit raschen Updates und geringen Ladezeiten sind durchaus zu empfehlen, wobei auch hier Formate, die mobil optimiert sind, klar von Vorteil sind. Denn nach einer Vorankündigung über das Live-Bloggen wird wahrscheinlich eine nicht zu unterschätzende Zahl von Mobilzugriffen auf Ihre Website erfolgen.

Fallbeispiel: Apple und das Announcement am 12. September 2012

Apple ist stets ein herausragendes Beispiel für beeindruckende Produktpräsentationen. Groß angelegte Events mit aufwendigen Lichtshows und Soundeffekten sind bei Neueinführungen nicht erst seit der Ankündigung des iPhones 2007 die Norm. Da das Unternehmen die meinungsbildende Macht von Multiplikatoren schätzt, ist Live-Bloggen während diverser Events erwünscht. So auch anlässlich des iPhone5-Events vom 12. September 2012, als es die Welt endgültig über das neue Smartphone aufzuklären galt. Nachdem die ersten Gerüchte über die neuen Funktionen des kommenden iPhones schon im Sommer laut geworden sind, wurde das Event dann Anfang September offiziell angekündigt. Mit einem Countdown schwor man die Apple-Jünger auf die Produktvorstellung ein (siehe Abbildung 8.26).

Abbildung 8.26   Die Ankündigung des iPhone5-Events

Noch bis kurz vor Veröffentlichung brodelte es in der Gerüchteküche. So starteten manche Übertragungen und Blogreportagen bereits um 11 Uhr, obwohl das Event erst für 19 Uhr angesetzt war.

Als es losging, mangelte es nicht an Live-Informationen. Auf zahlreichen Blogs wurden alle 2 bis 5 Minuten Updates veröffentlicht. So wurde das iPhone5 in all seinen Einzelheiten vorgestellt – Größe, Gewicht, Display, Chip etc. wurden in Blogs diskutiert. Nach 40 Minuten befassten sich die Tech-Blogger sodann mit dem neuen Betriebssystem iOS6. Etwas später folgte die Berichterstattung über die vorgestellten Neuerungen bei iTunes und iPods – nicht minder hielt das abschließende Konzert der Foo Fighters als musikalisches Highlight Einzug in die Blogosphäre.

Beispielsweise wurde auf *engadget* direkt vom Event aus gebloggt (siehe Abbildung 8.27). Neben Informationen in Textform, die mehrmals pro Minute aktualisiert wurden, erhielt der Leser laufend neue Bilder. Dadurch wurde ihm das Gefühl vermittelt, selbst Teil des Geschehens zu sein. Falls man als Apple-Fan die Live-Übertragung des Events verpasst hatte, konnte man sich das Geschriebene auch zu einem späteren Zeitpunkt anschauen und noch einmal detailliert alle Neuheiten nachlesen.

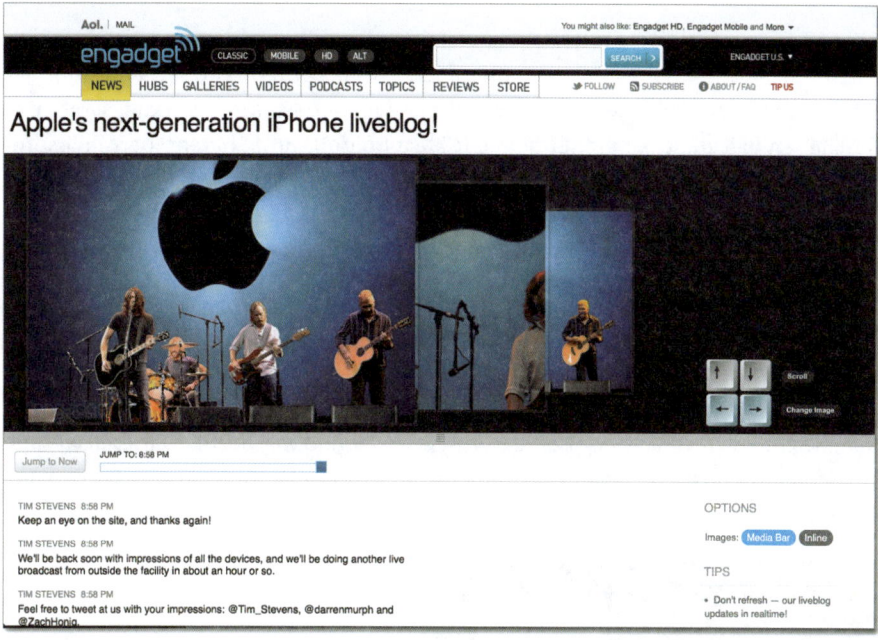

Abbildung 8.27   Live-Blogging vom Apple-Event zur Vorstellung des iPhone5 im September 2012

Eine weitere interessante Methode, um »Wartezeiten« während des Live-Bloggens vom Event zu überbrücken, ist das Einbinden von Umfragen. Für diesen Weg hatte sich die *PC Welt* entschieden. Gelegentlich wurden hier kurze Umfragen durchgeführt, um die Leser bei der Stange und die Konversation am Laufen zu halten. Das Engagement auf die Art zu fördern, ist durchaus clever. Es macht die Sache auch in Phasen spannend, in denen es um weniger faszinierende Themen wie die Umsatzentwicklung geht. Ein solches Vorgehen bietet sich folglich zur user-orientierten Überbrückung von trockenen Ausführungen ebenso wie Pausen an. Gerade in Zeiten des Mitmachwebs ist die gezielte Einbeziehung des Users ein klarer Vorteil.

Was Sie aus dem Apple-Beispiel lernen können? Erstens Blogger auf das Event einschwören, zweitens das Bloggen zulassen, drittens für eine erlebnisreiche Atmosphäre sorgen und viertens sicherstellen, dass »Lückenfüller« bereitstehen für Pausen.

Streaming: Inhalte in Echtzeit mit Internetnutzern teilen

In unserem Zusammenhang bezeichnet Streaming die Übertragung Ihres Events in Echtzeit. Ob per Video oder per Foto, spielt dabei keine Rolle. Durch unterschiedliche Dienste und Plattformen kann also Ihr Live-Event auch tatsächlich live im Internet ausgestrahlt werden und für User unmittelbar zugänglich gemacht werden.

Das Streaming von Live-Events ist bei vielen Veranstaltungsformaten wie musikalischen und sportlichen Highlights, aber auch Produktpräsentationen und Informationsveranstaltungen, Vorträgen oder Schulungen besonders wirkungsvoll. Das Geschehen live zu streamen, ermöglicht Stakeholdern und Shareholdern, Fürsprechern und Multiplikatoren auf der ganzen Welt, dabei zu sein. Ein Pluspunkt: Live-Streaming ist natürlich sehr komfortabel, weil die Zuschauer im Zweifelsfall nicht einmal das Haus verlassen müssen und das Event in der eigenen Wohnung miterleben können.

Eine ähnlich komfortable Möglichkeit bietet hier auch Google+ mit dem sogenannten *Party Mode*. Ganz nach dem Motto »Gemeinsam feiern, was wichtig ist – mit den richtigen Leuten« kann man bei Google+-Events auch Live-Sharing einsetzen. Hierzu gibt es das Party-Mode-Feature (siehe Abbildung 8.28). Darüber werden alle Schnappschüsse, die während der Veranstaltung entstehen, automatisch in den Stream des Events geladen.

Abbildung 8.28   Video zum »Party Mode« von Google+

Ein weiteres mächtiges Werkzeug sind die sogenannten *Hangouts On Air*. Wenn Sie einen Hangout durchführen, können Sie die Veranstaltung in Echtzeit in Ihrem Google+-Profil, in Ihrem YouTube-Kanal und auf Ihrer Website übertragen. Dabei wird jeder *Hangout On Air* in Ihrem YouTube-Account gespeichert, ohne weitere

Installationen vornehmen zu müssen. Das Positive? Auch andere User können das Video mit dem eigenen Netzwerk teilen und Ihr Event durch eine Nachbesprechung weiterempfehlen.

Insgesamt bietet Google+ also gerade Veranstaltern wirklich nützliche Gimmicks, um User-generated Content gebündelt an einem Platz zu haben und auch in anderen Netzwerken zu archivieren.

Rechtstipp: Gibt es etwas zu beachten, wenn man bei G+ ein Event anlegt und im »Party Mode« Bilder streamt?

Vorsicht beim Veröffentlichen von Bildern Ihres Events: Auf keinen Fall dürfen Sie ohne Weiteres Teilnehmer des Events ablichten und ins Internet stellen. Stellen Sie sicher, dass ein wirksames Einverständnis vorliegt, und schaffen Sie die Möglichkeit, dass Besucher hinterher recht unkompliziert der Veröffentlichung widersprechen können. Kritisch zu sehen sind allgemeine Formulierungen in AGB, denen zufolge Teilnehmer fotografiert und die Fotografien veröffentlicht werden dürfen. Es mag zwar nicht schaden, eine entsprechende Regelung vorzuhalten, gleichwohl sollte jeder Fotografierte vor Ort nochmals einzeln gefragt und ein »Nein« respektiert werden. Denken Sie daran, dass die Einwilligung in eine Fotografie noch keine Einwilligung ist, die Fotografie zu veröffentlichen oder gar zu Werbezwecken zu vermarkten. Auch sollten Sie davon absehen, Fotografien von stark alkoholisierten Personen zu veröffentlichen: Auch wenn diese eingewilligt haben, wird die Frage sein, ob deren Einwilligung wirksam war, da Sie gegebenenfalls die Entscheidung im akuten Moment nicht überblicken konnten.

Twitterwall: Damit Sie währenddessen den Überblick behalten

Wenn Ihre Veranstaltung stattfindet, lohnt es sich über eine sogenannte *Twitterwall* nachzudenken. Diese ist ein besonderes Highlight vor allem für Twitterer, ganz gleich ob sie live dabei und mittendrin stecken oder verhindert sind und nicht vor Ort sein können. Der Aufbau einer veranstaltungsbegleitenden Twitterwall bietet zahlreiche Vorteile für jeden, so auch für die Organisatoren des Events.

Bei einer solchen »Wall« handelt es sich, wie der Name nahelegt, um eine Wand voller Tweets zu einem bestimmten Thema (siehe Abbildung 8.29). Die auf Twitter kursierenden Kurzbotschaften können in Ihrem Veranstaltungsraum an die Wand projiziert werden und sind folglich für jeden Gast sichtbar. Allerdings sollten Sie bedenken, dass die Twitterwall von manchen Teilnehmern der Veranstaltung als störend empfunden werden kann, weil sich die Aufmerksamkeit oftmals unbewusst auf diese lenkt. Dem können Sie aber dadurch begegnen, dass die Leinwand, auf der die Tweets zu sehen sind, etwas kleiner als die Hauptbühne ist. Schließlich sollen sich Ihre Gäste auf das Wesentliche im *Real Life* konzentrieren können und die Twitterwall als das wahrnehmen, was sie ist: ein kommunikatives Beiwerk, das die Veranstaltung interaktiver macht.

Abbildung 8.29   Die #-Suche bei Twitterwallr im amerikanischen Präsidentschaftswahlkampf

Das Ganze einzurichten, ist dabei sehr simpel und läuft überwiegend automatisiert ab, sodass Sie sich voll und ganz auf Ihr Event konzentrieren können: Nachdem Sie sich für einen Anbieter entschieden haben, können Sie dessen App autorisieren und mit Ihrem Twitter-Account verknüpfen lassen sowie ein Hashtag Ihrer Wahl definieren. Danach werden alle Tweets, die das Hashtag enthalten, auf einer Projektionsfläche abgebildet.

Hinweis: Wie Sie Ihre Twitterwall mit twitterwallr.com erstellen

Mit *twitterwallr.com* kann Ihre persönliche Twitterwall im Handumdrehen und ohne Vorwissen erstellt werden. Um sich anzumelden, müssen Sie sich lediglich mit Ihrem Twitter-Account authentifizieren und das gewünschte Hashtag eingeben. Gerade für Non-Profit-Organisationen und kleinere Unternehmen ist dieser Promotionservice besonders interessant, weil bei Gratisveranstaltungen keinerlei Kosten anfallen.

Dadurch können Sie als Veranstalter bereits während des Events sehen, was ankommt. Sie erleben hautnah mit, wie das Publikum das Geschehen wahrnimmt. Das Erlebnis wird sozusagen live reflektiert. Insofern spiegeln sich spontane Äußerungen auf der Twitterwall wider. Authentisches Echtzeitfeedback ist also angesagt, was Sie vielleicht das ein oder andere Mal positiv überraschen wird.

Durch das unmittelbare Kommentieren der Ereignisse und den Austausch unter den twitternden Teilnehmern, erhalten Sie viele unverfälschte Erkenntnisse darüber, was bei Ihrer Veranstaltung besonders heraussticht. Ein positiver Nebeneffekt: Gegebenenfalls können Sie sich durch eine Twitterwall nachfolgende Arbeitsschritte sparen. Wenn Sie nämlich schon während der Veranstaltung eine Rückmeldung seitens des Publikums erhalten, können Sie möglicherweise sogar auf das Austeilen und Auswerten von Feedbackbögen verzichten.

Marketing-Take-away: Eventstagram

Bei der Veranstaltung von Events können Sie auch gezielt die Möglichkeiten von Instagram nutzen, indem Sie User auf Ihr Kampagnen-Hashtag hinweisen und diese darum bitten, das Hashtag ihren auf Instagram veröffentlichten Fotos beizufügen.

Durch den Webservice Eventstagram werden diese dann automatisch in eine Slideshow gepackt, die sie dann sogar live übertragen können (siehe Abbildung 8.30). Insofern funktioniert Eventstagram ähnlich einer Twitterwall – nur mit dem Unterschied, dass hier vor allem visuelle Eindrücke von Ihrer Veranstaltung vermittelt werden. Ob Konferenzen, Konzerte, Firmenfeiern oder Produkt-Events – der Einsatz von Eventstagram bietet sich an, wenn Sie Besucher erwarten, die den Fotobearbeitungsservice Instagram als App auf ihrem Smartphone installiert haben.

Abbildung 8.30   Website von Eventstagram

8.4.2   Check-ins: Foursquare, Facebook & Co.

Location-based Services und Check-in-Dienste sind auf dem deutschen Markt auf dem Vormarsch. Etabliert haben sich Netzwerke wie Foursquare allerdings hierzulande noch nicht so umfassend. Die aktiven Nutzerzahlen steigen zwar, aber es gibt noch viel Potenzial.

Gerade deswegen sollten Sie sich hier rechtzeitig ins Spiel bringen und sich als einer der First Mover erweisen. Um Veranstaltungen zu promoten, sind Check-ins nämlich ideal. Seiten oder Accounts anzulegen, kostet dabei kaum Zeit, und die Hauptarbeit wird von den Usern selbst übernommen. Denn User-generated Content steht im Vordergrund – Hauptsache, Ihre Gäste wissen, dass Sie beispielsweise bei Foursquare einen Ort oder eine Seite erstellt haben, und können einchecken. Durch einen solchen Check-in werden die Freunde der Nutzer über das Einchecken informiert. Ist der Account des Eincheckenden an Facebook und Twitter gekoppelt, ist die Reichweite sogar noch höher, weil es automatisch auf die Timelines gepostet wird.

Zur veranstaltungsbegleitenden Promotion sind sowohl Facebook- als auch Foursquare- oder Qype-Check-ins ideal. Gibt man an, am Veranstaltungsort zu sein, sehen dies auch befreundete Personen, die sich im Umkreis befinden. Für Veranstalter ist diese Funktion optimal, weil man indirekt und ohne Arbeitseinsatz genau jene Personen erreicht, denen das Event auch zusagen könnte – vorausgesetzt, dass die befreundeten User tatsächlich gemeinsame Interessen haben. Ist dies der Fall, können sie sich noch spontan überlegen, auch zu Ihrer Veranstaltung zu gehen. Passende Kommentare zum Check-in und das Hochladen von Bildmaterial machen das Ganze umso attraktiver und erlebbarer. Der erzeugte Buzz ist, gemessen am Aufwand, wirklich enorm. Ein Umstand, der Ihnen bei einer Nachfolgeveranstaltung zum Vorteil gereichen wird.

Foursquare auf der dmexco: Location Based Drinks

Im September 2012 fand in Köln erneut die Digitalmesse dmexco statt. Neben Ausstellern aus der Digitalbranche konnten die Besucher an einer Vielzahl von Fachvorträgen und Debatten teilnehmen. Unter den Ausstellern war auch der Location-based Service Foursquare vertreten.

Am Foursquare-Stand gab es einen Automaten, der mit Erfrischungsgetränken gefüllt war. Getreu dem Motto »Location Based Drinks« mussten die Besucher, um ein solches Getränk zu erhalten, zunächst Eigenleistung erbringen und den Service nutzen. So sollten sie einen speziellen Check-in am Stand vornehmen. Erst wenn sie eingecheckt hatten, kam das Getränk aus dem Automaten (siehe Abbildung 8.31).

Für aktive Foursquare-Nutzer war das selbstredend ein besonderes Highlight, denn der spielerische Charakter des virtuellen Netzwerkes kam auch in der realen Welt zum Ausdruck. Hingegen war für diejenigen, die den Location-based Service bislang nicht kannten, eine solche Aktion eine gute Gelegenheit, sich mit dem Dienst vertraut zu machen. Kurzum: Foursquare verstand es, den Messeauftritt innovativ für die eigene Promotion zu nutzen und dem Publikum den Service näherzubringen.

Abbildung 8.31   »Mit Check-in zur Erfrischung« – Foursquare auf der dmexco 2012

8.4.3 Case-Study: Samsung4Campus Youth Editors @ IFA

Zur Einführung der Notebook-Serie 9 hat Samsung im vergangenen Jahr ein Testerprogramm mit dem Namen »Youth Editors« auf dem deutschen Markt ins Leben gerufen. 20 Youth Editors sollten das Premiumprodukt mehrere Wochen lang testen, mit ihm unterschiedliche Aufgaben meistern und es am Ende der Testphase auch behalten dürfen.

Da das Zielpublikum studentisch war und es darum ging, ein Bewusstsein für das neue Produkt ebenso wie Akzeptanz zu schaffen, wurde die Kampagne überwiegend online durchgeführt. Social Media hatten dabei eine Schlüsselrolle im Medienmix. Gleich zu Beginn der Aktion wurde eine Microsite erstellt, die durch Facebook Ads beworben wurde. Auch auf der Facebook-Seite von Samsung4Campus wurde kräftig die Werbetrommel für die Aktion gerührt (siehe Abbildung 8.32). Denn es galt, innerhalb einiger Tage genügend Kandidaten mit technischem Knowhow und Leidenschaft für Notebooks zu finden. Außerdem mussten die Bewerber selbstredend bereit sein, über mehrere Wochen lang diverse Aufgaben zu erfüllen und sich intensiv mit dem Produkt zu befassen.

Abbildung 8.32 Aufruf zur Bewerbung als Samsung-Notebook-Tester

Die Bewerbung als Serie-9-Tester fand dabei ausschließlich via Facebook statt. In einer App konnte man angeben, weshalb man der beste Samsung-Notebook-Serie-9-Tester sei. Innerhalb weniger Tage hatten sich schon mehrere hundert auf diesem Weg beworben – nicht zuletzt, weil das Social-Media-Team die Kampagne durch gezieltes Community Management begleitete und in seinen Postings den Bezug zur Testeraktion herstellte. Die Community nahm dieses Vorgehen gut auf, sodass die Inhalte auf der Facebook-Seite diskutiert und geteilt wurden (siehe Abbildung 8.33).

Abbildung 8.33 Posting auf der Facebook-Seite von Samung4Campus

Als unter allen Bewerbern 20 qualifizierte Kandidaten ausgewählt wurden und die Testphase begann, musste jeder Youth Editor nicht nur die gestellte Wochenaufgabe erfüllen, sondern auch seine eigene Community zum Voten animieren. Denn derjenige mit den meisten Stimmen erhielt eine besondere Belohnung: einen Besuch auf der IFA mit ansehnlicher Unterbringung und der Teilnahme an Produkt-Events wie dem »Samsung Unpacked«, der Produktvorstellung vor ausgewähltem Publikum.

Nach mehreren Wochen des Testens beschloss Samsung, nicht bloß dem Gewinner mit den meisten Votes einen Trip zur IFA nach Berlin zu ermöglichen, sondern sogar den ersten fünf. Ende August ging es bereits los, damit die Youth Editors schon vor Eröffnung der international renommierten Messe für Consumer Electronics hautnahe Einblicke bekamen. Doch dem noch nicht genug. Um die Community weiterhin am Messe-Event teilhaben zu lassen, führte man bei Samsung4Campus eine zusätzliche Aktion durch: *Youth Editors @ IFA.*

Facebook-Fans von Samsung4Campus konnten ein Woche lang über eine App individuelle Fragen an die Youth Editors auf der IFA stellen. An Fragen war alles erwünscht, was die Serie-9-Tester, ihren Aufenthalt in Berlin und die Produktneuheiten auf der IFA anbelangt. Verknüpft mit einem Gewinnspiel für die »Interviewer«, wurde eine Vielzahl an Fragen gesammelt und systematisch ausgewertet. Ziel war es, die Neugier der Community zu befriedigen und die Fragen vom 29. bis 31. August 2012 live in einem »Twitterview« zu stellen (siehe Abbildung 8.34). An drei aufeinanderfolgenden Tagen wurde ein jeweils einstündiges Interview auf Twitter in 140 Zeichen durchgeführt.

Mit dem Hashtag #YouthEditors tweetete das Team beim zweiten Twitterview von Samsung4Campus die Fragen aus der Community und diskutierte zu angekündigter Uhrzeit eine Stunde lang mit den Youth Editors auf der IFA (siehe Abbildung 8.35). Dadurch dass das Twitterview öffentlich geführt wurde, konnten Twitter-Follower alles live verfolgen, sich in Tweets einbringen und streckenweise sogar mitdiskutieren.

Die Ergebnisse der Kampagne sprechen für sich: In der Gesamtlaufzeit von drei Monaten wurden, von Ende Mai bis Ende August, durch Marketingmaßnahmen im Social Web über 25,8 Mio. Impressionen auf Facebook und Twitter erzeugt. In diesem Zeitraum kam es zu über 9.000 Interaktionen mit der Community. Mehr als 6.000 Unique Visitors waren auf den beiden Kanälen von Samsung4Campus. Insgesamt war es also eine kreative Kampagne, die das Engagement der Community und die Interaktion befördert hat und vor allem zur stärkeren Markenidentifikation in der jungen Zielgruppe der Studierenden beitrug.

Abbildung 8.34   Das erste Twitterview mit den Youth Editors auf der IFA 2012

Abbildung 8.35   Zusammenstellung des Twitterviews auf www.twitter.com/samsung4campus, durchgeführt am 31. August 2012

8.5   Wie Sie das Event im Nachlauf besprechen

Nachdem Ihr Event stattgefunden hat, darf und sollte es mit dem Social Media Marketing nicht vorbei sein. So gibt es im Nachlauf viele Möglichkeiten, die einmal aufgebaute Community weiterhin am Leben zu halten, zu pflegen und sie in Erinnerungen an den Tag schwelgen zu lassen. Doch wie ist das zu bewerkstelligen? Welche Maßnahmen können im Nachhinein ergriffen werden?

Ähnliche Verhaltensregeln wie in der physischen Welt gelten auch bei der Eventpromotion im Social Web. So sollte man sich als Veranstalter unmittelbar nach dem Event noch einmal auf diversen Plattformen bei den Teilnehmern und allen Interessierten bedanken. Ein unpersönliches Dankeschön ist allerdings nur suboptimal. Vielmehr gilt es, auch die eigene Wahrnehmung kundzutun. Beispielsweise posten erfolgreiche Sportler, Künstler und Veranstalter auf Facebook, ähnlich Profifußballer Mats Hummels, emotionale Statements, wie Abbildung 8.36 zeigt.

Abbildung 8.36   Danksagung von Mats Hummels nach einem gewonnenen Spiel

Wenn Sie von dem Erfolg überwältigt sind oder der Zuspruch Sie begeistert, können Sie dies auch nach dem Event noch einmal in sozialen Netzwerken posten (siehe Abbildung 8.37). Das inspiriert auch Fans, Follower, Mitstreiter und Besucher, ihre persönliche Meinung kundzutun. Wichtig ist, weiterhin auf Kommentare einzugehen und der Community zuzuhören. Um Wertschätzung zu signalisieren und den Austausch aufrechtzuerhalten, gilt es auch im Nachhinein, noch weiterführende Fragen zu beantworten. Falls einzelne User Anregungen haben, sollten Sie auch auf diese eingehen und sich dafür bedanken.

Abbildung 8.37 Ein Dankes-Tweet der Kirmes im Westerwald

Die Erstellung einer Materialsammlung, die bei Veranstaltungen in der Regel eh anfällt, sollte zudem der weiteren Öffentlichkeitsarbeit im Social Web dienen. Die während der Veranstaltung entstandenen Fotos und Videos sollten Sie ebenfalls, so schnell wie eben möglich, bei Facebook, Twitter und anderen Netzwerken veröffentlichen, um die Erinnerung an die Veranstaltung auch im Nachgang möglichst intensiv zu gestalten und Ihrer Community zu ermöglichen, das Miterlebte zu kommentieren und zu teilen.

Wenn man den Fans einräumt, Ihre Schnappschüsse hochzuladen und sich auf der Facebook-Seite zu Wort zu melden, ist der Multiplikatoreffekt besonders hoch. Gleiches gilt, wenn Sie ihnen erlauben, sich selbst auf einem Bild zu markieren, da die Verlinkung auch von ihren Freunden gesehen wird. Sind noch weitere Events – vielleicht sogar Nachfolgeveranstaltungen – in Planung, ist nun der richtige Zeitpunkt, das erste Mal aktiv auf diese aufmerksam zu machen und die bestehende Reichweite zu nutzen.

8.6   Fazit: Was Sie tun und was Sie tunlichst vermeiden sollten

Das Social Web bietet unglaublich große Chancen für die erfolgreiche Vermarktung von Veranstaltungen. Durch moderne Webtechnologien können Sie nämlich Ihre Zielgruppen nicht bloß während Ihres Events einbeziehen, sondern auch zuvor und danach.

So haben Sie gesehen, dass Veranstaltungspromotion in interaktiven Echtzeitmedien vielfältig ist und die Kommunikation von Unternehmen, Verbänden, Vereinen und so weiter durchaus herausfordern kann. Ob über Facebook, Twitter, YouTube, Blog, Google+ und/oder Instagram – das Potenzial ist da und will genutzt werden.

Was Sie tun sollten

▶ Erstellen Sie sich einen Aktionsplan, und beginnen Sie zeitig mit der Eventpromotion.

▶ Legen Sie Ihr Event in verschiedenen Netzwerken an, und erstellen Sie eine Veranstaltung. Ziehen Sie auch die Erstellung einer eigenen Facebook-Seite in Betracht.

▶ Geben Sie nicht nur Informationen weiter, sondern bauen Sie durch interessante Blicke hinter die Kulissen einen Spannungsbogen auf.

▶ Kommunizieren Sie Preise, Öffnungszeiten und andere allgemeine Informationen offen; machen Sie auch Änderungen im Ablauf etc. transparent.

▶ Stimmen Sie Ihre Community mit thematischen Links, Videos, Fotos, Zeitungsbeiträgen und so weiter auf das Event ein.

▶ Starten Sie zu gegebener Zeit einen Countdown zum Mitfiebern.

▶ Fragen Sie nach Wünschen und Anregungen, und suchen Sie das Feedback. Wenn Rückfragen kommen, nehmen Sie diese ernst, und reagieren Sie.

▶ Führen Sie kleinere Gewinnspiele wie die Verlosung von Freikarten durch.

▶ Begleiten Sie das Event währenddessen, und geben Sie auch danach noch Ihr Bestes.

Was Sie tunlichst vermeiden sollten

▶ Hüten Sie sich vor stumpfen Werbetexten und der Wiedergabe von Pressemitteilungen.

▶ Vermeiden Sie Monotonie in der Ansprache, und spammen Sie nicht.

▶ Reagieren Sie nicht unfreundlich auf Feedback.

▶ Ignorieren Sie nicht einfach Rückfragen und Problemlagen.

▶ Vermeiden Sie insbesondere bei kommerziellen Events »Tabuthemen« und politische Statements.

▶ Warten Sie nicht unentwegt darauf, dass Ihre Inhalte viral gehen.

▶ Stellen Sie nicht unmittelbar nach dem Event die Kommunikation mit der Community ein.

9 Die Arbeitgebermarke stärken, Mitarbeiter binden

»Zusammenkommen ist ein Beginn, zusammenbleiben ist ein Fortschritt,
zusammenarbeiten ist ein Erfolg.«
Henry Ford

Seit einigen Jahren belastet der Fachkräftemangel die deutsche Wirtschaft. Mittel- und langfristig droht er deren Leistungs- und Wettbewerbsfähigkeit einzuschränken. Dabei handelt es sich um ein branchenübergreifendes Phänomen, wobei einige Arbeitsfelder stärker betroffen sind als andere. Allerdings werden nicht nur hochqualifizierte Akademiker mit speziellen Anforderungsprofilen in den sogenannten MINT-Fächern (Mathematik, Informatik, Naturwissenschaft, Technik) gesucht. Neben dem Akademikermangel mangelt es auch im Handwerk an hinreichend qualifiziertem Personal beziehungsweise an genügend Interessenten für einen handwerklichen Ausbildungsberuf. Gleiches trifft auf den boomenden Markt des Gesundheitswesens zu.

Das Szenario des Fachkräftemangels ist dementsprechend in einigen Branchen bereits spürbare Realität und beeinträchtigt die Innovationsfähigkeit wie auch das wirtschaftliche Wachstum nachhaltig. Die Ursachen sind dabei vielfältig, liegen aber allen voran in demografischen Faktoren bei gleichzeitiger Veränderung der Wissensanforderungen. Denn je technisierter und dienstleistungsorientierter eine Wirtschaft ist, desto mehr ist sie auf das nötige Know-how und Humankapital angewiesen.

Wenn Fachkräfte zur knappen Ressource werden, verändern sich auch die Wege des Personalmarketings. Unternehmen müssen sich als sympathischer Arbeitgeber erweisen, um Personal dauerhaft halten zu können und es zu Hochleistungen zu motivieren. Darüber hinaus müssen sie sich auch in der Öffentlichkeit attraktiv positionieren (siehe Abbildung 9.1), in die Offensive gehen und sich aktiv auf die Suche nach geeigneten Kandidaten begeben. Um dieses komplexe Vorhaben zu realisieren, bietet das Web 2.0 viele interessante Optionen.

Abbildung 9.1   Auf der Facebook-Seite REWElution wird der Dialog gesucht. Die REWE Group informiert über Berufswahl, Ausbildungsthemen, Aktionen und einiges mehr.

9.1   Wie Sie Ihre Arbeitgebermarke in Szene setzen

Das Social Web ist gerade für Arbeitgeber mit hohen Ansprüchen an die Bewerber- und Mitarbeiterprofile ein idealer Ort zum systematischen Aufbau der eigenen Arbeitgebermarke. *Employer Branding* bezeichnet genau diesen Prozess und meint »die identitätsbasierte, intern wie extern wirksame Entwicklung und Positionierung eines Unternehmens als glaubwürdiger und attraktiver Arbeitgeber«.[1]

Unternehmen können sich durch Social-Media-Aktivitäten und interaktive Webanwendungen offen, ansprechbar und sympathisch positionieren und durch ein abwechslungsreiches Portfolio an spannenden Themen ihr Profil schärfen. Die verschiedenen Maßnahmenbündel tragen zur emotionalen Bindung des bestehenden Personals bei, wecken bei außenstehenden Fachkräften Interesse und wirken sich attraktivitätssteigernd auf das Arbeitgeberimage aus. Ein positiver Nebeneffekt: Dies alles steht im Zeichen einer transparenten und mitarbeiterorientierten Unternehmenskultur.

---

1   DEBA, *http://www.employerbranding.org/employerbranding.php*

Neben Employer Branding können hinsichtlich Personalthemen auch andere strategische Zielsetzungen vorliegen. Allen voran gilt dies für den Einsatz sozialer Medien im Personalmarketing, sprich bei der Kandidatensuche und -recherche. Denn dank des Webs 2.0 lassen sich neue Mitarbeiter finden und im weiteren Verlauf auch rekrutieren.

9.1.1 Zehn Gründe, warum Sie das Social Web einsetzen sollten

Für Personal- und Arbeitgebermarketing im Social Web existieren zahlreiche Gründe. Umso wichtiger, etwas Licht ins Dunkel zu bringen und die wichtigsten zehn Gründe pointiert zu benennen:

1. Durch demografischen Wandel und Geburtenrückgang wird der Pool an qualifizierten Bewerbern in Zukunft immer kleiner. Wenn Sie nicht gerade ein (inter-)national bekanntes Unternehmen sind, kommen Bewerber wahrscheinlich nicht »wie von selbst« zu Ihnen.

2. Der »War for Talents« ist unter Unternehmen bereits in vollem Gange, und dies weiß auch die gut ausgebildete »Generation Y«[2]. Gerade Jungakademiker mit internationaler Ausbildung und erster praktischer Erfahrung stellen hohe Anforderungen an ihren Arbeitgeber. Sowohl ihre Gehaltsvorstellungen sind ihnen wichtig als auch ein Arbeitsklima, das Mitgestaltung und die Übernahme von Verantwortung zulässt.

3. Wenn der Auftritt im Social Web ansprechend gestaltet ist, können sich Unternehmen in wettbewerbsstarken Branchen positiv von ihren Konkurrenten abheben und sich entsprechend positionieren.

4. Gerade die Zielgruppe U40 kann durch soziale Medien und interaktive Plattformen gezielt angesprochen und erreicht werden, da die Reichweite in diesem Alterssegment besonders hoch ist.

5. Die Bewerber werden folglich dort abgeholt, wo sie sich ohnehin aufhalten. Dieses Argument gilt für Digital Natives, also Jahrgänge nach 1980, ebenso wie für Digital Inhabitans, die sich schon längere Zeit im Web aufhalten.

6. Sie können zielgruppengerechte Werbeanzeigen und innovative Werbeformate einsetzen. Auch hier ist das Behavioral Targeting wie bei Facebook klar von Vorteil, weil Sie Ihre Anzeigen nach Interessen, Profilinformationen und Kommunikationsmustern schalten.

---

2 Die sogenannte Generation Y ist hochqualifiziert, in der Regel sehr technikaffin und möchte im Berufsleben relativ selbstständig und frei agieren, sodass ihr die Übernahme von Verantwortung in flachen Hierarchien besonders liegt. Mehr zum Phänomen Generation Y finden Sie in Businessdictionary, *http://www.businessdictionary.com/definition/Generation-Y.html*

7. Young Professionals nutzen die Möglichkeit, sich unmittelbar mit den Unternehmen auszutauschen und sich einen »persönlichen Eindruck« zu verschaffen. So können Bewerber dem Unternehmen Fragen stellen und direkt mit (Personal-)Verantwortlichen öffentlich kommunizieren. Dadurch dass viele der Fragen öffentlich gestellt und auch allgemein zugänglich beantwortet werden, kommt es im Zweifelsfall zu Lerneffekten in der Community und damit zu einem effektiveren Bewerbermanagement.

8. Soziale Medien erleichtern den Erfahrungsaustausch im Allgemeinen. Sie befeuern unter anderem die Mund-zu-Mund-Propaganda über Arbeitgeber. Fachkräfte und Interessierte tauschen sich also auch ohne Ihr Zutun über Sie aus. Wenn Sie allerdings selbst aktiv sind, haben Sie eine höhere Chance, solche Konversationen mitzubekommen und sich einzubringen und somit zu beeinflussen.

9. Werden Karriereseiten und -accounts eingerichtet, können diese als erste Anlaufstelle der Bewerber fungieren. Die Informationsbeschaffung für Interessenten wird dadurch vereinfacht, dass man als Bewerber nicht lange auf der Internetseite oder gar auf externen Websites suchen muss, sondern hilfreiche Hinweise und Kontaktdaten direkt und gebündelt zur Verfügung stehen.

10. Wenn die Content-Strategie entsprechend ist, kann das Unternehmen das Image eines offenen, mitarbeiterfreundlichen Arbeitgebers transportieren. Ein Arbeitgeber, der sich um Meinungs- und Gedankenaustausch mit dem Personal und dem Nachwuchs bemüht, findet auch in der allgemeinen Öffentlichkeit Anklang. Dank dieses öffentlichen Dialogs kommt es also zu einem beträchtlichen Reputations- und Imagegewinn.

Marketing-Take-away: Wie sieht es bei Studierenden aus?

Dass Nachwuchstalente soziale Netzwerke als Karrieresprungbrett nutzen, legte eine im April 2012 veröffentliche Studie nahe.[3] Microsoft Deutschland befragte gemeinsam mit dem Studentenmagazin Unicum mehr als 1.000 Studierende und Absolventen.

Während sich 73 % ihre Informationen über den Arbeitgeber aus dem Internet beschaffen, recherchieren 58 % der Befragten auch in sozialen Netzwerken und stöbern auf Bewertungsplattformen, um herauszufinden, wie der potenzielle Arbeitgeber tatsächlich tickt. Dabei liegt die Vernetzungsquote bei 62 %, mehr als die Hälfte der befragten Studierenden verknüpft sich also mit den entsprechenden Seiten und Kanälen. Ein Fünftel von ihnen nimmt den Kontakt mit Personalverantwortlichen und Entscheidungsträgern sogar via XING und/oder LinkedIn auf. Knapp ein Drittel befasst sich explizit mit dem Arbeitsklima und sucht nach diesbezüglichen Angaben in sozialen Netzwerken.

---

3   Microsoft, *http://www.microsoft.com/germany/newsroom/pressemitteilung.mspx?id=533514*

9.1.2   Erfolgreiche Rekrutierung im Social Web: Wie funktioniert's?

Zunächst stellt sich die Frage, wo und wie man als Arbeitgeber aktiv wird, um sich sympathisch zu vermarkten und attraktiv aufzustellen. Genau wie bei der Eventpromotion im Social Web steht auch hier zunächst die Wahl der passenden Netzwerke und Plattformen an.

Möchten Sie in Ihrem Blog, auf der bereits existierenden Facebook-Seite oder im eigenen Twitter-Kanal auf Karrierechancen, Stellenangebote und Mitarbeiterthemen aufmerksamen machen (siehe Abbildung 9.2)? Sollen auf den bestehenden Plattformen auch Jobanforderungen kommuniziert werden oder personalbezogene »Interna« wie das Unterzeichnen von Ausbildungsverträgen, das gemeinsame Feiern von Geburtstagen oder Mitarbeiterjubiläen? Oder entscheiden Sie sich stattdessen für eigenständige Präsenzen, um die Karriere-, Mitarbeiter- und Bewerbungsthemen zu diskutieren?

Abbildung 9.2   Stellenangebot von @Spezialgeruest, September 2012

Selbstredend stellt sich hier die Frage, ob sich Ihre Organisationsgröße und -struktur für ein karrierespezifisches Blog, eine Karriere-Page auf Facebook und einen extra Karriere-Account auf Twitter anbietet. Nicht minder fällt ins Gewicht, ob Sie hinreichend viel Manpower für eigenständige Präsenzen erübrigen können. Bei großen Unternehmen stellen sich Ressourcenfragen in der Regel nicht so sehr, wie bei KMU. Wenn qualifiziertes Personal für das Social-Media-Recruiting-Team zusammengestellt ist, verfolgen die meisten eine crossmediale Strategie. Sie sind auf XING, Facebook, Twitter & Co. aktiv und suchen auch über das Blog nach neuen Mitarbeitern. So sehen Sie beispielsweise in Abbildung 9.3 eine persönlich gehaltene Kurzankündigung für eine Marketingposition in Dubai, die im Blog des Fachmagazins *Blogomotive* veröffentlicht wurde und direkt auf das XING-Profil des zuständigen Personalers verweist.

Wenn der Prozess der konzeptionellen Selbstklärung abgeschlossen ist, können Sie mit Ihrer strategischen Arbeit beginnen. Hierbei gilt es, von Anfang an zu berücksichtigen, dass Content und Community Management entsprechend Ihres Rekrutierungsvorhabens aufgestellt sein müssen. Auf Ihr Unternehmen aufmerksam zu machen, sich mit dem Geschehen zu identifizieren und eine emotionale Bindung herzustellen, ist dabei kein leichtes Unterfangen und bedarf sorgfältiger Vorbereitungen.

Abbildung 9.3   Jobankündigung im Blog

Employer Branding und Recruiting fürs kleine Portemonnaie

Sie müssen nicht zwingend große Budgets und Personalressourcen zur Verfügung haben, um sich erfolgreich im Social Web als attraktiver Arbeitgeber zu positionieren. Es reicht schon, wenn Sie von Zeit zu Zeit mitarbeiterbezogene Themen über Ihre Seiten und Accounts veröffentlichen. Damit sich Interessierte einen Eindruck von Ihrem Unternehmen machen können, empfiehlt es sich, auch im eigenen Blog eine Kategorie »Internes aus dem Unternehmen« einzuführen. Wenn Sie sodann einen Blogbeitrag zur Begrüßung eines neuen Mitarbeiters wie in Abbildung 9.4 verfasst haben, sollten Sie diesen in einem nächsten Schritt auch auf Ihren Social-Media-Kanälen teilen.

Um Ihre Arbeitgeberqualitäten darüber hinaus angemessen darzustellen, eignen sich selbstredend sowohl fachliche als auch soziale Kommunikationsanlässe. Der Geburtstag eines Angestellten kann genauso imageförderlich sein wie eine Teambuilding- oder Weiterbildungsmaßnahme oder ein erfolgreicher Projektabschluss, der gemeinsam gefeiert wird. Solche Inhalte eignen sich allerdings nicht allein für Ihr Blog, sondern auch für Facebook, Twitter, Flickr & Co. Auch bei vakanten Stellen sollten Sie die bestehenden Kanäle nutzen, um auf die Position aufmerksam zu machen. Wenn man darum bittet, ist gerade bei Stellenausschreibungen die Bereitschaft zum Teilen und Retweeten besonders hoch.

Abbildung 9.4 Begrüßung eines neuen Mitarbeiters im Blog und auf Facebook

Kurzum: Pflegeintensive Spezialseiten sind nicht für jedes Unternehmen und jede Organisation erforderlich. So sollten Sie sich fragen, ob Sie vom Bestehenden profitieren können und lediglich Ihr Themenspektrum um Personal- und Mitarbeiteraspekte erweitern.

Grundsätzliche Anmerkungen für eine erste Orientierung

Je nach Organisation ist die Arbeit an der eigenen Kommunikationskultur zunächst unerlässlich. Begibt man sich aus Rekrutierungsgründen ins Social Web, ist eine hinreichende Planung der Aktivitäten, einschließlich der Erarbeitung SMARTer Zielsetzungen (Abschnitt 4.2.2., »Crowdsourcing als PR-Kampagne verstehen«), erforderlich. Nur dadurch lassen sich soziale Medien in Ihre Gesamtstrategie integrieren und passen zum übrigen Personalmarketingmix. Eine angemessene Vorbereitungs- und Analysephase ist also unumgänglich.

Gegebenenfalls müssen auch die personalverantwortlichen Social-Media-Mitarbeiter hinreichend geschult werden, um das Projekt »Rekrutierung via Social Web« erfolgreich umzusetzen. Das Feld dabei ausschließlich jüngeren Mitarbeitern zu überlassen, weil sich diese als Digital Natives vermeintlich auskennen, ist nicht unbedingt ratsam. Erfahrene Personal- und Marketingprofis sollten ebenfalls an das neue Arbeitsfeld herangeführt werden und ihre kommunikativen Stärken einbringen.

Eine oft übersehene Anforderung an eine effiziente Recruiting-Kampagne im Web 2.0 ist personeller Natur. So braucht die ausführende Abteilung entsprechende Ressourcen für das Bespielen der Kanäle und für das Community Management. Immerhin geht es ja darum, Ansprechbarkeit zu wahren und sich als dialogwilliger Partner zu vermarkten. Wichtig ist in diesem Zusammenhang, dass Sie die Durchführung nicht durch allzu viele Freigaben zu zähflüssig gestalten beziehungsweise sogar unmöglich machen. PR im Social Web setzt nun einmal die Bereitschaft voraus, den verantwortlichen Mitarbeitern ein Stück weit »freie Hand« zu lassen – zumindest, was die Erstellung und die Formulierung von Inhalten anbelangt.

Das Ressourcenargument gilt zudem für das Social Media Monitoring. Auch wenn das Monitoring je nach Projektumfang ein Zeitfresser sein kann, ist es dennoch dringend notwendig. Schließlich sollten Sie die Gespräche über Ihr Unternehmen mitbekommen, um darauf reagieren zu können. Pro: Je nach Monitoring-Tool können Sie nicht nur prozessbegleitend die Konversationen im Social Web verfolgen, sondern erhalten zugleich das Zahlenmaterial für Ihre internen Erfolgskontrollen. So können Sie nachvollziehen, ob Ihre Aktivitäten in sozialen Medien Früchte tragen oder ob Sie eine Kurskorrektur vornehmen müssen, um Ihr Ziel zu erreichen. (Abschnitt 10.1, »Medienbeobachtung: Kampagnen monitoren und Erfolge messen«).

Das A und O Ihrer Performance im Social Web ist sodann der Aufbau einer authentischen Kommunikation auf Augenhöhe. Versuchen Sie dabei nicht, nach dem Lehrbuch »Personalmarketing« vorzugehen und ausschließlich ein geschöntes Bild der Unternehmenswirklichkeit zu zeichnen. Euphemismen und Plattitüden sind hier eindeutig fehl am Platz. Doch auch wenn Sie sich auf eine »authentische« Art und Weise geben wollen, um eine jugendliche Zielgruppe anzusprechen, sollten Sie vor allem eins beachten: Es reicht nicht, jugendliche Fürsprecher »aus dem Unternehmen« herauszupicken, die andere junge Menschen beispielsweise in Rap-Videos auf YouTube besonders »cool & fresh« ansprechen. Obwohl Sie sich durch solche Maßnahmen eindeutig ins Gespräch bringen, können Sie damit nicht punkten. Sie kassieren letztlich negative Bewertungen und Ihre Arbeitgeberqualitäten werden aus Sicht der User zweitrangig (siehe Abbildung 9.5).

Wie Sie sich vorstellen können, werden unglaubwürdige Marketingmaßnahmen von Internetnutzern abgemahnt. So sollte die virtuelle Kommunikationskultur nicht zu sehr von der physischen Kommunikation im Unternehmen abweichen. Klafft hier eine riesige Lücke, führt dies sehr leicht zu Verunsicherung, Enttäuschung und Entrüstung bei Bewerbern und Mitarbeitern. Wenn Sie also besonders qualifizierte Nachwuchskräfte oder studentische Praktikanten erreichen möchten, sollten Sie nicht in jugendliche Sprachmuster verfallen. Auf Ihre Community wirkt dies allenfalls albern und wird auch entsprechend kritisiert, wie sich in Abschnitt 9.1.6, »Rekrutieren via YouTube«, am Beispiel von BMW zeigt.

Abbildung 9.5   Praktikumsvideo von EDEKA auf YouTube

Nichtsdestotrotz sollten Sie sich ruhig trauen, Neues auszutesten. Im Social Web kann »Trial and Error« mitunter hilfreich sein. Kleinere Experimente in Sachen Kreativ-Content sind erlaubt und bei moderatem Misserfolg ist das Verwerfen keine Schande. Im Gegenteil: Begreifen Sie es lieber als Chance, Ihr digitales Personalmarketing zu perfektionieren.

Um Ihre Glaubhaftigkeit zu erhöhen, sollten Sie auch Ihre eigenen Mitarbeiter zu Wort kommen lassen. Sie sind Ihre wichtigsten Markenbotschafter, weil sie Bewerbern einen realistischen Eindruck des Unternehmensalltags vermitteln können. *Employee Branding* ist das Schlagwort, unter dem man genau ein solches Vorgehen zur Steigerung der Arbeitgeberattraktivität versteht. Beispielsweise können Ihre Mitarbeiter aus dem Unternehmen heraus bloggen, wie etwa bei Mercedes oder bei FRoSTA (siehe Abbildung 9.6).

Auch können sich einzelne Mitarbeiter in Videos vorstellen, ihren Werdegang im Unternehmen rekonstruieren und spannende Einblicke in den Arbeitsalltag geben. Wenn gut gemacht, kann diese Form des Empfehlungsmarketings Vertrauen und Vertrautheit erzeugen. Im Idealfall sollten Sie allerdings dafür Sorge tragen, tatsächlich empfehlenswert zu sein. Eine mitarbeiterfreundliche Unternehmenskultur ist nun einmal ein wertvolles Gut.

Abbildung 9.6   Das FRoSTA-Blog als Weblog der Mitarbeiter

9.1.3   Rekrutierung im Social Web: Was ist empirische Realität?

Online-Recruiting hat sich als Methode etabliert, neue Mitarbeiter zu finden. Job-börsen im Internet boomen seit Jahren und auch heutzutage haben Stellenbe-kanntmachungen in Online-Medien wie auch auf der eigenen Website oberste Pri-orität. Dabei gewinnt die Rekrutierung über Social Media für Unternehmen und Organisationen zunehmend an Bedeutung (siehe Abbildung 9.7). Die Potenziale werden immer mehr gesehen und sinnvoll genutzt. Kaum erstaunlich, dass August-Wilhelm Scheer, Präsident des BITKOM, anlässlich einer Studienpublikation zu Be-ginn letzten Jahres konstatierte: »Das Web 2.0 ist der Stellenmarkt der Zukunft.«[4]

Abbildung 9.7   Stellenausschreibung via Twitter

---

4 Zitiert in Verivox, *http://www.verivox.de/nachrichten/bitkom-das-web-20-ist-der-stellenmarkt-der-zukunft-66040.aspx*.

Rechtstipp: Was darf nicht in eine Stellenausschreibung?

Achten Sie bei der Stellenausschreibung darauf, nicht zu diskriminieren. Das Allgemeine Gleichbehandlungsgesetz (AGG) sieht vor, dass grundsätzlich nicht nach Alter, Geschlecht, sexueller Identität, Religion/Weltanschauung und Rasse/ethnischer Herkunft diskriminiert werden darf. Wer also eine Stelle mit den Worten »junge dynamische gutaussehende Sekretärin« ausschreibt, begeht gleich mehrere Kardinalfehler. Heutzutage gilt: Grundsätzlich vollkommen wertneutral ausschreiben. Wenn Sie meinen, dass Sie ein berechtigtes Interesse für eine Ausnahme haben, sollten Sie fachlichen Rat vor Gestaltung und Schaltung der Anzeige einholen. Dies nicht zuletzt, da bei Verstößen gegen das AGG vielleicht eine wettbewerbsrechtliche Abmahnung drohen könnte, darüber hinaus jedenfalls Schadensersatz vom Bewerber gefordert werden kann.

Social Media sind zwar ein strategisch wichtiges Thema für die Rekrutierung von Mitarbeitern, aber an der konsequenten Umsetzung hapert es häufig noch. So stellte Professor Thorsten Petry von der Hochschule RheinMain, Experte für Organisation und Personalmanagement, schon 2010 fest, dass Social Media im Recruiting-Prozess noch eine »Spielwiese« sind und es an Strategie mangele.[5]

Gleichwenn sich die Situation zwischenzeitlich verbessert hat und das Social Media Recruiting (SMR) auf einem guten Weg ist, befinden sich viele Unternehmen immer noch im Stadium der ersten Gehversuche. Nichtsdestotrotz setzt mehr als die Hälfte Social Media bereits zu Rekrutierungszwecken ein, Tendenz steigend. Dies ergab Mitte 2012 eine Studie, an der 335 Personalverantwortliche teilnahmen.[6] Die Ergebnisse dokumentieren, dass die Anzahl der social-media-affinen Personaler immer größer wird. 2012 suchten bereits 74 % nach klugen Köpfen im Social Web, im Vorjahr waren es 61 %. Beim SMR setzten 69 % auf das B2B-Netzwerk XING. 65 % betrieben eine Facebook-Seite, die Karrierethemen und offene Stellen veröffentlichte. Die fünf wichtigsten Ressourcen des SMR sind dabei der Rangfolge nach Facebook, XING, Twitter, LinkedIn und Blogs. Denn auch in Ihrem Blog können Sie vakante Stellen ausschreiben und von der Sichtbarkeit in Suchmaschinen profitieren (siehe Abbildung 9.8).

Insgesamt werden Personaler auch hinsichtlich der investierten Arbeitszeit immer aktiver. 42 % von Ihnen tummeln sich mehr als eine Stunde täglich in sozialen Medien, um geeignete Kandidaten zu finden. Dies geht selbstredend mit einem veränderten Rollenverständnis einher. Waren Personaler in Zeiten des Fachkräfteüberschusses eher in einer passiv abwartenden Position, suchen sie in Zeiten des Fachkräftemangels den direkten Weg zum potenziellen Bewerber und sprechen diese proaktiv an.

---

5 Karriere.de, *http://www.karriere.de/karriere/soziale-netzwerke-haben-karriere-potenzial-10306*
6 Social Media Recruiting, *http://www.online-recruiting.net/mobile-recruiting-ist-kein-trend/*

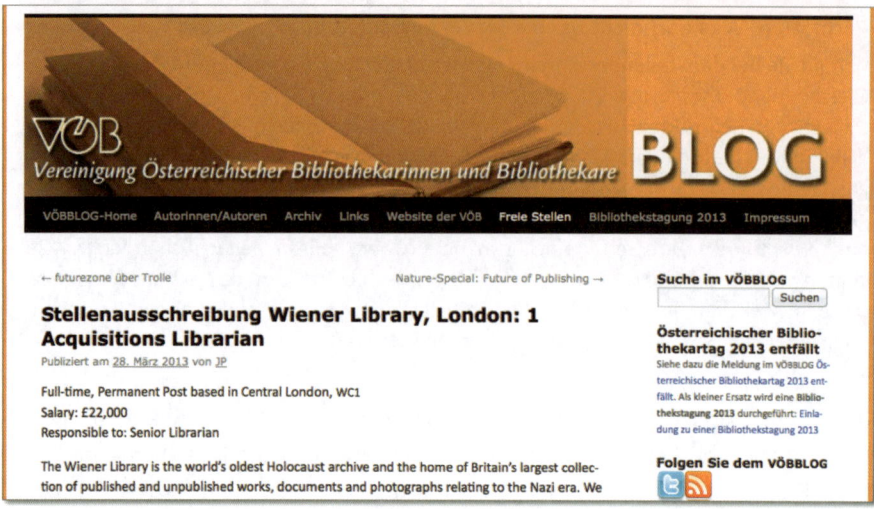

Abbildung 9.8 Stellenausschreibung der VOB (Blog)

Obschon die Befragten das Potenzial und den Handlungsbedarf hoch einschätzten, sind die Budgets im SMR derzeit eher mager. In vielen Unternehmen steht SMR noch auf dem Prüfstand oder befindet sich in einer Pilotphase. Mangelnde Systematik, Strategie und Budgets sind dementsprechend weit verbreitet. Eigentlich ist dies bedauerlich, denn schon 2011 hat der Social Media Recruiting Report dessen Bedeutung untermauert. 8.000 befragte Personaler bekundeten, dass sie 15 % ihrer Einstellungen und Bewerbungen Social Media zu verdanken haben.[7]

Wie sieht es bei börsennotierten Unternehmen aus?

Blickt man detaillierter in die Materie, lässt die Systematik im SMR selbst in Börsenunternehmen zu wünschen übrig. Dieses Bild zeichnete eine Anfang 2012 veröffentlichte Studie der Fachhochschule Koblenz in Kooperation mit der Agentur »embrance«, spezialisiert auf Personalmarketing und Employer Branding. Als größte empirische Untersuchung im deutschen Markt zeigt sie ganz klar die Schwachpunkte des Social-Media-Einsatzes auf. Sie befasst sich mit den DAX-, MDAX- und TecDAX-Unternehmen, wobei auch andere KMU berücksichtigt wurden.

Die Ergebnisse sind streckenweise ernüchternd: Social und Business Networks werden zwar genutzt, allerdings nicht allzu effektiv. Beispielsweise verzichten 73 % der Unternehmen auf ihren Karriere-Webseiten auf Empfehlungsfunktionen, Social Buttons und die Darstellung nutzergenerierter Inhalte. 22 % der Unternehmen haben auf YouTube Karrierevideos veröffentlicht. Lediglich 8,3 % betreiben eine Karriereseite auf Facebook. Auf Twitter sind es gerade einmal 6,5 %.[8]

---

7 ICR, *http://de.slideshare.net/WBrickwedde/icr-social-media-recruiting-report-2011*

9.1.4   Rekrutieren via XING

Wie die diversen Studien zum SMR nahelegen, beschreiten Unternehmen zunehmend den Weg über soziale und berufliche Netzwerke, um qualifizierte Mitarbeiter zu finden. Sie präsentieren sich auf Unternehmensseiten auf XING und nutzen diese in unterschiedlicher Intensivität, sodass die qualitativen Unterschiede oft immens sind.

Prinzipiell hat man bei XING die Wahl zwischen drei verschiedenen Unternehmensprofilen – von der Basis- über die Standardversion bis hin zu Plusprofilen (siehe Abbildung 9.9).

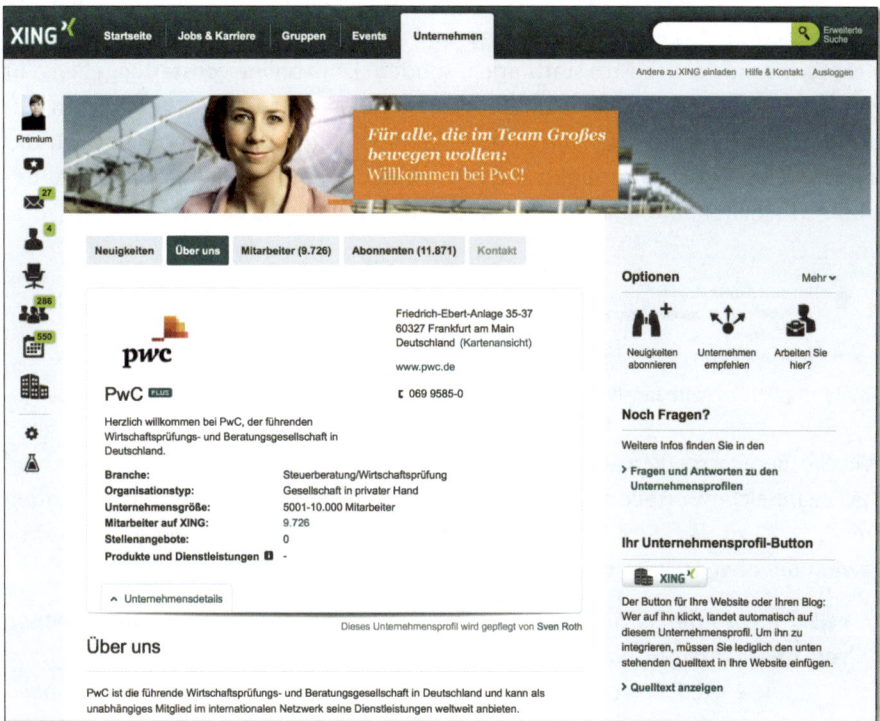

Abbildung 9.9   PWC auf XING (Plus-Unternehmensseite)

Selbst in der kostenlosen Basisversion ist es möglich, das Firmenlogo hochzuladen und Angaben zum Unternehmen bei ÜBER UNS einzutragen. Registrierte Mitglieder, die in Ihrem Unternehmen arbeiten, werden sodann automatisch in einer Mitarbeiterliste aufgeführt. Voraussetzung ist allerdings, dass Sie den Namen exakt so

---

8   Saatkorn, *http://www.saatkorn.com/2012/01/26/die-groste-empirische-studie-fur-den-einsatz-von-social-media-fur-personalmarketing-und-recruiting-liegt-vor/*

schreiben, wie auf der Unternehmensseite. Der Vorteil für Bewerber? Sie können auf einen Blick die Mitarbeiter sehen und sich auf deren Profilen umschauen, um sich über die Geschäftsleitung, die personalverantwortlichen Interviewer oder auch über die potenziellen Kollegen zu informieren.

Zudem haben Sie bei XING die Möglichkeit, auf Ihrer Seite Neuigkeiten zu veröffentlichen und Ihre Abonnenten dadurch auf dem Laufenden zu halten. Falls Sie eine Stelle via XING ausgeschrieben haben, wird diese ebenfalls auf dem Profil angezeigt.

Neben der passiven Rekrutierung gewinnt das proaktive Aufspüren und Anschreiben von neuen Mitarbeitern in Zeiten des »War for Talents« an Bedeutung. Schließlich wollen Talente gefunden und eingestellt werden. Das Headhunting muss dabei nicht zwingend Face to Face stattfinden, sondern kann online vonstattengehen. Für Personalverantwortliche heißt dies, sich in Business-Netzwerken gemäß den Rekrutierungszielen zu engagieren und sich sowohl auf die Zielgruppe als auch das Medium einzulassen. Pluspunkt: Auf XING und LinkedIn können Sie auch Werbeanzeigen schalten, um qualifizierte Kandidaten zu finden (siehe Abbildung 9.10).

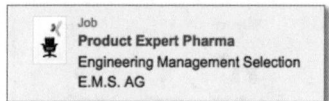

Abbildung 9.10   Werbeanzeige für eine ausgeschriebene Stelle auf XING

Wie Sie bereits merken, ergeben sich durch die klare Business-Ausrichtung von XING zahlreiche Vorteile für das Recruiting. So kommt auch die Studie *Recruiting Trends 2012* zu dem Schluss, dass XING bei vielen Arbeitgebern bei der Personalgewinnung oberste Priorität hat:

> *»Über die Hälfte der Studienteilnehmer nutzt Social Media zur Veröffentlichung von Stellenanzeigen, zur aktiven Suche nach Kandidaten und für Employer Branding sowie 43,9 Prozent für die aktive Suche nach zusätzlichen Informationen über bereits identifizierte Kandidaten. Von den untersuchten Kanälen wird das Karrierenetzwerk XING am häufigsten zur Veröffentlichung von Stellenanzeigen und für die aktive Suche nach geeigneten Kandidaten sowie nach zusätzlichen Informationen über bereits identifizierte Kandidaten genutzt.«*[9]

XING eignet sich also aus Sicht von Unternehmen nicht allein zur Stärkung der Arbeitgebermarke, sondern auch zum Inserieren von Jobangeboten, zur Recherche weiterführender Bewerberinformationen sowie zur direkten Bewerbersuche.

---

9   Recruiting Trends 2012, Manager-Zusammenfassung, Seite 6, *www.job-affairs.com*

Was gibt es bei der Suche nach Talenten zu beachten?

Über die erweiterte Suchfunktion lassen sich bei XING entsprechende Spezifikationen vornehmen, um die Auswahl geeigneter Kandidaten auf das Wesentliche zu reduzieren. Natürlich fällt Ihnen die Suche umso leichter, je umfangreicher und vollständiger die Nutzerprofile ausgefüllt sind, denn umso mehr Informationen sind für Sie einsehbar.

Alsdann kommt der Blick ins Detail. Bei XING sind die harten Fakten des digitalen Lebenslaufs, die Angabe der Studienorte und Themenschwerpunkte sowie die detailgenaue Schilderung früherer Arbeit- und Praktikumsgeber weitaus wichtiger als die Angaben zu den eigenen Hobbys. Wenn Sie geeignete Kandidaten gefunden haben, sollten Sie Ihnen eine persönliche Nachricht schreiben und Ihr Vorhaben kenntlich machen. Wichtig ist allerdings, nicht wie in einer Jobbörse vorzugehen und schon beim Erstkontakt lediglich die Stellenausschreibung mit einer Grußformel zu versehen. Eine kurze Beschreibung Ihres Unternehmens und der offenen Position ist natürlich zulässig und gern gesehen.

Machen Sie auch kenntlich, warum Sie gerade auf dieses Profil gestoßen sind und was Ihnen besonders ins Auge sticht. Da es sich bei XING um ein von zwischenmenschlichen Kontakten lebendes Netzwerk handelt, sollten Sie keine unpersönlichen Standardtexte per Copy & Paste verwenden. Wie von selbst verbieten sich Floskeln wie »Sehr geehrter Herr X, mit großer Freude ich habe gesehen, dass Sie eine neue Herausforderung im Bereich Y suchen. Auch wir suchen in diesem Bereich Y geeignetes Personal, das sich hochmotiviert mit Y beschäftigt. Daher ...«. Die Kandidaten sollten schließlich nicht den Eindruck gewinnen, dass Sie lediglich die Suchfunktion »angeschmissen« haben und alle Erdenklichen anschreiben – als Betroffener fühlt man sich davon weder geschmeichelt noch ernst genommen.

Rechtstipp: Was ist bei der aktiven Personalsuche erlaubt?

Unkompliziert ist die Personalsuche auf einschlägigen Plattformen, wo der Betreffende selber angibt, dass er mit Jobangeboten angeschrieben werden möchte. Schwieriger aber ist es, wenn jemand bereits bei einem Unternehmen angestellt ist; hier ergibt sich dann die Problematik, dass ein wettbewerbswidriges Abwerben nicht zulässig ist, das allgemeine »Umwerben« aber schon. Diese Gratwanderung muss berücksichtigt werden! Man darf in diesem Fall ganz allgemein darauf hinweisen, dass man eine entsprechende Stelle ausgeschrieben hat und Interesse an dem konkreten Arbeitnehmer hätte. Man darf aber nicht aktiv auf den Arbeitnehmer einwirken, etwa dahin gehend, dass er vorsätzlich eine Pflichtverletzung begehen soll, um fristlos gekündigt zu werden. Ebenfalls darf man den bisherigen Arbeitgeber nicht diffamieren, um sich selbst als Arbeitgeber besser darzustellen.

Darüber hinaus empfiehlt es sich, dass Sie Ihre Stellenausschreibungen in den Foren regionaler und branchenbezogener XING-Gruppen in der Rubrik JOBBÖRSE platzieren. Denn XING-Gruppen sind ein mächtiges Instrument für das Personal- und Arbeitgebermarketing. Wenn Sie Gruppen beitreten und sich sympathisch vorstellen, können Sie sich optimal vermarkten. In kurzen Beiträgen können Sie auf die Unternehmenskultur und auf die Besonderheiten Ihrer Arbeit eingehen. Wenn Sie es geschickt anstellen, rücken Sie sich dadurch als Arbeitgeber ins rechte Licht und erhalten einen Rücklauf an Kontaktanfragen von Interessierten, die ihr Netzwerk gerne erweitern möchten. Durch konkrete Stellenausschreibungen in den Gruppen können Sie sich dann einmal mehr als erfolgreiches Unternehmen auf Wachstumskurs präsentieren und zeigen, dass Sie auf der Suche nach Verstärkung sind (siehe Abbildung 9.11). Mit einem Quäntchen Glück werden genau die Bewerber mit einem idealen Profil auf Sie aufmerksam.

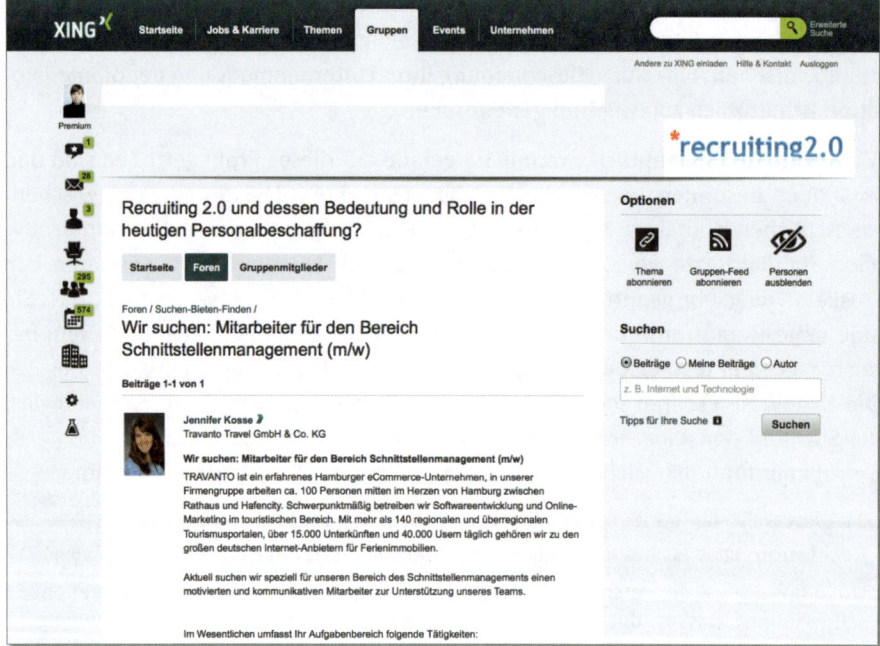

Abbildung 9.11   Stellenausschreibung der Travanto Travel GmbH & Co. KG im Oktober 2012

Recruiting-Teams organisieren mit dem XING-Talentmanager

Für Personalprofessionals besteht die Möglichkeit, talentierte Köpfe auf XING mit dem XING-Talentmanager effizient zu suchen und teamgerecht zu verwalten (siehe Abbildung 9.12). So können Sie interessante Profile in einem Ordner für offene Stellen speichern und mit individuellen Bemerkungen versehen. Die Ordnerstruktur begünstigt den systematischen Aufbau Ihres Kandidatenpools.

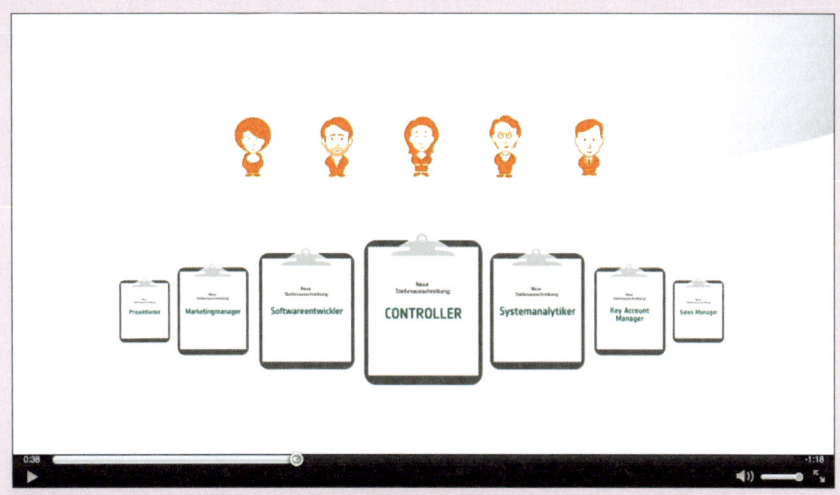

Abbildung 9.12   Video zum XING-Talentmanager

Pluspunkt: Auf erstellte Ordner können mehrere Personen zugreifen. Sie können entscheiden, welche anderen Kollegen die Bewerberdaten einsehen dürfen. Die individuelle Verwaltung der Zugriffsrechte ist also ein besonderer Bonus. Vielleicht eignet sich ja ein Kandidat für eine andere Position, die im Verantwortungsbereich Ihres Kollegen liegt. Auch beim Ausscheiden eines Teammitglieds müssen sich Unternehmer nicht sorgen, da die gesammelten Daten erhalten bleiben und anderen Mitgliedern zugänglich gemacht werden. Die Funktionen des XING-Talentmanagers erleichtern also das kollaborative Rekrutieren im Social Web.

9.1.5   Rekrutierung via Karriere-Pages auf Facebook

Im Zuge des SMR ist in den letzten Jahren auch auf Facebook ein neues Phänomen in Erscheinung getreten: Die sogenannten Karriere-Pages. Als Facebook-Seiten, die sich hauptsächlich mit Job- und Personalthemen befassen, ergänzen Karriere-Pages den bestehenden Recruiting- und Social-Media-Mix.

Die thematische Ausrichtung, aber auch die Tonalität auf den Seiten ist dabei meist abweichend von der offiziellen Unternehmensseite auf Facebook. Dies liegt an Ihrer Zielsetzung. In vielen Fällen erfüllen sie nicht allein einen Rekrutierungszweck und unterstützen die Suche nach qualifizierten Bewerbern. Ferner sind sie ein Instrument zur systematischen Gestaltung des Arbeitgeberimages. Ihre Ausrichtung hinsichtlich der Bewerberbetreuung ist sehr serviceorientiert, der Tonfall sehr kollegial und freundschaftlich. Kommunikation auf Augenhöhe ist die Maßgabe.

Die Inhalte auf solch karrierespezifischen Facebook-Seiten sind folglich keine 1:1-Kopie von Karriere- oder Jobinformationen, die man auch auf der Homepage und in Stellenportalen findet. Warum Arbeitgeber diesen Weg beschreiten und welche Vorteile er mit sich bringt, thematisierte Fosten Amezando in einem Blogbeitrag bei Wollmilchsau:

> *»Doch wie erfahre ich mehr über ein bestimmtes Unternehmen? Informationen über das Wesen und Werte eines Unternehmens lassen sich auf einer Jobbörse nicht so leicht finden. Da kommen Karrierepages auf sozialen Netzwerken wie Facebook ins Spiel. Es handelt sich hierbei um Facebookpages auf denen sich ein Unternehmen mit allen seinen Werten präsentiert und sich sozusagen bei dem potenziellen Bewerber bewirbt.«*[10]

Auf solchen Karriereseiten geht es folglich darum, das Image an die Zielgruppe zu transportieren und sich möglichst attraktiv für Bewerber aufzustellen, damit diese Geschmack am eigenen Unternehmen finden und dazu motiviert werden, sich zu bewerben. Wie die Umsetzung einer solchen Seite im konkreten Fallbeispiel aussieht, wird im Folgenden zunächst am Automobilkonzern BMW verdeutlicht. Denn auch er hat eine professionell und gut laufende Karriere-Page, die als Best Practice gilt.

Karriere bei BMW: »Herzlich Willkommen!«

Prominenter Vertreter für eine professionelle und gut laufende Karriere-Page ist der Automobilkonzern BMW. Auf der Facebook-Seite informiert die BMW Group vornehmlich Schüler, Studenten und Examenskandidaten über Personalthemen und vakante Ausschreibungen. Doch auch Berufseinsteiger sind auf der Seite mit über 100.000 »Gefällt mir«-Angaben willkommen. Im Vordergrund stehen dabei meist offene Stellen – angekündigt werden unterschiedlichste Positionen in verschiedenen Fachabteilungen. Für angehende Praktikanten, Trainees und Auszubildende eine wahre Fundgrube.

Zudem werden regelmäßig Rekrutierungs-Events auf der Seite beworben, so zum Beispiel »BMW Group Inside«. Das Event zur Förderung des weiblichen akademischen Nachwuchses dient dazu, dass man in Kleingruppen Antworten auf forschungs- und entwicklungsbezogene Fragen von konzernangehörigen Ingenieurinnen bekommt.

Insgesamt handelt es sich um ein vielfältiges Informationsangebot, das auch nicht mit visuellen Impulsen geizt. Die Postings sind überwiegend mit Bildern versehen (siehe Abbildung 9.13). Auf Videos wird ebenfalls nicht verzichtet. So spiegelt die Timeline den Abwechslungsreichtum bei der BMW Group visuell wider. Besonders imagefördernd ist dabei, dass man nicht nur das Rekrutierungsvorhaben kommuni-

---

10 Wollmilchsau, *http://www.wollmilchsau.de/wie-facebook-karrierepages-jobborsen-erganzen/* erschienen am 5. April 2012

ziert, sondern die Facebook-Fans auch sporadisch darüber informiert, was »danach« geschieht. Ein »herzliches Willkommen« an 1.200 neue Auszubildende, wie vom September 2012, legt hiervon Zeugnis ab.

Abbildung 9.13   Posting auf der Facebook-Seite »BMW Karriere«

Wie Sie merken, wird das Unternehmen durch ein Bündel an gut abgestimmten Kommunikationsmaßnahmen der Zielsetzung von Karriereseiten völlig gerecht. Denn durch seinen Facebook-Auftritt schafft es der Automobilkonzern, dass er »sich sozusagen bei dem potenziellen Bewerber bewirbt« und unterstützt damit sein positives Image als Arbeitgeber (auch) bei netzaffinen Nachwuchs- sowie Fachkräften.

Ausbildung bei den Stadtwerken München: »Unsere berufliche Laufbahn ...«

Die Stadtwerke München sind ein traditionsreiches Unternehmen, das in und um München kommunale Versorgungs- und Dienstleistungsfunktionen übernimmt. Dadurch dass sie zu 100 % im Eigentum der Landeshauptstadt sind, ist ihnen Bürgernähe und Serviceorientierung ein besonderes Anliegen. Das Unternehmen präsentiert sich selbst und die Themen der Energie- und Trinkwasserversorgung im Social Web.

Schon auf der Homepage der Stadtwerke sind Social Links und Plugins eingebunden (siehe Abbildung 9.14). Man engagiert sich auf Facebook, Twitter, YouTube und Google+, wobei die Aktivität auf Facebook am ausgeprägtesten ist. Im März 2013 unterhält man hier eine Unternehmensseite mit mehr als 20.000 Fans und versorgt die Community fast täglich mit neuem Content – außerdem werden von Zeit zu Zeit Gewinnspiele durchgeführt. Doch auch Karrierethemen spielen eine wichtige Rolle für das regionale Versorgungsunternehmen. Daher ist auf der Facebook-Seite ebenfalls eine App für JOBS&KARRIERE eingebunden. Klickt man in dieser auf einzelne Kategorien wie Berufserfahrene, Absolventen, Studis oder Schüler, wird man zur Homepage weitergeleitet.

Abbildung 9.14   Social-Media-Kanäle und Empfehlungsfunktionen
auf der Website der Stadtwerke München

Doch dies ist nicht das Einzige, was die Stadtwerke München in Sachen Arbeitgeberimage tun: Denn sie betreiben darüber hinausgehendes Employer Branding und Nachwuchsrekrutierung im Social Web. So verfügen sie über eine separate Ausbildungsseite auf Facebook (siehe Abbildung 9.15). Auch wenn die Fanzahlen mit mehr 600 Likes im März 2013 eher gering sind und das Design schlicht gehalten ist, überzeugt die Herangehensweise an das strategisch wichtige Thema der Berufsausbildung.

Abbildung 9.15   Ausbildungsseite der Stadtwerke München auf Facebook

Als regelmäßig wiederkehrendes Highlight gibt es das »Zitat der Woche« – ein Testimonial, das aus einem Mitarbeiterfoto und einem Statement zu seinem/ihrem Arbeitsbereich besteht (siehe Abbildung 9.16). Durch dieses Ritual werden zum einen das Personal und zum anderen die Aufgabenfelder vorgestellt. Das Unternehmen wird personalisiert und zeigt Gesicht. Ein weiteres Signal: Die Mitarbeiter der Stadtwerke haben eine Stimme, dürfen sich zu Wort melden und nutzen die Chance, als Markenbotschafter zu fungieren, was für das Arbeitgeberimage enorm wichtig ist.

Abbildung 9.16   Zitat der Woche der Stadtwerke München (Facebook)

Einmal mehr untermauert den positiven Gesamteindruck auch die Team-App auf Facebook. In der App sind die Gesichter, Namen und Funktionen der Beteiligten abgebildet. Das Interessante hieran? Das Social-Media-Team besteht nicht allein aus »alten Hasen«, sondern zu etwas mehr als 50 % aus Azubis. Sieben der insgesamt 13 Köpfe befinden sich noch in der Ausbildung und posten genau darüber. Um die Zielgruppe mit wertvollem Insiderwissen zu versorgen und die Identifikation zu stärken, sicherlich ein sehr guter Ansatz. Auch die visuellen Komponenten auf der Timeline tragen zur Emotionalisierung der Ausbildungsthematik bei. Gearbeitet wird mit viel Bildermaterial, insbesondere Fotos. Die dazugehörigen Texte sind ebenfalls ansprechend und zielgruppengerecht, was besonders ins Auge sticht, wenn die Ausbildungsberufe der Stadtwerke beschrieben werden.

Was Sie aus dem Fallbeispiel mitnehmen können? Die Stadtwerke München führen vor Augen, dass auch mittelständische Unternehmen interessanten Content zu bieten haben, der für Bewerber und Berufseinsteiger von Mehrwert ist. Außerdem, und dies ist nicht minder von Bedeutung, zeigen sie erneut: Geschichten wollen aus dem Unternehmen heraus erzählt werden.

Karriere und Weiterbildung bei der Gesellschaft für medizinische Intensivpflege mbH: Bunt. Interaktiv. Crossmedial.

Auch für Arbeitgeber in erklärungsbedürftigen Berufszweigen sind soziale Medien bestens geeignet. Denn im Social Web können die Ausbildungsmöglichkeiten und die entsprechenden Berufsanforderungen kommuniziert werden. Ein gutes Beispiel hierfür ist die Gesellschaft für medizinische Intensivpflege mbH (siehe Abbildung 9.17). Diese hat sich auf häusliche Intensivpflege spezialisiert und damit auf ein Arbeitsgebiet, das bekanntlich unter massivem Fachkräftemangel leidet und aufgrund schwerer Arbeitsbedingungen bei gleichzeitig niedriger Bezahlung oft unattraktiv erscheint. Umso wichtiger, mit Vorurteilen aufzuräumen und den Dialog mit dem Zielpublikum zu suchen.

Abbildung 9.17   Gesellschaft für medizinische Intensivpflege (Website)

Neben den offiziellen Firmenpräsenzen auf Facebook, Twitter, XING und Pinterest, hat die Gesellschaft für medizinische Intensivpflege ebenfalls eigene Accounts für Karriere- und Fortbildungsthemen eingerichtet. Auf Facebook betreibt das Unternehmen eine Karriereseite, die im Frühjahr 2013 auf 9.000 Fans blicken kann (siehe Abbildung 9.18, *https://www.facebook.com/gipkarriere*).

Abbildung 9.18   Karriereseite der Gesellschaft für medizinische Intensivpflege auf Facebook

Regelmäßige Postings mit abwechslungsreichem Content informieren über betriebsnahe Themen, über Fachpublikationen und Kongresse, über Rechts- und Pflegethemen. Dabei werden viele Inhalte über Fotos und knallige Signalfarben auch bewusst visuell kommuniziert, um Fans auf die Statusmeldungen aufmerksam zu machen und sich im Newsfeed abzuheben. Denn nur wer die Aufmerksamkeit der User erlangt, kann mit ihnen in den Dialog treten. Und eben dies ist die primäre Zielsetzung des Facebook-Teams, wie am 21. September 2012 verkündet wurde:

> »*Unsere Fanpage ist eure Plattform. Wir möchten gern in Zukunft noch mehr ein Podium für eure Themen, Fragen und Interessen sein. Ob Suche nach einem wichtigen Fachbuch oder Wunsch nach Ratschlägen von Kollegen und Pflegekräften aus ganz Deutschland und darüber hinaus, auf unserer Seite könnt ihr eure Anliegen veröffentlichen und bekommt nicht nur von uns, dem GIP-Team, Antworten.*«[11]

Auch auf Twitter stellt man sich potenziellen Fachkräften vor und sucht den gemeinsamen Austausch (siehe Abbildung 9.19). Zwar hat der Karrierekanal im Ver-

---

11 GIP-Facebook-Posting, *http://on.fb.me/16nTmpo*

gleich zur Facebook-Seite noch nicht allzu viele Follower, doch ist die Aktivität von @GIPKarriere sehr rege und vielfältig.

Abbildung 9.19 Twitter-Kanal @GIPKarriere

Oft finden sich in den Tweets Hinweise auf Veröffentlichungen, Informationen über Pflege und Krankheitsbilder und ein öffentliches Dankeschön an neue Follower. Auf Pinterest punktet man unter anderem mit Bildern vom Team und vom betrieblichen Sommerfest. Man vermittelt also auch hier visuelle Eindrücke von der Zusammenarbeit, was dem Unternehmensimage zuträglich ist (siehe Abbildung 9.20).

Unterm Strich geht die Gesellschaft für medizinische Intensivpflege ihren Social-Media-Auftritt bunt, interaktiv und vor allem crossmedial. Sie ist ein Best-Practice-Beispiel für erklärungs- und aufklärungsbedürftige Branchen, die ihr Image verbessern wollen. Dabei zeigt sich erneut, dass sich die Kommunikation in sozialen Medien attraktivitätssteigernd auswirkt. Wenn Sie sie in Echtzeitmedien entsprechend umsetzen, können Sie sich optimal positionieren und Ihre Zielgruppe mit einem Portfolio an spannenden Themen erreichen.

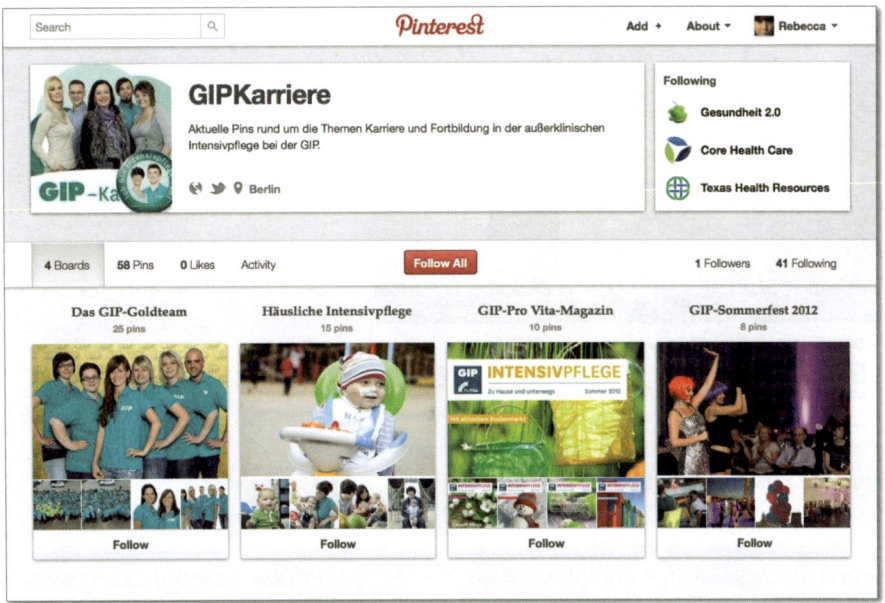

Abbildung 9.20   GIPKarriere auf Pinterest im Oktober 2012

9.1.6   Rekrutieren via YouTube

Wie bereits erwähnt, können Sie sowohl im Recruiting als auch im Employer Branding Videos einsetzen. So haben bereits einige Unternehmen sehr positive Erfahrungen mit der Kommunikation Ihrer Arbeitgebermarke auf YouTube gemacht. Ein schönes Beispiel für eine innovative und aufmerksamkeitsstarke Rekrutierungskampagne via YouTube ist das im September 2011 veröffentlichte Video der Axel Springer AG.[12] Das Video sollte durch seine witzige Story junge Talente ansprechen. Bereits kurz nach Veröffentlichung ging es auch bei Facebook und Twitter viral und wurde wegen seiner Kreativität und seines Unterhaltungswertes hoch gelobt. Durch die gewonnene Aufmerksamkeit in sozialen Medien konnte die Springer AG profitieren. Der Spot wertete einmal mehr das Image als Arbeitgeber insbesondere bei der Zielgruppe unter 30 Jahren auf, weil diese das Video vielfach diskutierte.

Aber wie erwähnt, verläuft der Versuch nicht immer positiv, wenn Unternehmen Nachwuchskräfte durch Videomarketing erreichen wollen. So lieferte kurz vor Veröffentlichung des Springer-Clips auch BMW ein Video mit einem »Praktikum Rap«, welches gemeinhin als Beispiel für misslungene Zielgruppenansprache gilt (siehe Abbildung 9.21).

---

12 *http://www.youtube.com/watch?v=YAbpmkqn6JE*

Abbildung 9.21 »Praktikum Rap« im YouTube-Kanal von BMW;
http://www.youtube.com/watch?v=VM36TAo6i5o

Wie der Name »BMW Praktikum Rap« nahelegt, sind Idee und Botschaft des Videos recht eindeutig. Als studentischer Hauptdarsteller rappt ein angehender Praktikant, er leistet bei seinem Kommilitonen Überzeugungsarbeit, um ihn ebenfalls für den Praktikumsgeber BMW zu erwärmen, und führt ihn durch den Automobilkonzern.

Eigentlich eine gute Idee, sollte man meinen. Doch das Musikvideo stieß bei YouTube auf Ablehnung. Als Gründe wurden dafür Inszenierung, Habitus und Sprache ins Feld geführt – und zwar von der Zielgruppe selbst. Auf YouTube finden sich unter dem Video überwiegend negative und zynische Kommentare über diesen SMR-»Fail« (siehe Abbildung 9.22). Und obwohl die Veröffentlichung rund anderthalb Jahre her ist, wird auch heute noch darüber diskutiert. Die streckenweise sehr scharfsinnigen Analysen und wortgewandten Beiträge seitens der Community legen nahe, die vermeintliche Jugendsprache entlarve den Konzern als anbiedernd und konservativ. Mehrheitlich zweifeln die User an der Glaubwürdigkeit in Sachen Nachwuchsrekrutierung und hinterfragen die innerbetriebliche Kommunikationskultur.

Die Community-Interpretation dieses Videos zeigt erneut, wie wichtig glaubhaftes und authentisches Auftreten von Unternehmen und Organisationen ist. Arbeitgebermarketing im Social Web sollte also das Image als Brötchengeber profilieren und Sie darüber hinaus durch eine zielgruppengerechte Ansprache ins rechte Licht der Öffentlichkeit rücken. In diesem Zusammenhang gibt es zwar ein weniger prominentes, aber dennoch sehr positives Beispiel für ein gelungenes Rekrutierungsvideo Anfang 2012. Dieses stammt von der OTTO Group, die sich für eine Videobotschaft entschied.

Ab und zu mit Leuten unter 25 sprechen erweitert den Horizont ungemein und hilft auch glaubwürdige Werbekonzeptionen zu entwickeln. Für diese Gurke gab es zurecht die Silberne Sellerie 2012
vor 5 Monaten

Nich kommerz? Wenn die nich kommerz sind, dann sollten sich ne menge Leute sorgen um ihre Arbeitsplätze machen.
vor 5 Monaten

Glückwunsch zum Silbernen Sellerie 2012 für diesen Video-Fail!
vor 5 Monaten   6 👍

Anstatt so nen Müll zu fabrizieren, hätte man auch für das Geld mindestens 5 neue Arbeitsplätze schaffen können.
vor 5 Monaten   5 👍

Ich leg mich direkt wieder hin war zu viel für den Vormittag gute Nacht BMW. Der Song ist an eine grenzdebile Zielgruppe gerichtet aber nicht an die top Studenten die BMW wohl sucht.
vor 5 Monaten

Und noch was: Werbung nervt einfach. Sie ist nicht informativ oder nützlich, sondern ein widerliches Tier welches bei der täglichen Suche nach Anspruch im Labyrinth der Medienlandschaft auflauert um hässliche Narben zu beißen. Bitte fangt es wieder ein. Danke.
vor 5 Monaten   3 👍

Fail :(
Systemimmanente verlogene Propagandascheiße.

Und am Ende tut man so als wär es das Werk der Praktikanten, schon klar. War bestimmt auch deren Idee. Geile Architektur und in Booten Gitarre spielen. Man muss das ein geiles Leben sein bei BMW.
vor 5 Monaten

Abbildung 9.22   Ausgewählte Kommentare zum Praktikumsvideo von BMW

Abbildung 9.23   Recruiting-Video der OTTO Group auf YouTube

Da OTTO seit mehreren Jahren erfolgreich Social Media Marketing betreibt und sich auch im Employer Branding starkmacht, suchte man via YouTube eine/n Referenten/in im Bereich Personalmarketing (Abbildung 9.23). Dabei setzte sich OTTO als attraktiver Arbeitgeber auf eine sehr dezente und authentische Art und Weise in Szene. Eine Mitarbeiterin namens Lena, die bislang die ausgeschriebene Stelle im Personalmarketing-Team bekleidete, meldete sich zu Wort und suchte eine/n

459

Nachfolger/in per Video. Durch die sympathischen Ausführungen über den Arbeitsalltag und die zu bewältigenden Aufgaben konnten einerseits die Erwartungen an die Bewerber kommuniziert werden, andererseits stand die Aktion selbst im Zeichen des mitarbeitergetragenen Employer Brandings. Wenn zufriedene Mitarbeiter ihre Nachfolger suchen, ist dies ein Aushängeschild für das Unternehmen. Es zeugt von den Arbeitgeberqualitäten und dies kommt bei der Community sehr gut an, wie die Kommentare in Abbildung 9.24 verdeutlichen.

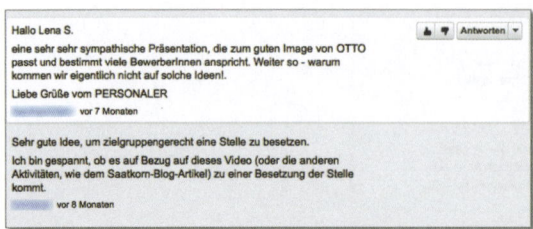

Abbildung 9.24   : Kommentare zum Rekrutierungsvideo der Otto Group auf YouTube

Sie sehen: Wenn Sie die Botschaft in Videos glaubwürdig vermitteln, sodass die Zielgruppe einen realistischen Eindruck gewinnt, wird Ihr Unternehmen oder Ihre Organisation für »sehr sympathisch« befunden, und dies tut Ihrem Image gut. Denn gerade indem Sie den Zuschauer über unterschiedliche Sinneskanäle ansprechen, können Sie ihn von sich überzeugen. Die Mitarbeiter für sich sprechen zu lassen und aus ihrem Arbeitsalltag berichten zu lassen, ist dabei eine Methode, die sich auch bei kleineren Unternehmen und Organisationen bewährt hat.

Wie Sie sodann Ihre Mitarbeiter zum Sprachrohr machen und durch deren Einsatz systematisch an Attraktivität gewinnen, erfahren Sie im folgenden Abschnitt.

9.1.7   Employee Branding: Die Mitarbeiter als Sprachrohr

Geschichten, die aus dem Unternehmen stammen, sind für Fans und Follower besonders interessant. Wenn diese direkt von den Mitarbeitern des Unternehmens kommen, wirken Sie umso glaubwürdiger. Insofern sollten Sie, um die Arbeitgebermarke im Social Web zu festigen, Ihre Mitarbeiter zu Botschaftern für Ihr Unternehmen machen. Kurzum: Die Rede ist von *Employee Branding*.

Die Krones AG ist als eines von wenigen Unternehmen aus dem B2B-Bereich ein bekanntes Best-Practice-Beispiel für effektives Social-Media-Marketing und hat es insbesondere auf ihrer Facebook-Seite verstanden, sich als sympathischer Arbeitgeber zu präsentieren (siehe Abbildung 9.25).[13]

---

13 Linger, *http://lingner.com/zukunftskommunikation/die-krones-ag-als-vorreiter-im-facebook-marketing*

Abbildung 9.25   Facebook-Seite der Krones AG

Dabei kann Employee Branding auf ganz unterschiedliche Weise erreicht werden. Beispielsweise lässt die Gothaer Versicherung ihre Mitarbeiter in zahlreichen *Videos* auch auf der *Facebook-Karriereseite* zu Wort kommen. Vom Auszubildenden bis zur Assistenz der Geschäftsführung – anhand kurzer Stichworte erläutern sie ihre Position und Aufgaben (siehe Abbildung 9.26). Darüber hinaus verraten die Videos zumindest indirekt etwas über das Arbeitsklima und Durchbrechen die Anonymität des großen Versicherers. Sympathisch und kompetent wirkende Mitarbeiter unterschiedlicher Hierarchieebenen legen ein authentisches Zeugnis von den Arbeitgeberqualitäten ab.

Doch auch ohne (mehr oder weniger) aufwendig produzierte Videos können Sie Ihre Angestellten für sich sprechen lassen. Im Daimler-Blog schreiben die Mitarbeiter selbst und berichten von den *vielfältigen Aktivitäten* im Großkonzern (siehe Abbildung 9.27). Sie bloggen über den eigenen Arbeitsplatz, das kollegiale Miteinander oder glänzen mit ihrem technischen Know-how – allesamt Perspektiven, die interessierten Bewerbern erlauben, sich ein Bild vom Arbeitgeber und den Kollegen zu machen. Denn das Blog möchte bewusst »Einblicke in einen Konzern« geben.

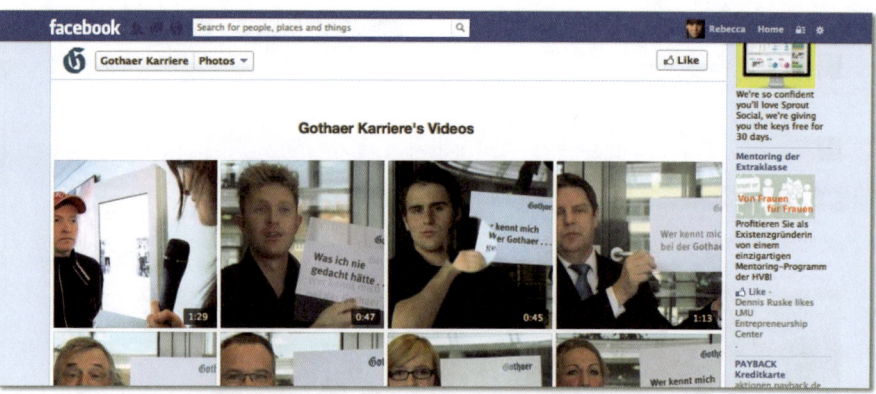

Abbildung 9.26 Video-App auf Gothaer Karriere (Facebook)

Abbildung 9.27 Daimler-Blog

Ähnlich ausgerichtet ist auch der Chemieriese *Bayer*. Hier bloggen die Mitarbeiter ebenfalls und stellen sich zudem vor die Kamera. Sie zeigen, dass das Unternehmen leistungsorientiert arbeitet und zugleich den Dialog sucht und offen ist. Jenseits des Blogs werden die Beiträge zwischen Praktikumsbericht, Arbeitswelt und persönlichen Erlebnissen rund um Bayer auch auf der Facebook-Chronik von *Bayer Karriere* veröffentlicht (siehe Abbildung 9.28). Dadurch erzielt man eine noch größere Reichweite und spricht vor allem eine junge, netzaffine Zielgruppe an. Eine sinnvolle Strategie, denn aktuelle Umfragen zeigen, dass sich 67 % der Studenten über potenzielle Arbeitgeber im Social Web informieren.

Abbildung 9.28   Facebook-Seite von »Bayer Karriere«

Angesichts der Fallbeispiele stellt sich die Frage: Ist Employee Branding wirklich nur etwas für die ganz Großen? Keine Sorge, die Antwort kann verneint werden. So können Mitarbeiter auch in KMU und kleineren Organisationen zum Sprachrohr werden und ihre Strahlkraft entfalten. Dies funktioniert beispielsweise hervorragend durch »persönliche« Blogbeiträge oder durch beispielsweise mit Instagram aufgenommene Bilder, die Mitarbeiter am Arbeitsplatz zeigen.

Durch solche Fotos können diese zum Fürsprecher für den Arbeitgeber werden – vor allem, wenn die Bilder über die offiziellen Social-Media-Kanäle mit einem netten Spruch geteilt werden. Doch auch in diesem Fall gilt: Wenn Sie mit Bildern oder gar Videos arbeiten, sollten Sie auf »echte« Statements setzen. Und keine Sorge, solange die veröffentlichten Inhalte glaubwürdig, sympathisch und charmant rüberkommen, müssen sie keinen Hochglanzcharakter haben. Für erfolgreiches Employee Branding sind also keine großen Investitionssummen notwendig, wenn Einfallsreichtum vorhanden ist und die Mitarbeiter tatsächlich hinter dem Unternehmen stehen.

Rechtstipp: Employee Branding – muss man sich als Mitarbeiter im Internet präsentieren?

Grundsätzlich ist es nicht möglich, dass der Arbeitgeber den Arbeitnehmer zwingt, sich etwa für die Firmenwebsite abbilden zu lassen – hier kollidiert das Persönlichkeitsrecht des Arbeitnehmers mit dem Direktionsrecht des Arbeitgebers. In einer Abwägung beider Interessen wird dies grundsätzlich zugunsten der Persönlichkeitsrechte des Arbeitnehmers ausgehen.

Eine gewichtige Ausnahme wird aber dann anzunehmen sein, wenn der Arbeitnehmer speziell zu diesem Zweck eingestellt wurde und dies arbeitsvertraglich vereinbart war! Allerdings ist eine pauschale Abrede im Arbeitsvertrag hierzu nicht möglich, vielmehr muss der Arbeitgeber ein entsprechendes Interesse nachweisen können, wobei für die gesonderte Leistung des Arbeitnehmers in diesem Bereich eine entsprechende Gegenleistung vorgesehen sein muss – sonst besteht das Risiko, dass die Abrede als unwirksam eingestuft wird.

9.1.8   Bewertungsportale für Arbeitgeber: kununu & Co.

Das Mitmachweb lebt von Usern, die Feedback geben, Stellungsnahmen veröffentlichen und Bewertungen abgeben. Warum sollte dies anders sein, wenn es sich um den eigenen Arbeitgeber handelt? Ähnlich wie bei Buchrezensionen auf amazon.de, können Arbeitnehmer auch ihre Arbeitgeber auf Online-Plattformen bewerten. Man kann hinterlegen, was besonders positiv oder besonders negativ heraussticht. Empfehlungsmarketing macht eben auch vor Arbeitgebern nicht halt. So sind in den vergangenen Jahren einige Bewertungsplattformen entstanden, auf denen der eigene Chef eine Note kommt. Zu diesen zählen unter anderem:

▶ *http://www.kununu.de*

▶ *http://www.meinchef.de*

▶ *http://www.companize.com*

▶ *http://www.jobvoting.de*

▶ *http://www.kelzen.com/de*

▶ *http://www.bizzwatch.de*

Der Anbieter kununu ist dabei nicht nur der älteste seiner Branchenkonkurrenten, sondern auch der größte (siehe Abbildung 9.29). Bekannte Konzerne werden hier zigtausend Mal angeklickt und hinsichtlich Ihrer Vor- und Nachteile analysiert. Von dem Ist-Zustand beim aktuellen Arbeitgeber über das Bewerbungsverfahren bis hin zu den Ausbildungsqualitäten werden Meinungen eingeholt. Schon im Mai 2012 fanden sich hier 200.000 Bewertungen zu 68.000 Unternehmen aus den D-A-CH-Ländern. Durch die Größe und Bedeutung der Plattform erscheinen manche Einträge sogar noch vor den eigenen Karriereseiten in den Suchmaschinenergebnissen.

Insbesondere wenn interessierte Bewerber nach »[Unternehmensname]« und »Arbeitgeber« googeln, werden Sie hier fündig, da kununu meist auf der ersten Seite als Treffererliste auftaucht.

Abbildung 9.29 Die Website des Bewertungsportals kununu

Damit sich Interessenten ein realistisches Bild von Ihrem (zukünftigen) Arbeits- und Ausbildungsgeber machen, sind die Bewertungskriterien breit gefächert. So kann das Verhalten der Vorgesetzten, der kollegiale Zusammenhalt, die Vielfältigkeit der Arbeitsaufgaben, die Atmosphäre, die Kommunikationskultur, Work-Life-Balance und vieles mehr mit maximal fünf Punkten ausgezeichnet werden. Dabei demonstriert Abbildung 9.30, dass von solchen Bewertungen auch durchaus NPOs betroffen sein können. Auch sie werden als Arbeitgeber von ihren Mitarbeitern bewertet, die das Beispiel einer hier nicht zu nennenden, aber namhaften sozialen Organisation mit Niederlassung in Hamburg zeigt.

Insofern ist es als Arbeitgeber jedweder Branche wichtig, solche Portale zu kennen, die Einträge regelmäßig zu lesen und zu wissen, wie man mit diesen sinnvoll umgeht. Ein sinnvoller Einsatz im Rahmen des Employer Branding meint dabei nicht, Bewertungen selber zu fälschen oder Mitarbeiter dazu anzuhalten, durch die Bank weg zu positiven Benotungen zu verpflichten.

Abbildung 9.30   Soziale Organisation, von zehn Mitarbeitern bewertet (kununu)

Vielmehr besteht ein sinnhafter Umgang darin, die Beurteilungen a) als verlässliche Feedbackquelle zu betrachten und b) Ihre aktuellen Mitarbeiter zum Mitmachen auf der Bewertungsplattform zu ermuntern. Denn wie Sie sich vielleicht vorstellen können, werden wohl eher ehemalige Mitarbeiter zu schlechten Bewertungen neigen und sich hier »über den früheren Chef« auslassen. Ihre Motivation, sich zu beschweren, ist meist also höher. Insofern sollten Sie hier proaktiv vorgehen und das Personal zum Mitmachen auffordern, damit sich ein realistisches Bild ergibt und Sie nicht früheren ebenso wie unzufriedenen Angestellten das Feld überlassen.

Falls Sie letztlich zwischen allen Beiträgen ab und an einen negativen Eintrag entdecken, ist dies kein Weltuntergang. Schließlich sind die Bewertungen subjektiv. Ein Beispiel: Bei kununu können der Umgang mit Kollegen über 45 Jahre genauso bewertet werden wie Themen der Gleichberechtigung. Dabei sind die Ergebnisse selbstredend vom persönlichen Hintergrund des Bewertenden geprägt. So es ist durchaus wahrscheinlich, dass eine Fachkraft in den Mittfünfzigern oder eine sehr junge aufstrebende Karrierefrau die angesprochenen Kriterien wahrscheinlich anders wahrnehmen und beurteilen.

Häufen sich allerdings die negativen Einschätzungen, sollten Sie die Gründe hinterfragen. Gemäß dem Management-Sprichwort »Der Fisch stinkt vom Kopf« gibt es ja vielleicht wirklich einen Missstand, der niemals zur Sprache kam und den Sie bislang nicht kannten. Bei überbordender Negativkritik sollten Sie allerdings einen Schritt weitergehen und sich fragen, ob Ihre Unternehmenskultur wirklich so attraktiv ist, wie Sie dachten. Gegebenenfalls empfiehlt sich auch das Hinzuziehen externer Berater, die Ihnen »blinde Flecken« und neue Wege der mitarbeiterfreundlichen Führungskultur aufzeigen.

Rechtstipp: kununu und sonstige Arbeitgeberbewertungsportale

Arbeitgeber, die auf kununu beurteilt wurden, müssen sich nicht alles bieten lassen: Neben Schmähkritik und unwahren Tatsachenbehauptungen ist eine Offenlegung von Betriebsinterna (»Geschäftsgeheimnissen«) im Sinne des § 17 UWG nicht hinzunehmen.

9.2   Wie Sie Ihre Mitarbeiter an sich binden

Um Mitarbeiter dauerhaft zu halten, ist die Unternehmenskultur entscheidend. Ist sie mitarbeiterorientiert, stärkt sie die emotionale Bindung an das Unternehmen, festigt die Identifikation mit den Unternehmenszielen, entspannt die Arbeitsatmosphäre und befähigt zur gemeinsamen Problemlösungskompetenz. Eine offene Unternehmenskultur befördert also den offenen Austausch zwischen Hierarchieebenen und Abteilungen. Nicht minder vermag sie sich positiv auf das Innovationsklima auszuwirken, denn dort, wo miteinander auf Augenhöhe kommuniziert wird, entstehen oft genug die besten Ideen. Transparente Strukturen gilt es zu schaffen, um die Loyalität gegenüber dem Arbeitgeber und die Zufriedenheit mit dem eigenen Arbeitsplatz zu erhöhen.

An diesem Punkt kommen intern eingesetzte soziale Medien, Webtechnologien und Software in Spiel. Vor allem bei wissensbasierter oder kreativer Arbeit sind sie sehr sinnvoll. Denn diese ermöglichen die Beteiligung vieler Mitarbeiter und erleichtern die Kollaboration. Das ist nicht nur für (interdisziplinäre) Teams förderlich, sondern auch für Projekte, die zwischen verschiedenen Abteilungen angesiedelt sind. Die neuen Formen des Wissensmanagements fördern zudem die Transparenz. Gearbeitet wird mit Wikis, (Micro-)Blogs oder Foren, in Chats ebenso wie in hauseigenen Communitys. Auch interne Online-Umfragen, die im Sinne der Mitbestimmung durchgeführt werden, zählen dazu. Die Einsatzmöglichkeiten sind also vielseitig und hängen sehr stark vom Arbeitsfeld und der Branchenzugehörigkeit ab. Insofern ist die Sondierung geeigneter Tools für den »Hausgebrauch« stets von den individuellen Bedürfnissen abhängig.

9.2.1   Social Web am Arbeitsplatz: Fluch oder Segen?

Auch heute ist die Unsicherheit, ob und wie Social Media am Arbeitsplatz eingesetzt werden können und sollen, noch groß. Offenkundig fürchten Arbeitgeber geschäfts- und reputationsschädigende Auswirkungen in der Art, dass beispielsweise Geschäftsgeheimnisse und sonstige Interna via Social Networks ausgeplaudert werden. Darüber hinaus fürchten sie immer wieder Produktivitätseinbußen.

Diese These bestärkte eine internationale Studie von Kelly Services, die Mitte 2012 veröffentlicht wurde.[14] Für den *Kelly Global Workforce Index* wurden weltweit 170.000 Personen befragt, darunter auch 4.000 deutsche Arbeitnehmer und Arbeitgeber. Letztere gaben zu 52 % an, dass Social Media als »Privatvergnügen« am

---

14 Mittelstand Direkt, *http://www.mittelstanddirekt.de/home/it_und_internet/nachrichten/ unerwuenschtes_privatvergnuegen_oder_unvermeidbare_entwicklung.html*

Arbeitsplatz der Produktivität abträglich seien. Ein knappes Drittel sah indessen der Vermengung von Privat- und Berufsleben skeptisch entgegen.

Angesichts dieser Vorbehalte ist es kaum überraschend, dass eine im März 2012 durchgeführte Kurzumfrage der Deutschen Gesellschaft für Personalführung e. V. die Unentschlossenheit vieler deutscher Arbeitgeber abermals statistisch untermauerte.[15] 15 % der insgesamt 202 Befragten haben noch keine Entscheidung über die Zulässigkeit von Social Media am Arbeitsplatz gefällt. Während 9 % angaben, sämtliche Plattformen, Netzwerke und Services seien tabu, beschränken 12 % der Arbeitgeber die Nutzung auf ein zeitliches Limit. Ein Zehntel der Umfrageteilnehmer konstatierten, die Nutzung werde nur ausgewählten und eben nicht allen Mitarbeitergruppen ermöglicht. Priorität habe das Networking in B2B-Netzwerken, welches besonders den Marketing-, Vertriebs- und HR-Abteilungen vorbehalten sei.

Rechtstipp: Internetnutzung am Arbeitsplatz – wann sind Kündigungen erlaubt?

Die Internetnutzung am Arbeitsplatz ist ein häufiger Streitpunkt. Kündigungen oder Abmahnungen stehen zur Diskussion, wenn das Internet entgegen ausdrücklicher Weisung zu privaten Zwecken genutzt wurde, wenn es so genutzt wurde, dass der Ruf des Arbeitgebers gefährdet werden kann oder bei Erlaubnis privater Nutzung in zu großem Ausmaß genutzt wurde. Ob dann im Einzelfall fristlose Kündigung oder (erst) eine Abmahnung angezeigt sind, obliegt der Bewertung der Umstände des Einzelfalls. Es ist dringend anzuraten, die Nutzungsregeln hausintern schriftlich zu fixieren und von den Mitarbeitern gegenzeichnen zu lassen.

Ein ähnliches Bild zeichnet auch eine Studie des Instituts Aris. Befragt wurden über 800 IT-Verantwortliche, Datenschutzbeauftragte und Geschäftsführer aus unterschiedlichen Branchen.[16] Als Ergebnis wurde festgehalten: Bei 59 % der Unternehmen sei die private Internetnutzung gestattet, weniger als ein Drittel verbietet diese gänzlich, 11 % besäßen immer noch keine Regelung hinsichtlich der privaten Social-Media-Nutzung während der Arbeitszeit. Interessant ist ein Blick auf die Unternehmensgröße: Während große Unternehmen mit über 50 Mio. Umsatz ihren Mitarbeitern eine Nutzung mehrheitlich untersagen, sind kleine Unternehmen mit unter 1 Mio. Umsatz deutlich kulanter. Fast die Hälfte gestattet einen uneingeschränkten Zugang.

Doch auch anderen Wissensarbeitern kann Social Media durchaus gut tun – einen spannenden Artikel zu diesem Thema veröffentliche Christian Müller Ende August 2012 bei t3n. Er forderte mehr Freiheiten und Eigenverantwortung für privates Sur-

---

15 Online-Recruiting, *http://www.online-recruiting.net/mobile-recruiting-ist-kein-trend/*
16 BITKOM, *http://www.bitkom.org/de/markt_statistik/64026_71631.aspx*

fen im Social Web. Statt eine »Vollsperrung« während der Arbeitszeit vorzunehmen und geistige Blockaden heraufzubeschwören, unterstrich er die Sinnhaftigkeit kurzer (Denk-)Pausen. Denn in der Tat kann das temporäre Befassen mit anderen Themen produktivitäts- und kreativitätssteigernd wirken. Unbedarft sollte man dabei als Arbeitgeber jedoch nicht an das Thema gehen. So sind verbindliche Guidelines und einheitliche Sicherheitsstandards unabdingbar (Abschnitt 1.2, »Herausforderung für die interne Kommunikationskultur«), wenn Sie Ihre Mitarbeiter während der Arbeitszeit im Social Web aufhalten. Falls allerdings Social Media am Arbeitsplatz erlaubt sind, sollten Sie Ihre Mitarbeiter zur aktiven Vernetzung motivieren und als Fürsprecher für Ihr Unternehmen auftreten lassen. Jedoch sollte im Ideal eine zeitliche Beschränkung sowie eine Beschränkung der Kommunikationsformen vorliegen – denn privates Chatten ist sicherlich nicht im Sinne des Arbeitgebers.

Rechtstipp: Kündigung bei Verstoß gegen die Social Media Guidelines?

Kann man einen Arbeitnehmer kündigen, wenn er gegen betriebliche Social Media Guidelines verstoßen hat? Es kommt drauf an: Durch betriebliche Social Media Guidelines wird man dem Arbeitnehmer nicht vorgeben dürfen, wie er sich in seiner Freizeit zu verhalten hat. Erst wenn das Arbeitsverhältnis oder betriebliche Belange berührt sind, kommt eine Kündigung infrage. Dann wird im Einzelfall zu prüfen sein, ob der Pflichtverstoß so schwerwiegend war, dass eine fristlose Kündigung ausgesprochen wird, oder ob erst eine Abmahnung angezeigt ist.

Social Web als unnützer Zeitfresser? Die Google Studie widerlegt es!

Im Frühjahr letzten Jahres hat Google bei dem britischen Marktforschungsinstitut *Millward Brown* eine Studie zum Thema Social Media am Arbeitsplatz in Auftrag gegeben. In sieben westeuropäischen Ländern wurden branchenübergreifend 2.700 Personen befragt, die aus beruflichen Gründen soziale Netzwerke während der Arbeitszeit nutzen. Dabei bewegten sich 87 % mehr oder weniger häufig in sozialen Medien, nahezu ein Drittel fast täglich. 63 % der Studienteilnehmer gaben an, »Social-Media-Enthusiasten« zu sein.[17]

Hinsichtlich ihrer Selbsteinschätzung erwiesen sich die Nutzer als zufrieden. An ihren Arbeitserfolgen und ihrer Produktivität hatten sie selbst nichts auszusetzen – fast vier Fünftel hatten kürzlich eine Beförderung erhalten. Zuversicht bestand auch bezüglich der eigenen Karriereaussichten sowie der Rekrutierungsfähigkeit. Denn diesbezüglich waren 66 % der Überzeugung, durch den Social-Media-Einsatz fiele auch das Finden von qualifizierten Bewerbern leichter. Sicherlich ein weiteres Indiz

---

17 Siehe auch paseomarketing, *http://blog.paseo-marketing.de/soziale-netzwerke-glucksgefuhle-am-arbeitsplatz*

dafür, dass systematisches Employer Branding im Social Web auch in Zukunft Erfolgsaussichten hat.

9.2.2   Social Intranet: Was bedeutet das eigentlich?

Jenseits der positiven Effekte auf die Arbeitgebermarke vermögen interaktive Webanwendungen auch intern einiges zu bewegen. Sie tragen zur Produktivitätssteigerung bei und ermöglichen eine effiziente Umgestaltung der internen Kommunikationsabläufe. Der systematische Einsatz sozialer Medien und entsprechender Software führt dabei zu einer nachhaltigen Verknüpfung des unternehmenseigenen Wissensmanagements mit dem persönlichen Wissensfundus Ihres Personals.

Zusammengefasst werden können die Webtechnologien und Softwarepakete für innerbetriebliche Zwecke mit Begriffen wie *Social Intranet*, *Internal Social Media*, *Social Software* und *Enterprise 2.0*. Wenngleich in den D-A-CH-Ländern noch nicht allzu bekannt, handelt es sich hierbei nicht um neue Wortschöpfungen und Phänomene. So wurde der Begriff Enterprise 2.0 bereits erstmals im Jahr 2006 von Professor Andrew McAfee, Harvard Business School, in einem Fachartikel verwendet und expliziert (siehe Abbildung 9.31).

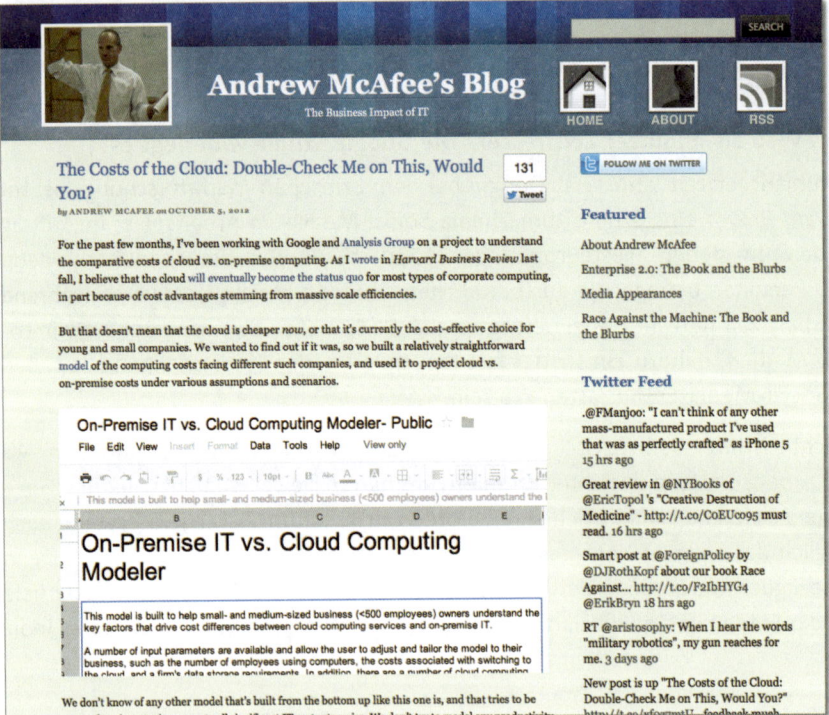

Abbildung 9.31   Blog von Andrew McAfee (http://andrewmcafee.org/blog/)

Angelehnt an den Begriff des Webs 2.0 geht es auch hier um interaktive, dynamische und multimodale Lösungen, die das dezentrale Arbeiten durch Echtzeitkommunikation beschleunigen und erleichtern. Die Unternehmenskommunikation gewinnt durch Teilen, Kommentieren und das gemeinsame Bearbeiten von Inhalten an Tempo. Die Stärke und Besonderheit dieser Webanwendungen charakterisierte Michael Korbacher von Google, treffenderweise mit den Worten:

> »Soziale Netzwerke ermöglichen uns nicht nur, Kontakte schneller herzustellen und intelligenter zu arbeiten. Vielmehr sorgen sie für eine insgesamt ganz neue Art zu arbeiten: Wir erweitern damit unsere Perspektive und unseren Horizont – und können uns von anderen inspirieren lassen.«[18]

Marketing-Take-away: Was sind die Top Ten der Intranet-Tools?

Da das Thema Social Intranet hierzulande noch in den Kinderschuhen steckt und in der Regel nur größere Unternehmen auf die Unternehmenskommunikation 2.0 setzen, wird hier auszugsweise die *Social Intranet Study* von Dezember 2011 wiedergegeben.[19] Die Untersuchung hat folgende Rangfolge der eingesetzten Tools ergeben, wobei sich vermuten lässt, dass sich diese Reihenfolge nicht wesentlich geändert hat:

1. interne Blogs (75 %)
2. interne Diskussionsforen (65 %)
3. internes Instant Messaging (63 %)
4. interne Wikis (61 %)
5. Zulässigkeit von internen Benutzerkommentaren (60 %)
6. RSS Feeds (56 %)
7. Suchfunktion durch Tagging (51 %)
8. Videointegration/Vlogs (43 %)
9. internes Social Networking/Community (43 %)
10. internes Microblogging (42 %)

9.2.3 Social Intranet: Was ist empirische Realität?

Enterprise 2.0 hat definitiv einen Hauptvorteil: Unter den richtigen Voraussetzungen beschleunigen Social Tools und Plattformen den innerbetrieblichen Informationsfluss, befördern die Kommunikation zwischen Abteilungen beziehungsweise Teammitgliedern und optimieren den Wissenstransfer. Dadurch werden dem Arbeitgeber gleich in mehrerer Hinsicht Kosten gespart. Diese Ergebnisse beförderte

---

18 Michael Korbacher, *http://www.pressebox.de/pressemitteilung/google-germany-gmbh/Google-gram/boxid/508711*

19 Social Intranet Study, *http://de.slideshare.net/PingElizabeth/the-social-intranet-study-december-2011-summary-report*

bereits 2012 eine globale Studie des *McKinsey Global Institute* zutage.[20] 77 % der Befragten sahen die Vorteile von Web-2.0-Technologien in einem leichteren Informationszugang für die Mitarbeiter. Kaum erstaunlich, dass 60 % davon ausgingen, dies führe zu sinkenden Kommunikationskosten. Den rascheren Zugang zu unternehmensinternen Experten führen immerhin 52 % ins Feld. Auch wurde von 44 % angegeben, der interne Social-Media-Einsatz könne zur Senkung der Reisekosten beitragen. Zwei Fünftel erhofften sich indessen durch die interaktiven Kommunikations-Tools mehr Mitarbeiterzufriedenheit, während 28 % der Befragten auf ein günstigeres Innovationsklima spekulierten. Lediglich bei 18 % wurde auf Umsatzsteigerung gesetzt.

In der Summe sind die vorgestellten Zahlen ein Indiz dafür, dass Unternehmen in der Tat die Vorteile des Enterprise 2.0 sehen. Daher werden moderne Webtechnologien auch in D-A-CH-Ländern an Bedeutung gewinnen. Insofern sie zielführend implementiert werden, steigern sie letztlich aus mehreren Gründen die Produktivität Ihrer Mitarbeiter.

Auf die Mitarbeiter kommt es an

Hinsichtlich der Produktivitätssteigerung besteht ein großer Vorteil darin, dass Statements, Nachfragen und Konversationen nachhaltig gespeichert werden. Die Antworten sind dabei für andere (ausgewählte) Mitarbeiter einsehbar, es wird Transparenz geschaffen und durch spezielle Such- und Tagging-Funktionen die Informationsbeschaffung erleichtert.

Dank der Speicherung regelmäßig wiederkehrender Fragen und des Zugänglichmachens der Antworten können Kommunikationsabläufe verschlankt werden, da die Informationen dem gesamten Personal zur Verfügung stehen. Folglich kommt es zu einer Archivierung des Bestandswissens bei gleichzeitiger Weiterentwicklung der Wissensbasis. Einmal etabliert, handelt es sich auch hier wortwörtlich um *Work in Progress*. Die Informationen wandeln sich fortwährend, werden aktualisiert und erweitert. Daneben erhalten sie auch gegebenenfalls ein anderes Format und/oder eine andere Qualität, weil Mitarbeiter dem Geschriebenen nun ihre persönliche Note geben.

Der Einsatz sozialer Medien innerhalb von Unternehmen ist allerdings nicht selbsterklärend. Gerade als Unternehmenslösung sind Social Tools meist nicht allzu intuitiv bedienbar, deswegen sollten Sie Ihre Mitarbeiter einbeziehen und sicherstellen, dass die erforderlichen Web-2.0-Kompetenzen vorhanden sind beziehungsweise durch Schulungsmaßnahmen aufgebaut werden. Denn 2012 verzeichneten noch 36 % der deutschen Unternehmen Probleme bei der Einführung, was die Studie

---

20 McKinsey Global Institute, The social economy: Unlocking value and productivity through social technologies, S. 28.

»Social Intranet 2012« von *scm* und *Hirschtec* feststellte (siehe Abbildung 9.32). Knapp 30 % der befragten Unternehmen nutzten bereits interne Echtzeitanwendungen, messen allerdings mehrheitlich nicht deren Rentabilität. Nur 16 % gehen der Frage nach dem Kosten-Nutzenverhältnis durch Kennzahlen nach.

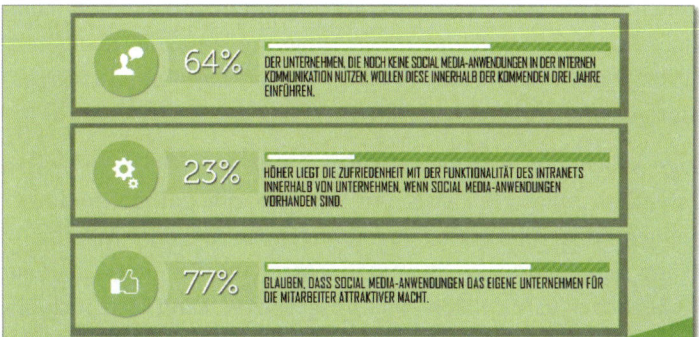

Abbildung 9.32   Auszug der Studie »Social Intranet 2012« von scm; Social Intranet 2012[21]

Von einer Diffusion des Social Intranets kann man hierzulande folglich nicht sprechen, wobei die Tendenz und der Wille zur Einführung vorhanden sind. Denn 64 % wollen es in den nächsten drei Jahren implementieren. Dabei glauben 77 %, dass Social-Enterprise-Konzepte die eigene Attraktivität als Arbeitgeber erhöhen und zum Employer Branding beitragen. Knapp ein Fünftel bekundet, mit dem Intranet seit Einführung sozialer Funktionen zufriedener zu sein.

Rechtstipp: Rechtliche Voraussetzung für ein Social Intranet

In erster Linie ergeben sich hier datenschutzrechtliche Probleme: Der Arbeitgeber wird darauf achten müssen, dass der betreuende Dienstleister vertraglich klar gebunden ist und nur die wirklich notwendigen Daten erhoben werden. Grundsätzlich wird der Arbeitgeber dabei im Rahmen seines Direktionsrechts durchaus vorgeben können, wie betriebsintern gearbeitet wird – allerdings kann er von seinen Arbeitnehmern nicht verlangen, dass diese ihre gesamte Persönlichkeit im Intranet offenlegen. Er wird also insofern Sorge tragen müssen, dass nur das notwendige Minimum an Daten zwingend erhoben wird.

Darüber hinaus ist an die Fürsorgepflicht des Arbeitgebers zu denken: Aufkeimendem Mobbing, Beleidigungen und Belästigungen der Arbeitnehmer untereinander innerhalb des sozialen Intranets sollte vorgebeugt werden. Darüber hinaus ist der Arbeitgeber gut beraten, eine effektive Möglichkeit der Beschwerde bereitzuhalten, mit der Arbeitnehmer bei Problemen sofort Hilfe geboten wird.

---

21   *http://scm-praxistage.de/wp-content/uploads/2012/07/scm_Studie_IKSM_
kurzauswertung03072012.pdf*

9.2.4   Social Intranet bei Nokia

Ein prominentes Fallbeispiel für ein erfolgreiches Social Intranet bietet Nokia. Während man soziale Medien in der externen Kommunikation dazu nutzt, Produkte und Services anzukündigen, den Dialog mit den Kunden zu suchen und das Online-Engagement zu forcieren, setzt man auch intern interaktive Kommunikations- und Dialoginstrumente ein. So nutzt man Blogs, inklusive des übergeordneten Bloghubs, Wikis, Foto- und Video-Sharing, Bewertungs-Tools, Umfrage-Tools, Diskussionsforen und vieles mehr.

All diese Werkzeuge sollen den Wissensaustausch unter 125.000 Mitarbeitern weltweit befördern und verfolgen die Zielsetzung, eine »unique authentic voice«[22] jenseits der allgemeinen Konzernpolitik hervorzubringen. So hat jeder Mitarbeiter eine Stimme und kann sich einbringen. Ideen und Wissen werden geteilt und zur Diskussion gestellt. Feedback von Kollegen und Vorgesetzten kann man auch unkompliziert auf dem virtuellen Dienstweg erhalten. Die Zusammenarbeit wird folglich vereinfacht. Für einen reibungslosen Umgang mit den neuen Medien wurden Guidelines erlassen und eine Netiquette (Abschnitt 1.2.3., »Warum sind Guidelines für Ihre Mitarbeiter unabkömmlich?«), damit die Konversation kollegial und fair abläuft.

Ansonsten sind der Meinungsäußerung keine Grenzen gesetzt. Die neuen Tools sollen schließlich die Unternehmenskommunikation bereichern, weiterentwickeln und das Involvement der Mitarbeiter steigern. Dabei wird der Prozess auch durch das Management aktiv unterstützt. Führungskräfte bemühen sich um Ansprechbarkeit und suchen das Feedback ihrer Mitarbeiter. Es gibt Videokonferenzen und virtuelle Live-Meetings, bei denen Fragen gestellt werden. Die Organisation solcher Meetings wird dadurch vereinfacht, dass vorab Fragen per E-Mail formuliert werden können. Ist man allerdings verhindert, können Absagen auch unkompliziert via SMS geschrieben werden.

9.2.5   Enterprise 2.0 bei der Deutschen Telekom

Am 26. September 2012 wurde Stephan Grabmeier, Head of Cultural Initiatives der Deutschen Telekom AG, zum sogenannten Telekom Barcamp auf der Dialogplattform *Managerfragen.org* interviewt. Interessant waren unter anderem seine Ausführungen zum event-begleitenden Einsatz des konzerneigenen Social Intranets namens Telekom Social Network.

---

22 Simply Communicate, *http://www.simply-communicate.com/case-studies/company-profile/nokia %E2 %80 %99s-internal-communication-driven-social-media*

Gelauncht Anfang 2012, bewegt sich das größte europäische Telekommunikations-unternehmen ebenfalls in Richtung Enterprise 2.0. In Anlehnung an die Definition von Michael Koch und Alexander Richter (2007) geht es auch in diesem Fallbeispiel darum, »die Konzepte des Webs 2.0 und von Social Software nachzuvollziehen und zu versuchen«, diese auf die Zusammenarbeit in den Unternehmen zu übertragen«.[23]

Dass dieser Schritt vollzogen wurde, erstaunt kaum. Denn die Telekom baut ihre Web-2.0-Aktivitäten seit Jahren aus, betreibt einige Facebook-Seiten und twittert zu unterschiedlichen Themen (siehe Abbildung 9.33). Den Dialog sucht sie dabei sowohl mit Kunden als auch mit Investoren ebenso wie mit Bewerbern. Warum also nicht auch intern?

Abbildung 9.33 Twitter-Account von »Telekom Karriere«

Das Social Network der Telekom soll die Kommunikation vereinfachen und zur Pro-duktivitätssteigerung beitragen. Das Intranet steht dabei im Zeichen des Leitbildes der Telekom, die sich auch im Web als »verantwortungsvoller Arbeitgeber« posi-

---

23 Michael Koch, Alexander Richter: Enterprise 2.0. Planung, Einführung und erfolgreicher Ein-satz von Social Software in Unternehmen. München: Oldenbourg 2007.

tioniert und sich für eine »gelebte Partnerschaft« zwischen Konzernspitze und Mitarbeitern einsetzt.

Insofern wundert es kaum, dass auch in puncto Social Intranet vernetzte Kollaboration im Vordergrund steht und Mitmachelemente eine exponierte Rolle spielen. Realisiert wird dies unter anderem durch Unternehmenswikis, wobei ebenfalls Blogs zum Einsatz kommen, so auch im Rahmen eines firmeneigenen Barcamps. Anlässlich des Barcamps konstatierte Grabmeier:

> »Mitarbeiter die nicht teilnehmen konnten wurden über live blogging auf unserem internen Telekom Social Network informiert. Über Twitter konnte jeder Interessierte mit #tbar08 in rund 200 Tweets Inhalte und/oder Bilder aus dem Barcamp verfolgen.«[24]

Im März 2013 wurde das *Telekom Social Network* bereits von 44.000 Mitarbeitern genutzt, was – gemessen an der Gesamtzahl von weltweit 235.000 Mitarbeitern – vermuten lässt, dass sich die interne Kommunikation in Zukunft noch weiter auf die Web-2.0-Technologien verlagert.[25] Dies zeigt einmal mehr, dass die Zukunft des Enterprise 2.0 verheißungsvoll ist. Doch auch wenn noch nicht allzu viele Beispiele in Deutschland bekannt sind, steht fest: Das Potenzial für die interne Vernetzung ist da. Transparente Strukturen in Unternehmen und Organisationen können durch den Gebrauch von Internal Social Media geschaffen und aufrechterhalten werden. Wenn diese mitarbeiterorientiert konzipiert sind, stärkt die Teilhabe letztlich auch die emotionale Bindung zum Arbeitgeber.

9.2.6   BuddyPress

Wenn Sie sich für den internen Einsatz von interaktiven Webtechnologien entscheiden und Sie auf der Suche nach einer unkomplizierten und wenig aufwendig zu entwickelnden Lösung sind, können Sie wie zum Beispiel auf den Anbieter BuddyPress zurückgreifen. Denn mit Hilfe von BuddyPress kann im Handumdrehen ein Nischen-Netzwerk eingerichtet werden, in welchem sich Kollegen und Gleichgesinnte miteinander vernetzen und untereinander verknüpfen. Das Motto lautet »Social networking, in a box« und entspricht dem Grundgedanken. Das System basiert auf WordPress und bietet für Unternehmen wie auch NPOs interessante Funktionen (siehe Abbildung 9.34).

Ähnlich wie in anderen sozialen Netzwerken besteht hier die Möglichkeit, sich zu befreunden, die Statusnachrichten anderer zu kommentieren oder mithilfe des @-Zeichens Personen zu erwähnen. Auch können über BuddyPress private Nach-

---

24 Managerfragen.org, *http://managerfragen.org/Dialog.html?questionId=155*
25 Computerwoche, *http://www.computerwoche.de/a/social-media-hier-spricht-nicht-nur-der-chef,2534046*

richten von User zu User verschickt werden. Durch Plugins können zudem Wikis und sonstige Instrumente zum effektiven Wissensmanagement eingefügt werden.

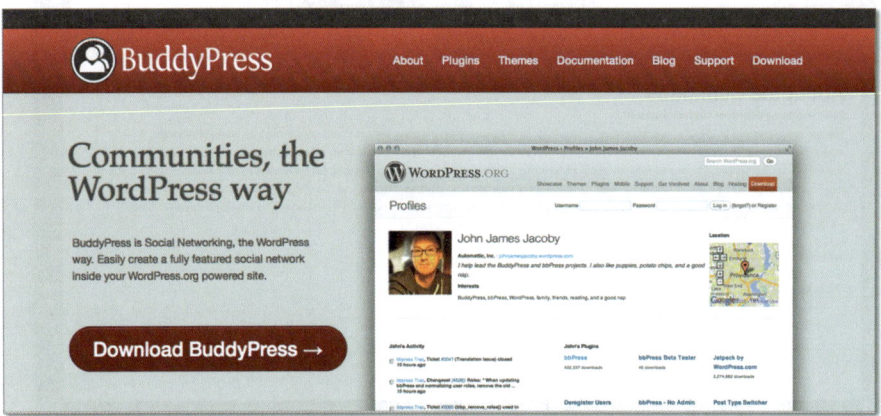

Abbildung 9.34   Website von BuddyPress

Doch dem noch nicht genug: Diskussionen können in Gruppen und Foren geführt werden. So haben Mitglieder die Möglichkeit, in öffentlichen wie auch geheimen Gruppen und Foren zu kommunizieren und ihr Wissen auszutauschen. Dadurch wird unnötiger Telefoniererei und dem Mailen von Kleinigkeiten vorgebeugt. Denn ein Mitarbeiter kann dann auf Anfragen und Anmerkungen reagieren, wenn sich die Gelegenheit ergibt. Durch ein klingelndes Telefon ständig aus dem Gedankengang gerissen zu werden, gehört also der Vergangenheit an.

Für Mitglieder einer geschlossenen BuddyPress-Community werden Aktivitäten, Gruppen oder Foren angezeigt, sodass sich jeder ein Bild von den Themen und Vorgängen machen kann. Ob und welche Informationen an die Öffentlichkeit gelangen, bestimmen Sie selbst. Wenn Sie sich für ein geschlossenes Netzwerk entscheiden, laufen Sie selbstredend nicht Gefahr, dass Ihre Mitarbeiter am Arbeitsplatz privat chatten, kommentieren, liken und posten. Doch vielleicht möchten Sie ja auch Außenstehenden einen kleinen Einblick hinter die Kulissen Ihres Netzwerkes geben und manche Bereiche öffentlich einsehbar machen?

Wie Sie sehen, deckt BuddyPress viele Funktionen ab. Es kommt also letztlich auf Ihren Bedarf an, welche sich eignen.

Fallbeispiel: Academic Commons der City University of New York

CUNY Academic Commons ist wahrlich ein Best-Practice-Beispiel für die Nutzung von BuddyPress im akademischen Kontext. Die City University of New York setzt seit einigen Jahren BuddyPress ein, um die hochschulinterne Vernetzung zu fördern und den Wissenstransfer zu beschleunigen (siehe Abbildung 9.35).

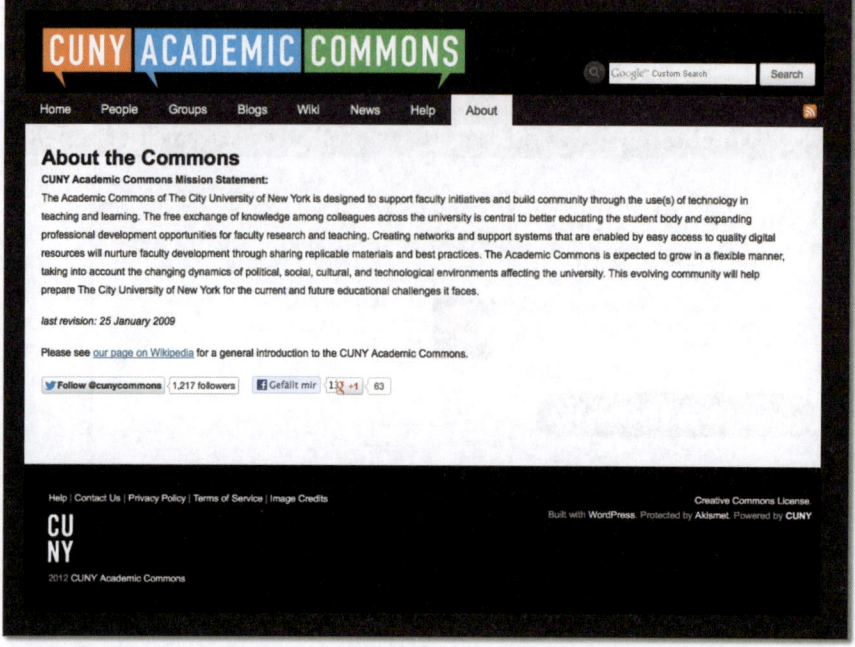

Abbildung 9.35 CUNY Academic Commons – das Netzwerk der City University of New York auf Basis von BuddyPress

Mitmachen kann hier tatsächlich jeder, der an der Hochschule arbeitet oder dort studiert. Auf der Seite CUNY Academic Commons können sich registrierte Mitglieder vernetzen, eigene Gedanken bloggen, die Inhalte anderer kommentieren und weiterempfehlen, in verschiedenen Gruppen debattieren und obendrein ihre Expertise in Wikis einbringen.

Summa summarum wird dadurch der Austausch zwischen Lehrenden und Lernenden unterstützt. Der Einsatz von Web 2.0-Technologien soll die akademische Lehre und das studentische Lernen erleichtern. Das Projekt trägt zum Aufbau einer lebendigen Community bei, in die sich alle Universitätsmitglieder einbringen. Durch das Netzwerk ist es selbstredend auch möglich, dass sich Hochschulangestellte (interfakultativ) austauschen und sich in Diskussionen über Lehrthemen, Forschungsarbeiten und die Gestaltung des Studentenlebens äußern. Für verschiedene Bereiche gibt es gesonderte Gruppen, private wie öffentliche.

Dass sich die studentischen Mitglieder der CUNY Academic Commons nicht nur untereinander, sondern auch mit den Lehrenden vernetzen, ist ein besonderes Highlight. Gerade im Hochschulbereich ist ein solcher Dialog hilfreich. Die direkte Kommunikation wirkt sich positiv auf das Studium aus, erleichtert die Wissensbeschaffung und fördert langfristig sogar die Herausbildung des wissenschaftlichen

Nachwuchses, weil der Direktkontakt zu vertrauteren und gleichwertigeren Beziehungen zwischen Hochschullehrern und -schülern führt. Falls Fragen zu Kursen oder außercurricularen Aktivitäten auftauchen, klärt man diese unmittelbar – sei es durch direkte Nachrichten oder in Gruppen.

Die Entwicklung solch interaktiver Lehr- und Lernformen wird das deutsche Hochschulwesen in Zukunft sicherlich ebenfalls vor Herausforderungen stellen und grundlegend verändern. Auch wenn bereits ein paar Hochschulangebote hier auf dem Markt sind, scheinen diese noch in der Probephase zu stecken. Es gibt also auch in diesem Bereich noch einiges zu lernen.

Rechtstipp: Warum ist Google Drive nicht für die professionelle Kollaboration geeignet?

Das Problem an Speicherdiensten wie Google Drive oder Dropbox ist, dass nicht sichergestellt ist, wo die Daten gespeichert werden – insbesondere ist eine Speicherung außerhalb der EU nicht nur möglich, sondern wahrscheinlich. Länder außerhalb der EU sind allerdings datenschutzrechtliche Drittstaaten, deren Schutzniveau erst zu beurteilen ist. Sollte kein vergleichbares angemessenes Schutzniveau gewährleistet sein, hat eine Übertragung grundsätzlich zu unterbleiben. Gerade bei Diensten, die auf Servern in den USA speichern, ist zu bedenken, dass hier die staatlichen Behörden relativ leicht Zugriff auf diese Daten nehmen können, was bereits ein gewisses Vertraulichkeitsproblem darstellt.

Ein weiterer Aspekt ist, dass sich Dienste wie Google in den AGB die Beendigung der Geschäftsbeziehungen vorbehalten, wenn man bestimmte Verstöße begeht. Wenn dann überraschend plötzlich der Zugriff auf die eigenen Daten verwehrt wird, fehlt die Möglichkeit, effektiven Rechtsschutz in Deutschland zu suchen, während man um seine Daten ringt. Daher klugerweise Datenspeicherdienste wählen, die ihren Sitz in Deutschland haben und eine Speicherung auf Servern innerhalb der EU zusagen.

9.3 Fazit: Was Sie tun und was Sie tunlichst vermeiden sollten

Soeben haben Sie gesehen, welche Maßnahmen den internen Kommunikationsprozess optimieren sowie das Engagement und Commitment Ihrer Mitarbeiter stärken. Denn gerade in Zeiten des Fachkräftemangels ist Ihr Stammpersonal eine wertvolle Ressource Ihres unternehmerischen Erfolgs. Neue Formen des interaktiven Wissensmanagements und der Kollaboration tragen hierzu bei. Sie befördern das kollegiale Miteinander, verschlanken kommunikative Strukturen und setzen Innovationspotenziale frei. Letztlich gewinnen Sie dadurch an Attraktivität für Ihre Mitarbeiter.

Diesen Eindruck können Sie durch eine gezielte Außenkommunikation auch an die Öffentlichkeit und an Ihre Recruiting-Zielgruppe tragen. Immerhin sind Social Media bestens geeignet, wenn Sie Ihr Arbeitgeberimage vermarkten möchten und neue Mitarbeiter suchen. Dabei gibt es vieles zu beachten.

Was Sie beherzigen und was Sie vermeiden sollten, finden Sie daher noch einmal im Folgenden zusammengefasst.

Was Sie tun sollten

▶ Planen Sie Ihre Aktivitäten sorgfältig, und hinterfragen Sie, welche Netzwerke angesichts des zur Verfügung gestellten Budgets sinnvoll sind.

▶ Verwenden Sie nicht die identischen Informationen Ihrer Homepage, sondern geben Sie dem Unternehmen ein Gesicht.

▶ Zeigen Sie Ihrer Community durch Links, Videos und Fotos, dass Sie mehr als »nur« ein Brötchengeber sind. Präsentieren Sie sich als ein »lebendiges« Unternehmen, das von den Mitarbeitern lebt und sich für diese einsetzt.

▶ Dabei gilt die Faustregel: je persönlicher und authentischer, desto besser.

▶ Im Klartext heißt das: Posten Sie nicht nur Karrierethemen! Posten Sie das, was Sie auch darüber hinaus zu bieten haben. Vielleicht ist es auch eine Überlegung wert, von Zeit zu Zeit ein sachbezogenes Gewinnspiel durchzuführen und dadurch Lust auf mehr zu machen.

▶ Fragen Sie Ihre Community ruhig nach Wünschen und Anregungen, und suchen Sie das Feedback. Wenn Rückfragen kommen, nehmen Sie diese ernst, und reagieren Sie.

▶ Begleiten Sie Ihre früheren Bewerber bei der Ausbildung und Karriere, und halten Sie Ihre Fans über deren Werdegang auf dem Laufenden.

Was Sie tunlichst vermeiden sollten

▶ Vermeiden Sie standardisierte Ansprache und Textbausteine, wenn Sie den direkten Kontakt mit potenziellen Kandidaten aufnehmen. Jenseits von XING ist allerdings schon beim Erstkontakt ein unverbindliches »du« in den meisten Netzwerken üblich.

▶ Lassen Sie sich nicht zu unauthentischen Redensweisen hinreißen, die im Normalfall nicht Ihrem Sprachgebrauch entsprechen. Nur weil Sie sich im Social Web bewegen, sind Sie noch lange kein anderer Mensch.

▶ Seien Sie gerade in den privateren sozialen Netzwerken wie Facebook nicht aufdringlich. Wenn ein Bewerber nicht über dieses Medium mit Ihnen kommunizieren möchte, hat das nicht zu bedeuten, dass er/sie nichts mit Ihnen und Ihrem Unternehmen zu tun haben möchte. Respektieren Sie sein Bedürfnis nach Privatsphäre.

▶ Signalisieren Sie auf Ihren Karriereseiten und -kanälen, für Bewerber, Young Potentials und Ihre eigenen Mitarbeiter ansprechbar zu sein. Wenden Sie sich auch bei kritischen Rückfragen und Anmerkungen nicht ab.

▶ Versuchen Sie nicht nur durch Spaß-Content zu punkten und auf »Masse« zu gehen. Immerhin sind werthaltige Informationen über Arbeitsplätze, Kollegen, Management und Fachgebiete für Ihre Zielgruppe interessant.

▶ Schauen Sie, dass keine allzu große Kluft zwischen der internen und externen Kommunikation besteht. Nutzen Sie auch intern soziale Medien und Software, um sich als mitarbeiterfreundlicher Arbeitgeber zu positionieren.

10 Erfolge sicherstellen

»Wenn es überhaupt ein Geheimnis des Erfolges gibt, so besteht es in der Fähigkeit, sich auf den Standpunkt des anderen zu stellen und die Dinge ebenso von seiner Warte aus zu betrachten wie von unserer.«
Henry Ford

Der Entschluss ist gefasst, der Startschuss gefallen: Der Schritt ins Mitmachweb wird getan, Ihre Strategie ist besprochen und die Organisation ebenso wie die Zuständigkeiten geklärt. Nun gilt es, die PR-Aktivitäten plangemäß durchzuführen. Doch was sollten Sie darüber hinaus beachten?

Zwei wesentliche Komponenten wurden bislang nur am Rande thematisiert: Das Social Media Monitoring und das Medienmanagement in Krisensituationen. Dabei sind Medienbeobachtung und Krisen-PR nicht bloß eng miteinander verzahnt, sondern auch wesentlich für die Sicherstellung einer erfolgreichen PR im Social Web. So sollten Sie die eigenen und fremden Inhalte stets beobachten und nachhalten, wie Ihr Thema und Ihre Marke auf unterschiedlichen Plattformen diskutiert werden. Indem Sie darüber informiert sind, können Sie bereits die Wirkung Ihrer PR-Strategie erahnen und sich vorausschauend positionieren.

10.1 Medienbeobachtung: Kampagnen monitoren und Erfolge messen

Wer Erfolge messen möchte, muss vorab Ziele definieren. Da das Spektrum von Social-Media-PR enorm breit ist, seien hier lediglich einige konkrete Beispiele vorgestellt:

▶ Wir möchten X User bis zum Zeitpunkt Y erreichen und Z Impressionen verzeichnen.

▶ Wir möchten X Fans bis zum Zeitpunkt Y hinzugewinnen und eine Steigerung des Engagements um Z % erreichen.

▶ Wir möchten auf X verstärkt aufmerksam machen, dessen Bekanntheit steigern und es Y Wochen durch Werbeanzeigen bewerben.

▶ Wir möchten hauptsächlich die Zielgruppe der 18–30-Jährigen ansprechen und mit ihr in Interkation treten, um Feedback über Z zu erhalten und ihre Zufriedenheit zu eruieren.

▶ Wir möchten unsere Kampagne beziehungsweise unser Anliegen ins Gespräch bei Bloggern und überregionalen Medien bringen und die öffentliche Aufmerksamkeit nutzen, um den Traffic auf unserer Homepage zu erhöhen.

▶ Wir möchten Verlinkungen und Empfehlungen von User zu User generieren, um mehr Einfluss im Social Web zu haben und mehr Präsenz zu zeigen, damit X besser auffindbar ist.

Achten Sie bei Ihrer Zieldefinition darauf, dass die Erwartungen und Vorgaben realistisch sind. Wenn Sie beispielsweise ein positives Image aufbauen wollen, geschieht das nicht über Nacht. Gleiches gilt, wenn Sie durch die Aktivität in sozialen Medien unmittelbar höhere Umsätze erzielen möchten. Denn in den seltensten Fällen kommt es zu einer rasanten Absatzsteigerung. Wie gesagt: Social Media verfolgen mittel- bis langfristige Ziele. Prinzipiell geht es um Beziehungsaufbau, Bekanntheitssteigerung und Imageförderung – allesamt Faktoren, die sensibel zu behandeln sind und sich nur mit der Zeit entwickeln.

Wenn Sie noch unerfahren auf dem Gebiet *Social Media und PR* sind, empfiehlt sich, im Vorfeld eine Konkurrenzanalyse durchzuführen. Orientieren Sie sich ruhig an Ihren Mitbewerbern, und schauen Sie, wie sich diese positionieren. Falls Sie unsicher sind, sollten Sie sich auch nicht vor Inanspruchnahme von Hilfe scheuen. Ziehen Sie Experten mit beratender Funktion hinzu, um einen praktikablen Schlachtplan zu entwerfen.

10.1.1   Social Media Monitoring

Wenn Sie eine Website haben, werden Sie es bereits kennen: Webanalyse-Tools wie Google Analytics oder Piwik unterstützen Sie dabei, Ihre Erfolge zu messen. Dabei spielt Webmonitoring als konsequente Beobachtung von nutzergenerierten Inhalten auch für Ihre PR in sozialen Medien eine entscheidende Rolle. So hat Kommunikationsstratege Dallas Lawrence gesagt:

> »Monitor, engage, and be transparent; these have always been the keys to success in the digital space.«[1]

Im Social Web geht es also darum, die auf digitalen Plattformen stattfindende Kommunikation über Marken zu beobachten, sich auf den relevanten Plattformen zu positionieren und dort eine aktive Community aufzubauen sowie nicht minder transparent mit Fans und Followern zu kommunizieren – ein Grundsatz, der auch Ihre PR- und Öffentlichkeitsarbeit weiterbringt.

---

1 Mashable, http://mashable.com/2009/12/16/ftc-social-media/

Rechtstipp: Was ist bei Google Analytics zu beachten?

Bei Google Analytics besteht das Problem, dass Daten der Nutzer an einen externen Dienstleister (Google) übermittelt werden. Die datenschutzrechtlichen Aufsichtsbehörden stufen die IP-Adressen der Nutzer als personenbezogene Daten ein, sodass bereits das Einbinden der Google-Services datenschutzrechtliche Relevanz gewinnt. Inzwischen gibt es die Möglichkeit, mit Google einen schriftlichen Vertrag zur Auftragsdatenverarbeitung abzuschließen, was von den Aufsichtsbehörden auch akzeptiert wird. Darüber hinaus gibt es die Möglichkeit, Google Analytics mit dem Tool »Anonymize« einzusetzen, um IP-Adressen nur anonymisiert zu erfassen, was die Aufsichtsbehörden ebenfalls verlangen. Aber Vorsicht: Wer bisher Google Analytics ohne »Anonymize« einsetzte, von dem verlangen die Behörden, alle vorherigen Daten, die ohne Anonymisierung erhoben wurden, zu löschen.

Praxis-Hinweis: Im Alltag zeigt sich, dass es bei Einsatz von Google-Analytics nicht zu wettbewerbsrechtlichen Abmahnungen kommt. Wenn, dann schalten sich die Aufsichtsbehörden ein, die notfalls Bußgelder verhängen können.

Wenn Sie den Einstieg ins Social Web wagen oder Social-Media-Kampagnen durchführen (lassen), ist ein prozessbegleitendes Monitoring unerlässlich. Schließlich können Sie nur so erfahren, wie in sozialen Netzwerken und Plattformen über Sie, Ihr Unternehmen oder Ihre Organisation gesprochen wird. Social Media Monitoring bedeutet nämlich, User-generated Content aufzuspüren, zu erforschen und auszuwerten. Dadurch, dass Sie die Stimmen und Stimmungen in der Netzwelt im Auge halten, verschaffen Sie sich automatisch einen Eindruck darüber, ob und wie User Ihre Aktivitäten und Kampagnen wahr- und annehmen.

Anhand der Tonalität, mit der im Social Web über Ihre PR-Strategien und -Aktionen berichtet wird, sind Sie in der Lage, ein erstes Feedback zu erhalten. Wenn Sie beispielsweise spezielle Alerts nutzen (Abschnitt 8.2.3, »Ihre Hashtag-Kampagne auf Twitter«), Ihre Facebook-Statistiken auswerten, Ihre Kampagnen-Hashtags monitoren oder auf anderen Plattformen wie Foren nach öffentlichen Erwähnungen suchen, ist dies schon ein guter Anfang. Denn daraus lassen sich die ersten Schlüsse ziehen: Ist unser Ansatz korrekt? Werden die gesteckten Ziele zum derzeitigen Punkt erreicht? Ist das Feedback von Qualität und Quantität her zufriedenstellend? Gibt es Schwachpunkte, und wenn ja, wo liegen diese?

Zudem sollten Sie Tools nutzen, die Ihnen die Durchführung von Aktionen und deren Erfolgskontrolle systematisch erleichtern. Zum Überwachen und Auswerten eignet sich beispielsweise Sproutsocial (siehe Abbildung 10.1). Hier ist es nicht nur möglich, nach Hashtags und Erwähnungen zu suchen, sondern auch aggregiertes Zahlenmaterial zu erheben. Dies erleichtert Ihnen die systematische Auswertung Ihrer Kampagnen.

Solche Zahlenerhebungen können Grundlage für die gemeinsame Diskussion Ihres Kampagnenerfolgs sein. Falls es Ihnen möglich ist, sollten Sie hierzu regelmäßig abteilungsübergreifende Meetings abhalten. Im Idealfall nehmen an diesen Treffen Verantwortliche aus unterschiedlichen Disziplinen wie Marketing, Vertrieb, Unternehmenskommunikation etc. teil und tauschen sich aus.

Planen Sie für den Zweifelsfall vorab genügend Pufferzeiten ein, um direkt mit den ausgewerteten Daten zu arbeiten und erforderliche Korrekturen just in time vorzunehmen. Den Kampagnenplan zur Not anzupassen, ist durchaus im Sinne Ihres Online Reputation Managements. Wenn Ihnen das Monitoring verrät, dass Ihr Image im Social Web nicht allzu gut ist und das Geleistete zu verpuffen droht, können Sie beispielsweise immer noch Influencer einbeziehen und um deren Unterstützung bitten.

Social Media als Vertriebsstütze

In den USA glauben 84 % der Entscheidungsträger, dass soziale Medien Ihren Verkauf effektiver machen. In einer Umfrage bejahten sie somit die absatzsteigernde Wirkung. Vier Fünftel der Befragten konstatierten außerdem, Sie hätten eine Marktanteilssteigerung durch Social Media erzielt. Ergänzend gaben 68 % an, durch das Engagement in sozialen Medien komme es zu einer Qualitätssteigerung im Produkt- und Servicebereich. Die Befragung wurde Anfang 2012 von PulsePoint Group und Economist Intelligence Unit durchgeführt.[2]

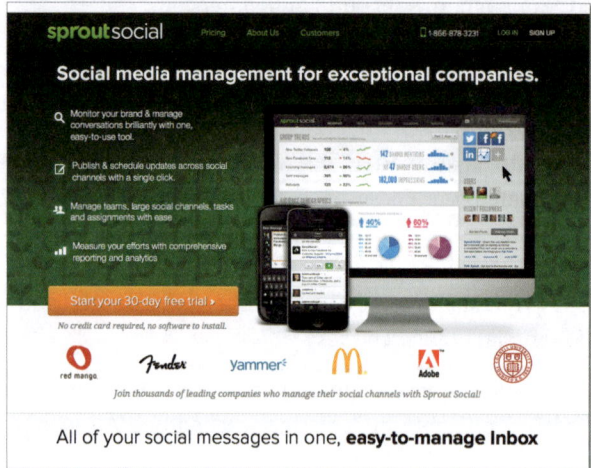

Abbildung 10.1   Website von Sproutsocial (Monitoring Tool, über das man auch terminieren kann.)

---

2 The Economics of the Socially Engaged Enterprise, *http://www.pulsepointgroup.com/staging.pulsepoint/wp-content/uploads/2012/03/AP-Presentation-3_22_12-final.pdf*

10.1.2 Kampagnenerfolg aus Facebook-Statistiken ablesen

Da sich die meisten User regelmäßig bei Facebook tummeln, bietet sich das Netzwerk für öffentlichkeitswirksame Kampagnen an.

Jenseits des komplexen statistischen Materials, das Ihnen bei bezahlten Anzeigenkampagnen von Facebook zur Verfügung gestellt wird, ermöglicht Facebook auch den Administratoren unbeworbener Seiten dichte Einblicke in die Statistiken (siehe Abbildung 10.2). Als Betreiber einer solchen Seite sehen Sie die Zusammensetzung der Fanbasis, erhalten soziodemografische Kennzahlen und können nachvollziehen, wie hoch die organische ebenso wie die virale Reichweite ist, wie sich die Nutzerzahlen insgesamt entwickeln, wie viele Facebook-User über Ihr Unternehmen sprechen und einiges mehr. Auch haben Sie die Möglichkeit, eine Vielzahl von Daten für einen gewünschten Zeitraum zu exportieren.

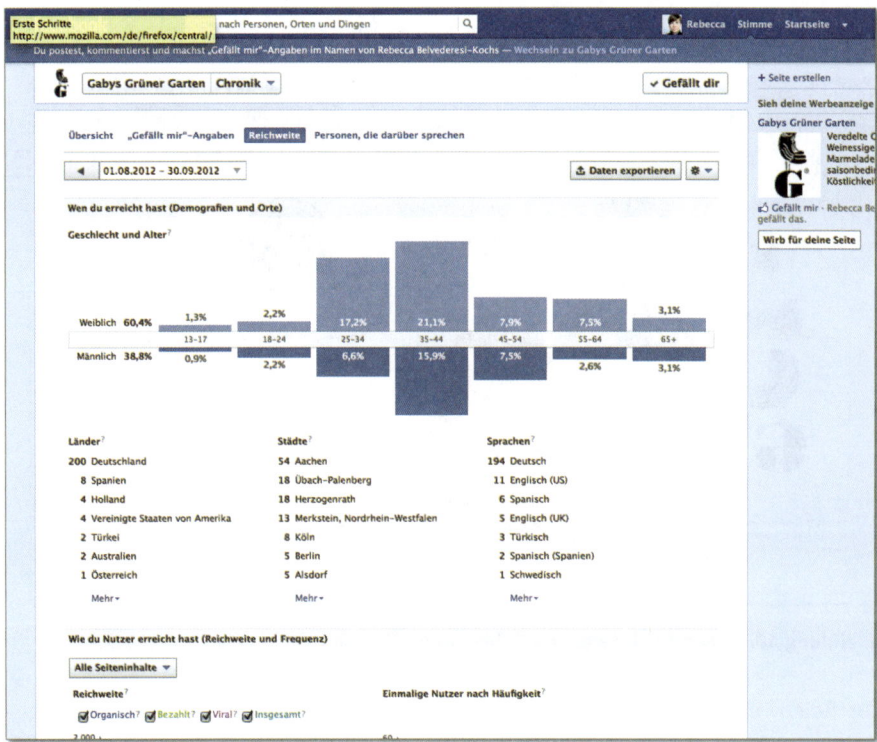

Abbildung 10.2 Facebook-Statistiken einer Unternehmensseite

Die gesammelten Statistiken sollten Sie dabei unbedingt auswerten und aufbereiten, um die Entwicklung messbar zu machen. Falls Sie eine Agentur mit der Durchführung von PR-Kampagnen auf Facebook beauftragen, sollten Sie nicht am falschen Ende sparen. Verzichten Sie nicht auf ein professionelles Reporting der

Kennzahlen, inklusive der dazugehörigen Analyse. Schließlich ist dieses erforderlich, um den Erfolg Ihres Engagements mit den Zielvereinbarungen abzugleichen.

Fallbeispiel: Gabys Grüner Garten auf Facebook

Gabys Grüner Garten ist ein junges Kleinunternehmen aus dem Raum Aachen, das im April 2012 mit einem Onlineshop an den Markt ging. Die Inhaberin verkauft selbst gemachte Produkte aus eigenem Gartenanbau im Webshop, zusätzlich steht sie Selbstabholern zweimal wöchentlich persönlich zur Verfügung.

Um die Bekanntheit der gerade entstandenen Marke zu steigern und Sympathien für die selbst gemachten Produkte zu wecken, ließ die Inhaberin eine Facebook-Seite einrichten (siehe Abbildung 10.3). Denn das Motto »100 % Handmade – Eat and Smile« sollte auch im Social Web kommuniziert werden. Hier standen die Inhaberpersönlichkeit, die täglichen Garten- und Zubereitungsarbeiten, frische Produkte und Rezeptideen im Vordergrund der Vermarktungsstrategie.

Abbildung 10.3 Facebook-Seite von Gabys Grüner Garten

Zur Reichweitensteigerung ließ *Gabys Grüner Garten* Ende April zielgruppengerechte Anzeigen für ein kleines Budget von 150 € schalten. Eingeblendet wurden diese lediglich ausgewählten Usern, die beispielsweise über 16 Jahre alt sind, sich für Kochen interessieren und noch nicht mit dem Kleinunternehmen verbunden sind. Als die Facebook Ads starteten, konnte die Seite durch regelmäßigen Content bereits 69 Fans verzeichnen. Die wöchentliche Reichweite betrug 386 Personen. Wie sich das Verhältnis im kommenden Monat entwickelte, dokumentieren folgenden Zahlen:

Insgesamt wurden die Werbeanzeigen 957.267 Mal eingeblendet, was, gemessen am Investitionsbudget von 150 €, viel ist. Die Reichweite hat sich zum Ende der Anzeigenschaltung Ende Mai mehr als verdoppelt. 448 User klickten auf die eingeblendeten Anzeigen, 199 davon sind Fan der Seite geworden. Das entspricht einer Quote von 44 %. Nach der Ads-Kampagne konnte *Gabys Grüner Garten* auf 268 Fans blicken und schaffe es in der Folge, durch kundennahe Inhalte weitere Facebook-User für sich zu gewinnen. Für ein frisch gegründetes, lokales Kleinunternehmen mit geringem Werbebudget ein durchaus respektables Ergebnis.

Marketing-Take-away: Reichweite ist nicht alles!

Wenn Sie Ihre Zielgruppe und deren Interessen möglichst genau bestimmen, gewährleistet dies einen besseren Kampagnenerfolg Ihrer Facebook-Anzeigenschaltung. Dabei ist Reichweite bei Weitem nicht alles – so gilt in vielen Fällen: *Klasse statt Masse.*

Immerhin sollten Sie versuchen, die einmal gewonnenen Fans auch im Anschluss an Ihre Werbekampagne zu halten und durch eine überzeugende Content-Strategie zu dauerhaften Markenbotschaftern zu machen. Sie müssen Ihnen einen Mehrwert bieten, den Dialog konsequent ausbauen und das Engagement in der Community befeuern. Letztere Punkte sind meist deutlich ausschlaggebender. Die Interaktionsquote (»Gefällt mir«, Kommentare, geteilte Inhalte, Retweets, Favorisierung, Mentions) und das Communtiy-Engagement sind ein besserer qualitativer Indikator für Ihren dauerhaften Erfolg als die Reichweite oder die Fananzahl. Warum dies so wichtig ist?

Erfolg oder Misserfolg im Social Web werden oft falsch eingeschätzt. Dennoch gibt es zuverlässige Methoden und Tools, um zu einer realistischen Kosten-Nutzen-Interpretation zu gelangen. Einen ROI nach betriebswirtschaftlichen Maßgaben zu ermitteln, ist allerdings schwierig. Denn wie Anne Grabs (Mitautorin von *Follow me!*) treffenderweise festhält, ist der ROI »ein Wirtschaftsmaß und kein Medienmaß. Es kann immer nur eine einzelne Kampagne, ein TV-Spot, eine Printanzeige ausgewertet werden, nicht das Medium per se und erst recht nicht die gesamten Sozialen Medien und Netzwerke«[3]. Selbst durch ausgefeilte Analyseinstrumente ist das Ausmaß der Abverkäufe, Bestellungen, Event-Besucher etc., welches allein auf Social Media zurückzuführen ist, nur eingeschränkt ermittelbar.

10.2 Krisenkompetenz: Auch in der Krise einen kühlen Kopf bewahren

Wie Sie in den vorangegangenen Kapiteln gesehen haben, sind kommunikative Kompetenzen für die PR-Arbeit im Social Web unabdingbar und umso essenzieller in Krisensituationen. Denn was geschieht, wenn sich der Erfolg wider Erwarten nicht einstellt? Sind Sie auf negatives Feedback und mögliche Konflikte hinreichend

---

3 Anne Grabs, http://blog.annegrabs.de/2012/04/17/social-media-roi/

vorbereitet? Wissen Sie, was im Worst Case auf Sie zukommen könnte und was Sie tun sollten, falls Sie von öffentlicher Kritik überrascht werden?

10.2.1   Krisen-PR: Kritik ist nicht gleich Krise

Krisen sind außergewöhnliche Kommunikationen, die Unternehmen und Organisationen einiges abverlangen. Sie sind meist sehr dynamisch, verlaufen selten nach Schema F, und ihr Ausgang ist, zumindest zum Zeitpunkt des Ausbruchs, ungewiss. Daher sind in Krisensituationen Ihre Medienkompetenz, Ihre Empathie und Ihre Geduld gefragt, so auch im Social Web. Wenn es denn überhaupt so weit kommt, wird Ihr Kommunikationsgeschick in solchen Ausnahmefällen besonders auf die Probe gestellt. Mitteilungsfähigkeit und Vermittlungsfähigkeit sind gleichermaßen wichtig. Schließlich wollen Sie möglichst unbeschadet aus der Krise kommen, sodass diese keine langfristigen Auswirkungen auf Ihr Image und Ihre Reputation hat.

Wenn auch viel diskutiert und in den Medien besprochen, sind solche Krisensituationen im Mitmachweb eher die Ausnahme als die Regel. Auch sogenannte »Shitstorms« überrennen Unternehmen und Organisationen nicht tagtäglich – und es sei explizit vermerkt: Kritik ist nicht gleich Krise. Dies zeigt sich etwa in Abbildung 10.4, wo ein Sushi-Restaurant auf Qype, das durchschnittlich mit vier Sternen bewertet wurde, einem Nutzer negativ in Erinnerung blieb. Wenn solches Feedback vereinzelt im Netz zu finden ist, ist dies nicht alarmierend. Denn Kunden haben nun einmal das Recht, das Preis-Leistungs-Verhältnis zu bewerten. Allerdings sollten Sie die Kritik dennoch ernst nehmen und hinterfragen, ob und was dran ist. Außerdem würde es sich empfehlen, auf diese einzugehen, die Kommentarfunktion zu nutzen und den Kunden zu besänftigen, damit er Ihnen nicht verloren geht.

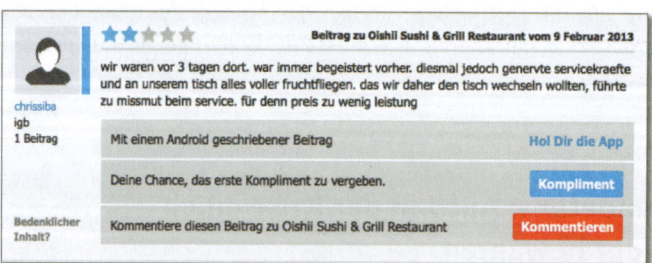

Abbildung 10.4   Negatives Feedback auf Qype

Sie können einer handfesten Krise vorbeugen, indem Sie auf den eigenen Social-Media-Kanälen und auch in Ihrem Blog konfliktfrei kommunizieren. Dabei gibt es einige Grundsätze zu beachten. Beispielsweise sollten Sie den Usern aufmerksam zuhören und die Ohren spitzen; Social Media Monitoring ist auch für die systematische Krisenprävention wichtig. Wenn Sie negatives Feedback aus der Community empfangen und aus deren Reihen etwas beanstandet wird, sollten Sie zudem recht zeitnah und konstruktiv reagieren. Sodann stellt sich selbstredend die Frage, wie Sie mit der Kritik umgehen können. Auch wenn Ihnen reflexartig danach zumute ist, sollten Sie nicht in Panik geraten. Denn immerhin besteht die nicht unerhebliche Chance, dass es sich nicht um einen Angriff auf Ihr Unternehmen oder Ihre Organisation handelt. Versuchen Sie daher zunächst, den Tonfall und die Tragweite des kritischen Kommentars zu bewerten: Liegt der Kritiker vielleicht gar nicht so falsch? Könnten die geäußerten Bedenken berechtigt sein?

Dies zu reflektieren, ist essenziell, damit Sie offen für den Dialog bleiben. So bauen Sie nicht sofort beim erstmöglichen Anzeichen einer Krisensituation innerliche Blockaden auf, setzen sich verbal zur Wehr oder ziehen sich gar aus dem Diskurs zurück. Schließlich könnte es sich wirklich bloß um eine konstruktive Anmerkung oder um die Aufdeckung eines Fehlers handeln. Daher sollten Sie schauen, dass Sie nicht von Anfang an dem Kommentierenden böse Absichten unterstellen und dies womöglich auch in Ihrem Kommunikationsverhalten zum Ausdruck bringen. Eine Bemängelung ist eben kein Rundumschlag. Und wenn sich die Kritik tatsächlich auf einen Fehler ihrerseits bezieht, sollten sie mit diesem unverschleiert umgehen. Ein transparenter und authentischer Umgang mit Kritik erhöht im Zweifelsfall Ihre Glaubwürdigkeit.

Falls jedoch schwerwiegende Vorwürfe auf Ihren Social-Media-Kanälen laut werden und gleich von mehreren Usern vorgetragen werden, sollten Sie zeitnah darauf reagieren sowie unbedingt Offenheit und Ansprechbarkeit signalisieren, um die Fronten nicht noch weiter verhärten zu lassen. Intern sollten Sie sich derweil fragen, ob die Kritiker vielleicht gleichgesinnte Unterstützer mobilisieren könnten und das Thema das Zeug zum viralen Skandal – zu einem Shitstorm – hat.

10.2.2   Shitstorm: Schlechtwetterlage im Social Web

Als *Shitstorm* werden massenhaft geäußerte Empörungen gegenüber einer Person, Institution oder einem Konzern in Form von Facebook-Postings, Kommentaren, Tweets, Blogbeiträgen und so weiter verstanden. Durch Social Media können eben nicht nur positive Meinungen multipliziert werden, sondern auch scharfe Kritik. Dies kann unter gegebenen Umständen für die Betroffenen möglicherweise zu einem handfesten, reputationsgefährdenden Problem heranwachsen.

Ähnlich wie bei der allgemeinen Krisenkommunikation gibt es hier unterschiedliche Abstufungen und Ausprägungen. Um die Eskalationsstufen zu erfassen, lohnt ein Blick auf die von Daniel Graf und Barbara Schwede erstellte Shitstorm-Skala.[4]

---

4   t3n, *http://t3n.de/news/shitstorm-skala-herrscht-schwere-384338/*

Sie haben auf der »Social Media Marketing Konferenz 2012« einen »Wetterbericht für Social Media« vorgestellt. Zwischen absoluter Windstille und zerstörerischem Orkan existieren noch fünf weitere Stufen. Insofern abstrahiert diese Skala die Prozesse von völliger Harmonie bis hin zu ungebremst emotionalen Kettenreaktionen mit angriffslustiger, destruktiver Ausrichtung. Wie letztere in der Praxis aussehen können, zeigen die zwei folgenden Fallbeispiele.

Fallbeispiel: Vodafone-Shitstorm im Sommer 2012

Mitte vergangenen Jahres, genauer gesagt am 25. Juni 2012, beklagte sich eine Vodafone-Kundin auf der Pinnwand des Unternehmens. Sie bemängelte in einem recht langen Posting die Servicementalität des Telefonanbieters und wies auf schlechte Kundenbehandlung hin (siehe Abbildung 10.5). Innerhalb weniger Stunden stimmten Tausende User via »Like« zu und bekräftigten durch Kommentare die Vorwürfe der Kundin.

Abbildung 10.5   Anlass für den Vodafone-Shitstorm Mitte 2012 (Facebook)

Im Gegensatz zu dieser überwältigenden Response seitens anderer Facebook-User und Vodafone-Kunden, reagierte der Konzern nicht auf den Pinnwand-Eintrag und schien, dem sich anbahnenden *Shitstorm* keine Beachtung zu schenken. Das Social-

Media-Team postete den gewohnten Content und ignorierte die unter den Postings auflaufenden kritischen Kommentare der User. Indessen schienen sich die Vodafone-»Fans« gegenseitig zu mehr Kritik zu motivieren und tauschten sich rege unter den Statusmeldungen des Konzerns über dessen Unfähigkeit und Servicementalität aus (siehe Abbildung 10.6). Es schien, also wollte Vodafone den Shitstorm sozusagen aussitzen.

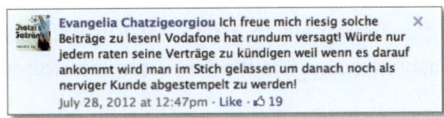

Abbildung 10.6   Kritik an Vodafone während des Shitstorms (Facebook-Seite)

Erst am 1. August, nachdem das Problem ausgewachsen und der Unmut groß war, postete man eine offizielle Erklärung. Pressesprecher Christian Rapp meldete sich zu Wort und ging in seiner Stellungnahmen sowohl auf den kritischen Beitrag der verärgerten Kundin als auch auf den sich anschließenden Shitstorm ein (siehe Abbildung 10.7). Man erkannte das Problem und hatte die Chance verpasst, zeitlich und angemessen reagiert zu haben.

Abbildung 10.7   Offizielle Stellungnahme des Vodafone-Pressesprechers

Lassen Sie kritische Kommentare, die Anklang in der Community finden, nicht einfach stehen – und erst recht nicht, wenn diese Kommentare direkt unter Ihren Statusmeldungen erscheinen. Insofern sollten Sie selbst am Wochenende User-Stimmen wahrnehmen und zur Not darauf reagieren können, weil das Internet eben auch nicht am Wochenende schließt. So sollte selbst an Feiertagen eine angemessene Responsezeit von maximal zwölf Stunden eingehalten werden. Wenn Sie nicht auf dem Laufenden bleiben und sich selbst vorübergehend »raustun«, wird die Diskussion auch ohne Sie weitergeführt und gegebenenfalls in größerem Ausmaß, als Ihnen lieb ist. Die anschließende Schadensbegrenzung in Kauf zu nehmen, lohnt daher nicht.

Doch was passierte mit Vodafone? War das Image ein für alle Mal ruiniert? Trotz oder gerade wegen der ausufernden Kundenkritik auf Facebook und in anderen (sozialen) Medien, scheint der Konzern aus der Kommunikationskrise gelernt zu haben. So ist positiv hervorzuheben, dass Vodafone den persönlichen Dialog mit der verärgerten Kundin suchte und die Community hierüber auf dem Laufenden hielt. In diesem Sinne veröffentlichte das Unternehmen auf der eigenen Pinnwand am 2. August 2012, dass man zwischenzeitlich Gespräche mit der verärgerten Nutzerin mit dem Pseudonym »Anni Roc« geführt und diese zufriedenstellend beraten habe. Zudem sicherte das Social-Media-Team der Community zu, sie über die weitere Entwicklung des Vorfalls »auf dem Laufenden« zu halten (siehe Abbildung 10.8). Die unmittelbare Krisennachbesprechung war also gelungen und der Konzern konnte langsam, aber sicher wieder zu seiner Social-Media-Routine zurückkehren.

Abbildung 10.8   Mitteilung von Vodafone nach dem Shitstorm (Facebook)

Rechtstipp: Müssen soziale Netze Pseudonyme erlauben?«

Die Frage, ob soziale Netze Pseudonyme erlauben müssen, ist bis heute umstritten und nicht abschließend geklärt. Grundsätzlich muss es Netzwerken wie XING möglich sein, Klarnamen zu verlangen, wenn das Geschäftsmodell des Netzwerkes anders nicht umgesetzt werden kann. Ob ein Freizeit-Netzwerk wie Facebook sich darauf berufen kann, scheint zweifelhaft.

Fallbeispiel: Wie eine Frauenzeitschrift »Männer, die Skateboard fahren« verärgert

Neben Vodafone wurden im Sommer 2012 in kürzester Zeit mehrere große Marken wie McDonald's oder das ProSieben-Magazin Galileo auf ihrer Facebook-Seite scharf kritisiert. Kurze Zeit später traf dann die »Wutwelle« auch die Frauenzeitschrift *Brigitte*. So gab es hier einen ähnlichen Vorfall, als eine Redakteurin auf der Homepage einen Artikel veröffentlichte und darlegte, weshalb Männer in den Mittzwanzigern kein Skateboard mehr fahren sollten.

Rückblickend mag sich dies vielleicht banal anhören, aber der Online-Artikel war in der Tat sehr wertend, sodass sich unzählige Besucher der Webseite dazu veranlasst sahen, Stellung zu beziehen. Innerhalb kürzester Zeit war die Webseite voll von (teils persönlicher) Kritik an der Redakteurin und zudem völlig überlastet. Während User zwischenzeitlich bereits anfingen, sich auf der Facebook-Seite der Brigitte Luft zu machen, entschloss sich die Redaktionsleitung zum Löschen des Beitrags auf der Homepage (siehe Abbildung 10.9) Sie zeigte bei ihrem Vorgehen allerdings wenig Diplomatie, und so ließ das Kommunikationsgeschick der Redaktion (auch in sozialen Netzwerken) zu wünschen übrig.

Abbildung 10.9   Stellungnahme der Brigitte-Redaktion

Spätestens durch die offizielle Stellungnahme stieß das Verhalten der Redaktionsleitung auf völliges Unverständnis und erzeugte Hohn und Spott (Abbildung 10.10) – teilweise sogar ungezügelte Wut. Die Kommentare auf der Facebook-Seite wurden zusehends unsachlicher, zumal sich aus dem Redaktionsteam niemand zu den Vorwürfen äußerte und man auch in diesem Fall die Community mit ihrem Zorn alleine ließ. Indem sich das Unternehmen zurückzog, kam es zu einem wahren Wildwuchs.

User, Abonnenten und Social-Media-Experten warfen der Brigitte Ignoranz und Fehlverhalten vor. Schließlich ist ein kontroverser Beitrag, der nicht kritisch diskutiert und kommentiert werden darf, zum einen im Mitmachweb tabu. Zum anderen bezieht man, ähnlich dem Sprichwort »by not tweeting you are tweeting«, durch das Herausgeben keiner Stellungnahme ebenfalls eine Position.

Abbildung 10.10   Reaktionen der Community auf den Schritt der Brigitte-Redaktion

Dass sich der Brigitte-Artikel und das Verhalten in Sachen Krisen-PR derart rasant verbreiten konnten, ist nun einmal die Kehrseite der hohen Medienreichweite – mit einer ausgereiften Krisenstrategie wäre dasselbe allerdings nicht passiert. Insofern sollten Sie Ihre Positionierung in sozialen Medien hinreichend durchdenken und eine Strategie entwickeln, die tatsächlich alle Szenarien berücksichtigt.

Rechtstipp: Krisenkommunikation 2.0

Es gibt eine quasi vorgeschriebene Krisenkommunikation bei Datenschutzproblemen: Beachten Sie, dass bei bestimmten »Datenlecks« entsprechend § 42a BDSG Betroffene zu informieren sind. Speziell wenn Sie, etwa als Onlineshop, Bankdaten Ihrer Kunden gespeichert haben und ein Dritter hiervon unbefugt Kenntnis erlangt, haben Sie Ihre Kunden zu informieren – sonst droht ein Bußgeld.

Des Weiteren, so begrüßenswert offene Kommunikation auch ist: Seien Sie vorsichtig mit vorschnellen Eingeständnissen, speziell wenn es um mögliche Schadensersatzforderungen geht. Formulieren Sie tatsächliche Zugeständnisse im Konjunktiv, und halten Sie diese so gering wie möglich.

Bei unmittelbaren Auseinandersetzungen mit Betroffenen ziehen Sie diese nicht noch weiter in die Öffentlichkeit. Ein öffentlicher Disput mit einem Kunden ist schlimm genug, bevor weitere hineingezogen werden, weichen Sie auf einen nicht öffentlichen Kanal aus und suchen die Öffentlichkeit erst wieder, wenn Klärung eingetreten ist. Klarstellungen sollten sodann nur mit dem Betroffenen in Absprache erfolgen, vermeiden Sie den Vorwurf, unwahre Tatsachen über den Kunden beziehungsweise Nutzer öffentlich verbreitet zu haben.

Wenn Sie auf einer Bewertungsplattform oder einem externen Portal einen öffentlichen Disput haben, sollten Sie diese umgehend informieren, damit man von dort aus gegebenenfalls einschreitet und auch selbst in der Haftung steht. Denken Sie daran, dass man für fremde Inhalte auf jeden Fall ab Inkenntnissetzung haftet, insofern ist es schon deshalb lohnend, den Betreiber frühestmöglich »ins Boot« zu holen. Dazu schreiben Sie eine kurze E-Mail, später noch ein Fax, an den Betreiber, in dem Sie klarstellen, an welcher Stelle auf dem Portal welche Äußerung durch welchen Nutzer warum moniert wird. Die größte Möglichkeit der Abwehr werden dabei immer falsche Tatsachenbehauptungen sein, konzentrieren sie sich hierauf – bei Schmähkritik haben Sie zwar auch einen Unterlassungsanspruch, aber auch die Streitfrage, wann eine solche vorliegt.

Tipps für Ihre Krisenstrategie

Es ist unabdingbar, eine Krisenstrategie für Ihre Kommunikation im Social Web zu entwickeln. Durch diese sind Sie auf den Worst Case vorbereitet und werden nicht kalt erwischt, falls Sie auf Ihren Social-Media-Kanälen scharf kritisiert werden. Um Ihnen eine Vorstellung von einer solchen Strategie für Ihre Krisen-PR zu vermitteln, finden Sie hier neun Tipps:

▶ Fangen Sie mit der Strategieentwicklung nicht erst an, wenn die Krise ausbricht. Nehmen Sie sich am besten vor Start Ihrer PR- und Öffentlichkeitsarbeit im Social Web die Zeit für die Entwicklung einer Krisenstrategie.

▶ In der Konzeption sollten Sie unbedingt ein Eskalationsschema erarbeiten, durch welches Sie in der Lage sind, zwischen Feedback, Konflikt, Kritik, Krise, Shitstorm etc. zu unterscheiden.

▶ Beobachten Sie Ihre Social-Media-Kanäle aufmerksam. Social Media Monitoring ist, gepaart mit einem Frühwarnsystem, bestens geeignet, um Krisen schnell zu identifizieren und leichtere bereits im Keim zu ersticken.

▶ Nehmen Sie dabei auch kleinere Beschwerden ernst, und suchen Sie stets die Kommunikation auf Augenhöhe. Auch wenn diese nicht von Influencern vorgetragen werden, sondern von »Otto-Normal-Nutzern« stammen, sollten Sie darauf reagieren. Dies ist mit einer der wichtigsten Tipps zur Krisenprävention.

▶ Vermeiden Sie lange Wartezeiten, und reagieren Sie zügig, gerade Ihre erste Antwort darf nicht zu lange auf sich warten lassen. So wissen User, dass Sie die

Beschwerden, Kritik und/oder Krisenanzeichen wahrgenommen haben. So haben Erreichbarkeit und Schnelligkeit in der Krisen-PR Priorität.

▶ Sie werden merken: Aktivität wird belohnt und kann in einem frühen Stadium deseskalierend wirken, wenn die Tonalität stimmt und Sie zudem glaubhaft und transparent kommunizieren.

▶ In Ihrer Kommunikation sollten Sie entgegenkommend sein, ohne ein direktes Schuldeingeständnis abzulegen. Das Motto lautet: »Es recht machen, aber nicht Recht geben.«

▶ Verzichten Sie zunächst darauf, Ihre Position durch rechtliche Hinweise zu untermauern. Das verhärtet allenfalls die Fronten und macht Sie nicht sympathisch, weil User wahrscheinlich sofort Ihre Konfliktlösungskompetenz infrage stellen und zu einem Rundumschlag ausholen.

▶ Betrachten Sie die Krise auch im Nachlauf, und arbeiten Sie deren Imageeffekte auf. Kontrollieren Sie durch Ihr Social Media Monitoring noch einmal, ob die Krise keine bleibenden Schäden hinterlassen hat, und reflektieren Sie Ihr eigenes Verhalten. Wie so oft gilt auch hier: Lernen Sie aus Ihren Fehlern, und machen Sie es beim nächsten Mal besser, falls es ein nächstes Mal überhaupt gibt.

▶ Wie gezeigt, spielen die kommunikativen Grundsätze des »regulären« Social-Media-Marketings auch in der Krisen-PR eine entscheidende Rolle. Fair, freundlich, authentisch und zeitnah sollten Sie reagieren. Wenn Sie dies bereits in ruhigen Zeiten umsetzen, haben Sie schon Präventionsarbeit geleistet.

10.2.3   Zum Abschluss: Prävention ist die beste Verteidigung

Wenn Sie sich an die Strategieentwicklung für Ihre PR- und Öffentlichkeitsarbeit im Social Web machen, sollten Sie sich fragen: Bietet das Thema überhaupt genügend Zündstoff, um in öffentliche Kritik zu geraten? Könnte es Gründe dafür geben, zu erbosen? Hat es wirklich genug Potenzial zum kollektiven »Aufreger«? Schlummern irgendwelche Skandale unter der Oberfläche, die ans Tageslicht dringen könnten?

Machen Sie sich frühzeitig Gedanken über kontroverse Themen, um für brenzlige Situationen gewappnet zu sein. Am besten ist, wenn Sie schon vor Beginn Ihrer Öffentlichkeitsarbeit kritische Szenarien im Team durchspielen und hypothetische Situationen vorab analysieren. Wie oben erwähnt, sollten Sie entsprechende Strategien zur Krisenbewältigung bereits vorab entwickeln und schriftlich festhalten. Fixieren Sie auch die konkreten Vorgehensweisen im Krisenfall, und halten Sie fest, ab welcher Eskalationsstufe wer informiert werden muss. Stellen Sie sich diese Fragen nicht erst, wenn die ersten kritischen Stimmen laut werden und es (fast) zu spät ist.

In der Kommunikation und im Community Management sollten Sie zudem das grundsätzliche Handwerkszeug beherrschen. Zusammenfassend ist dieses: Stellen Sie Ihre eigene Meinung nicht über die der Community, und vermitteln Sie nicht den Eindruck, alles besser zu wissen. Ihre Fans und Follower sind nun einmal potenzielle Multiplikatoren. Sie besitzen sehr wohl Meinungsmacht und haben ein Recht darauf, ernst genommen zu werden. Top-down-Kommunikation ist also deplatziert und muss schleunigst abgelegt werden. Ansonsten ist das Zustandekommen und Aufrechterhalten eines zielführenden Dialogs kaum realisierbar.

Posten Sie keine Halbwahrheiten und Spekulationen, nur um Ihren Content interessanter zu machen. Achten Sie stets darauf, dass Ihre Inhalte auch tatsächlich belastbar sind und die weitergereichten Informationen aus verlässlichen Quellen stammen. Denn für Community Manager ist nichts unangenehmer, als von Usern auf vergangene Aussagen hingewiesen zu werden, die sich im Endeffekt als fehlerhaft oder sogar unwahr herausgestellt haben. In diesem Zusammenhang ist es auch unlauter, Fans zu kaufen. Falls dies den Community-Mitgliedern auffällt, untergräbt das Ihre Glaubwürdigkeit und hat Krisenpotenzial.

Rechtstipp: Sind gekaufte Facebook-Likes erlaubt?

Immer noch hoch umstritten ist, ob man »Likes« oder Fans als Gewerbetreibender kaufen darf. Da es keine höchstrichterliche Rechtsprechung zum Thema gibt, ist eine Einschätzung derzeit nicht abschließend möglich. Fest steht, dass es sich beim Einkauf von Fans um eine Maßnahme handelt, die zumindest mittelbar der Bewerbung des eigenen Unternehmens dient, somit eine geschäftliche Handlung im Sinne des Gesetzes gegen den unlauteren Wettbewerbs. Fraglich alleine wird am Ende wohl nur sein, ob es sich beim nichtoffenen Ankauf von Fans um eine Verschleierung dieser geschäftlichen Handlung geht. Eine aktuelle gerichtliche Entscheidung lehnt dies ab, da es viele Gründe geben kann, warum ein Nutzer auf »Gefällt mir« klickt und dies auch allgemein bekannt ist. Gleichwohl bleibt offen, ob sich weitere Gerichte dieser Einschätzung anschließen – oder am Ende nicht doch im verdeckten Faneinkauf eine wettbewerbswidrige Handlung sehen. Ich selbst möchte derzeit vom verdeckten Faneinkauf abraten.

Zudem toleriert die Community keine Geheimniskrämerei. Genau aus diesem Grund sollten Sie in Krisensituationen unter keinen Umständen mit anonymen Identitäten operieren, um den Diskurs wieder in die »richtige« Bahn zu lenken. Wahren Sie stattdessen Ihre Glaubwürdigkeit und treten Sie als das in Erscheinung, was Sie sind: Ein offizieller Vertreter des Unternehmens. Verhalten Sie sich dabei stets lösungsorientiert, und kommunizieren Sie verbindlich, was gemeint ist. Verbindlichkeit heißt dabei jedoch nicht, den eigenen Tonfall zu verschärfen, um seinen Standpunkt klarzumachen. Niemals dürfen Sie sich zu Konfrontationen und Affronts hinreißen lassen. Zudem sollten Sie auch nicht ins andere Extrem der 08-15-»Wir-bitten-um-Ihr-Verständnis«-Sprüche fallen.

Sie sehen: Ehrlichkeit, Transparenz und Authentizität währt am längsten. Geben Sie Ihrer Kommunikation eine persönliche Note, setzen Sie Themenschwerpunkte, und gehen Sie auf Ihre Community situationsgerecht und stets zeitnah ein. Das alles trägt zur Prävention von Krisen bei und lässt Sie die positiven Seiten von Social Media erfahren.

10.3   Was Sie mitnehmen sollten

Wenn Sie Ihre PR- und Öffentlichkeitsarbeit ins Social Web bringen, sollten Sie Ihre Kanäle in sozialen Medien beobachten und regelmäßig Erfolgskontrollen durchführen. Nur so sehen Sie letztlich, ob Ihre Kommunikationsmaßnahmen und Ihre Content-Strategie aufgeht, sodass Sie Ihre Ziele im Mitmachweb tatsächlich erreichen. Darüber hinaus können Sie durch systematisches Monitoring bereits Krisen wittern, bevor diese ausbrechen. So können Sie mit einem kühlen Kopf brenzligen Kommunikationssituationen vorbeugen.

Bevor ihnen abschließend die digitalen PR-Trends der Zukunft präsentiert werden, finden Sie hier noch einmal, was Sie aus diesem Kapitel zudem mittnehmen sollten:

▶ Ihre Erfolge sind nur bei entsprechenden Zielvorgaben messbar. Mit sofortiger Wirkung zu rechnen und riesige Umsatzsprünge zu erwarten, wäre allerdings naiv.

▶ Um Ihre Ziele zu erreichen, müssen Sie sich nicht bloß in den richtigen Communitys positionieren, sondern auch investieren. Ohne Arbeitsleistung, Budget, Know-how und Kreativleistung, gibt es keinen Ertrag.

▶ Parallel sollten Sie Monitoring-Tools einsetzen. Diese machen Sie darauf aufmerksam, wenn Sie Bestandteil einer Konversation im Social Web sind und Ihre Themen erwähnt werden.

▶ Halten Sie auch die Facebook-Statistiken und die soziodemografischen Angaben stets in Auge. Diese verraten Ihnen, wie die Kampagne ankommt.

▶ Scheuen Sie sich nicht vor Kursanpassungen, wenn sich Erfolge nicht einstellen. Community-freundliche Anpassungen sind erlaubt und werden in der Regel gut angenommen.

▶ Verlassen Sie sich nicht allein auf Werbeanzeigen, da es ohne eine entsprechende Content-Strategie nur zu einer kurzfristigen Steigerung der Reichweite kommt.

▶ Falls Ihre PR negative Wellen schlägt und ein Shitstorm ausbricht, brauchen Sie eine Krisenstrategie. Stellen Sie diese nicht erst auf, wenn es anfängt, aus dem Ruder zu laufen.

▶ Die Voraussetzung erfolgreicher und krisenresistenter Kampagnen ist hinreichend geschultes Personal, das empathisch ist und sich gegenüber den Anliegen in der Community aufgeschlossen zeigt. Die Fähigkeit zum aktiven Zuhören darf also nicht fehlen.

▶ Last but not least: Oberste Prämisse in Krisensituationen ist das Aufrechterhalten der Kommunikation auf Augenhöhe. Dementsprechend sollten Sie nicht die Meinungshoheit für sich beanspruchen. Gleichermaßen fatal wäre es, die Anliegen, Einwände und Gründe zum Anstoß zu bagatellisieren oder gar zu ignorieren. Im Social Web ist es nun einmal eine Selbstverständlichkeit, in angemessener Geschwindigkeit zu reagieren und Stellung zu beziehen.

11 Die Zukunft der PR-Arbeit im Social Web

»Change is the law of life. And those who look only to the past or present are certain to miss the future.«
John F. Kennedy

Das digitale Zeitalter hat die professionelle Kommunikationskultur auf die Probe gestellt: User-generated Content, Word of Mouth, Content Marketing und einiges mehr sind hier zu nennen. So haben soziale Medien die PR- und Öffentlichkeitsarbeit bereits deutlich verändert und werden aufgrund des raschen technologischen Fortschritts auch in Zukunft noch den ein oder anderen Prozess des innerbetrieblichen beziehungsweise institutionellen Umdenkens in Gang setzen.

Es bleibt abzuwarten, welche Trends die Zukunft der PR im Social Web prägen werden. Doch auch ohne die berühmt-berüchtigte Kristallkugel herauszukramen, zeichnen sich derzeit schon einige Antworten auf die Frage ab, wie sich die Arbeitsfelder *PR und Öffentlichkeit* weiterentwickeln werden und auf welche neuen Herausforderungen Sie sich einstellen müssen. Kurzum: Was kommt aller Voraussicht nach auf PR-Profis zu?

Folgende zehn Punkte geben einen Ausblick darauf, wie eine erfolgreiche PR im Social Web in Zukunft aussehen könnte:

▶ Professionalisierung
▶ Strategieentwicklung
▶ Diversifizierung
▶ Budgetierung
▶ Qualifizierung
▶ Crossmedialität
▶ Mobile Marketing
▶ Content Marketing
▶ Influencer Marketing
▶ Web 3.0

11.1   Professionalisierung

These: Der Professionalisierungsgrad der PR-Arbeit im Social Web nimmt zu.

In Zukunft kommt es zu einer steigenden Professionalisierung in unterschiedlichen Bereichen jener Öffentlichkeitarbeit, die sich in webbasierten Echtzeitmedien abspielt. Schließlich hat sich in Unternehmen, Verbänden und sonstigen Organisationen bereits die Ansicht durchgesetzt, dass ein professionell geführter Echtzeitdialog reichweitenstark und effektiv ist. Durch die Präsenz in sozialen Netzwerken vermag man eben, seine Zielgruppen anzusprechen, an sich zu binden und – bei entsprechendem Mittel- und Personaleinsatz – die angestrebten Zielsetzungen zu erfüllen. Damit einhergehend überzeugt auch die Kampagnenfähigkeit des Mitmachwebs.

Angesichts dieser Potenziale wird sich der Professionalisierungsgrad innerhalb von Unternehmen und Organisationen steigern. Das heißt: Was, wie und wann man in sozialen Medien kommuniziert, wird auf eine neue Ebene gehoben. Vor allem werden interaktive Kampagnen, die Konzeptionsleistung und Planungsgeschick verlangen, insbesondere dort Gewicht erlangen, wo Social Media Marketing bislang »nebenbei« erledigt wurde. Die Kommunikation wird durch systematisches Vorgehen in sozialen Medien zusehends professionalisiert.

11.2   Strategieentwicklung

These: Strategisches Vorgehen bestimmt die PR im Social Web.

Bis zum gegenwärtigen Zeitpunkt scheint die Entwicklung von effektiven Grundsatzstrategien für die Praxis häufig vernachlässigt worden zu sein. Nicht selten entsteht der Eindruck, als liefen vereinzelte Maßnahmen unkoordiniert nebeneinander her und als mangele es an einem stimmigen Gesamtkonzept. So steckte die strategische Implementierung von Social Media selbst bei einigen der geschilderten Best Practices noch in den Kinderschuhen. Unter anderem ist dies zwei Faktoren geschuldet:

▶ Das Arbeitsfeld ist noch recht jung. Dementsprechend haben Social Media oft gegenüber klassischen Kommunikationsinstrumenten das Nachsehen.

▶ Soziale Medien leben von Spontaneität und Schnelligkeit. Angesichts dessen erscheint es womöglich einigen Unternehmen und Organisationen plausibel, ihre PR-Maßnahmen im Social Web ebenfalls mit einem gewissen Maß an Spontaneität umzusetzen.

Allerdings wird sich, analog zur fortschreitenden Professionalisierung, ebenso in der Strategieentwicklung einiges tun: In Zukunft werden Jahresplanungen, wie bereits in größeren Organisationen etabliert, die Regel und eben nicht mehr eine Ausnahme. Vorausschauendes Wirtschaften und methodisches Vorgehen wird sich in Mitmachkampagnen, wie Gewinnspielen, Wettbewerben und so weiter, äußern. Planungssicherheit wird Ad-hoc-Entscheidungen ablösen. Dramaturgisch stimmig, fügen sich die Social-Media-Maßnahmen fortan organisch in die gesamte Kommunikationsstrategie ein.

11.3   Diversifizierung

These: Die Einsatz- und Arbeitsgebiete in der Social-Media-Kommunikation diversifizieren sich.

Zunehmende Professionalisierung und Strategieumsetzung führen dazu, dass sich die PR- und Öffentlichkeitsarbeit im Social Web immer weiter ausfächern. Während in sozialen Medien mitunter noch ein buntes Potpourri von Eindrücken vermittelt wurde und man mit einem unsystematischen Content-Mix aufwartete, kristallisieren sich in absehbarer Zeit gesondert zu beackernde Einsatz- und Arbeitsfelder heraus. So werden Eventpromotion, Employer Branding, Social Media Support als relativ eigenständige Teilbereiche im Rahmen der kommunikativen Gesamtstrategie eine größere Bedeutung finden. Auch für *Internal Social Media* bringt die Zukunft einiges mit sich, da Optimierungspotenziale hier in der Tat brachliegen und in den meisten Fällen nicht ausgeschöpft werden. Wie bei (internationalen) Großkonzernen werden sich Enterprise-2.0-Ansätze wohl auch im deutschen Mittelstand durchsetzen. Schließlich lässt sich dank neuer Webtechnologien der interne Kommunikationsfluss verbessern und verschlanken.

Demgemäß sind die Einsatzmöglichkeiten von Social Media zwar vielfältig, doch im Endeffekt ist gerade dadurch das Profil meist unscharf. Konkrete Kommunikationsziele müssen zugeordnet werden, damit es zu einer diversifizierten Content-Strategie kommt und somit zu einer Profilschärfung.

11.4   Budgetierung

These: Mit steigenden Anforderungen gehen steigende Budgets einher.

Der Hype um Social Media ist noch nicht vorbei, im Gegenteil: Die Komplexität des Arbeitsfeldes nimmt weiter zu. Wie auch entsprechende Studien nahelegen ist noch keine Trendwende in Sicht. Um den Markt konsequent über soziale Medien zu bearbeiten, wird dementsprechend mit Budgetsteigerungen sowohl in der B2B- als auch der B2C-Kommunikation zu rechnen sein.

Die Gründe hierfür sind vielfältig, allen voran liegen sie jedoch im bestechenden Kosten-Nutzen-Verhältnis. Immerhin sind soziale Medien im direkten Vergleich zu klassischen Werbeformaten und gemessen an ihrer Reichweite wesentlich preiswerter. Die Effektivität und das Prinzip der zugehörigen Anzeigenformate überzeugt. Denn durch Behavioral Targeting wird eine exakte Zielgruppenbestimmung nach Interessenlagen und Kommunikationsmustern vorgenommen, sodass sich Erfolge schneller und kostengünstiger einstellen.

Darüber hinaus haben Unternehmen und Organisationen bereits festgestellt, dass es alleine mit dem Schalten von Anzeigen nicht getan ist. Regelmäßig neuen Content zu finden, bestenfalls sogar täglich zu veröffentlichen sowie sporadisch kreative Mitmachaktionen durchzuführen, kostet eben Zeit und Geld. Wachsende Budgets sind also die logische Schlussfolgerung.

11.5 Qualifizierung

These: Social Media Manager avancieren zu hochqualifizierten Fachkräften.

Die Zeit, in denen Praktikanten und Mitarbeiter die Außenkommunikation in sozialen Medien im Vorbeiflug erledigt haben, ist vorbei. So haben die zahlreichen Fallbeispiele einmal mehr gezeigt, dass PR im Social Web ein hochkomplexes Feld ist, in dem kommunikative Professionalität und Souveränität verlangt wird.

Abbildung 11.1 Stellenausschreibung von der Loop New Media GmbH (Februar 2013)

Dementsprechend sind beispielsweise Sprachgefühl, Kreativität, Konzeptions- und Konzeptstärke sowie Organisationstalent klare Schlüsselkompetenzen, die ein Social Media Manager mitbringen muss. Währenddessen zeichnen sich Community Manager durch Kommunikationstalent aus, gepaart mit Erfahrung, Gelassenheit und dem richtigen Riecher für eine sympathische Community-Ansprache (siehe Abbildung 11.1). Diese sollten gute Zuhörer sein, Stimmungen in der Community einfangen und auf eine sozialen Medien angemessene Art und Weise moderierend eingreifen können.

Dass solche Fachkräfte ebenfalls entsprechende Gehaltsvorstellungen haben und ihre Expertise nicht umsonst freigeben möchten, scheint selbstredend.

11.6   Crossmedialität

These: Jenseits des blauen Riesen wird sich vernetzt.

Seit geraumer Zeit ist Facebook aus diversen Gründen das beliebteste Netzwerk für die Darstellung von Unternehmen und Organisationen. Bei solch einer dominanten Marktposition stellt sich allerdings die Frage, ob dies auf lange Sicht so bleiben wird. Die Antwortet lautet: jein.

Generell ist zu erwarten, dass sich Unternehmen und Organisationen demnächst mehr auf YouTube, Twitter, Flickr, Pinterest und Google+ tummeln und sich zudem im Corporate Blogging und Location-based-Service-Marketing stärker engagieren. Denn auch hinter diesen Anbietern steckt das Potenzial, um den direkten Dialog mit der Zielgruppe zu suchen, das Image zu gestalten und den (Experten-)Ruf auszubauen.

Zwar wird Facebook als reichweitenstärkstes Netzwerk weiterhin dominant sein, doch im Zusammenhang mit steigender Professionalisierung, Budgetierung und Diversifizierung nehmen crossmediale Strategien und Werbekampagnen zu. In der PR-Arbeit von morgen wird es nämlich darum gehen, die Synergien zwischen den einzelnen Social-Media-Kanälen auszuschöpfen. In Kampagnenlaufzeiten sind zum Beispiel flankierende Maßnahmen auf Twitter zu ergreifen (siehe Abbildung 11.2), entsprechende Teaser-Videos bei YouTube hochzuladen, passende Blogbeiträge zu verfassen und vieles mehr. So wird das Storytelling systematisch um weitere Kanäle ergänzt – eine Herangehensweise, die bei vielen Promotionaktionen bereits heute in Grundzügen erkennbar ist.

Dabei wird Crossmedialität in ausgewählten Branchen eine besondere Herausforderung darstellen. Unternehmen mit erklärungsbedürftigen Produkten, Verbände, Vereine und Institutionen sind nämlich im Vergleich zu kommerziellen Anbietern im B2C oft noch im Hintertreffen. Wenn sie allerdings das nötige Rüstzeug und Know-how sowie den Personal- und Mitteleinsatz für professionelle Öffentlichkeitsarbeit im digitalen Zeitalter aufbringen, wird ihnen die crossmediale Positionierung recht schnell gelingen.

Abbildung 11.2   Kampagnen-Tweets für eine Schnitzeljagd im Shop von Samsung4Campus

11.7   Mobile Marketing

These: Mobile ist eine große Herausforderung für die digitale PR-Arbeit.

Die mobile Internetnutzung liegt voll im Trend. Sie wird noch stärker zunehmen, je mehr mobile Endgeräte in Umlauf sind. Und da der Markt noch nicht gesättigt ist, sollte sich die PR-Arbeit genau hierauf einstellen: angefangen bei mobiloptimierten Webseiten über Check-in-Specials bis hin zu anderen Diensten wie Twitter, die vornehmlich »unterwegs« genutzt werden.

Abbildung 11.3   Der mobile Onlineshop von Deichmann

Im digitalen Zeitalter ist darüber hinausgehendes crossmediales Vorgehen ebenso ratsam. Beispielsweise hat die Schuhkette Deichmann ab März 2013 in der Hansestadt Bremen eine neue Shoppingmöglichkeit geboten und diese vorab durch eine interessante Commerce-Kampagne beworben. Auf den dazugehörigen Plakatwänden wurden 20 ausgewählte Schuhpaare mit ihrem Verkaufspreis dargestellt, daneben stand jeweils ein QR-Code, der das gewünschte Paar direkt im mobiloptimierten Onlineshop anzeigt (siehe Abbildung 11.3). Einzige Voraussetzung der Aktion: Die passende App mussten User zuvor kostenlos herunterladen.

11.8   Content Marketing

These: Content Marketing nimmt neue Dimensionen an.

Die Hochzeit des Content Marketings steht den D-A-CH-Ländern noch bevor, denn diese junge Marketingdisziplin hat erst vereinzelt Einzug in die Praxis gefunden. Doch was ändert sich für die PR- und Öffentlichkeitsarbeit? Wie können der Zielgruppe nunmehr die eigenen Inhalte vermittelt werden?

Fest steht: Im Zusammenhang mit Content-Marketing-Techniken wird sich auch die Art der in sozialen Netzwerken veröffentlichten Inhalte ändern. Wie *Joe Pulizzi* als Gründer des *Content Marketing Institutes* festhält:

> »*Stop Writing about Everything. So many brands create content and try to cover everything, instead of focusing on the core niche that they can position themselves as an expert around. No one cares about your special recipe... Find your niche, and then go even more niche.*«[1]

Es macht also durchaus Sinn, sich zunächst auf ein Feld zu konzentrieren und eine »Marktnische« zu bearbeiten. Auf die Art entsteht interessanter und einmaliger Content mit Mehrwert, der auch von Usern dankend aufgenommen und in sozialen Netzwerken weiterverbreitet wird.

Die neuen Formen des Content Marketings wirken sich ebenfalls auf das Storytelling von Unternehmen und Organisationen aus, wobei dies an Intensität gewinnt. Insbesondere für NPOs ergeben sich dadurch neue Möglichkeiten, ihre Botschaft zu kommunizieren und Befürworter emotional zu packen. Gewiss setzen sich auch »neue« Formate nach amerikanischem Vorbild in den D-A-CH-Ländern flächendeckend durch. Man denke beispielsweise an Twitterviews mit Vorstandsmitgliedern, bekannten Persönlichkeiten oder Fußballprofis (siehe Abbildung 11.4), an Videos mit Tutorial-Charakter oder sonstige aufbereitete Use-Cases, die zum Beispiel im

---

1 Top Rank Online Marketing Blog, *http://www.toprankblog.com/2011/01/content-marketing-tips-5/*

Blog präsentiert werden. Dabei werden Blogs wahrscheinlich aufgrund ihrer vielfältigen Einsatzmöglichkeiten und ihrer SEO-Potenziale eine Renaissance erleben.

Abbildung 11.4 Twitterview mit Özkan Yildirim von @werderbremen mit dem Hashtag #fragötzi

11.9 Influencer Marketing

These: Influencer zu identifizieren und für sich einzunehmen, wird immer wichtiger.

Word of Mouth spielt für das Kaufverhalten eine wesentliche Rolle. In ihr halten sich tagtäglich meinungsstarke Multiplikatoren auf, die sich ihrer Community mitteilen. Wie *Jordan Raynor*, ein republikanischer Webstratege aus den USA berechtigterweise anmerkte, können nunmehr »Ottonormalverbraucher« im Handumdrehen interessante Inhalte produzieren und so zu relevanten Influencern im Social Web werden:

> *»It has never been easier to be as influential as you can be today. Information is cheap. Information is easier to produce. And if you have a quality message, it's never been cheaper to get out.«*[2]

---

2 Dashburst, *http://dashburst.com/social-media-influence-infographic/*

Für Unternehmen und Organisationen gilt es also, genau diese einflussreichen Personen mit gutem Standing auf Facebook, Twitter & Co. zu identifizieren und durch gezielte Maßnahmen zu Markenbotschaftern zu machen. Social Media Monitoring ist dabei der erste wesentliche Schritt zum systematischen Influencer Marketing in der digitalen Welt. In diesem Zusammenhang ist der Webdienst *Klout* ein erster Versuch, den Online-Einfluss von registrierten Nutzern zu messen (siehe Abbildung 11.5). In einem Ranking wird der sogenannte *Klout Score* automatisiert ermittelt. Der Grundgedanke? Je höher der *Score*, desto höher der Einfluss.

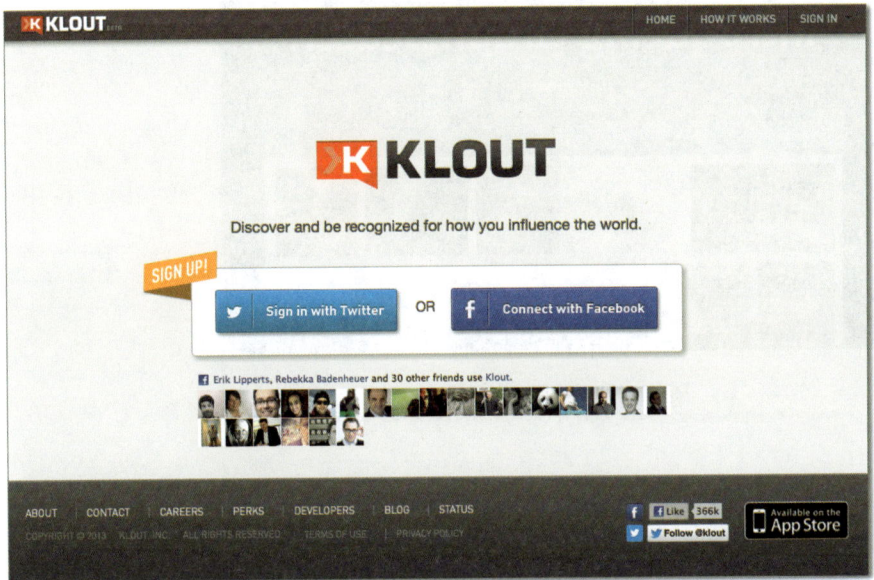

Abbildung 11.5   Website des Influencer-Ranking-Dienstes Klout

Zudem hat sich gezeigt, dass sich Influencer gerne untereinander vernetzen und persönlich kennenlernen. Insofern sind neue Kampagnenformate wie KultUps, Bloggertreffen & Co. ebenfalls ein gangbarer Weg, Multiplikatoren und Markenbotschafter zusammenzuführen und letztlich für sich zu gewinnen.

11.10   Web 3.0

These: Das Mitmachweb entdeckt seine »semantische« Seite.

Im Februar 2013 stellte Facebook ein neues Feature vor: die sogenannte Graph Search.[3] Stark vereinfacht, ist die Graph Search eine Suchmaschine, die es dem An-

---

3   Das dazugehörige Video finden Sie unter *http://bit.ly/ZLbt93*.

wender ermöglicht, innerhalb des Netzwerkes Personen mit ähnlichen Interessen ausfindig zu machen und sich mit diesen zu verbinden (siehe Abbildung 11.6).

Das von persönlichen Kontakten lebende Facebook geht somit noch einen Schritt weiter als bisher: Die Suche wird dank gewisser Filter spezialisierter und personalisierter. Dadurch sind ähnlich gesinnte beziehungsweise interessierte Personen in Zukunft ebenso einfach zu finden wie spannende Fotos, Videos und neue Orte.

Abbildung 11.6   Informationsseite zur Facebook Graph Search

Diese neue Funktionalität zählt zu den Anwendungen des *semantischen Webs*, welches gemeinhin als *Web 3.0* bezeichnet wird. Der Begriff macht deutlich, dass es sich um eine neue Evolutionsstufe des Internets handeln soll. In *IT-Wissen*, einem Online-Lexikon für Informationstechnik, wird Web 3.0 wie folgt erklärt:

> »Während die charakteristischen Merkmale des Web 2.0 in dessen interaktiven, Syntax-orientierten Kommunikationsplattformen zu sehen sind, auf denen Ideen, Videos, Fotos und Software getauscht werden können und in das sich jeder Benutzer selbst einbringen kann, spricht man bei Web 3.0 (vom) semantischen Web, von einem in dem die Inhalte und deren Bedeutung in Beziehungen zueinander gestellt werden. Web 3.0 ist ein technisch-strukturelles Web, das semantische Beziehungen aufzeigt, das die Informationen nach ihrer Bedeutung bewertet und in einen Kontext zu anderen Texten und Aufsätzen stellt.«[4]

---

4   Die ausführliche Definition zu Web 3.0 finden Sie ebenfalls im IT-Lexikon unter *http://www.it-wissen.info/definition/lexikon/Web-3-0-web-3-0.html*.

Doch was bedeutet das für die PR-Arbeit der Zukunft? Es ergeben sich weiterführende Möglichkeiten zur Vermarktung und Platzierung von Produkten, Dienstleistungen und Ideen. Öffentlichkeitsarbeiter können ihre Zielgruppen auf die Art noch näher bestimmen. Schließlich gruppiert sich diese nunmehr um klar eingrenzbare Themen. Als Konsequenz daraus können zudem Influencer leichter ausfindig gemacht werden. Auch das Content Marketing kann und wird vom Web 3.0 profitieren. Vor allem Inhalte mit viralem Potenzial können sich bei der gewünschten Zielgruppe noch rasanter als bislang verbreiten.

Welche Relevanz solch semantische Webanwendungen im Konkreten haben werden und ob auch andere Social-Media-Anbieter diesbezüglich nachziehen, steht derzeit allerdings noch in den Sternen.

11.11   Last but not least

Die Weichen für eine erfolgreiche PR- und Öffentlichkeitsarbeit im Social Web sind gestellt. Seit geraumer Zeit gehen einige Unternehmen und Organisationen mit gutem Beispiel voran. Nichtsdestotrotz wird sich in diesem abwechslungsreichen Tätigkeitsfeld noch einiges bewegen und verändern. Denn einen Stillstand kennt die Netzwelt nicht.

Insofern gilt: Ergreifen Sie Ihre Chance und machen Sie das Mitmachweb zum Kommunikationsfeld der Zukunft.

Der Autor der Rechtstipps im Buch

Rechtsanwalt Jens Ferner ist vor allem im Bereich des IT-Rechts tätig und hat hier seine Schwerpunkte in den Bereichen Urheberrecht, Wettbewerbsrecht, Softwarerecht und IT-Arbeitsrecht. Im Alltag stehen bei ihm vor allem Fragen der Rechtsdurchsetzung, also insbesondere im Bereich von Abmahnungen sowie bei der vertraglichen Betreuung im Vordergrund. Vor seinem Leben als Jurist war er als Programmierer tätig und entwickelte eigene Software und war zudem auch als Administrator eines größeren Forums für Webmaster aktiv. So kennt er die typischen Probleme von IT-Projekten aus eigener Anschauung und weiß, welche Fragen im täglichen Kontakt von Nutzern im Social Web immer wieder zu Streit führen. Seine Berichte über aktuelle Entwicklungen & Urteile im IT-Recht finden Sie auf seiner Website *www.ferner-alsdorf.de*. Sie erreichen ihn am einfachsten per E-Mail unter *jf@ferner-alsdorf.de*.

Das Coverbild

Sabine Tress in ihrem Atelier.
Das Portraitfoto ist von Gilbert Flöck
(*www.gilbert-floeck.de*).

Das Titelbild dieses Buchs stammt von Sabine Tress, die 1968 in Ulm geboren wurde und von 1989–1994 Malerei an der Ecole nationale supérieure des Beaux Arts de Paris studierte. Anschließend arbeitete sie freiberuflich als Malerin in Ateliers in London und Berlin. Seit 2004 mietet sie einen Arbeitsraum im KunstWerk Köln-Deutz. Ihre Arbeiten haben sich mehr und mehr zu einer Auseinandersetzung mit der Farbe als Materie und der Fläche entwickelt. Viele Übermalungen und Farbschichten kennzeichnen ihre Acrylbilder, in denen sie oftmals auch mit Sprayfarbe interveniert. Bereits vorhandene Farbflächen werden bis zur Unkenntlichkeit überdeckt, andere werden so verführerisch und hauchzart verschleiert, dass man umso neugieriger wird auf das immer noch offenkundige Darunter. Sabine Tress stellt keine Welt von außen in ihren Bildern dar, sondern schafft eigene und persönliche Bildebenen. Diese lassen dem Betrachter genug Platz für individuelle Assoziationen. Die Bildtitel sind in diesem Sinne nur Hinweise auf mögliche Inspirationsquellen oder Gedankenblitze.

Mehr Infos unter: *www.sabinetress.de*

Index

E

F

G

■ Von der Planung bis zum
Monitoring und Reputation
Management

■ Kundenbeziehungen stärken und
Empfehlungsmarketing nutzen

■ Inkl. Google+, Social Commerce
und vielen Fallbeispielen aus
D/A/CH

Anne Grabs, Karim-Patrick Bannour

Follow me!

Erfolgreiches Social Media Marketing mit Facebook, Twitter und Co.

Für Unternehmen jeder Branche und jeder Größe ist es interessant, in Social
Media aktiv zu werden. Folgen Sie der Erfolgsstrategie: Was ist Social Media?
Wie gehen Sie damit um? Welche Schritte müssen in welcher Reihenfolge
erfolgen? Welche Gefahren drohen und wie können Sie diese Gefahren
minimieren? Inkl. Strategien zum mobilen Marketing, Empfehlungsmarketing,
Crowdsourcing, Social Commerce, Google+, Rechtstipps u.v.m.

538 S., 2. Auflage 2012, komplett in Farbe, 29,90 Euro
ISBN 978-3-8362-1862-7
www.galileocomputing.de/3028

■ Texte, Podcasts, Videos, Gewinnspiele, Spiele, Umfragen und interaktive Anwendungen

■ Best Practices für Launch- und Relaunch-Projekte, Blogs

■ Einsatz von Social Media, Einbindung in SEO-Maßnahmen, Texten fürs Web

Miriam Löffler

Think Content!

Grundlagen und Strategien für erfolgreiches Content-Marketing

Content-Marketing ist eines der großen Zukunftsthemen der Branche. Lernen Sie, wie Sie erfolgreiche Content-Strategien für Ihr Online-Unternehmen entwickeln, Content-Strategien für Webseiten erfolgreich planen und umsetzen und erhalten Sie Ideen und Anregungen für effizientes Content-Marketing und spannende Umsetzungen - mit Lösungen für B2B und B2C. Dabei kommt auch das notwendige Rüstzeug nicht zu kurz. Unser Buch wird Ihnen helfen, qualitativ hochwertige Webtexte zu erstellen und Sie erfahren zudem, was ein guter Webtexter leisten muss und wie Sie den wirtschaftlichen Wert guter Text erkennen können.

480 S., 29,90 Euro
ISBN 978-3-8362-2006-4, Juni 2013
www.galileocomputing.de/3251

- Von der Planung bis zur Erfolgskontrolle

- Brand Awareness, Kundenzufriedenheit, Innovation Management

- Positionierung, Sales, Monitoring

Stefanie Aßmann, Stephan Röbbeln

Social Media für Unternehmen

Das Praxisbuch für KMU

Social Media steckt in Deutschland noch in den Kinderschuhen und gerade im Bereich der KMU gibt es einen großen Bedarf an Strategien und Konzepten. Unser Praxisbuch gibt Ihnen einen verständlichen Einblick in alle relevanten Arbeitsschritte für eine erfolgreiche Social-Media-Teilnahme.
Konkrete Themenfelder wie Brand Awareness, Kundenzufriedenheit, Innovation Management etc. zeigen Möglichkeiten der Umsetzung und bieten Anleitungen und Best Practices für KMU.

392 S., komplett in Farbe, 29,90 Euro
ISBN 978-3-8362-1977-8
www.galileocomputing.de/3211

Galileo Press

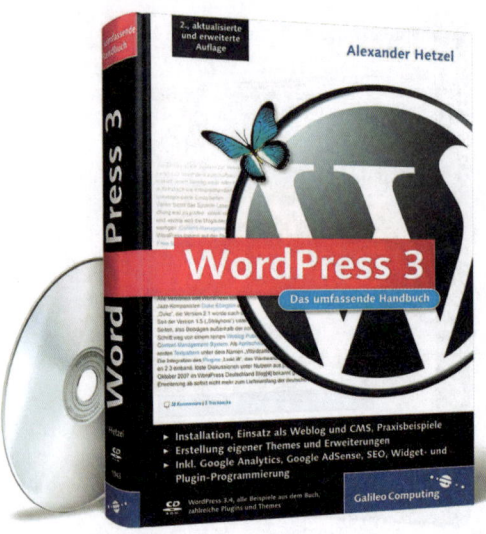

- Installation, Anwendung, Administration

- Erstellung eigener Themes und Erweiterungen

- Inkl. Google Analytics, Google AdSense, Google Maps, SEO, Widget- und Plugin-Programmierung

Alexander Hetzel

WordPress 3

Das umfassende Handbuch

Das Buch zeigt Ihnen den richtigen Umgang mit WordPress. Angefangen bei der Installation bis hin zur Anpassung und Konfiguration Ihrer Website oder Ihres Blogs. Dazu zählt auch die Darstellung der komplexen Entwicklung von eigenen Design-Vorlagen und Erweiterungen. Inkl. Einbindung von Social-Media-Diensten und SEO

707 S., 2. Auflage 2012, mit CD, 29,90 Euro
ISBN 978-3-8362-1943-3
www.galileocomputing.de/3152

»Das Buch kann man als Standardwerk für Einsteiger, Blogger und solche, die es werden wollen, sowie Entwickler und Redakteure bezeichnen.«
CHIP

■ Suchmaschinen-Optimierung,
SEM, Online-Marketing, Affiliate-
Programme

■ Google AdSense, Web Analytics,
Social Media Marketing

■ E-Mail-, Newsletter-, Video- und
Mobile-Marketing u.v.m.

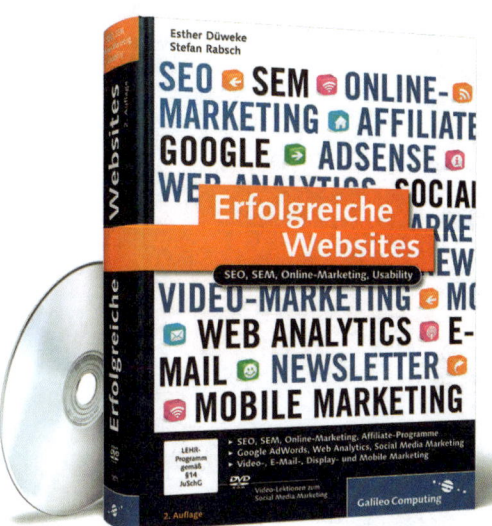

Esther Düweke, Stefan Rabsch

Erfolgreiche Websites

SEO, SEM, Online-Marketing, Usability

Alles, was Sie für Ihren erfolgreichen Webauftritt benötigen. Zahlreiche
Praxisbeispiele zeigen Ihnen anschaulich den Weg zu einer besseren
Webpräsenz. Inkl. SEO, SEM, Online-Marketing, Affiliate-Programme, Google
AdWords, Web Analytics, Social Media-, E-Mail-, Newsletter- und Video-
Marketing, Mobile Marketing u.v.m.

866 S., 2. Auflage 2012, mit DVD, 34,90 Euro
ISBN 978-3-8362-1871-9
www.galileocomputing.de/3041

*»Ein unentbehrliches Nachschlagewerk von Esther Düweke und Stefan
Rabsch: für alle, die ihre Webpräsenz verbessern wollen. Die Autoren setzen
sich fundiert mit allen Aspekten des Online-Marketings auseinander und
bieten so eine echte Grundlage für wirklich erfolgreiche Webseiten.«
Dr. Torsten Schwarz*

Galileo Press

- Grundlagen, Funktionsweisen und strategische Planung

- Onpage- und Offpage-Optimierung für Google und Co.

- Erfolgsmessung, Web Analytics und Controlling

Sebastian Erlhofer

Suchmaschinen-Optimierung

Das umfassende Handbuch

Das Handbuch bietet Einsteigern und Fortgeschrittenen fundierte Informationen zu allen wichtigen Bereichen der Suchmaschinen-Optimierung. Tauchen Sie ein in die Welt des Online-Marketings. Verständlich werden alle relevanten Begriffe und Konzepte ausführlich erklärt und erläutert. Neben ausführlichen Details zur Planung und Erfolgsmessung einer strategischen Suchmaschinen-Optimierung reicht das Spektrum von der Keyword-Recherche, der wichtigen Onpage-Optimierung Ihrer Website über erfolgreiche Methoden des Linkbuildings bis hin zu Ranktracking, Monitoring und Controlling.

734 S., 6. Auflage 2013, 39,90 Euro
ISBN 978-3-8362-1898-6
www.galileocomputing.de/3077